660MW超超临界火力发电机组培训教材

RANLIAO FENCE

燃料分册

望亭发电厂 编

中国电力出版社
CHINA ELECTRIC POWER PRESS

内 容 提 要

《660MW超超临界火力发电机组培训教材》对超超临界燃煤发电机组的原理及设备只做简单介绍，着重以岗位运行知识为基础，以提高操作技能为目的，根据电厂生产一线人员在660MW超超临界燃煤发电机组调试、运行、维护过程中的经验，详细介绍发电设备及系统的运行维护及故障处理。

本书为此套教材的《燃料分册》，共十二章，主要介绍了660MW超超临界火力发电机组燃料管理和燃料运行与设备，内容包括燃料的基础知识、翻车机及翻车机系统、卸船机、给配煤设备、斗轮堆取料机、推煤机及装载车、带式输送机、筛碎设备、辅助设备、计量设备、安全管理及程控设备知识。

本书可作为从事660MW超超临界火力发电机组燃料运行及管理人员的上岗培训、在岗培训及继续教育等的培训教材，也可作为600～1000MW超超临界火力发电机组燃料专业技术人员及大专院校相关专业师生的参考教材。

图书在版编目(CIP)数据

660MW超超临界火力发电机组培训教材. 燃料分册/望亭发电厂编. —北京：中国电力出版社，2011.9（2019.4重印）
ISBN 978-7-5123-1384-2

Ⅰ.①6… Ⅱ.①望… Ⅲ.①火力发电-发电机-机组-技术培训-教材 ②火电厂-电厂燃料系统-技术培训-教材
Ⅳ.①TM621

中国版本图书馆CIP数据核字(2011)第018390号

中国电力出版社出版、发行
（北京市东城区北京站西街19号 100005 http://www.cepp.sgcc.com.cn）
航远印刷有限公司印刷
各地新华书店经售
*
2011年9月第一版 2019年4月北京第三次印刷
787毫米×1092毫米 16开本 28.25印张 677千字
印数4001—5000册 定价**59.00**元

《660MW超超临界火力发电机组培训教材》

编　委　会

序

自1882年中国有了商品电以来，中国电力工业的历史车轮已然驶过了三个世纪。斗转星移，大浪淘沙，在今天知识爆炸的时代，新一代的电力工作者需要怎样的知识来传承光荣，成就梦想？需要怎样的书籍来实现自我提升，成为一名真正具有竞争力的电力工作者？人生哲理、科学理论、生活常识，这些都很重要。阅读它们可以使人明智、静心、修身、达理，不断走向完美。但要成为一名优秀的电力运行工作者，除了这些之外，更为重要的是一定要有过硬的专业素质，以及坚定而执着的专业精神，这就需要有一套专业对口、学践结合、操作性强、通俗易懂的职业学习丛书，这就是我们出版《660MW超超临界火力发电机组培训教材》丛书的主要宗旨。

当前，加快转变经济发展方式已成为影响我国经济社会领域各个层面的一场深刻变革。在火电行业，大容量、高参数的火电机组因为其较低的能耗和排放成为了行业发展的主流。随着单机百万容量机组的投产发电，标志着我国的电力工业已经步入百万级时代。但是，就目前情况而言，600MW级的机组仍是我国电网供电的中坚力量。因此，加强对600MW级机组基础理论的研究，深入开展600MW级机组的管理创新和技术创新，不断提高600MW级机组运行技术水平，对于促进中国电力工业更加健康快速地发展，确保国民经济稳定运行具有重要的现实意义。

2009年6月，望亭发电厂通过科学论证、大胆规划、辛苦建设，在国内率先成功投运了由上海电气集团制造的660MW超超临界燃煤机组。投运至今，各项性能指标在同类型机组中处于先进行列，并成为中国华电集团600MW级标杆机组。“追求卓越，勇于创新”的企业精神造就了今天望亭发电厂的再度辉煌，有着崇尚科学、不断精益优良传统的“望电人”紧紧依托自身日积月累、扎实深厚的技术底蕴，立足660MW级超超临界燃煤机组基建生产运行所掌握的第一手宝贵经验，加紧研究、认真总结、不断提炼，迅速建立起一套体系完善、环节精益、过程闭环、统筹兼顾的运营管控理论模式，锻炼出一支业务精、作风硬、素质强的职工队伍，为更好地发挥机组运营潜效、不断提升内生效益奠定了理论和技术基础，为实现超超临界机组在中国更好地发展和运营做出了自己应有的贡献。

本套丛书编撰历时两年有余。两年来，在望亭发电厂党委和厂部的关心支持下，集聚厂内技术骨干的编撰团队克服了生产任务繁重、技术资料缺乏、编撰经验不足等诸多困难，充分发挥“望电人”严谨求实的工作作风，勤钻研、巧思考、多实践，力求在内容上理论联系实际，在表述上做到通俗易懂。本套丛书包括《汽轮机分册》、《电气分册》、《锅炉分册》、《脱硫脱硝分册》、《化学分册》、《燃料分册》、《热控分册》。针对发电厂工作的特点，本套丛书对660MW超超临界燃煤发电机组设备的原理只做简单介绍，着重以岗位运行知识为基础，以提高技能操作能力为目的，根据电厂一线人员在660MW超超临界燃煤发电机组调试、运行、维护过程中的经验，介绍发电设备及系统的运行维护及故障处理，有效提升了本书的实用性，使该书成为国内少有的能够全面、系统地反映该类型机组的培训教材。

时代在变，创新的精神和力量是永恒的。我们希望本套丛书的出版，能够成为一个契机和交流的载体，为推动低碳节能的660MW超超临界燃煤机组在中国更好更快地发展增添一份力量。

由于编撰人员的理论水平和实践经验有限，书中难免有缺点和错误，恳请读者批评指正。

2011年4月

前　言

随着电力工业技术的不断发展，用电量的持续增加和世界范围内环保形势的日趋严峻，大容量、高参数、高效率的超超临界大型发电机组正逐渐成为我国电力系统的主力发电机组。大型超超临界发电机组普遍采用低 NO_x 燃烧以及烟气脱硫脱硝技术，大幅度降低了二氧化硫、氮氧化物等污染物的排放。低煤耗、高环保的超超临界发电机组目前正成为我国电力行业"上大压小"、"节能减排"的首选机型。

为使广大电力生产岗位工人、技术人员和管理人员熟悉、了解和掌握660MW超超临界大型燃煤火力发电机组的性能及特点，中国华电集团公司望亭发电厂在中国电力出版社的大力支持下，组织各级技术人员耗时两年时间，精心编写了《660MW超超临界火力发电机组培训教材》。

针对发电厂工作的特点，本套教材对660MW超超临界燃煤发电机组设备的原理只做简单介绍，着重以岗位运行知识为基础，以提高操作技能为目的，根据电厂生产一线人员在660MW超超临界燃煤发电机组调试、运行、维护过程中的经验，详细介绍发电设备及系统的运行维护及故障处理，力求能以平实的语言及通俗的阐述，更好地满足660MW超超临界燃煤机组岗位运行、技能操作和继续教育的需要。本套教材也可供高等院校有关专业的相关师生参考。

本书为《660MW超超临界火力发电机组培训教材》燃料分册，共12章，由罗志浩主编，岳许才主审，黄锦林、王政、朱军、周伟中、吴磊、鲍觉敏等同志参与了本书的编写工作，全书由罗志浩负责统稿。

本分册在编写过程中，参阅了部分已正式出版的技术文献及制造厂、设计院、安装单位、调试单位的有关说明书、图纸等技术资料，在此一并表示感谢。

由于编者水平有限，加之编写时间仓促，错漏之处在所难免，敬请读者批评指正，并提出宝贵意见。

编者

2011年4月

目　录

第一章 燃料的基础知识

第一节 燃料的种类

目前，火力发电厂是利用燃料的化学能发电的，所用的燃料总体可以分为核燃料和普通燃料两大类。核电站是利用核燃料，其发电原理实际上是利用原子能反应堆产生的热能加热水，生成高压蒸汽，冲动汽轮机，从而带动发电机发电的；而作为火力发电厂最常用的普通燃料一般是指在空气中易于燃烧，并能放出大量热量，且在经济上值得利用其热量的物质。这里需要强调的是：不能把可燃物统称为燃料，如纸张、棉布、粮食及食用油等都是可燃物，但不能把它们当作燃料使用。作为燃料必须具备下列基本条件：

(1) 应该是可燃物；

(2) 易于获取；

(3) 容易燃烧，发热量高，且燃烧后所获得的热量在经济上必须合算；

(4) 储备、运输、处理都比较简单；

(5) 使用过程中没有危险性；

(6) 燃烧产物对大气、水质等环境不会造成严重污染。

能满足以上条件的物质才能被称为燃料，才能为电厂所用。燃料按其常温下的物理形态可分为固体燃料、液体燃料和气体燃料；按其来源又可分为天然燃料、人工燃料及副产燃料。

目前我国火力发电厂所用的主要燃料为天然的固体燃料——煤。煤的种类很多，作为动力燃料，火电厂选用煤种时，应以满足物尽其用为原则，即在技术上既能满足锅炉对煤种的要求，在经济上又能发挥最大的效益。具体说来有以下几个方面：

(1) 为了提高燃料使用的经济效益，根据我国的能源政策，尽可能不燃用其他工业所需的优质燃料（如炼焦用煤），应尽量应用劣质燃料及综合利用后的燃料副产品（如洗煤），以保证燃料资源得到合理充分的利用。所谓劣质燃料，一般是指燃烧比较困难，除了燃烧放热可以利用外，在其他方面没有更大经济价值的燃料。

(2) 动力用煤，通常要求有较高的发热量和较低的灰分。对于液态排渣的炉膛，灰熔点越低越好；而对于干式除灰炉膛，灰熔点一般要大于1250℃。

(3) 煤的含硫量越低越好，煤中的硫不仅腐蚀输煤设备，而且燃烧后生成的SO_2排放到大气中遇雨会形成酸雾，污染大气。

第二节 煤的分类

一、煤的常用分类法

煤炭是地质时代堆积的树木等原始物质逐渐被埋入地下，并在温度、压力等作用下炭化而成的，由于埋入地下的原始植物不同、埋入地下的深度不一、埋入的时间长短各异，所形成的煤质特征差别很大。为了合理地综合利用煤炭资源，使其发挥最大的效益，就需要对煤炭加以分类。

煤的分类方法较多，迄今尚无统一而详尽的分类方法。分类的依据不同，类别也不同，通常情况下有如下几种分类方法。

（1）按照碳的机械强度和煤的胶质层厚度分类，可分为以下三种：

1）不结焦煤：焦炭成粉末状，胶质层厚度等于零。

2）弱结焦煤：焦炭成松散状，胶质层厚度在10mm以下。

3）强结焦煤：焦炭坚硬而成块状，胶质层厚度大于10mm。

结焦性：煤在燃烧时生成的焦炭，其坚硬及松脆程度不同，通常把这种不同的性质称为煤的结焦性。

胶质层：即将一定数量的煤放在专用容器中，逐渐加热到730℃进行干馏，在焦炭颗粒表面形成一种熔化的沥青层，该沥青层即为煤的胶质层。

胶质层最大厚度：煤在干馏时随着温度的不断升高，其胶质层厚度也在不断增加，当其增加到一定值时，胶质层上下表面的距离达到最大，该最大距离称为胶质层最大厚度。它反映煤加热时析出的胶质体数量的多少及其热稳定性的高低，用符号“Y”表示，它决定着焦炭的质量，用此值来表示煤的结焦性，胶质层越厚煤的结焦性就越强。

（2）按干燥无灰基挥发分V_{daf}的含量分类，可分为以下五种：

1）无烟煤：成煤年代悠久，埋藏时间最长；碳化程度最深，含碳量最高（90%～98%）；挥发分含量低，不易点燃，燃尽困难，燃烧时火焰短，储存不会自燃；其发热量较高，容重比其他煤大，成块状；具有明亮的黑色光泽、机械强度高、质地坚硬、不易研磨、结焦性差等特点。

2）贫煤：其性质介于无烟煤和烟煤之间。碳化程度比无烟煤稍低，挥发分含量较高。挥发分为8%～10%的煤种为半无烟煤。

3）烟煤：埋藏时间比无烟煤短，质地松脆，水分、灰分与褐煤和泥煤相比一般较低，发热量较高，含氢量较高，发热量甚至超过无烟煤，易点燃；燃烧时火焰长，储存时要防止自燃。是锅炉燃煤比重中较大的一种煤。

4）褐煤：外表似木质，呈棕褐色，碳化程度仅次于烟煤，质脆易碎，灰分及水分含量较高，发热量偏低，挥发分较高，易着火，火焰长，不便于长途运输，贮存时应注意防止自燃。

5）泥煤：比褐煤地质年龄更低级的一种煤，埋藏年代短，碳化程度最浅，含水量高，灰分变化范围较大，挥发分含量高。迄今为止，在我国发现极少。

为了便于比较，现将上述五种煤的主要性能列于表1-1。

表 1-1 五种煤的主要性能

成分 煤种	挥发分 V_{daf}（%）	含碳量 C_{ar}（%）	水分 M_{ar}（%）	灰分 A_{ar}（%）	低位发热量 $Q_{net,ar}$（kJ/kg）
无烟煤	≤10	≥60	5～10	15～20	21 934～25 121
贫煤	8～15	—	—	—	—
烟煤	10～45	40～60	3～18	7～18	19 259.3～20 934
褐煤	>40	30～50	20～40	15～30	10 467～12 560
泥煤	>70	—	>50	30～50	8374～10 467

二、煤的化学特性

煤的主要化学特性有煤的风化、氧化、燃烧、自燃、气化、卤化、水解及吸附性等。

（一）煤的风化

1. 两种风化现象

煤的风化有两种情况：一是埋藏较浅的煤层，在开采之前，由于长期受到自然因素（包括空气、地下水、阳光、雨、雪和冰冻等）的作用，使这些煤的物理、化学性能和工艺特性发生显著变化；二是一些碳化程度低的煤采出后，存放在煤场中，在自然力的作用下，由于大量失水而使大块煤崩解为小块进而变成煤粉，同时使煤的物理、化学性能和工艺特性发生变化，这种现象叫煤的风化。

一般情况下，褐煤、长焰煤和不粘煤等年轻烟煤较易风化变质，贫煤、瘦煤和无烟煤等煤种风化较难。风化煤一般不作为动力煤使用，在贮存时，不能把风化煤和原煤堆放在一起，以免影响原煤质量。

2. 风化与煤质

煤风化后，煤的质量会发生很大的变化，具体表现在以下几个方面：

（1）表面污损。风化后的煤，表面常会出现赤色的水锈，有时还会出现黄色的污渍。赤色水锈是黄铁矿被氧化后生成的氢氧化铁，白色水锈是硫酸钙等物质的粉末，黄色污渍是黄铁矿氧化后游离出来的硫黄。

（2）元素含量发生变化。风化后煤的碳、氢、氮、硫等元素的含量都不同程度地降低，但氧量则大幅度增高。

（3）粒度变化。煤中水分在太阳光直接照射下急剧蒸发，煤因失去水分而收缩，在降雨时又吸收水分而膨胀。这样反复地收缩膨胀使块煤破碎，粒度变小，粉煤量增加。

（4）发热量降低。风化煤的热值和未风化煤相比明显降低。根据测定，烟煤贮存约 6 个月就降低热值 1.6%～4.9%。这是因为煤在氧化过程中，碳、氢含量逐渐减少，发热量随之降低，挥发分高的煤，热值降低更多。

（5）黏结性减弱。煤长期贮存，黏结性逐渐减弱，严重时，黏结性可能会完全丧失。结焦性能减弱，对炼焦工业、炼焦产品的产量都有很大的影响，如焦油中粗苯的产量减少，煤气发热量降低等。

（6）质量减轻。煤开始氧化时吸附的氧比放出的氧多，因此质量有所增加，但经过一个时期以后放出的气体（一氧化碳、二氧化碳和水蒸气等）超过了吸入氧气的质量，煤的质量就减轻。

（7）挥发分变化。一般挥发分高的煤，在氧化时挥发分含量下降；而挥发分低的煤，煤中挥发分含量会略有增加。

（8）水分变化。风化后的煤，其水分明显升高。

（9）煤的燃点降低。被氧化的煤，其燃点（着火点）随着氧化程度而相对降低，这样就使煤堆更容易发生自燃。

（二）煤的着火点（着火温度）

1. 着火点（着火温度）的定义

煤在规定条件下加热到开始燃烧时的温度，称为煤的着火温度。煤的燃点与煤的碳化程度有关，碳化程度较浅的煤燃点低，碳化程度高的煤燃点高。

2. 着火点（着火温度）的测定原理与方法

（1）测定原理：取一定细度的煤粉在有氧化剂（固体或气体）存在的情况下，按一定速度加热，当达到着火温度时，会出现明显的爆燃、试样温度急剧上升或试样质量迅速减少，然后求出煤爆燃、急剧升温或质量迅速减少的临界温度，作为煤的着火温度。影响着火温度的因素主要有氧化剂种类、加热温度及试样的粒度、挥发分、受氧化程度等。它是规范性很强的一种测定项目，不同测定方法测得的结果是不相同的，但对已确定的一组煤样测得的着火温度的大小排列顺序是相同的，所以可以用来比较各种煤相对的着火难易程度和自燃倾向。

（2）测定方法：目前国内常用的测定方法有固体氧化剂法和热量分析法两种。

固体氧化剂通常用亚硝酸钠，气体氧化剂通常用氧气。用亚硝酸钠作为氧化剂测定煤的着火温度时，是将在空气中干燥达到恒重的煤样与亚硝酸钠按一定比例混合，放入着火点测定装置的煤样试管中，然后加热并控制电炉升温速度，待煤样爆燃后，与煤样管相连接的倒立滴定管中的水柱突然下降时的温度即为煤的着火温度。

用亚硝酸钠测定煤的着火温度时应注意下列事项：

1）亚硝酸钠易受潮，必须预先研细，并在102～105℃温度下烘干，然后密闭贮存于称量瓶中，并放入干燥器内以防受潮；

2）试样需在室温下自然干燥并达到恒重，也可在充氮的低温（40℃）干燥箱中烘干达到恒重；

3）煤样和药品必须保持干燥及混合均匀，如有个别煤样的爆燃点不明显，应注意观察量水管水位下降情况，下降稍快阶段的温度就是着火温度；

4）测定褐煤和烟煤的着火温度时，应分别选用350℃和400℃的温度计，测定无烟煤时用500℃的温度计。测量着火温度的温度计必须定期经过计量部门校验。

用固体氧化剂法测定的煤着火温度是：无烟煤（$V_{daf}\approx7\%$）为390℃，弱黏煤（$V_{daf}\approx17\%$）为380℃，焦煤（$V_{daf}\approx20\%$）为360℃，长焰煤（$V_{daf}\approx43\%$）为350℃。

3. 煤的氧化程度及自燃倾向的判别法

煤的氧化或风化对煤的着火点有很大的影响。煤氧化后，其着火点会显著降低，即使煤的表面轻度氧化，其燃点也会明显下降。根据这一特性，可以判断煤的氧化程度，即分别测定用还原剂联苯胺处理过的煤样（还原样）、用氧化剂 H_2O_2 处理过的煤样（氧化样）和未

经处理的煤样（原煤样）的着火温度，然后计算原煤样的氧化程度，计算公式为

$$\text{氧化程度}=\frac{\text{还原样着火点(℃)}-\text{原样着火点(℃)}}{\text{原样着火点(℃)}-\text{氧化煤样着火点(℃)}}\times 100\%$$

还可以利用煤的着火温度和氧化煤的着火温度降低的数据推测煤的自燃倾向。一般着火温度低的煤和氧化后着火温度降低数值较大的煤容易自燃，因此利用还原煤样着火温度 C_R 和氧化煤样着火温度 C_B 的温差 ΔT，可以判断煤是否容易自燃，即

$$\Delta T=C_R-C_B$$

$\Delta T>40$℃，一般是易自燃的煤；

$\Delta T<20$℃，一般是不易自燃的煤（褐煤、长焰煤除外）。

（三）煤的氧化、燃烧和自燃

1. 煤的氧化

煤从矿井下采出后，受空气中氧的作用，表面失去光泽并生成赤色或白色锈斑，水分增大，煤块粉碎成粉末，这种现象称为煤的氧化。一般氧化过程包括煤的表面氧化、煤在空气中的进一步氧化和深度氧化。煤的氧化对煤有如下两方面的影响：

（1）煤的成分发生变化。深度氧化的煤，挥发分增高，二氧化碳的含量增加，发热量降低。试验表明，烟煤贮存一年后热值降低 1%～5%，严重者可降低 10%，褐煤存放一年后，热值降低 20%。总之，煤的成煤年龄越低，氧化后热值降低就越多。由于年轻的煤氧化后可燃物碳和氢的含量降低，氧化量增多，挥发分中可燃成分降低等因素的影响，会造成煤的燃点增高，火焰变短。但成煤年代久远的煤轻度氧化后，其燃点有可能降低。

（2）煤的结焦性发生变化。煤氧化后其结焦性会很快降低，甚至消失。试验表明：炼焦煤冬季存放 6 个月后，其结焦性变化不大，但夏季存放 1 个月，结焦性就会明显降低。

2. 煤的燃烧

煤在温度适宜、空气充足的条件下，会发生强烈的氧化反应，同时伴有大量的热产生和发光现象。这种放热、发光的急速反应叫做煤的燃烧。

煤的缓慢氧化和煤的燃烧在反应过程中虽然所表现出的现象不同，但燃烧与氧化没有本质区别，从反应的实质来看，它们都是煤和氧发生反应的过程，是氧化过程中的两个方面，差别仅在于氧化的速度和程度不同。氧化是一个缓慢的过程，而燃烧是伴有大量的热和光产生的急速反应过程。

3. 煤的自燃

煤氧化时所放出的热量若因不能及时扩散而积聚在煤堆内，使煤堆温度升高至煤的着火点时，就会发生自燃现象。煤的自燃不仅发生在煤的堆放贮存过程中，而且发生在某些年轻煤开采的矿井里而造成资源破坏。煤的自燃与煤的变质程度、着火点有关，变质程度越浅，着火点越低，就越容易自燃。

影响煤氧化与自燃的因素有很多，主要有以下几个方面：

（1）空气中氧的作用：在一般的贮存过程中，即使温度变化不大，在常温下，煤也会和空气中的氧发生缓慢的氧化而使煤堆发热。煤发生自燃主要是由于空气中氧的作用。为了防止自燃，可采取以下两种办法：一是设法使空气与煤隔绝，抑制煤的氧化；二是使空气流通，把煤氧化产生的热量散发出去，防止温度升高而自燃。

（2）煤的碳化程度：碳化程度高的无烟煤，其挥发分、水分含量就低，煤的结构也较紧密，不易氧化；碳化程度低的煤，结构松散，容易粉碎，极易风化和氧化，且其着火温度较高，所以不易自燃。碳化程度低的褐煤和较年轻的及中等变质的烟煤，其挥发分和水分较高，结构松散，在空气中极易风化和氧化，故比较容易自燃。

（3）水分：煤堆中水分过高或过低都不易自燃，当煤中含有适量的水分时，才易被氧化。因为适量的水分很容易填塞空隙，使热量积聚起来，而且水中溶解有一定量的氧；同时，水分含量多的煤，经过反复蒸发使水分散失，而后煤又重新吸收水分，会使煤产生反复的膨胀和收缩而发生碎裂，从而扩大了煤跟空气的接触面，增加了氧化的机会。煤氧化产生的热量被水吸收，水分蒸发，水蒸气又在煤堆温度低的地方凝结成水，放出热量，使煤堆发热，煤堆内的温度逐步升高，达到煤的着火点时就会发生自燃。

（4）黄铁矿的氧化作用：煤中含黄铁矿多少对煤的氧化作用有很大的关系。黄铁矿是硫化铁，在煤堆湿润时极易氧化，同时放出大量的热，使煤堆温度增高，块煤膨胀破碎扩大了氧化面，加速了氧化作用和自燃。

（5）煤的粒度：块煤与空气的接触面积小，容易通风散热，氧化和自燃的可能性较小；末煤与空气的接触面积较大，容易氧化，并且不易通风散热，氧化和自燃的可能性就比较大。

（6）气候影响：气候干燥时，空气中的水蒸气少，煤中的水分容易蒸发，积热也容易散出，煤堆就不易自燃。天气闷热，空气湿度大，煤中水分不易蒸发，煤堆温度上升，积热很难散出，从而会加速煤的氧化。雷雨时，空气中散出的臭氧具有强烈的氧化作用，也会加速煤堆的氧化。

（7）温度的影响：煤的氧化速度与温度有关，温度高，其氧化速度就快，在30～100℃范围内，温度每增高10℃，煤的氧化速度就提高2.2倍。

（四）煤的吸附性

煤的吸附性既是煤的胶体性质，也是煤的化学性质。煤是多孔状物质，对气体及液体均有较强的吸附作用，影响煤吸附作用的因素有煤的温度、黏度和碳化程度。碳化程度高的煤吸附作用差，碳化程度低的煤吸附作用强，如褐煤吸附作用很强。在堆存过程中，吸附性强的煤更容易自燃。

第三节　火电厂生产过程及输煤系统的概况

火力发电厂的生产全过程包括燃料系统、燃烧系统、汽水系统、电气系统、供水系统、供热网系统、化学水处理系统、热工自动化系统和除尘除灰系统等。

火力发电厂的产品是电能，电能的生产过程是能量的转换过程。火力发电厂有以下三种形式的能量转换：

（1）燃料在锅炉内燃烧，使其化学能转变成热能，然后通过传热过程传给锅内的水和蒸汽，使水加热成为一定压力和温度的水蒸气，即将燃料的化学能转变为蒸汽的热能。

（2）在汽轮机中，一定温度和压力的水蒸气冲动汽轮机转子转动，并通过联轴器带动发电机的转子转动，即热能转换为转子旋转的机械能。

（3）在发电机中，转子转动时，利用导体切割磁力线，从而产生电动势，即机械能转换为电能。

以上能量转换过程为：在锅炉中煤的化学能转变为热能；在汽轮机中热能转变为机械能；在发电机中机械能转换成电能。

火力发电厂（以燃煤发电厂为例）生产过程是：储存在储煤场（或储煤罐）中的原煤由输煤设备从储煤场送到锅炉的原煤斗中，再由给煤机送到磨煤机中磨成煤粉。煤粉送至分离器进行分离，合格的煤粉送到煤粉仓储存（仓储式锅炉）。煤粉仓的煤粉由给粉机送到锅炉本体的喷燃器，由喷燃器喷到炉膛内燃烧（直吹式锅炉将煤粉分离后直接送入炉膛）。燃烧的煤粉放出大量的热能，将炉膛四周水冷壁管内的水加热成汽水混合物。混合物被锅炉汽包内的汽水分离器进行分离，分离出的水经下降管送到水冷壁管继续加热，分离出的蒸汽送到过热器，加热成符合规定温度和压力的过热蒸汽，经管道送到汽轮机做功。过热蒸汽在汽轮机内做功推动汽轮机旋转，汽轮机带动发电机发电，发电机发出的三相交流电通过发电机端部的引线经变压器升压后引出送到电网。在汽轮机内做完功的过热蒸汽被凝汽器冷却成凝结水，凝结水经凝结泵送到低压加热器加热，然后送到除氧器除氧，再经给水泵送到高压加热器加热后，送到锅炉继续进行热力循环。再热式机组采用中间再热过程，即把在汽轮机高压缸做功之后的蒸汽送到锅炉的再热器重新加热，使汽温提高到一定（或初蒸汽）温度后，再送到汽轮机中压缸继续做功。

在我国大型电厂中所采用的绝大部分燃料是燃煤，由于煤产地与电厂间地理位置或地域不同，就需通过汽车、火车或轮船把煤运往电厂，输煤系统承担从煤源（翻车机、卸车机、汽车卸煤沟和煤码头卸船机等）至储煤场，再由储煤场到主机煤仓，或者直接到主机煤仓的备煤和上煤任务。

火电厂输煤系统的控制方式一般有三种，即就地控制、集中手动控制和程序控制，目前大多采用程序控制（简称程控）的方式。输煤程控系统包括上煤系统、配煤系统、上位计算机监控，实现各种管理功能；主要控制对象包括给煤机、三通挡板、皮带机、碎煤机、滚轴筛、除铁器、振打器、犁式卸煤器等设备及与煤源设备（如翻车机、卸船机、斗轮机等）的通信。此外，火力发电厂输煤系统一般还有工业电视监控系统、排污设施和除尘装置等。

输煤控制系统的特点是：整个系统控制很分散，覆盖距离远，现场环境恶劣，粉尘、潮湿、振动、噪声、电磁干扰等都比较严重，且受控设备大多数都是强电设备，干扰严重。

火力发电厂的输煤系统是辅机系统的一个重要组成部分，是保证火电厂稳定可靠工作的重要因素之一，一个高出力、高可靠性和灵活性的燃料输送系统是机组乃至整个电厂稳定运行的重要保证，其运行的好坏直接影响着电厂的安全运行，因此对整个控制系统的设计、设备选型、软硬件配置及控制方案要求非常高。

随着电子技术、计算机技术、控制技术、信息网络技术的迅速发展，大型火电厂的燃料输煤系统正向着生产过程控制高度自动化、工艺设备及测控设备高度智能化、生产管理高度自动化等方向发展，实现了设备程控化，现场联网化和可视化，再到与 MIS 系统联网，提高了电厂的自动化水平。

第四节 燃料的检验及取制样

在火力发电厂中燃料的检验包括检斤和检质两个方面。检斤俗称计量，检质俗称化验，但化验必须对煤炭进行相应的采制化工作方可实现。在火电厂中煤炭的采样、制样以及化验被称为“采制化”。

火电厂采制化工作主要引用以下标准：GB 475—2008《商品煤样人工采取方法》、GB 474—2008《煤样的制备方法》、GB/T 211—2007《煤中全水分的测定方法》、GB/T 212—2008《煤的工业分析方法》、GB/T 213—2008《煤的发热量测定方法》、GB/T 214—2007《煤中全硫的测定方法》、GB/T 219—2008《煤灰熔融性测定方法》等。

煤炭采制样工作是煤质检测中最为重要的环节。煤炭质检部门是一个重要的职能单位，它按国家标准对商品煤进行检测工作，而其中最重要的一项是对商品煤特性进行采制样，它是煤质检测中最为重要的环节，是获得可靠检测结果的必要前提。大量试验表明：若以方差表示误差的话，采样误差占80%，制样误差占16%，化验误差占4%，因此在商品煤的采制化中，采制样工作显得尤为重要，只有严格按照国标进行精心操作，才能减少煤质误差和纠纷。煤样采取必须执行GB 475—2008《商品煤样人工采取方法》。在采样中，煤炭最大粒度是50mm时，国标规定每个子样质量不能少于2kg，在火车顶部沿对角线方向按三点循环方式采样，采取商品煤样时，各车的对角线方向应一致，但采样过程中，所挖煤坑忽深忽浅，所采子样量忽高忽低，不均匀，采多了抖动减少，采少了又不补，对角线方向成锯齿状，这种人为因素势必影响采样精确度。国标规定，在采取煤样时，若粒度大于150mm的煤块（包括矸石）含量超过5%，则大于150mm的不再取入，但要参照煤炭原煤筛分试验的结果，或在火车车皮顶部采取商品煤筛分煤样，测试粒度大于150mm的煤块所占比例，化验各个指标。该批煤的灰分或发热量应按大于和小于150mm煤块的比例加权平均计算，这样才能反映该批煤的真实情况。

为了提高采样精密度，对于运量较大的商品煤，尽可能将实际运量分成若干采样单元进行采样。对于港口汽车（或船）进煤，按车（或船）采样的煤样，由于有时延续时间较长，煤样应注意密封好，以免影响全水分的准确性。对于煤堆采样，应按每处都有可能被采到煤样的布点原则均匀布点，采样时应先除去0.2m的表面层。但要注意，商品煤到达收货方，在车（或船）顶部采样时，则是先挖坑至0.4m以下采取，与煤堆采样挖坑深度不同，千万不能混淆。煤样运到制样室时，首先应对总样质量进行过磅称重，登记编号，粒度大于25mm的煤样未经破碎不允许缩分，但是目前还存在个别单位对总样不破碎就进行掺和缩分，总样质量也不称重的现象。因为煤炭是一种很不均匀的固体混合物，颗粒越大，越不均匀，如果较大颗粒中有几块矸石，则在缩分时就很难保证这些颗粒能均匀地分布在留、弃的两部分煤样中，使煤样无代表性，若将大颗粒破碎，就可增加各种颗粒的分散程度。对总样称重既可以检查采样质量是否符合要求，又可以为下一步缩分量的留取做到心中有数。

一、入厂煤数量验收一般要求

（1）入厂煤检斤率、煤车重、轻车复检率均达到100%。

（2）建立健全对入厂煤计量的内部监控机制，根据需要对计量人员进行轮岗。

（3）对计量人员进行定期和不定期培训，全部人员持证上岗。

（4）计量衡器由具有检定资质的部门按规定周期进行检定，并取得合格证。

（5）定期检查衡器，进行检修与维护，确保计量精度。

（6）衡器若有避雷设施，雷雨天气时要及时清除秤台积水，检查各接地点是否正常；若无避雷设施，则应立即关机，并拔掉电源。

（7）入厂煤数量验收数据如实填报。

（8）电厂燃料管理部门要加强接卸管理，减少接卸损耗。接卸过程中如发现大块异物要及时联系处理。

（9）当供、需双方因数量问题发生纠纷时，由电厂与供应单位协商解决。

（10）燃料统计人员将每日入厂煤数量验收数据汇总，对计量原始资料、凭证、台账进行审核后，按档案化管理要求分类归档存放。

二、火车运煤数量验收

（1）火车到站（港）后，逐车核实重车、空车数据、矿别及收货人，无车号自动识别系统的要有专人记录车号。若发现到厂计量与票重有较大出入，或到厂车数与货票数不相符时，要立即通知相关人员，并记录该车号、票重、检重等数据。

（2）与车站和矿方核实车数及装载状态，并做好记录。

（3）一般情况下，火车皮重以标记自重为准。

（4）火车来煤要按规定速度过衡，一般为小于 15km/h 的行驶速度。

（5）火车来煤卸空后，要检查车厢，清扫余煤。

三、汽运煤数量验收

（1）汽车衡每日使用前做好零位校正等检查和准备工作。

（2）汽运煤必须每车称重除皮，计算净重。

（3）汽运煤一般以实收数为准，若订货合同中供需双方对结算数和运输损耗（以下简称“运损”）有约定，按合同约定执行，超过运损部分为亏吨（国家关于最大运损的规定见 DL/T 904—2004）。

（4）车辆上衡后，认真核对每车的矿别、矿发量、车号，过衡中发现异常时，应停止计量并及时检查处理。

（5）煤场接卸人员要逐车检查卸车情况，并在运煤票据上签字。煤车卸空后过衡除皮，计量人员要确认煤车卸净、运煤票据（签字、盖章）齐全，方可办理手续。

四、水运煤数量水尺验收

（1）水尺验收工作必须两人参加，一人测量，另一人复核，并相互做好原始记录。

（2）坚持公平、公开、公正的原则，验收时邀请船方代表共同参加，验收结束后请船方代表签字。

（3）重载、空载水尺验收率均要达到 100％。

（4）验收水尺时要注意水尺线的清晰程度、有无缺损和错误。

五、电子皮带秤验收

（1）每月进行 3 次入厂煤电子皮带秤实煤校验工作，做好记录，确保皮带秤计量准确。

（2）计量前做好皮带秤的检查和准备工作。

（3）皮带秤秤架周围应封闭，严禁闲人进入，避免计量干扰。

（4）对皮带秤仅用于校核船队的水尺线的电厂，校核率应不低于20%。

六、入厂煤质量验收一般要求

（1）所有入厂煤必须做到车车采样，批批化验，检质率应达到100%。

（2）电厂根据实际情况制定煤样编码规范，并负责落实。

（3）建立采制化工序卡及传递程序。采样工序卡内容包括来煤时间、天气、人员、矿别（编码）、品种、车数、子样数、子样量等信息。

（4）建立健全对采制化过程的内部监控机制，根据需要对采制化人员进行轮岗。

（5）对采制化人员进行定期和不定期培训，达到全部人员持证上岗。

（6）质量验收工作必须按规定操作，实事求是，做到公正、公平，维护企业的良好形象。

（7）采制化设备、设施齐全，按规定定期检定，检定证书合格有效。

（8）对煤质分析仪器设备按照国家标准进行标定，定期自检并做好记录，保持分析仪器准确。

（9）备查煤样抽检数目不少于每月样品总量的5%，抽检合格率不低于95%，有抽检考核记录。

（10）采制样精密度核对每年不少于两次，记录与报告格式规范。

（11）燃料统计人员将每日入厂煤的质量验收数据汇总，并按规定要求录入燃料信息管理系统。

七、取样工作

（1）取制样工作人员必须坚守岗位，随时准备对入厂煤车进行取样。

（2）取制样工作人员接到轨道衡值班人员送来的样号通知单后应签名，并根据通知单上的专用线、车号、样号立即填写取样标签，标签上应注明取样日期、取样人、样号及对应样号的取样桶号。

（3）取制样工作人员进入取样现场应注意人身安全，必须戴好安全帽，上、下火车当心滑跌。取制样工作人员取样时必须2～3人同行，不得单独一人取样。

（4）取制样工作人员接到绞龙司机的取样通知后，应立即到取样现场取样，不得以任何理由拖延。

（5）取货位内的煤车煤样时，取样点应均匀分布于煤车中，并严格做到每车取样，在取样过程中不得将应取的矸石、石块、硫黄石漏取或丢弃。

（6）在货位外的煤车上取样时，应按规定在煤车顶部挖坑至0.4m以下取样，取样前应将滚落在坑底的煤块、矸石清理干净方可取样。当货位外取过样的煤车送上货位后，应按（5）条要求继续取样，所取煤样量与货位外取的煤样量相同。

（7）取样工具：取样铲的长度和宽度应不小于被取样煤最大粒度的2.5～3倍。对最大粒度大于150mm的煤可用长×宽约为300mm×250mm的铁铲。

（8）最少子样数目见表1-2。

（9）关于子样质量：每个子样的最小质量根据商品煤标称最大粒度规定确定，见表1-3。

表 1-2 最少子样数目

取样单元(t)	＜1000		1000		＞1000
品 种	原煤 筛选煤	其他洗煤粒度大于100mm 的煤块	原煤 筛选煤	其他洗煤粒度大于100mm 的煤块	
最小子样数目	18	6	60	20	

表 1-3 每个子样最小质量的确定

最大粒度(mm)	＜25	＜50	＜100	＞100
子样质量(kg)	1	2	3	4

(10) 子样数目和子样质量按以上 (8) 和 (9) 条规定确定。原煤和筛选煤每车不论车皮容量大小至少取 3 个子样；精煤、其他洗煤和粒度大于 100mm 的块煤每车至少取 1 个子样。

(11) 子样点布置：

1) 对原煤和筛选煤，每车取 3 个子样；对精煤、其他洗煤和粒度大于 100mm 的块煤，按 5 点循环方式每车取 3 个子样。

2) 当不足 6 节车皮为一取样单位时，依据“均匀布点，使每一部分煤都有机会被取出”的原则分布子样点，如 1 节车皮的子样数超过 3 个 (原煤和筛选煤) 或 5 个 (精煤、其他洗煤)，多出的子样可分布在交叉对角线上，也可分布在车皮平分线上。

3) 当原煤和筛选煤以 1 节车皮为 1 取样单元时，18 个子样既可分布在交叉的对角线上，也可分布在 18 个方块中。

(12) 根据电厂的具体情况对煤样的取样特作如下规定：

1) 在货位内的煤车应随绞龙卸煤机取样，取样点应均匀分布于煤车中；在货位外的煤车应按 GB 475—2008《商品煤样人工采取方法》取样。

2) 对取样量的规定见表 1-4。

表 1-4 取样量规定

煤车数 c	$c\leqslant5$	$6\leqslant c\leqslant10$	$11\leqslant c\leqslant15$	$16\leqslant c\leqslant20$	$21\leqslant c\leqslant25$
取样量(桶)	3	4	5	6	7
煤车数 c	$26\leqslant c\leqslant30$	$31\leqslant c\leqslant35$	$36\leqslant c\leqslant40$	$41\leqslant c\leqslant45$	>45
取样量(桶)	8	9	10	11	12

(13) 煤样采集完毕样桶应立即用塑料袋封口，附上取样标签，放置于指定地点，如发现煤样桶破裂、漏煤或无盖应立即送修或调新。

(14) 取制样工作结束后应认真填写交接班簿。

八、制样工作

(一) 制样设备

(1) MZW 型全密封外向锤式破碎缩分机特性与规范见表 1-5。

表 1-5 MZW 型全密封外向锤式破碎缩分机特性与规范

型　　号	MZW-250×360	MZW-180×150	型　　号	MZW-250×360	MZW-180×150
给料粒度(mm)	≤150	≤50	生产率(kg/h)	1100～1800	300～600
出料粒度(mm)	3～13	1～6	质量(kg)	360	200
缩分比	1∶8	1∶8	外形尺寸(mm)	1100×800×1500	900×700×1300

（2）PZC 型系列密封锤式破碎机特性与规范见表 1-6。

表 1-6 PZC 型系列密封锤式破碎机特性与规范

型　号	PZC-250×360	PZC-180×150	型　号	PZC-250×360	PZC-180×150
给料粒度（mm）	≤150	≤50	电动机	Y112M-4.4kW	Y90L-4.15kW
出料粒度（mm）	3～13	1～6（可调）	质量（kg）	300	136
生产率（kg/h）	1100～1800	300～600	外形尺寸（mm）	900×1000×1360	700×580×1130

（3）EF-86 型二分器特性与规范见表 1-7。

表 1-7 EF-86 型二分器特性与规范

振格	格槽个数	格槽宽度(mm)	缩分粒度(mm)	振格	格槽个数	格槽宽度(mm)	缩分粒度(mm)
1	32	5	<1.25	3	18	15	<6
2	24	7.5	<3	4	16	32.5	<13

（4）101A 电热鼓风机干燥箱特性与规范见表 1-8。

表 1-8 101A 电热鼓风机干燥箱特性与规范

型　　号	工作室尺寸 长×宽×高（mm）	主要技术条件
101A/1	350×450×450	室温升 10～300℃ 温度波动度≤±1℃ 采用数显控温仪控温
101A/2	450×550×550	
101A/3	500×600×750	
101A/4	800×800×1000	

（5）FZ（G）型系列密封式制样粉碎机规范见表 1-9。

表 1-9 FZ（G）型系列密封式制样粉碎机规范

型　号	FZ-1/100A	FZ-2/100A	FZ-3/100A	型　号	FZ-1/100A	FZ-2/100A	FZ-3/100A
编号	1	2	3	出料粒度(mm)	<0.2	<0.2	<0.2
装料质量(g)	100	100	100	加工时间(min)	<2	<2	<3
装料粒度(mm)	≤13	≤13	≤13	控制方式	自动	自动	自动

（6）XSZ-200 型标准筛振筛机规范见表 1-10。

表 1-10 XSZ-200 型标准筛振筛机规范

名　　称	参　　数	名　　称	参　　数
匹配筛子直径(mm)	200	回转半径(mm)	12.5
摇动频率(次/min)	221	振幅(mm)	5
振击频率(次/min)	147		

(二) 制样与缩分

1. 制样

(1) 采样结束后，在相关人员的监督下，把样品送到制样室。

(2) 制样室条件、制样工器具符合有关标准和要求。

(3) 制样人员收到样品后，应首先对样品进行登记、称重，并做好记录，按要求填写制样工序卡，内容包括时间、天气、人员、原煤样总量、全水分煤样重量、分析煤样重量、备查煤样重量等信息，各单位可根据实际需要增加项目。

(4) 在监样人的监督下，制样人负责制样。

(5) 使用机械破碎前，要检查清理制样设备内存煤，制样结束后应取出粉碎机内的余煤(矸)，重新破碎后掺入样品内。

(6) 按 GB 474—2008 进行制样。煤样的制备如使用联合破碎缩分机制样可一次完成。每次破碎、缩分前后，机器和用具都要清扫干净，制样人员在制备煤样的过程中，应避免污染煤样。如因煤炭水分过大等原因需人工制样，则按以下步骤进行：所需的粒度用不同孔径的标准筛筛取煤样；原煤样全部破碎到 25mm 以下才进行缩分。四分法缩分：用十字分样板将煤堆分成四个相等的扇形，舍去两个相对的扇形体，对留下的两个相对的扇形体继续掺和缩分，直到符合规定的数量为止。将原始煤样破碎到 13mm 以下，掺和后再破碎到 6mm 以下，按九点法取出，测定全水分煤样，掺和缩分后，再破碎到 3mm 以下。将制样后的煤样密封，并粘贴标签后立即送化验室进行化验。

(7) 化验室收到全水分煤样后，应及时测定全水分。

(8) 分析煤样应分装成三份，一份作为入厂煤化验分析用，一份作为电厂入炉煤化验室对比分析用，一份留存备查，按国标规定容器存放。

(9) 备查煤样一般贴有供方代表、监样人、制样人签字的封条。一般分析备查煤样保存期限为 60 天，有煤质争议的样品可长期保存；全水分备查煤样保存期限为 7 天。

2. 制样前的注意事项

(1) 制样前应认真查看交接班簿，按来煤样标签逐项核对，并将煤种、品种、粒度、采样地点、包装情况、煤样质量、收样和制样时间等详细登记在煤样记录本上，并进行编号。如系商品煤样，还应登记车号和发运吨位。

(2) 制样应根据水分、黏度由低到高的顺序进行。

(3) 制样前应核对应制的样号与样桶号相符。

(4) 遇到煤样湿需人工制样时，必须按国标标准制样。

3. 制样过程中的注意事项

(1) 制样人员在对缩分出来的煤样进行烘干、磨细、装瓶时应认真、仔细，备好工业分析样、全水分样各两份，装瓶后贴上标签再称重，标签上注明日期、样号、试样毛重，装入塑料袋中塑封，一份送化学，一份留作备查。

(2) 做好制样设备清理工作和制样现场的文明生产工作。

(3) 制样结束后由组长认真填写交接班簿。制样过程中，上、下平台应注意安全，防止滑跌。

4. 制样过程

制样过程分为破碎—过筛—掺和—缩分。每次破碎、缩分前后，机器和用具都必须清扫干净。制样人员在制备煤样的过程中，应穿专用鞋，以免污染煤样。对不易清理的密封式破碎机和联合破碎、缩分机，只用于处理单一品种的大量煤样。处理每个煤样之前，可将该煤样的煤通过机器先进行“冲洗”，弃去“冲洗”煤后再处理煤样。处理完之后，应反复开几次，以排净滞留煤样。

5. 破碎、缩分机的操作

（1）破碎、缩分机的启动。

1）检查“开关”在“断开”位置。

2）传动装置安全罩完整并罩好，三角皮带无松动，传动平衡联轴销子无松动、脱落，本体上的螺丝无松动、脱落。

3）本体内、落煤口无积煤，粉碎榔头应完整，筛网无积煤，落煤管畅通，缩粉铁抽屉清洁。平台栏杆完整无缺，倒煤样的落煤斗畅通无阻。

4）上盖盖好，螺丝拧紧。

5）合上电源开关。

6）待铁榔头转速正常后，方可倒煤样制样。

（2）破碎、缩分机的停用。

1）煤样做好后断开电源。

2）待转动完全停止后，方可打开上盖。

3）本体内积煤清理干净。

4）制好一只样号换样时必须先清理机器，做到做一只样号清理一次机器。

5）如发现煤样中有矸石，应人工敲碎后放入机器（以免损坏机器）。

6. 煤样的缩分

（1）堆锥四分法缩分煤样是把已破碎、过筛的煤样用平板铁锹铲起堆成圆锥体，再交互地从煤样堆两边对角贴底逐锹铲起堆成一个圆锥，每锹铲起的煤样不应过多，并分两三次撒落在新锥顶端，使之均匀地落在新锥的四周。如此反复堆掺三次，再由煤样堆顶端，从中心向四周均匀地将煤样摊平（煤样较多时）或压平（煤样较少时）成厚度适当的扁平体。将十字分样板放在扁平体的正中向下压至底部，煤样被子分成四个相等的扇形体。将相对的两个扇形体弃去，留下的两个扇形体按规定粒度和质量限度备制成一般分析煤样或适当粒度的其他煤样。煤样经过逐步破碎和缩分，粒度与质量逐渐变小，混合煤样用的铁锹应相应地适当改小或相应地减少每次铲起的煤样数量。

（2）在粉碎成 0.2mm 的煤样之前，应用磁铁将煤中的铁屑吸去，再粉碎到全部通过孔径为 0.2mm 的筛子，并使之达到空气干燥状态，然后装入煤样瓶中（装入煤样的量应不超过煤样瓶容积的 3/4，以便使用时混合）交化学化验室化验。

（3）除使用一次能缩分出足够数量的全水分煤样的缩分机外，煤样破碎到规定粒度后稍加混合，摊平后立即用九点法缩取，装入煤样瓶中封严（装样量不得超过煤样瓶容积的 3/4），称出质量，贴好标签，速送化学化验室测定全水分。全水分煤样的制备要迅速。

7. 煤样的干燥

（1）煤样的干燥通过电热鼓风干燥箱干燥。粉气干燥法如下：将煤样放入盘中摊成均匀的薄层，在温度不超过 50℃下干燥，连续干燥 1h 后，煤样的质量变化不超过 0.1%即达到空气干燥状态。空气干燥也可在煤样粉碎成 0.2mm 的煤样之前进行。

（2）煤样在搁板上的平均载荷不大于 4.5×10^2Pa；放置煤样时，不可过密、过重，一定要留有空隙。工作室底板上严禁放置物品，以免影响正常工作。

（3）每次使用后，应切断总电源，并保持箱内、箱外、搁板以及电镀件的清洁，以防腐蚀。

8. 电热鼓风干燥箱的操作

（1）电热鼓风干燥箱的投用。

1）检查电热鼓风干燥箱设备应完整，电源开关应在断开位置。

2）合上电源开关，箱子上电源指示灯亮。

3）打开仪器工作电源开关（POWER）至“ON”位置，数显温度控制仪显示屏显示温度值。

4）取下保护罩，将测量/设定开关拨向“设定”位置，旋转温度设定旋钮，顺时针旋转显示值增大，逆时针旋转显示值减少，观察温度值显现屏上所显示的数字，直至旋到所需要的工作温度值，然后再将测量/设定开关拨向“测量”位置，盖上保护罩，至此工作温度值设定完毕。

5）打开鼓风开关至“RUN”，鼓风机启动运转。

6）根据需要选择加热功率。如工作温度偏高，可将加热功率选择开关掀至“LOW（低）”位置；如工作温度偏低，可将加热功率选择开关掀至“HIGH（高）”的位置。

7）打开箱顶排气阀约 5mm，插上水银温度计。

8）打开箱门及玻璃观察门，放入试样，关好玻璃门及箱门。

9）温度自动升至预先设定的工作温度值，并能听到继电器通断的响声，观察数显温度控制仪两侧红绿灯能交替工作，说明控制电路工作正常。红灯（OFF）亮时为停止加热，绿灯（ON）亮时为正在加热。

（2）电热鼓风干燥箱的停用。工作完毕，将各开关关闭，断开电源，电源指示灯熄灭。

（3）使用电热鼓风干燥箱的注意事项。

1）在使用电热鼓风干燥箱前，必须打开箱顶排气阀门。

2）从排气阀顶插入水银温度计工作时，应有专人监测箱内温度，温度控制在 50～80℃，不得超出 80℃，如不能恒温或超过工作温度值，应立即断电。因为本设备无超温保护装置，一旦温控失灵，应及时断电，速请检修人员检查，以避免发生事故。

3）煤样在搁板上平均载荷不大于 4.5×10^2Pa。放置煤样时，不可过密、过重，一定要留有空隙。工作室底板上严禁放置物品，以免影响正常工作。

4）每次使用后，应切断总电源，并保持箱内箱外、搁板以及电镀件的清洁，以防腐蚀。

5）侧门内是电气控制线路，正常使用时应将其关闭，以防灰尘入内及触电。

9. 密封式制样粉碎机操作

（1）密封式制样粉碎机的启动。

1）检查密封式制样粉碎机设备是否完整，电源是否在断开位置。

2）将密封式制样粉碎机外盖打开，松开压紧装置，将冲击块、冲击环放入冲击座内，将煤样放入冲击座内，套上橡皮垫圈，盖好压盖，拧紧压紧装置，将外盖盖上。

3）合上电源，按实际需要的工作时间调妥定时器，按下启动按钮，进行粉碎工作（煤样粉碎时间为 2min）。

（2）密封式制样粉碎机的停用。

1）拉开电源，待机器停止运转后，打开罩盖，松开压紧装置。

2）取下料罐，打开压盖，取出冲击环、冲击块，倒出冲击座中已粉碎的煤样［粒度一般在 120～200 目（0.12～0.2mm）］装瓶。

（3）密封式制样粉碎机操作注意事项。

1）压紧装置未拧紧前，不得通电运转。电动机未停止转动前，不允许松开压紧装置。

2）每次使用后，应将粉碎装置和压紧装置清理干净，机器外部也须打扫清洁。

3）每次使用前或使用后，都须检查压紧装置有无松动现象，如有松动不可使用，需紧固后才可使用。

4）粉碎煤样时，煤样必须干燥，如潮湿可能粘在冲击座内而不易倒尽。

5）每次制样粉碎时，进料质量都不得低于 50g，不得超过 120g，进料粒度为 6～13mm，必须保证冲击块和冲击环之间有一定间隙，不会因料多、粒大而卡死。

10. 设备维护与保养

（1）定期做好制样设备的维护保养工作。

（2）每周一制样机传动轴承加注黄牛油。

（3）每月第一日制样机传动齿轮加注机油。

九、送样、存样规定

（1）用于测定全水分和煤化验分析用的煤样，由监样人和送样人共同送样到化验室。

（2）存样室条件符合有关规定和要求，管理制度规范，有防范措施，避免煤样的丢失和调换。

（3）动用备查样需按有关规定进行，并由签字人员共同验核启封。

十、化验管理规范

（1）煤化验设立入厂、入炉两个化验室，指定专人核对两个化验室的试验数据，形成相互监督的化验保证体系，也可以委托有资质的煤检机构进行化验。

（2）与工作无关的人员不得进入煤化验室。

（3）严格按照国家标准及时、准确地进行化验。

（4）化验人员应保管好原始记录备查。

（5）工业分析与热量分析分开进行，化验数据不得外泄。

十一、对取制样工作人员的要求及注意事项

（1）燃料取制样工作是燃料管理的重要环节，取样人员应坚持公平、公正的原则，实事求是地做好入厂煤的取制样工作。

（2）取样人员应严格遵守厂规厂纪，服从领导指挥，自觉抵制外部因素影响，确保入厂煤取制样的正确性。

(3) 取制样人员应熟悉燃料管理标准和燃料部取制样工作标准，认真进行取制样工作，工作中发现问题，应及时向有关领导汇报。

(4) 取制样室属特殊工作岗位，进入取制样室需凭特殊岗位通行证，外来及闲杂人员禁止入内。

第五节 燃料的掺配使用

配煤工作是燃料部运行的一项重要工作，如何配好煤、加好仓，将直接影响到机组的安全、经济运行。下面介绍某电厂燃煤的实际储存及掺配。

一、掺配煤原则

(1) 掺配煤主要以场地混煤统加为主，场地煤与煤沟煤并加为辅，斗轮机取料时采用斜坡层次分段法。

(2) 高热值、低挥发与低热值、高挥发进行掺配相混，掺配后的煤质应达到以下范围：

1) 应用基挥发分为14%～20%；

2) 应用基低位发热量为18.81～21.32MJ/kg；

3) 水分小于10%；

4) 满负荷运行时，应用基低位发热量为20.06～21.32MJ/kg，挥发分为14%～18%；

5) 低负荷运行时，应用基低位发热量为18.81～20.06MJ/kg，挥发分为16%～20%。

二、掺配煤方案

(1) 查阅当天机组的负荷曲线，根据负荷曲线确定入仓煤的各项指标（主要是低位发热量和挥发分）。

(2) 了解上一班的配煤情况及机组的运行情况，如机组的负荷和总煤量的关系在正常范围内，则可参照上一班的配煤方案，否则应重新制订配煤方案。

(3) 了解卸煤沟内的存煤及煤质情况（煤质可查阅以前入厂煤的化验报告，但仅供参考），根据煤质情况确定加仓方式（场地单加或场地与煤沟并加），同时要确定掺配比例。

(4) 了解当班的煤车及煤种情况，根据已确定的加仓方式，制订相应的甩场计划。当大量煤车到达时，为了做到“多卸、快卸”煤车，势必会和加仓计划发生一定的矛盾，此时应优先考虑配煤加仓。

(5) 正常工作日，由设备管理部燃料专职、发电部、燃料部三方共同制订当天的配煤计划，并上厂“MIS”系统，供有关人员查询或执行。

(6) 燃料运行班长原则上按燃煤调度计划进行加仓，在遇到煤质变化时，应及时向燃煤调度小组汇报，然后由调度小组更改计划。中、夜班遇到煤质变化时，运行班长可更改配煤方案，但应在交接班记录上做好详细记录。

(7) 双休日及节假日，由运行班长制订配煤方案，并向值班干部和值长汇报。

(8) 班长用运行方式命令票将配煤方案或甩场方案交集控值班员执行。

(9) 遇到进厂的新煤种严禁加仓，在不影响卸车的情况下，可留在卸煤沟内，或者甩在指定地点，等化验报告出来后再决定加仓比例。

(10) 在配煤加仓前，燃运班长应主动向值长汇报掺配煤的煤质情况；在遇到煤质变化时，值长应及时联系燃运班长说明情况，并要求燃料进行配煤调整。

（11）燃料运行专业应及时做好掺配煤的分析报告，以提高掺配煤的合格率。

三、混配煤

燃料费用在火力发电厂电力成本中所占的比重达到70%～80%。煤炭供应出现买方市场后，电厂有可能在保证锅炉安全、经济运行的条件下，同时选用几个煤种混配燃烧，以降低燃料费用，这是煤种混配的第二个目的。

混配煤种的基本要求：为了保证锅炉的安全性、经济性及调峰的需要，对煤质提出各种要求达到的指标，如可燃烧质挥发分、低位发热量，灰分、水分、硫分及灰的熔融性。这些指标构成煤种混配中的约束条件。其中，与煤种配比成线性关系的为线性约束条件，如挥发分、发热量、灰分、水分、硫分；灰的熔融特性与配比是非线性关系，则为非线性约束条件。煤质指标如下：

（一）可燃质挥发分

可燃质挥发分是煤质的重要指标，也是判断煤的着火性能、燃烧稳定性能的首要指标。由于挥发物的活化能远比焦炭活化能低，所以挥发物比焦炭容易着火。挥发分含量越高的煤，着火性能越好，燃烧越稳定。挥发分含量是影响着火温度的一个重要因素。

固态排渣煤粉燃烧方式，对煤的挥发分适用范围较广，无烟煤、贫煤、烟煤及褐煤都可采用。但在锅炉设计时，必须充分考虑到由于挥发分含量不同，煤粉的着火性能和焦炭燃尽性能的差异。对于挥发分较小的无烟煤或贫煤，为了保证着火的稳定性，采用较高的热风温度，燃烧器结构和布置也不同于一般烟煤，制粉系统采用热风送粉。为了保证焦炭燃尽，炉膛体积也很大。相反地，对于挥发分较大的烟煤，采用较低的热风温度，制粉系统为乏气送粉，炉膛体积较小。对于具体一台煤粉炉，对挥发分适应范围很窄，挥发分不能小于某个低限$V_{daf,min}$，以维持低负荷燃烧的稳定性和经济性；挥发分也不能高于某个上限$V_{daf,max}$，以防止燃烧器喷嘴口烧坏或其他事故。

（二）发热量

煤的发热量是煤质的另一个重要指标。作为动力燃料，发热量越大，经济量价值越大。从大量煤质统计规律可知，煤的收到基低位发热量是灰分、水分、挥发分的函数，不是一个独立量，不能构成独立的约束条件。但是对于电厂，进厂的几种煤，其发热量与灰分、水分、挥发分之间不一定存在函数关系，这时发热量仍然是一个约束条件。

对进厂煤发热量的要求主要是考虑到其本身的经济价值；对混配煤发热量的要求是考虑到经济和技术两个方面的因素。发热量越低，磨煤和输送耗电量越大，厂用电增加，发电成本增加。入炉煤发热量技术低限值主要是根据机械不完全燃烧和排烟热损失不至于太大，以及低发热量劣质煤燃烧稳定性差而制定的。

（三）灰分

灰分对燃烧的影响首先体现在对着火的影响。煤中灰分含量增加，火焰转播速度减缓、着火推迟，燃烧稳定性差。灰分含量增加，也会使焦炭燃尽程度变差，机械不完全燃烧热损失随之增加，灰渣物理热损失增加。

大多数电厂对灰分含量的要求是根据设备磨损因素提出的。煤的灰分含量增加，受热面污染和磨损加剧，输煤、制粉、燃烧器、引风机、除尘器等设备严重磨损，导致锅炉机组的事故率明显增加，检修工作量加大。

（四）水分

（1）燃煤水分增加，因部分热量将消耗于水分的蒸发和过热，使炉膛燃烧温度水平降低，导致燃烧稳定性下降，减少煤粉的燃尽程度。

（2）燃煤水分增加，使排烟体积增加，排烟温度提高，排烟热损失增加，锅炉热效率降低，发电煤耗增加。

（3）煤种水分过多，原煤流散性恶化，则引起原煤斗、给煤机、落煤管内原煤粘结堵塞。当表面水分小于8%时，能保证正常运行；当表面水分大于8%时，即会造成输煤、给煤系统运行上的麻烦；若表面水分更大，超过12%～17%，运行的可靠性将受到严重影响。

（五）硫分

燃料中的硫分虽然是可燃物质，但含硫过高会引起锅炉空气预热器腐蚀和堵灰，并造成大气污染。因此，硫分为有害物质。

燃料中的氢和水分在燃烧时，会转换成烟气中的水汽。当煤中水分含量不是很高时，这部分水蒸气的露点较低，不易在锅炉尾部空气预热器内凝结。煤中硫分燃烧后形成二氧化硫和三氧化硫。三氧化硫与烟气中的水蒸气结合，成为硫酸蒸汽。烟气中硫酸蒸汽的凝结温度即为酸露点。酸露点远高于水蒸气露点，很容易在空气预热器内凝结，造成空气预热器堵灰和腐蚀。

实践证明许多电厂通过混配煤不仅保证了锅炉安全，而且也保证了电厂经济运行，降低了燃料费用，因此目前在电厂中得到了大力推广。

第六节　燃料的储存（燃料储煤场概况）

根据电力系统的规定，为确保燃煤机组的正常运行，火力发电厂必须要有一定的煤炭储备量，一般应争取有不低于15天左右的煤炭库存，而这些煤炭都必须由场地堆放，这也正是储煤场的作用所在。而储煤场内煤的堆放也有相关管理规定：

（1）厂内煤场必须要有不低于15天的煤炭库存，干煤棚内应储存好锅炉能燃烧7天的煤炭用量。干煤棚煤炭储量不足7天时，燃运专业以书面形式报燃料管理部门告警，储量不足4天时，以书面形式直接报生产厂长、总经理室告急。

（2）根据煤质化验报告，煤炭应分类堆放。一般情况下应按挥发分、低位发热量、硫分和水分等分堆。干煤棚内应留适量的配煤场地。原则上好煤应堆放于干煤棚内，劣质煤堆放于露天煤场。

（3）来煤必须先堆先用，以减少长期不用造成煤炭变质的损失。

（4）储煤场应做好排水措施，干煤棚应做好防雨和排水措施，防止被雨水冲失。

（5）防止煤炭自燃，燃运人员应每两天测量煤堆温度并做好记录，应不高于60℃。超过上述规定温度时，应及时采取必要的安全措施，防止煤堆自燃。

（6）燃运专业应按煤炭管理要求指令操作人员分堆存放，并附堆位说明（堆位说明包括产地、入厂时间、热值、灰分、挥发分、硫分等，特殊情况包括灰熔点），并根据干煤棚环境温度指令按时倒堆，指令配煤具体操作办法。燃运专业应每天绘制煤炭进、出库堆放示意图。

以下是某电厂煤场的介绍：

某电厂原来安装两台 300MW 燃煤机组，煤场总设计容量为 14.7 万 t，其中干煤棚设计容量 3.9 万 t。后扩建两台 660MW 超超临界燃煤机组，新建储煤场 1 座，折返式布置，堆煤面积 2×370m×47m，储存量约 20.5 万 t，可满足 2 台 660MW 机组 19.5 天的用煤量。在新建储煤场上设干煤棚 1 座，储煤量 4.8 万 t，跨距 102.5m，长度 90m。储煤场两侧设挡煤墙，净高 1.2m，总长度 2×380m。

1. 储煤场地

（1）储煤场地分为甲场 A、B 侧，乙场 A、B 侧。

（2）甲场 A、B 侧建有 6491.43m^2 干煤棚，有效面积为 5048.89m^2。

（3）甲场外侧三面建有 1m 高挡煤墙，乙场两侧建有 1.5m 高挡煤墙。

2. 场地储煤量

场地设计储存煤量 14.7 万 t。为防止雨天冲煤，1991 年总工室批准场地储存煤量 11.55 万 t，甲场 A 侧储煤量为25 500t，甲场 B 侧储煤量为23 000t，乙场 A 侧储煤量为31 000t，乙场 B 侧储煤量为36 000t。甲场 A、B 侧干煤棚储煤量为32 000t。2001 年底对乙场挡煤墙进行改造，乙场 A 侧外扩 3.5m，B 侧外扩 5m，乙场挡煤墙改造后，增加储煤量 2.3 万 t，目前实际可储煤 13.85 万 t。

3. 堆煤标准

（1）堆煤高度为 12.5m，其中轨面上为 11m，轨面下为 1.5m。

（2）甲、乙场煤堆内侧与拖铃沟盖板、钢轨相距 2m；外侧干煤棚煤堆底部至钢架水泥墩（钢架水泥墩严禁被煤埋没）；露天煤堆底部距挡煤墙 3m。

（3）煤堆安息角为 43°。

4. 火车煤的堆放（没有船煤的情况下）

（1）甲场 B 侧尽量堆好煤（热量在 5000kcal/kg 以上、挥发分在 18%以上），严禁堆劣质煤（热量低于 4000kcal/kg 或挥发分低于 10%的煤）。在场地存量较高及煤车多的情况下，允许堆较差的煤（但煤层不得超过 0.6m，热量要大于 4700kcal/kg 及挥发分大于 14%）。

（2）其余三块场地堆混煤，在甩场过程中，层与层之间应用好煤与差煤隔开。

（3）劣质煤（热量低于 4000kcal/kg 或挥发分低于 10%）只允许堆在乙场 A 侧，有条件时要与好煤分层堆放。

（4）正常情况下甩场采用回转堆料法，分多层次堆放（每层不超过 0.8m），甩场时每次回转结束大车应向后退足够的距离（1.5～2m），使两次回转的堆煤间留有较大间隙，以便上面的一层煤正好填满下面一层煤的间隙，起到混合的作用。

5. 船煤的堆放

（1）在有船煤的情况下，甲场 A、B 侧堆放火车煤。

（2）乙场 A、B 侧堆放船运煤。

（3）乙场 A、B 侧堆放船运煤相互轮换。正常情况下，乙场 A 侧堆船运煤时，斗轮机乙取乙场 B 侧船运煤；乙场 B 侧堆船运煤时，斗轮机乙取乙场 A 侧船运煤。堆料、取料尽量不安排在同一场地进行，如必须在同一场地进行时，斗轮机与推煤机、挖掘机、运煤汽车要保持5m以上安全距离，以免发生事故。

(4) 船煤与火车煤一样采取分层堆放方法，汽车把船运煤倒到场地后，由推煤机整理推平逐渐增高至场地堆满。

(5) 堆场结束后，班长除在交接班簿上交清用场的位置、煤种、煤质、吨位外，还应及时在MIS系统（燃料管理系统）上于相应的位置输入煤种、煤质、吨位、堆放时间，便于以后查询和配煤。

6. 迎峰度夏及梅雨季节储煤场地的管理工作

(1) 每年6月前，储煤场地要储足燃煤，以备迎峰度夏之用。

(2) 做好梅雨季节和暴雨天储煤场地冲煤的事故预想及防范措施，斗轮机钢轨两侧、储煤场地外侧挡煤墙空开一定距离，防止雨天冲煤。

(3) 梅雨季节到来前，干煤棚内要存足煤（32 000t）。在梅雨季节里，为防止湿煤加仓，当天气晴朗露天煤可以加仓时，尽量用露天煤加仓或与煤沟煤混加仓，如遇连日暴雨，露天煤水分高不可加仓时，用干煤棚内的干煤加仓，或者是干煤棚内的干煤与露天煤、煤沟煤混加，尽量延长干煤棚内干煤的使用时间，以便机组安全度过梅雨季节。

(4) 如天气晴朗，来煤比较干燥时，要及时补足干煤棚内的储煤，以备雨天之用。

(5) 暴雨天发生拖令沟、斗轮机钢轨、挡煤墙冲煤时，及时组织人员清理、回收。

(6) 场地储煤干燥，根据需要对储煤场地进行喷淋，避免煤粉对周围环境造成污染，以及大风造成的煤炭损失。

7. 储煤场地的日常管理工作

(1) 按照烧旧存新的原则，做到来煤堆场，场地煤加仓，每年定期对每块储煤场地轮番清理一次。

(2) 每班做好储煤量、耗煤量记录。

(3) 每天做好燃料收、耗、存日报的编制工作。

(4) 每月末做好场地存煤的测温工作，煤堆温度不超过60℃，并保存记录；如发现煤堆温度超过60℃，则要采取有效措施，如及时燃用或进行翻场，以防止存煤自燃。

(5) 每月末对全厂库存燃料进行盘点，每月提前两天将燃料收、耗、存月报及燃料盘点报告汇总完成后交厂有关部门。

(6) 将全月各项燃料管理的经济指标对照上月度计划进行总结，并提出分析意见交有关部门。

第七节 船运煤的管理

一、总则

(1) 车辆衡工作是一项十分重要的工作，其计量结果是电厂对外结算的凭证，因此计量的准确性直接关系到电厂的经济效益。

(2) 车辆衡值班员要认真做好计量工作，确保计量的准确。

(3) 燃料取制样工作是燃料管理的重要环节，取样人员应坚持公平、公正的原则，实事求是地做好入厂煤的取制样工作。

（4）取样人员应严格遵守厂规厂纪，服从领导指挥，自觉抵制外部因素的影响，确保入厂煤取制样的正确性。

（5）取制样人员应熟悉第八节的规定，认真进行取制样工作，工作中发现问题，应及时向有关领导汇报。

（6）取制样室属特殊工作岗位，进入取制样室需凭特殊岗位通行证，外来及闲杂人员禁止入内。

二、船煤的接卸与计量

（一）船煤的接卸

（1）船煤到达后，先到装卸运输公司报港，然后由装卸运输公司与电厂燃管组联系，再由燃管组通知运行班长，运行班长接到卸船的通知后应及时安排取样。双休日到达的煤船，由装卸公司直接与运行班长联系，由运行班长安排取样、接卸。

（2）船煤起卸前，应得到电厂码头监督员的许可后方可起卸，运输汽车须经过汽车司机和码头监督员双方在“码头运输登记表”上签字后方可发车。

（3）码头监督员将船煤起卸第一车和最后一车的时间记录在“船煤起卸、结束时间表”上，由运煤汽车司机交给车辆衡值班员进行登记。

（4）若码头监督员在卸煤过程中发现煤质有问题，应在正常工作日期间及时向专业汇报，然后由专业决定是否停卸；在中、夜班和双休日期间可直接向班长汇报，然后由班长到现场查看后再决定是否停卸，同时做好记录。

（5）船煤一旦停卸后，必须由专业通知后，方可再起卸。

（6）遇特殊情况暂停卸船（如场地存量较高，影响卸煤），由燃管组另行通知运行班长。

（7）船煤卸空后，由码头监督员负责检查清扫情况，如发现船舱没有清扫干净，有权命令清舱人员继续清扫，直到干净为止。

（二）船煤的计量

（1）电厂船煤到达码头后，是通过汽车驳运到电厂堆煤场地的，船煤的数量验收则以车辆衡实际计量的数据来结算。

（2）值班员接班后，应立即将电脑内错误的未成交数据删除并交班（正在场地上倒煤的汽车信息不能删除，否则会出错）。

（3）车辆衡值班员在计量时，应将汽车号、船号、吊机号、毛重、皮重、煤种等信息正确录入，然后保存在电脑内。

（4）车辆衡在汽车离开后，应自动回到零位，如回不到零位，则必须手动复零。

（5）车辆衡管理系统在运行中发生故障（如电脑死机）时，必须重新启动电脑，如启动不了，则恢复手抄记录。

（6）夜班值班员负责检查前三个班的信息是否正确，并加以改正（不能修改的错误进行详细交班），在确保无错误后打印已接卸的船煤报表。

（7）若车辆衡值班员在计量过程中发现煤质有问题，应在正常工作日期间及时向专业汇报，然后由专业决定是否停卸；在中、夜班和双休日期间可直接向班长汇报，然后由班长到现场查看后再决定是否停卸，同时做好记录。

三、船煤的取样

（1）船煤准备起卸前，由码头调度员（装卸社）通知运行班长，然后由运行班长通知取制样人员准备取样工作。

（2）码头调度员安排拖拉机到电厂接、送取样工作人员（因船码头在厂外）。

（3）船运煤取样必须有两人，一人取样，一人监督。在取样人员未到达船码头现场时，不允许起卸船运煤。

（4）船运煤取样点分为上部、中部、底部、左舱、中舱、右舱，每船编一只样号，每部、舱分别取五个子样，根据船只大小，500～1000t 每部、舱应加三个子样。

（5）对没有分舱的驳船，可按载运量大小及均匀布置采样点的原则，把采样点布置在舱的中央及两侧。采样时要挖坑至 0.4m 以下。

（6）对没有分舱的驳船，可根据船的长、宽划分若干方形格或矩形格，把采样点均匀布置在方形格或矩形格上。采样时要挖坑至 0.4m 以下。

（7）在驳船上采取最大粒度不超过 150mm 的煤时，可用长×宽约 300mm×250mm 的尖铲，铲把长度以 900mm 为宜。

（8）取样时发现有明显劣质煤时，应加样增量；如发现大面积劣质煤时，应立即停止装运，并及时汇报运行专业或燃管组，中班、双休日汇报值班干部及班长。

（9）燃管组在接到煤质差的汇报后，应立即与相关单位取得联系，并到现场进行察看、分析，最后作出处理意见。

（10）取样量的规定见表 1-11。

表 1-11　　取样量的规定

船舶吨位（t）	≤300	≤600	≤1000
桶数（桶）	6	9	12
子样数目	14	16	20

注　电厂来的船煤为 1000t 以下。

（11）子样质量见表 1-12。

表 1-12　　子样质量

最大粒度（mm）	<25	<50	<100	>100
每个子样最小质量（kg）	1	2	4	5

第八节　煤种煤质变化对锅炉及输煤系统的影响

煤的种类和性质对锅炉设备的结构选型、受热面布置，尤其对锅炉运行经济性和可靠性都有很大的影响。本节主要介绍煤质变化对锅炉及输煤系统运行的影响。

一、煤质变化对锅炉运行的影响

（一）水分的影响

煤中的水分根据其存在的形式不同，可分为三类，即内在水分、表面水分、与矿物质结合的结晶水。它们的特征如下：

(1) 表面水分又叫游离水分或外在水分。它存在于煤粒表面和煤粒缝隙及非毛细管的孔隙中。煤的表面水分含量与煤的类别无关，与外界条件（如温度、湿度）密切相关，在实际测定中，它是指煤样达到空气干燥状态下所失去的水分。

(2) 内在水分又叫固有水分。它存在于煤的毛细管中。它与空气干燥基水分略有不同，空气干燥基水分是指在一定条件下，煤样在空气干燥状态下保持的水分。这部分水在105～110℃下加热可除去，因为煤在空气干燥时，毛细管中的水分有部分损失，故空气干燥基水分要比内在水分高些。

(3) 矿物质结合水（或结晶水）是与煤中矿物质相结合的水分，如硫酸钙（$CaSO_4 \cdot 2H_2O$）、高岭土（$Al_2O_{32}SiO \cdot 2H_2O$）中的结晶水。在105～110℃温度下测定空气干燥基水分时，结晶水是不会分解逸出的，通常在200℃以上方能分解析出。

水分的存在不仅使煤中可燃质含量相对减少，降低了发热量，还会因受热蒸发、汽化而消耗大量的热量（1kg 水汽化约耗去 2.3MJ 热量），导致炉膛温度降低，煤粉着火困难，排烟量增大，从而增加了厂用电率，同时还增加了制粉系统堵塞的几率。燃用多水分煤，烟气中的水蒸气分压高，促进了烟气中三氧化硫形成硫酸蒸汽的作用，增加锅炉尾部低温处硫酸的凝结沉积，造成空气预热器腐蚀、堵灰和烟道内衬的剥落。此外，煤中水分白耗了运输能力，提高了煤炭运价。然而对于层式燃烧，适当增加水分可减少煤层阻力，提高通风量，改善燃烧状况。

(二) 灰分的影响

灰分同水分一样是煤中的有害物质之一，灰分越高，发热量越低，燃用高灰分煤会给电厂运行带来一系列困难。

(1) 燃烧不正常。灰分增加，炉膛燃烧温度下降。如灰分从30%增加到50%，每增加1%的灰分，理论燃烧温度平均约降低5℃，因而使煤粉着火发生困难，引起燃烧不良，乃至熄火、打炮。

(2) 事故率增高。燃用多灰分煤还会增加锅炉受热面的污染、积灰，增加热阻，减低热能的利用，同时还增加机械不完全燃烧热损失和灰渣带走的物理热损失等。

(3) 环境污染严重，燃用多灰煤，灰量成倍或数倍地增加，使电厂排放的粉尘、灰渣量急剧增加，严重污染环境，破坏生态环境。

(三) 挥发分的影响

挥发分是发电用煤的重要煤质指标。挥发分的高低对煤的着火和燃烧有着较大的影响。挥发分高的煤易着火，火焰大，燃烧稳定，但火焰温度较低；挥发分低的煤，不易点燃，燃烧不稳定，化学不完全燃烧热损失和机械不完全燃烧热损失增加，严重的甚至还引起灭火。锅炉燃烧器形式和一/二次风的选择、炉膛形状及大小、燃烧带的敷设、制粉系统的选型和防爆措施的设计等都与挥发分有密切关系。此外，挥发分也是对煤炭分类和加工利用的重要依据。

(四) 硫分的影响

硫分是一种极其有害的杂质，对焦化、气化和燃烧都会带来极不利的影响。锅炉燃用高硫煤，对锅炉设备主要产生下列不良后果。

(1) 引起锅炉高、低温受热面的腐蚀，特别是高、低温段空气预热器，腐蚀更为严重。

(2) 加速磨煤机部件的磨损，尤其含黄铁矿多的煤，更为严重。因为黄铁矿的莫氏硬度仅次于石英（6～6.5）。对钢球磨煤机，磨制灰分大的煤比灰分小的煤，每吨煤钢球消耗量约大 4 倍。

(3) 促进煤氧化自燃。对变质程度较浅的煤，当煤中含硫量增加时，常会引起煤粉仓内煤粉温度升高，在进入空气时，甚至会导致自燃。

(4) 增加大气污染。煤中硫燃烧后绝大多数形成 SO_2 随烟气逸出烟囱，增加了周围环境的污染，煤中硫每增加 1%，则燃用 1t 煤就多排放约 20kg 的 SO_2 气体。

二、煤质变化对输煤系统运行的影响

燃煤发电厂的煤质和煤种是多变的，有的是设计煤质与使用煤质不相吻合，发生偏离；有的是人为改变供煤计划和运输计划；有的是煤质管理工作上的差错引起煤质的变化。煤质和煤种的变化因素很复杂，牵涉面也很广。煤质和煤种变化对输煤系统影响很大，主要表现在煤的发热量、挥发分、灰分、水分等衡量煤质特性的指标上。

(一) 发热量的变化对输煤系统的影响

煤的发热量是评价动力用煤最重要的指标之一。在煤炭供需上，发热量又可作为动力用煤炭计价的主要依据，根据发热量的高低，比价共分成 40 个级别。如锅炉负荷不变，当煤的发热量降低时，则煤耗量增大，输煤系统的负担加重，入厂煤量增加，对卸车设备、煤场设备、输煤皮带、筛碎设备都有可能因煤量增加而突破原设计能力。例如一个装机容量为 400MW 的火力发电厂，设计收到基低位发热量为 5250×4.186 8kJ/kg的煤质，耗煤量为 207t/h，选用 285t/h 的双回路输煤皮带系统，符合设计规程要求，满足生产需要。如果来煤发热量降低，大约在(3600～3700)×4.186 8kJ/kg。如不考虑煤质变化对锅炉净效率的影响，则耗煤量增至 297t/h 才能满足锅炉蒸发量的需要，这样，由于煤质发热量降低，燃煤量增加，超过了输煤设备原设计能力。所以，煤的发热量下降较大的电厂，常常因为燃煤量增加，为了满足生产需要，不得不延长上煤时间，使输煤系统设备负担加重，导致设备的健康水平下降，故障增多，迫使锅炉甩负荷运行。与此同时，为了满足生产需要，延长上煤时间，使现场值班人员工作时间延长，影响休息。

(二) 煤中灰分变化对输煤系统的影响

煤中灰分大小是衡量煤质好坏的重要标志，是测定煤质指标的重要内容。对动力用煤来说，灰分是无益的成分，它给运输增加了无效的负担，也增加了输煤系统的负担。煤的灰分越高，固定碳就越少，煤的发热量也就越低。根据经验推算，煤的灰分每增加 1%，其发热量减少(50～90)×4.186 8J/g，煤的灰分增加，由于灰分的比重大约是可燃物比重的两倍，输送同容积的煤量，会使输煤设备超负荷运行，造成输煤系统设备磨损的增加。

灰分较大的煤种，一般质地坚硬，破碎困难，对输煤管道磨损严重，会增加输煤设备的检修和更换工作量。

(三) 煤的水分变化对输煤系统的影响

煤中的水分也是无用成分，水分越大，煤中有机物质越少，在煤的燃烧过程中，由于水分蒸发将会带走大量的热量（汽化潜热），从而降低了煤的热能利用率，增大燃煤的消耗量。煤中水分大易引起设备粘煤、堵煤，严重时还会中止上煤。若水分超过 10%～12%，则会严重威胁运行的安全、可靠，影响生产。在严寒的冬季，会使来煤和存煤冻结，影响卸煤和上煤。

煤中水分很少，在卸车和上煤时，煤尘很大，会造成环境污染，影响环境卫生，影响职工的身体健康。

（四）煤中挥发分和含硫量对输煤系统的影响

煤中含硫量增加，尤其是含黄铁矿多的煤对输煤管道磨损更为严重，因黄铁矿的莫氏硬度仅次于石英。

挥发分大量增加时，输煤系统应注意防爆和自燃。尤其是燃用表面水分很少，而挥发分又较大的煤时，在卸车的转运过程中将会产生大量煤粉尘，当煤粉尘达到爆炸极限 $35g/m^3$ 时，一旦遇有很小的火源能量（约 40mJ），即会产生强烈爆炸。这在电业系统是有教训的。另外在储煤场和煤粉堆积的角落将会引起自燃，甚至烧坏电缆及烫伤人等事故发生。

第二章 翻车机及翻车机系统

第一节 翻车机的类型

翻车机是一种采用机械的力量将车厢翻转卸出物料的大型、高效率卸车设备。翻车机按翻卸形式可分为转子式翻车机和侧倾式翻车机；按驱动方式可分为钢丝绳传动和齿轮传动两种；按压车形式可分为液压压车式和机械压车式两种；其次国内也有交流拖动、直流拖动、双速传动、“双翻”、“三翻”等多种叫法。但国内目前习惯上采用按翻卸形式分类。下面对转子式翻车机和侧倾式翻车机的主要类型及其主要的配套装置进行介绍。

一、转子式翻车机

转子式翻车机是被翻卸的车辆中心基本与翻车机转子回转中心重合，车辆同转子回转175°左右，将煤卸到翻车机正下方的受料斗中。转子式翻车机的主要结构是由转子、平台、压车机构和传动装置组成。

目前火力发电厂常用的转子式翻车机主要有M2、KFJ-2、KFJ-2A、KFJ-3、ZFJ-100、ZFJ2-100型及ZFJY-100型。它们的基本特征是相同的，只是在压车机构或支承结构上稍有差别。几种转子式翻车机的基本性能见表2-1。

表2-1　几种转子式翻车机的基本性能

技术性能＼型号		M2	KFJ-2	KFJ-2A	KFJ-3
最大载重量(t)		150	100	100	100
被卸车型(t敞车)		30～60	30～60	30～60	30～60
每小时卸车次数		30	30	30	30
最大回转角度(°)		175	175	175	175
定位液压缓冲器接受的最大速度(m/s)				0.6	1.2
推车器推车速度(m/s)			1.07	0.75	0.75
电动机	型　号	MT-73-10	JZRQ62-10	JZRQ-62-10	JZRQ-62-10
	功率(kW)(FS=25%)	125	2×45	2×45	2×45
	转速(r/min)	588	577	582	580
减速器	型号	ⅡJ-4	ZHL-850ⅢJ	ZHL-850ⅢJ	ZHL-850ⅢJ
	速比	48.5	36.18	43.75	43.75

续表

技术性能＼型号		M2	KFJ-2	KFJ-2A	KFJ-3
制动器型号			液压推杆制动器	YDWZ400/100J	YWZ400-90
总速比		426.8	420.05	507	504.786
开式齿轮	模数(mm)		24	24	25
	速比		302/26=11.61	302/26=11.61	302/26=11.61
设备总质量(t)		148.6	110	128	139.8
外形尺寸 (长×宽×高，mm)		17 000×10 450 ×9000	17 000×8750 ×8000	17 000×9050 ×8215	7100×9280 ×8530

（一）KFJ-2A 型转子式翻车机

KFJ-2A 型转子式翻车机是比较先进的转子式翻车机（见图 2-1），它由转子、托辊、平台、压车装置、传动装置、定位和推车装置组成。

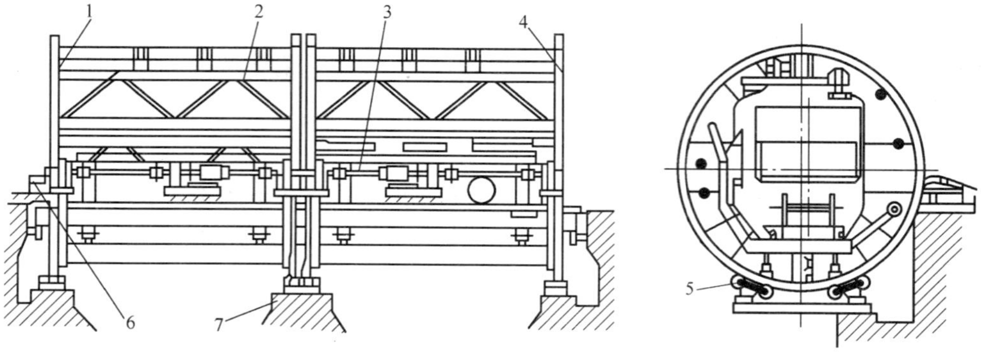

图 2-1 KFJ-2A 型转子式翻车机

1—转子（左）；2—平台及压车装置；3—传动装置；4—转子（右）；5—托辊；6—电气设备；7—基础

（1）转子和托辊。转子由两部分组成，每部分转子是由底梁、压车梁和管子型联系梁将两圆盘联系起来的。圆盘上装有齿圈和滚圈，四个圆盘分别放置在八组支承托辊上，八组支承托辊分别安装在三个支座上。嵌在圆盘上的大齿圈通过安装在传动装置的传动轴上的小齿轮，并借助于滚动圈在支承托辊上滚动，使转子旋转。

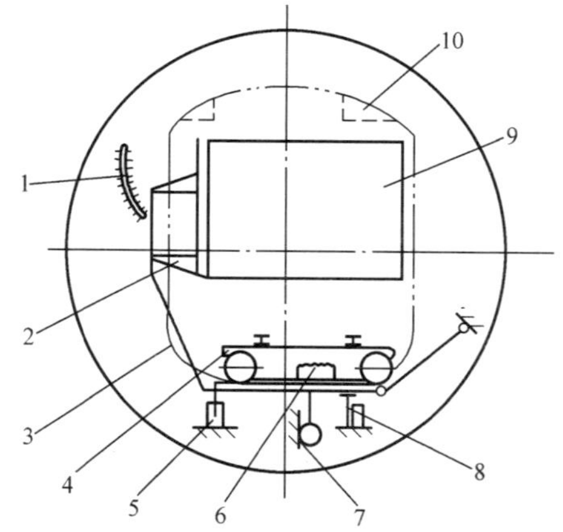

图 2-2 摇臂四连杆压车机构

1—月牙形导向槽；2—托车梁；3—摇臂机构；4—平台；5—液压缓冲器；6—限弹簧；7—平台挡铁；8—底梁；9—被翻卸的车辆；10—压车梁

（2）压车机构。KFJ-2A 型转子式翻车机的压车机构采用四杆摇臂机构（见图 2-2），共四组。每组机构由连杆、导向装置组成。连杆摇臂机构的一端铰接在转子上的管子型联系梁上，另一端装有悬臂轴和导向辊子，导向辊子被放入转子圆盘上的月牙形导向槽内，并且能在其内滚动。每段转子内的两组连杆摇臂机构均由托车梁联系在一起。

（3）定位器和推车装置。定位器的作用是使溜入翻车机平台上的车辆减速，并使之停止。它由液压缓冲器、铁靴、偏心盘和电动机等组成，见图 2-3。推车装置是用来将翻卸后的空车推出平台，它由驱动机构带动钢丝绳上固定的推车器组成。定位器安装在翻车机平台的出车端，推车装置安装在平台的进车端。

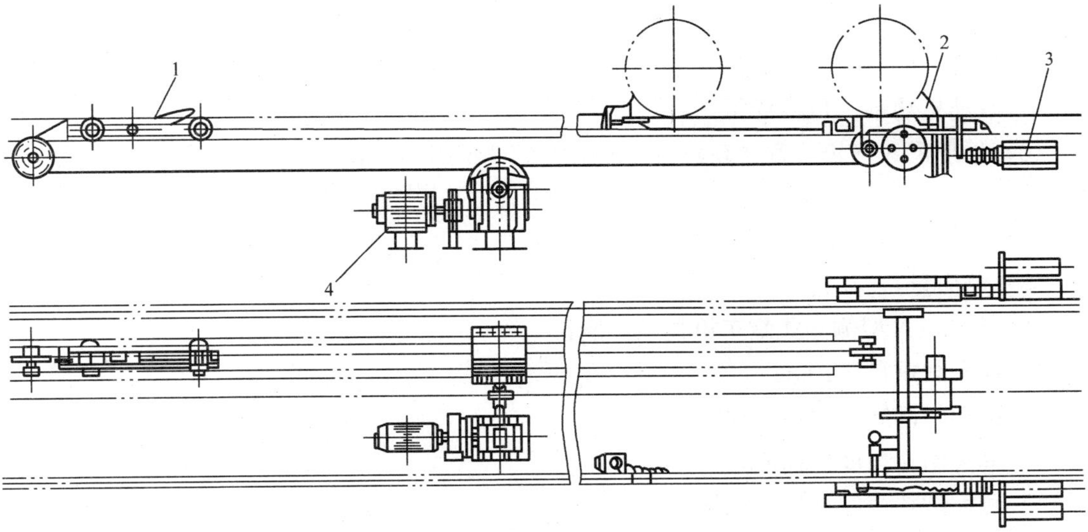

图 2-3 定位器和推车装置

1—推车器；2—铁靴；3—液压缓冲器；4—电动机

（4）平台。平台位于翻车机的转子内，供车辆停止和通过使用。平台下面装有托辊，可使平台相对于转子有横向移动。

（5）传动装置。传动装置是由两台 45kW 的电动机、两台减速机和制动器组成，是翻车机的动力来源。需要翻卸车辆时，松开制动器，接通电源，电动机带动减速机转动，减速机低速轴随之转动，安装在低速轴上的小齿轮带动与其啮合的转子上的齿圈，使转子转动。

（二）其他型号的转子式翻车机

除了 KFJ-2A 型转子式翻车机以外，还有 M2、KFJ-2、KFJ-3 型。另外，国内生产的 ZFJ-100 型和 ZFJ-10 型也在部分电厂投入使用。这几种型号的翻车机各有特点。

二、侧倾式翻车机

侧倾式翻车机即将被翻卸的车辆中心远离翻车机回转中心，使车厢内的煤倾翻到车辆一侧的受料斗内。侧倾式翻车机分为两种类型：一种是钢绳传动、双回转点夹钳式压车的侧倾式翻车机，以 M6271 型为代表；另一种是齿轮传动、液压锁紧压力的侧倾式翻车机，以 KFJ-1A 型为代表。

目前火电厂常用的侧倾式翻车机主要有 M6271、KFJ-1A、CFH-1、CFH-2 型。它们的基本特征是相同的，只是在传动方式、回转点以及压车方式上有所区别。几种侧倾式翻车机的基本性能分述如下。

（1）M6271 型技术性能及规范：

1）最大载重量：≤100t。

2）翻卸车型：30～60t 敞车。

3）每小时翻卸次数：15～20 次。

4）最大回转角度：160°。

5）最大翻转速度：2.833r/min。

6）卷筒直径：1000mm。

7）钢丝绳：D-6×37+1—43.5—180。

8）提升高度：1200mm。

9）电动机功率：115kW。

10）外形尺寸（长×宽×高）：18.92m×9.98m×7.39m。

11）质量：设备质量77.6t。

12）配重：19.6t。

13）总质量：97.2t。

（2）KFJ-1A型侧倾式翻车机技术性能：

1）最大载重量：100t。

2）每小时翻卸次数：20～30次。

3）最大回转角度：160°。

4）最大翻转速度：1.028r/min。

5）液压缸直径：250mm。

6）最大行程：750mm。

7）正常工作压力：5.88MPa。

8）最大工作压力：17.65MPa。

9）储能器直径：250mm。

10）开闭阀流量：220L/min。

11）提升高度：2700mm。

12）外形尺寸（长×宽×高）：25.7m×8.7m×9.36m。

13）电动机功率（JB=25%）：2×100kW。

14）总质量：175t。

（一）KFJ-1A型侧倾式翻车机的组成及其作用

KFJ-1A型侧倾式翻车机由回转盘、压车梁、活动平台、压车机构、传动装置等组成（见图2-4）。

（1）回转盘由半圆部和尾部组成。它是用钢板焊接成的箱形结构，外侧镶有传动大齿圈，两回转盘通过托车梁、底梁连成一体。大齿圈的回转中心安装有一心轴，心轴两端装有滚动轴承。

（2）压车梁由主梁、端梁、小横梁和外通梁组成。主梁为箱形鱼腹梁，它的一端与端梁用螺栓连接，另一端用销轴与液压缸的活塞杆端头铰接。小横梁用销轴与主梁铰接，小横梁内外侧同时与车辆的上连梁接触。外通梁将五个小横梁的外侧连成一体，以减少压车梁对车辆上连梁的压力。压车梁可绕端梁支点转动。压车梁靠安装在端梁的支腿支承在回转盘外侧轴承上，使压车小横梁保持在确定的位置。

（3）平衡块共62t，每侧放置31t，以螺栓固定在回转盘上。平衡块的作用是减少电动机功率的消耗。

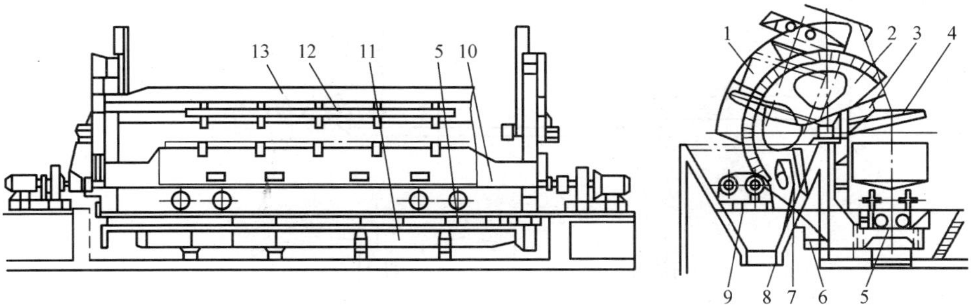

图 2-4 KFJ-1A 型侧倾式翻车机

1—平衡块；2—回转盘；3—压车端梁；4—压车小横梁；5—活动平台；6—定位杆；7—插销；8—压车机构；9—传动装置；10—托车梁；11—底梁；12—外通梁；13—主梁

（4）活动平台由两根焊接主梁组成，其下部的六对托辊将平台支承在底梁上。活动平台承受车辆的全部质量，平台上装有定位器和推车装置。

（5）定位器的作用是使溜入翻车机活动平台的车辆停止在推定位置。

（6）推车装置的用途是将空车推出翻车机。

（7）两组独立的压力机构分别装在两个回转盘的外侧。每组压力机构均由液压缸、储能器、开闭阀、油泵和箱组成。油缸的下端用销轴铰接在回转盘上，上端用销轴将油缸活塞杆与压车端梁尾部连接。

（8）传动装置。从图 2-5 中可见传动装置的组成。每组传动装置由电动机、减速机、制动器、小齿轮组成。小齿轮带动回转盘上的大齿圈，使回转盘转动。两台电动机的同步是靠机体及电气回路的同步控制来实现的。

（9）托车梁、缓冲器及定位杆。托车梁是由两根 I 字形断面的鱼腹梁焊接而成的，两端焊接在回转盘底部。托车梁的作用是连接两回转盘和支承车辆。在托车梁上焊有挡煤板，使翻卸的物料能流入料斗中。在托车梁上装有四组附着式振动器，使附着在车辆内侧壁的煤抖动振下。底梁除连接两回转盘外，还有支承活动平台的作用。两组弹簧缓冲器（见图 2-6）分别装在两回转盘的下部与活动平台之间，平台的另一侧装有定位杆。当翻车机返回零位时，压缩弹簧缓冲器用以减少冲击。定位杆的作用是使平台轨道与基础轨道对准。为保证安装和检修的安全，在松开制动器时不致由于质量偏心而使翻车机失去平衡，在回转盘尾部与基础间插上一个销轴。

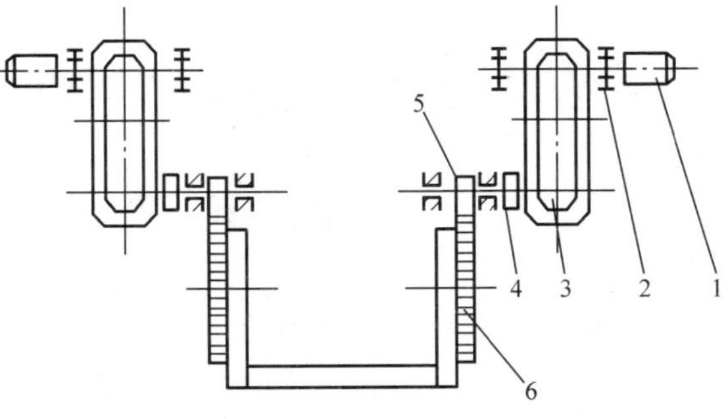

图 2-5 传动装置示意图

1—电动机；2—制动器；3—减速机；4—齿形联轴器；5—小齿轮；6—大齿圈

（二）KFJ-1A 型侧倾式翻车机的工作程序

当翻车机处于零位状态时，操作人员首先按动活动平台制动器铁靴按钮，将制动铁靴升出轮面。此时迁车台必须对准重车线，火车皮抱闸风管应打开。然后重车推车器将一节满载重车推入翻车机活动平台。当前轮的踏面触及定位制动靴后，在液压缓冲器的作用下，车辆

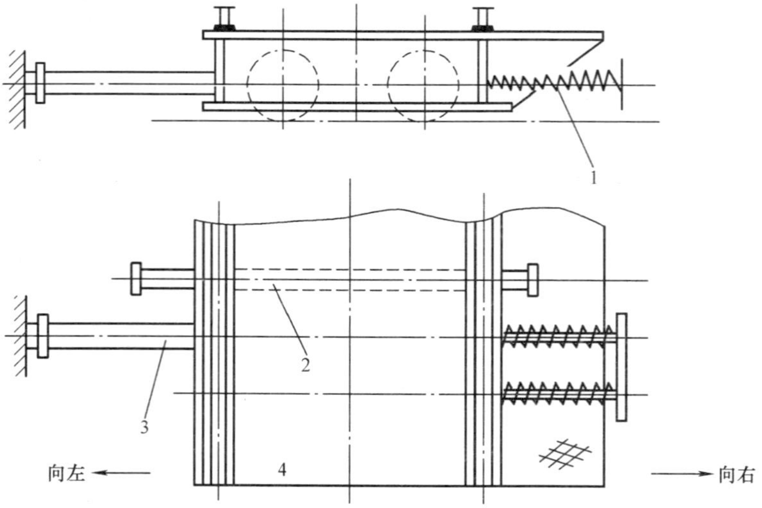

图 2-6 弹簧缓冲与定位杆

1—复位弹簧；2—定位杆；3—导向杆；4—活动平台

停止。此时翻车机传动装置电动机启动，并观察电压表的电压（390～410V）是否正常，小齿轮带动回转盘绕回转中心旋转，活动平台与重车在自重和弹簧的作用下，沿导向杆向托车梁移动，靠在托车梁上。随着回转盘在0°～160°之间的转动，物料逐渐翻卸到地沟的运煤设备上。当翻车机回转到160°时，停留3～5s，使最后的物料卸空后，电动机换向，回转盘反向旋转。当支腿与轴承座接触后，压车梁停在原空间位置上，而车辆脱离压车梁，与平台返回零位。在定位杆和缓冲弹簧的作用下，平台上轨道与基础上轨道对准。当翻车机在零位停止后，电动机断电，制动器抱闸投入，定位装置铁靴落下，推车器将空车推出翻车机。推车器返回原位，定位器铁靴升起。重复又一次翻车。

第二节 翻车机的配套装置

翻车机是翻车机卸车线中的主要设备，另外还有重车铁牛、摘钩平台、迁车台、空车铁牛等与之配套的附属设备。下面逐一加以介绍。

一、重车铁牛

重车铁牛是翻车机卸车线中推送（或牵引）重车设备到位的主要设备，可用来代替自备机车。老型电厂大都使用重车铁牛作为调车工具，但随着科学技术的不断发展，新的翻车机卸车线已采用不同形式的调车机代替重车铁牛。按照ISO规定，设备必须在控制状态下运行，克服铁牛牵引采用“溜放”的操作方式，因此逐渐将铁牛系统改进完善，采用调车机。调车机可以将需要翻卸的车辆整列拖到翻车机房前，准确地逐个将单节车送到预定位置，翻卸后将空车集结到空车线上。从抬臂摘钩、落臂牵引、进行后退方面实现自动作业。目前调车机的传动方式主要有两种机型，一种是齿条传动，另一种是钢丝绳传动。

（一）重车铁牛的分类

重车铁牛分为前牵式和后推式两大类。根据牵引力的大小和布置形式可分为四种型号，其技术性能列于表 2-2 中。

表 2-2　　几种重车铁牛的技术性能

型　号	6116	6122	6120	6126
工作方式	后推式	前牵式	前牵地沟式	前牵式
最大牵动力(t)	15	15	30	30
工作行程(m)	380	40	40	40
工作速度(m/s)	0.5	0.5	0.5	0.5
返回速度(m/s)	1.25	1.25	1.25	1.25
铁牛轨距(mm)	900	900	900	900
铁牛轮距(mm)	700	700	700	700
铁牛轴距(mm)	2500	2500	2500	2500
工作电动机功率(kW)	125	125	125×2	125×2
回绳电动机功率(kW)	30	30	30×2	30×2
设备质量(t)	49.7	45.67	65	56

1. 15t 后推式重车铁牛

(1) 15t 后推式重车铁牛的结构。15t 后推式重车铁牛由卷扬装置、张紧装置、铁牛本体、滑轮、托辊及钢丝绳组成。

1) 卷扬装置。卷扬装置由驱动装置和直径为 1800mm 的无极绳卷筒组成。驱动装置包括大、小电动机各一台和三级渐开线齿轮减速机。

2) 张紧装置。后推式重车铁牛的运行距离很长，钢丝绳相应也很长，所以采用无极绳卷筒。为了保证卷筒与钢丝绳之间有足够的正压力，钢丝绳必须具有相应的张紧力，以保证钢丝绳与卷筒之间不发生打滑现象。钢丝绳的张力是通过张紧装置和配重来保证的。

3) 铁牛本体。它由牛体、牛臂和轮对组成。牛臂上装有上开式车钩和缓冲器，用来连挂、推送和制动车辆。

(2) 15t 后推式重车铁牛的工作过程为：重车送至重车线后，机车脱钩退出重车线，铁牛开始工作。大电动机启动，通过卷扬装置带动铁牛驶出牛槽与车列连挂，并推动车列向翻车机前进，当第一辆车进入铁路坡道时，人工摘开第一辆车与第二辆车的车钩。此时大电动机断电，制动器断电抱闸制动，使第二辆车以后的车辆停止前进，而第一辆车靠惯性继续前进，在坡道上徐徐溜入翻车机。第一辆车卸完推出翻车机后，大、小电动机轴上的制动器电源再次接通，大电动机启动，重复上述过程，直至全部车辆翻卸完毕。当推送最后一辆车时，铁牛碰限位开关，由开关控制液压系统，致使摩擦片由于弹簧的作用迅速脱开，启动小电动机，使铁牛迅速返回牛槽，铁牛碰行程开关，停止运行，等待下次工作。

2. 15t 前牵式重车铁牛

15t 前牵式重车铁牛在车列前部牵引整列前进。将列车牵至翻车机前一定距离时，铁牛脱钩回槽，第一辆车与第二辆车的脱钩以及车辆进入翻车机的工作都由其他设备来完成。

(1) 15t 前牵式重车铁牛的组成。15t 前牵式重车铁牛主要由卷扬装置、铁牛、推车装置、滑轮、托辊及钢丝绳等组成。

卷扬装置由卷扬机驱动装置和直径为 1800mm 的有极绳卷筒组成。

铁牛由铁牛体、牛臂、轮对电缆卷筒构成。铁牛用钢丝绳带动牵引车辆；牛臂上装有液压推动器和信号开关组成的摘钩装置。

推车装置是用来推送已由铁牛牵引到预定位置，并已与后面车列脱钩的车辆进入翻车机的设备系统。其组成与翻车机平台上的推车装置相同，只是电动机功率大一些。

(2) 15t前牵式重车铁牛的工作过程：接通电源，制动器打开，启动小电动机工作，卷扬机通过钢丝绳带动铁牛驶出牛槽与车列连接，小电动机停止运转而制动，通过二位四通阀动作，松开两台制动器，启动大电动机工作，带动铁牛牵引列车向翻车机方向运行。当第一辆车厢最后一个轮对越过推车器位置时，轨道电路发出信号，大电动机停止运转。大、小电动机抱闸制动，通过减速机上二位四通阀动作，松开小电动机轴上的制动器，同时铁牛牛臂的摘钩机构动作，使铁牛与第一辆车车钩上的钩提小电动机启动，带动铁牛返回牛槽并停止。接通推车装置电源，启动推车器的电动机，带动推车器将第一辆车推送至牛槽前限位开关处，推车器停止并返回原来位置，第一辆车靠惯性溜入翻车机。到此完成一个工作循环，直至推送完全部重车。

3. 30t前牵地沟式铁牛

30t前牵地沟式铁牛与15t前牵式重车铁牛的结构基本相同，不同点是牵引力大，铁牛行走在地沟里，而且铁牛本体构造特殊。它与对开式摘钩平台配合，完成牵引和溜送车辆进入翻车机的任务。

铁牛由铁牛体、牛臂、轮对及液压系统组成，见图2-7。

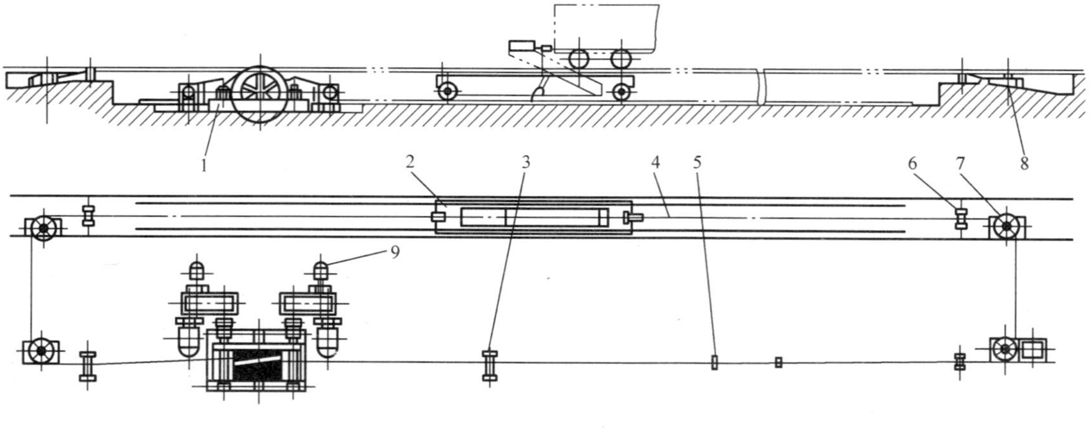

图2-7 前牵地沟式重车铁牛

1—卷扬装置；2—铁牛；3—长托辊；4—钢丝绳；5、6—托辊；7—导向轮；8—张紧轮；9—电气部分

牛臂能抬起和降下，在牛臂端部装有挂钩和摘钩用的油缸，牛臂抬起时与车辆连挂，牵引车辆前进；牛臂下降时，使车辆在其上方通过。牛臂的抬起和降下借助于起升油缸。

4. 30t前牵式重车铁牛

该类型的铁牛与30t前牵地沟式重车铁牛相比，其卷扬装置相同，牵引力均为30t，但无地沟，铁牛体构造成与15t前牵式重车铁牛相同。它的组成、工作过程与前牵式重车铁牛相同。牵重车进翻车机的方式既可与推车装置配套，又可与摘钩平台配套使用。此处不再赘述。

(二) 其他形式的牵车装置

除上述的后推式重车铁牛与前牵式重车铁牛之外，随着技术的不断进步，为了配合C

型翻车机的调车作为，近年来新建的大中型火电厂采用一种技术上更为先进的拨车机装置，也称重车调车机。

拨车机的产品类型很多。根据驱动方式的不同可分为钢丝绳卷扬传动和齿条传动两种；根据供电方式不同可分为交流驱动和直流驱动两种；根据牵引力不同又可分为和单联翻车机配套的 30t 拨车机及和双联翻车机配套的 45t 拨车机。

拨车机的功能是将整列重车牵向翻车机，将单节重车在翻车机平台上定位，并将卸料后的空车推出翻车机平台。拨车机的操作采用单机自动操作方式，即按一次按钮便可完成一个操作周期，在意外的情况及调试维修时，每个动作亦可用按钮单独操作，其工作过程见图 2-8。

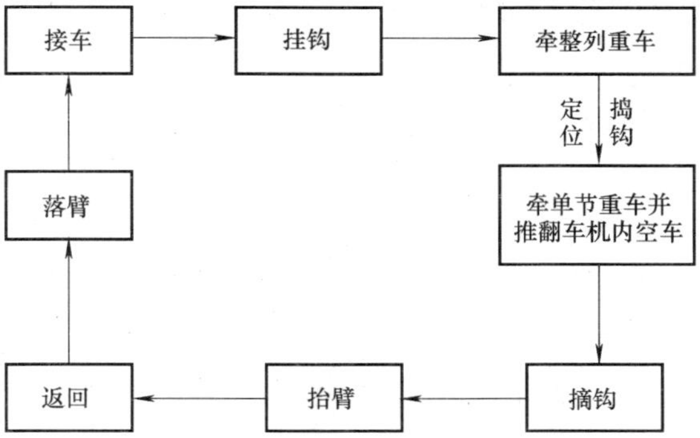

图 2-8　拨车机工作过程框图

1. 拨车机的主要结构组成

（1）车体。它由一个有足够强度与刚度的大型结构钢件组成，其上有足够的空间能装下传动部件、行走部件、臂架及操作室、液压系统等。

（2）行走传动装置。它由立式直流电动机、安全联轴器、液压多盘式制动器、立式行星减速器、驱动齿轮组成，通过驱动齿轮和固定在地面上的齿条相啮合，便可驱动整个拨车机前进。

（3）行走轮装置。拨车机共有四个走行轮装置支持在车体轨道上行走，其中有一个为弹性走行轮装置，从而保证了四个车轮同时和轨道接触。

（4）导向轮装置。拨车机共有四个导向轮装置，导向轮的踏面作用在中央导轨两侧踏面上，保证拨车机在轨道上行驶，半承受拨车机因牵引车辆而产生的水平面内的回转力矩。

（5）拨车臂机构。拨车臂是焊接结构件，其头部两端装有车钩，用来牵引或推送车辆；头部内部腔内装有橡胶缓冲器，在拨车机与车辆接钩时起减振和缓冲作用；头部还装有提销装置及钩舌检测装置，用来实现与车辆的自动脱钩和检测钩舌的开闭位置。拨车臂通过液压机构可向上回转至与地面垂直，向下回转至与地面水平。

（6）液压系统。液压系统由一个液压站、若干个油缸及各种管道组成，其作用为：

1）作为制动器能源。

2）控制调车臂的起降。

3）控制摘钩器的开合。

（7）位置检测装置。这套装置由光码盘、检测齿轮组成，用来检测拨车机走行位置，实现电气控制。

（8）其他部分。拖缆臂用于拖动电缆小车，并将电缆引到车体上，为方便拨车机的操作和维修，在拨车机上设有操作室。

2. 拨车机与后推式、前牵式铁牛相比的优缺点

拨车机与后推式、前牵式铁牛相比，具有翻车效率高（拨车机返回与翻车机作业可以同时进行）、拨车速度平稳（避免了溜车不到位或对翻车机定位器的冲击）以及省去摘钩台等

优点；缺点是造价高、能耗大、只适合于配合C型翻车机工作。

二、摘钩平台

摘钩平台是一种使停在它上面的车辆与其连接的车辆脱钩的设备。这里以Z-100型摘钩平台为例进行介绍。

（一）技术参数

（1）载重：100t。

（2）平台升高最大高度：400mm。

（3）平台升到最大高度所需时间：14s。

（4）平台尺寸（长×宽）：15 000mm×2650mm。

（5）液压装置油缸最大压力：6.37MPa。

（6）电动机功率：30kW。

（二）结构

摘钩平台由平台、单向定位器、液压装置组成。

1. 平台

与前牵地沟式配套使用的平台由焊接成箱形的纵向垂直梁和三根焊接成箱形的U字形横梁所构成；与前牵式重车铁牛相配套的平台是由焊接成工字形的纵向主梁及工字横梁构成。平台上除铺设钢轨外，还设有护轨，以防止车辆越过单向定位器时脱轨掉道。平台一端与混凝土基座预埋销轴座铰接，另一端与油缸用销轴连接。它的一端升起时形成一定的坡度，同时使其上的车辆与第二辆车之间的车钩的钩舌完全错开，平台上的车辆在下滑力的作用下沿倾斜的平台溜动。

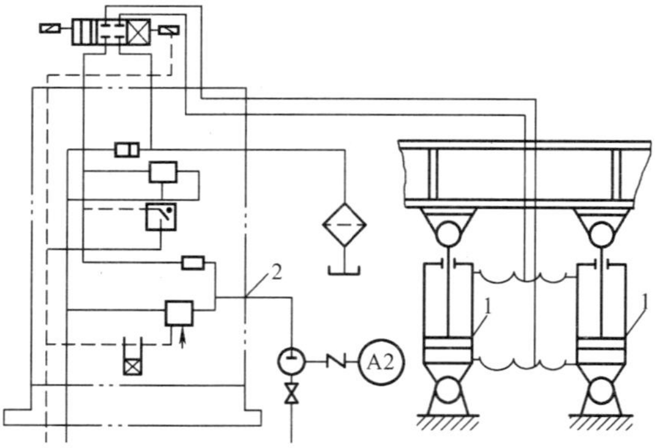

图2-9 液压系统系统图

1—油缸；2—液压站

2. 液压系统

摘钩平台的抬起和降落都是靠油缸和由液压系统组成的液压站来完成的。液压系统原理图见图2-9。油缸尺寸为$\phi250\times450$，带有上、下支座。油缸的上支座用销轴与平台进车端连接，下支座用销轴与混凝土基础上的销轴座相接。液压站由电动机、油泵、油箱、阀组等组成。阀组采用组合块，以简化油路。油箱为焊接容器。泵和电动机装在一个底座上。油箱正面装有管状加热器，供冬季加热油箱用。

3. 工作过程

当一节重车停在摘钩平台上，翻车机发出进车信号时，摘钩平台开始工作。当第一个钩舌完全错开后，第一辆车在重力的作用下溜向翻车机，溜过一定距离后，车轮压住电气测速装置的信号限位开关，摘钩平台的进车端随之下降，直至摘钩平台回到零位。

三、迁车台

迁车台是将翻卸完的车辆从重车线平移到空车线的转向设备。这里以Q-30型为例进行介绍。

(一) 迁车台技术性能

(1) 载重量：正常工作时 30t，事故工作时 100t。

(2) 运行速度：0.56m/s。

(3) 行走电动机功率 (JB=25%)：2×7.5kW。

(4) 推车装置电动机功率 (JB=25%)：11kW。

(5) 推车速度：0.75m/s。

(6) 推车距离：12m。

(7) 液压缓冲器行程：180mm。

(8) 液压缓冲器接受速度：0.6m/s。

(9) 外形尺寸 (长×宽)：16300mm×3550mm。

(10) 质量：21t。

(二) 迁车台的结构

迁车台由行走部分、车架、车辆定位装置、推车装置、限位装置、液压缓冲器等组成。

(1) 车架。它以焊接工字钢为主梁、以型钢为横梁焊接而成。其上铺设钢轨，承受被迁移车辆的全部负荷。

(2) 止挡器和推车装置。其结构组成和作用与翻车机活动平台上的扯挡器和推车装置完全相同。

(3) 双向定位器。它安装在迁车台靠近翻车机的一端。车辆从翻车机中被活动平台上的推车器推出溜进迁车台时，可以顺利通过双向定位器阻止车辆反向移动。在迁车台驶到空车线时，基础上的挡柱将双向定位器的挡臂旋转了一个角度，从而双向定位器与轨道脱离，迁车台上的推车器又可将空车推出迁车台。

(4) 液压缓冲器。它分别装在支架的两侧，用以减轻迁车台移到空车线停止和返回重车线终止时的冲撞。

(5) 限位装置。限位装置由安装在迁车台一侧主梁上的电磁铁、杠杆、上挡座以及安装在基础上的下挡座和方销（重车线和空车线各一组）组成。当迁车台由重车线驶向空车线处，液压缓冲器被压缩，迁车台的速度已趋于零时，下挡座上的方销嵌入上挡座的槽中，使迁车台钢轨与基础上的钢轨对准；当迁车台由空车线驶向重车线时也是如此。

(6) 行走部分。迁车台的行走部分由两套电动机、减速机分别驱动两个主动轮对。行走电动机由同一电源线供给，以保证它们的同步。

(三) 迁车台的工作程序

翻卸后的车辆溜进迁车台，第一组轮对撞到止挡器后被缓冲、停止，此时车辆的第四组轮对也驶过双向定位器，操作人员启动限位装置电磁铁，利用杠杆作用将方销压下，迁车台行走电动机同时接通电源，迁车台驶向空车线。

当迁车台驶近空车线时，提前断掉行走电动机的电源，迁车台经一段滑行，其车架上的缓冲器与基础挡扳接触，使迁车台缓冲停止，限位装置的上挡座靠其斜面将下挡座的方销压下，在弹簧的作用下，方销嵌入上挡座的槽内，迁车台的钢轨与空车线的钢轨对准。观察空车铁牛必须在牛槽内，启动迁车台上推车器的电动机，推车器将空车推出迁车台，当空车的最后一对轮组离开迁车台后，推车器停止，再按“返回”按钮使推车器返回到原始极限位置停止，同时限位装置电磁铁动作，操纵压杆压下方销，启动行走电动机，迁车台驶回重车线。同理方销嵌入上挡座槽内，使迁车台轨道与重车线轨道对准。

四、空车铁牛

空车铁牛是用来集结空车的推送设备

（一）空车铁牛装置的技术性能

（1）正常工作时的推车力：78.45kN。

（2）正常工作时的推车行程：25～40m。

（3）速度：推车速度0.75m/s。

（4）返回速度：1.5m/s。

（5）电动机功率：大电动机（JB=25%）80kW；小电动机（JB=25%）22kW。

（6）铁牛：轨距900mm。

（7）轴距：2500mm。

（8）行走轮直径：700mm。

（9）总质量：28.26t。

（二）空车铁牛的结构

（1）卷扬装置。卷扬装置的传动部分由大/小电动机、制动器、一台两级渐开线齿轮减速机以及一对开式齿轮和直径为1400mm的卷筒组成。

（2）铁牛。铁牛由铁牛体、牛臂、轮对组成。铁牛臂内装有车辆用的3号缓冲器，以减缓铁牛与车辆的硬性碰撞，防止铁牛轮对脱离轨道。

（3）张紧装置。铁牛张紧装置由张紧轮、滑轮框架和导轨组成。滑轮与框架为一体，可在导轨上移动。张紧装置的作用是保证钢丝绳的张紧度。

（4）钢丝绳。空车铁牛采用D-6×19+1-30-150型的钢丝绳。它由六股钢丝绳绞成，钢丝直径为0.4～0.6mm。在钢丝绳中心有一根麻绳，可以增加钢丝绳的韧性，还能吸收一部分润滑油，以防止钢丝绳锈蚀。

（三）空车铁牛的工作程序

当空车的末组轮对溜过牛槽前面的限位开关时，限位开关接通卷扬装置大、小电动机的制动器液压电磁铁，以及减速机液压系统中的电磁换向阀。制动器松开，电磁换向阀换向，使大电动机启动，轻牛出槽推动空车前进，推到极限位置，大电动机停止。小电动机启动，轻牛快速返回牛槽，到极限位自动限位停止。

第三节　翻车机及其配套装置的安全工作要点

翻车机及其配套装置组成一条完整的翻车机卸车线。翻车机卸车线是几个设备联合作业、相继动作的作业线。各设备动作有先有后，先后之间要协调，既要充分利用重合时间以提高卸车效率，又要保证安全运行。

一、重车铁牛的安全工作要点

（1）重车铁牛未进入牛窝时，不允许联系火车推送重车皮。

（2）后推式重车铁牛人工摘钩前必须做到：

1）翻车机活动平台在零位，轨道对位良好。

2）翻车机平台上的定位器处于升起位置。

3）严禁重牛拉重车。

二、翻车机的安全工作要点

（1）翻车机启动前，储能器压力不得低于 3.04×105Pa（3kg/cm^2），也不得高于 3.65×105Pa（3.6kg/cm^2）。

（2）车辆的四对轮子均必须停于翻车机平台上，才能启动驱动电动机。

（3）活动平台上的推车器推动空车前必须具备下列条件：

1）翻车机回到零位。

2）活动平台上的定位器落下。

3）迁车台已回到重车线并对准。

（4）严禁活动平台上的推车器推重车。

（5）翻车机活动平台上无车时，禁止空载启动翻车机。

（6）油箱油位过低时，禁止启动翻车机；开闭阀严重漏油、油管路破裂时，禁止启动翻车机。

（7）翻车机制动抱闸失灵，不允许进行翻车。

（8）翻车机运行过程中禁止在煤斗捅煤；煤斗箅子上积存有大块和杂物时，应停止翻卸进行处理。

三、迁车台的安全工作要点

（1）迁车台从重车线至空车线，行走电动机启动前必须具备下列条件：①空车的四对轮子均进入平台并定位；②定位装置的方销压杆应压下。

（2）迁车台上推车器推动空车前必须具备下列条件：

1）迁车台对准空车线并对位良好。

2）单向定位器打开。

3）空车铁牛在牛槽中。

（3）迁车台由空车线返回重车线之前，空车的四对轮子必须全部离开平台。

四、空车铁牛的安全工作要点

在空车溜过牛槽后，才能启动空车铁牛去推送空车。

五、摘钩平台的安全工作要点

在摘钩平台升起前必须具备下列条件：

（1）翻车机在零位。

（2）翻车机平台上的制动铁靴处于升起位置。

（3）重车四对车轮均停在摘钩平台上。

第四节 翻车机及其附属设备的运行维护重点

一、空、重车铁牛及附属设备的运行维护

（1）空、重车铁牛体及卷扬机的检查、维护、加油。

(2) 各滑轮的加油，地辊脱落的恢复及维护。

(3) 钢丝绳的检查、加油、维护。

(4) 轨道的检查。

(5) 工具、用具及防火设施的检查、维护。

(6) 限位开关、联系信号、照明的检查、维护。

(7) 电气设备的外部检查。

(8) 一般螺栓松动的紧固。

二、翻车机本体及其附属设备的运行维护

(1) 翻车机回转盘、平衡块等结构部件的检查、加油。

(2) 平台及结构部件的检查、维护、加油。

(3) 驱动装置的检查、维护、加油。

(4) 压车装置的检查、维护、加油。

(5) 托车装置的检查、维护、加油。

(6) 煤斗粘煤的处理，煤箅和风机的检查、维护、加油。

(7) 液压系统的检查、维护、加油。

(8) 电气设备外部的检查。

(9) 工具、用具及防火设施的检查、维护。

(10) 限位开关、信号、照明、事故按钮的检查、维护。

(11) 暖气及轨道的检查。

(12) 一般螺栓松动紧固。

三、迁车台及附属设备的运行维护

(1) 迁车台平台结构的检查和维护。

(2) 驱动装置的检查，行走轮轴的检查、维护、加油。

(3) 推车电动机、驱动电动机的检查，开关及滑线、信号、照明等电气设备的检查。

(4) 推车器与定位器的检查、维护、加油。

(5) 缓冲器、定位销、双向定位装置的检查、维护、加油。

(6) 工具、用具及防火设施的检查、维护。

(7) 轨道的检查。

在整个翻车机卸车线中，运行中检查各转动部分轴承、电动机及减速机等的温度、声音及振动情况，检查制动装置的灵活情况。滚动轴承最大温升不超过65℃，滑动轴承最大温升不超过45℃。

第五节 翻车机及翻车机卸车线的控制

一、翻车机的控制

翻车机的控制方式有手动集中控制和自动控制两种，其中自动控制又分为继电器自动控制和微机程序自动控制。随着火电向大容量的发展，手动控制上煤已远远跟不上新的需求，因而逐渐被自动控制代替，手动控制只在调试或程序故障时使用。随着拨车机的出现，翻车机的控制已趋于简单化。

(一) 翻车机的手动集中控制

1. 主要控制内容

KFJ-3A 型翻车机的控制内容包括定位器抬起、落下；翻车机正、反向倾翻；推车器推车、回位；振打电动机投入等。该过程主要是通过运行人员手动操作按钮，使中间继电器得电，接触器吸合，使电动机正转或反转来完成各项控制内容的。

2. 控制原则

翻车机手动集中控制应按照工艺要求进行。在翻车机作业过程中，值班员应随时监视电流表、信号灯及事故预报光字，如果有异常情况，则按紧急停止按钮。

3. 控制顺序及方式

(1) KFJ-3A 型转子翻车机的控制顺序见图 2-10，KFJ-3A 型转子翻车机电气控制二次原理图见图 2-11。

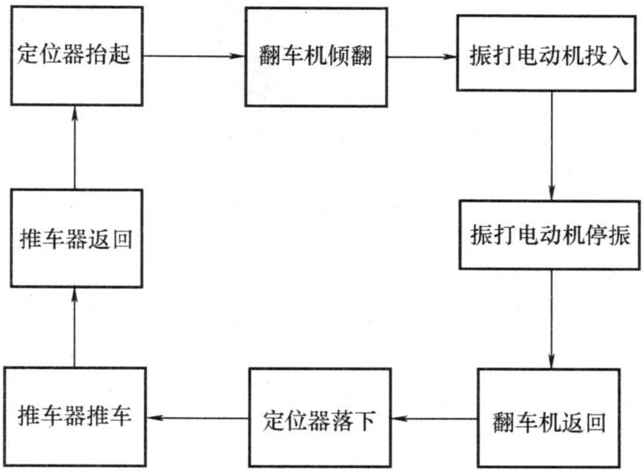

图 2-10 KFJ-3A 型转子翻车机控制顺序框图

(2) 翻车机手动集中控制工作方式为：

1) 翻车机倾翻。先把转换开关 S2 转到手动位置，按下按钮 SBS1 使接触器 KM1 和 KM2 得电，翻车机开始倾翻。当翻车机转到 170°时，主令开关 SQ1-1 断开，则停止倾翻。

2) 振动器工作与停止。按下按钮 SBS6 使接触器 KM8 得电并自锁，振动器电动机得电工作。按下按钮 SBP6 使接触器 KM8 断电，振动器电动机停止工作。

3) 翻车机返回。按下按钮 SBR1 使接触器 KMR1 和 KMR2 得电，翻车机开始返回。当返回到 15°时，主令开关 SQ1-3 断开，使接触器 KM3 和 KM5 断电、KM4 得电，一号电动机开始能耗制动。此时，二号电动机仍然反转，待翻车机回到原始位置后，SQ1-4 断开，使二号电动机断电，翻车机停止。

4) 定位器落下。按下按钮 SBS4 使接触器 KM7 得电并自锁，定位器电动机通电正转，定位器落下。当落到极限位置时，限位开关 SQ4-2 断开，使接触器 KM7 断电，电动机断电停止。

5) 推车器推车。迁车台在重车线上对轨后，按下按钮 SBS3 使接触器 KM6 得电，推车器电动机通电正转，推车器前进。当推车器前进到极限位置时，限位开关 SQ2-2 断开，使推车器电动机断电，推车器停止前进。

6) 推车器返回。与推车器推车的道理相同，按下按钮 SBR3，则可使推车器返回。

7) 定位器抬起。与定位器落下的道量相同，按下按钮 SBR4，则可实现定位器抬起。

(二) 翻车机的微机程序自动控制

翻车机微机程序自动控制和手动集中控制内容相同。程控主要是 PC 机根据翻车机设备运行状况进行内部逻辑分析，并输出执行信号，控制相应的中间继电器得电，使接触器吸合，从而使相应的电动机正转或反转，完成上述控制内容。

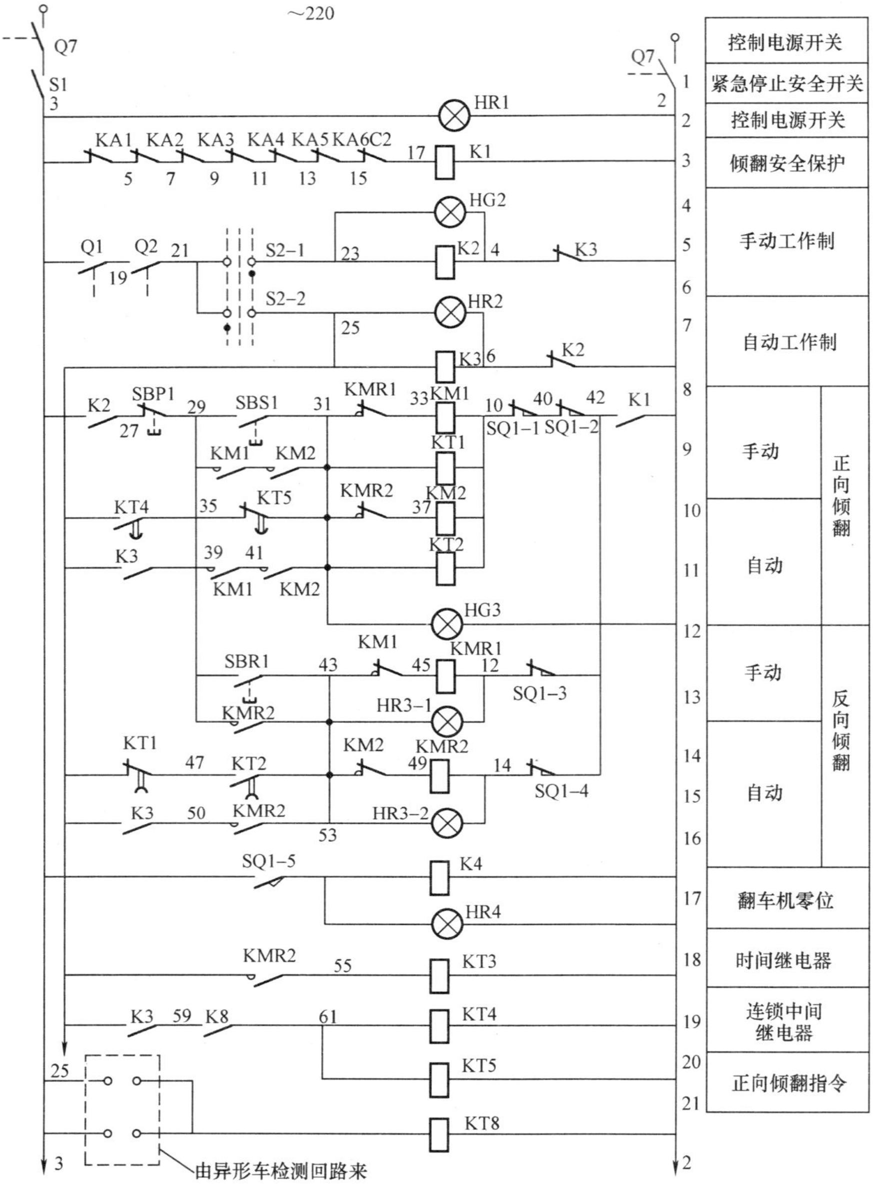

图 2-11 KFJ-3A 型转子翻车机电气控制二次原理图

1. 编程原则

根据翻车机运行的工艺流程和时间条件，参照 PC 用户手册，绘制梯形图并编程。不同的 PC 产品，梯形图绘制的具体要求也不同。一般绘制梯形图时应做到：一个梯形图只能有一个输出单元，每个梯级都不能以输出单元开始；同一程序中，同一位号或通道号不能重复用作输出，但被用作输出的信号则可多次用作输入；绘制梯形图时，应尽量使程序简单、直观、易于理解，并力求少占用内存。

2. 控制顺序及方式

微机程控的控制顺序和手动集中控制的控制顺序相同，其控制原理框图见图 2-12。

控制方式为：

图 2-12　翻车机微机程控原理框图

（1）合上所有空气开关，把操作台位置选择开关打到程控状态，启动所有油泵电动机。

（2）翻车机卸车线各设备调到自动运行前的准备状态，自动运行准备好的指示灯亮。

（3）按自动启动按钮，卸车线开始作业。值班员可以通过 PC 机输出的信号灯监视卸车线的作业过程，如果设计配有微机，则可以由计算机画面监视卸车线的作业过程。值班员还可以通过监视由 PC 机输出的事故光字和电流表，寻找并排除故障点。

3. 传感器及执行机构

为了检测和控制翻车机卸车线的正常运行，必须在翻车机卸车线装设完全可靠的传感器及执行机构。

（1）传感器。翻车机卸车线常用的传感器有行程开关、计数器、光电管用凸轮控制器。

1）行程开关。根据行程开关动作机构的不同，又可分为有触点和无触点两种。有触点行程开关是借助于机械撞块的作用使开关动作，从而把运行设备的状态反馈到监视中心。无触点行程开关即接近开关由振荡器和整形放大器组成，它的主要性能是有工作电压、输出结点、检测距离。两种开关相比，接近开关具有动作可靠、寿命长等优点，但其造价较高。

2）计数器又称车轮检测开关，是用来检测车皮位置的。其限位布置在车轮轨道旁边，通过车轮压撞限位，经过逻辑回路实现对车皮位置的检测。

3）光电管也是用来检测车皮位置的传感器，通过调整其高度，还可以检测异型车。它是由一个发射器和位于主轨道对面的接收器所组成。通过两者之间的是一个不可见的调节光束。

4）凸轮控制器一般安装在翻车机本体驱动回路中，通过检测翻车机的翻转角度，由动作接点输出信号，以达到控制各个工序的目的。

（2）执行机构。翻车机系统执行机构按其动作原理可分为电磁式和电动式两种。电磁式有迁车台上的电磁挂钩、调车机及摘钩台上控制油缸动作的电磁阀；电动式有夹轨器、定位器及推车器等。

（三）故障处理及运行保护

1. 故障处理

翻车机系统采用 PC 控制，工艺逻辑要求是通过 PC 内部无触点继电器来实现，其可靠性好，因此系统故障一般是发生在传感器和执行机构上。另外，PC 控制一般都配有故障显示器，个别故障发生时，指示灯量，并有报警声，这时可通过编程器调出故障点，处理后恢复运行。PC 控制故障检查方法如下：

（1）首先作总体检查，根据总体检查的情况划出故障点的大致方向，并逐步分析，找出故障点。如果在总体检查中发现电源指示灯不亮，就应检查供电系统，即电源指示灯及有关熔丝是否完好，然后再检查有无电源。

（2）当“运行中”指示灯不亮时，说明系统已因某种异常而停运，需及时查找系统异常点。有时报警故障虽不会引起 PC 机停运，但仍需尽快查找原因并排除。

(3) 输入、输出是PC机与传感器及执行机构进行信息交流必不可少的环节，此处故障一般与输入、输出单元、接线端子及熔丝一类元件的状态有关。

(4) 影响PC机工作的主要外部环境因素有温度、湿度、噪声及粉尘等。除湿度希望在一定范围内之外，其他因素都须避免过高。

2. 运行维护

要想翻车机系统有个良好的运行状态，必须搞好日常维护。对于翻车机电气方面的运行维护需做好以下几点：

(1) 严格按规程要求操作设备。

(2) 长时间停运转，应将各个动力柜动力回路的自动空气开关断开，然后用500V摇表测量各个电动机的绝缘电阻，其值不得低于0.5MΩ，否则要查明原因决定是否可以参加运行。

(3) 定期检查电池寿命；检查端子配线是否松动；检查电气设备各限位开关的性能及状态是否正确。

(4) 定期清扫卫生，保证电气设备不积尘。雨季还应检查电气设备的防雨状况。

二、翻车机卸车线的控制

翻车机卸车线的控制主要包括重车调车机、摘钩平台、翻车机、迁车台和空车调车机的控制。重车调车机有拨车机和前牵地沟式重车铁牛两种。如果选用拨车机，则可省去摘钩平台（只有C型翻车机才能选用拨车机）。空车调车机也有两种，即推车机和空车铁牛。这些设备的控制是以单台设备为独立系统，各设备的控制方式均采用手动和自动两种。检修、试车及自动控制故障时一般采用手动控制，通常情况则采用自动控制工作。控制方式的选择是通过操作台上的转换开关来实现的。

翻车机卸车线自动控制又分为继电器自动控制和微机程序自动控制两种。微机程序自动控制是在继电器自动控制的基础上发展起来的，它具有可修改和性能可靠等优点，这是因为它使用了PC机内无触点继电器代替了有触点继电器的逻辑转换。为了说明问题，以下以直观继电器自动控制为例对翻车卸车线的自动控制系统进行介绍。

（一）翻车机的控制

1. KFJ-3A型转子翻车机的控制

参见图2-11。先将转换开关S2转到自动工作位置（S2-2闭合），然后将转换开关S3转到振动器投入位置，以便适时将振动器投入工作。按下按钮SBS5使定位器升起，摘钩平台接到信号后开始升起，一节重车沿轨道溜入翻车机。当重车四个轮对压过限位开关SQ6后（此时一节重车已在翻车机内就位），计数器C1动合触点（25-123）闭合，接通中间继电器K8，K8的动合触点（59-61）闭合，接通时间继电器KT4和KT5，经过4s延时后时间继电器KT4动合触点（25-35）闭合，使接触器KM1和KM2得电并自锁，翻车机开始倾翻。发翻车机转到170°时主令开关SQ1-1断开，则接触器KM1和KM2、时间继电器KT1和KT2同时断电，翻车机停止倾翻。经3s延时后时间继电器KT1动断触点（25-47）闭合，接触器KMR1和KMR2同时得电，并经KMR2动合触点（29-43）自锁，翻车机开始回翻。当翻车机回到155°时，主令开关SQ1-6断开，振动器停止振动。当翻车机回转到15°时，主令开关SQ1-3断开，使接触器KMR1和KM3断电、KM4和KM5得电，一号电动机转子切除频敏变阻器，接入电阻，开始能耗制动。至此二号电动机仍然反转，待翻车机回到0°时主令开关SQ1-4断开，使二号电动机断电，翻车机制动停止在原始位置。同时主令开关SQ1-5闭合，使中间继电器K4得电，其动合触点（105-101）闭合，使接触器KM7得电，定位器开始落下。当定位器降到极限位置时，限位开关SQ4-2断开，定位器电动机断电（时间继电器KT3的整定范围大于定位器落下的时间）。限位开关SQ4-1闭合，使接触器KM6得电，推车器前进，将空车推向迁车台，同时中间继电器K6得电，其动合触点（129-147）闭合，车辆就位，计数器复位消零。当推车器前进到极限位置时，限位开关SQ2-2断开，使接触器KM6断电，推车器推车停止。限位开关SQ2-1闭合，使接触器KMR6和中间继电器K7得电并自锁，推车器返回，此时中间继电器K7动合触点（111-107）闭合，使接触器KMR7和时间继电器KT7同时得电，定位器升起。当推车器返回到原始位置时，限位开关SQ3断开，推车器停止，翻车机完成一个动作循环，并通过时间继电器KT7发出摘钩平台升起指令。

2. 侧倾式翻车机的控制

侧倾式翻车机和转子式翻车机相比，其优点是可以布置在水位较高的地方，缺点是能耗大；两者的控制方式基本相同。以下以CHF-2型侧倾式翻车机为例介绍其工作过程。

侧倾式翻车机工作时，启动、靠车、夹车、停车等过程都可能导致对车辆及翻车机不良的冲击。因此CFH-2型侧倾式翻车机采用了主、副电动机分别工作的传动系统。在侧倾式翻车机启动、靠车、夹车、停止等过程中，通过主令控制器控制，由副电动机工作，此时电磁离合器闭合，主、副制动器打开，通过副减速机、主减速机达到双级降速的目的，从而使上述过程低速、平稳地进行。当翻车机在正常工况时，由主电动机工作，副电动机断电，此时电磁离合器和主制动器处于开启状态，副制动器处于闭合状态，翻车机由低速进入高转速工况。

3. 双联翻车机的控制

双联翻车机也叫串联翻车机，它可以同时翻两辆挂钩的车辆，其结构与CFH-2型翻车机相似，控制方式与CFH-2型翻车机类同。

（二）推车机的控制

推车机的作用是将迁车台的空车推至空车线上。它有两个电动机，即主驱动电动机和液压泵电动机。推车行走采用电动机转子串接电阻启动，低速与空车相撞，然后切除电阻，以额定速度推车。液压泵电动机驱动液压系统，完成主驱动器电动机的液压制动。

（三）翻车机及其辅助设备的电气连锁与保护措施

为了使翻车机及其辅助设备能安全运行，可靠工作，在电气控制系统中采用了一系列电气连锁办法及保护环节，以做到设备运行中出现异常情况时，由电气控制自动切断有关部分电路，使其停止工作，避免事故蔓延而造成不应有的损失。具体内容如下：

（1）为了防止重车铁牛在摘钩平台升起位置时牵车而造成事故，在重车铁牛的抬头工作环节中，要求摘钩平台的落下脉冲信号发出后方可工作；在重车铁牛的牵车工作环节中，要求摘钩平台落下到位的状态信号发出后方可工作。

（2）为了保证重车铁牛在接车挂钩后便能停止前进，而转为牵车动作，控制系统采用堵转继电器。

（3）为了保证重车铁牛牵车时，大电动机不致由于过载运行而被烧毁，控制系统采用过流继电器作为大电动机的过载保护。

(4) 为了保证只有在翻车机做好接车准备的情况下，摘钩平台才送车给翻车机，控制系统采用翻车机中定位器升起的短时脉冲信号作为摘钩平台升起送车的自动控制指令。

(5) 为了保证摘钩平台升起以后，车辆能顺利溜行，控制系统采用重车铁牛低头（前牵地沟式）或回牛槽（前牵式）作为摘钩平台升起的条件。

(6) 为了保证重车铁牛所牵引的最前节车能够顺利地通过摘钩平台送到翻车机，控制系统采用记轴办法来确定最前节车的位置。

(7) 为了防止在第二节车辆冲上摘钩台的情况下摘钩平台升起，控制系统采用了第二节车越位保护环节，以保证摘钩平台正确工作。

(8) 为了防止重车没有完全进入翻车机而翻转，控制系统将重车在翻车机中就位作为翻车机的倾翻信号。

(9) 为了防止倾翻电动机和推车器电动机在异常情况下过载运行而烧毁电动机，控制系统采用了过电流继电器来保护电动机。

(10) 为了防止迁车台与重车线没有对准时，翻车机就将空车推出，控制系统以迁车台与重车线对准作为翻车机推车的条件。

(11) 为了避免空车未完全在迁车台上就位，迁车台便向空车线移动而造成设备事故，控制系统将空车在迁车台上就位作为迁车台向空车线移动的自动工作指令。

(12) 为了防止迁车台上推车器在未与空车线对准的情况下推车，控制系统采用空车线对准作为迁车台推车器电动机的启动信号。

(13) 为了防止在迁车台上空车未完全推出情况下迁车台向重车线移动，控制系统采用反应空车位置的限位开关作为迁车台移动的控制信号。

(14) 为了防止空车铁牛在空车线上阻挡空车前进，控制系统采用空车铁牛在牛槽作为迁车台上推车器推车的条件。

(15) 为了保证空车铁牛正常推车，控制系统将空车越过牛槽作为空车铁牛驶出牛槽推车的启动信号。

三、翻车机卸车线运行维护

翻车机卸车线是几个设备联合作业，相继动作的作业线，各设备间相互连锁、相互制约。以下为运行维护的注意事项：

(1) 每次翻车之前，先手动操作翻一节车，如果各个环节没有问题，再投自动。

(2) 翻车过程中应认真监视各电流表变化情况，如有异常，则及时按紧停按钮。

(3) 定期给回转设备加油，经常清扫卫生，保证设备健康运行。

(4) 手动操作时，切记各设备之间的连锁关系，严格按顺序进行。

第六节 翻车机的技术要求

一、主要设计条件

根据某发电厂的要求安装一套C型转子式翻车机，每套系统包括翻车机、重车调车机、迁车台、空车调车机、抑尘除尘设备、夹轮器、安全止挡器、单向止挡器及控制系统。翻车机系统综合卸车能力为25节/h。翻车机卸车线可实现就地操作和翻车机控制室集中操作及LCD监控显示。就地操作可实现单机解锁状态下的手动运行（用于单个设备的检修），又可实现单机参加连锁状态下的手动运行；集中操作（连锁状态下）可实现PLC全线程序控制自动运行，又可实现在微机上的单个设备启停运行。翻车机控制室能向运煤系统集控室提供反映翻车机系统各设备运行状态的符合系统要求的输出信号。

(1) 翻车机本体。

1）形式：C型转子式翻车机。

2）适用车辆：C60、C62、C64、C65、C68、C70、C80。

3）普通路用敞车额定翻转质量：110t。

4）最大翻转质量：120t。

5）最大翻转角度：175°。

6）回转周期：≤60s。

7）平台轨距：1435mm。

8）钢轨型号：50kg/m。

9）压车方式：液压压车。

10）靠车方式：液压靠车。

11）翻转传动方式：齿轮传动。

12）驱动电动机防护等级：IP55。

13）调速方式：交流变频调速。

14）振动器：翻车机装有必备的振动器，间断激振，以清除车辆的余煤。

15）除尘装置：C型翻车机的除尘系统采用水力喷雾除尘。

(2) 重车调车机。

1）额定牵引定数：6000t。

2）传动方式：齿轮齿条传动。

3）轨道型号：50kg/m。

4）驱动电机防护等级：IP55。

5）调速方式：交流变频调速。

6）工作行程：约70m。

7）供电及控制电缆：挂缆滑车。

8）声讯设施：旋转警灯。

(3) 空车调车机。

1）额定牵引定数：1800t。

2）传动方式：齿轮齿条传动。

3）轨道型号：50kg/m。

4）驱动电机防护等级：IP55。

5）调速方式：交流变频调速。

6）工作行程：约40m。

7）供电及控制电缆：挂缆滑车。

8）声讯设施：旋转警灯。

（4）迁车台。

1）额定迁车质量：30t。

2）最大迁车质量：120t。

3）传动方式：销齿传动。

4）轨道型号：50kg/m。

5）驱动电机防护等级：IP55。

6）调速方式：交流变频调速。

7）工作行程：11.2m。

8）供电及控制电缆：挂缆滑车。

9）声讯设施：旋转警灯。

（5）夹轮器。形式：浅坑式液压夹紧。

（6）安全止挡器。

1）安装位置：迁车台进口。

2）使用轨道型号：50kg/m。

（7）单向止挡器。

1）安装位置：迁车台出口。

2）使用轨道型号：50kg/m。

（8）翻车机系统各设备之间设有安全连锁保护条件。

（9）翻车机室为半封闭结构。

（10）重车调车机、空车调车机、迁车台、夹轨器及单向止挡器等为露天布置。

（11）根据铁道部门的有关规定，所有设备在非工作状态下不能侵入机车车辆限界。

（12）本期工程安装 1 套 C 型转子式翻车机，配 1 套振动斜煤篦。筛孔尺寸为 300×300mm。每套煤篦落煤量与翻车机系统综合卸车能力相匹配，能将残留在篦条上的散料自动振落入篦室内，不堵料，以保证翻车机系统的出力。振动煤篦有足够的强度，结构合理，有足够的倾斜度并保证下煤通畅，激振力为 50 000N。篦子与端梁之间连接采用铰链，铰链具有足够的强度。篦子倾斜角度不小于 16°。振动煤篦与翻车机连锁，纳入翻车机程序控制系统。

二、技术要求

（一）总的技术要求

（1）该套设备功能完整、技术先进、适合本工程的环境条件，并能满足人身安全和劳动保护条件。

（2）所有设备正确设计和制造，满足安全和持续运行，满足所有工况下的功能而没有过度的力、振动、腐蚀、老化以及其他运行问题。

（3）设备为全新，并有可靠的设计，不接受带试制性的部件。设备零部件的制造过程运用良好的工艺，并为易于磨损、腐蚀、老化或需要调整、检查和更换的零部件提供备用品，能比较方便地拆卸、更换和修理。所有重型部件都有安装维修时便于起吊或搬运的措施。电动机、减速机质量在 20kg 以上时，提供环形螺栓、吊钩或其他能安全起吊的装置。

（4）制造所使用的板材与型材必须选用优质钢材。焊接工艺符合有关标准要求，对主要受拉的焊接部位进行控伤检查。机械零部件有良好的互换性，所有的设备和材料都能满足所使用工况条件的要求。

（5）设备制造中结构钢材需进行喷丸（砂）预处理。

（6）各转动件必须转动灵活，不得有卡阻现象。润滑部分密封良好，不得有油脂渗漏现象。轴承温升一般不得大于40℃，轴承温度不得超过80℃。

（7）外露的转动部件均设置防护罩，且便于拆卸。人员易于达到的运动部位要设置防护栏。对需要维护的工作点有足够的空间和立足点，必要时可设平台。当平台高度≥1.5m时，需装设栏杆，但不妨碍维修工作。

（8）设备及部件的噪声符合国家有关规定和要求。

（9）翻车机及调车设备的结构设计必须符合铁道部门有关规定和要求。

（二）设备性能要求

（1）翻车机在翻卸作业时，能保证启动、靠车、压车、停机过程运行平稳、工作可靠；能使空、重载翻车机在任何位置定位；当制动发生故障时，翻车机不能启动（具有保护性自锁功能）。

（2）翻车机装置的滚轮在转子回转时不能出现啃轨现象。

（3）翻车机必须有最大翻转角度的限位装置，及恢复零位时的定位装置。

（4）翻车机本体联锁要求：

1）重车在翻车机上就位后，压车机构开始动作；

2）当翻转30°时，除尘装置开始喷水，回转至140°时停水；

3）当翻转165°时振动器动作；

4）重车就位调车机退出后，翻车机方可启动。

（5）空、重车调车装置运行平稳，定位准确，没有明显的冲击现象。要保证拨车臂起落平稳、运行灵活、定位准确、制动可靠。

（6）迁车台正常工作时载重30t，事故状态时工作载重100t。

（7）迁车台能平稳运行，保证与空、重车线对位准确，迁车台上钢轨和基础上钢轨对位准确。

（8）翻车机系统的液压系统安全可靠，密封良好、无渗漏，能适应较差的环境条件，其外露部分设有防尘箱或罩。各液压系统均能满足各种工况的要求，液压元件性能稳定，运行安全可靠，同时各系统的滤油装置、液位控制、油温控制均采用自动报警控制。

（9）翻车机及其调车设备有足够的安全保护措施，保证在各种工况下不发生溜车和掉道等事故。

（10）翻车机及其调车设备为重型工作制，设计寿命为30年。

（三）设备结构要求

1. 翻车机本体结构要求

（1）翻车机本体采用两套驱动装置，并布置在两端环外侧，当一套出现故障或断电时，另一套可以进行一个循环的工作。翻转要求启动及回零平稳，对车辆冲击小，电动机负荷相同并同步，其使用元件经过严格筛选，确保设备安全、可靠运行。

（2）驱动装置的减速器为硬齿面圆柱齿轮减速器，具有体积小、承载力大、效率高的特点。齿面经过热处理以提高硬度，在正常使用情况下保证寿命达 30 年以上。

（3）靠板装置及振动器：靠车板尺寸符合铁路部门的要求，由靠板体、液压缸、耐磨板、撑杆等组成，用来侧向靠紧车辆，在翻车机翻转过程中支撑车辆并避免冲击。

靠板体安装有耐磨板以便更换，使用液压驱动，可前、后灵活移动。

靠车板上设有振动器，振动器主要由振动电动机、振动体、缓冲弹簧、橡胶缓冲器等组成，敲打部位为车厢底盘侧边，用来振落车厢内的余煤。

（4）压车机构：压车机构的夹紧力合理配置，重车和空车在翻车机平台上定位可靠，翻车时既保证车辆不掉轨，又能尽量减少对车辆的夹紧力，以防损坏车辆。压车机构要有自锁功能，翻车机在翻转过程中，不允许靠车夹紧装置松动，有检测和报警功能。压车机构还有保护车辆的措施，卸料侧要设置导料板。车辆翻卸中各项指标满足 TB/T 1335—1996《铁道车辆强度设计及试验鉴定规范》的要求。

（5）翻车机设有安全可靠的制动器，当翻卸作业时，能使空、重载翻车机在任何位置定位，当制动器发生故障时，翻车机具有保护性自锁功能。

（6）为防止物料在翻卸过程中溢出坑外或撒落在托辊上，在翻车机的两端环内侧设置导料装置。

（7）转子：采用“C”型结构，组成转子的端环、梁及平台均使用优质钢材，箱形梁结构，保证“C”型转子有足够的刚度和强度。转子采用齿轮传动，运行平稳、可靠。

（8）翻车机系统所有的主钢结构均进行喷丸处理，以提高设备的防腐性能。

2. 空、重车调车机结构要求

（1）传动方式：空、重车调车机均选用齿轮传动方案，齿轮齿条传动设置自清理装置。

（2）空、重车调车机必须设有清轨器和最大行程的限位装置。

（3）空、重车调车机有超载保护功能，以防突然过载损坏，并设有安全可靠的制动器，当驱动装置发生故障或失电时，调车机能可靠制动。

（4）空车调车机工作行程约 40m，重车调车机工作行程约 70m，空、重车调车机为全封闭布置。

（5）空、重车调车机具有位置检测和声光报警装置，可实现空、重车调车机的可靠定位。

3. 迁车台结构要求

（1）为减少事故载重下或其他因素造成的迁车台停止时的冲击，设有缓冲装置。

（2）为使迁车台上钢轨和基础上钢轨对准，设有对位装置。

（3）迁车台必须设有电控的对轨安全连锁装置。

（4）迁车台调速方式为变频调速，使用销齿传动方式。

4. 液压系统结构要求

翻车机系统的液压系统包括翻车机、重车调车机、夹轮器等的液压装置。液压元件包括油管、管道、油缸、活塞及所有铰接点等。所有设备和附件均具有足够的强度。液压系统及部件在组装前均进行清洗，并保证组装后密封好，无冲击和渗、漏油现象。液压油缸、液压阀、滤油器、密封件等关键部件采用进口产品。

5. 除尘和降噪结构要求

所有扬尘点均设降尘喷水装置，除尘效果能够达到当地的环保要求，噪声也必须控制在国家环保要求以内，距设备外1m处小于85dB（A）。

6. 配供的辅助设备结构要求

(1) 所有的驱动装置均装设可靠的制动装置；所有减速机均进行热负荷验算；减速器全部采用质量优良的硬齿面减速器；减速器充分考虑齿轮及轴承的润滑，润滑油不得外泄。同时考虑夏季连续运行时的散热和冬季低温下的启动。减速器转动灵活、密封良好、无冲击和漏油现象，翻车机本体减速机采用进口产品。

(2) 油箱油温一般控制在35～60℃范围内，油箱油温不得超过60℃。轴承温升一般不得大于40℃，且轴承温度不得大于80℃。

(3) 各外露的转动部件均设置防护罩，且便于拆卸；人员易于达到的运动部位要设置防护栏，但不得妨碍维修工作。

(4) 翻车机及其调车系统各设备及相互之间，有可靠的机械或电气安全连锁措施。所有的驱动装置均装设可靠的制动装置。

(5) 露天工作或外露的电动机、制动器、电气元件、设备等均设置防护，设置的防雨罩便于拆卸。户外安装的电动机用防结露措施。所有外露的电器设备及元件在特定工作环境下均考虑防水、防雨、防尘、防潮、防盐雾等措施。为了保证设备可靠性，关键电气元件（包括PLC、变频调速装置、液压系统、一次传感元件等）采用进口产品，所有电缆均采用C级阻燃电缆。

三、安全保护措施

(1) 重车和空车在翻车机平台上定位要加设护轨。

(2) 翻车机必须有最大翻转角度的限位装置、纵向的限位装置及恢复零位时的定位装置。

(3) 翻车机必须有平台与基础轨道对准和车辆在平台上就位及车辆离开翻车机的安全措施。

(4) 翻车机的制动装置保证当驱动装置发生故障时，转子能可靠地停留在任何位置上，并能手动回零。

(5) 翻车机装有机械或电控的连锁装置。

(6) 调（包括轻、重）车机必须有最大行程的限位装置。

(7) 调车机（包括轻、重）必须设有可靠的机械制动装置，当驱动装置发生故障或失电时，调车机能可靠地进行制动。

(8) 调车机（包括轻、重）装有机械或电控的联锁装置。

(9) 在迁车台进车端设置安全止挡器，在出车端设置单向止挡器。

(10) 迁车平台必须有定位缓冲设施。

(11) 迁车平台必须有防止车辆移位的装置。

(12) 迁车平台装有电控的对轨连锁装置。

(13) 迁车平台必须设有可靠的机械制动装置，当驱动装置发生故障或失电时，迁车平台能可靠地进行制动。

(14) 夹轮器有最大张开状态的限位装置，夹轮器夹板采用可更换的耐磨材料42CrMo。

（15）夹轮器和其前后配合的设备装有机械或电控的安全联锁装置。

（16）单向止挡器制动及复位必须灵活，不得有卡阻现象。

（17）安全止挡器转动及复位必须灵活，不得有卡阻现象。

第七节　翻车机系统的操作

一、启动前的检查

（一）静态检查

（1）翻车机系统各设备停在规定的起始位置。

1）翻车机平台处于零位，其平台轨道应对准路轨；靠车和压车机构处于原位（即靠车板缩回、压车钩张开）。

2）拨车机大臂抬起处于垂直位置。

3）迁车平台停在重车线，其轨道与重车线轨道准确地对准位置。

4）涨轮器在无煤车时应松开。

5）推车机在返回起始位置。

（2）翻车机驱动齿轮与柱销之间无杂物卡住，无钢条、铁丝等缠绕现象，柱销卡板无脱落、松动现象。

（3）翻车机上、下平台和频敏变阻器箱附近、驱动设备附近及小牙轮端盘下无积煤。

（4）各动力柜内无烧焦现象，动力电源开关及操作电源开关均在“断开”位置。

（5）控制台各仪表、按钮、指示灯完好，所有控制手柄均在“断开”位置，台面整洁、干净。

（6）通信、照明设施完好，各种工器具完好且定置存放，环境整洁。

（7）各种设备护盖完好，液压站、减速机无漏油现象。

（8）所有的液压系统进出油管接头无脱落及渗油现象；油箱盖封闭严密，各阀门完好无损，并处于打开状态。

（9）导向轮、行走轮完好无损，齿轮齿条润滑良好，周围无障碍物；涨轮器夹板口附近无铁屑或其他杂物。

（10）安全止挡器动作正常，各止挡靴无变形且动作灵活。

（11）拨车机钩舌及液压推杆完好。

（12）开式齿轮完好无缺，润滑良好，周围无杂物。

（13）各滑线电缆无脱落、损坏现象，滑车润滑良好；各行程开关动作正常、灵敏可靠；各控制箱门封闭严密，无损坏现象。

（14）煤箅子上面无石块、铁块、木块、杂草等杂物。

（二）动态检查

在进行静态检查无异常后，由交班值班员操作，接班值班员检查，进行动态空载检查。

（1）合上动力电源和操作电源。

（2）启动液压系统各部油泵，系统无渗油现象，压力表读数正常。

（3）拨车机大臂抬落速度均匀，开、合钩正常，到位准确，信号正常；油管及接头处无渗漏油现象。

(4) 翻车机压车和靠车机构可靠，翻车机倾翻、返回到位准确，制动安全可靠，挂钩活动自如。

(5) 迁车台涨轮器松开、闭合正常，无漏油现象。

(6) 各制动器动作准确，闸瓦无异味；拨车机、迁车平台、推车机往返动作到位正常

(7) 连锁试验正常。

1) 拨车机牵引连锁：翻车机本体回零位，迁车平台对准重车线。

2) 翻车机本体正翻：重臂抬到位。

3) 迁车平台返回：推车机推过止挡器。

4) 推车机推车：迁车平台对准空车线。

(8) 各设备电流指示正常，信号准确无误。

完成上述检查后，双方值班员办理交接班手续。接班值班员向班长汇报设备检查情况。

二、翻车前的准备工作

(1) 送电：启动设备前，应有两名电气运行值班员一起进入动力室，一人操作，另一人监护，合上动力电源开关和操作电源开关。如果翻车机系统停用时间超过 15 天，则在使用前应通知电气运行值班员对电气设备进行绝缘检查。

(2) 列车对位。

1) 进车前，应联系班长明确进车节数、矿别煤种及不能翻卸的车号，值班员应认真做好记录。

2) 接到进车对位通知后，翻车机值班员启动液压系统油泵，拨车机抬大臂到位。现场值班员检查翻车机平台轨道与路轨是否对准。迁推车值班员检查迁车平台是否与重车线对准，推车机是否在返回起始位置。翻车机本体与迁车平台上应无车皮滞留，涨轮器应松开。检查完毕，确认一切正常后，由翻车机值班员通知列车对位。

3) 摘钩员在重车对位后，方可摘风管、松抱闸、通知取样，并负责检查对位车辆的缺陷。摘风管排气完毕，摘钩员应逐车检查每一节车厢抱闸是否完全松开，确无异常后，翻车机值班员汇报值班长，得到程控室可以翻车的命令后，方可翻车。

4) 重车对位时，严禁翻卸车辆。

三、翻车结束工作

(1) 列车排空前，值班员将空车线存车数以及未能翻卸直接排入空车线的煤车编号报到班长室。

(2) 接到排空的通知后，迁推车值班员应将迁车平台移到空车线对准路轨，拨车机与翻车机处于起始位置。

(3) 排空完毕，迁推车值班员将迁车平台返回到重车线，摘钩员检查空车线车厢是否排净，并汇报值班长。

四、工作程序及手动操作过程

(一) 拨车机工作程序及操作过程

1. 拨车机工作程序

1) 拨车机原位→落大臂零位→制动器缓解→接车→接车限位→牵车→人工摘钩→牵车

→翻车机平台定位→提重钩→推空车至迁车台定位→提轻钩→拨车机返回→抬大臂到位→接车。按此工作程序重复，直至翻卸完整个列车。

2）拨车机设有能耗制动，凡停车时能耗可自动投入。当转速降到额定转速的15%左右能耗时自动切除，机械制动投入。

2. 操作过程

（1）静态、动态检查合格，翻车机平台在零位，平台轨道对准路轨；迁车平台对准重车线；重车被送到轨道衡上，排气、摘风钩，制动全部松开。

（2）合上动力电源和操作电源开关，投入程序控制。

（3）启动拨车机油泵。

（4）将“拨车机手柄”打至接车方向，选择运行速度，启动拨车机行走装置进行接车。

（5）当拨车机行至落臂位置时停止行走，落下大臂。

（6）继续行走，拨车机中速接车，确认挂钩后开始牵车。

（7）牵车时，将“拨车机手柄”打至牵车方向，选择运行速度，将第二节车连同整列重车一起牵入轨道衡上自动停车。

（8）摘钩人员摘开第一节与第二节之间的车钩，并立即离开车厢。

（9）拨车机继续牵车（此时翻车机平台轨道对准路轨，迁车平台必须对准重车线）。

（10）拨车机把第一节重车牵引到翻车机平台内到位，停止牵车。

（11）按下“重钩销提起”按钮，拨车机重车钩自动打开。

（12）拨车机继续向迁车台方向行走到位后自动停车。

（13）按下“空钩销提起”按钮，提起轻钩销。

（14）将“拨车机手柄”打至接车方向，选择运行速度，拨车机开始接车行走。

（15）拨车机返回至大臂升臂位置，按下“大臂升”按钮，大臂抬起垂直到位。

（16）拨车机返回接车，同时翻车机进行翻车。当返回到接车位置后自动停下，落下大臂，然后与重车挂接继续牵车。

（二）翻车机本体工作程序及手动操作过程

1. 工作程序

（1）正翻：0°～165°。

（2）回翻：165°～0°。

2. 手动操作过程

（1）起始条件：翻车机平台在零位（平台轨道与路轨对准），重车在平台上已停稳，拨车机已离去，拨车机的臂架垂直抬起并到位。

（2）翻车顺序：通电→油泵启动→靠车板靠车到位→夹紧到位→倾翻→倾翻终点→翻车机返回到零位→靠板原位→夹紧原位。

（3）操作过程。

1）合上动力电源和操作电源开关。

2）将运行方式选择开关置于“手动”。

3）启动除尘水泵，直到煤车全部卸光，停止除尘水泵运行。

4）启动油泵（冬季应投入加热器）。

5）按“倾翻”按钮，翻车机开始工作。

6）翻车机翻至45°时，打开喷雾除尘器（煤湿时可不进行此项操作）。

7）当翻车机倾翻至165°时，自动停机。

8）按“返回”按钮，开始回翻。当翻至90°时，停止喷雾除尘。

9）当回翻至零位时自动停机。重复以上各项操作，进行翻卸煤车。

10）运行中遇紧急事故时，应立即按下“紧急停机”按钮。

（三）迁车台和推车机工作程序及手动操作过程

1. 工作程序

（1）迁车台：对准重车线→迁车→对准空车线→推出空车→移向重车线→对准重车线。

（2）推车机：迁车平台对准空车线→推车→推过止挡器→自动停止→返回起始位置。

（3）迁车平台、推车机移动时均为匀速。

2. 手动操作过程

拨车机大臂抬起开始返回时进行下列操作：涨紧→退位→迁车→对位→松开→推车→退位→返回→对位。

（1）将选择手柄置于“手动”。

（2）启动迁车台油泵、推车机油泵，迁车平台对准重车线并到位。

（3）按“试灯”按钮，试灯正常。

（4）按“涨紧”按钮，涨轮器将空车轮毂夹住。

（5）按“退位”按钮，退出迁车台定位销。

（6）按“迁车”按钮，迁车平台移行至空车线，对位后自动停车。

（7）按“对位”按钮，迁车台定位销定位。

（8）按“松开”按钮，迁车台涨轮器松开。

（9）按“推车”按钮，推车机推空车到位。

（10）按“返回”按钮，推车机返回至起始位置自动停止。

（11）按“退位”按钮，退出迁车平台定位销。

（12）按“返回”按钮，迁车平台返回重车线。

（13）按“对位”按钮，迁车台定位销定位。向翻车机发信号，迁车平台对准重车线。

（14）遇紧急事故，立即按“紧急停机”按钮。

五、翻车机系统自动控制

（一）翻车机系统投入自动控制之前的准备工作

翻车机系统投入自动控制之前，第一节煤车应采用手动控制完成翻卸作业；手动控制翻卸第一节的每一道工序完成正常后，即可转入自动控制。翻车机系统做好准备工作后，即可投入微机程序控制。

（二）翻车机系统自动控制操作程序

（1）合上翻车机动力电源和操作电源开关。

（2）将拨车机手控台，迁推车手控台，翻车机手控台上各运行方式手柄置于“自动”。

（3）按下“自动启动”按钮，拨车机自动接车。

（4）第二节车厢进入轨道衡自动停车。

（5）拨车机自动工作时，在走到拨车机摘钩处时，拨车机由光电开关控制其自动控制停止。若光电开关损坏或没动作，摘钩人员应就地按操作箱上的“走行中断”按钮，则停止拨车机行走。摘钩完毕后，就地按操作箱上的“走行再启动”按钮，则拨车机继续自动工作，并自动完成各项操作，重复循环工作。

（6）运行过程中如有某一环节出现故障，应将此环节转入手动操作，恢复正常后再转入自动控制。

（7）拨车机自动工作时，首先手动将拨车机开到原位，对准原位开关的位置（即拨车机原位开关动作）。

（8）翻车机自动工作时，第一节车及最后一节车最好用手动方式控制。

（三）翻车机系统微机程序控制

1. 微机程序控制流程

（1）拨车机原位→落大臂零位→制动器缓解→接车→接车限位→牵车→人工摘钩→牵车→翻车机内定位→推空车至迁车台→摘轻钩→拨车机返回抬大臂→抬大臂到位→返回到牵车原位。

（2）翻车机靠车板靠车→压车梁压车→倾翻→倾翻终点→翻车机返回→翻车机零位→靠车板松开→压车梁松开。

（3）迁车台涨紧器涨紧→重车线对位复位→迁车→空车线对准对位→涨紧松开→迁车台返回允许→返回重车线对位。

（4）推车机推车→制动器缓解→低速→高速→推车极限→自选返回→低速→高速→低速→返回极限。

以上工作过程由微机编入程序自动循环工作。程序故障时应及时清除错误程序，并重新恢复原程序。

2. 翻车机系统工作过程

为方便叙述，将前一个循环中停放在翻车机内的空车编为1号车，即将翻卸的重车编为2号车，与2号车联挂的为3号车。操作过程由微机程序加人工配合过程，叙述如下：

（1）拨车机牵引整列车慢速前行，使2、3号车之间的车钩位于翻车机前6m处停止。

（2）人工摘开2、3号车联挂车钩。

（3）拨车机牵引2号车前行，与1号车联挂。

（4）拨车机牵引2号车在翻车机内定位，并推出1号车。定位后拨车机与2号车自动摘钩。

（5）拨车机推动1号空车至迁车平台上定位，拨车机与1号车自动摘钩后，后退一段至抬臂位置，大臂自动升起。

（6）同时翻车机自动翻车，然后自动返回，迁车台迁车至空车线并对位。

（7）拨车机高速返回，同时推车机将空车推出迁车台至逆止器外侧，自选返回自动返回。

（8）迁车台自动返回重车线，单向止挡器缩进轨道内侧，拨车机返回原位位置，自动落臂接车。至此一个工作循环完成，进入下一个工作循环。往复循环直至整列车卸完。

六、运行中的注意事项

（1）翻车机翻卸车厢的长、宽、高严格按技术规范执行，否则不予翻卸。

（2）翻车机控制操作台上各种按钮齐全，指示灯及操作手柄位置应正确。微机桌面各显示信号正确，否则需联系检修检查。

（3）翻车前应观察车厢及拨车机所处位置是否适当。

（4）出现故障时，应将自动控制切换为手动控制，并停止设备运行。如故障严重来不及处理时，可按“急停”按钮进行急停。因事故停机或正常停机进行清理工作时，各操作台上的控制手柄必须置于“断开”位置。

（5）要经常察看翻车机靠车板、压车梁机构的动作到位情况及其可靠程度，注意信号是否正常，保持压车机构和靠车机构能可靠地动作，及时清除其中异物。

（6）翻车机负责人应随时掌握来煤的翻卸情况。翻车机值班人员应加强与程控室的联系，接到停止翻车的命令时，应停止翻车，并通知翻车机其他人员。

（7）翻车机负责人应随时注意观察煤箅子的积煤情况。翻车机煤斗及其箅子需要清理堵煤和杂物时，应停止设备运行，并做好安全措施。清理完毕，人员已离开，在重新翻卸前注意观察捅煤人员在煤箅子上的去留情况。

（8）运行中拨车机、推车机、迁车平台应行走平稳且刹车良好；拨车机不能有严重滑车现象。

（9）液压油泵启动时，系统不应有负荷。当油压升至正常后，系统方可开始工作。

（10）拨车机牵车时，应注意车厢体是否有掉轨、车厢车门是否有打开现象。

（11）拨车机推出翻车机本体内的车厢（无论是重车还是轻车）时，若遇有不能完全进入迁车平台或被弹出迁车平台等情况，严禁用车厢撞车厢，应采用铁路专用撬杆，拨动车厢后轮使其到位。

（12）拨车机手动操作停止后，需经零速操作才能再行走，即速度选择开关先回到零位后，再重新操作行走。

（13）重车在翻车机本体内定位停稳，拨车机抬臂到位接车时，迁车平台方可移向空车线。

（14）翻车机值班员应注意观察翻车机、迁车台对位情况。如发现有错位等现象，应及时切换至手动控制，停止运行，排除故障。

（15）运行中如出现单机动作异常情况时，需按自动按钮或急停按钮。单机故障排除后，应使各单机恢复至原始位，再恢复自动程序。

（16）翻卸第一节车及最后一节车时最好用手动。

（17）严格执行“红、绿”牌制度。

第八节　翻车机常见故障处理

（1）拨车机滑车。

1）原因：

a. 能耗制动器故障、电动机掉线或开关跳闸。

b. 制动器松动。

2）处理：

a. 合上自动空气开关，联系检修处理制动器。

b. 联系检修调整制动器。

(2) 拨车机无法牵车。

1) 原因：

a. 电源未送上。

b. 翻车机平台无零位信号。

c. 迁车台未对准重车线。

2) 处理：

a. 合上电源开关。

b. 通知电工处理。

c. 调整对准重车线。

(3) 拨车机抬落臂不动作。

1) 原因：

a. 电源消失。

b. 电磁阀不动作。

c. 液压站故障。

2) 处理：

a. 通知电工送电。

b. 通知检修处理。

c. 通知检修处理。

(4) 翻车机突然停翻。

1) 原因：

a. 设备故障跳闸。

b. 转动部分卡死。

2) 处理：

a. 通知电工处理。

b. 通知检修处理。

(5) 夹轮器打不开。

1) 原因：

a. 堵塞或断开。

b. 机械部分卡死。

2) 处理：

a. 检修，疏通处理油路。

b. 通知检修处理。

(6) 翻车机不能正翻。

1) 原因：

a. 拨车机大臂抬不到位。

b. 无零位信号。

c. 双向到位开关失灵。

2）处理：

a. 调整，使大臂到位。

b. 处理零位信号。

c. 通知检修处理。

（7）迁车台错轨。

1）原因：

a. 主令控制器故障。

b. 刹车故障。

2）处理：

a. 调整处理主令控制器。

b. 联系检修，调整刹车。

（8）翻车机平台不到。

1）原因：

a. 支承座端部积煤。

b. 液压刹车故障。

c. 齿轮座移位。

d. 行程开关过早断开。

2）处理：

a. 清理积煤。

b. 调整液压刹车。

c. 调整齿轮座。

d. 调整行程开关。

（9）推车机不动作。

1）原因：

a. 电源跳闸。

b. 平台不到位或无到位信号。

2）处理：

a. 通知电工恢复电源。

b. 通知检修检查处理对位信号。

（10）设备频繁跳闸。

1）原因：

a. 机械部分卡涩、运转不灵活。

b. 控制回路或电源开关故障。

c. 电动机故障。

2）处理：

a. 通知检修处理。

b. 联系电工处理。

c. 联系有关检修班处理。

(11) 电流不平衡。

1) 原因:

a. 一台电动机接线或电源故障。

b. 一台电动机与减速机柱销脱开。

2) 处理:

a. 通知电工处理。

b. 通知检修更换柱销。

(12) 电动机停止转动,电压、电流为零。

1) 原因:总电源开关跳断;过流保护动作。

2) 处理:检查开关无异常,设备无损坏时,送上电源,恢复过流保护继电器。

(13) 电动机电流增大,温度升高或冒烟,电动机嗡嗡响,不转动。

1) 原因:

a. 动静部分相摩擦。

b. 通风不良。

c. 绕组层间短路。

d. 两相运行。

2) 处理:

a. 解体检查。

b. 加强通风。

c. 停止运行。

d. 检查电源,消除异常。

(14) 制动器失灵。

1) 原因:

a. 调整螺栓松动。

b. 闸瓦片磨损过大。

c. 电源故障;制动器故障。

2) 处理:

a. 紧固螺丝。

b. 更换闸瓦。

c. 恢复电源。

d. 检修制动器。

(15) 平台对位不准。

1) 原因:

a. 主令控制器动作不正确。

b. 制动器失灵。

c. 能耗制动失灵。

2) 处理:

a. 调整主令控制器触点。

b. 恢复制动器。

c. 检查能耗快熔熔断器。

(16) 翻车机倾翻过位。

1) 原因:

a. 主令控制器坏。

b. 倾翻接触器粘住。

2) 处理:

a. 调整或更换主令控制器。

b. 立即断总电源，并处理或更换接触器。

(17) 光电管误动。

1) 原因：防护透镜积尘太多。

2) 处理：用柔软的白布擦净光电管防护透镜。

(18) PC 机 POWER、LED 灯光不亮。

1) 原因:

a. 电压、切换端子设定不良。

b. 熔丝熔断。

2) 处理:

a. 正确设定电压切换端子。

b. 更换熔丝。

(19) CPU 熔断器多次熔断。

1) 原因:

a. 电压切换端子设定不良。

b. 线路短路或烧坏。

2) 处理:

a. 正确设定电压切换端子。

b. 更换 CPU 电源单元。

第三章

卸　船　机

第一节　概　　述

一、引言

自20世纪80年代以来，我国沿江、沿海大型燃煤火力发电厂的建设发展迅速，水运煤量大增。装机容量在100万kW以上的电厂，每年需发电用煤达300万t以上。大型卸船机已成为与锅炉、汽轮机、发电机三大主机同样重要的电厂关键设备。1986年广东沙角发电厂引进日本住友株式会社生产率为800t/h的桥式卸船机投入使用，1987年上海石洞口发电厂引进日立公司的1250t/h桥式卸船机投入使用，1990年宁波北仑港发电厂引进三菱公司的1250t/h桥式卸船机投入使用，1991年华能上海石洞口电厂引进美国DRAVO公司的1350t/h桥式卸船机投入使用，1992年江苏利港电厂引进意大利ANSALDO公司的1250t/h桥式卸船机投入使用。粗略统计，每年至少有两台生产率在1000t/h以上的新卸船机投入使用。单台造价在1000万元，甚至2000万元以上的大型卸船机已引起电厂建设、设计和使用者的极大关注。同时，火电厂专用煤码头卸船机也引起了众多卸船机的研究、设计、制造者的浓厚兴趣。目前，我国大型卸船机正由整机引进，合作制造，发展到以我为主，部分引进（主要是电气和控制系统）的过程，有的通过消化吸收国外先进技术，结合国内的运行实践，经过中间试验样机的试验，向自行设计、制造迈进。现将大型卸船机的发展情况作一介绍。

二次世界大战后，世界海运量以10年增长一倍的速度发展，散货运输船向大型化发展，最大的运煤船已达25万t，导致卸船机也急速向高效、大型化发展。卸船机单机最大生产率50年代为1500～1600t/h；60年代为2200～2300t/h；70年代为2500～3000t/h；进入80年代后，出现了起重量为85t、生产率为5100t/h的卸船机。近10年来，尽管链斗式和螺旋式等连续卸船机有了很大发展，显示出许多优点，但由于抓斗式卸船机具有通用性好、可靠性高的特点，它仍在当今卸船机中占主导地位。

我国80年代之前，沿江、沿河火电厂运煤以载重量千吨级的煤驳为主，卸船机生产率在400～500t/h以下，一般是带斗门座起重机或桥式抓斗卸煤机。80年代，沿江、海大型火力发电厂快速兴建，运煤海轮由千吨级发展到万吨级，现在浅吃水肥大型的35 000t专用运煤船已投入运行，并考虑50 000t级的煤船，电厂专用煤码头的卸船机也随之迅速大型化。除前面介绍的抓斗桥式卸船机之外，还引进了一些其他形式的卸船机，如华能南通电厂引进西德PWH公司的1200t/h链斗卸船机、华能岳阳电厂引进瑞典SIWERTELL公司的1000t/h螺旋卸船机。

煤码头卸船机分连续式和抓斗式两大类：连续式分为螺旋卸船机、链斗卸船机；抓斗式分为臂架式固定门座起重机、臂架式带斗门座起重机、桥式自行小车式、桥式半牵引小车式、桥式牵引小车式。抓斗桥式牵引小车式分为补偿小车式、贯串式、四卷筒式。

二、连续式卸船机

（一）螺旋卸船机

螺旋卸船机运行时，煤由垂直螺旋机提升，经水平螺旋机送至码头输煤运输机。通过垂直螺旋机的前后、左右摆动，水平螺旋机的上下俯仰，以及上车的回转和大车的行走，来完成船舱空间的卸煤作业。清舱靠小型装载机汇集和向小煤斗中喂料完成。垂直螺旋机下头部有带有许多小铁锤的喂料头，它可以击碎 300mm 以上的煤块、螺旋机，如遇大煤块、大木块卡住时，它会自动反转，将大块退出。

（二）链斗卸船机

螺旋卸船机是连续作业，与间断式作业的抓斗卸船机相比，具有生产率高、设备自重轻、体积小等优点；煤在全封闭环境中输送，粉尘飞扬极小，环境污染少；码头投资省，输煤胶带机系统配备和码头供电都较经济。但对煤的粒度和杂物有较高要求，必须对原煤进行选煤处理。我国发电用煤中，大块、石块、铁块、木块（习惯称为“四块”）及其他杂物特别多，螺旋卸船机是否适用有待实践。

链斗卸船机（见图 3-1）运行时，煤由 L 型链斗机提升，经水平胶带输送机转运到码

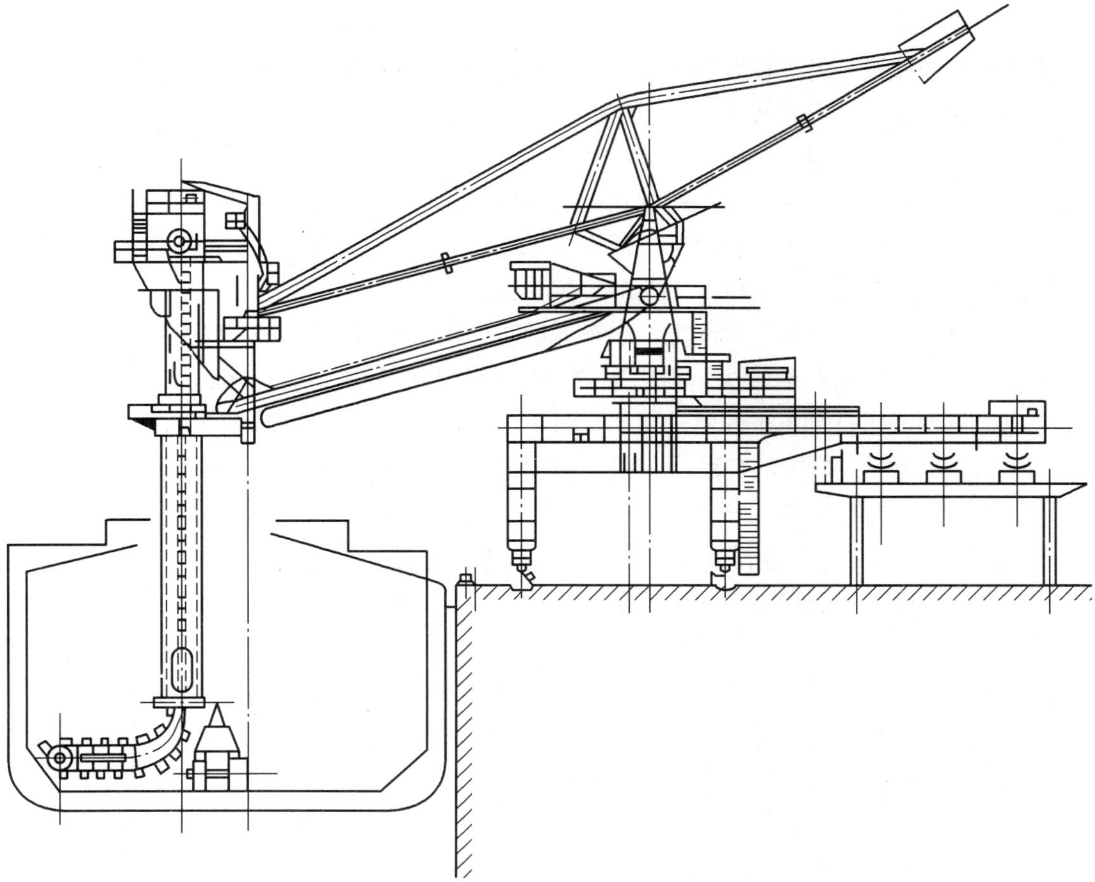

图 3-1 链斗卸船机

头胶带运输机上。通过L型链斗机的旋转、悬臂的上下俯仰，以及上车的回转和大车的行走，来完成卸煤作业。该机清舱率比较高，也可借助小型清舱机集料。它有与螺旋卸船机相似的优点；但整个卸船机的头部构造复杂，质量较大、磨损较多，对船型和煤均有一定的要求。华能南通电厂的链斗卸船机使用情况较好，煤炭经过中转煤码头选煤，由专用大舱口煤驳运煤。上海港煤炭装卸公司两台1200t/h链斗卸船机对卸船作业起了很大作用。

（三）抓斗式卸船机

1. 抓斗臂架式起重机

抓斗臂架式起重机有两种。其中，带斗门座起重机是港口码头应用非常普遍的卸船机械，它既可以吊运成件物品，又可用抓斗装卸散货物品。它比固定门座起重机增加了可沿码头轨道行走的功能，扩大了作业范围和提高了生产效率。通过起升、开闭、变幅、回转和大车运行机构，利用抓斗将煤从船舱抓到卸船机上。然后通过机内胶带机，将煤转运到码头胶带运输机上。由于抓斗运动必须借助笨重而运动冲击大的臂架变幅，上部的回转质量也很大，抓斗悬吊钢绳很长，抓斗晃动大，速度提高有困难，因此这种卸船机一般生产率在600t/h以下。抓斗卸船机清舱量较大，靠推耙机集料协助清舱。抓斗工作时粉尘飞扬大、物料散落较多、设备自重大，但抓斗对物料要求不严，大块、小块、粉料都能抓，适应性强，因此仍是较受欢迎的散货卸船设备。

2. 抓斗桥式卸船机

抓斗桥式卸船机是另一种臂架式抓斗起重机，它与带斗门座起重机的不同处是可以俯仰的前桥架作为臂架，其形式较多，应用广泛。抓斗桥式卸船机有下列几种形式。

（1）自行小车式卸船机。

抓斗桥式卸船机按抓斗小车运行方式，又可分为几种类型。自行小车是指小车上安装有起升机构、开闭机构、小车运行机构，依靠小车运行机构小车可以在桥架轨道上自行行走。最典型的机型如上海石洞口发电厂1250t/h抓斗桥式卸船机，见图3-2。这种机型与带斗门座起重机相比，其抓斗悬吊钢丝绳短，小车运动质量较小，抓斗可有较高的运行速度，卸船生产率高，能耗和钢绳耗量较少；与以下要介绍的牵引小车式卸船机相比，其优点是钢绳短，年耗绳量少，但自行小车的质量要比牵引小车大10～20倍，导致整机质量和卸船机轮压、腿压增大，设备和码头工程造价高。如1250t/h自行小车式卸船机重1100t/h，而1350t/h牵引小车式卸船机仅600t。自行小车的运行速度受到车轮黏着力限制，一般在200m/min以内，加之小车运行惯性力较大，整机水平晃动。另外，它的主要工作机构都装在运动的抓斗小车上，在振动冲击下，机电故障率高，检修困难，向运动着的小车供电、通信都比较困难，相应的维护工作量也较大，其综合运行费用为牵引小车式的1.1倍。因此，采用牵引小车式卸船机的电厂越来越多，如北仑港、华能石洞口、利港、外高桥、嘉兴发电厂等。有的将自行小车式改造为牵引小车式，如上海吴泾热电厂，台州电厂也拟将三台自行式改造成牵引式。

（2）半牵引小车式卸船机。

半牵引小车式卸船机是将起升机构、开闭机构安装在抓斗小车上，而小车运行机构安装在卸船机桥架上，小车的行走靠钢绳牵引。它既保留了自行小车式起升、开闭绳短的优点，

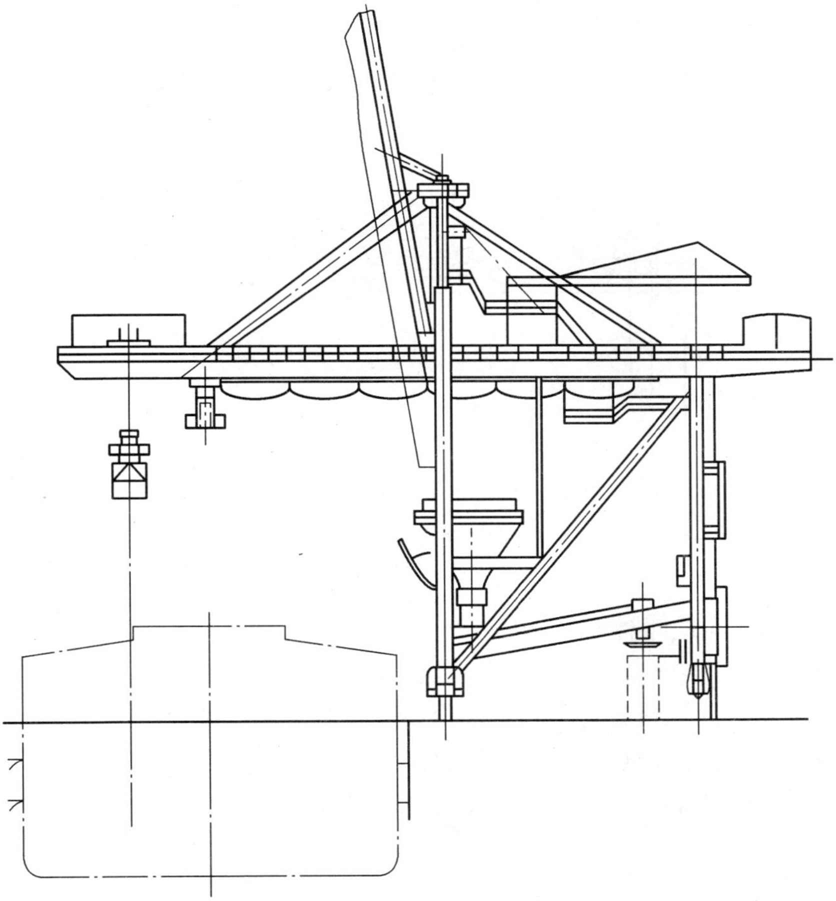

图 3-2 1250t/h 自行小车抓斗桥式卸船机

又能提高小车的行走速度，它同时又带有两种机型的部分缺点，对小车供电、通信比较复杂，故障率仍然较高，国外采用的不太多，国内尚未引进。还有一种半牵引式是将起升机构、开闭机构安装在桥架上，小车运行机构装在抓斗小车上，通过钢绳使抓斗开闭、升降，小车可自行行走，这种应用也不多见。

（3）补偿小车牵引式卸船机。

补偿小车牵引式卸船机是牵引式中应用较多的一种机型，如北仑港发电厂 1500t/h 卸船机和利港电厂 1200t/h 卸船机，它们的绕绳系统见图 3-3。卸船机上有一台抓斗小车和一台补偿小车。起升绳由起升卷扬机经导向滑轮，通过补偿小车上的滑轮，再绕过抓斗小车上的滑轮至抓斗；开闭绳绕绳路线与起升绳相同；小车牵引绳由牵引卷扬机一支向前，经过导向滑轮和桥架头部滑轮后与抓斗小车相连接，另一支向后，经过桥架尾部滑轮后绕过补偿小车上的滑轮，再固结在桥架尾部。抓斗小车上钢绳倍率为 1，补偿小车上倍率为 2，当牵引卷扬机工作时，抓斗小车和补偿小车同时产生同方向运动，而补偿小车的速度和行走距离仅为抓斗小车的 1/2。为保证抓斗水平运动和防止抓斗闭合度改变而撒料，在抓斗小车与补偿小车之间有张紧绳，其张紧力可借助重锤、力矩马达、弹簧或液压缸来获得。

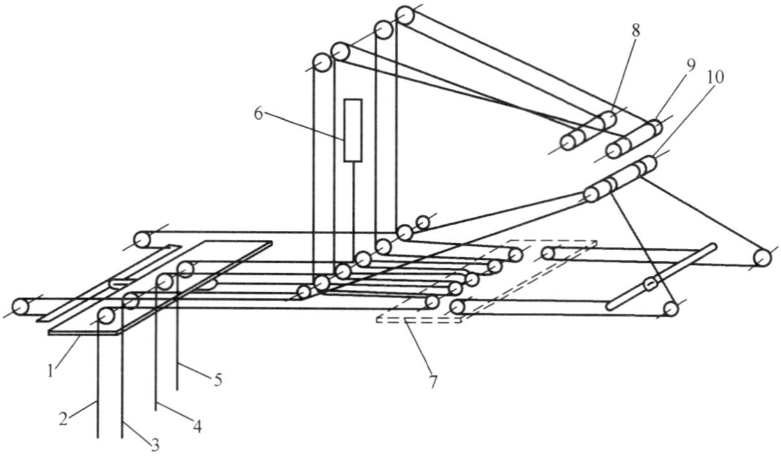

图 3-3 补偿小车牵引式绕绳示意图

1—抓斗小车；2—开闭绳；3—起升绳；4—起升绳；5—开闭绳；6—小车张紧装置；
7—补偿小车；8—抓斗起升卷扬机；9—抓斗开闭卷扬机；10—小车牵引卷扬机

（4）贯串牵引小车式卸船机。

贯串牵引小车式卸船机，如华能石洞口电厂 1350t/h 卸船机，见图 3-4。它的绕绳系统（见图 3-5）与缆索式起重机相仿。起升绳由起升卷筒引出，经导向滑轮至抓斗小车滑轮，再绕过抓斗滑轮，经小车滑轮，最后固结在桥架头部；开闭绳由开闭卷扬机引出，经过路线与起升绳相同，不同之处是它在抓斗中要绕过抓斗上下滑轮；小车牵引绳由牵引卷扬机上正

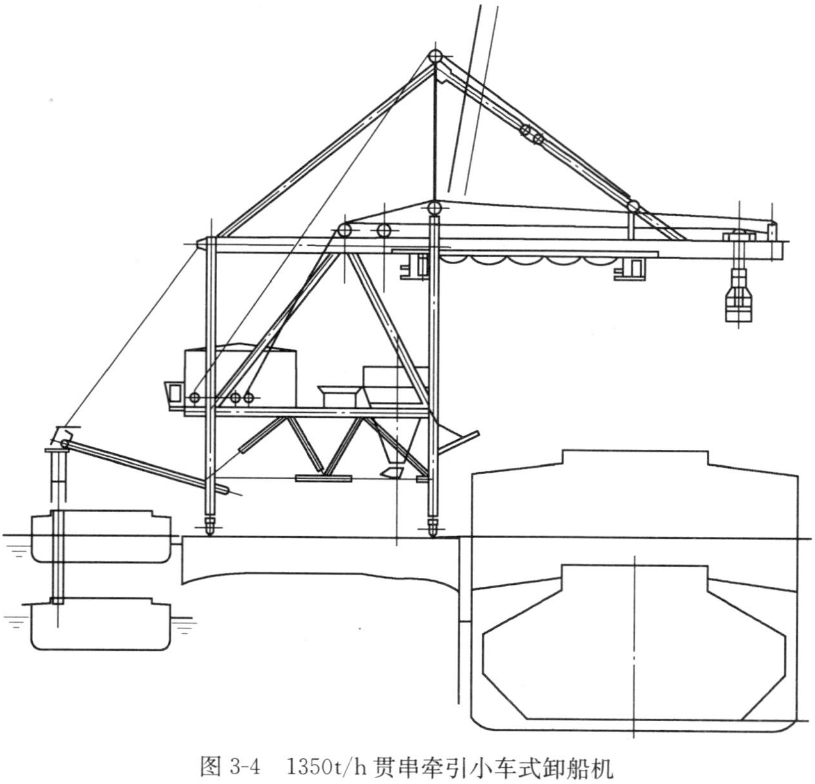

图 3-4 1350t/h 贯串牵引小车式卸船机

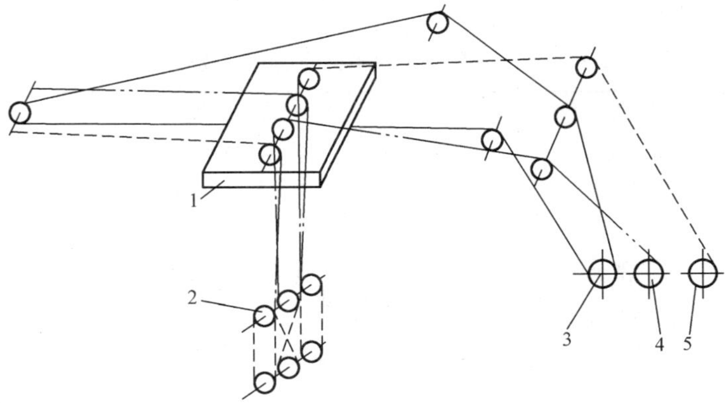

图 3-5 贯串牵引小车式绕绳示意图

1—抓斗小车；2—抓斗滑轮组；3—牵引卷扬机；4—起升卷扬机；5—开闭卷扬机

反引出，经导向滑轮，分别与抓斗小车两端连接。

贯串式与补偿小车式卸船机的起升、开闭、小车牵引机构都是与自行小车式卸船机相似的普通卷扬机，构造比较简单，升降、开闭、小车往返运动都比较简明。从图 3-5 中可以看出，贯串式只有 4 根钢绳，而补偿小车式有 9 根钢绳，前者只有一台抓斗小车，显然简化了很多，后大梁也不需要后悬伸，是一种较好的机型。但是贯串式在小车移动时，起升绳、开闭绳仍在抓斗滑轮中不断地移动，从而增加了弯曲疲劳和磨损。

（5）四卷筒牵引式卸船机。

四卷筒牵引式卸船机消化吸收了法国佳利公司四卷筒机构和美国 DRAVO 公司机房下置卸船机等优点，由能源部杭州机械设计研究所设计，上海水工机械厂制造，已在山东威海发电厂投入使用。为此，进行了四卷筒牵引式卸船机中间试验，它把上海吴泾热电厂的 6t 桥式卸船机改造成四卷筒牵引式，生产率由原来的 160t/h 提高到 240t/h，现已投入使用。其绕绳方式也只有 4 根钢绳，而小车移动时钢绳不再在抓斗滑轮中移动。它的起升、开闭和小车牵引机构合而为一，称为四卷筒机构。绳系非常简单，而机构相当巧妙、复杂。

四卷筒牵引式抓斗及小车的动作原理如下：

1）起升、开闭卷筒向右旋转，使抓斗提升；由起升、开闭电动机驱动。

2）起升、开闭卷筒向左旋转，使抓斗下降；由起升、开闭电动机驱动。

3）起升、开闭卷筒分别作向内相对旋转，使抓斗小车向右移动。此动作，由小车牵引电动机驱动。

4）起升、开闭卷筒分别作向外相对旋转，则抓斗小车向左移动。

5）当起升卷筒刹住不动，开闭卷筒向右旋转时，抓斗进行闭合。

6）当起升卷筒刹住不动，开闭卷筒向左旋转时，抓斗进行开启。

7）起升、开闭卷筒同向旋转时，小车牵引电动机投入运行，抓斗可以走曲线轨迹进入或离开船舱。

四卷筒机构的核心是减速箱，每只减速箱是由两只带互相啮合的外齿圈的行星减速机和 4 对圆标柱齿轮组成，其几何尺寸决定于钢绳卷筒的中心距，尺寸较富裕，因而减速箱齿轮的强度和寿命是足够的。

（6）三种牵引式卸船机的性能比较见表 3-1。

表 3-1 三种牵引式卸船机的性能比较

项　目	四卷筒牵引式	补偿小车牵引式	贯串牵引式
钢绳	（1）绳数 4 根； （2）绳拉力一般为 1/4 起重量加上 1/2 小车运行阻力； （3）绳系简单，换绳比较方便； （4）年耗绳量较少	（1）绳数 9 根； （2）起升、开闭绳拉力为 1/4 起重量； （3）牵引绳拉力为 1/2 起重量加上 1/2 小车运行阻力； （4）绳系复杂，换绳困难；年耗绳量多	（1）绳数 4 根； （2）起升、开闭绳拉力为 1/4 起重量，牵引绳拉力为小车运行阻力； （3）绳系简单，换绳方便； （4）年耗绳量比较多
滑轮（不包括抓斗滑轮组）	起升、开闭卷扬机与小车在同一平面时需 8 只，不在同一平面时需 12 只	需 26 只，其中牵引绳的 8 只滑轮直径很大	起升、开闭卷扬机与小车在同一平面时需 7 只，不在同一平面时需 10 只
补偿小车	不需要	需一台	不需要
机房位置	可与小车在同一层平台上，也可在下层机台上，整机重心低	可与小车在同一层平台上，或在上一层机台上，重心偏高	可与小车在同一层平台上，也可在下一层机台上，整机重心低
钢绳对大梁的轴向作用力	等于起重量	由运行小车钢绳力计算	等于起重量
抓斗轨迹	可走曲线	可走曲线	可走曲线
循环周期	同样绳速，周期短	同样绳速，周期短	同样绳速，周期长
整机自重	轻	较重	轻

为减少补偿小车牵引式卸船机的钢绳数量，DRAVO 公司的一种绕绳方法是将起升、开闭绳改为单绳引出，绳头不固定在抓斗上，而是固结在抓斗小车上。这样，绳数可由 9 根减成 7 根，为得到同样的生产率，起升、开闭绳的速度要提高一倍，耗绳量仍然较多。

综上所述，牵引式抓斗卸船机机中，以绳系简单的四卷筒式或贯串式为优。这两者中，四卷筒式尤佳，小车移动时，起升、开闭绳不在抓斗中移动，而且开闭绳抓斗绳段还可采用快速绳接头，更换开闭绳将更方便。

（7）桥式卸船机的其他形式。

桥式卸船机根据用途需要，还可分为双悬臂卸船机和带装船机的机型。前者可对码头两侧船进行卸船或转驳作业；后者可对船进行煤炭转驳，这对有中转任务的电厂煤码头是比较适用的。

第二节　卸船机（起重机）的基本参数和所受载荷

一、卸船机起重机的基本参数

起重机的参数是表征其技术性能的指标，也是设计和选用起重机的依据。它主要包括起重量、幅度（或外伸距）、起升高度、工作速度、生产率、轨距（或跨度、轮距）和基距（或轴距）、工作级别、外形尺寸、自重和轮压等。

（一）起重量

起重量通常是指最大额定起重量，它表示起重机正常工作时所允许起升的最大重物的质量（t）；对于使用吊钩的起重机，它指允许吊钩吊起的最大重物的质量；对于使用吊钩以外其他各种吊具的起重机，如使用抓斗、电磁吸盘、集装箱吊具等的起重机，这些吊具的质量应包括在内，即为允许起升的最大重物质量与这些吊具的质量之和。

在港口装卸用的起重机械中，由于各种起重机的性能不同，对不同起重机起重量的幅度条件有不同的规定，例如港口门座起重机、桥式卸船机的起重量大多不随幅度（或外伸距）变化，其额定起重量指在全幅度范围内允许起升的最大质量，仅有少数型号的门座起重机将全幅度分成2～3个幅度范围，每个幅度范围有一个额定起重量。轮胎、汽车、履带等起重机的额定起重量则是随工作幅度不同而变化的，其标称起重量是指使用支腿且臂架处于最小幅度位置时允许起升的最大质量。这在选用时应加以注意。

对于起重量较大的起重机，通常除主钩外，还装设起重能力较小、起升速度较快的副钩，副钩的起重量一般为主钩起重量的20%～40%。

起重量一般由使用部门根据需要提出。起重量的数值对装卸生产率和起重机自重都有很大影响。起重量选得过小，不能满足装卸需要；过大会造成基建投资的浪费。

大件杂货码头的起重机应根据货种及其成组情况，以经常起吊的最重件为主要依据来确定起重量，一般有3、5、10、16t等规格。主要海港的大件杂货码头还需配备1～2台大吨位起重机，以满足偶尔出现的大件装卸的需要，其起重量一般采用20、40t等。

散货码头起重机的起重量一般由生产率确定。虽然起重机的生产率不单取决于起重量，还与各机构的工作速度有很大关系，但机构的工作速度往往受工作行程和动载荷等因素的限制，不可能有很大的选择范围，因此提高生产率主要还得靠提高起重量来实现。国内港口散货抓斗起重机的起重量一般从较小的3、5t（如浮式起重机）到10、16t（如门座、浮式起重机），当生产率要求更高时，可采用起重量16t以上的抓斗卸船机。目前国内港口已有的大型抓斗卸船机的起重量为56t（日本日立制作所产品，安装北仑港为10万t散货船卸铁矿石）。起重量过大会受舱口尺寸、码头承载能力等的限制。

在确定起重量时，还需考虑与同一装卸工艺线上的其他起重运输设备的能力相配合。

（二）幅度或（外伸距）

幅度（外伸距）是指起重机吊具伸出起重机支点以外的水平距离（m），不同形式的起重机往往采用不同的计算起点。对回转臂架起重机，其幅度是指回转中心线与吊具中心线间的水平距离。非回转臂架起重机的幅度一般指臂架下铰点至吊具中心的水平间距。外伸距常用于桥式卸船机，它是指临水侧轨道中心线至吊具中心线的最大水平间距。

幅度（或外伸距）主要取决于装卸对象的尺寸参数和工艺要求。例如我国1.5万～2.5万吨级货轮的船宽一般为20.4～23.2m；舱口宽度一般在8～11.6m之间；起重机的临水侧轨道至码头边缘的距离一般为2～3m；船与码头间的距离一般为1m。在上述尺寸参数下，欲使吊具到达船舱口外缘，则外伸距应为17.2～21.4m。如欲外挡过驳，则外伸距还需根据驳船的尺寸参数作相应放大。

门座起重机的最大幅度除了取决于上述尺寸参数外，还与起重机的轨距和回转中心的布置有关，一般回转中心布置于轨距中央，那么最大幅度应将外伸距加上1/2的轨距。我国生产的轨距为10.5m的港口门座起重机的最大幅度大多取25m和30m两种规格，后者对于万吨级以下的沿海货轮一般可以进行外挡过驳。门座起重机的最小幅度，从扩大工作面的角度考虑，宜尽量取小，但往往受到结构布置、安全要求等的限制，一般取7～8m。为达到较好的水平变幅性能，则最小幅度取为最大幅度的1/4～1/3较合适。

（三）起升高度

起升高度是指起重机能将额定起重量起升的最大垂直距离（m）。一般在岸上工作的起重机，如轮胎起重机、货场上的龙门起重机等，其起升高度是指自地面或轨面升至最高位置的垂直距离。使用吊钩时按吊钩中心计算，使用其他吊具时，算至它们的最低点，抓斗按闭合状态最低点计算。以装卸船舶为主的门座起重机、桥式卸船机等可将吊具降至码头面以下的船舱内，其起升高度为在轨面以上的上升高度和在轨面以下的下降深度之和。浮式起重机的起升高度则为在水面以上的上升高度和水面以下的下降深度之和，它是计及船倾影响后的实际起升高度。

起升高度应保证在洪水位和船舶空载吃水的条件下，能将长钢材、外形高大的设备等吊出舱口；在枯水位和船舶满载吃水的条件下，吊具能下降到舱底。此外，应注意吊具本身高度和悬挂吊具的钢丝绳长度对起升高度的影响。门座起重机和桥式卸船机的轨上上升高度，用吊钩作业时，一般取20～28m；用抓斗作业时，一般取16～25m；轨下下降深度大多取15m。轮胎起重机在堆场作业时的起升高度主要取决于货堆高度。

（四）工作速度

起重机的工作速度包括起升、变幅、回转、运行四个机构的速度。起升速度是起重机械起升额定起重量时，货物匀速上升的速度（m/min）；变幅速度是起重机吊具从最大幅度至最小幅度沿水平方向运动的平均速度（m/min）；回转速度是回转起重机的转动部分在匀速转动状态下每分钟回转的圈数（r/min）；运行速度是起重机械或起重小车匀速运行时的速度（m/min），对无轨运行机械常称行驶速度（km/min）。

起重机各机构的工作速度既取决于作业上的要求，又取决于技术上的可能性。从作业的要求来讲，对于码头前沿的主机（如门座起重机和桥式卸船机），为了提高装卸生产率，缩短船舶在港停泊时间，要求它们的工作速度越快越好。特别是抓斗起重机，由于可以自动取货和卸货，更能发挥高速度的效果，所以选定它的工作速度比吊钩起重机高。目前我国生产的门座起重机（不包括门座抓斗卸船机）的起升速度一般在40～70m/min之间，平均变幅速度在40～60m/min之间，回转速度为1.4～2r/min。国内抓斗卸船机的起升速度为60～120m/min，小车运行速度为120～190m/min。对于后方堆场作业的起重机，由于工作的间歇性较大，对工作速度的要求就不像前沿码头的主机那么高。对于大吨位的起重机，其作业次数很少，为了操作平稳、安全和减小驱动功率，工作速度取得更低一些。从技术可能性上来讲，速度上限值往往受限于机构的工作行程。若工作行程短，采用高速便不合理，因为在机构还未加速到稳定运行状态时，就要开始制动了，这样机构就经常处于启动、制动状态，不仅不能提高生产率，反而恶化了机电装置的工作条件。起重机的运行机构一般都用作调整作业位置，因此它的速度不影响生产率，通常取得较低，例如桥式抓斗卸船机整机的运行速度为25～28m/min。

（五）生产率

起重机的生产率是指在单位时间内吊运货物的总吨数，通常用t/h表示。它是综合了起重量、工作行程和工作速度等基本参数以及操作技能、作业组织等因素而表明起重机工作能力的综合指标。这个指标对于港口规划、装卸工作组织和经济管理都具有重要的意义。起重

机生产率 Q 可按下式计算：

对件货 $Q=nm_{货}$ （t/h）

对散货 $Q=nV\rho_{堆}\phi$ （t）

$$n=3600/T$$

式中 $m_{货}$——一吊货物的平均质量，t；

V——抓斗的有效容积，m^3；

$\rho_{堆}$——散粒货物的堆积密度即货物在堆积状态下单位体积所具有的质量，t/m^3；

ϕ——抓斗充填系数，对粒状货物取 0.8～1.0，块状货物取 0.6～0.9，从薄层中抓货时取低限，从厚层中抓货时取高限；

n——起重机 1h 内的工作循环数；

T——一个工作循环的时间，包括该循环中起重机构的工作时间 Σt 和挂、摘钩等辅助时间 $t_{辅}$，以吊件货的门座起重机工作循环为例，如图 3-6 所示。

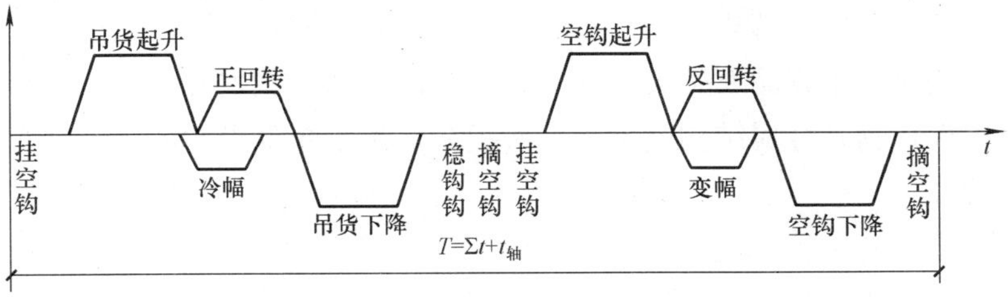

图 3-6 起重机工作循环过程

在图 3-6 的示例中，各机构的工作时间 Σt 只需计算升降、回转时间，不必计算变幅的时间，因为变幅是和起升、回转动作同时进行的。起重机各机构是否可以同时动作取决于该起重机的性能、司机的操作水平和现场条件。

由上可见，起重机的生产率不仅取决于起重机本身的性能参数（如起重量大小、工作速度快慢等），还与货物种类、工作条件、生产组织以及司机的熟练程度等密切相关。要提高起重机的生产率，可从以下三个方面着手：一是提高起重量，如采用大吨位的起重机或采用轻型吊具，以增大起重机的有效起重量；二是增加每小时的工作循环次数，如提高工作机构的速度，缩短工作机构启、制动时间，改造结构和装卸工艺以缩短起重机吊具运行的路程，几个工作机构尽可能同时动作，改善机构的性能以便于司机操纵和缩短稳钩等辅助时间，加大有关零部件的安全可靠性，保证作业频繁进行等；三是总结推广先进的管理和操作经验，以便充分利用起重机的起重量和加快工作循环。

（六）轨距、跨度和基距

轨距是指有轨运行起重机或其小车行走轨道中心线之间的水平距离（m）。桥架类起重机运行轨道中心线之间的水平距离或固定式起重机支腿之间的水平距离称为跨度（m）。基距是沿轨道方向上起重机两支腿中心线的间距（m）。

门座起重机的轨距取决于门架下方通过铁路线的数目，单线取 6m，双线取 10.5m，三线取 15.3m。目前国内用得最多的是双线轨距。门座起重机的基距考虑到稳定性和轮压，一般取与轨距相同或相近的尺寸（三线例外）。桥式抓斗卸船机的轨距由外伸距及起重机量决定；基距由稳定性决定。

（七）起重机及其机构的工作级别

工作级别是表明起重机及其机构的工作繁忙程度和载荷状态的参数。

起重机是间歇动作的机构。工作时，各个机构不但时开时停，而且有时正转，有时反转；有时满载，有时空载；有时载荷大，有时载荷小；有的起重机日夜三班工作，有的只有一班工作，有的特殊用途的起重机甚至一年才用一两次。在起重机每次吊运货物的工作循环中，各个机构运动时间长短和开动次数也不相同，这些现象都会对起重机的金属结构和机构零部件的疲劳、磨损等产生不同的影响。因此，应根据不同的情况将起重机及其机构划分为不同的工作级别，目的是为合理地设计、制造和选用起重机及其零部件提供一个统一的基础。以选用起重机为例，如果把一台只适于轻级工作的起重机用作重级或特重级工作，则会很快发生故障，过早地报废；反之，则会造成浪费。同样，在选用各机构的零部件（如起重机用的钢丝绳）时，也应以相应的工作级别来作为依据，以便达到合适、足够的安全寿命。

工作级别是根据疲劳设计的理论来划分的。在一台起重机中，由于机构的工作繁忙程度和载荷状态是不同的，因此各机构的工作级别也不相同。就整台起重机来说，它的工作是起升和运送货物，是对起重物品发生关系的。起重机的工作主要与金属结构和起升机构有关，起重机每起吊一次货物，金属结构就承受一次载荷，所以起重机的工作级别主要是反映了金属结构的工作特性。

根据我国起重机的设计规范（GB 3811—1983），起重机及其机构的工作级别是根据疲劳设计的理论来划分的。起重机按其设计使用期内总的工作循环次数划分等级，各机构按其使用期内运转总时数划分等级。起重机及其机构根据等级和载荷状态，把起重机的工作级别分为 A1～A8 共八个级别，各机构则分为 M1～M8 各八个工作级别。例如 1～3 级是指不经常使用的或经常轻闲地使用的级别，而 7～8 级则表示繁忙地使用或者利用等级中等但载荷状态为重或特重的情况。

由于起重机各机构的工作繁忙程度不同，各机构接电持续率 JC 值也不一样。对于工作循环时间小于 10min 的场合，JC 可按下式计算，即

$$JC=\frac{\text{在起重机一个工作循环中机构的运转时间}}{\text{起重机一个工作循环的总时间}}\times 100\%$$

机构接电持续率 JC 值分为 15%、25%、40%、60%、100%五种。JC 值可通过各机构的实际负荷情况进行测定或参照现有资料确定，例如根据港口门座起重机各运转机构的工作制度（JC 值），起升机构可取 60%，回转和变幅机构可取 40%，运行机构可取 15%。

因为起重冶金专用电动机在不同的接电持续率下具有不同的允许输出功率，在各机构选择电动机容量和选用某些部件时，要以机构的工作制度（JC 值）为依据。

（八）其他技术参数

其他技术参数包括起重机的外形尺寸、自重（起重机自身的质量，t）、轮压（一个轮子对轨道或地面的垂直压力，kN）、驱动功率（kW）等，这些参数不仅也能反映起重机本身性能的优劣，而且还直接影响起重机的造价、动力消耗及码头的基建投资，因此也是重要的技术经济指标。

二、起重机的载荷

作用在起重机上的载荷应根据实际工作情况考虑，通常有下列几种：

（一）起升载荷 Q

它包括所起升的货物和取物装置的重力，对于起升高度较大（50mm 以上）的起重机，还应包括起升绳索悬挂部分的重力。

（二）起重机自重载荷 G

它包括金属结构和机电设备以及附设在起重机上的存仓、连续输送机及其上面的物料等的重力。

（三）风载 $W_{风}$

港口起重机在室外工作，要考虑作用在起重机上的水平风力造成的载荷。风载荷的数值与受风体的结构形式（如桁架结构、箱形构件、司机室、货物等）、高度、垂直于风向的迎风面积和风压大小等有关。实际上，风力有时大，有时小，因此在计算时把风压分为起重机正常工作状态的风压、起重机工作状态的最大风压和起重机非工作状态的最大风压三类。由于各地区的自然条件不同，不同类型的起重机结构、对风压的适应也不一样，所以对不同地区和不同用途的起重机选取不同的三类计算风压值。

通过计算可得起重机所受的三类风载荷：第一类是起重机正常工作状态的风载荷 $W_{\mathrm{I}风}$，用于确定电动机功率的阻力计算及机构零部件的发热验算等；第二类是起重机工作状态下的最大风载荷 $W_{\mathrm{II}风}$，用于计算机构零件的静强度、静刚度和起重机在工作状态下的抗倾覆稳定性等；第三类是起重机在非工作状态下的最大风载 $W_{\mathrm{III}风}$，用于计算起重机在非工作状态下的抗倾覆稳定性、防风安全装置设计以及机械支承构件静强度验算等。有关各类风载的计算方法详见 JT/T 90—2008《港口装卸机械风载荷计算及防风安全要求》。

（四）货物偏摆载荷 $F_{偏}$

起重机工作时，由于货物受到风力、各机构（包括回转、变幅、运行）启制动及变幅速度不均匀时产生的惯性力、回转时产生的离心力以及由于偏斜起吊货物的作用，使吊货的钢丝绳偏离垂线位置而发生偏摆（见图 3-7），货物偏摆的水平力 F 经钢丝绳作用到臂架端部，其值为

$$F_{偏}=Q\mathrm{tg}\alpha$$

式中　Q——货物和取物装置的重力，N；

　　α——货物偏摆角，°。

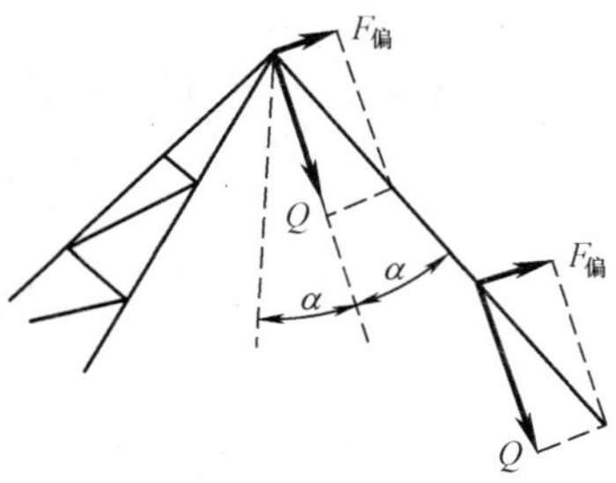

图 3-7　偏摆载荷作用图

偏摆角 α 在很大程度上取决于起重机及其机构的工作级别和操作使用情况，例如机构的运转速度、启制动的平稳性、各机构协同工作以及司机操作熟练程度等因素。通常采用抓斗及电磁吸盘的起重机的偏摆角较大，用于建筑、安装及重大件货物的起重机的偏摆角较小。根据设计规范推荐的数据，工作情况下吊重绳索相对铅垂线的最大偏摆角为 α_{II}，对装卸用的门座起重机可取 $\alpha_{\mathrm{II}}=10°\sim14°$；对流动式起重机取 $\alpha_{\mathrm{II}}=3°\sim6°$。正常工作情况下吊重绳索的偏摆角为 α_{I}，可取 $\alpha_{\mathrm{I}}=(0.3\sim0.4)\alpha_{\mathrm{II}}$，计算电动机功率时则可取 $\alpha_{\mathrm{I}}=(0.25\sim0.3)\alpha_{\mathrm{II}}$。

（五）坡度载荷 $W_{坡}$

它是起重机自重载荷 G 及起升载荷 Q 在有坡度的轨道或路面上的重力分力，其值取决于坡度 γ 的大小，即

$$W_{坡}=(G+Q)\sin\gamma$$

计算坡度载荷时，坡度可取下列数值：流动式起重机不打支腿工作的按 3°计算，打支腿工作的按 1°30′计算；轨道式起重机如果轨道坡度不超过±0.5%时，不计算坡度载荷，否则按实际坡度计算。

（六）动力载荷

在起重机工作过程中，往往会出现多种动力载荷，例如物品突然离地起升或下降制动时，起升载荷将对金属结构产生沿其加速度相反方向的冲击作用，还将对工作机构产生附加的动载荷；当起升载荷部分或全部突然卸载时，起升载荷将产生动态减载作用；若道路或轨道不平，运行时会产生垂直冲击载荷；当起重机运行加速和减速时，会产生运行惯性力；在回转和变幅运动速度变化时，会产生惯性力；由于起重机结构具有一定弹性，各种惯性力还会引起结构弹性振动等。总之，影响起重机动力载荷的因素是比较复杂的，通常除了在计算货物偏摆载荷时考虑了货物水平方向的惯性之外，其他各项动力载荷一般在设计计算中都用动载系数冲击系数等来加以考虑。例如，在起重机稳定性计算中用到突然卸载载荷系数等。

第三节　桥式抓斗卸船机的主要机构

一、桥式抓斗卸船机的起升及开闭机构

（一）起升（开闭）机构的组成

起升机构是起重机械必不可少的工作机构。它通过取物装置以一定速度升起或放下货物，并能把货物停留在某一高度位置。

图 3-8 为采用电力驱动的起重机起升机构典型结构简图。电动机通过高速轴联轴器带动减速器的高速轴；经减速并增大力矩，由其低速轴通过低速轴联轴器驱使卷筒转动，从卷筒引出的钢丝绳经导向滑轮和省力的起升滑轮组与吊钩装置联系。由于电动机可正反转，使卷筒能绕进或放出起升绳，从而实现货物的升降。装在高速轴上的制动器则可起停止货物运动的作用。

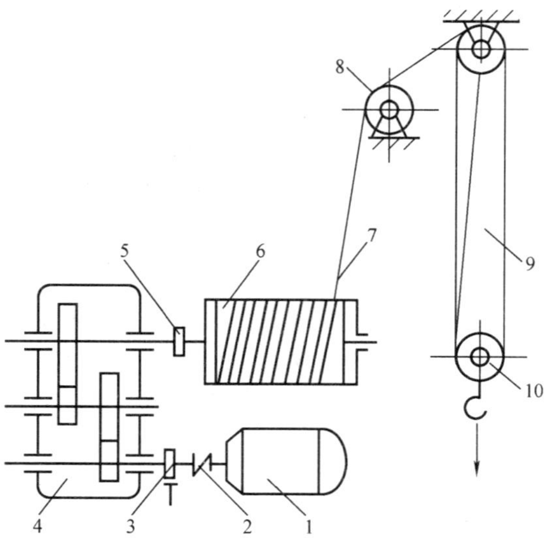

图 3-8　采用电力驱动的起重机起升机构结构简图
1—电动机；2—高速轴联轴器；3—制动器；4—减速器；5—低速轴联轴器；6—卷筒；7—起升钢丝绳；8—导向滑轮；9—起升滑轮组；10—吊钩装置

由图 3-8 可见，起升机构主要包括取物装置、起升钢丝绳、导向滑轮、滑轮组以及由原动机、减速器、卷筒和制动器组成的起升绞车等。此外还常设有重量限制器、起升高度限位器等安全装置。下面介绍起升机构的主要零部件。

1. 钢丝绳

钢丝绳不仅用在起升机构中起吊货物、操纵抓斗，还可用来捆扎货物、支持臂架，有时还用来牵引小车运行和驱使起重机的回转部分回转。因此，它的应用遍及各个工作

机构，是起重机上应用最广泛的挠性构件。

有些起升机构（如手拉葫芦）采用另一种挠性构件——链条来提升货物。钢丝绳与链条相比，其优点是：承载能力大，能承受较大的冲击；自重较轻；工作可靠，在破断以前，外面的钢丝先断裂和松散，因此容易发现和及时更换；成本较低；高速运转时工作平稳、无噪声等。其缺点是挠性不如链条，需用较大直径的滑轮和卷筒，因此增大了传动机构的尺寸和质量，但这一缺点通常不影响钢丝绳在起重机上的应用。

（1）钢丝绳的构造和形式。

起重机的钢丝绳通常采用双重绕绳：先由钢丝捻绕成绳股，再由若干绳股围绳芯捻绕成钢丝绳。

钢丝由优质钢经冷拉和热处理等工艺制成，抗拉强度极限可达 1400～2000N/mm^2，其中 1700、1850N/mm^2 两种规格对起重机更为适宜。钢丝按机械性能分为特号、Ⅰ号和Ⅱ号三种：特号钢丝韧性最好，用于载人的升降机；Ⅰ号钢丝韧性较好，用于一般起重机；Ⅱ号钢丝韧性一般，用做捆扎绳。钢丝按表面情况又分为光面的和镀锌的两种，后者的防腐性能强，但由于镀锌的影响，钢丝绳的破断拉力约降低 10%，挠性也有降低。

绳芯材料关系着钢丝绳的挠性、强度、使用寿命，主要有纤维绳芯和金属绳芯两种。金属绳芯强度好，耐高温，但港口起重机的钢丝绳常用麻芯，因为它的挠性较好，又可在绕绳之前浸上油，便于从钢丝绳内部润滑钢丝。

钢丝绳的绕制方法和绳股结构对它的挠性、受力情况和使用寿命有很大影响。绕法或结构不同可制成性能不同的钢丝绳。

1）按捻绕方向划分。

钢丝绳捻挠方向是指外层绳股的螺旋线方向，可由此划分为右旋绳和左旋绳，见图3-9。它们的特性相同，如无特殊要求，一般多用右旋绳。

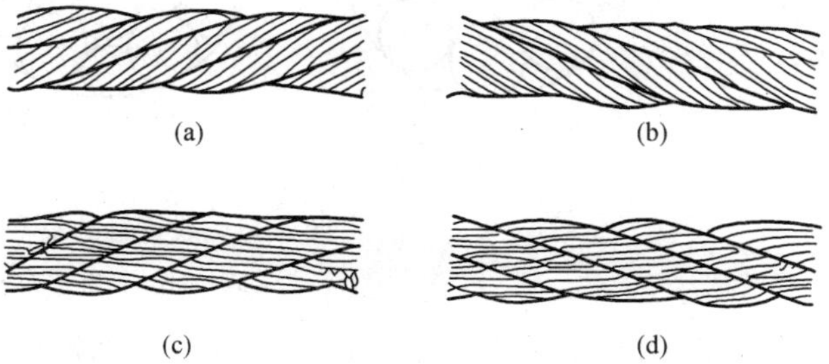

图 3-9 顺捻和交捻的左、右旋钢丝绳

（a）顺捻左旋；（b）顺捻右旋；（c）交捻左旋；（d）交捻右旋

按钢丝绳内丝和股的捻绕方向可把钢丝绳划分为：

a. 顺捻绳：钢丝捻成绳股与绳股捻成绳的方向相同，如图 3-9（d）、（b）所示。这种钢丝绳外表的钢丝方向与绳的中心线交角较大，因而挠性较好，其表面较光滑，钢丝与滑轮和卷筒之间及钢丝之间接触较好，不易磨损，使用寿命较长。但它容易松散和扭转，因此不能用来自由悬吊货物，而只用于缆车、运行小车牵引经常保持张紧的场合。近年来，采用使钢丝预变形的方法绕制成功了一种不松散、扭转的顺捻钢丝绳，并已列入国家标准。

b. 交捻绳：由钢丝捻成绳股与由绳股捻成绳的方向相反，如图 3-9（c）、（d）所示。其外表特征是钢丝方向与绳的中心几乎平行，虽然它在挠性和使用寿命方面均不如顺捻钢丝绳，但由于不会松散、制造方便，因此在起重机中应用最广。

2）按绳股结构划分。

a. 点接触的普通结构：它的绳股由直径相同的钢丝捻成。由于内外相邻各层处于螺旋

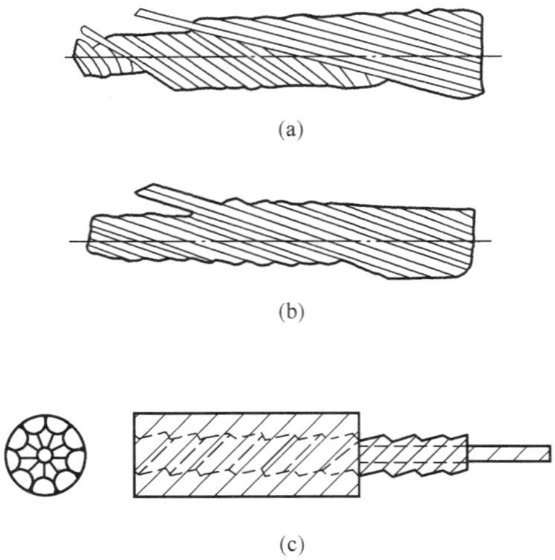

图 3-10 不同绳股结构的钢丝接触状态
（a）点接触；（b）线接触；（c）面接触

线形状的钢丝的节距不相等，丝与丝之间形成了点接触，如图 3-10（a）所示。工作时，钢丝易滑动，接触应力较大，影响使用寿命，但因制造成本低，仍使用较多。

b. 线接触的复合结构：它的绳股由直径不同的钢丝捻成。通过断面尺寸的适当配置，使内外相邻钢丝层的钢丝方向相互平行，钢丝间形成线接触，如图 3-10（b）所示。

线接触复合结构的绳股基本上分为西鲁式、瓦林吞式和填充式。

西鲁式绳股［见图 3-11（a）］的内外两层钢丝数相等，同一层内的钢丝直径相同，但内外层钢丝直径不同，外层钢丝比内层钢丝粗，又称为外粗式绳股。

瓦林吞式绳股［见图 3-11（b）］的内层由直径相同的钢丝组成，外层由粗、细相间的两种钢丝组成，又称为粗细式绳股。

填充式绳股［见图 3-11（c）］的外层钢丝数为内层的两倍，内外层之间的空隙用细丝充填。

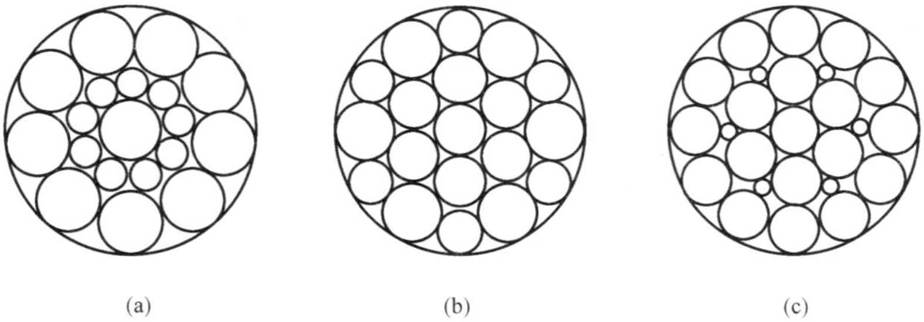

图 3-11 线接触的复合结构绳股
（a）西鲁式；（b）瓦林吞式；（c）填充式

线接触钢丝绳（见图 2-12）的优点是相邻钢丝之间接触良好，绳股断面排列紧密，可抵抗潮湿及防止有害物侵入钢丝绳内部，外层较粗的钢丝耐磨，内部较细的钢丝可使钢丝绳

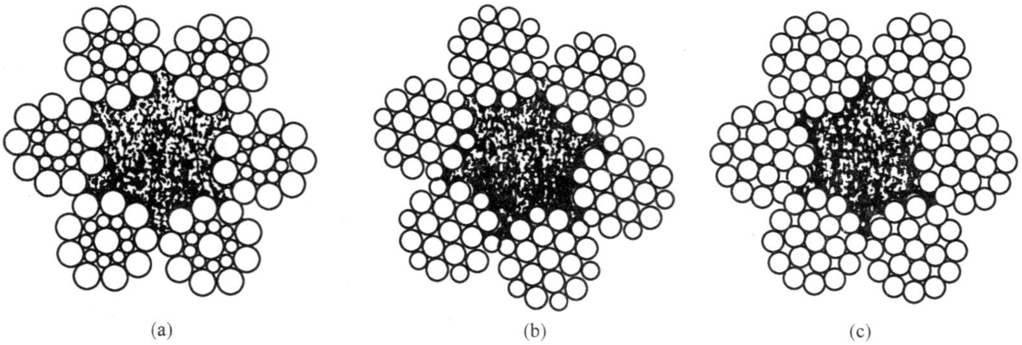

图 3-12 线接触钢丝绳断面
（a）西鲁式；（b）瓦林吞式；（c）填充式

柔软，线接触钢丝绳的使用寿命约比点接触的普通钢丝绳长 2 倍。对于工作繁忙的港口起重机起升机构应优先考虑选用线接触钢丝绳。

c. 面接触的钢丝绳：它由形状特殊的钢丝制成，钢丝之间呈面接触，如图 3-10（c）所示，因而优点比线接触钢丝绳更显著，表面光滑，抗蚀耐磨，但制造工艺复杂，目前使用尚不普遍。

（2）钢丝绳的工作情况和损坏原因。

钢丝绳是起重机的重要零件，也是起重机的易损零件。每年各港口的钢丝绳消耗量都很大。因此，必须了解其损坏的原因，才能正确使用钢丝绳，并采取恰当的措施以延长其使用寿命。

钢丝绳工作时受力情况复杂，钢丝在钢绳拉力作用下将受到拉伸应力、绕上滑轮或卷筒时所引起的弯曲应力、表面钢丝与滑轮槽之间的接触应力、丝与丝之间的接触应力以及制造过程所造成的残余力等。通常对钢丝绳来讲，滑轮半径越小，弯曲应力越大；钢丝绳所受的拉力越大，滑轮半径越小，则接触应力越大。此外，不论是弯曲应力还是接触应力，都具有变应力的特性，它们在钢丝绳绕上和绕下滑轮时，不断地产生和消失，变应力的存在将促使金属发生疲劳。钢丝绳在绕上或绕下滑轮时，还会引起钢丝之间的相互滑动以及钢丝对槽壁的擦碰，这将促使钢丝的磨损。

随着钢丝绳使用时间的增加，钢丝绳经受一定的反复弯曲之后，外层钢丝首先因磨损和疲劳而断裂。随着钢丝断裂数目逐渐增多，就加快了尚存钢丝的断裂速度。若断裂的钢丝数目达到了一定的限度而不及时停止使用，就会出现整根钢丝绳破断的危险。

以上分析和生产实践说明了钢丝绳破坏的主要原因是：钢丝绳的反复弯曲造成钢丝的疲劳和磨损。

（3）钢丝绳的正确选择和合理使用。

1）钢丝绳的选择。选择钢丝绳时，首先应根据钢丝绳的具体工作条件、各种钢丝绳的结构特点来选定合理的结构形式，如在起升机构、绳索小车牵引机构和变幅机构应优先采用线接触钢丝绳，在腐蚀性较大的环境中宜采用镀锌钢丝绳。

2）选用钢丝绳的标记。确定钢丝绳的形式和所需钢丝绳的最小直径或破断拉力后，可在圆股钢丝绳国家标准中选定所需的钢丝绳。

3）钢丝绳的报废条件。钢丝绳的状态直接关系着操作的安全，因此必须按钢丝绳使用技术条件进行检验，特别是对经常绕过滑轮、靠近卷筒或接头的绳端更要注意。检查中即使未发现断丝，但当钢丝绳直径相对于公称直径减小 10％时，应予以报废。

4）延长钢丝绳使用寿命的措施。为了延长钢丝绳的使用寿命，除了必须选用合适的钢丝绳形式、提高安全系数，即降低钢丝绳的应力和选用较大的滑轮与卷筒直径以外，还应做到尽量减少钢丝绳的改向次数，特别是反向弯曲的次数；限制钢丝绳引出方向对滑车槽壁的碰擦；采用硬度不高的材料制造滑轮和卷筒，以减轻对钢丝绳的磨损（铸铁比铸钢好）；滑轮和卷筒的绳槽尺寸要恰当，绳槽太小会夹绳，绳槽太大则绳与槽的接触面积减小，均会使钢丝绳的磨损加剧。此外，还要注意对钢丝绳及时保养润滑，加强检查，一旦达到报废标准要及时更换新绳。

2. 滑轮和滑轮组

滑轮对钢丝绳起支承、导向作用，还可组成省力或增速滑轮组。起重机械普遍采用省力滑轮组。

滑轮通常由铸铁或铸钢制成，通过轴承套在心轴上，可分为定滑轮和动滑轮两种。定滑轮的心轴固定在机架上，动滑轮则随钢丝绳运动而改变位置。

滑轮的直径指绳槽底部的直径。为保证钢丝绳的使用寿命，要求滑轮的直径要根据钢丝绳直径来选用。

滑轮缺点是在升降货物的同时会产生水平位移，使货物摇晃和不易对准卸货位置，给操作带来不便。为此加以改进，可采用双联滑轮组，它由两个并列对称的单联滑轮组构成。一根共用的绳索两端固定在开有左、右旋绳槽的卷筒上，中间绕过一平衡滑轮，通常平衡滑轮不转动，只有在两边绳长不一致时才开始转动，使两边绳长和受力保持平衡。由于双联滑轮组有两根驱动分支，故牵引力为两分支拉力之和，根据滑轮组倍率等于载重与牵引力之比的定义可知，双联滑轮组的倍率为所有承载分支数的1/2。

事实上，钢丝绳绕上或绕下滑轮时，钢丝绳由直变弯或由弯变直，钢丝绳内部将产生摩擦阻力，通常称为僵性阻力。此外，滑轮的轴承内也产生摩擦阻力。这些阻力引起的能量损失可用滑轮的效率来表示，一般对滑动轴承取0.96；对滚动轴承取0.99。

3. 卷筒

卷筒用来卷绕钢丝绳，将原动机的回转运动变成钢丝绳的直线运动，并把原动机的驱动力传递给钢丝绳。

卷筒的构造形式和尺寸与工作要求有关。一般起重机采用圆柱形卷筒。根据卷筒的表面状态，卷筒分为有槽卷筒和光面卷筒两种形式。根据钢丝绳在卷筒上的卷绕情况，钢丝绳在卷筒上只绕一层的称单层卷绕卷筒，绕几层的称多层卷绕卷筒。

单层卷绕卷筒应采用表面具有螺旋绳槽的卷筒，使钢丝绳在卷筒上排列整齐，增加钢丝绳与卷筒的接触面，减少接触应力，同时在卷绕过程中相邻钢丝绳之间不产生摩擦，从而提高了钢丝绳的使用寿命。绳槽可以制成左旋或右旋，形式有深槽和标准槽两种。深槽的优点是钢丝绳不易由槽中脱出，但节距较大，所以在同样卷绕圈数时其总长度较标准槽卷筒长。一般采用标准槽，但为避免钢丝绳脱槽（如操纵抓斗的钢丝绳放松时）则采用深槽。

多层卷绕采用不带绳槽的光面卷筒。多绕几层可以缩短卷筒长度，但钢丝绳之间互相挤压，钢丝绳与卷筒之间的接触面小，因此挤压应力增加，使钢丝绳的寿命降低。此外，如果卷筒转速不变，由于钢丝绳每层的卷绕半径不等，钢丝绳的卷绕速度或作用于卷筒上的外力矩就随卷绕层数变化，运转起来不平稳。光面卷筒使用在要求结构紧凑的地方，如轮胎起重机、汽车起重机中的变幅机构。

卷筒一般由铸铁制造，也可用钢板焊接。铸造卷筒比较笨重，但成批生产比较简便，成本也较低。焊接卷筒可减轻重量35%～40%，适用于尺寸较大或单件生产的卷筒。

4. 取物装置

取物装置即吊具，是起重机上直接提取货物的部件。其性能与高生产率、减轻工人劳动强度和安全生产都有直接关系。取物装置必须安全可靠，适应种类繁多的货物的特点，并尽量满足自重轻、结构简单、尺寸紧凑、牢固耐用，能迅速或自动、半自动地取物和卸货的要求。这里只介绍一般港口起重机最常用的两种，即吊钩和抓斗。

（1）吊钩。

吊钩是应用最广的通用取物装置，按其形状可分为单钩、双钩两种，见图3-13。单钩的制造和使用均方便，适于中小起重量。在港口装卸船舶时，为防止吊钩钩住船舱口等障碍物以及悬挂绳脱钩，通常采用凹口深槽形的带鼻吊钩，见图3-14。双钩的受力情况比较有利，因而在吊同样货重时其自重较轻，适于大起重量。为使吊钩的强度高和韧性好，可用优质低碳钢整体锻造，大起重量的吊钩为制造方便，也可由钢板铆合制成片式钩，但它比锻造式笨重。吊钩的结构尺寸已有标准，可根据起重机按标准系列直接选用，不必进行设计验算。在使用过程中，吊钩至少每年检查一次，可用20倍以上放大镜检查吊钩表面，如发现有裂纹或在危险断面 A-A 和 B-B 上（见图3-13）磨损达10%时，即应报废更换。

吊钩与起升绳的连接，当只有一根起升绳分支时，吊钩可直接悬挂在钢丝绳末端，或在吊钩上方加一重锤，以便有足够的重量张紧绳索，防止钢丝绳松弛跳槽和保证空钩自由下降。当起升绳索有滑轮组时，要采用吊钩装置，它由吊钩和动滑轮夹套组成，可分为长钩型和短钩型两种，见图3-15。长钩型把专用的长钩支承在滑轮心轴上，因而高度尺寸较小，可增大起重机的有效起升高度，但吊钩装置中的滑轮要成对地对称布置，滑轮的横向间距 A 也较大，所以多用于滑轮数为偶数的中小起重量起重机上。短钩型用普通吊钩悬挂在吊钩横梁上，横梁通过两边的承载拉板与滑轮轴连接，虽然它本身高度稍大些，但能克服长钩型的缺点，故应用广泛。上述两种连接都应使吊钩能灵活转动，因此吊钩顶部的螺母与横梁之间采用了止推轴承。

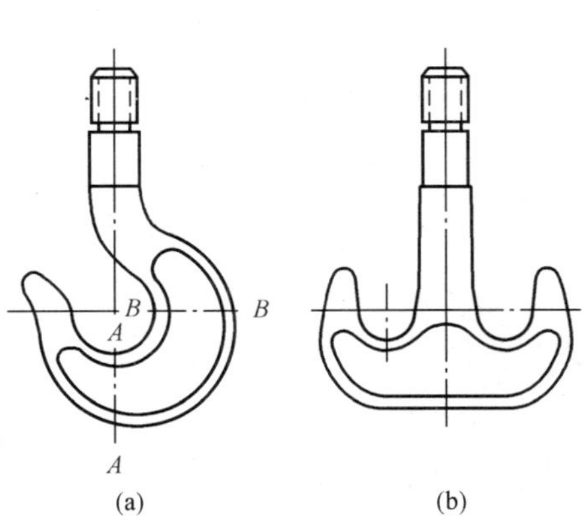

图3-13　锻造吊钩

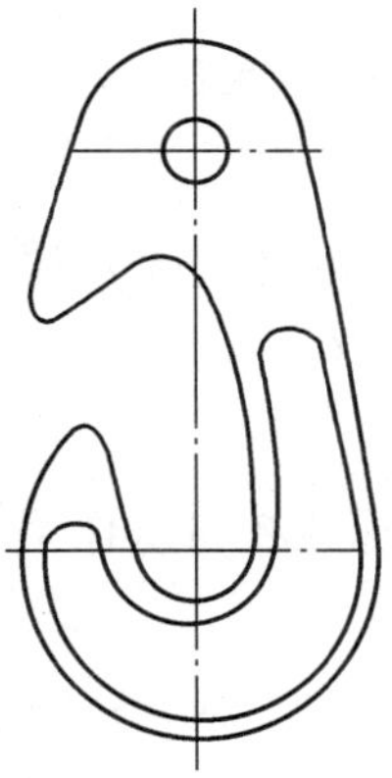

图3-14　带鼻吊钩

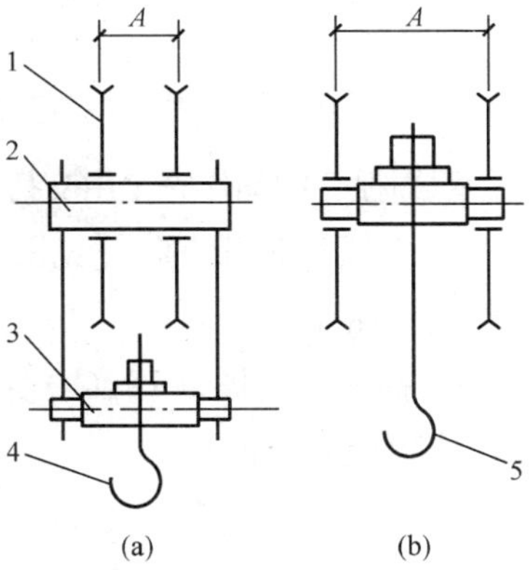

图3-15　吊钩装置简图

（a）短钩型；（b）长钩型

1—滑轮；2—滑轮轴；

3—吊钩横梁；4—短钩；5—长钩

（2）抓斗。

抓斗主要用来装卸散货，有时还用来抓取长材。港口散货装卸量大，而抓斗的装卸货过程完全是由起重机司机操纵，依靠机械的力量自动进行的，避免了人工繁重的体力劳动，节省了挂摘钩的辅助时间，大大提高了装卸生产效率和劳动生产率。因此，抓斗在港口装卸作业中起着十分重要的作用，得到了极其广泛的应用。

1）抓斗分类。

抓斗的种类很多，根据抓取的货物不同，可分为散粮抓斗、煤炭抓斗、矿石抓斗、木材抓斗等；根据操纵抓斗的原理不同，可分为单绳抓斗、双绳抓斗、马达抓斗三类，其中双绳抓斗用得最广，除普通双绳长撑杆双颚抓斗以外，还有多种专用双绳抓斗，如多爪抓斗、耙集抓斗、长材抓斗等。

2）双绳抓斗的工作原理。

双绳抓斗如图 3-16 所示，由颚板、撑杆、上承梁（抓斗头部）和下承梁四个基本部分组成。抓斗悬挂在支持绳（起升绳）和开闭绳上，两根钢丝绳分别绕入两个驱动卷筒上。

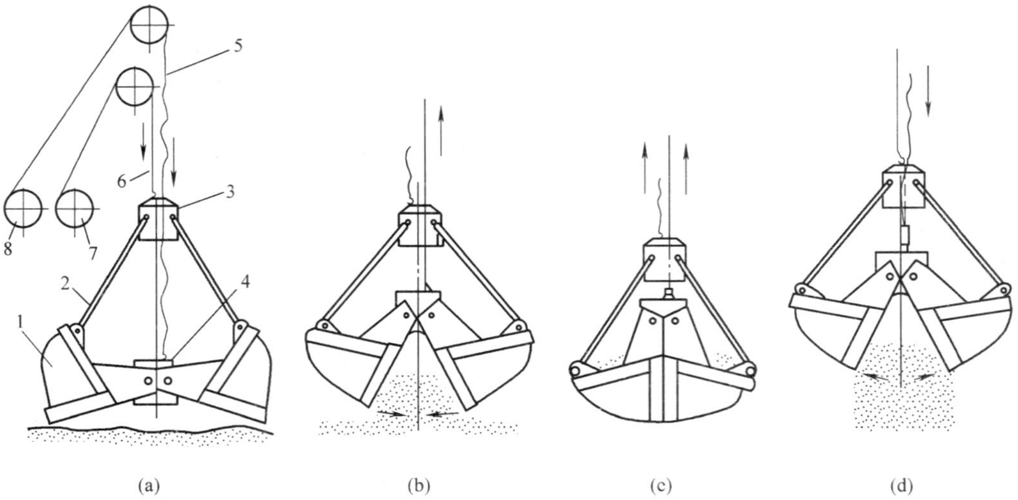

图 3-16 双绳抓斗的工作过程示意图

1—颚板；2—撑杆；3—上承梁（抓斗头部）；4—下承梁；5—开闭绳；6—支持绳；7、8—驱动卷筒

双绳抓斗的动作完全由支持绳和开闭绳的运动速度来操纵，其工作过程可分为以下四步：

a. 空抓斗张开下降［见图 3-16（a）］：两绳同步下降，空抓斗自重主要由支持绳承担，以免关闭抓斗。

b. 抓货［见图 3-16（b）］：空抓斗在自重作用下插入货堆以后，放松支持绳，拉紧开闭绳，使颚板闭合抓货。

c. 载货抓斗上升［见图 3-16（c）］：抓货完毕，立即使两绳同步上升，把载货抓斗提升至卸料点。注意开闭绳速度不要低于支持绳，以免抓斗中途打开。

d. 卸货［见图 3-16（d）］：在卸货点放松开闭绳，这时载货抓斗的质量全由支持绳承担，抓斗在下承梁、颚板和货物的重量作用下自动张开将货物卸出。

双绳抓斗的两根绳索分别由两个独立的单联卷筒来驱动，抓斗的开闭滑轮组为单联滑轮组，见图 3-17（a）。双绳抓斗结构简单、工作可靠、并能在任意高度卸货，生产率较高，因而应用广泛。如果采用双联卷筒，则支持绳与闭绳各为两根，称之为四绳抓斗，抓斗的开闭滑轮组为双联滑轮组，见图 3-17（b）。四绳抓斗由于支持绳与开闭绳成双布置，使抓斗工作时更稳定，不易扭转，同时钢丝绳直径较细，可使卷筒滑轮直径减小，其工作原理与双绳抓斗相同，在港口装卸工作中同样得到广泛应用。

3）影响抓取能力的主要因素。

a. 抓斗自重是产生抓取力的来源，因此抓斗必须具有足够的自重。一般来说，在相同

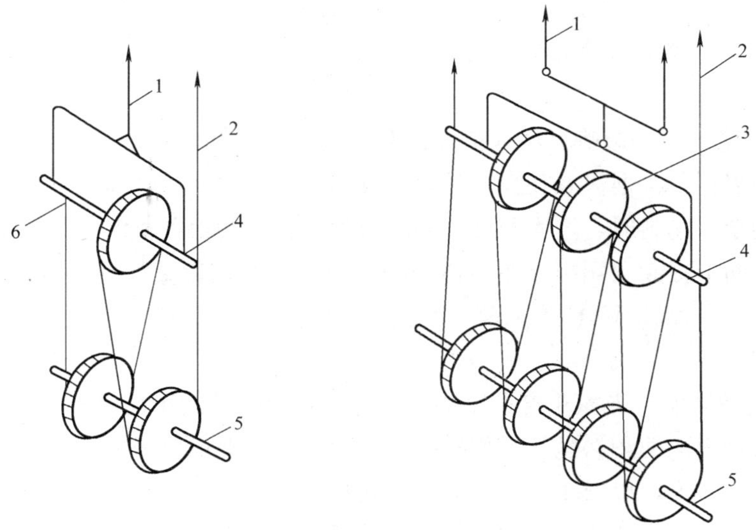

图 3-17 抓斗开闭滑轮组

(a) 双绳抓斗单联滑轮组；(b) 四绳抓斗滑轮组

1—支持绳；2—开闭绳；3—平衡滑轮；4—上承梁滑轮组；5—下承梁滑轮组；6—绳端固定楔套

条件下，自重较大的抓斗有可能多抓货，但抓货量还取决于抓斗的抓取性能。

抓斗的抓取性能用相对抓取性能系数 K 来表示，它是抓斗抓取货物的质量与抓斗自重（自身质量）的比值。提高相对抓取性能系数 K 值可增大起重机的有效起重量，减少每个工作循环中吊运抓斗自重的功率消耗。因此，提高 K 值具有重要的经济意义，K 值越大表明抓取性能越好。

要以一定的抓斗自重抓取较多的货物，有效的办法之一是合理分配抓斗的自重。通过理论分析和试验研究表明，适当增大抓斗头部、撑杆、颚板与撑杆铰接点部位的重量分配比例，可增加抓斗挖掘深度和增大货量，对提高相对抓取能力有显著效果。但过分增加颚板—撑杆铰重量，会使空抓斗难以张开；抓斗头部重量过大则使抓斗重心抬高，容易引起抓斗翻倒。抓斗下承梁的重量虽然不能提高抓货量，但可使空抓斗顺利张开，因而也应占一定的重量比例。

总之，抓斗自重及其分配不仅关系到其强度、刚度和能否顺利张开，而且对提高抓取能力有很大影响。根据正在编制的抓斗参数系列水运行业标准，长撑杆双颚抓斗自重分配的大致比例是颚板占 45%、头部占 21%、下横梁占 18%、撑杆占 16%。

b. 开闭滑轮组倍率的影响。增加抓斗开闭滑轮组的倍率可提高抓斗在抓货过程中的抓取力矩，增加挖掘深度，因此使抓货量增大。但滑轮组倍率过大会使抓斗结构复杂、质量增加、开闭绳磨损加快、颚板关闭速度减慢、开闭绳引出长度增加以及滑轮组阻力增大等。因此，通常在实际生产中采用的开闭滑轮组倍率在 3～5 之间，其中对轻型抓斗取小值，对重型抓斗取大值。

c. 撑杆与颚板铰接点位置的影响。增加撑杆与颚板铰接点至抓斗中心铰轴的距离可增大抓取力矩，但会使抓斗在闭合过程中，其外廓运动轨迹越到抓斗最大张开度界限尺寸以外，这对用于船舱内或车厢里工作的抓斗，可能会发生铰耳碰撞舱（车）壁的危险，因此应取适当的尺寸比例。

d. 抓斗最大张开度的影响。增大抓斗的最大张开度，可以增大颚板切割刃所包围的物料面积，有可能多抓货。但只有在抓斗具有足够的抓取能力，足以抓到颚板开度范围内所包围的一定深度的全部物料时，增大开度才是有效的；否则颚板覆盖的物料过多，物料阻力过大，会造成抓斗向上提起，颚板浮在物料表面上闭合，使抓货量降低。对长撑杆双颚抓斗，最大张开度取(1.8～2.53)V(V 为抓斗容积)。对于开度很大的抓斗，只有在料层很薄（如清舱）时才适用。

e. 颚板宽度的影响。当抓斗自重保持不变时，对较松散的小粒物料适当增大颚板宽度，可增大抓斗覆盖物料的面积，虽然平均挖掘深度减小了，但仍可增加抓货量；对某些难抓的物料适当减小颚板宽度，以减小抓取过程中的物料阻力，增加作用于颚板刃口单位长度上的比压力，便于抓斗插入和抓货。但颚板过窄会使抓斗重心提高，易翻倒，这是不利的。

一般长撑杆双颚抓斗的颚板宽度可取(1.25～1.53)V(V 为抓斗容积)。对堆积密度大的、较实的物料采取宽度较小的颚板比较有利；对松散的小粒物料取较大值。

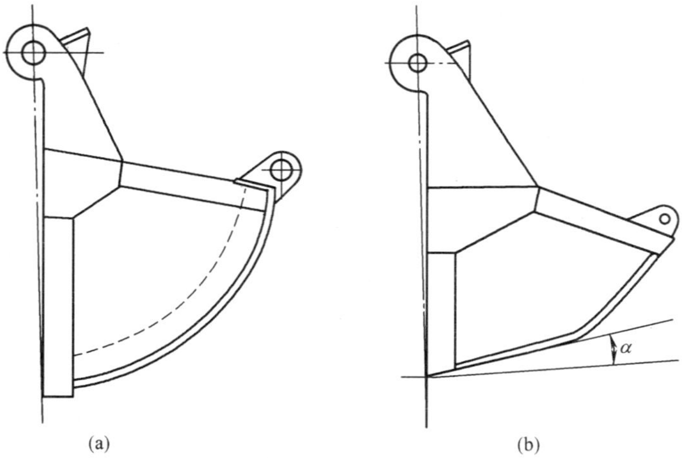

图 3-18 颚板外形
(a) 圆弧底型；(b) 平直底型

f. 颚板几何形状的影响。为了减少运动阻力、有利于抓斗抓满和卸空，应根据不同性质的物料选取相应的颚板外形。实践表明，小粒、松散的物料宜采用圆弧底形颚板［见图 3-18 (a)］；而大中块及内摩擦系数较大的物料，为减小抓取过程中物料间及物料颚板底间的摩擦，宜采用平直底型颚板［见图 3-18 (b)］，底背角通常取 $\alpha=10°\sim15°$，对干燥物料取较小值，潮湿物料取较大值。若 α 角太小，颚板背部会擦着物料，阻碍物料向深处插入；而 α 角太大，物料在斗内“爬陡坡”，使闭合阻力增加，也会降低抓取性能。

g. 物料性质的影响。物料的堆积密度、块度与内摩擦系数对于抓斗的抓取量有决定性的影响。堆积密度大、块度大与内摩擦系数大的物料不仅阻碍抓斗的刃口向深处挖掘，而且抓取过程的物料阻力大，因而对于这类物料（例如大块铁矿石）应当采用重的抓斗，并选用较大的滑轮组倍率；反之，对易抓取的物料（如散粮）则应采用较轻和滑轮组倍率较小的抓斗。对于大块物料或坚实的料堆，平直的抓斗刃口不易插入，通常装上钢齿以提高抓取能力或采用多爪抓斗。

h. 操作方法的影响。熟练和先进的操作能充分发挥抓斗的抓取性能，如抓货堆尖部的操作方法是比较好的，即有计划地将开启的抓斗落在货尖上，并注意促成新货尖，这样既便于抓满，又可减小外壁阻力，是提高生产率的简便、有效的措施之一。但有的操作方法还值得研究，例如有的司机想利用增加抓斗投掷到物料堆上的速度来提高抓货量，显然，这可以增大开始插入物料时的深度，但以后能否深抓，取决于是否具有足够的抓取力，而较大的投掷速度会对抓斗各构件的强度和刚度带来不利的影响。

4）选用抓斗的基本原则。

为了提高生产率，在选用抓斗时应考虑以下基本原则：

a. 在保证安全生产的前提下充分利用重量，尽量使抓斗与货物重量之和接近起重设备的允许起重量。

b. 尽量选用抓取性能系数 K 值较高的抓斗。过去一般抓斗 $K\approx1$，近年来通过对抓斗的深入研究，提高了设计水平，加上抓斗材质的改进，使抓斗相对抓取性能系数 K 值有了明显的提高，如长撑杆双颚抓斗达到 1.2～1.5。

c. 抓斗的容积 V 要与所抓取的货物体积 $V_{货}$ 相适应，即

$$V \geqslant m_{货}\,\rho_{堆}(\mathrm{m}^3)$$

式中 $m_{货}$——抓取货物的质量，t；

$\rho_{堆}$——货物的堆积密度，t/m³。

5. 制动器

起重机是一种间歇动作的机械，在工作中，需要经常启动和制动。为满足工作需要和保证安全，起重机的各个机构都必须装设制动器。它的作用是：使处于运动状态的机构减速直到停止；阻止被制动后的机构在外力作用下运动。此外，某些起重机的起升机构还利用制动器来达到控制货物下降速度的目的。

制动器的形式很多，它们都是利用摩擦力来制动的。起重机常用块式制动器或带式制动器。根据工作状态不同，制动器可分为常闭式和常开式两种。常闭式的特点是机构不工作时，制动器处于自动上闸的状态，适用于机构停止工作时有外力作用，并且在外力作用下能够动作的机构，例如受货重作用的起升机构、受风力作用或处在斜坡上的变幅机构等。所以起重机各机构大多采用常闭式制动器，只有在停止工作时外力很小，并不足以克服阻力使机构运动的情况下才可用常开式，例如流动式起重机构的制动器，它由司机操纵，根据需要施加制动力，其制动比较平稳。

（1）块式制动器。

块式制动器主要由制动轮、瓦块、杠杆系统和松闸器等组成，靠装在机架上的瓦块与装在轴上的制动轮之间的摩擦力进行制动。常用的块式制动器有短行程电磁铁制动器、电力液压推杆制动器和液压电磁制动器等，它们均为常闭式，已有产品系列。

1）短行程制动器。

常见的短行程制动器 JWZ100～300 型交流瓦块制动器（型号中的数字表示制动轮的直径，单位为 mm），它靠弹簧上闸，靠电磁铁松闸，如图 3-19 所示。上闸时，处于压缩状态的主弹簧企图伸张，其左端推压框形拉板，使右侧制动臂将右侧瓦块压向制动轮，主弹簧右端则推中心顶杆上的螺母，使左侧制动臂也把左侧瓦块压向制动轮，因而两侧瓦块都抱紧制动轮而实现制动。当电动机通电、机构工作时，固定在制动臂上方的电磁铁同时通电，因而吸引衔铁使之顺时针转动，衔铁便将中心顶杆压向左方，而右侧制动臂便将框形拉板拉向右

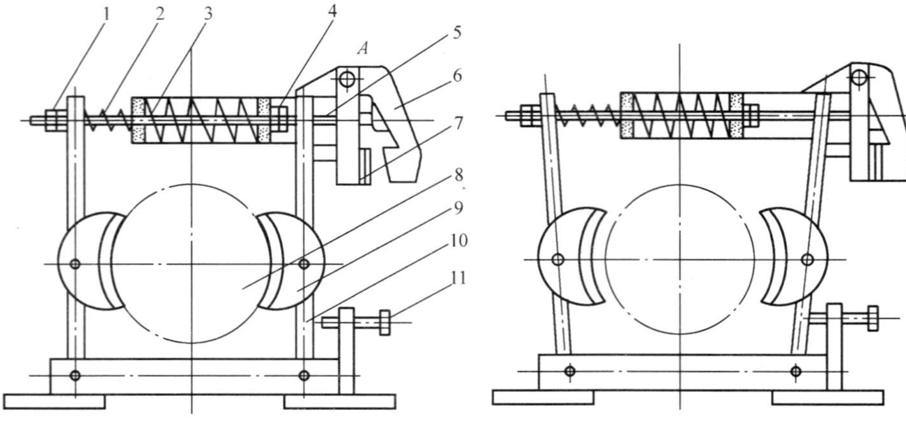

图 3-19 短行程制动器

（a）上闸；（b）松闸

1、4—调整螺母；2—副弹簧；3—主弹簧；5—顶杆；6—衔铁；

7—电磁线圈；8—制动轮；9—制动瓦块；10—制动臂；11—限位螺钉

方，从而使主弹簧受到更大压缩，这时右制动臂依靠其上方电磁铁重量的偏心作用，而左侧制动臂靠副弹簧的伸张作用，使两瓦块同时离开制动轮，实现松闸。如果切断电源，制动器就立即上闸。

这种制动器由于电磁铁安装在制动臂的上方，衔铁的行程短，上闸、松闸动作迅速，制动器的质量和尺寸较小，杠杆和铰关节少，效率高，因而应用较广。它的缺点是：受电磁铁外形尺寸和重量的限制，制动力矩较小，当制动直径超过 300mm 时，所需电磁铁尺寸、质量及电能消耗将急剧增加以致不能采用。另外，它制动猛，噪声大，振动大，频繁开关会使电磁铁线圈过热或使铁芯损坏，使用寿命较短，不宜用在工作十分繁重的机构中。

2）电力液压推杆制动器。

电力液压推杆制动器（YWZ200～500）如图 3-20 所示，采用电力液压推杆（见图3-21）松闸。当机构工作时，电力液压推杆内的小电动机亦通电，驱动离心油泵（叶轮）将活塞上部的油液甩出，经通道进入活塞下部，推动活塞和推杆上升，使制动器松闸，断电后，推杆在弹簧力作用下复位。这种制动器优点是制动平稳，噪声小，寿命较长，体积小，质量轻，允许频繁接电（720 次/h）；缺点是结构较复杂，成本较高，只宜在铅垂位置工作（偏角一般不大于 10°），制动不够迅速，较适用于回转和运行机构。

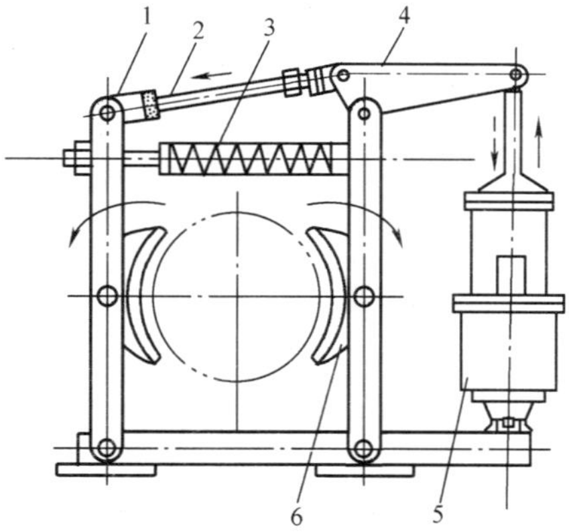

图 3-20 电力液压推杆制动器

1—制动臂；2—顶杆；3—制动弹簧；4—三角形杠杆；5—电力液压推杆（实线箭头方向为松开制动器，虚线箭头方向为制动）；6—制动瓦

3）液压电磁制动器。

液压电磁制动器（YDWZ200～800）采用液压电磁松闸器（见图 3-22、图 3-23），由电磁线圈、铁芯、外壳、活塞和推杆等组成。图 3-23 所示位置为电磁线圈断电的情况。当通电后，动铁芯在电磁吸力的作用下向上移动，这时由于单向阀的截止作用，处于动

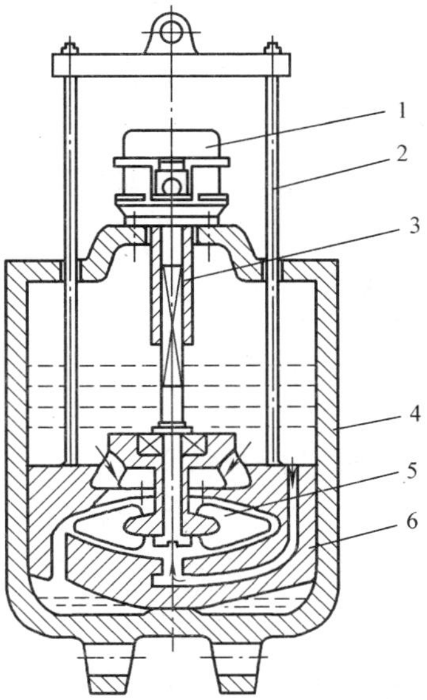

图 3-21 电力液压推杆动作原理

1—小电动机；2—推杆；3—方轴；4—壳体；5—离心油泵；6—活塞

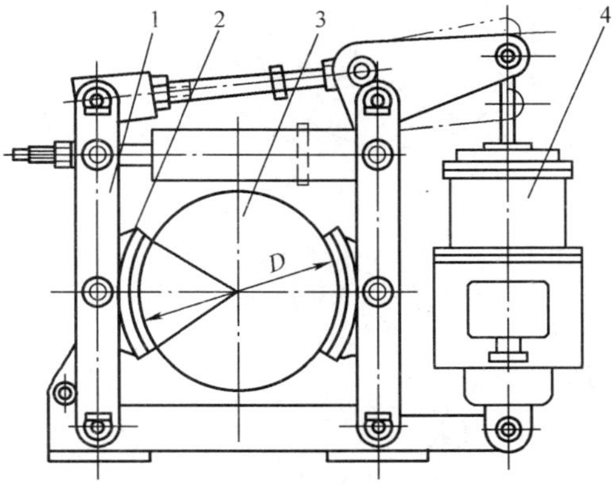

图 3-22 液压电磁制动器

1—制动臂；2—制动瓦；3—制动轮；4—活塞

铁芯上面空间中的油液通过推杆周围的间隙进入活塞下面的空间，使推杆上升、制动器松闸。当断电后，在制动器弹簧力作用下，推杆复位、动铁芯向下移动，使动铁芯下面的油液经通道回到上部油池。用调节螺杆调整通道大小，可以调节制动的快慢。

这种制动器动作灵敏、工作平稳，无噪声，寿命较长，可以频繁接电（JC25%～40%时 900 次/h），能自动补偿制动器的磨损，但结构较复杂，制造工艺要求和价格较高，制造质量不高的液压电磁松闸器容易出现漏油和动作失灵的情况。

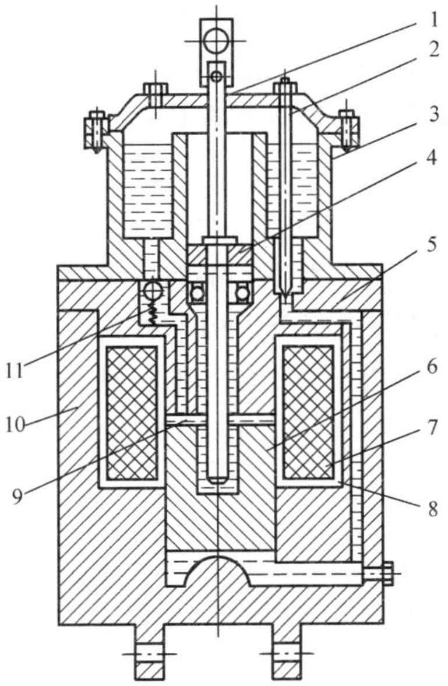

图 3-23 液压电磁松闸器

1—推杆；2—调节螺杆；3—油缸；4—液压电磁松闸器；5—静铁芯；6—动铁芯；7—电磁线圈；8—绝缘体；9—工作间隙；10—壳体；11—单向阀热

（2）制动瓦块。

瓦块的材料通常为铸铁。为了便于加工圆弧面，瓦块的包角取为略小于 $360°/n$，$n=4$ 或 5。标准制动器瓦块的包角取为 70°及 88°。增大包角可以增加制动力矩，但包角太大会降低作用，同时也使瓦块下端松闸间隙太小。极限情况的包角 A 点时的松闸运动在制动轮的切线方向，松闸间隙为零。

70°瓦块的铸造工艺见图 3-24，极限情况的包角见图 3-25。

不加衬料的制动瓦块只用于铁路车辆，起重机制动器采用带有摩擦衬料的制动瓦块，因为衬料的摩擦系数大，并且可减小制动轮的磨损。

对于制动衬料的要求是：

1）摩擦系数大。

2）摩擦系数恒定。

3）容许高的工作温度。因为当衬料达到极限工作温度时，一般摩擦系数急剧下降，并且磨损加快。

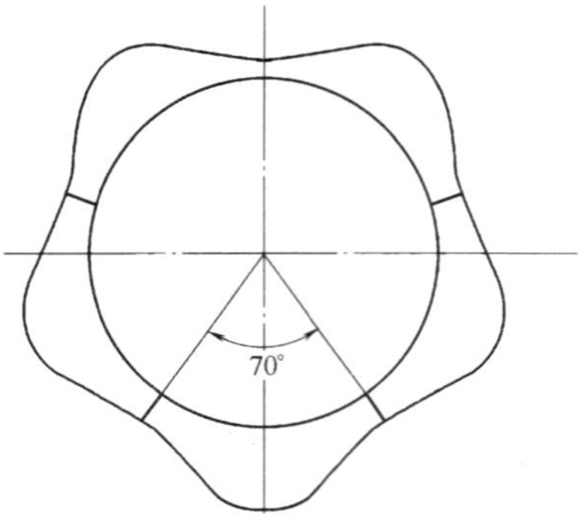

图 3-24 70°瓦块的铸造工艺

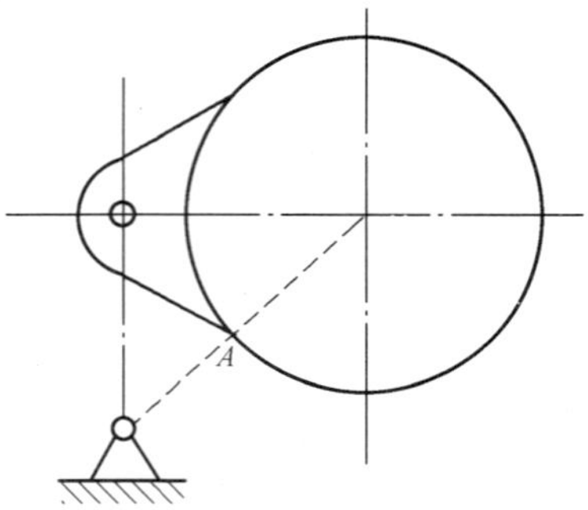

图 3-25 极限情况的包角

4）耐磨。

5）不伤制动轮。

6）容许比压力大。

7）有适当的刚性。刚性大的材料要求的松闸行程较小，但刚性太大，材料会丧失缓冲作用，使上闸时的载荷增大。

8）有适当的挠性，便于弯曲，以适合瓦块圆弧，否则应制成定型产品。

9）导热性。一般摩擦材料的导热性都不好，为了提高导热性能，有的制动衬料中加入了一些导热性能良好的铜丝或铜末。

（3）制动器的安装位置。

块式制动器应该安装在机构中的高速轴上，由于转速越高，转矩就越小，需要的制动力矩也就越小，因而可以选用较小的制动器。通常，制动器都装在电动机和减速器之间，因为这样可以利用半个联轴器作为制动轮，而且应该用靠近减速器这边的半个联轴器作制动轮，因为一旦弹性联轴器的弹性柱销断了，制动器仍对工作机构起制动作用。如果在电动机后面装有三角皮带传动，制动器就应装在皮带的被动轮轴上，一旦发生皮带断裂或打滑时，仍能制动被动轮。

用内燃机或电动机集中驱动的起重机，如轮胎起重机，采用几个机构共用一台原动机的方式，在同一个时候，有的机构要工作，而有的机构则需要制动，因此就不能像一个电动机带动一个机构那样将制动器装在转速最高的原动机轴上，而必须对每个机构单独制动。例如，轮胎起重机起升机构的制动器就只能直接和卷筒装在一起，由于卷筒转速低，所需的制动力矩很大，因此采用带式制动器。

（4）制动器的选择。

块式制动器可根据所需要的制动力矩、接电持续率 JC 值和每小时通电次数在产品目录中选取适当的类型和规格，带式制动器则要根据制动要求进行设计。

（二）起升机构的主要形式和基本计算

1. 起升机构的主要形式

港口起重机由于采用的动力形式、装卸物品的种类不同，其起升机构有不同的形式。此外，起重量、起升高度和起升速度等参数不同对起升机构的卷绕系统和驱动装置的结构和布置也有很大影响。通常，港口起重机采用电力驱动或内燃机驱动；取物装置为吊钩式、抓斗式或吊钩、抓斗两用。

（1）起升卷绕系统。

由于单联滑轮组工作时货物会产生横移，因此往往在起升卷绕系统中采用双联滑轮组，这是臂架式起重机起升绳的典型卷绕系统。

起升滑轮组倍率不同，对驱动装置的总体尺寸影响较大。如果起重量、起升高度、起升速度和原动机的转速已经确定，那么滑轮组倍率增大就可减小钢丝绳的拉力，因而可取较细的钢丝绳和较小的卷筒直径，钢绳拉力和卷筒直径的减小使得卷筒力矩大为降低。同样，在起升货物速度不变的情况下，滑轮组倍率增大就使绕上卷筒的钢丝绳运动速度增加，卷筒卷绕速度的增大和卷筒直径的减小使卷筒转速大为提高。而对于一定转矩和转速的电动机，卷筒的力矩越小和卷筒的转速越高，则所需传动装置的传动比就越小，这就有可能使传动装置机构简化、尺寸减小、质量减轻。

但是，增大起升滑轮组倍率也带来不利的一面。在起升高度给定的情况下，倍率增大使起升绳总长度增加，这就需要加长卷筒或采用多层卷绕的卷筒。此外，增多了绳的弯曲次数，对绳的寿命不利。从使用角度看，滑轮数增多使吊钩装置的尺寸和质量增加了，这将增加挂摘钩的不便，因而对起重机的循环时间产生影响。

因此，起升滑轮组倍率应根据给定的原始数据，即起重量、起升高度、起升速度及工作繁忙程度等，对上述利弊作综合考虑后适当选择。对于起重量较大的起重机，一般其起升速度及工作繁忙程度都不很高，滑轮组倍率可随起重量增加而适当选大些，这样对起升机构比较有利，而对起重机循环时间增加的影响不会很显著。对于起升高度较大的港口起重机，为了缩短循环时间，往往采用较高的起升速度，而且起升滑轮组的动滑轮轴与定滑轮轴之间的距离随起升高度增大而加大，由于滑轮直径及滑轮间距有限，因此防止吊钩装置扭转的能力相对降低了，故随起升高度 H 的加大，不宜选择过大的滑轮组倍率。

（2）起升绞车。

电力驱动的起升绞车结构比较简单，对起重量较大的起重机，常设有两套起升机构（见图 3-26），其中主起升机构的起重量大，起升速度较慢；副起升机构的起重量小，起升速度较快。它们可分别工作以满足不同的工作要求。

用于抓斗起重机的电力驱动装置通常由两部相同的绞车组成，一个卷筒作开闭抓斗用，另一个卷筒作升降用。图 3-27 为门座抓斗起重机两部起升绞车的平面布置。

图 3-26、图 3-27 所示的电动机到卷筒之间的传动装置均采用了封闭式的齿轮减速器，这些方案结构较紧凑，目前被广泛采用在中小起重量的门座或浮式起重机之中。如果起重量较大，可采用齿轮减速器加开式齿轮的传动方案，以开式齿轮作低速级传动。

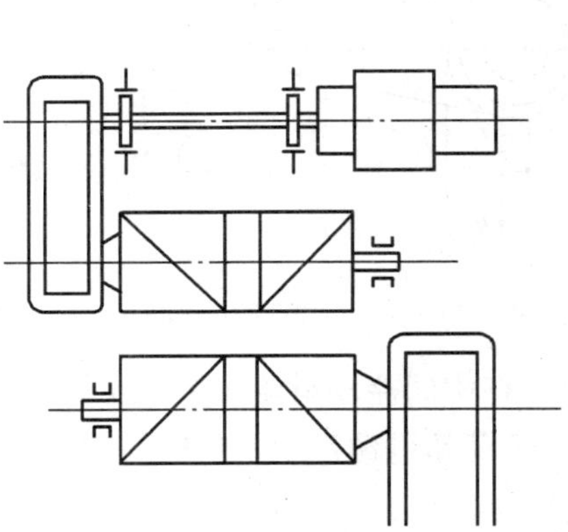

图 3-26　带主副钩的起升驱动装置布置图

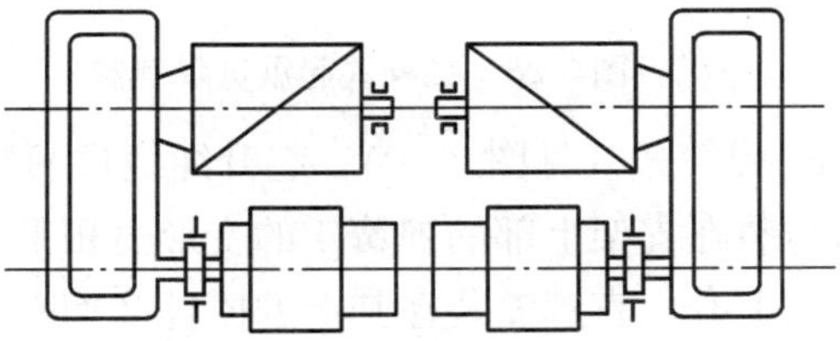

图 3-27　门座抓斗起重机起升机构布置图

2. 起升机构的安全保护装置

(1) 限位装置。

1) 起升高度限位器。

起升高度限位器的作用在于保证在许可的起升高度范围内工作，如果起升到上极限位置后继续上升，就可能使臂架后倒，甚至起重机倾覆；如果下降到极限位置后继续下降，就可能使固定在卷筒上的钢丝绳末端承受很大的冲击载荷，甚至发生钢丝绳堕落的危险。为此，必须装设起升高度限位器，形式主要有以下两种：

a. 蜗轮蜗杆式：在这种限位器中有一个大传动比的蜗轮蜗杆传动的行程开关。该行程开关与起升卷筒联系，从而可以对上升高度和下降深度进行限位保护。

b. 螺杆式起升高度限位器：限位器安装在起升卷筒轴承座的一端，限位器的螺杆直接由起升卷筒轴带动，随着螺杆的转动，螺母沿螺杆做轴向移动，当螺母移动到同限位开关接触时，起升机构即停止工作，从而达到限位目的。显然，如在卷筒轴承座的两端都安装这种限位器，就可以做到双向行程保护。

2) 行程限位器。

行程限位器包括运行的行程限位和转动的转角限位两种形式，主要由碰杆和开关组成。行程限位器通常把开关装在运行台车上，把碰杆固定在运行轨道的尽头；转角限位器通常装在设备的转台上，同时设有缓冲器，以防臂架后倒。

(2) 超载限制器。

设备的机械零件、部件和金属结构均是按一定的计算载荷和安全系数设计的，因此必须使设备工作过程中所受到的实际载荷控制在设计许可的范围内，以免造成设备损坏。

1) 起重量限制器。

常用的起重量限制器有以下几种形式：

a. 杠杆式（见图 3-28）：当起重量小于额定起重量时，机构正常工作，且 $Ra<Nb$；当起重量大于额定起重量时，机构停止工作，且 $Ra>Nb$。

b. 偏心式（见图 3-29）：定滑轮偏心安装，其偏心距为 e，当起升负荷超过额定起重量时，$Re>Nb$，起升机构停止工作。

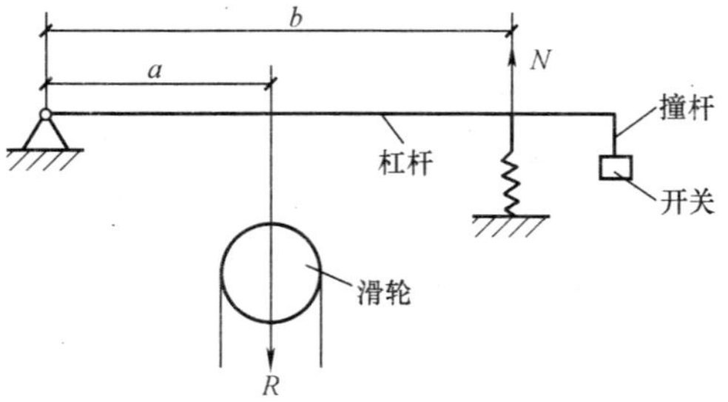

图 3-28 杠杆式起重量限制器

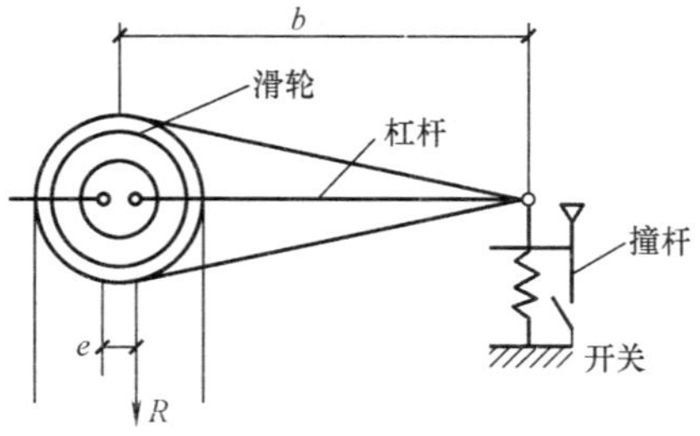

图 3-29 偏心式起重量限制器

c. 弹簧式（见图 3-30）：起升绳绕过两导向滑轮 7，在中间浮动滑轮 1 上产生一个合力，该力与装在支架上部的弹簧 4 的变形力相平衡。当起升负荷超过额定起重量时，浮动滑轮克服弹簧上升，直到安装在其上的撞杆 2（6）碰到限位开关 3（5）为止，这时机构停止工作。在图中，2 和 3 及 5 和 6 可以分别控制在工作幅度 δ_1 和 δ_2 内起重量不超过规定值。

d. 压力传感器式：压力传感器安装在起升绳导向滑轮的支座上，起升绳的张力通过导向滑轮传递到压力传感器上，从而可以通过压力传感器输出信号的大小反映出起升荷重的大小。

e. 电子秤：由一次元件和二次元件组成。一次元件（传感器）将非电量的机构变化转换为电量变化（电压信号），并送入二次仪表（电子放大器），它可以将一次元件输入的微弱电压信号接收并进行放大（电压和相敏放大），驱动可逆电动机旋转，再通过电气和机械联系反映出被测量（起重量）的数值。

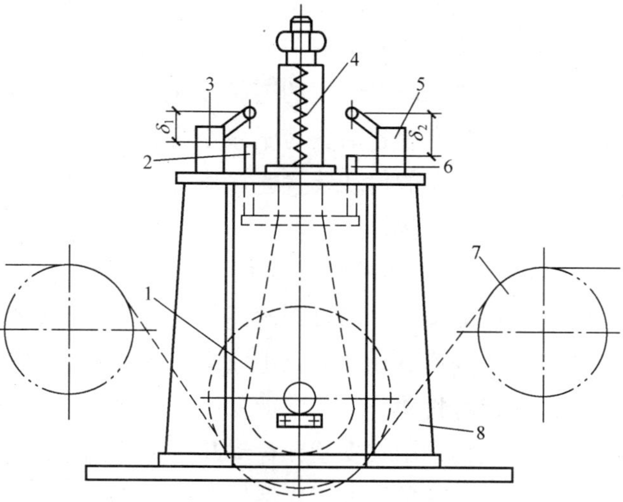

图 3-30 弹簧式起重量限制器

2）载重力矩限制器（对起重量和幅度的乘积加以限制）。

它由指示装置和自动保护装置两部分组成。

a. 载重力矩指示装置：包括荷重和幅度指示两部分，由发送、接收和指示系统组成。

b. 载重力矩自动保护装置：基本思想就是当力矩大于安全值时，电路自动断电，以实现保护功能。

二、悬臂的俯仰机构

（一）非工作性变幅机构及其受力分析

桥式抓斗卸船机的俯仰机构是在前桥架上仰时，便于船舶靠离码头移动船位，前桥架借变幅机构来仰起或放平。悬臂在俯仰时，桥式抓斗卸船机不工作，因此，该变幅机构称为非工作性变幅机构。

非工作性变幅机构由于变幅次数少，变幅时间长短对起重机的生产率影响不大。为减小变幅机构所需的驱动功率，一般都采用结构较简单、自重较轻的臂架和较低的变幅速度，非工作性变幅机构的变幅速度通常以臂架最大幅度到最小幅度所需的时间来表达。

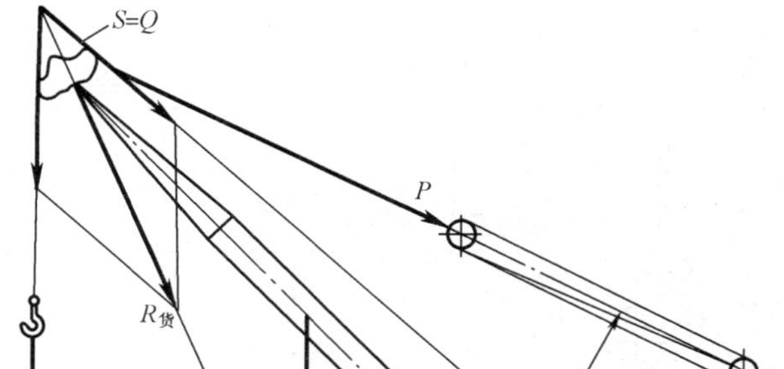

图 3-31 非平衡式变幅系统的变幅绳受力分析

最常见的非工作性变幅机构是由钢丝绳牵引的简单直臂架摆动系统，臂架借助变幅钢丝绳的牵引，臂架绕其下铰轴在铅垂面内摆动，从而实现变幅。这种简单臂架系统在变幅过程中，臂架和货物重心会发生升降，为升高臂架和货物重心将耗费变幅驱动功率。同时如图 3-31所示，由货重引起的起升绳拉力 S 和货物重力 Q 的合力 $R_货$（作用在臂端滑轮轴）与臂架的重力 $G_臂$ 都对臂架下铰点产生倾覆力矩，因而使变幅钢丝绳承受较大的拉力 P。所以，这种简单臂架变幅系统属于平衡式的臂架变幅系统。

牵引变幅钢丝绳所用的变幅绞车和起升绞车的组成一样，主要包括变幅电动机、制动器、减速器和变幅卷筒。为了减小变幅绞车的传动比，一般采用倍率较大的省力变幅滑轮组，而变幅绞车的传动装置通常采用自锁式蜗轮减速器，以使传动机构紧凑且有利于非平衡式臂架系统安全变幅。

（二）变幅机构的驱动功率

对于由变幅绞车通过钢丝绳滑轮组驱动的非平衡式变幅机构，其驱动功率的方法与起升机构相同，变幅驱动功率大小取决于绕入变幅卷筒的钢丝绳受力及其线速度。

三、运行机构

运行机构是用来支承和移动起重机的机构。

(1) 按运行机构的工作性质可分为非工作性的和工作性的两类。大多数港口起重机设有非工作性的运行机构，用来调整起重机的工作位置，改换工作地点，以扩大服务面积，提高装卸效率。而桥架类起重机如港口卸船机的载重小车则具有工作性的运行机构，它与其他机构配合作业，用来运移货物。

(2) 按运行机构的结构特点可分为有轨运行和无轨运行两类。由于车轮和轨道都是钢铁制成的，故承载能力大，结构紧凑，运行阻力小，但是起重机的工作范围却受到了轨道的限制。因此，它常用于沿固定线路工作的大型起重机械上，如门座起重机、龙门起重机、桥式抓斗卸船机等。无轨运行的起重机可在各种路面上作任意方向的运行。它通常以内燃机作独立的能源，其特点是机动性好，但结构比较复杂，故多用在流动式起重机上，如轮胎起重机、汽车起重机、履带起重机等，适用于装卸工作地点比较分散的场合。

（一）有轨运行机构

由图 3-32 可见，有轨运行机构由支承装置和驱动装置两部分组成。此外，还设有多种安全装置，如行程限位器、缓冲器和防风抗滑装置（夹轨器、锚定装置）等。

支承装置包括车轮和运行车架。起重机作用在每条支腿上的压力通过车架作用在车轮和

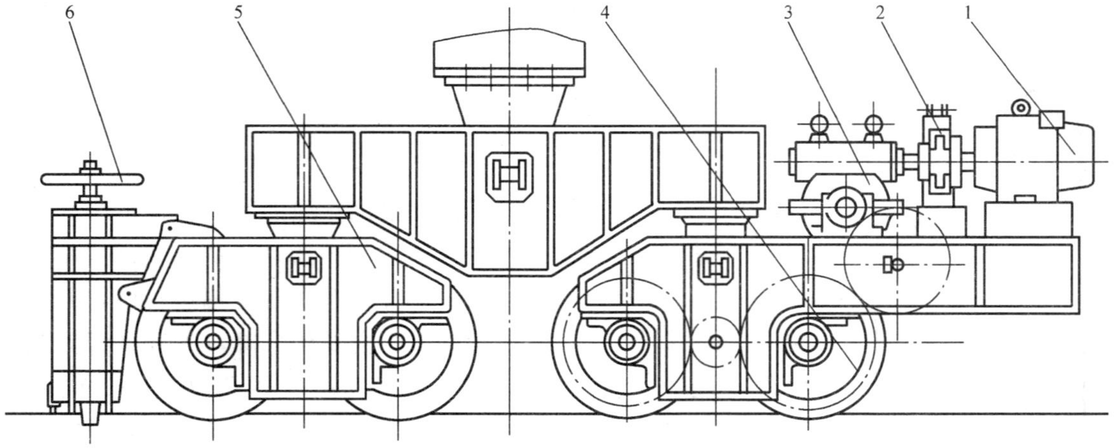

图 3-32 桥式抓斗卸船机运行机构简图

1—电机；2—制动器；3—蜗轮蜗杆减速器；4—主动车轮；5—从动车轮均衡梁；6—夹轨器

轨道上。对于支腿压力较大的起重机，为使每个车轮的轮压不超过轨道和基础所允许的压力，必须增加每条支腿下的车轮数目，并采用均衡车架来使一条支腿下的多个车轮受力均衡。均衡车架实际上是一个杠杆系统，根据车轮数目不同可采用不同的形式，见图 3-33。车轮可为铸造或锻造；车轮通常不全是驱动的，与驱动机构直接相连的叫主动轮，其余的叫从动轮；为有效地防止脱轨，车轮大多制成双轮缘形式。对港口起重机，主动轮一般均采用螺栓与传动齿轮连接。

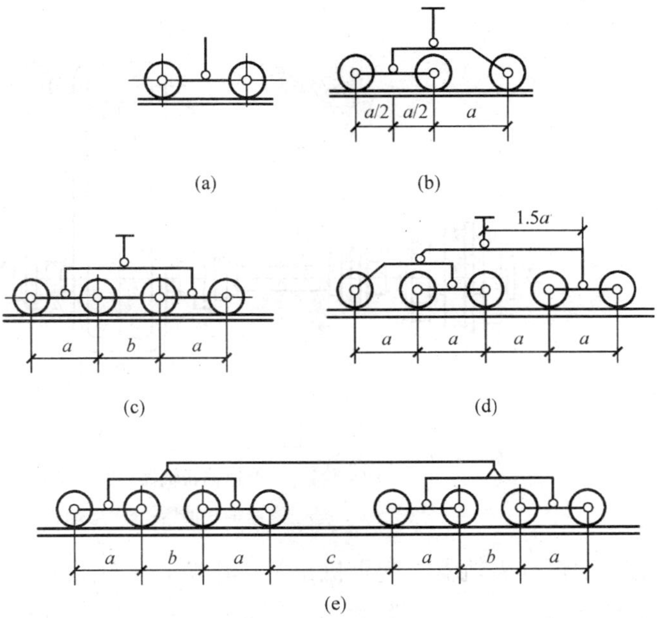

图 3-33　均衡车架

起重机用的钢轨有方钢轨、铁路钢轨和起重机专用钢轨三种（见图 3-34），可根据起重机轮压大小加以选用。轻型小车可采用方钢轨；一般起重机常采用铁路钢轨；当轮压较大时，则采用起重机专用钢轨。

有轨运行机构几乎全部采用电力驱动，其驱动形式有集中驱动与分别驱动两种。集中驱动是由一台电动机通过传动装置驱动所有的主动轮。如果传动路线较长，则传动件繁多、结构复杂，所以它只宜用在各驱动车轮之间的距离较短、电动机能靠近所需驱动的各个车轮的情况，例如用在桥式、龙门起重机和装卸桥的小车运行机构上，见图 3-35。分别驱动是由几台电动机分别驱动，每台电动机驱动一只主动轮或一条支腿下的两只主动轮，见图 3-32，其结构简单、布置方便，在门座起重机和装卸桥、龙门起重机、桥式起重机的大车运行机构上均获得广泛的应用。分别驱动要求两侧同步。对于桥式起重机与门座起重机，由于桥架、门座的刚性很大，能够强制两侧车轮同步运行；对于跨度很大的龙门起重机和装卸桥，由于金属结构刚性不足，可能出现偏斜，这时应设偏斜指示器和偏斜限制装置，也可在两电动机之间采用电气连锁使其同步。

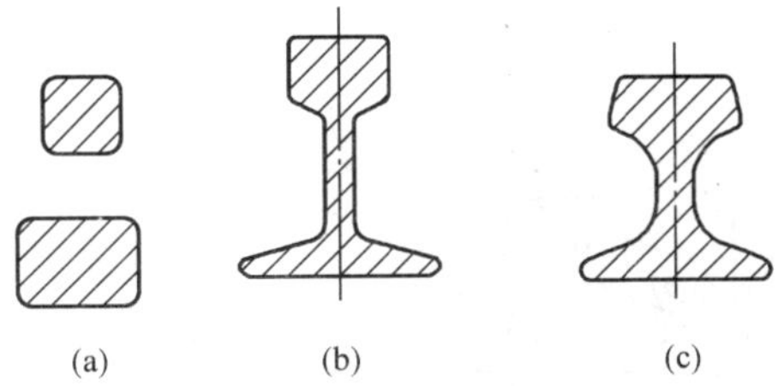

图 3-34　钢轨断面形状

（a）方钢；（b）铁路钢轨；（c）起重机专用钢轨

有轨运行的驱动部分和起重机其他工作机构的电力驱动部分相似，包括电动机、制动器、减速传动装置，最后驱使车轮转动。对于卧式电动机（见图 3-32），通常采用蜗轮减速器加开式齿轮的传动方案，虽然传动效率较低，但能获得紧凑的布置，适合港口起重机运行机构工作不很频繁，且尺寸往往受到限制，以免影响通道宽度的特点。对于立式电动机，可通过带有一级圆锥齿轮传动的减速器加开式齿轮传动的方案（见图 3-36），其传动效率较高，结构也很紧凑。

露天工作的起重机，为了防止被风吹走，需装设夹轨器和锚定装置。图 3-37 是一种常

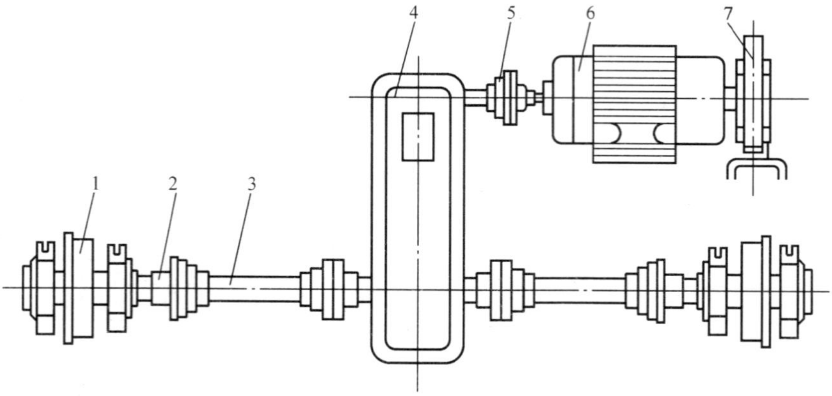

图 3-35 集中驱动的小车运行机构

1—主动车轮；2—低速轴联轴器；3—低速传动轴；4—立式减速器；5—高速轴联轴器；6—电动机；7—制动器

用的手动螺杆夹轨器。起重机正常工作时，夹轨钳松开，不发生作用；当起重机不工作时，则把它上紧，使钳口夹紧轨道。手动螺杆夹轨器构造简单、紧凑，成本低，使用和维修方便，但夹紧力受限制，安全性差，仅适用于中小型起重机。锚定装置用来保证在大风中起重机的安全。沿起重机轨道设若干个锚定座，起重机不工作时，将转动臂放在锚定位置，使锚定板插入锚定座槽内即可起固定作用。

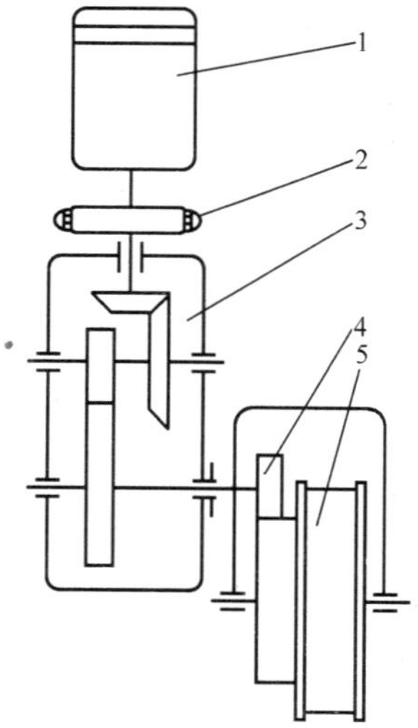

图 3-36 立式电动机驱动的运行机构

1—立式电动机；2—制动器；3—圆锥—圆柱齿轮减速器；4—开式齿轮；5—主动车轮

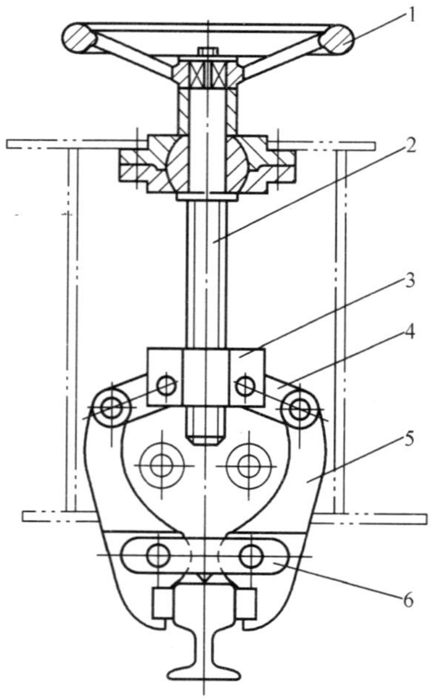

图 3-37 夹轨器

1—手轮；2—螺杆；3—螺母；4—连杆；5—夹钳臂；6—连接板

（二）运行阻力和驱动功率

1. 稳定运行的阻力

当起重机在有坡度轨面上直线稳定运行时，原动机要克服的运行阻力有三种，即摩擦阻力、风阻力和坡度阻力。

(1) 摩擦阻力。起重机直线运行的摩擦阻力包括车轮滚动摩擦阻力、车轮轴承处的摩擦阻力以及由于运行偏斜等原因引起的附加摩擦阻力。

(2) 风阻力。在露天工作的起重机，逆风运行时将受到风阻力。确定电动机功率时，风阻力按起重机正常工作状态所受到的风载荷计算。

(3) 坡度阻力。当起重机在与水平面成 γ 倾角的轨道上爬坡运行时，须克服货重及起重机自重引起的坡度阻力，它是起重机自重及货重在轨面方向的分力。

2. 电动机驱动功率

电动机的容量可按运行时的静功率初步选择，然后进行启动、过载及打滑等验算。

(三) 起重机运行打滑及防止措施

1. 不发生打滑现象的条件

如果开动运行机构的原动机后，主动轮只是原地空转，起重机并不能运行，这种现象称为打滑。当车轮打滑时，不仅起重机不能运行，而且会加剧车轮磨损，因而必须加以避免。

发生打滑的原因是主动轮与地面（轨道）之间黏着力不够。现在先分析一下运行机构的驱动过程。当原动机开动后，通过传动装置对主动轮作用一个驱动力矩，当该力矩大于作用在主动轮上的摩擦、风、坡度三个阻力矩时，主动轮开始有转动的趋势。但是，此时起重机还不能运行，因为作用在起重机从动轮上的运行阻力还未被克服。主动轮的转动趋势使地面对轮子踏面产生一个与车架运行阻力方向相反的主动摩擦力，随着驱动力矩的增大，主动摩擦力亦不断增大，当其数值等于作用在从动轮上的摩擦、风、坡度阻力之和时，则达到静力平衡状态。此时，如起重机原来是静止的，则处于欲动而未动的状态；如起重机原来已在运动，则可维持等速运动。但是，主动摩擦力的数值增大是受到限制的，其最终值不能超过车轮与轨道接触面之间的最大静摩擦力（即黏着力）。

2. 防止打滑的措施

为了避免发生打滑现象，可采用以下措施：

(1) 起重机以及载重小车应当有足够数目的驱动轮（主动轮），以保证足够的驱动力。通常主动轮约为总轮数的 1/2。速度低的起重机可采用 1/4 的驱动轮；速度高的（例如运行速度为 100～350m/min 的装卸桥载重小车）需要全部车轮驱动。

(2) 合理地布置各机构和主动轮的位置，来保证在各种工作情况下主动轮都有足够的轮压。主动车轮常见的布置方式有 4 种（见图 3-38），其中单边布置用于跨度小、轮压不对称

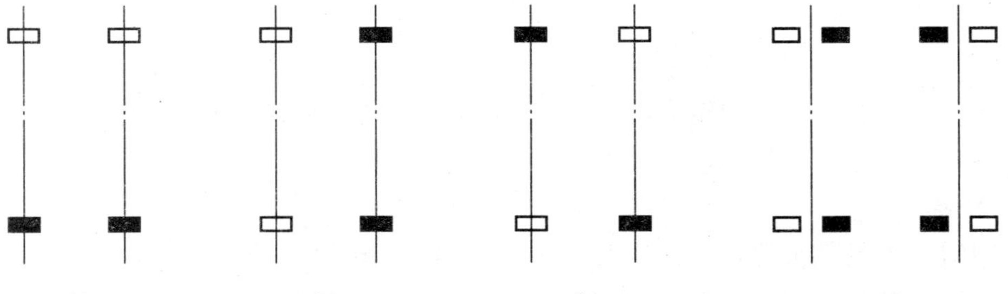

图 3-38 主动车轮的布置方式

(a) 单边布置；(b) 对面布置；(c) 对角布置；(d) 四角布置

的情况，如半门座起重机；对面布置适于桥式起重机，其主动轮的轮压之和不随载重小车的位置而变化，但它不宜用于回转起重机，因为当臂架回转到从动轮一边时，主动车轮的轮压很小；对角布置用于中小型回转起重机（如门座起重机），臂架回转时，主动轮轮压之和基本不变；四角布置用于大型起重机，可以保证主动车轮总轮压不变。

（3）合理地选择电动机和制动器，以延长运行启动时间，降低运行机构的加速度和直线运动惯性力。

（4）如在工作中出现打滑，可在轨道上撒些沙子，以增大黏着系数。平时注意及时清除轨面上的油脂等。

第四节　卸船机的金属结构

海港专用桥式抓斗卸船机的结构主要由门架、大梁和拉杆等组成。大梁分前、后两段，前大梁（即海侧的外伸悬臂）工作时由拉杆拉住；不工作时仰起 80°～85°，并固定在门架上。

一、门架

门架系由两片框及中间连杆组成。海侧门框和陆侧门框平行时，称为 H 形门架，见图 3-39 及图 3-40(a)、(b)、(c)；海侧门框和陆侧门框平行且在顶部相交时，称为 A 形门架，见图 3-40(d)。为了防止和船体相碰，有时将海侧门框的下支腿做成向内倾斜的，为使吊具到达船舱口外缘，外伸距应为 17～21m，见图 3-40(e)、(f)。

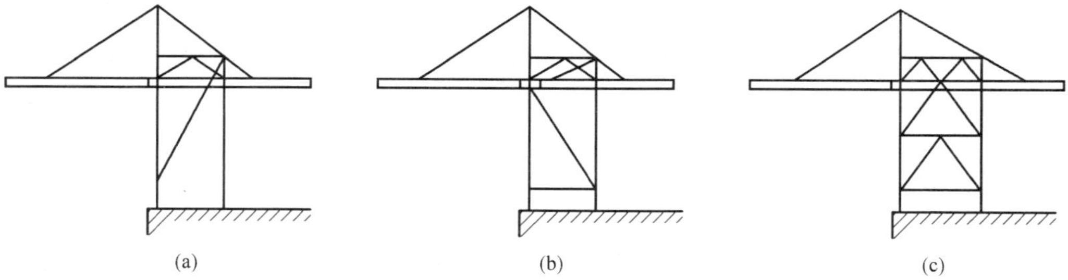

图 3-39　桥式抓斗卸船桥杨的门架结构

门框有多种形式，梯形门框适用于抓斗装卸桥；矩形门框适用于集装箱装卸桥。伸臂用双拉杆时，门框顶部做成梯形：伸臂采用单拉杆时，门框顶部做成三角形或单柱式。

两片门框之间由连杆组成支承桁架。

门框结构和连杆一般采用箱形截面，门框和大梁连接的悬臂横梁亦用板梁结构，但其水平抗弯刚度较差，不传递纵向水平力。

二、大梁

（1）抓斗装卸桥的大梁：一般采用偏轨箱形双梁结构。按小车轨道安装位置的不同又有两种：一种为小车轨道安装在内侧腹板上面。前后大梁的连接点、大梁与拉杆的连接点、大梁与门架的连接点均设在外侧腹板上。前大梁的前端和后大梁的末端均用横梁连接，形成刚性框架；另一种为小车沿大梁下翼缘的小箱形承轨梁上运行，两个箱形大梁之间每隔一定距

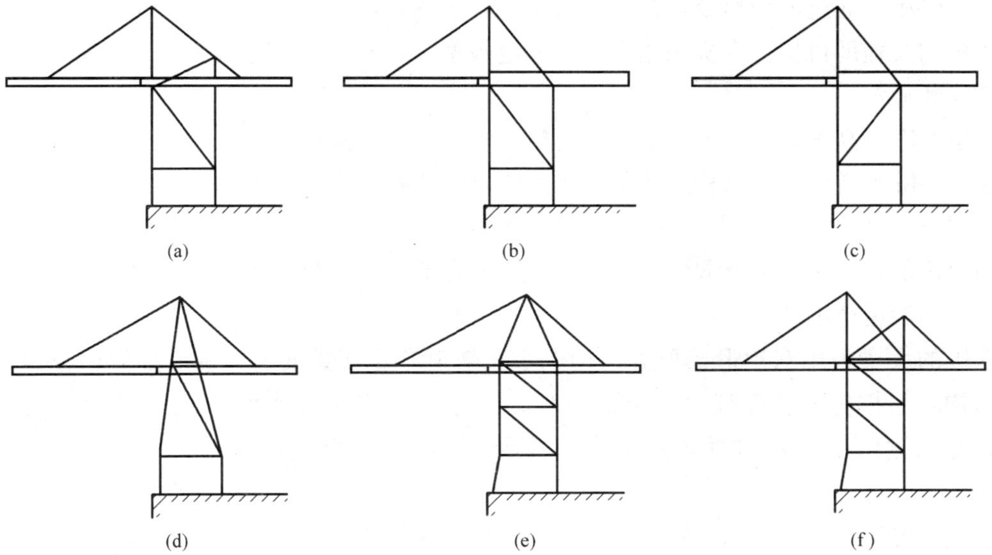

图 3-40 集装箱卸船机的门架结构

(a)～(c) H 形门架；(d) A 形门架；(e)、(f) 海侧支腿向内倾斜的门架

离用杆系结构连成一体，以增加其整体刚性。前后大梁的连接点、大梁和拉杆的连接点、梁与门架的连接点均设在靠轨道一侧的腹板上。

(2) 集装箱装卸桥除采用上述两种结构外，还采用几种单主梁结构，它由主梁、承轨梁、下横梁、悬臂段、横向斜杆以及上、下水平桁架组成；由下横梁、横向斜杆和下水平桁架组成的横向构架，用以保证大梁的空间刚性。下横梁还用来作电缆小车人行通道的支承。

三、拉杆

拉杆多采用箱形截面。

前大梁一般采用单拉杆，其连接点位置应使大梁悬臂段长度为梁全长的 1/5 左右；为了减少前大梁悬臂下挠度，有时亦采用双拉杆（或多拉杆），这时连接点位置一个在大梁最前端，另一个在大梁的中点。

第五节 QX350t/h 桥式抓斗卸船机

一、概述

QX350t/h 桥式抓斗卸船机是某发电厂改建工程和无锡某工程机械厂为卸煤码头设计制造的 10.5m 轨距×10.5m 基距的桥式抓斗卸船机。

（一）产品特点

本起重机安装在某发电厂改建工程卸煤码头，主要用于 1000t 级下驳船（以煤炭为主），可沿与岸线平行的轨道移动。本机额定起重能力为 10t，最大前伸距为 16.5m，最大后伸距为 7.5m，理论作业能力 350t/h。

本机的上机电源为交流三相 380V 50Hz 三相。供电方式为将设在码头陆侧地面供电坑中的输出电源，通过电缆拖令，供电给起重机，电源经进线柜、开关柜、配电柜来驱动各主要工作机构及辅助机构。本机采用交流变频电控系统，有先进的电气调速、控制性能，可实行故障诊断显示。

门架的净空高度为5.25m，以保证运输车辆载运重件通过。

在码头陆侧有消防供水栓，机上的水龙带与之连接后可向机上的大型水箱供水，作喷雾压尘之用。

卸船机的抓斗由船上抓取散煤后，卸至锥形料斗，通过料斗出料口送至码头面上的胶带输送机，然后运至堆场。

本机的大梁采用双矩形箱形梁结构，小车轨道布置在梁的上方。海陆侧门框也采用矩形梁结构，后撑杆、斜撑杆、大梁的拉杆为管结构。大梁与水侧门框采用连接箍的形式连接，与陆侧门框采用刚性连接，整机钢结构具有足够的强度与刚度，小车轨道采用P38轨。

主小车置放在大梁上方的轨道上，小车结构简单、易于维修，小车启制动平稳、定位精确。电气控制设备安装在电气房内。起升和小车驱动采用了差动行星减速箱的联动新技术，使起升和小车两机构只需共用4根钢丝绳，大大减少了钢丝绳数量和换绳、维修等工作量。通过交流变频调速控制后，运转平稳可靠，并配有全面的安全保护监测装置，以保证起重机工作安全和高效。电气房外墙为隔音、隔热的彩色复合板，电气房内设有空调，以保证电气设备的正常使用。

整机的移动是由门框下部的四组四轮台车来实现的。行走机构的驱动采用三合一无开式齿轮传动的方案，大大减少了维护工作量，走轮的轮压通过平衡梁取得均衡，驱动轮数占总轮数的50%，通过交流变频调速控制后，其运行平稳、低速性能好。为防止作业时突然而来的阵风引起的起重机移位，设有两个夹轨器。为减缓起重机之间或起重机与码头车挡之间的碰撞动能，设有可靠的减速装置和高强度合成橡胶缓冲器。在门腿离地面1.2m处，设有点动按钮，便于起重机移至锚定位置和紧急状态下的停车。

为了便于工作人员上下起重机和维修保养工作，在起重机陆侧门框一侧设有上机梯子。整机的梯子、走道及平台设置合理，可以到达所有需要工作人员检查、维修保养的地点。所有梯台结构紧固、安全，并设有照明灯，以便晚间通行。在起重机水侧门框顶部设有航空安全警告灯，保证在工作和非工作时的航空和起重机安全。

本机各机构之间设有各种限位开关、连锁装置及超速保护装置，并配有锚定防风拉索等防台风装置，以确保整机的稳定性。

（二）主要技术性能

1. 主要技术参数

（1）自水侧轨中心始的最大前伸距：16.5m；

（2）自水侧轨中心始的最大后伸距：7.5m；

（3）轨距：10.5m；

（4）水侧轨中心至码头边距离：2.5m；

（5）水侧轨面至起重机前臂下平面高度：17.55m；

（6）水侧轨面至抓斗底部最大提升高度：10m；

(7) 水侧轨面至抓斗底部最大下降高度：5.5m；
(8) 海陆门框联系横梁离码头面净空高：5.25m；
(9) 起重机宽度（大车缓冲器之间的距离)：14.83m；
(10) 大车轮子的轴距：0.765m；
(11) 基距：10.5m；
(12) 大车轨道型号：P50。

2. 主要运行参数

(1) 额定起重量：10t；
(2) 抓斗：四索双颚板式；
(3) 起升速度：75m/min；
(4) 小车速度：100m/min；
(5) 大车行走速度：20m/min；
(6) 大车行走总轮数/驱动轮数：16/8；
(7) 最大轮压：小于250kN；
(8) 供电电源：380×(1±10%)kV 50Hz±1Hz。

3. 设计制造标准

起重机的设计和制造必须按照以下国际通用标准和规范。

(1) 结构：欧洲搬运工程协会FEM；
(2) 材料：美国ASTM；
(3) 机构：欧洲搬运工程协会FEM；
(4) 齿轮：美国AGMA；
(5) 电气：国际电工委员会IEC；
(6) 涂装：瑞典工业标准SIS；
(7) 焊接：美国焊接学会AWS；
(8) 计量单位：国际单位制ISO（主要设备)；
(9) 质量控制体系：国际标准化组织ISO 9001；
(10) 安全：起重机设计规范GB/T 3811—2008；
(11) 起重机械安全规程GB 6067—1985（机械安全、机械电气设备第32部分、起重机械技术条件IEC 60204-32—1998)；
(12) 港口起重机风载荷规范（中华人民共和国交通部JT/T 90—2008)；
(13) 安装：港口设备安装工程质量检验评定标准（中华人民共和国交通部JTJ 244—2005)。

4. 起重机工作级别

(1) 结构：
1) 利用等级：U8；
2) 载荷情况：Q4；
3) 工作级别：A8。
(2) 机构见表3-2。

表3-2 机构工作级别

机构名称	利用等级	载荷情况	工作级别
起升	T8	L4	M8
小车牵引	T8	L4	M8
大车行走	T5	L2	M5

5. 使用环境条件

（1）风力：最大工作风速为20m/s；最大非工作风速为55m/s。

（2）相对湿度：最大100%。

（3）室外温度：－14～＋40℃。

（4）地震：6级。

（5）有雾气和雷暴。

二、结构特征与工作原理

（一）金属结构

本机金属结构由大梁、水侧门框、陆侧门框、机房底盘、前后拉杆、斜撑杆、漏斗梁、门框横梁及小车轨道等组成。

大梁均为双矩形箱形梁结构，承轨梁为T形钢，焊接在箱形梁的内侧腹板上。大梁的前后拉杆，其截面为管子结构，通过销轴与大梁及水侧门框连接。

大梁与水侧门框采用连接箍的形式连接，与陆侧门框采用刚性连接。为考虑整机抗倾覆能力，机器房布置在陆侧横梁后面的大梁上。

海陆侧门框均为矩形箱形梁结构，由上横梁、立柱、下横梁三部分组成，门框上、下横梁与两根立柱之间采用焊接连接。海陆侧门框的联系横梁也为箱形结构，其离码头面的净空为5.25m。门框斜撑杆及后撑杆全为管结构。

小车轨道铺设在大梁内侧腹板的承轨梁上面，轨道形式为P38钢轨，在轨道与承轨梁之间加设了缓冲橡胶垫，轨道通过压板螺栓固定。

整机钢结构设计与制造是严格按照有关规定规范来进行的，主要材料为Q345B，具有足够的强度和刚度，整个构件线条流畅，受力明确，外形美观。

（二）起升机构和小车驱动机构

起升机构和小车驱动机构共用两个差速行星减速箱。左边两个卷筒为闭合绳卷筒，右边两个是支持绳卷筒。减速箱外侧分别有闭合和支持电动机，靠后面则是小车驱动电动机，并通过传动轴实现两个减速箱同步转动。当闭合或支持电动机通电时，两个闭合卷筒或支持卷筒同向转动，以实现抓斗的起升、下降和抓取动作。当小车驱动电动机通电时，两个闭合卷筒和两个支持卷筒各自作反向转动，牵动小车作平移运动，从而实现抓斗平移。起升和小车的电动机利用操纵室的联动操纵台实现起升和小车的单独动作和联合动作。

起升和小车驱动均采用液力推杆盘式制动器。起升高度限制的行程开关位于起升减速箱的中间轴端。通过小齿轮传动至行程开关。小车的行程开关及卸料前和终点前减速开关均在大梁上安装调整，其设置及调整详见电气控制。起升电动机为上海ABB电动机配套，高速轴配两套制动器，每套的制动力矩均超过负荷的两倍，盘式制动器由江西丰城公司配套。差动减速箱采用江阴减速器厂生产的产品。

(1) 起升高度限制的行程开关检测可使起升机构得到下列保护:

1) 起升上终点;

2) 起升上终点前减速;

3) 小车在水侧时下降终点;

4) 小车在水侧时下降终点前减速;

5) 起升超速紧急停止。

(2) 在大梁上安装有主小车终点限位开关、主小车终点极限停止限位开关。通过对上述元器件的检测，可使小车运行机构得到下列保护:

1) 海陆侧终点停止;

2) 海陆侧终点前减速限位;

3) 海陆侧终点极限限位;

4) 主小车停车限位。

(3) 小车驱动的电气控制除有终点开关、终点前减速开关外，还有:

1) 抓斗在水侧门架前要升至超料斗口高度后小车才能运行，越过料斗而至门架跨中。

2) 在小车驱动的两减速箱之间设置了 1 个轴承座和 2 个万向联轴节，轴承座和驱动轴的高度通过万向联轴节来调整。

3) 4 根钢丝绳的绳头均采用灌锌接头，而抓斗内的两根闭合绳头亦为灌锌接头，通过快速接头连接后，可在起升动作时，将接头通过小车上的滑轮槽以达到要求的起升高度。

起升重量限制装置亦称超载限制器。位于水侧门架的上横梁，从起升机构后面两个卷筒引出的钢丝绳压在超载限制器的两个滑轮上，并通过滑轮将压力作用于压力传感器上，传感器信号经电气放大后将吊重吨位显示在主驾驶室的仪器屏上，仪器能在接近 10t 载荷时发出蜂鸣信号，但载荷达到 11t 时，电路上的起升方向断路，只能作下降动作，待抓斗卸载至 10t 以下时，重新起升。

小车运行通过前后的两卷筒反向运动而实现。小车为 4 轮式，车轮设外缘以防止脱轨，在单侧小车轨道的两个车轮前后设置 4 个水平导向轮，以保证小车运行平稳，水平导向轮与轨道的侧隙通过水平导向轮的偏心轴调节，侧隙调整至 1.5～2mm 为宜。

起升机构性能表 3-3。

表 3-3　　起升机构性能

项目		单位	数值	备注
卷筒出绳数		组	4	
每根绳平均张力		t	2.5	满载情况下
起重机起重量（小车下）		t	10	
每根绳线速度		m/min	75	
起升速度		m/min	75	
卷筒	卷筒名义直径	mm	850	
	卷筒钢丝绳绳槽组数	组	1	

续表

项目		单位	数值	备注
交流变频电动机	型号	QABP315L8B		
	功率	kW	110	
	转速	r/min	750	
	电压	V	380	
	JC值	%	40	
	数量	个	2	
减速器	型号		QX350-02-05	
	数量	套	2	
	速比		23.3/18.6	
制动器	型号		YP31-630-ED1250/60	
	制动力矩	N·m	4100	
	数量	个	2	
钢丝绳	型号		18×7+IWS-22-1770	
	直径	mm	22	
	长度	m	235(右旋)/175(左旋)	左右旋各1根

小车机构性能表3-4。

表3-4　　小车机构性能

项目		单位	数值	备注
交流变频电动机	型号		QABP315S8A	
	功率	kW	55	
	转速	r/min	750	
	电压	V	380	
	JC值		40%	
	数量	个	1	
制动器	型号		YP21-500-ED500/60	
	制动力矩	N·m	1425	
	数量	个	2	

(三)大车行走机构

大车行走机构性能见表3-5。

表3-5　　大车行走机构性能

项目		单位	数值	备注
大车运行速度		m/min	20	
交流电动机	型号		KA107DV132S4	带制动器
	功率	kW	5.5	
	转速	r/min	1400	

续表

项目		单位	数值	备注
交流电动机	电压	V	380	
	JC 值	min	30	
	数量	个	8	
减速器	型号		KA107	
	总速比		112.46	
	数量	个	8	
制动器	制动力矩	N·m	100	电动机带
	数量	个	8	
夹轨器	型号		XJYT-150 2 个/台	安装在海陆侧下横梁上
行走轮	直径	mm	550	
	驱动轮数/总轮数	个	8/16	
	最大轮压	kN	250	
轨道	型号		P50	

大车运行机构共有 4 组，各组分别通过支座与门框连接。每组由支承结构、驱动装置、清扫器、缓冲装置、锚定装置等组成。各组分别支承于 4 个车轮上，整台起重机支承在 16 个车轮上，其中驱动轮数占 50%。

支承结构由平衡梁、车架及各连接轴等组成。平衡梁为箱形结构，车架则为板梁结构，海陆侧门框通过下横梁与行走机构连接座以螺栓连接。

每组大车运行机构有两套驱动装置，每套驱动装置装有 5.5kW 交流变频电动机、减速器、车轮和各铰轴等。电动机、减速器、制动器为 SEW 公司生产的三合一减速器，安装在台车的车架上，减速器低速端通过平键与车轮轴直接连接，将动力传递给驱动轮，驱动车轮转动。

减速器布置合理、结构紧凑、传动平稳、性能可靠。减速器的底部设有一放油阀门，通过导管将油引到台车外面，打开阀门，便可放油。减速器装有油标尺，便于经常检查油位，保证有足够的润滑油，并且装有透气帽，还有一封盖，将封盖打开后，可以观察箱内的情况，工作中如油的温升高达 40℃，或发出不正常的声响时，应停机检查。轴承磨损后间隙过大时，应加以调整（通过轴承盖来调整）。

锚定装置是由锚定销和操纵杆等组成的，安装在海陆侧下横梁下面。上、下转动操纵杆，就能将锚定销提起和放下。切记提起锚定销后，要将操纵杆锁死，以避免发生意外。

当大车行走机构由运行转入停止时，电动机制动器动作，使大车能准确定位，随后夹轨器动作将动作，夹住轨道，有效防止大车因风载等原因在轨道上发生滑移。

大车需工作时，一定要将锚定装置的锚定销提起后，才能开动大车。因为锚定装置与大车是连锁的，锚定销提起不到位时，大车不能工作。当风速大于 20m/h，应将大车运行到锚定位置定位。

为防止整机发生倾翻，在海陆侧门框的四个角上设有 4 组防风拉索装置。当风速大于 20m/h，应将该装置与码头连接板通过销轴连接起来。

为防止起重机运行至码头工作范围以外，大车运行机构上设有终点限位开关、终点前的减速开关。如果这些开关因非正常原因而失效，码头端部的车挡将把制动力直接作用在大车运行机构的缓冲器上，缓冲器将减小车挡对起重机的作用力，保护起重机不受损伤。本机缓冲器型号为JHQ-C-15。

如要更换车轮、轴承、轴或修理各支承架时，必须选择在无风的情况下进行，事先做好修理的准备工作（枕木和千斤顶，各种更换的零件，外购件），并将小车停在停机位置，起重机停在锚定位置并锚定，将锚定坑塞紧，不许有移动的可能，从速修理，以防天气突变，导致起重机的不安全。

如要修理门框下一个腿上的大车零部件，可用千斤顶将腿顶起，使需修理的台车轮踏面脱离轨面，再将平衡梁的轴拆下，这样这组台车便可移出进行修理。

（四）主小车

主小车由小车架、四组车轮组、四组水平轮组及四个滑轮组等组成。

主小车通过四组车轮支承在小车轨道上，在小车驱动机构驱动下，其最高运行速度为100m/min。其下部悬挂着1个抓斗，是承受高速、重载的部件。小车的轨距是2200mm。在小车的前后各有两只聚氨脂缓冲器，吸收小车与大梁车挡碰撞时的小车动能。水平轮与小车轨道的间隙是可调的，通过调节水平轮与轨道的间隙，可保证小车沿轨道高速、平稳地运行。

小车车轮的踏面直径为400mm，其踏面与两侧面均经淬火处理。车轮通过轴承与车轮轴连接，车轮轴通过两个支座固定在小车架上，整个结构支承刚性良好，且易于维修。

水平轮外径为215mm，其工作表面经淬火处理，当小车歪斜运行时，表面与轨道侧面作滚动运行；水平轮轴承型号为60216-Z，采用可调偏心轴套，其偏心距离为6mm，转动偏心轴套即可调节水平轮与轨道之间的间隙。

小车上设有4个直径为710mm的滑轮，其中两个为大滑轮，主要是为了钢丝绳接头能通过。为了防止钢丝绳跳槽，在滑轮上设有防脱绳装置。

小车架为板梁结构件，主要材料为Q345，具有足够的刚性。

（五）电缆拖令

电缆拖令布置在码头陆侧轨道陆侧面2250mm。起重机是通过电缆小车（即电缆拖令系统悬挂的电缆）来供电的。随着大车的运行，电缆小车也随之运行，带着电缆伸开或缩拢，每个电缆小车之间通过一根链条拖引，使电缆不受拖引力。每根链条长3.8m。本码头共设有两个头车、两个尾车及64个拖车，尾车固定于码头拖令轨道末端，头车与陆侧下横梁固定，并将电缆引入到机上接线箱连接。

电缆拖令小车由四个车轮和车架电缆悬挂架组成，四个车轮向外偏角，有利于电缆小车运行时不偏离。每架小车两端设缓冲器，以防止各小车间的碰撞损坏和冲击。小车间用链条相连，以减小启动和制动时拖令小车间的冲击。

（六）司机室及电气房

1. 司机室

司机室通过减振垫用螺栓与大梁伸出的支承梁相连接，安装在大梁下，离水侧轨道中心5m处，是固定不动的。

司机室高2.4m，宽2.4m，前部、左右，前部下方均有宽大的玻璃窗。底窗玻璃为防雾玻璃，其余玻璃为安全型的夹层玻璃。司机室光线充足，视线良好，空间宽敞。

中间正前方为司机坐椅，坐椅按人体工程学原理设计，可根据需要前后上下进行调整，靠背可以改变角度，坐椅柔软舒适。坐椅的左右两侧为操纵台，其主控器可控制起重机的各种动作。

司机室内设有各机构的电气仪表、风速显示、重量显示等，同时备有空调、电话、扩音机、对讲机等设施。

司机室的窗户均可清洗，地窗设有可活动的格栅安全栅栏。

应注意驾驶室内不能超过4人，经常检查司机室顶的连接板情况，如有裂缝及时更换。

2. 机器房

机器房位于卸船机后大梁上，底盘上装设起升/小车机构及起重量为5t的电动葫芦小车单梁吊机作检修起重用。机器房后厢为隔离式电气房，电气房内设置电控柜，电阻箱在房顶，房顶装有通风机、扶梯及房顶出口。电缆在底盘下走线，电气房内通道铺设橡胶绝缘地毯，以保证操作安全。机器房房顶有坡度，便于雨水能及时流掉。电气房内配有空调，以保证电气房内的使用条件。

（七）漏斗及接料系统

漏斗位于前门框位置，斗容达36m^3，斗壁内以螺栓固定防磨衬板，可部分更换。斗门装置为电液推杆驱动斗门在滑轨上移动，以控制出料流量。电液推杆型号为DYTZ700-800/110-X。为了对漏斗内料位进行控制，设计有铰支承、传感器支承结构。当漏斗中物料达到80%时，报警提示将要满斗；当漏斗中物料达到100%时，抓斗在漏斗上方不能开斗。

漏斗口的两边及后边有挡风板防止风吹扬尘，后挡风板是采用电液推杆起放的。这个电液推杆在极限位置都由行程开关控制停止。电液推杆型号为DYTZ1750-1000/90-X带限位开关。

漏斗口上为两块网格式格栅，网孔为300mm×300mm，以阻止直径大于300mm的块煤或杂物进入斗内而导致运输系统损坏事故。

漏斗前方为接料装置。接料板由电液推杆带动而收放，由接料板收集的漏煤落入船舱内。电液推杆型号为DYTP3000-1600/90-S带限位开关。

（八）防尘装置

本机采用水压喷雾压尘方式防尘。位于陆侧的水龙带将码头的消防水灌入10m^{3}容积的水箱，水箱设有水位表及液位开关，水到上水位时，液位开关动作，发出警告信号时，应切断码头供水，收回水龙带，即可启动水泵。水泵将高压水送至漏斗口及斗门的喷嘴进行喷雾，以起压尘功用。水泵的开关操纵由司机室内的按钮进行。当水箱水位至下限时，液位开关动作，水泵停止压水。喷嘴应经常检查保养，以利正常工作。

三、安全注意事项

（一）起重机运转前的准备事项

（1）检查起重机行走范围内有无障碍物，如有应排除障碍。

（2）确认锚定装置与行走驱动机构连锁完好。

（3）检查起重机各机械装置的润滑是否充分。

（4）确认各电器开关以及操作手柄处在正常位置。

（5）确认电源电压正常。

（6）先进行空载试运转，确认各种安全装置以及各限位开关的动作均正常。

司机进行以上充分检查和处理后，才可作负载运转。

（二）作业后的注意事项

（1）将起重机停到指定的位置上。

（2）将小车停到停车位置。

（3）将驾驶室的所有操作手柄置于零位，各开关回到指定的位置上。

（4）预报有暴风时，放下小车及锚定装置锚定插板，将起重机系固。

（5）检修故障，确认各装置的润滑良好，以便下次开机能保持最佳状态。

（6）为了防止与起重机无关的人员进入机房和驾驶室，要将驾驶室和电气房上锁，并将驾驶室入口处的安全门关好、上锁。

（三）防风防台注意事项

（1）作业时出现骤风时的措施。为了在突然起阵风时也能保证起重机不会移动，在海陆侧下横梁下均装设两套夹轨器。在大车行走停止后，夹轨器作用，使起重机固定在轨道上。夹轨器在50%的制动器打开状态下可抗风速达35m/s。

（2）对暴风应采取的措施。这里所讲的暴风，是指长时间内风速一直在25m/s以上的大风。为了防止暴风吹动起重机，必须利用海陆侧下横梁下的锚定装置将起重机固定在码头基础上。放下锚定插板，限位开关动作，行走机构将不能动作。锚定装置抗风暴的设计能力为风速55m/s。

（四）码头轨道基础

（1）调整高低。当起重机长期使用后，码头基础可能下沉，轨道也可能变形或移动，所以要经常定期检查基础的尺寸变化，特别是高低变化。如超过容许值（±2.5mm/10m），必须立即调整基础；当轨道接头高低超过1mm时，应调整。

（2）调整水平直线度：当起重机基础轨道的水平直线度偏差超过±2.5mm/10m时，轨道应作调整。

（3）调整轨道接头处的间隙（铰接处）：当接头处间隙超过8mm时，轨道应调整。

（4）拧紧压板螺栓：起重机长期使用以后，可能会引起轨道压板螺栓的松动，所以要定期检查，发现松动时马上拧紧螺栓。

第六节　汽车卸车机

汽车卸车机是用来接卸平板汽车或拖挂车运来的煤、砂矿石等散料的专用机械，可以将煤快速卸到固定的地下煤斗内，汽车卸车机提高了汽车卸料的效率，减轻了工人的劳动强度，节省了大量的劳动力。

目前多数采用垂直升降插铲刮板式，这种卸车机克服了弧线升降所形成的刮料死角，有效地减少了余料量，提高了作业效率。

螺旋汽车卸车机集螺旋与刮板于一体，采用垂直升降和液压恒定浮动补偿技术，卸车效率较高，综合出力为250t/h，每辆车卸车时间约60s，螺旋直径为800mm，大车机构跨度为13.5m。

液压台式卸车机结构简单，在煤斗箅子旁有一个液压平台，靠近箅子的一侧用销轴固定，远离箅子的一侧用液压油缸来升降。使用时将汽车背靠箅子停放在液压平台上，并固定止挡，然后打开汽车的后马槽，即可起升液压油缸，汽车头部随平台升高，煤自动流出直到卸空为止。

一、刮板式汽车卸车机

主要以QXZ-1050系列刮板式汽车卸车机为例进行介绍。

刮板式汽车卸车机主要由大车机构、小车机构、液压系统、电气系统、插铲装置、除尘系统组成。

大车机构主要由两纵、两横四节箱形梁组成。端梁固定连接四套行走机构的走轮，一侧为两套主动轮，由两台三合一减速机分别驱动，另一侧为两套从动轮。大车纵梁上固定有小车行走轨道和传动齿条。

小车机构由四横梁、两纵梁组成固定杠架，上面用钢板铺成小平台，一边钢架装有插铲装置和两台液压推杆的固定端头，另一边平台上装有小车驱动装置和液压站。小车下装有前、后四个行走轮，小车中间装有小车行走的主动齿轮，由一台带有液力耦合器的驱动装置完成驱动。

插铲机构是卸料的主要机构，由插铲刮板、插铲架、液压缸、液压回路、液压站组成。通过液压缸活塞上下移动，带动插铲架及插铲刮板上下移动。插铲升降装置采用液压驱动，运行平稳，并采用恒压浮动补偿装置，以消除在卸料过程中由于汽车弹簧钢板、轮胎的能量释放而产生的插铲对车厢底板的过大压力，消除了刮板对车厢底板的损坏，保证了刮板与车厢底板的接触力。

二、螺旋式汽车卸车机

螺旋式汽车卸车机主要由螺旋本体、起升装置、大车行走、小车行走、钢结构、喷淋系统、控制司机室组成。其结构特点是：

（1）正反螺旋体呈对称布置，由中间支撑并驱动，螺旋体悬伸在两侧，使卸车更流畅。

（2）螺旋传动由一个特制的密封传动箱传动，传动机构与物料无接触，轴承隐藏在螺旋体内，从而延长了传动机构的使用寿命。

（3）螺旋机构设有力矩臂保护装置，当螺旋工作力矩超过允许值时，力矩臂动作，停止电动机转动，从而达到保护螺旋体的目的。

（4）螺旋体传动采用摆线减速机，呈立式布置，从而使结构紧凑，便于检修与安装。

（5）小车采用摆轮摆销传动，由小车自身的驱动装置拖动小车沿轨道行走，从而避免了卸车阻力大、小车运行打滑的现象。

（6）为使卸车更干净，在螺旋体后面装有随螺旋体一起移动的浮动刮板，将螺旋卸剩下的煤一次性刮掉。

（7）机架采用箱体结构，该结构造型美观、制造安装方便。

三、汽车卸车机的使用与维护

卸车机工作时，定位于被卸汽车上方，小车机构通过带有液力耦合器的驱动装置，依靠齿轮齿条传动将小车移动到工作位置，此时插铲位于车厢顶端，开启液压装置，使插铲下降，插入物料中，待插铲刮板接触车厢底板后，压力升至调定压力，恒压补偿系统工作，保持恒压，小车向车尾方向翕动，物料卸下，升起插铲，大车行走至另一车位即可再次卸料；水除尘系统在刮板刮料过程中同时喷雾除尘。

卸车机的运行与维护要点如下：

（1）汽车卸车机在正常使用时，必须对机电设备及各运转部件经常进行检查，注意异常声音，传动机构的轴承温升不得超过周围介质的35℃，最高温度不得超过65℃。

（2）各电动机电流稳定、无异常波动，空载电流小于额定电流。

（3）大、小行车速度，小车行程符合技术参数规定。

（4）各级限位开关、继电保护装置及有关开关工作可靠。

（5）液压系统无泄漏冲击现象，油温在25～45℃范围内。对系统压力、浮压状态每班都应检查记录。液压系统用油要定期更换（运行500h更换一次），并清洗油箱及油路。

（6）动力柜、操作柜、液压站应保持清洁，各润滑部位应定期润滑。

（7）插铲下降时如遇过大阻力，压力继电器动作，插铲停止下降，应升起插铲排除或避开障碍后继续工作。

（8）液压浮压系统在小车前进状态自动投入（连锁），此时插铲升降和小车向后行走不能动作。

第七节　卸船机常见故障及处理

卸船机常见故障如下：

（1）滑轮槽不均匀磨损。

1）原因：钢丝绳磨损快。

2）处理：在不均匀磨损超过3mm时，滑轮停用换新。

（2）滑轮心轴承磨损。

1）原因：心轴损坏。

2）处理：注意润滑情况，检查有无润滑油、轴是否擦伤、轴承是否完好。

（3）钢丝绳滑槽。

1）原因：

a. 滑轮与挡杆间隙太大。

b. 操作时钢丝绳放得过松。

2）处理：

a. 缩短间隙。

b. 谨慎操作。

（4）卷筒上产生裂纹。

1）原因：卷筒损坏。

2）处理：更换新的。

（5）制动器断电后不能及时刹住，滑行距离较大。

1）原因：

a. 制动系统中的活动关节被卡死。

b. 润滑油滴入制动轮的制动面上。

c. 制动瓦磨损。

d. 液力推动器运行不灵活。

2）处理：

a. 检查有无机械卡死现象并用油脂润滑活动关节。

b. 用煤油清洗制动轮及制动瓦。

c. 更换制动瓦。

d. 检查推动器或其电器部分，检查推力器油位是否恰当。

（6）制动器不能打开。

1）原因：

a. 制动瓦与制动轮胶粘。

b. 活动关节卡住。

c. 液力推动器不灵活。

2）处理：

a. 用煤油清洗制动轮及制动片。

b. 检查有无机械卡阻现象，并用润滑油活动关节。

c. 推动器油液使用是否恰当，检查推力器叶轮和电器是否正常。

（7）制动器制动瓦上发生焦味，或磨损快。

1）原因：制动时，制动轮与制动瓦不是均匀地煞住和离开，致使局部摩擦发热。

2）处理：调整制动瓦间隙。

（8）制动器制动瓦易于脱开。

1）原因：调整螺母没有拧紧。

2）处理：按调整的位置拧紧螺母。

（9）齿轮齿损坏。

1）原因：在工作时跳动继而机构损坏。

2）处理：更换齿轮。

（10）齿轮齿磨损。

1）原因：在启动或制动时跳动。

2）处理：一般在齿厚磨损达原来厚度的15%～25%时为极限磨损量，起升机构内的齿轮偏向小值，运行机构的齿轮可偏大。

（11）齿轮轮辐、轮缘和轮壳有裂纹。

1）原因：齿轮损坏。

2）处理：起升机构换新齿轮，而运行机构的齿轮可修理。

（12）齿轮键损坏和齿轮在轴上跳动。

1）原因：键与键槽配合不好，切断键。

2）处理：换新键，保证齿轮可靠地装配于轴上。

（13）半联轴器内有裂纹。

1）原因：联轴器损坏。

2）处理：更换。

（14）齿形联轴器磨损。

1）原因：齿磨损。

2）处理：见齿轮部分。

（15）联轴器螺栓孔磨损。

1）原因：在开动机构时跳动切断螺栓。

2）处理：加工孔，并更换螺栓。

（16）联轴器键槽磨损。

1）原因：键落下，机构破坏，起升机构重物迅速下落。

2）处理：焊补磨损的地方，并在与旧键槽成90°角的地方重新铣新键槽，但不允许修理升降机构的键槽。

（17）减速器外壳，特别是在安装轴承的地方发热。

1）原因：轴承发生故障，轴颈卡住，齿轮迅速磨损，轴承内缺乏润滑油。

2）处理：更换脏油，清洗、注新油，同时检查齿轮啮合情况和轴承情况。

（18）减速器齿轮油沿着中分面析出。

1）原因：螺栓松动或垫料损坏。

2）处理：拧紧螺栓或更换垫料；原垫料洗净后，重新涂密封胶；若机体变形，则刮平机盖中分面。

（19）减速器齿轮油泄漏。

1）原因：油从散气孔甩出，从而导致减速箱缺油，甚至发生火灾。

2）处理：改进散气孔，用螺栓打孔散气。

（20）减速器振动。

1）原因：会导致联轴器或轴颈损坏。

2）处理：拧紧螺栓若仍有振动，则拆开分析原因。

（21）轴产生裂纹。

1）原因：轴损坏。

2）处理：更换新轴。

（22）轴的弯曲每米超过0.5mm。

1）原因：应力疲劳会导致轴损坏。

2）处理：加热后校正或换新的。

（23）车轮行走不稳或发生歪斜。

1）原因：

a. 车轮边缘过度磨损。

b. 车轮不均匀磨损，车轮直径具有很大差别。

c. 钢轨不平直。

2）处理：

a. 磨损尺寸超过原尺寸的50%时应更换新轮。

b. 更新加工车轮或更换新车轮。

c. 校直钢轨。

(24) 滚轴器轴承发热。

1) 原因:

a. 缺乏润滑。

b. 轴承中有污垢。

2) 处理:

a. 检查轴承中的润滑油量,并按规定注润滑脂。

b. 清洗轴承后注入新的润滑脂。

(25) 滚轴器轴承发出很大噪声。

1) 原因:

a. 装配不良而使轴承零件卡住。

b. 轴承中某些零部件损坏或磨损。

2) 处理:

a. 检查装配质量,并进行调整。

b. 更换轴承。

(26) 夹轨器夹不住。

1) 原因:

a. 各连接关节部分有卡住情况或有松动、润滑不好。

b. 钳口磨损。

2) 处理:

a. 检查各关节,并清除故障,需要润滑部位加润滑油。

b. 钳口齿形磨光或磨损调整后,仍夹不住,则需更换。

(27) 整台电动机均匀过热。

1) 原因:

a. 工作温度超过了额定值。

b. 工作电压低。

2) 处理:

a. 减少卸煤机工作时间或更换电动机。

b. 当电压降低时,减少负荷。

(28) 电动机定子铁芯局部过热。

1) 原因:铁芯的硅片间发生局部短路。

2) 处理:消除短路。

(29) 电动机转子温升过高,定子有大电流冲击,电动机额定负荷时,不能达到全速。

1) 原因:

a. 绕组端头、中性点或并联绕组间接触不良。

b. 绕组与滑环连接不良。

c. 电刷器械中接触不良。

d. 转子电路接触不良或转子开路。

2）处理：

a. 检查所有焊接头，消除外部缺陷。

b. 检查绕组与滑环连接处。

c. 检查并调整电刷器械。

d. 检查连接导线、加速接触器或控制器中的转子触头及启动电阻。

（30）电动机在工作时振动。

1）原因：

a. 电动机轴与减速器之间不同心。

b. 轴承磨损。

c. 转子变形。

d. 地脚螺丝松动。

2）处理：

a. 找正电动机与减速器中心。

b. 检查并修理或更换轴承。

c. 检查并车圆转子。

d. 紧固地脚螺丝。

（31）电动机在工作时声音不正常。

1）原因：

a. 立即停用检查是否爆熔丝或开关一相接触不良，或静、转子间有摩擦声。

b. 滚动轴承磨损。

c. 键损坏。

2）处理：

a. 检查连接线系统。

b. 更换轴承。

3）修正或更换新键。

（32）控制器在工作中产生卡住现象。

1）原因：

a. 触头焊接。

b. 定位机构发生故障。

2）处理：

a. 消除故障，修好触头。

b. 检查并修理固定销。

（33）控制器触头烧灼严重。

1）原因：

a. 控制器过载。

b. 触头接触不良。

2）处理：

a. 改变工作范围或更换控制器。

b. 调整触头的压力与位置。

(34) 交流接触器及继电器线圈发高热。

1）原因：

a. 线圈过载。

b. 磁系统的可动部分接触不上静止部分。

2）处理：

a. 减少可动触头弹簧的压力。

b. 消除引起磁导体可动部分动作不正常的原因。

(35) 交流接触器及继电器产生较大响声。

1）原因：

a. 线圈过载。

b. 磁导体工作表面脏污。

c. 磁导体弯曲。

d. 磁导体的自动调整系统卡住。

2）处理：

a. 减少可动触头弹簧的压力。

b. 消除脏污。

c. 调整磁导体的位置。

d. 消除附加的摩擦。

(36) 交流接触器及继电器动作迟缓。

1）原因：

a. 磁导体动静部分过远。

b. 器械底板上下部不对。

2）处理：

a. 缩短两者距离。

b. 调整装置器械。

(37) 交流接触器及继电器断电时，磁铁不掉落。

1）原因：触头压力不够。

2）处理：调整触头弹簧压力。

(38) 交流接触器及继电器触头过热或烧灼。

1）原因：

a. 触头动静间压力不够。

b. 触头脏污。

2）处理：

a. 调整触头弹簧压力。

b. 消除脏污或更换触头滑块。

第四章

给配煤设备

第一节 叶轮给煤机

一、工作原理

叶轮给煤机是火力发电厂输煤系统中的一种配煤设备。它主要用于火力发电厂缝隙式煤沟，通过设备沿轨道前后行走和拨煤叶轮的转动，将煤沟槽两侧的原煤连续、均匀地拨到煤沟输煤胶带上，能在行走中给煤，也可定点给煤。

叶轮给煤机按叶轮传动方式有上传动（拨煤传动机构在拨煤叶轮的上方）和下传动（拨煤传动机构在拨煤叶轮的下方）两种。这两种产品又均有门式、桥式两种结构形式。另外，下传动叶轮给煤机还有双侧给煤的结构形式。

行车传动部分由联轴器、行星摆线针轮减速机、蜗轮减速机、车轮组和弹性柱销联轴器等组成。行车只有固定的速度，并由行车电动机通过传动系统使机器在轨道上往复行走。小车行走机构和叶轮拨煤机构各自相对独立。

叶轮给煤机的行车是由只有一个速度的电动机的正反向转动来实现前进或后退的。叶轮的无级调速是由控制器控制电磁调速电动机的转速来实现的。为了说明叶轮无级调速的工作原理，现以QYG-600型叶轮给煤机为例，对主传动机构和行车传动机构分别进行说明。另外还通过除尘系统排除叶轮拨煤过程中产生的粉尘。

（一）主传动机构

由图4-1可以看出，QYG型叶轮给煤机主传动系统由拖动电动机、安全联轴器、YZS型减速度机、十字对轮、伞齿轮减速机、叶轮等组成。其工作流程是拖动电动机带动调速电动机转动→安全联轴器→YZS650型减速机→十字对轮→伞齿轮箱→叶轮。

1. JZT型电磁调速电动机

JZT型电磁调速电动机由交流三相异步电动机、涡流离合器（又称电磁转差离合器）和测速发电机组成。拖动电动机是JZT225-L型交流电动机，是非标准件，其前端盖和输出轴端直径以及前轴承有特殊要求。

涡流离合器是一种无滑环、空气自冷、卧式安装，且装有固定激磁绕组的电气设备。

测速发电机是三相交流同步永磁式，与离合器输出轴共轴，转子是永久磁钢制成，定子绕组E级绝缘，功率5W，转速在1200r/min时额定输出24V、频率为160Hz的电气设备。

本机的涡流离合器是单电枢爪式，其结构见图4-2。

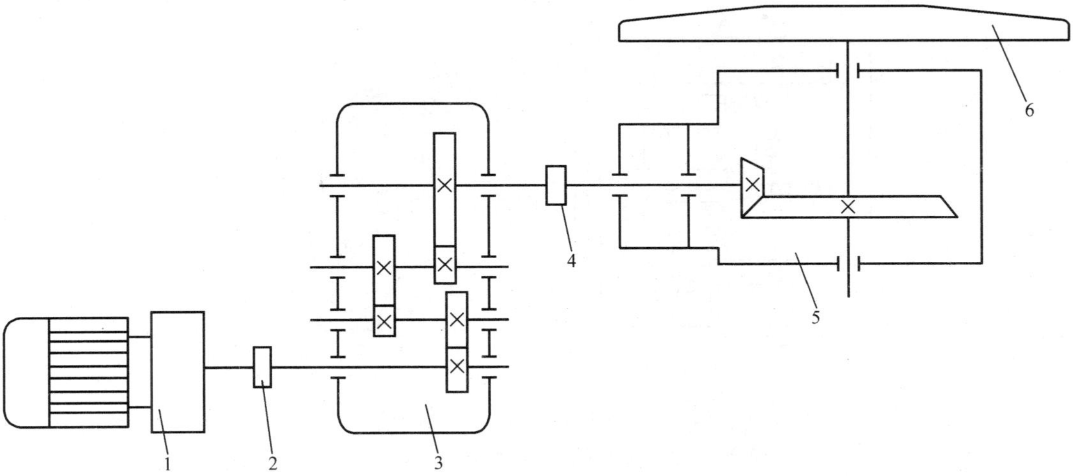

图 4-1 QYG-600 型叶轮给煤机主传动机构示意图

1—电磁调速电动机；2—安全联轴器；3—减速箱（YZS 型）；

4—十字对轮；5—伞齿轮减速机；6—叶轮

各主要部件在整机中的作用是：导磁体既是结构件，又是磁路的一部分；机座是结构件；电枢直接固定在拖动电动机的轴上作恒速运转。运行时电枢中产生感应电动势，并产生涡流；齿极固定在离合器的输出轴上作变速运转；激磁绕组固定在导磁体上，作用是绕组通电后产生激磁。测速发电机的作用是随转速变化引起感应电动势的变化。

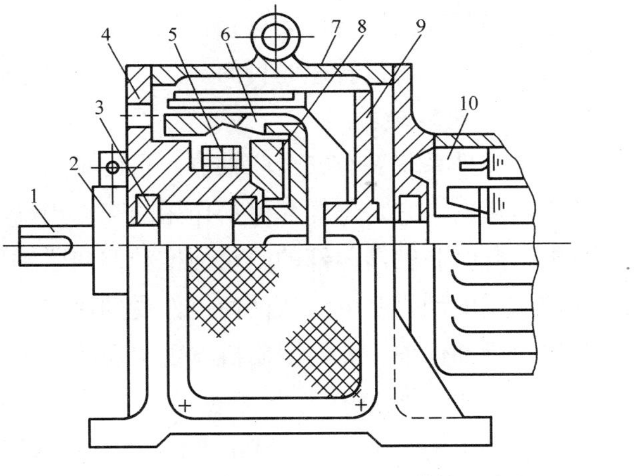

图 4-2 单电枢爪式涡流离合器的结构示意图

1—输出轴；2—测速发电机；3—轴承；4—导磁体；

5—激磁绕组；6—齿极；7—机座；8—磁轮；

9—电枢；10—拖动电动机

当激磁绕组通入直流电流时，所产生的磁力线便通过机座→气隙→电枢→气隙→齿极→气隙→导磁体→机座，形成一个闭合回路，见图 4-3 中虚线所示。

在这个磁场中，由于磁力线在齿凸极部分分布较密，而在齿间分布较稀，所以随着电枢与齿极的相对运动，电枢各点的磁通就处于不断的重复变化之中。根据电磁感应定律，电枢中产生感应电动势，并产生涡流，涡流和磁场相互作用而产生电磁力，使齿极和电枢作同一方向旋转（但始终保持一定的转速差），从而输出转矩。改变激磁电流的大小，就可按需要调节输出转速。

2. JZT 型控制器

该控制器是与 JZT 型调速电动机相配套的控制设备。它的结构由可控硅主回路、给定电路、触发电路（采用单结晶体管触发电路）、测速负反馈电路及微分反馈电路等环节组成。主回路采用可控硅半波整流电路。所谓负反馈作用，是指测速负反馈电路中测速发电机三相电压经桥式整流后，电容滤波加到反馈电位器两端，该直流电压随调速电动机的转速变化而成线性变化，作为速度反馈信号与给定信号比较，因为它的极性是与给定信号电压相反的，

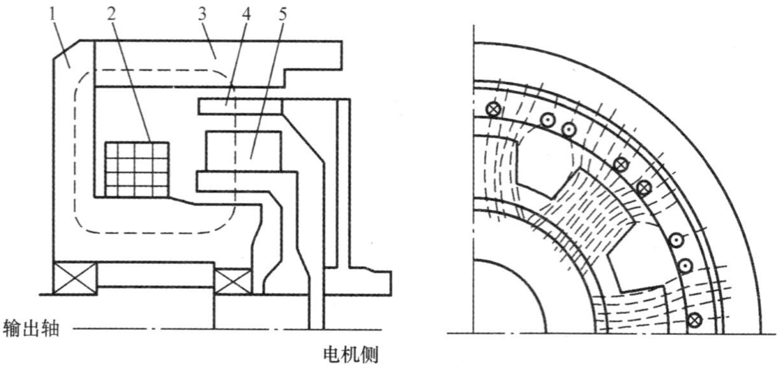

图 4-3 涡流离合器工作原理图

1—导磁体；2—激磁绕组；3—机座；4—电枢；5—齿极

故它的增加即起着减小综合信号（即负反馈）的作用。

本控制器控制调速电动机调速的原理：本控制器通过对给定电压和测速负反馈电压进行比较后，作为控制信号加至晶体管的基极和发射极之间，以改变晶体管的内阻（相当于可变电阻）。内阻的改变导致电流大小的改变，也就改变了电容的充放电时间，使单结晶体管产生的触发脉冲能进行自动移相，从而改变可控硅的导通角，达到改变涡流离合器的激磁电压而实现控制电动机转速的目的。

3. 安全联轴器

本传动系统装有安全联轴器，目的是为了保护机件不受损坏。它是靠弹簧压紧摩擦片来传递扭矩的。它是怎样起保护作用的呢？当叶轮被卡住时，便引起负荷过载，联轴器便出现打滑。此时联轴器内部的凸轮便推动伸向联轴器外部的触销，而触销又推动行程开关，开关动作使主电动机断电，从而使机件受到保护。与此同时与主电动机互为闭锁的行车电动机也断电而受到保护。此时表明机器已出现故障，需进行消除。

4. 伞齿轮减速箱

它是由两个伞齿轮组成的变向减速的齿轮箱，输入轴水平安装，轴上装有小伞齿轮，接受主减速箱输出的动力。输出轴又是叶轮轴，垂直安装。当两伞齿轮啮合转动时，输入轴的水平转动变成了输出轴的垂直转动。输入轴的小伞齿轮带动输出轴的大伞齿轮转动，从而起到减速作用。叶轮上有六个前弯形叶片，是给煤机的做功件，对给煤的均匀性、可靠性有直接影响。

（二）行车传动机构

行车传动机构由行车电动机、JZQ 型减速箱、齿轮联轴器、蜗轮减速箱、车轮、套筒联轴器等组成，见图 4-4。

由于行车电动机只有一种不变的速度，所以经减速后行车速度也只有一种速度。行车的目的是为了实现沿煤沟纵向行走给煤，另外也为检修时将叶轮给煤机引出煤槽。行车应在叶轮转动后方可运转，当主电动机断电时，行车电动机同时断电，这种互锁的特性是为了保护设备而设计的。在车架上装有行程开关，当叶轮行车至行程开关与轨道两端的碰撞装置接触时，行车便自行改变方向。

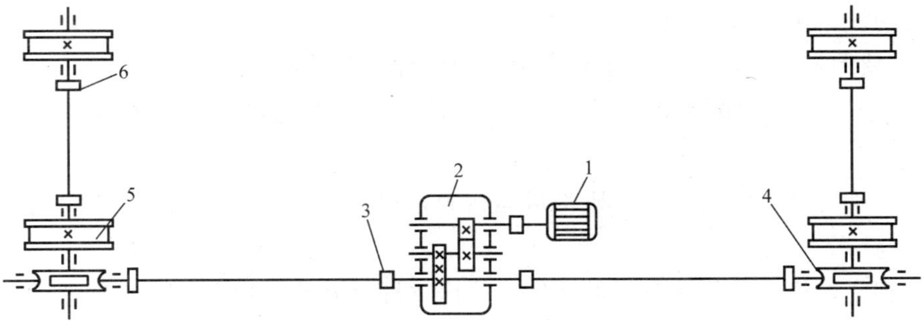

图 4-4 YG-600 型叶轮给煤机行车传动机构

1—行车电动机；2—JZQ 型减速箱；3—齿轮联轴器；4—蜗轮减速器；5—车轮；6—套筒联轴器

二、叶轮给煤机的控制

（一）给煤量的控制

叶轮给煤机给煤量是通过专用控制器（如 JZT 型控制器）改变调速电动机中涡流离合器上激磁绕组的直流电压大小，从而使叶轮转速发生变化而实现改变的。给煤量的控制可在就地控制，也可实现远方控制。

（二）叶轮给煤机位置显示

叶轮给煤机远方控制对需要在集控室掌握叶轮给煤机在煤沟纵向行走所在的位置，目前常用的有两种方法：一种是用自整角机；另一种是沿叶轮给煤机道轨全长每隔一定距离设置一个干簧管，在机上安装永久磁铁，在集控室的模拟屏上装信号灯，当叶轮给煤机行走到干簧管位置时，将干簧管接点吸合，通过信号继电器，由 0～24V 电源供电，点亮集控室的信号灯，用以表示叶轮给煤机的所在位置。

三、叶轮刮煤机的操作过程

（一）启动前的检查

（1）开关箱上无危险牌（设备大修后试转除外，但要有试转单），设备上无人工作。

（2）行车轨道无明显变形、无障碍物、无检修工作。

（3）橡皮电缆拖令线无打结、无破损，喇叭引线管支撑架完好。

（4）落煤管不堵塞。

（5）变频器冷却风扇正常（风扇坏时应及时通知检修处理）。

（二）启动与运行

（1）检查完毕，汇报集控值班员。

（2）合上电源总开关（电源指示灯亮）。

（3）待本机供煤的皮带开出运行正常后：

1）调整叶轮转速电位器旋钮至低速位置。

2）将调速器面板上指示灯开关放在“通”位置，缓慢调节叶轮转速至 400r/min，然后再启动行车（可按集控值班员的通知要求，按下“左行”或“右行”按钮，启动刮煤机，使它按规定方向行驶）。

3）根据班长或集控值班员布置的出力要求，调整叶轮转速。调整时一定要注意煤量以及增减的均匀性，不要过猛。

4）如需要原地刮煤时，可停下行车电动机，保持叶轮刮煤。

5）同一条轨道上的两台刮煤机同时运行时，两机之间最少保持在 1.5m 以上，防止碰撞。

（4）同一条皮带上的两台刮煤机都可运行时，每台分刮约 20 根柱子（单台例外）。

（三）停机

（1）接到集控值班员停止刮煤的通知后，应立即将叶轮转速调整到最低速度。

（2）先停行车电动机，再停叶轮电动机。

（3）当皮带连锁动作停机时：

1）将叶轮转速调至最低。

2）如刮煤机连锁不动作时，应立即手揿“停止”按钮。

3）等待皮带开出再次投运操作。

（四）运行注意事项

（1）启动时，应先启动叶轮电动机，再启动行车电动机。

（2）在调整叶轮转速时，调节旋钮速度不能太快，应缓慢操作，否则变频器内保护会动作，变频器将无法启动。

（3）监视电流表、转速表不可超限。

（4）防止落煤管堵煤。

（5）电缆线不打结。

（6）攀登机体时，注意防止撞头。

（7）叶轮不宜在低速下长期运行。以防励磁线圈过热烧坏可控硅。

（8）刮煤机运行（特别是低出力运行）时，应经常检查电动机的发热情况，防止电动机因过热而烧坏。

（9）运行到煤沟沪、宁两端时，特别注意挡帘挑架碰撞端盖。

（五）维护保养与检查

（1）主轴颈部轴承每月 1 日加注牛油 5 实枪。

（2）每月 25 日对行车二头的限位进行校验，并检查限位支架不脱焊，不移位。

（3）按时做好刮煤机上的清洁专区工作（做好安全措施，清除叶轮上的缠绕物、积煤等）。

（六）设备故障及处理

1. 刮煤机开不出

（1）原因：

1）总电源未合上。

2）控制回路接线松动或熔断器烧坏。

3）橡胶电缆线拉断。

（2）处理：

1）合上电源。

2）检查回路或更换熔断器。

3）通知电气检修处理。

2. 电源指示灯不亮

（1）原因：

1）电源未接通。

2）熔丝损坏。

3）指示灯损坏。

4）组合插头式印刷线路板接触不良。

（2）处理：

1）检查电源接线。

2）更换熔丝。

3）更换指示灯。

4）检查印刷线路板线路。

3. 叶轮转速失控

（1）原因：

1）可控硅击穿。

2）调速电位器损坏。

3）调速螺丝松脱。

（2）处理：

1）更换可控硅。

2）更换电位器。

3）通知电气重新调整，并紧固螺丝。

4. 行车电动机启动不出

（1）原因：

1）熔断器烧坏。

2）热继电器动作后未复位。

3）回路接线松动或断线。

（2）处理：

1）更换熔断器。

2）将热继电器复位。

3）检查回路接线系统。

4）汇报班长，请检修检查处理。

5. 行动轮打滑

（1）原因：煤沟内潮湿，钢轨上有水珠。

（2）处理：开出煤沟所有通风机，减少煤沟湿度。

6. 轴承发热

（1）原因：

1）润滑不良。

2）轴承间隙太小或轴承紧力不够。

3）轴承碎裂。

（2）处理：

1）检查油位、油质。

2）调正间隙。

3）汇报班长，由检修处理（更换轴承等）。

7. 叶轮被卡

（1）原因：大块矸石、铁件、木块等卡住。

（2）处理：停止运行，切除电源进行处理。

8. 行动轮出轨

（1）原因：

1）刮煤机行动轮的钢轨变形（包括水平和垂直方向）。

2）卸煤沟底部严重积煤，使叶轮相应抬高，造成行动轮脱离钢轨。

3）刮煤机叶轮刮到杂物（如大树棍或铁件等）。

（2）处理：

1）请检修进行钢轨整修。

2）清理卸煤沟底部的积煤，使叶轮正常工作。

3）清理叶轮上的杂物，运行无法处理时，通知检修处理。

第二节　变频调速振动给料机

一、概述

变频调速振动给料机是针对电动机振动给料机的不足之处（只能靠调节振动电动机的偏心块的偏心角度来调节给煤量，无法在线调节和连续调节，调节时必须停机），而提出的采用变频调速传动原理的新装置。

近年来，随着电力电子技术的飞速发展，交流变频调速已广泛应用于各个工业领域。尤其是近10年来，大功率晶体管模块制作技术有了突破性进展，国外大功率晶体管模块已可达到1200V/400V的容量。由于晶体管易于控制，开关频率高，20世纪80年代以来，晶体管脉宽调制型变频调速得到了突飞猛进的发展。与众多的交流调速方案相比较，PWM变频调速具有以下优点：调速范围宽（1∶100～1∶20）；效率高（$\eta=0.9$）；功率因数高（$\cos\psi=0.9$）；电动机转矩小。尤其在低速运行时，启动转矩大，转矩平稳，同时由于调压与调频由功率器件一次完成，从而具有比其他交流调速方案更好的特性。变频调速振动给料机就是利用晶体管PWM变频调速装置对交流笼形异步振动电动机进行在线平滑无级调速调量的。

二、变频调速装置简介

自同步惯性振动给料机（即电机振动给料机）采用国产的VVVF变频调速装置。

采用VVVF逆变器供电，可以调节逆变器的频率设定，控制给料量。频率增加，电动机速度增加，使给料量增加；反之给料量减少。逆变器驱动供电系统如图4-5所示。

（一）国产逆变器特点

（1）采用PWM集成电路专用芯片，实现正弦波脉宽调制控制GTR大功率晶体管

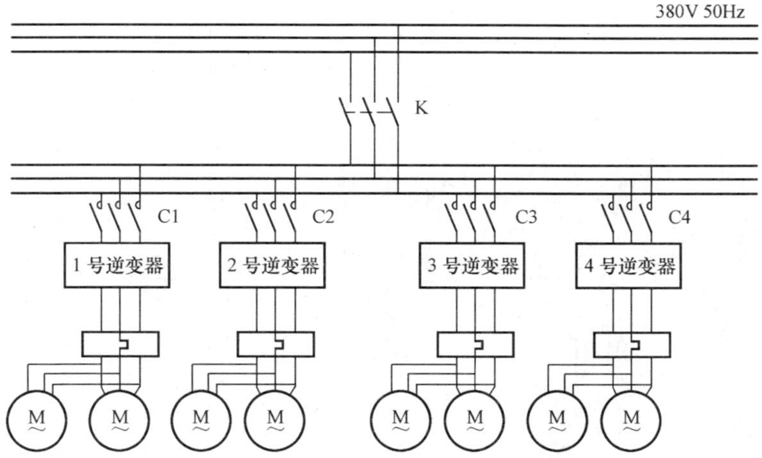

图 4-5 逆变器驱动供电系统图

技术。

（2）单片计算机编程，具有完善的故障自诊断及保护功能。

（3）输出频率和故障由三位数码管显示，易于诊断。

（4）具有良好的通用性，输出力矩、频率升/降时间均由数码盘提供十六种选择。

（5）体积小、安全可靠。

（二）国产逆变器试验数据

ARIMDT-100 逆变器主回路由大功率达林顿晶体管模块和整流二极管模块、贮能电容器等组成。晶体管模块为 30A/1000V 元件，构成交流/直流/交流典型的电压型逆变器。控制系统采用 PWM 脉宽调制控制，用 PWM 专用芯片产生 PWM 驱动信号，并采用单片机 8749H 计算脉冲发出时刻控制，并进行故障诊断显示、频率显示以及过流过压保护、封锁脉冲和报警。

（1）电压、电流波形。图 4-6 和图 4-7 为 10Hz 和 30Hz 输出频率时逆变器输出电压波形，图 4-8 为 30Hz 输出频率时电流波形。

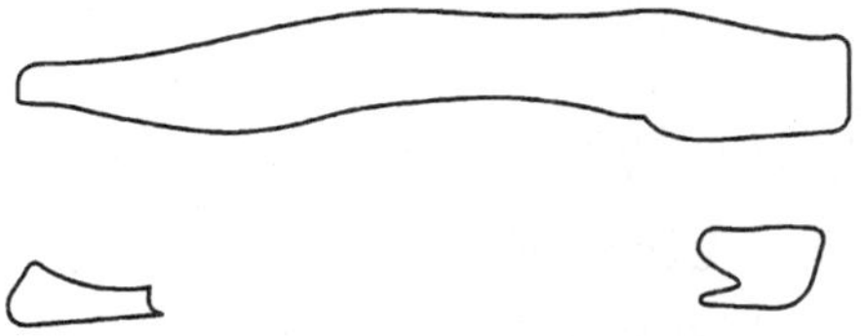

图 4-6 逆变器输出电压波形

（f=10Hz）

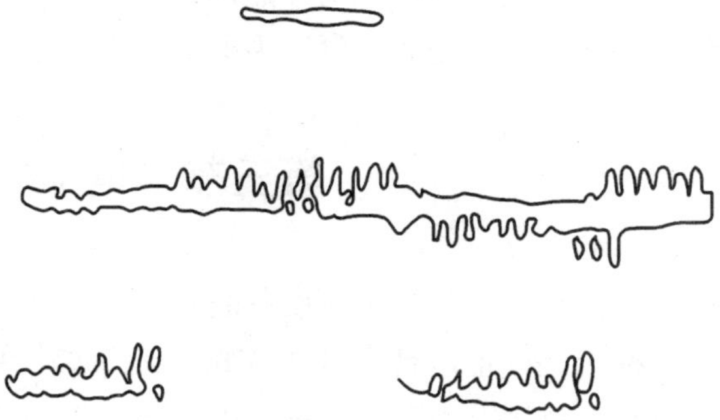

图 4-7 逆变器输出电压波形

（f=30Hz）

（2）逆变器的压频比关系由逆变器内部的数码开关 TRQ 来调节。TRQ 码盘分为 16 级，其压频关系曲线如图 4-9 所示。为了使电动机具有较大的驱动转矩，可通过改变逆变器的 TRQ 开关来满足。增设了低频力矩补偿，TRQ 值大，电动机启动转矩大。

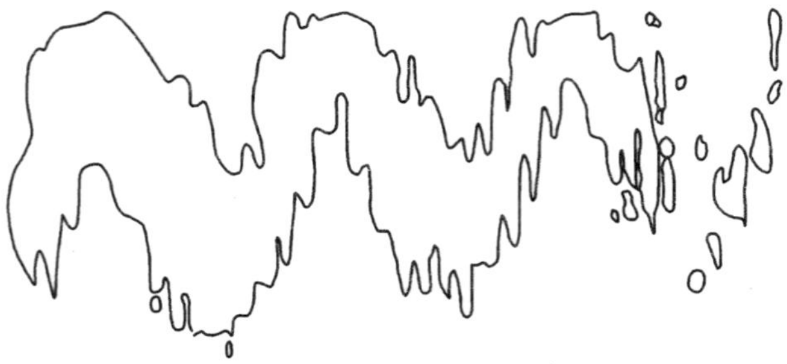

图 4-8 逆变器电流波形（$f=30$Hz，$I=7.5$A）

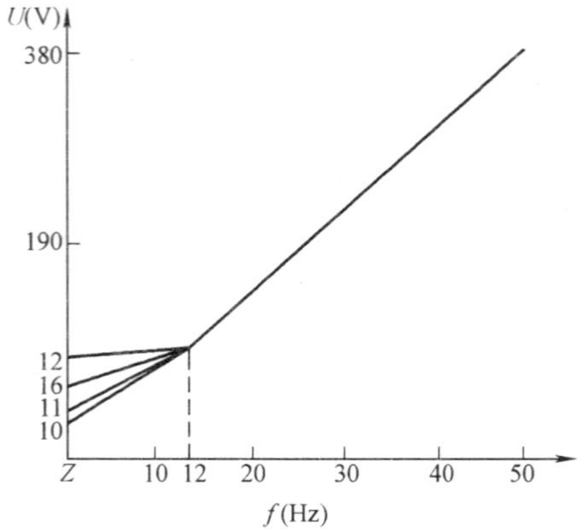

图 4-9 ARIMDT-100 逆变器 TRQ 调节曲线

三、变频调速振动给料机的主要特点

（1）变频调速振动给料机为变频无级调速，能在线连续调速、调量。运行中调量方便，无需停机调整激振块或配煤挡板，大大减小了劳动强度，可遥控。

（2）变频调速振动给料机比电磁振动给料机的噪声大大减小、效率高、功率因素高、故障率大大减小、质量轻。

（3）采用变频调速使振动电机的工作电流大为降低，使电动机的寿命延长，从而大大减少了电动机的维修量和维修费用。

（4）具有完善的故障诊断、显示、报警和保护功能，可防止事故扩大和易于维修，缩短检修工时。

（5）调速范围宽，调量准确、方便，提高了给煤的准确度。

（6）节电显著，实测比 50Hz 工频供电时节省电能达 28%以上，比电磁式更显著。

（7）功率因数可提高到 0.95 以上，减少电网损耗。

（8）国产逆变器除大功率晶体管模块进口外，其他元器件全部国产化。实践证明完全可取代国外同类型逆变器，可以为国家解决重复引进的问题，可节约大量外汇。

第三节 电磁振动给料机

电磁振动给煤机是给煤设备的第二代产品。它是由电磁力驱动，并利用机械振动共振原理的一种给煤设备，具有结构简单、质量轻、安全可靠、无转动部件、没有润滑部位等优点。煤在给料槽上为跳跃前进，无滑动，驱动功率小，可以在运转中随意调节给煤量，维护检修方便，易于实现远方自动控制。电磁振动给煤机型号有 DZ 系列和 GZ 系列，DZ 系列广泛用于矿山冶金部门，GZ 系列广泛用于燃煤电厂。电磁振动给煤机把煤从储煤仓或储煤罐以及漏斗中定量、均匀、连续地给到受料装置。

一、型号及规格

型号及规格见表 4-1。

表 4-1　　GZ 系列电磁振动给煤机

性　能	单　位	型　　号				
		GZ-20	GZ-50	GZ-100	GZ-200	GZ-300
给煤能力	t/h	20	50	100	200	300
入煤粒度	mm	0～80	0～150	0～250	0～300	0～350
电源电压	V	—	220	—	—	380
电源频率	Hz	—	50	—	—	—
最大工作电流	A	2.5	4.5	6.6	9.6	24
控制原理	—	—	半波整流	—	—	—
振动频率	次/min	—	3000	—	—	—
气隙	mm	—	1.8～2	—	—	—
最大振幅	mm	—	1.5	—	—	—
总质量	kg	170	313	600	830	2300

二、机器结构与工作原理

（1）结构：电磁振动给煤机由输送煤的料槽、电磁振动器和减振器三大部分组成，如图 4-10 所示。电磁振动器由连接叉、衔铁、板弹簧组、铁芯和振动器壳体组成。

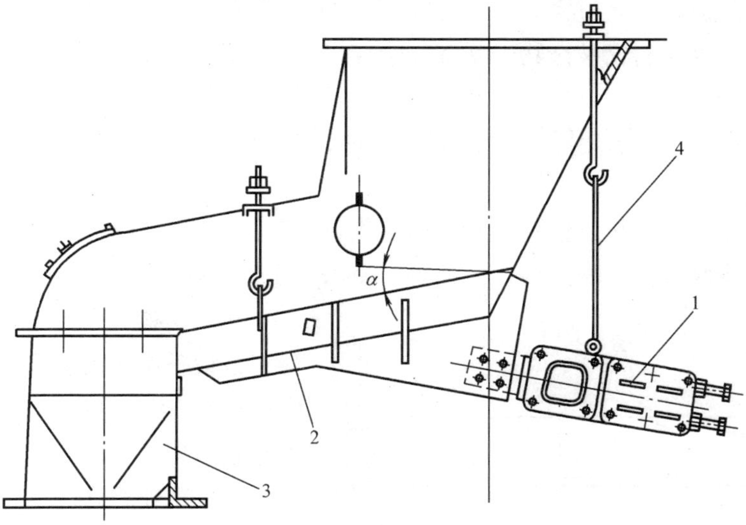

图 4-10　电磁振动给煤机

1—振动器；2—料槽；3—落煤管；4—减振器

（2）工作原理：电磁振动给煤机是一个双质点定向强迫振动的弹性系统。它是由给料槽、连接叉、衔铁和料槽中物料的 10%～20%等质量构成质点 m_1；振动器壳体、铁芯、线圈等质量构成质点 m_2。m_1 和 m_2 两个质点用板弹簧连接在一起，形成一个双质点的定向振动系统。根据机械振动的共振原理，将电磁振动给煤机的固有频率 ω_0 调到与电磁激振力的频率 ω 相近，使其比值 $Z=\omega/\omega_0=0.85\sim0.9$，机器在低临界近共振的状态下工作。

电磁振动器的电磁绕组由单相交流电源经整流后供电，在正半周内有半波电压加在电磁绕组上，电磁绕组有电流通过，在衔铁和铁芯之间便产生脉冲电磁力而互相吸引，料槽即向后运动，此时弹簧板变形储存一定的势能。在负半周时整流器不导通，电磁绕组中无电流通过，电磁力逐渐消失，借助弹簧板储存的势能，衔铁与铁芯向相反的方向移开，料槽即向前运动，因此电磁振动给煤机的料槽以交流电源的频率 3000 次/min 往复运动。

三、运行及维护

(1) 电磁振动给煤机启动前，应将电位器调整到最小位置，接通电源后转动电位器的旋钮，逐渐地使振幅达到额定值。

(2) 运行中随时注意观察电流稳定情况，如发现电流变化较大，则须检查原因。引起电流变化的原因一般有以下几个方面：①板弹簧压紧螺栓松动；②板弹簧断裂；③电磁铁芯和衔铁之间气隙增大。

(2) 设备的运转稳定性、可靠性很大程度上取决于板弹簧组的压紧螺栓和电磁铁的调整螺栓的紧固程度。为此应加强检查，尤其在检修之后更应随时检查。

(4) 要定期检查电磁铁与衔铁之间的气隙，同时要注意气隙中有无杂物，并随时清除。

(5) 设备运行中，电磁铁和铁芯不允许碰撞。如听到碰撞声，须立即减小电流，调小振幅，停机后检查并调整气隙。

(6) 煤质变化会影响出力的变化，可以调节给煤槽倾角。下倾角最大不宜超过 15°，否则易出现自流。

(7) 电源电压波动不宜过大，可以在±5%范围内变化。

(8) 料槽内粘煤及料槽被杂物卡塞都对给煤机出力有较大影响，运行人员应随时检查。

第四节 自同步惯性振动给煤机

自同步惯性振动给煤机是给料设备的第三代新型产品，它和电磁振动给煤机相比具有体积小、质量轻、维修方便、噪声低、能耗少、使用寿命长、输送量大、价格低等优点。

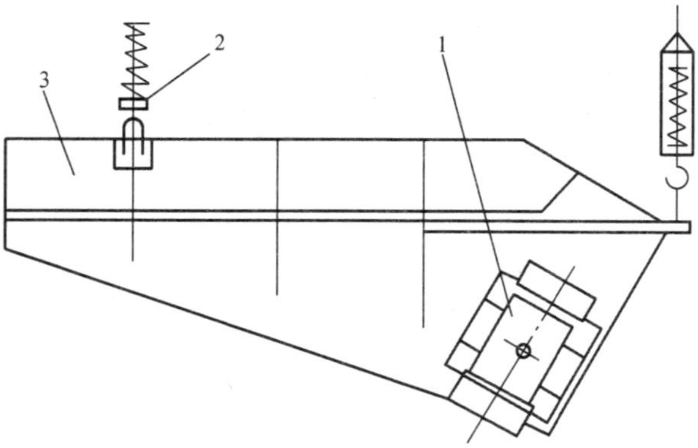

图 4-11 惯性振动给料机简图

1—惯性振动器；2—减振器；3—给料槽

一、结构

该设备主要由共振单元（包括振动电动机）、槽体（有内衬）、隔振吊挂和电控箱组成，如图 4-11 所示。

二、工作原理

自同步惯性振动给煤机是采用两台特制的双出轴三相异步电动机轴两端的偏心块旋转时产生的激振力作为激振源的一种驱动装置。根据平面单质体振动机同步理论，当两台惯性振动器以角速度 ω_t 作反向同步运转时（见图 4-12），其惯性力在两振动器旋转中心 O_1O_2 连线方向的分力大小相等，方向相反而互相抵消；而与 O_1O_2 连线垂直方向的分力相互迭加，在该惯性力作用下，给料槽沿合力方向作简谐振动。

其给料过程（见图 4-13）是以给料槽倾斜方向往复直线振动来实现的。当槽体振动加速度的分量大于重力加速度在垂直槽底方向的分量时，槽中物料被抛起，并按抛物线的轨迹

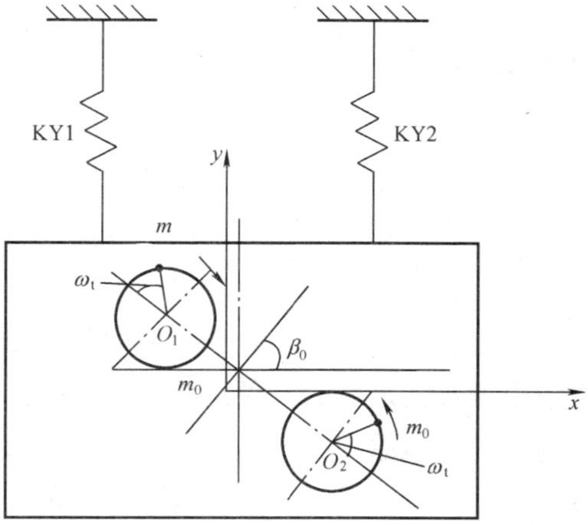

图 4-12 自同步惯性振动给煤机工作原理图

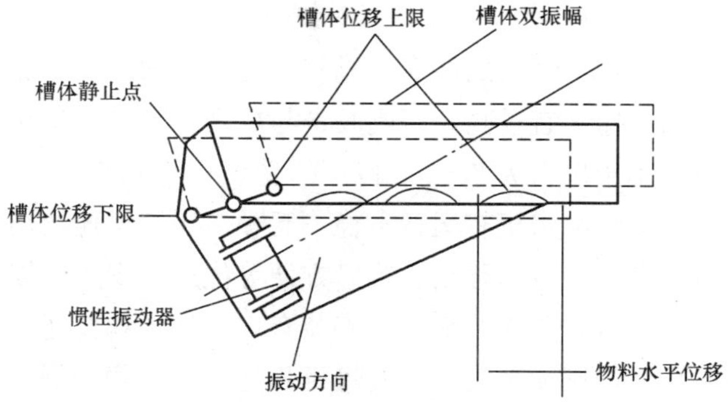

图 4-13 惯性振动给料机给料原理图

向前进行跳跃运动，槽体每振动一次，物料就被抛起一次。这样，物料连续以槽体振动频率向前跳跃，达到给料的目的。

三、使用和维护

（一）振幅的测量

振幅指示牌如图 4-14(a)所示，其指示部分为一直角三角形。当指示牌与槽体一起振动时，由于视觉暂留，则直角边与斜边形成一个交点，其交点所对应的标尺数即为被测槽体的双振幅值，如图 4-14(b)所示。假如交点对应在标尺上的 6.5 处时，则被测槽体的双振幅值为 6.5mm。

（二）启动及停机

自同步惯性振动给料机允许在满负荷、全电压条件下直接启动和停机。为了停机稳定，快速通过共振区，允许制动停机，且适应各种电气制动方式，如能耗制动、反接制动等。

（三）试运行

惯性振动给料机出厂前已进行连续运行时间不少于 24h 的空载试验。设备在现场安装调整完毕后也应进行短期试运行。在试运行过程中，振幅和电流除随电网电压波动而变化外，应该是稳定不变的。

（四）生产率的调节

自同步惯性振动给煤机的生产率可以采用以下方法进行调节：

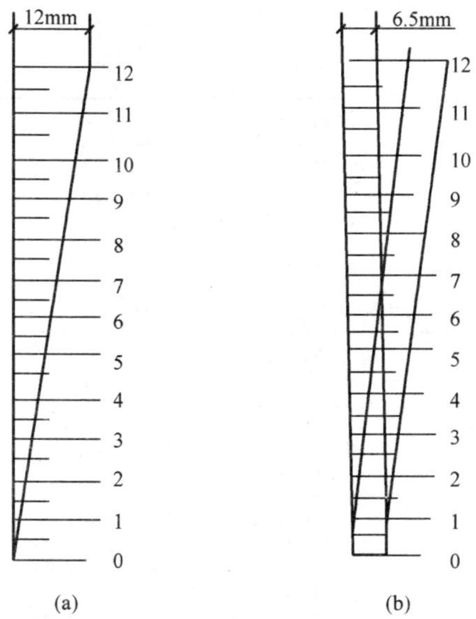

图 4-14 振幅测量方法

（1）利用调频调幅控制器实现不停机无级调节生产率；

（2）通过停车调节惯性振动器的偏心块来实现生产率的无级调节；

（3）调节料仓门的开度，改变给料量，从而达到调节给料机生产率的目的。

第五节 皮带给煤机

皮带给煤机的给煤依靠胶带与煤斗间煤的摩擦作用，将煤给到受煤设备上，故皮带给煤机的带速不宜过高，否则胶带与煤之间容易产生相对滑动，以致不能给煤，所以皮带给煤机主要用于出力为300t/h以下的受煤斗的给煤。

皮带给煤机有运行平稳、无噪声、给煤连续均匀、头尾滚筒中心距小、给煤距离长、出力范围大、可以移动、维修方便等优点。皮带给煤机采用带式输送机的部件组装而成。

计量式胶带给煤机上安装有皮带秤，和普通皮带机上的工作原理完全相同，主要用于火电厂锅炉制粉系统中与磨煤机相配套的给煤设备，转速低，出力在5～35t/h范围内，能连续、均匀地给煤，在运行中皮带秤能对煤进行准确的称量，并根据设定值自动调节给煤量。称重和输送装置为一个组合件，可采用全密封，检修和更换胶带时从壳体内抽出。

皮带给煤机使用中需设行走车轮、轨道及检修门等，在运行中可控制给煤量的大小。将皮带给煤机两侧做成导煤槽的形式，以提高皮带的出力。

某厂改建工程为2台超超临界660MW燃煤机组。电厂燃煤采用铁路运输方式，卸煤系统最大出力为1500t/h，上煤系统出力为1000t/h。

2台带式给煤机分别安装在1台翻车机的2个煤斗下方，其带宽为1400mm，变频调速，每台出力为500～850t/h。翻车机系统与皮带给煤机有连锁关系，当翻车机系统作业时，带式给煤机应先启动，并且带式给煤机纳入运煤系统程序控制。

一、设备规范

设备规范见表4-2。

表4-2 设备规范

皮带宽度	1400mm
皮带速度	1.25～2.5m/s
皮带规格	EP阻燃
额定出力	500～850t/h
头尾滚筒中心距	6500mm
电动机参数	YSPA200L-4 P=30kW 380V 59.3A n=1450r/min
电动机数量	2台
调速方式	变频调速
减速机型号	B3SH07
减速机数量	2台
生产厂家	牡丹江市北方电力设备厂

二、启动前检查

皮带给煤机在启动前，除进行带式输送机的常规检查外，还应检查下列项目；

（1）皮带给煤机的下料口在适当位置。

（2）电动推杆部分无异常。

（3）皮带给煤机各转动部分无杂物卡住，皮带给煤机行走滑道无卡阻。

（4）检查就地控制箱上指示灯、开关按钮齐全，电源指示灯亮。“远控/就地”开关在远控位置。

三、皮带给煤机就地启停操作

（1）将就地控制箱上的“远控”与“就地”开关扳至“就地”位置。

（2）运行前，检查皮带给煤机的下料口是否至所需位置。

（3）依次按下“1号机启/停”、“2号机启/停”按钮，约5s后按下“变频启动”按钮，皮带给煤机开始运行。

（4）依次按下“变频启动”、“1号机启/停”、“2号机启/停”按钮，皮带给煤机停止运行。

（5）操作结束后，将就地控制箱上的“远控”与“就地”开关扳至“远控”位置。

四、运行维护

（1）运行人员在煤车翻卸完后，应将振动斜煤箅子上的杂物捡出。

（2）禁止将杂物捅入煤斗。

（3）注意皮带的松紧程度并及时调整。

（4）变频器调速步骤：

1）皮带给煤机的额定出力可通过调整变频器频率参数来调节。

2）按下“1号机启/停”按钮。

3）按下变频器上控制盘的“P”键，此时显示r0000。

4）按“↑”或“↓”键，显示P1082（频率设定参数）。

5）按“P”键两次，显示50Hz。

6）按“↑”或“↓”键，将频率调至所需值。

7）按“P”键两次，其频率显示新设定值。

8）按“P”键，回到原始状态。

五、给煤机故障处理

（1）按下“启动”按钮电动机不转。

1）原因：

a. 电源未送上。

b. 控制回路故障。

c. 熔断器烧坏。

d. 主电动机故障。

2）处理：

a. 联系送电。

b. 通知电工检修。

c. 查明原因处理。

d. 通知检修处理。

（2）转速失控。

1）原因：

a. 可控硅击穿。

b. 继电器损坏。

c. 变频器故障。

2）处理：通知电工检修。

第六节 环 式 给 煤 机

环式给煤机是现代火电厂圆筒储煤仓下部专用的大型给煤机，是配合筒仓储、混、配煤的高效设备。筒仓储煤方式既节省场地，又便于混配煤，可减少污染。环式给煤机由犁煤车、给煤车、驱动定位装置、卸煤犁和电控系统组成。工作时，车体沿圆弧轨道行走，犁煤车将筒仓下部圆周缝隙中的煤均匀地拨落在煤车上，再由卸煤犁将煤按需要的数量和比例均匀地拨到皮带输送机上。环式给煤机实用技术参数如表 4-3 所示。

表 4-3 环式给煤机实用技术参数

指　标	参　数	指　标	参　数
实用筒仓直径（m）	13、15、18、22、36	犁煤车轨道直径（mm）	至 15000
生产率（t/h）	0～1500（可调）	犁煤车回转速度（r/min）	0～0.37
物料容积（t/m^3）	0.85	调速方式	变频调速
物料粒度（mm）	≤300	传动方式	销齿或齿轮齿条传动

环式给煤机采用环式缝隙出煤，增加物料出口截面，改善筒仓蓬煤堵煤现象；采用变频控制系统，实现无级调速，能连续、均匀地调整给煤量。环式给煤机有单环和双环两种形式，单环式适用于储煤量在 20 000t 以下的筒仓，双环式适用于储煤量为 30 000t 的超大型筒仓。现分别介绍如下。

一、环式给煤机结构

单环式给煤机结构由犁煤车、给煤车、卸煤犁、定位轮、料斗、密封罩、驱动装置、电控系统和轨道组成。犁煤车车体为环形箱式梁结构，装有三个犁煤板，车体下装有车轮和靠轮，由三套驱动装置经齿轮和齿条同步驱动；给煤车有环形平台式车体；卸煤犁安装在给煤车平台的上方，犁体固定在长轴上，轴的两端由支座支撑，通过电动推杆提升或者放下犁体（另一种方式是卸煤犁安装在卸煤车上方横梁上，单侧卸料犁支架绕固定轴转动，由电动推杆牵引）；每台单环给煤机配备两套卸煤犁。各套驱动装置采用交流变频调速装置控制犁煤车和给煤车在轨道上作周向运动，可实现给煤能力的无级调节。犁煤车和卸煤车运行速度不同，方向相反，当犁煤车运转时，位于筒仓底部的犁煤爪把煤从筒仓的环式缝隙中犁下，落到运行的卸煤车上，卸煤器再把煤犁到落煤斗中，直到下层皮带机上。两台（或四台）卸料器分别与下层皮带运输机相对应，并可切换。

单环式给煤机在犁煤车环梁形车体上安装有 3 个犁煤板，犁煤板伸入筒仓承煤台上面的环形缝隙中，环梁和犁煤板间的夹角可以按需要进行调节。犁煤车的车轮沿环形轨道作圆周运动，靠轮限制车体水平方向的摆动，犁煤车的三套驱动装置之间的夹角为 120°（双环式的外环，六套驱动装置的夹角为 60°），均匀布置。减速机输出轴上固定直齿轮，与车体上的环形直齿条啮合，电动机经减速机、直齿轮和齿条驱动犁煤车沿轨道转动。伸入环形缝隙中的犁煤板将煤犁到给煤车的环形平台式车体上，平台车体下面安装的车轮沿两条同心环形轨道作圆周运动，靠轮可防止车体水平移动。同犁煤车一样，给煤车的三套（双环式的外环是六套）驱动装置也均匀布置，同步驱动车体转动。卸煤犁斜跨在给煤车平台上方，两个支座分别处于车体平台的内外侧。当电动推杆使卸煤犁下降到给煤车平台上时，可将煤全部刮到车旁的落煤斗内，由斗下的带式输送机运走。两套卸煤犁的安装位置分别与两条带式输送机相对应，配套运行。处于备用状态的带式输送机，相应的卸煤犁提起，与给煤车平台脱离，不刮煤。

双环式给煤机由尺寸较小的内环和尺寸较大的外环构成，内环的组成和上述单环式给煤机相同，外环犁煤车和给煤车各配六套驱动装置，即一台双环给煤机，内、外环驱动装置共18套。外环给煤车驱动装置布置在车体内侧，其他驱动装置均在车体外侧。

二、环式给煤机配套筒仓储煤的优点

（1）安装环式给煤机的筒仓下部卸料口为环形缝隙，卸料口面积大。卸料口面积愈大，卸料条件愈好。

（2）环式给煤机沿环缝四周卸煤，使筒仓内形成平稳、均匀、连续的整体流动，流料通畅，没有死角，不能形成拱脚，不会出现堵塞。

（3）环式给煤机从筒仓内卸煤时，可实现先进先出，按水平层次逐层排出，既有利于防止存煤自燃，又能使卸出的煤流颗粒组成保持原样，有利于带式输送机安全运行。

（4）采用交流变频调速装置无级调节给煤能力，给煤车跟踪犁煤车，以一定的比例改变回转速度，使输出煤流连续、均匀，保证带式输送机正常运行。

（5）几个筒仓联用，利用环式给煤机配煤、混煤燃烧，配比可达到相当高的准确度。

三、环式给煤机的运行

环式给煤机作为筒仓的输出设备，通常都加入运煤系统连锁。启动时，先启动带式输送机及有关设备，后启动给煤车，再启动犁煤车。正常运行时，给煤车跟踪犁煤车的转速，自动保持两者转速比为设定值。双环式给煤机启动和单环式相同，启动外环时应投入调频装置，使给煤车（或犁煤车）降低速度启动，然后逐渐升至额定速度。停车时和启动顺序相反，先停犁煤车，待给煤车台面上的煤全部卸净后，再停给煤车，最后停带式输送机。

两套卸煤犁切换时，卸煤犁的升降应和带式输送机相对应，配套运行。当A路输送机运行时，A路卸煤犁降下，B路犁升起；当B路输送机运行时，B路犁降下，A路犁升起。卸煤犁的切换应在给煤车停止时进行。

环式给煤机通常处于运煤系统流程的始点，当后面的任何设备意外停车时，都会引起环式给煤机连锁停机，但是不会影响设备的重新启动。

犁煤车和给煤车的交流变频调速控制装置可调整电动机电源的工作频率，实现给煤能力的无级调节。调节范围较广，工作频率为10～60Hz，可以经常进行调节。筒仓承煤台上的环形缝隙设计安装有调节圈，改变调节圈的高度可使环形缝隙的高度随之改变，借以调节给煤能力。这种方式适合经常不变、相对固定的调节。

第五章

斗轮堆取料机

第一节　悬臂式斗轮堆取料机的主要结构

一、概述

悬臂式斗轮堆取料机是高效连续堆取散装物料的大型设备，广泛应用于火电厂、港口、焦化、矿山及大型工矿企业的料场。根据结构的不同，可分别实现取料折返、取料通过、直通、分流等功能。

DQ5030 型取料通过式斗轮堆取料机的结构如图 5-1 所示，主要部件有门架、门柱、悬架和平衡机构等金属结构以及进料皮带机、尾车、悬臂皮带机、斗轮及斗轮驱动装置、悬臂俯仰机构、回转机构、大车行走机构、斗轮装置、操作室、夹轨自动装置、受电装置、液压系统。

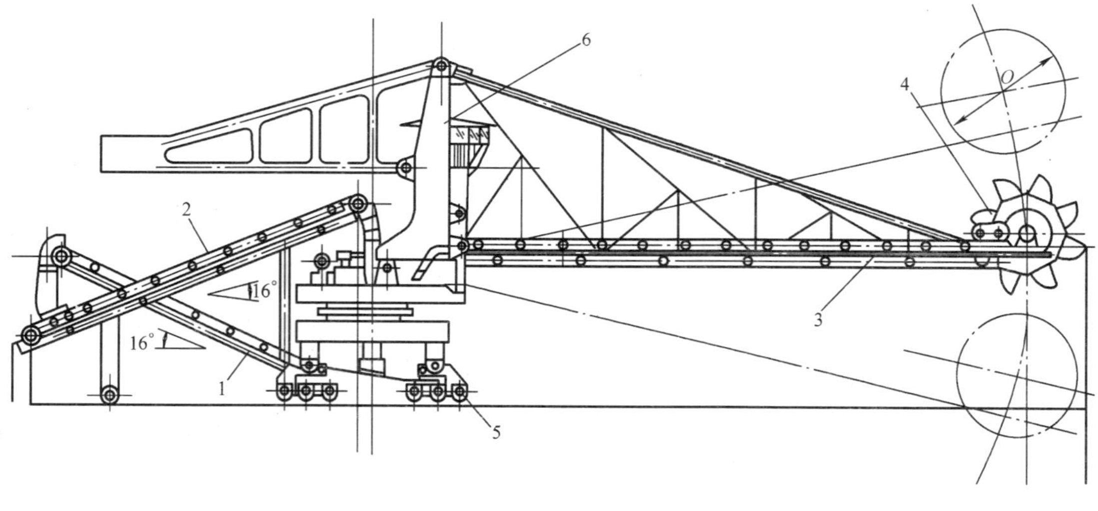

图 5-1　DQ5030 型取料通过式斗轮堆取料机

1—主皮带机；2—进料皮带机；3—悬臂皮带机；4—斗轮及斗轮装置；5—驱动台车；6—门架

悬臂皮带输送机装在悬臂板梁架构上，是斗轮堆取料机堆料和取料的重要组成部分。在斗轮的一侧后部，布置一条向斗轮中心斜向的带式输送机，通过落料筒将物料转运到悬臂皮带上，最后堆放到料场。悬臂皮带输送机正转时，将进料皮带输送机运来的煤通过其头部抛洒到煤场，完成堆料作业。当斗轮从煤场中取煤时，悬臂皮带输送机反向运转，将斗轮取到的煤经其尾部的落煤筒（中心落煤筒）落到煤场地面主皮带机上，完成其取料作业。

悬臂式斗轮堆取料机是一种连续取料和堆料的煤场机械，主要构架有门架、门柱、悬臂架、平衡机构和尾车架等；主要部件有进料皮带机、尾车、悬臂皮带机、斗轮及斗轮驱动装置、悬臂俯仰机构、回转机构、大车行走机构、操作室、自动夹轨装置、受电装置、液压系统等。

DQ3025型取料折返式斗轮堆取料机的结构如图5-2所示，在斗轮尾车之上布置一条地面输送机，依靠尾车上两组液压缸的作用完成俯仰动作，使物料转运到悬臂皮带上，最后堆放到料场。

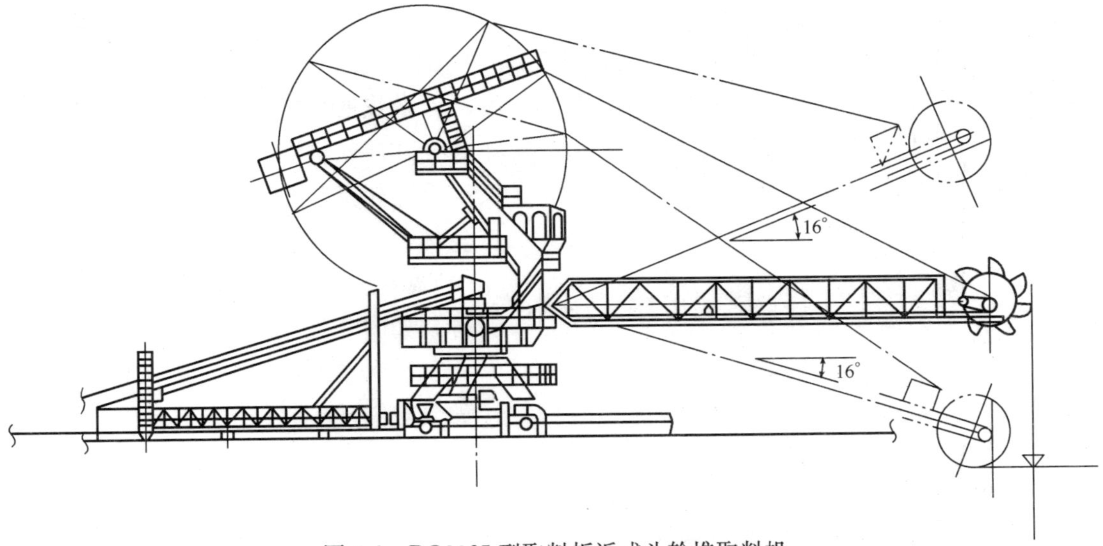

图5-2 DQ3025型取料折返式斗轮堆取料机

二、斗轮取料部分的主要结构

（一）轮体

斗轮堆取料机的取料任务主要由连续运转的斗轮（带挖煤斗子的轮体）来完成。轮体大盘周围均匀布置有8～9个挖煤斗，斗轮通过自身的回转从煤堆连续取煤，斗子的边缘均焊有耐磨的斗齿，斗子与轮体的连接方式是铰接。斗轮堆取料机可以在冬季破碎煤堆表面10cm以下的冻层煤，对于冻层较厚和被卸煤汽车压实的硬煤层，应提前和推煤机配合取料。斗齿部位磨损或凹回时，要及时修理更换，否则会加大挖煤阻力，使驱动部件负荷加大，出力下降。斗轮与驱动部件分别位于悬臂梁头部的两侧，其结构组成如图5-3所示。安装时斗

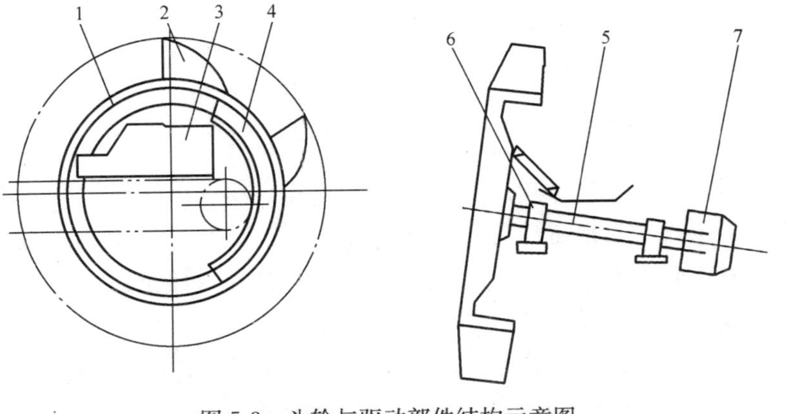

图5-3 斗轮与驱动部件结构示意图

1—斗轮体；2—斗子；3—溜料板；4—圆弧挡板；5—斗轮轴；6—轴承座；7—驱动装置

轮体圆平面与悬臂皮带中心线的夹角是4°～6°，斗轮体圆平面与垂直立面的夹角是7°～8°（安装形式如图5-4所示），使其向悬臂皮带内侧斜，这样可提高卸料速度，减少洒煤。在取料过程中，借助于溜煤板将斗轮取的煤连续不断地供给悬臂皮带输送机，以达到运行平稳、效率高、卸料快的目的。

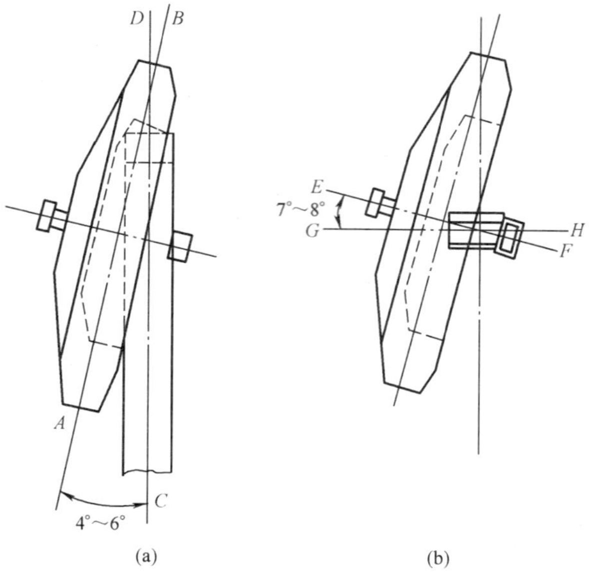

图5-4 斗轮体安装位置图

（a）斗轮与臂架安装角度；（b）斗轮体倾斜角度

挖煤取料部件只在斗轮机取料时工作，在斗轮机堆料时处于停止状态。

斗轮是斗轮机的主要工作部件，按轮体结构形式可分为无格式（开式斗轮）、有格式（闭式斗轮）和半格式三种，如图5-5所示。

三种结构形式斗轮的主要区别如下：

（1）无格式（开式）斗轮的斗子之间在轮幅方向不分格，靠侧挡板和导煤槽卸料。其特点是：

1）结构简单，质量轻，但刚度较差，由于侧挡板和导煤槽的附加摩擦，驱动功率增大。

2）开式斗轮可以采取较高的转速，提高取料出力。

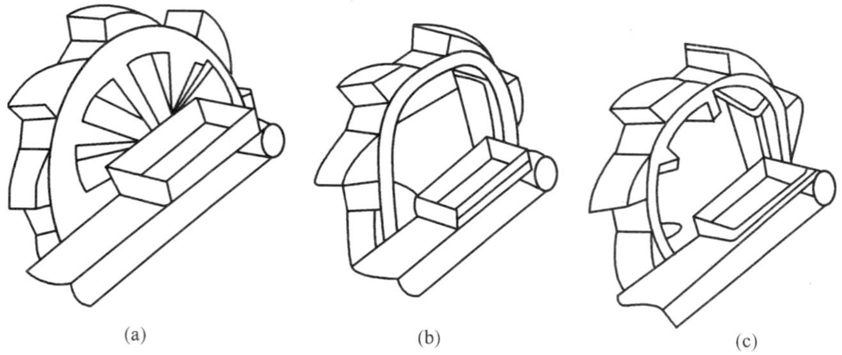

图5-5 轮体结构形式

（a）有格式；（b）无格式；（c）半格式

3）卸煤区间大，可达130°，比较容易卸黏结性高的煤。

4）便于斗轮相对于臂架作倾斜布置，使斗轮卸煤、取煤条件和臂架受力条件得到改善。

（2）有格式（闭式）斗轮与开式斗轮相反，结构较复杂，斗子之间在轮幅方向分成扇形格斗，到接近轴心点向皮带上排料，质量大，但刚度大；卸料区间小，要求转速较低，不宜于卸黏结性高的煤，不便于作倾斜配置。

（3）半格式斗轮比较适中，斗子之间在轮幅方向的扇形格斗不仅靠近轮盘圆周边沿，还靠侧挡板和导煤槽卸料，既增加了斗容，又减轻了轮体质量，较好地综合了前两种结构的优点。

电厂燃料系统采用无格式和半格式斗轮比较适用，因为电厂的煤一般较松散，水分较大，对斗轮的刚度要求较小。这两种斗轮都有溜料板和圆弧挡板，溜料板与圆弧挡板轮体、皮带输送机相接，其作用是将斗子取上来的物料平滑地落到悬臂皮带机上。溜料板的溜料面与臂架水平面成55°～60°角，溜料板用钢板制成，需要时应装耐磨衬板。圆弧挡板是安装在臂架上的一个挡料装置，其作用就是保证斗子在挖料至卸料前，物料不漏出。

有格闭式斗轮多用于矿山机械，矿山物料密度大，需要的挖掘力大，要求斗轮刚度大。

（二）斗子

斗子是直接挖取物料的装置，并将其中的物料运到卸料区。斗子要有合理的形状，以减小挖掘阻力，卸料迅速且无残留物。斗子还要有足够的强度、刚度及耐磨性，保证在工作中不撕裂、不变形。斗子由斗齿、斗刃、斗体等部分组成，按挖取物料的不同，可分为前倾型、后倾型和标准型三种，如图5-6所示。前倾型斗子多用于取煤，具有卸料快、满斗率高的特点；后倾型斗子多用于挖取密度大的物料，强度大，但满斗率低；标准型斗子介于二者之间。斗子的前部斗刃部分堆焊有耐磨层。斗齿焊接或采用机械安装于斗刃上，可改善挖掘效果，减小斗刃的磨损。

为防止因煤湿或挖取混煤粘住斗底而减少斗容，可在斗底安装链条结构装置。底部为整料铁板结构的轮斗，容易粘煤而使斗子有效容积下降，底部改用铁链拼接结构的轮斗后，无粘煤现象，适应于水分较大的煤种。

为了满足斗轮臂架回转取料的要求，斗体侧面要有一定的后角 β，见图5-6（d）。

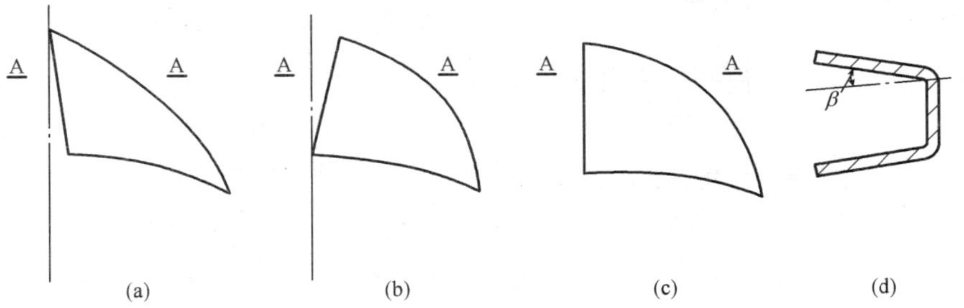

图5-6 斗子类型图

（a）前倾型斗子；（b）后倾型斗子；（c）标准型斗子；（d）A-A剖面

（三）斗轮的驱动方式

斗轮的驱动方式有液压驱动、机械驱动和机械液压联合驱动三种。

（1）斗轮液压马达驱动如图5-7所示。液压马达与斗轮大轴用花键连接，拆装比较简单，斗轮转速可实现无级调速，具有结构紧凑、质量轻和过载自保护等优点。斗轮液压驱动由专用的轴向柱塞液压泵驱动，斗轮机液压马达驱动油路如图5-8所示。有的液压马达驱动系统轴封容易漏油，给维护和检修带来很大的工作量。产生轴封漏油的主要原因：一是液压马达本身内泄量大；二是所用的骨架油封质量不好；三是泄油管路长且细，斗轮驱动马达布在悬臂皮带上的泄油管路长30m多，在油泵房将所有液压件的回油管汇到一起后经一根总管进到油箱底部，而且要随悬臂上、下俯仰，甚至在低于油箱8m处的低煤位状态运转，这就给马达的轴封增加了回油阻力，使其发生泄漏。解决此轴封容易漏油的办法：一是检修时注重提高液压马达和骨架油封的质量；二是增加一道骨架油封改成双密封；三是在液压马达的泄油管始端加装一台小型管道泵强制回油，减轻轴封压力。

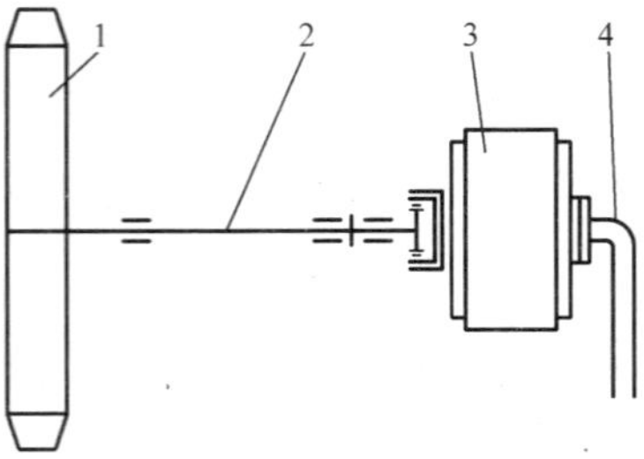

图 5-7 斗轮液压马达驱动简图
1—斗轮；2—斗轮大轴；3—液压马达；4—油管

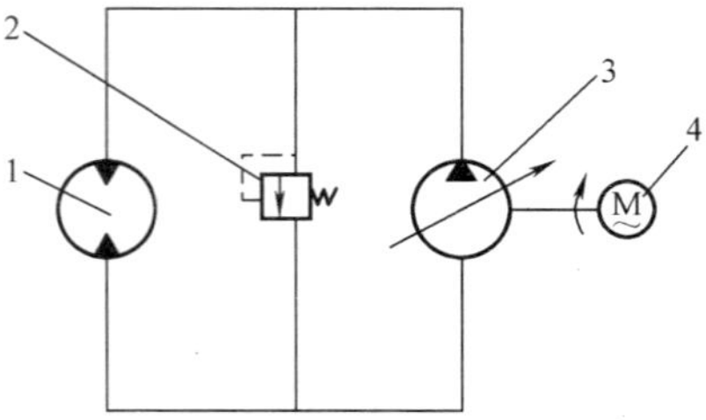

图 5-8 斗轮液压马达驱动油路简图
1—液压马达；2—溢流阀；3—油泵；4—电动机

（2）斗轮机械液压联合驱动，如图 5-9 所示。这种传动不仅具有液压传动的优点，而且传动效率较高；缺点是结构复杂，维修困难。

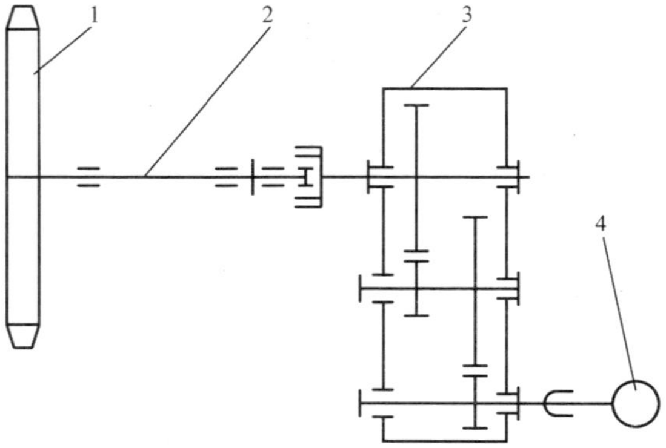

图 5-9 斗轮机械液压联合驱动简图
1—斗轮；2—斗轮轴；3—减速机；4—液压马达

（3）机械驱动是由电动机、液力耦合器、减速机进行驱动的方式。其中减速机按结构形式又分为行星减速机和平行轴减速机两种，这两种结构的第一级均采用直角传动，使电动机、液力耦合器平行于臂架布置。同时改善臂架的受力状况，增大斗轮自由切削角。行星齿轮机械驱动如图 5-10 所示。

机械驱动装有过载杆保护装置，减速机工作时产生的反力矩由杠杆及减速机壳体承受，在杠杆的端部设有限矩弹簧装置，当反力矩 M 超过额定数值的 1.5 倍时，通过弹簧变形，触动行程开关断电，使电动机停机，起到过载保护作用，限位开关应保证灵活

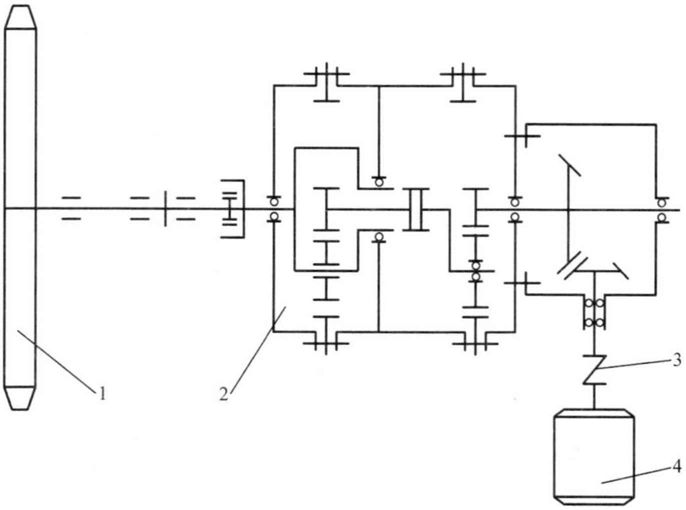

图 5-10 行星齿轮机械驱动简图
1—斗轮；2—行星减速机；3—液力耦合器；4—电动机

有效，如图 5-11 所示。

斗轮传动大轴与减速机之间多采用涨环或压缩盘连接，其优点是装拆方便，具有机械过载保护作用。

涨环结构由内环、外环、前压环、后压环、高强度螺栓组成，其结构原理如图 5-12 所示，其中内外环上布有 3～5mm 宽的缺口缝隙。其作用原理是用高强度螺栓将前、后压环收紧，通过压环的圆锥面将轴向力分解成径向力，使内、外环变形靠摩擦力传递扭矩，从而使斗轮轴、轮体（或减速机输出轴套）、涨环装置连接成一体。

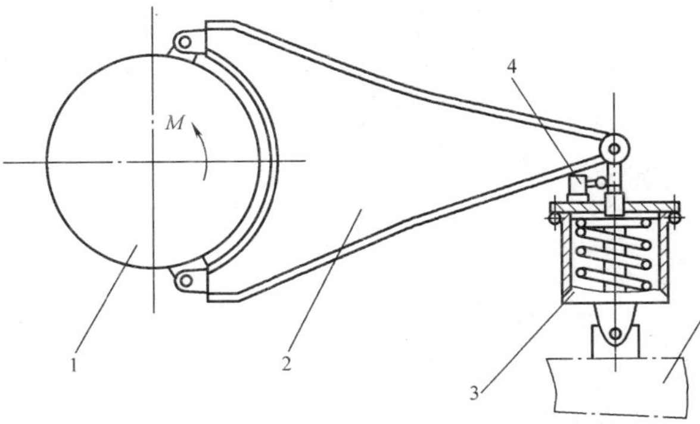

图 5-11　杠杆式过载保护装置

1—减速机；2—杠杆；3—弹簧装置；4—限位开关；5—臂架

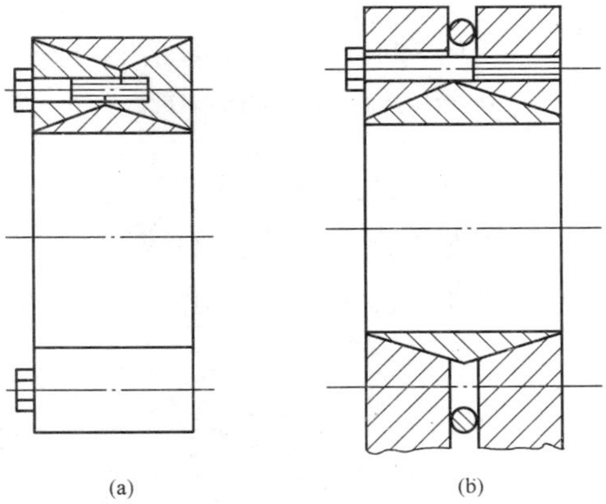

图 5-12　涨环和压缩盘结构原理图

（a）涨环结构；（b）压缩盘结构

压缩盘用于减速器空心轴与从动机轴的连接，其结构安装如图 5-13 所示，其中空心轴和内环均带有 3～5mm 宽的缺口缝隙，以备压缩收紧。压缩盘在实际使用中会发生打滑现象，为解决这一问题，在内环上按圆周均布有几条宽度为 3mm、长度为 100mm 的长槽，以增加内环的变形量，达到增大摩擦力的目的。

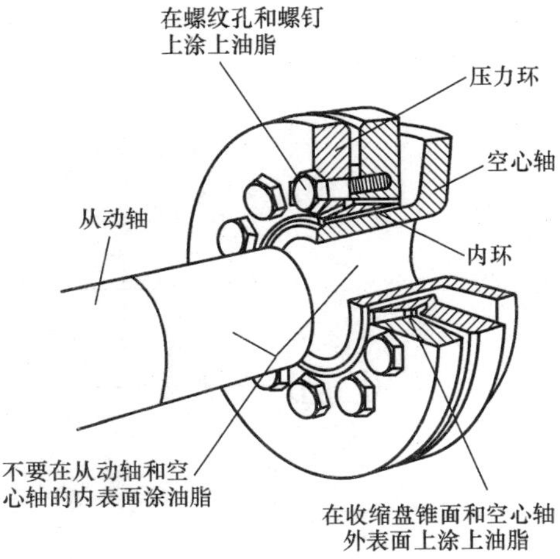

图 5-13　压缩盘结构安装图

三、回转机构

（一）回转机构的组成及驱动方式

回转驱动有液压传动和机械传动两种方式。

液压传动的回转机构结构原理如图 5-14 所示。它主要由大转盘齿轮、回转蜗轮减速箱、内曲线油马达及液压系统各部件组成，靠变量油泵实现回转速度的无级调速，具有过载自保护功能，液压系统中的缓冲阀可避免由于换向时对机械设备的冲击，保持机械的安全使用，但对使用维护人员的技术水平要求较高。

机械传动可分为行星轮传动和定轴传动。行星轮减速机传动结构原理如图 5-15 所示，它主要由电动机、制动轮联轴器、行星减速机等构成。定轴传动结构原理如图 5-16 所示，

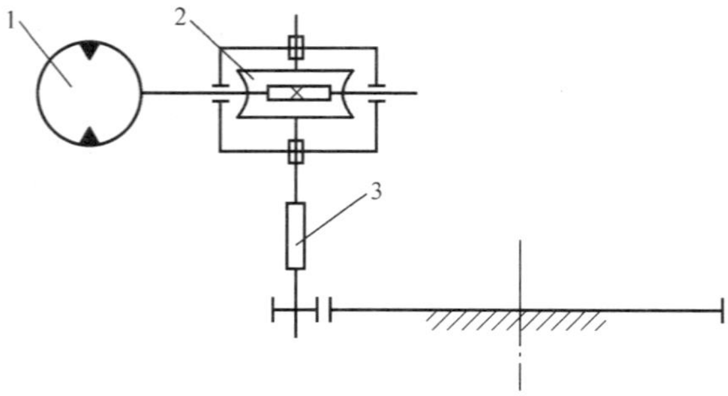

图 5-14 回转液压传动结构原理图

1—液压马达；2—蜗轮减速机；3—传动轴套

它由电动机、制动轮联轴器、圆齿轮减速机、蜗轮减速机和传动轴套构成。定轴传动结构庞大，但易于检查及更换零部件。只有堆料功能的斗轮机不要求回转速度可调；而具有取料功能的斗轮机要求回转速度的可调性，以保证取料作业中稳定的取料要求。

机械传动电动机调速主要有交流调速电动机、交流调频调速、直流电动机调速三种方式。

（二）支承装置的种类结构

回转支承装置主要是承受垂直力、水平力和倾覆力矩。根据结构形式，回转支承装置可分为滚动轴承式和台车式两类。

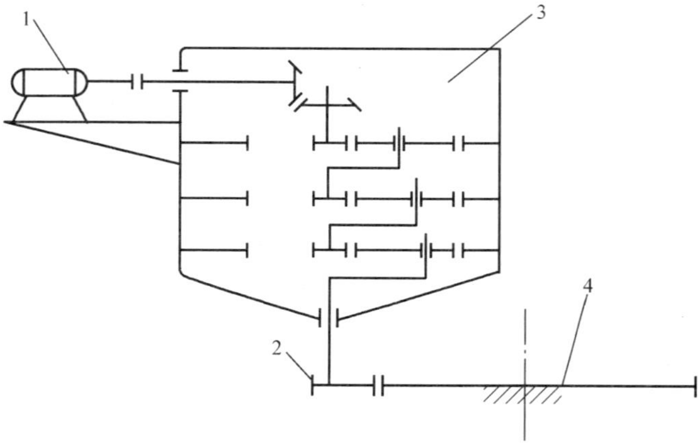

图 5-15 行星轮减速机传动结构原理图

1—电动机；2—小齿轮；3—立式减速器；4—大齿轮

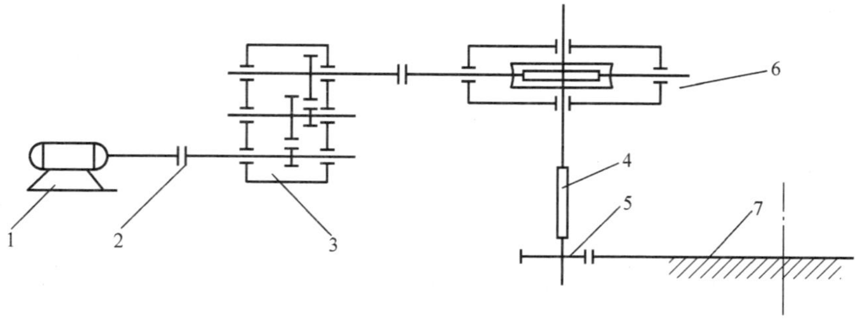

图 5-16 回转驱动定轴传动结构原理图

1—电动机；2—联轴器；3—圆柱齿轮减速机；4—传动轴套；

5—小齿轮；6—回转蜗轮减速机；7—大齿轮

（1）滚动轴承式回转支承装置主要由滚动轴承和座圈组成，滚动轴承内圈套与回转部分固定在一起，外圈与不回转部分固定。按轴承滚动体的几何形状，可分为滚珠轴承和滚柱轴承（也称滚子轴承），其结构如图 5-17 和图 5-18 所示。滚珠轴承主要用于生产能力较小的堆取料机。交叉滚柱轴承结构紧凑，相邻滚柱的轴线互相垂直，滚柱长度比直径小 1mm。回转轴承的润滑，润滑脂通过轴承上的润滑孔注入滚动体与滚道的空隙中。滚动轴承式回转支承装置应用较多，优点是结构紧凑、空间尺寸小、整机质量较轻，且允许回转部分的重心超出滚动体滚道直径，安全可靠；缺点是轴承的加工精度较高及维修更换困难。

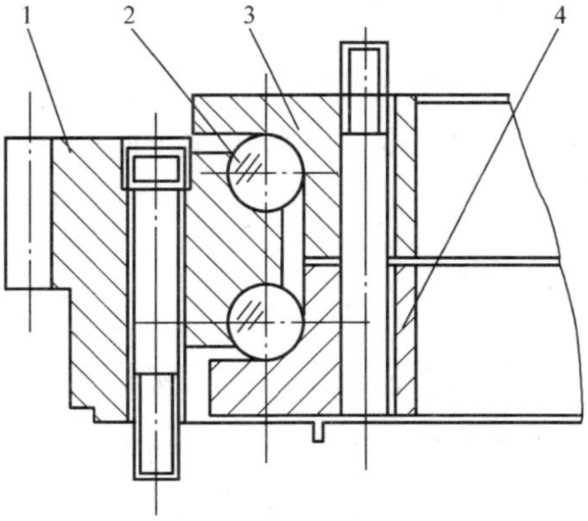

图 5-17　滚珠轴承结构示意图

1—大齿圈；2—滚珠；3—内上圈；4—内下圈

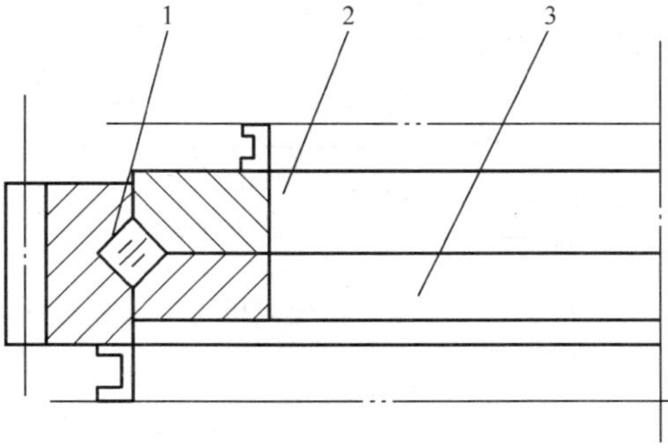

图 5-18　交叉滚柱轴承结构示意图

1—滚柱；2—内上圈；3—内下圈

（2）台车式回转支承装置主要由垂直支承和水平支承装置两大部分组成。按水平支承装置的结构形式不同，又可分为水平导轮式台车回转支承装置和转柱式台车回转支承装置，其结构如图 5-19 和图 5-20 所示。台车式回转支承装置的优点是易于维修、便于更换；缺点是占有空间尺寸较大、结构笨重、整机行走跨度大。水平导轮式台车回转支承装置的垂直支承

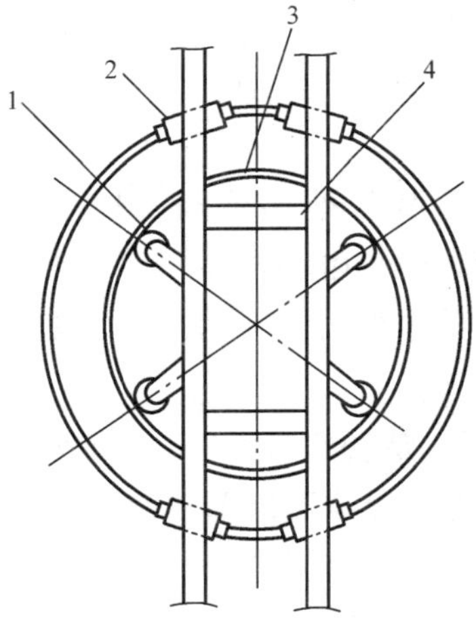

图 5-19　水平导轮式台车回转支承装置结构示意图

1—水平导轮；2—台车；3—轨道；4—回转平台

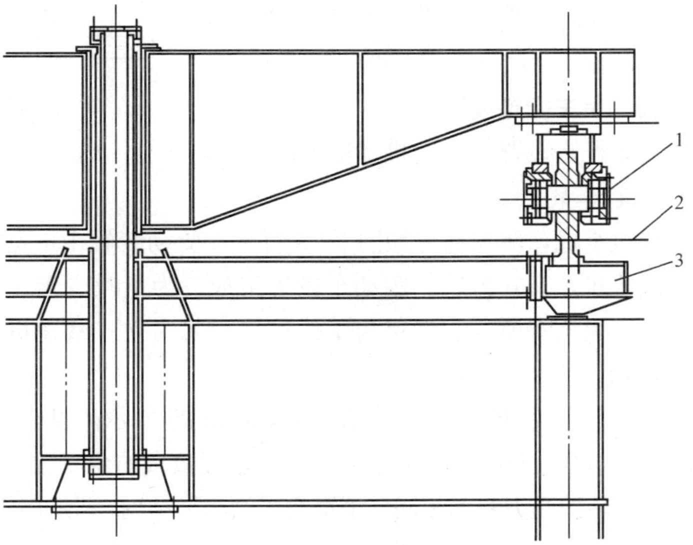

图 5-20　转柱式台车回转支承装置结构示意图

1—台车；2—滚道；3—回转座圈

装置由固定在转盘上的四组台车和固定在门座架上的圆弧形轨道组成，其水平支承装置由固定在转盘上的四个水平导轮和固定在门座架上水平圆弧轨道组成。转柱式台车回转支承装置的垂直支承装置与水平导轮式台车回转支承装置相同。其水平支承装置由固定在转盘上的转轴和固定在门座架上的轴套组成。这种装置只能用于堆料机，因为堆料机在门座架中心没有中心落料管。

四、俯仰机构

斗轮机俯仰机构由悬臂梁、配重架、变幅机构组成。俯仰变幅机构分为液压传动和机械传动两种，其结构见图 5-21 和图 5-22。

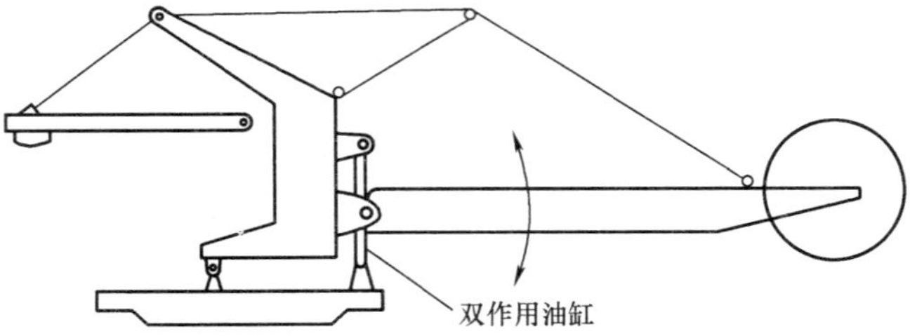

图 5-21 液压传动变幅机构结构示意图

液压传动的工作原理是以油液作为工作介质，依靠密封容积变化来传递运动，依靠油液内部的压力来传递动力。

液压传动由油缸、柱塞泵及其他液压元件组成，悬臂梁的俯仰动作靠装于转盘上的两个双作用油缸推动门柱并带动其上整个机构同时变幅，由电动机、柱塞泵、换向阀等组成的动力机构作用于油缸来完成俯仰动作。

机械传动由钢丝绳、卷扬机构、滑轮组等组成，斗轮堆取料机的悬臂梁以门柱的支撑点为轴心，通过卷扬机构、钢丝绳牵引平衡架尾部的动滑轮组带动前臂架一起实现变幅动作。

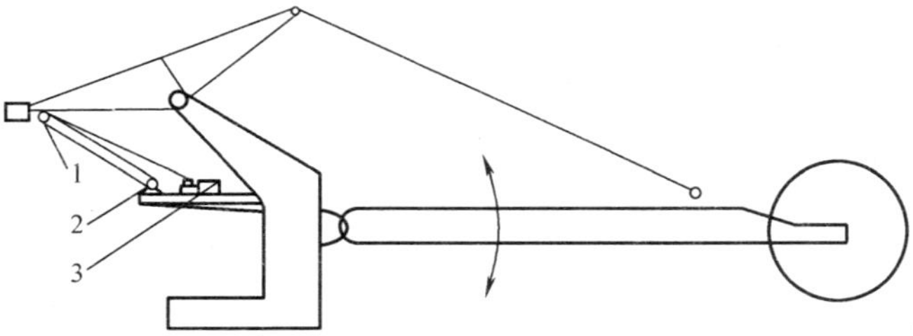

图 5-22 机械传动变幅机构结构示意图

1—动滑轮组；2—定滑轮组；3—卷扬机构

五、大车行走装置

大车行走装置由电动机和减速机、行走车轮组、制动器、夹轨器、钢轨组成，驱动部分如图 5-23 所示。驱动装置由电动机、带制动刹车的联轴器、立式三级减速机、开式齿轮、驱动车轮等组成，为了减少走车时间，驱动电动机采用双速电动机，快速为调车速度，慢速为工作速度。其中立式减速机采用油泵润滑，其润滑原理如图 5-24 所示。

大车行走轮组的结构为组合式，如图 5-25 所示。以驱动轮组、从动轮组为单元，通过平衡梁进行组合，根据轮压大小选用相应车轮数量的台车数，平衡梁与基本轮组都是铰轴连接，使每个车轮的受力基本相同。平衡梁采用箱形结构，驱动轮数一般不少于总轮数的 50%。

六、尾车的种类与结构

尾车是斗轮堆取料机堆料作业时连接地面皮带的桥梁，按功能分为固定式、通过式和折返式三大类型尾车。

1. 固定式尾车

固定式尾车的速度方向为单向运行，与地面共用一条皮带，如图5-26(a)所示。皮带

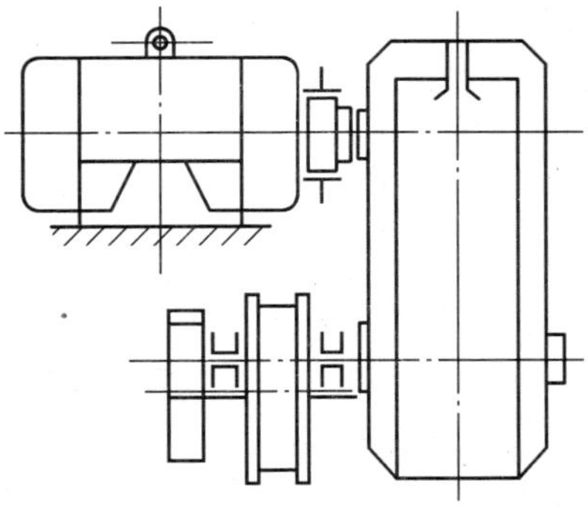

图 5-23 行车驱动装置图

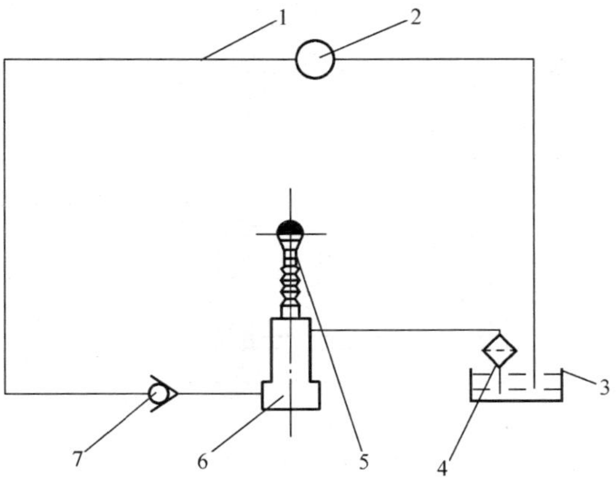

图 5-24 立式减速机润滑原理图

1—输油管；2—齿轮；3—油池；4—过滤器；
5—凸轮机构；6—柱塞泵；7—单向阀

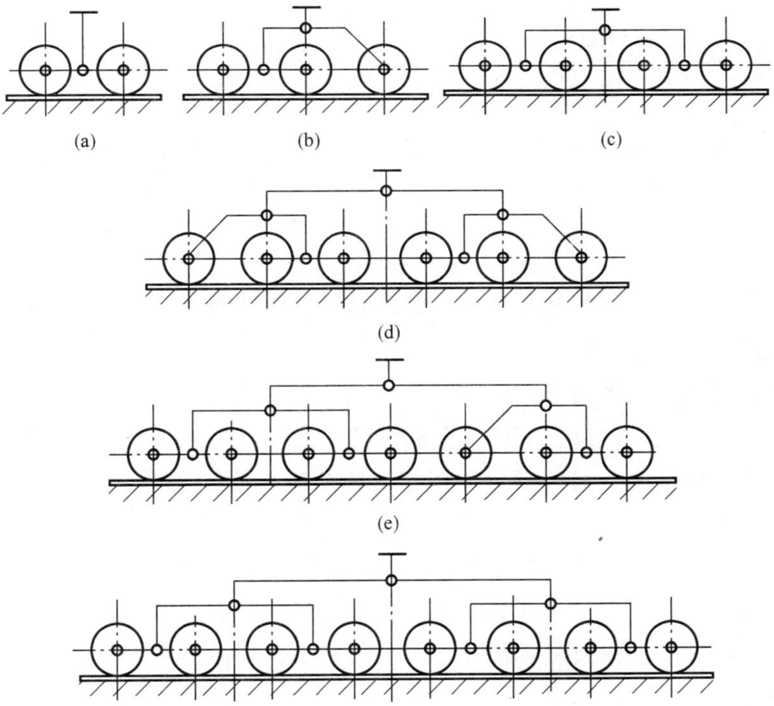

图 5-25 大车行走轮组结构示意图

(a) 双轮台车组；(b) 三轮台车组；(c) 四轮台车组；
(d) 六轮台车组；(e) 七轮台车组；(f) 八轮台车组

驱动装置设在地面皮带机上。堆料时地面皮带运来的物料经尾车落到主机悬臂机上，由悬臂皮带机抛洒到料场上，如图 5-26（b）所示。取料时斗轮取来的物料经悬臂皮带机、中心落料管落到地面皮带机上，且只能向前方输送，如图 5-26（c）所示。

2. 通过式尾车

通过式尾车分为单向通过式和双向通过式两种，单向通过式如图 5-27 所示，双向通过式如图 5-28 所示。

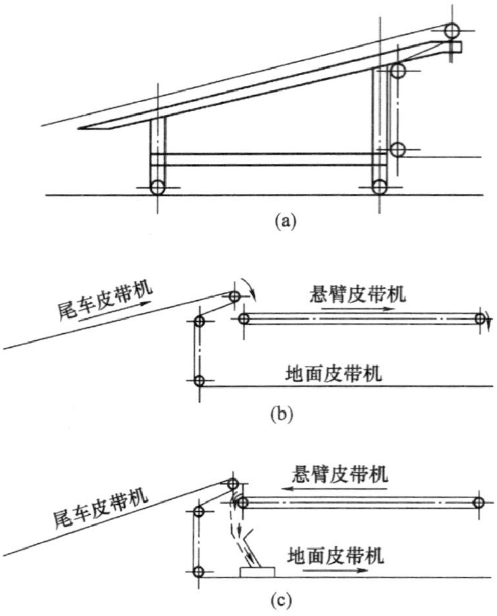

图 5-26 固定式尾车结构及功能图

(a) 固定式尾车结构；(b) 堆料作业；(c) 取料作业

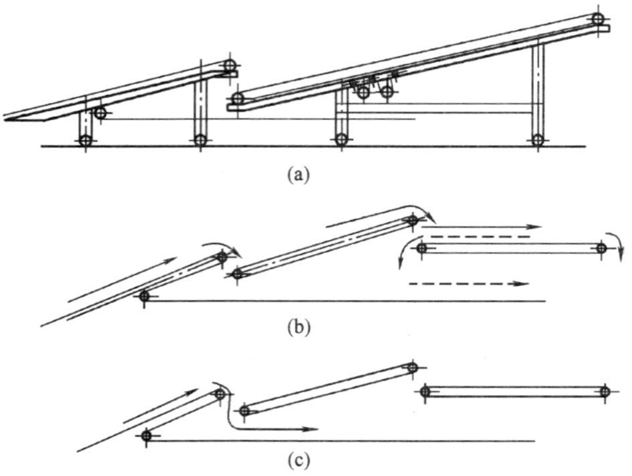

图 5-27 单向通过式尾车结构及功能

(a) 结构；(b) 堆取料原理图；(c) 通过原理图

3. 折返式尾车

折返式尾车是指堆料时物料从某方来，取料时原路返回的尾车装置。折返式尾车按结构形式可分为变幅式和交叉式两种。

(1) 变幅折返式尾车主要由可变幅的皮带机、机架、行走轮、变幅机构、挂钩等组成。折返变幅式尾车按尾车皮带机参与变幅范围的程度，又可分为半趴式和全趴式两种。半趴式仅是一部分尾车皮带机变幅，另一部分为固定，其结构如图 5-29 所示。变幅机构的结构形式可分为机械和液压两种。全趴式是全部尾车皮带机变幅，其结构如图 5-30 所示。全趴式和半趴式尾车工作原理相同，堆料时尾车皮带机头部滚筒处于最高位置，由地面皮带机输送上来的物料落到悬臂皮带机上，由悬臂皮带将物料抛洒到料场。取料时尾车皮带头部改向滚筒处于低位置，斗轮挖取的物料经悬臂皮带机、中心落料管落到尾车皮带（即地面皮带机）上，物料输向设备的后方。斗轮机变幅折返式尾车通过调整尾车的位置，来完成堆料和取料两种工作状态的切换，堆料位置时尾车上升抬高到斗轮机中心料斗上，取料时尾车下降到斗轮机中心落料管底下。尾车皮带机变换位置时，尾车与主车之间脱开挂钩，主车前进，尾车皮带机变幅，然后主车后退合上挂钩与尾车连接在一起，其操作过程可自动也可手动。从取料到堆料的操作顺序是：

1）启动尾车油泵。

2）尾车挂钩拔销。

3）大车向前行 5m，碰限位开关自停。

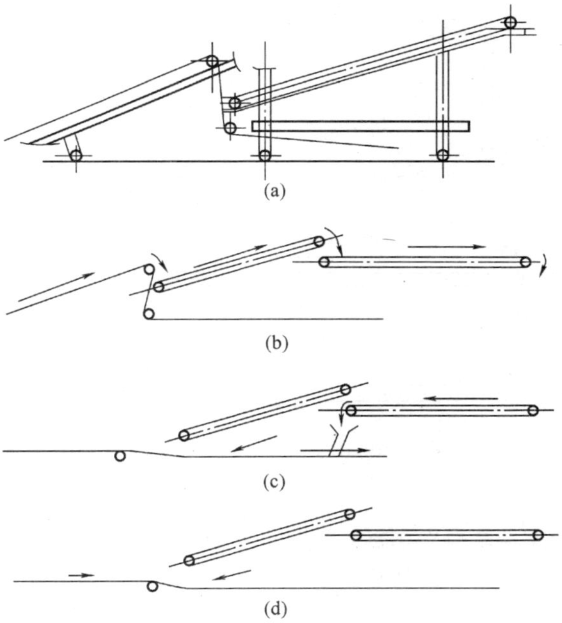

图 5-28　双向通过式尾车结构及工作原理
(a) 结构；(b) 堆料原理；(c) 取料原理；(d) 通过原理

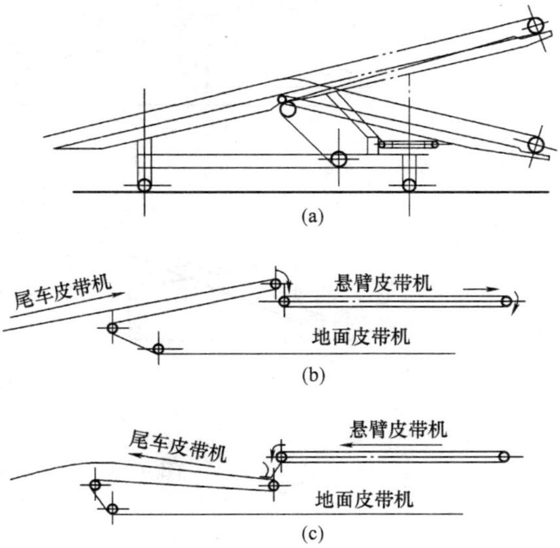

图 5-29　半趴式尾车结构及功能图
(a) 结构图；(b) 堆料图；(c) 取料图

4）尾车上升，到位后碰限位开关自停。

5）大车向后退 5m，碰限位开关停下，大车与尾车自动挂紧。

6）钩销复位，到此整个尾车上升调整结束。

取料位置时尾车下降，逆向进行上述步骤。

（2）交叉折返式尾车。其结构简图如图 5-31 所示。交叉折返式尾车主要由与地面皮带机共用的提升皮带机、落料管、具有独立驱动装置的斜升皮带机、机架和行走轮等组成。堆料时，地面皮带机输送来的物料经提升皮带机及落料管落到斜升皮带机上，再经斜升皮带机和主机的悬臂皮带机将物料抛洒到料场上；取料时，斗轮挖取的物料经悬臂皮带机和中心落料管落到地面皮带机上，由地面皮带机运往主机的前方。

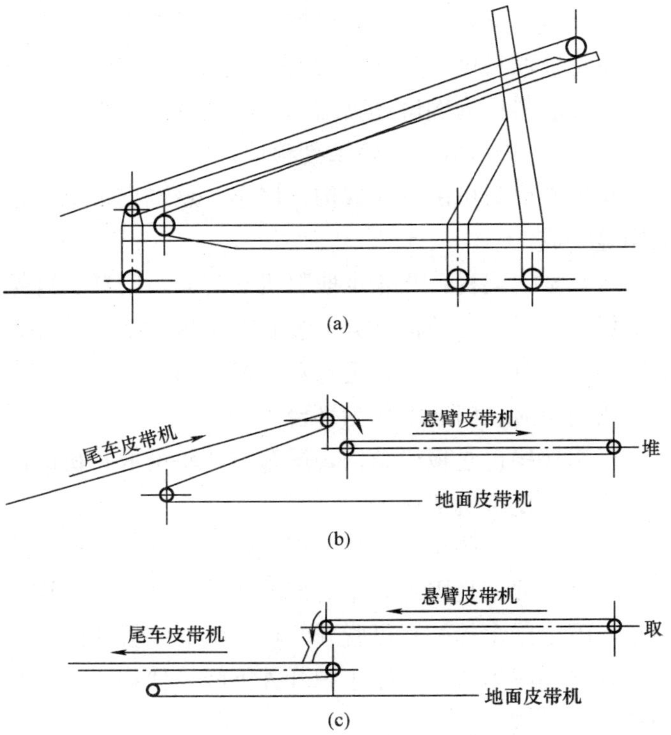

图 5-30　全趴式尾车结构及功能图
(a) 结构图；(b) 堆料图；(c) 取料图

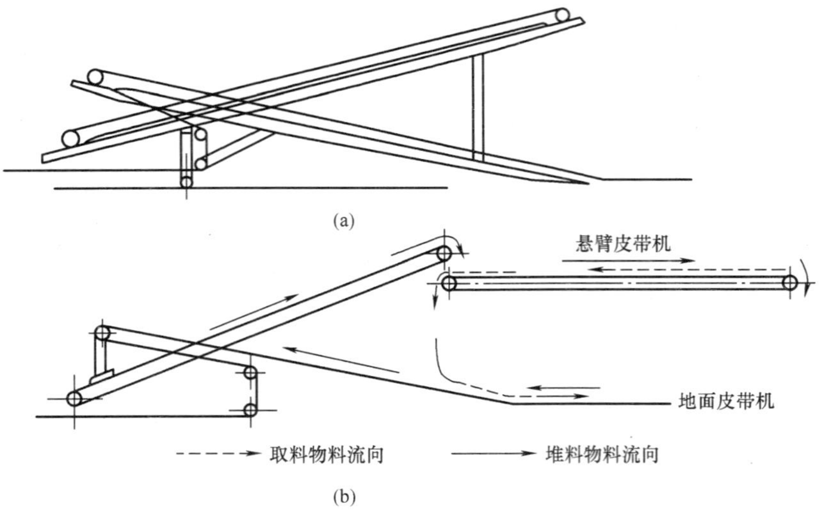

图 5-31 交叉折返式尾车结构及功能图
（a）结构示意图；（b）工作原理功能图

第二节 悬臂式斗轮堆取料机的微机集中单控

一、概述

斗轮堆取料机是一种挖取和堆存煤炭、矿石、砂石等松散物料的重型高效率机械。它有连续运转的斗轮，并有回转、俯仰、行走等机构，组成一个完整的工作体系。近10多年来，大、中型电厂竞相采用这种机械，使煤场的机械化程度有所提高。

斗轮堆取料机主要分两大类，即悬臂式和门式斗轮堆取料机。现以DQL1200/1600・30型斗轮堆取料机为例讲述其结构、控制及运行维护。

（一）斗轮堆取料机的主要构成

斗轮堆取料机由金属架构、尾车、悬臂皮带机、行走机构、斗轮机构、回转机构、变幅机构等组成。

（1）金属架构：斗轮堆取料机的门架、门柱、臂架、尾车均采用箱体结构形式。门柱是用钢板焊接成箱形结构，其上装有悬臂板梁架，后部装有配重箱架，其间采用铰接。四支腿形门架下部分别装四组行走轮对，两组为主动轮对，由台车上的驱动装置驱动行走，另外两组为从动轮对。门架上部为平台。

尾车架构也是板梁结构，尾车与斗轮堆取料机的门架之间采用车钩连接。当斗轮机取料时，尾车上皮带机架落下。

（2）尾车：尾车由两部分组成，一部分与主机相连，具有独立的皮带机系统，称为固定尾车，另一部分是固定尾车后部的活动小尾车，是连接斗轮堆取料机与料场皮带的桥梁，小尾车与固定尾车的一套可脱开并可升降的装置相连。当物料不需上机而直接向前输送时，脱开装置将小尾车与固定尾车脱开并下降，使物料通过小尾车直接向前或向后输送，从而实现物料双向通过。

（3）悬臂皮带机：悬臂皮带机位于悬臂板梁架构之上，是斗轮堆取料机堆料和取料的桥梁。悬臂皮带输送机正转运行时，可以将进料皮带输送机运来的煤通过其头部抛洒到煤场里；当斗轮从煤场中取煤时，悬臂皮带输送机反转运行，将斗轮取到的煤经其尾部的落煤管落到煤场露天皮带输送机上将煤运走。

（4）行走机构：行走机构位于门座下部，由两组前驱动台车和两组后驱动台车组成。驱动台车上装有双速电动机，通过制动联轴器、立式减速机、开式齿轮驱动行走轮实现大车行走。斗轮堆取料机在不进行堆取料作业时，空车行走速度可达 30m/min；而在堆取料作业时行走速度为 7m/min。

（5）斗轮机构：斗轮机构位于臂架前端，由斗轮、圆弧挡板、溜煤板、斗轮轴及斗轮驱动装置（包括行星减速机或液压马达）、电动机等组成。

斗轮采用半开式结构，其边缘均焊有耐磨的斗齿（或牙），可以在冬季破碎煤堆不大于100mm的冻层取煤。当物料被转动的斗轮挖取后，被提升的物料越过圆弧挡板，靠自重落入固定的溜煤槽板并滑向悬臂皮带机上被送出。斗轮的斗子一般为 8 个，斗轮转速可达 6.9r/min。

（6）回转机构：回转机构位于门柱与门座之间，由电磁调速电动机（或采用变频调速）、行星减速机、大齿圈、交叉滚子轴承等组成。它的回转速度可达 0.087～0.174r/min，回转角度左右各 100°。

交叉滚子轴承采用全封闭式密封，润滑油脂可用手动泵（或其他形式）集中润滑。

（7）变幅机构：变幅机构位于平衡架平台上，由电动机、减速机、卷筒及钢丝绳等组成（也可由液压马达来驱动）。它通过门柱上端的定滑轮组和前臂架支架上端的动滑轮组来牵动臂架，实现±15°的变幅作业。堆料高度为轨道平面以上 12.5m；取料高度为轨道平面以上 12.5m，轨道平面以下 1.5m。

（8）司机室及电气室：司机室位于门柱侧面，室内设有控制全机各种动作的电气操纵台、各种安全指示灯及机上照明开关。同时司机室内还配有各主要电动机的工作电流表及各种位置信号灯等，并设有空调设备，可根据需要调节室内温度。

一般在固定尾车平台和平衡架平台上均设有电气室，这样可以使集中控制维修更加方便。

（9）电缆卷筒装置：电缆卷筒分动力电缆卷筒和控制电缆卷筒，分别位于固定尾车平台两侧。电缆卷筒由电缆、卷盘、减速器、力矩电动机、调压器组成。当大车行走时，电缆卷筒即时行卷或放缆作业。卷缆时卷盘通过力矩电动机将电缆卷起；放缆时力矩电动机不工作，由卷盘克服制动力矩自然铺放电缆。

（二）斗轮堆取料机的运行方式

斗轮堆取料机的运行方式有两种，即取料作业和堆料作业。

1. 堆料

（1）回转堆料法。机器不行走，前臂架回转堆料。一次完毕后，机器后退行走一段距离，前臂架反回转堆料。如此往复下去，堆完第一层。然后，前臂架升高一定高度进行第二层堆料。如此循环，直到堆到需要高度，见图 5-32。

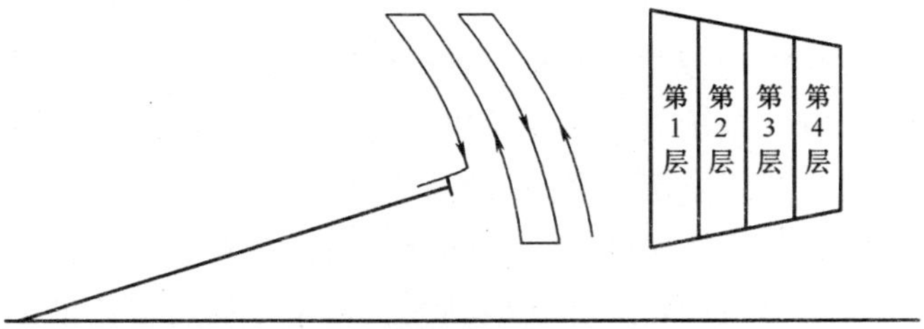

图 5-32　回转堆料法

（2）行走堆料法。前臂架固定于某一角度和高度，机器行走堆料到位后，将前臂架转到另一角度再回行堆料。如此往复进行。此种堆料方式机器振动大，行走功率消耗也大，不推荐采用。

（3）定点堆料法。前臂架固定于某一角度和高度堆料，待物料距臂架一定高度后，臂架升高一定高度，继续堆料，直至达到要求高度。然后，臂架回转一定角度重复上述动作，直至堆满料场。堆料时应注意填满峰谷（见图5-33），以便提高取料的工作效率。此种堆料方式能耗低，且司机劳动强度低，一般多采用定点堆料法。

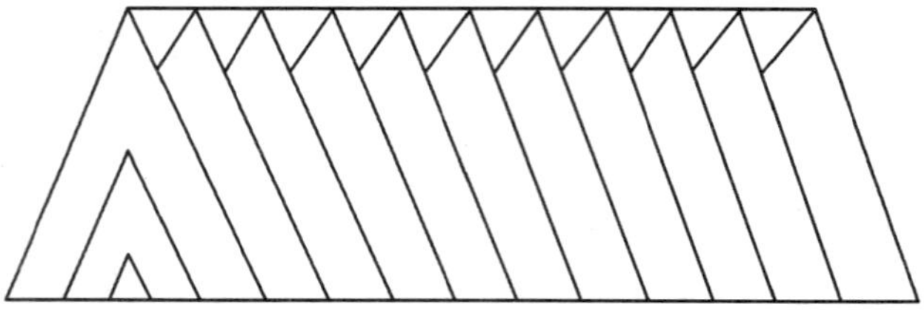

图5-33 定点堆料法示意图

2. 取料

取料作业时，随着臂架的回转，斗轮切割物料的俯视投影截面为一月牙形，在回转速度不变的情况下，斗子中的物料逐渐随月牙而减少，因此取料范围推荐控制在60°以内（臂架与轨道中心的夹角）。为了减少月牙损失，一般多采用1cosϕ进给方法进行补偿。

（1）水平全层取料法。将臂架调整到一定取料高度，由轨道侧开始回转取料，回转至60°，大车行走一个吃料深度，臂架再反向回转取料，往复进行上述动作，当取完第一层料后，臂架下降一个斗轮半径的吃料深度，依次进行以下各层的取料。整个程序可以手动，也可以由微机控制自动完成，见图5-34。

（2）斜坡层取料法。该方法是斗轮沿料堆的斜坡方向，随着臂架往复回转，自上而下地挖取物料。臂架每回转一次，大车就后退一段距离，同时斗轮下降一定高度继续回转吃料，直至取到料堆底部，见图5-35。

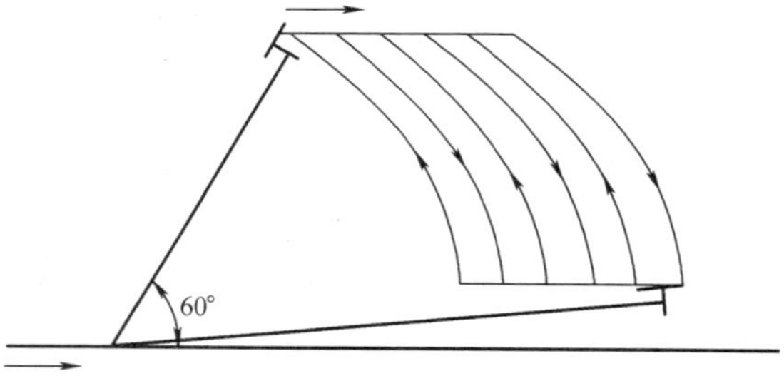

图5-34 水平全层取料法示意图

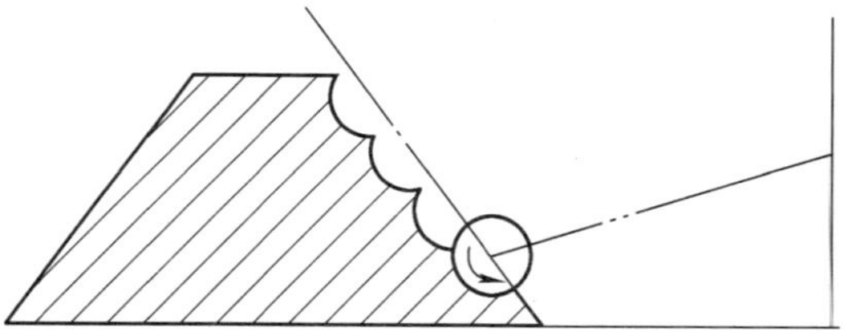

图5-35 斜坡层取料法示意图

二、微机集中手动控制

（一）概述

斗轮机的控制一般有三种操作方式，即机侧就地操作、集中手动操作和自动操作。相对于输煤电气系统而言，斗轮机的电气控制系统有以下特点：

（1）自成系统，相对独立；

（2）各机构协调运行，同台设备控制对象多；

（3）电气设备工作在振动大、粉尘多的恶劣环境下。

20世纪80年代中期以后，作为把计算机技术和自动化技术融为一体的新一代工业控制器，可编程序控制器（Programmable Controller，简称 PC）具有耐恶劣的工业环境、抗干扰能力强、硬件配置灵活、组态方便、易于编程等优点，被越来越多的设计人员移植到斗轮堆取料机的控制系统中，将其作为整个控制系统的核心装置。

目前，世界上有许多生产 PC 的厂家，大型 PC 市场主要由欧美产品占领，如德国西门子公司，美国的 AB 公司、GE 公司、Modicon 公司，法国的 TE 公司等；而中小型 PC 市场主要由日本的产品占领，如三菱、日立、东芝、OMRON 等。我国目前主要采用进口产品。

（二）PC 的硬件结构及一般知识

PC 的硬件结构一般分为模块式和一体式两种。模块式可以根据控制系统的不同要求自由拼装组成，大中型的 PC 都采用模块式，这样就能组成一个最经济的系统。而一体式的 PC，包括电源、CPU、I/O 都在一个机器上，以便于在现场的安装，如果需要还可以进行扩展，因此一般小型 PC 采用一体式，能组成一个最小的系统。

PC 的基本结构如图 5-36 所示。它主要由中央处理机（CPU）、输入模块、输出模块、电源、编程器及外部设备几个部分组成。来自现场设备的输入信号（如开关、按钮、仪表信号等），经输入模块（对输入信号进行电平转换及隔离）读入 CPU，再由用户程序（在系统程序管理下）解读。这些程序是由一系列的指令组成的，包括逻辑运算、算术运算、定时、计数、比较、数据传送、存取及转换等。完成用户程序中规定的控制任务，并按照输入和输出信号进行逻辑判断，用其结果来驱动输出模块（对输出信号进行电压和电流转换及隔离）控制继电器、电磁阀或电动机等，完成生产过程及工艺流程的控制。

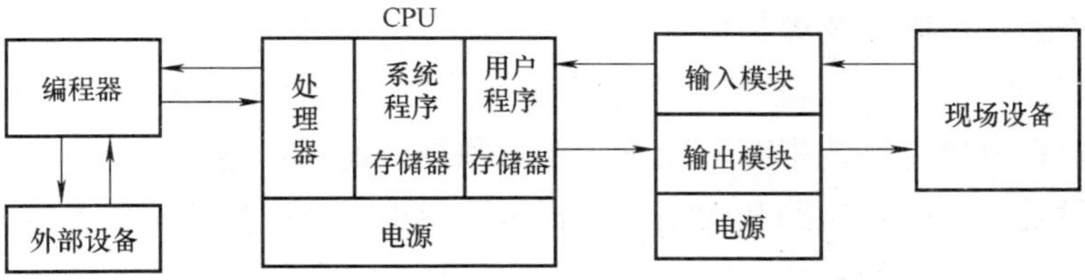

图 5-36 PC 的基本结构框图

对一体式 PC 来讲，所有的东西都在一台机器上，根据控制要求编制用户程序后就能进行工作。

模块式 PC 将上述结构分解成各种不同的模块。实际应用时，必须将模块根据要求拼装成一个完整的系统，才能进行工作，具体包括下列模块：

（1）底板或框架：提供系统总线及模块的安装。

（2）电源：提供整个系统的内部电源。

（3）CPU 模块：包括 CPU、系统 ROM、工作 RAM 等，有时工作 RAM 也可能是一个单独模块。

（4）开关量输入模块：有直流和交流两大类。

（5）开关量输出模块：有直流、交流和继电器三大类。

（6）模拟量输入模块：有电流和电压两大类。

（7）模拟量输出模块：有电流和电压两大类。

I/O 模块中还包括许多智能模块，如高速计数器模块、位置控制模块、温度传感器模块、温度控制模块和通信模块等。

（三）斗轮堆取料机的连锁及控制顺序

斗轮堆取料机作为电厂的大型设备，在其控制顺序上有一定的要求，即控制顺序和连锁关系。例如，取料作业时，只有当得到系统皮带已启动信号后，才能启动悬臂皮带及斗轮；否则悬臂皮带和斗轮将启动不了。斗轮堆取料机各部分之间的连锁关系也很多，如夹轨器未放松，则行走控制回路不能启动等。上述的连锁关系都是由电气继电器系统或PC内部逻辑实现的。对斗轮堆取料机司机来说，加强对这些概念的了解及实际操作都是非常重要的。

（四）斗轮堆取料机的供电系统

1. 供电方式

斗轮堆取料机这种大型移动设备的供电系统是十分重要的部分，运行操作人员应熟悉和掌握这个系统。目前大型的斗轮堆取料机多采用电缆卷筒供电方式。

电缆卷筒供电是采用高度灵活的拖拽电缆和电动电缆盘通过滑环的接触进行输电，为使电缆从两侧引出，通过带导向盘的中央进缆装置导出电缆端头。

电缆卷筒供电方式适用于高压（50Hz 3kV或50Hz 6kV）或低压（AC380V 50Hz）供电系统。在采用高压供电电源时，能减少线路的电压降，以提高用电终端的电源质量，保证设备在各种条件下都能正常启动和运行。这种供电方式中，对电缆卷筒驱动电动机的控制是一个很关键的环节。在斗轮堆取料机上采用力矩电动机作为卷筒的驱动电动机。从神头第二发电厂两台斗轮堆取料机使用的电缆卷筒（50Hz 6kV）的供电方式来看，其使用效果良好，但应在行走轮的前后位置安装清轨器，以防电缆被压断。另外，在电缆的中间转折处其电缆外层应加装防护套，以防电缆磨损接地。

2. 供电系统的保护

在斗轮堆取料机供电系统中有可能发生故障和异常情况，输电线路、变压器和回转电动机的最常见故障是单相接地短路和两相及三相短路，也可能发生线路的断线和系统中一处或几处同时接地而引起的相间短路。对于变压器和回转电动机而言，还可能发生同一相内的匝间短路。异常工作可能使电能质量变差，甚至损坏电气设备。其主要形式之一为过载而引起的过电流，此种情况下虽然该元件并无故障，但电流却超过其额定值，从而使元件的载流部分过度发热，加速绝缘物质的老化直至损坏。因此为避免破坏电气设备的正常工作，必须将故障元件断开，诸如可使用熔断器、自动空气开关和继电保护装置等。

3. 总电源控制原理

总电源控制由刀闸、自动空气开关和显示仪表等部分组成，它为各电动机、控制回路、检修回路、照明回路提供电源。它提供了整个斗轮堆取料机的电源，总电源控制原理见图5-37。

图5-37中刀开关QK，型号为HDB-1500/315，为中央正面杠杆操动机构，用以切断主电源回路，起到明显的隔离作用。自动空气开关Q，型号为DW10-1500/3（此种开关现已不多用），操动机构采用电动机（交流）合闸，具有过载、短路和失压保护的功能。

（1）通电：闭合刀开关QK，在操纵台上按下手动合闸按钮SB，主铜母排A1、B1、C1获电，为各电动机及控制回路提供电源。

（2）断电：在操纵台上按下手动按钮TA，分励脱扣线圈获电，使自动空气开关断开，停止对整个系统的供电。

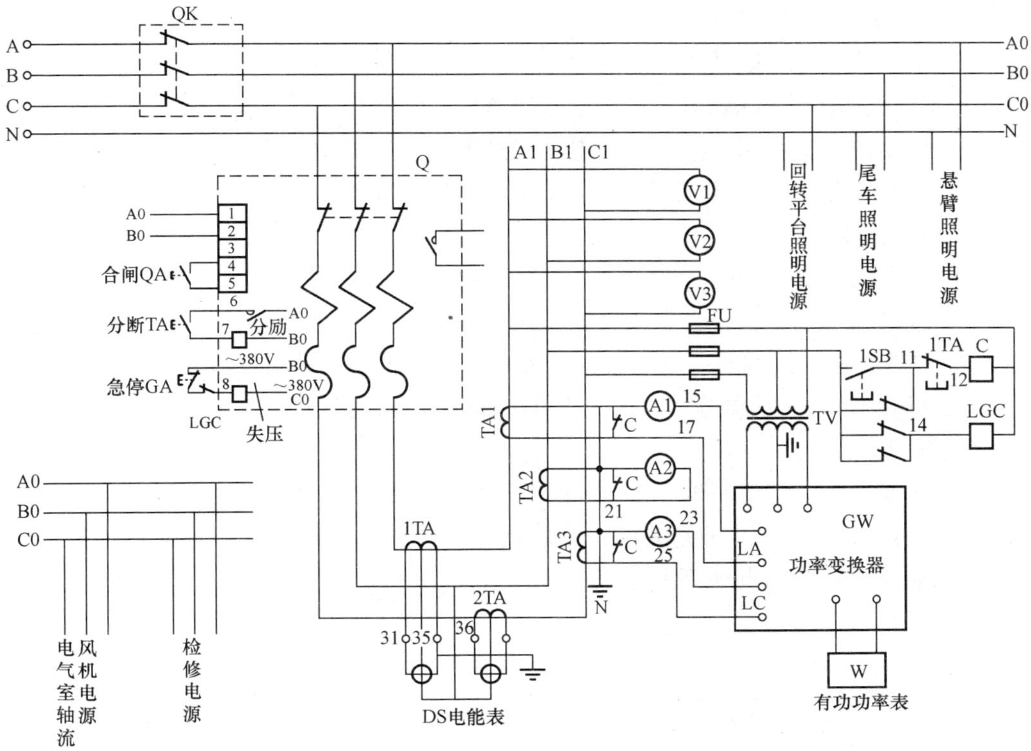

图 5-37　总电源控制原理图

(3) 急停：在系统或单机发生紧急故障时，按下安装在操纵台上的手动按钮 GA，失压脱扣线圈断电并快速掉闸，整机立即紧急停电。

为随时监测斗轮堆取料机是否处于正常工作状态，在总电源控制屏上配备有交流电压表，可显示各线电压；交流电流表，显示线电流和有功功率表。有功功率表为磁电系内磁式结构，故配有相应的变换器，变换器经电流互感器和电压互感器接入主铜母排；另外为测量单相和三相电路的有功电能，配有三相三线有功电能表，接入方式为经电流互感器接入式。

(五) 斗轮堆取料机的取料和堆料操作

根据本节前面所讲的斗轮堆取料机的三种堆料法和两种取料法，斗轮堆取料机司机接到集控室值班员发来的堆料或取料指令后即可进行有关操作。

需要注意的是，斗轮堆取料机司机在选择堆料或取料的具体作业方式时，应根据储煤场的存煤情况进行合适的选择。例如取料时，一般先用手动操作的方法将煤场大体的取平，然后再选择集中半自动微机操作的运行方式。

在取料作业时，斗轮堆取料机司机还要尽量避免将“三块”(大块、木块、铁块) 取上。根据系统要求，在发现超过规定尺寸的“三块”落入悬臂皮带后，要及时将悬臂皮带停下，人工将“三块”取下，以防止“三块”对系统设备的损坏。此外，司机还应注意电缆卷筒的卷放情况，防止大车压断电缆。

三、集中半自动微机程序控制

用 PC 控制的斗轮堆取料机具有生产效率高、连续作业、节约劳动力及改善劳动条件等特点。本节介绍一台用 PC 控制的堆取料机实例，采用 OMRON 公司的 C 系列 PC-C200H

型PC机进行自动堆取料控制。机上设有走行位置检测器、悬臂回转角度及俯仰角度检测器。对走行电动机、斗轮电动机、俯仰电动机、悬臂皮带电动机、回转电动机及卷筒的控制等全部由PC的输出模块OA221（可控硅输出单元）直接控制交流接触器。该系统实际上是一个开关量控制的位置系统。悬臂回转电动机经电磁调速电动机进行调速，由回转角度检测器输出模拟信号，经1/cosϕ装置调节电磁调速电动机的旋转速度。

该系统实现了用PC机取代继电器的逻辑控制。机上操作方式分为手动集中操作和自动PC机操作，手动集中操作和自动PC机操作全部通过PC执行；而机侧操作不通过PC，只保留很少的继电器控制，供设备检修及试车用。本机实装I/O近200点，全部控制输出用交流220V模块直接驱动接触器。对于拨码开关输入，位置输入等用直流24V I/O模块，而各种信号指示灯和LED显示器等用直流12V I/O模块。机上和集中控制室经滑环通过I/O模块进行通信联系。

根据工艺要求，自动堆料时可选择自动回转堆料法或自动定点堆料两种方式。在堆料前，要通过操作台上的拨码开关进行有关数据设定，如前进终点、后退终点、走行点动距离、回转点动距离和俯仰点动距离的设定等。图5-38所示为自动回转堆料的逻辑框图。

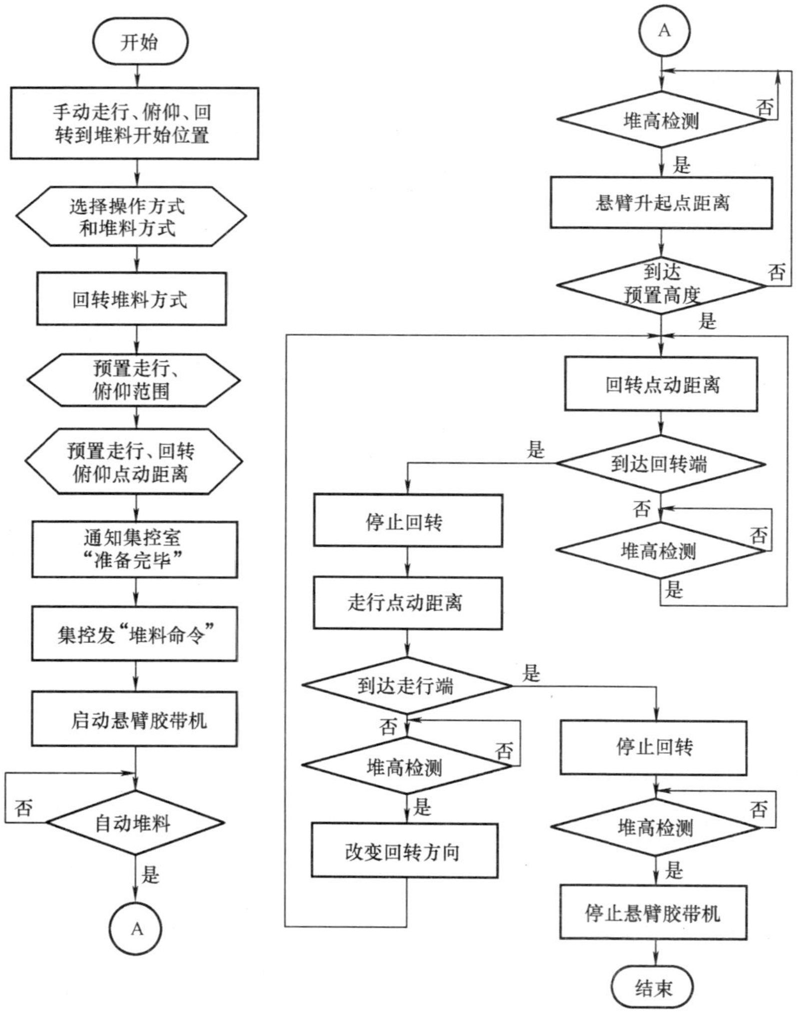

图5-38 自动回转堆料逻辑框图

自动取料时，则要在操作台上事先预置循环次数和走行点动距离，以及设定自动回转角度范围。图 5-39 所示为半自动水平全层取料逻辑框图。

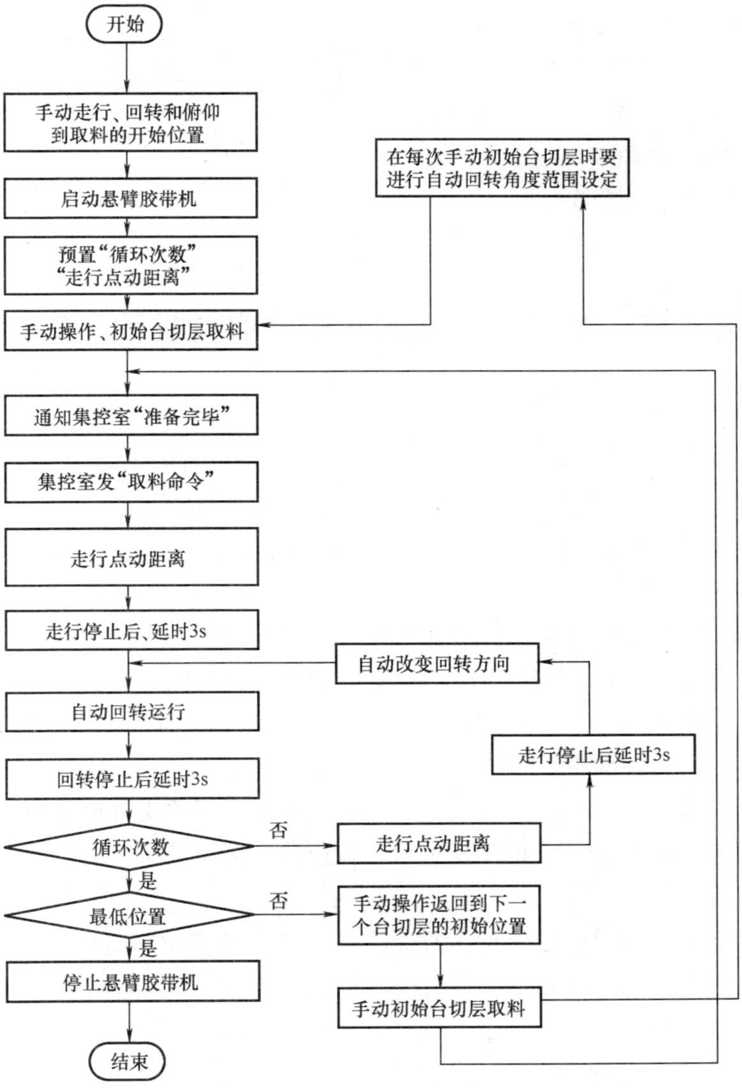

图 5-39 半自动水平全层取料逻辑框图

四、集中半自动微机程序控制的基本要求

（一）煤场条件

在进行集中半自动微机程序堆料或取料时，煤场工作区域内不应有行走的各种车辆（如运煤车或推煤机等），煤场本身较为平整。半自动取料时，在工作区域内煤场的起伏峰谷高度差宜在 1m 以下；否则，要首先由手动操作来取平煤场，然后才可投入半自动操作方式。

（二）对外围信号的要求

斗轮堆取料机在进行集中半自动微机程序控制时，对各种限位开关（如回转限位开关、俯仰限位开关、行走限位开关、尾车升降限位开关等）、物料传感器、俯仰角度检测器、回转角度检测器、行走位置检测器等装置有较严格的要求，因为这些设备的运行状态决定了集中半自动微机程序控制方式能否正常投入，所以必须保持其100%的完好。

（三）操作注意事项

斗轮堆取料机在进行集中半自动微机程序运行时，操作人员应注意以下事项：

（1）煤场内的行走车辆；

（2）煤场的平整程度；

（3）外围信号的运行情况；

（4）煤场的“三块”（大块、木块、铁块）情况等。

第三节 某电厂悬臂式斗轮堆取料机改造实例

一、悬臂式斗轮堆取料机的结构

根据某电厂要求，对原斗轮堆取料机进行改造，使原设备的半趴尾车改造成具有折返及通过功能的主、副式尾车，同时对原设备电气进行改造，改造后设备应保证原设备的生产能力。改造范围及技术方案如下。

（一）机械部分

设计制造一部全新的全功能主、副双尾车，见图5-40。尾车的上部为固定尾车，为主尾车；下半部为活动式尾车，为副尾车。为减小取料的物料从悬臂皮带机通过中心料斗下落到地面皮带机上时的冲击，对原中心料斗进行改造，并增加缓冲床。

1. 全功能（主、副）双尾车的结构

（1）主尾车皮带机（一套），是机上一套独立的单向运行的皮带机系统，包括：

1）皮带机驱动装置一套，含电动机一台、减速器一台（带逆止器）、液力耦合器及驱动装置底座等。

2）皮带机配件，含驱动滚筒一件，改向滚筒三件，重锤拉紧装置一套，缓冲托辊，调心托辊，上、下托辊，输送胶带，内、外清扫器及尾车漏斗，皮带跑偏、拉绳开关等。

（2）副尾车与料场系统连接为一体。副尾车的皮带不带驱动装置，该系统与料场皮带系统串联为一体。含改向滚筒两件、调心托辊、上托辊、清扫器及尾车漏斗等。

（3）副尾车变换装置的液压驱动装置一套，含油缸两只、液压动力站一套，元器件为国产优质产品。

（4）尾车的钢结构件、支腿、车轮等，其他与原设备相连接的结构。

（5）行走电机改为专用变频电机，并自带独立风扇。

2. 全功能主、副双尾车的特点

（1）本机尾车属于主、副尾车折返、通过式，适用于双向料场的工艺要求。它由主尾车、主尾车皮带机、副尾车、副尾车变换机构、从动车轮组、橡胶缓冲器、牵引杆等组成。主尾车为固定式，其上备有独立驱动的主尾车皮带机，用于向料场堆料转载。副尾车是可变位的，串接在料场皮带之中，通过变位机构中的油缸和液压系统工作。使副尾车架带动料场皮带上升或下降，从而改变副尾车的工作状态，实现主机的堆料或取料运转及直通的功能要求。

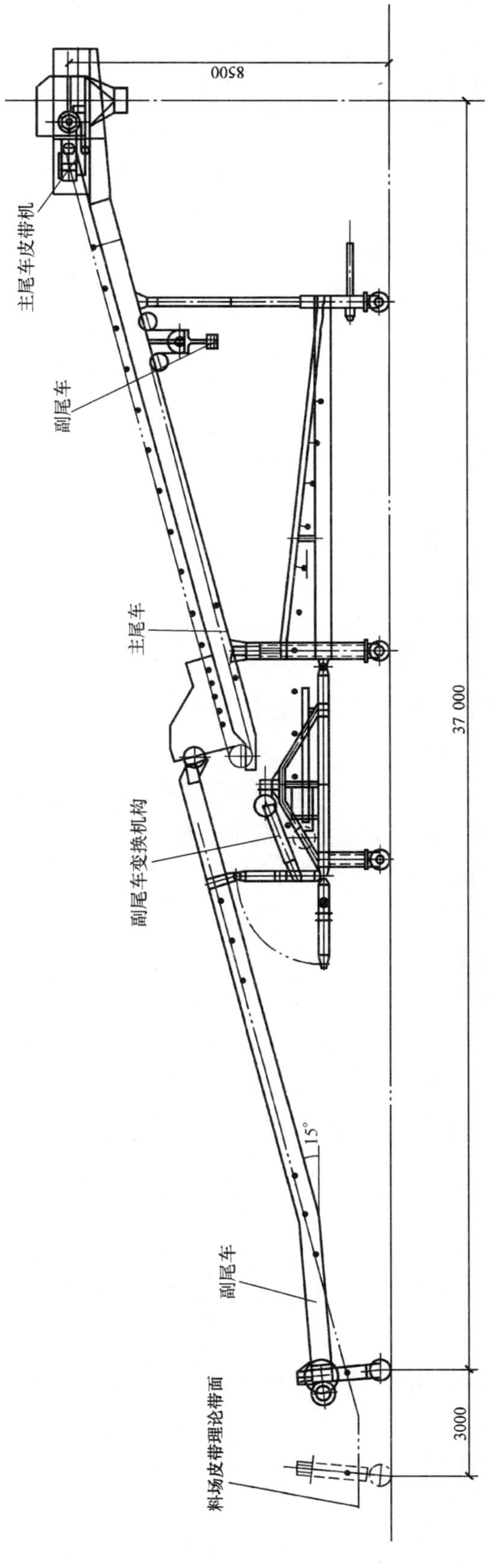

图 5-40 主、副折返式双尾车

(2) 主尾车皮带机。主尾车皮带机安装在主尾车上，是单向驱动的皮带机。其驱动装置由电动机、制动器和带有空心轴的硬齿面减速器组成。减速器驱动装置侧置套挂在传动滚筒上。电动机机座通过铰接支承连接在主尾车机架上，尾部为改向滚筒，中间设有重锤拉紧装置，张紧胶带。皮带机头部滚筒处、重锤拉紧装置前设清扫器，空段设有空段清扫器，还有过渡托辊、缓冲托辊、单向调心托辊、胶环形下托辊、前倾式上托辊。胶带应采用难燃型EP200以上胶带。

主、副尾车胶带机带宽1200mm，带速2.5m/s，额定出力1000t/h。尾车的设计应能防止地面胶带机启动时胶带跳起。上托辊间距不大于1200mm，下托辊间距不大于3000mm，上、下带面均应适当设置自动调心托辊。全部托辊直径均为108mm，托辊正常使用寿命不小于30 000h，摩擦阻力系数不大于0.022。胶带机应不撒料，胶带跑偏量最大不得超过50mm。

主尾车胶带机上设置跑偏信号开关、双侧双向拉绳开关；副尾车胶带机上设置跑偏信号开关。

(3) 漏斗、导料槽和悬吊缓冲装置。

1) 中心漏斗上下部需改造使之达到尾车改造后的落料要求，钢板最小厚度为8mm，有冲刷面部分设有材料为ZGMn13的耐磨衬板，冲击面衬板最小厚度不小于14mm，衬板均用不锈钢沉头螺栓连接，且衬板便于更换。

2) 取料用中心落煤管下设置悬挂缓冲床；悬挂缓冲装置上设有导料槽，且不引起胶带跑偏。

3) 落煤管的适当部位设置大小合适、密封良好的检查门，以便检查料流及人工疏导堵塞。检查门为悬挂式快速开启型，并位于没有煤流冲击处。

4) 导料槽设计密封严密，并使煤流在皮带上对中，以防止煤块与煤粉的溢出和对皮带产生侧向冲击。导料槽钢板最小厚度为6mm，磨损面衬板最小厚度不小于14mm，衬板均用不锈钢沉头螺栓连接，且衬板便于更换。导料槽端部设橡胶挡帘。

(4) 副尾车变位液压系统原理、由电磁换向阀改变供油方向，使油缸伸出或收回以实现副尾车的升降。为确保油缸可靠工作，在油路中串接液控单向阀和单向节流阀，作为锁定和保证油缸以要求速度下降；溢流阀起安全保护作用，当系统压力超过其调定值时，则溢流，不损坏各元件。尾车液压油缸为双作用油缸。液压系统采用无缝钢管，液压油站及管道采用不锈钢材料。只有在必须要求柔性连接的地方才使用软管。油箱采用钢板焊接，设有通气孔、油位指示器和油温指示计，泄油口装有磁性螺塞（各液压元件泄油管回油箱处设有磁性过滤），同时在油路中的适当位置设测压点，注油口加滤网。液压元件采用ISO标准制造，具有良好的互换性。主要液压元件（油泵、阀、马达等）在总装前根据情况进行合格性试验。液压系统安装完成后，进行150%额定压力的静压试验。

(5) 整个尾车靠牵引杆与主机相连，并由主机拖动而行走。主、副尾车安装在各自四组从动车轮组上。

(6) 钢结构。主要承载钢结构采用合适的结构形式，所用材料的化学成分和机械性能符合有关标准、规范的规定。所用的材料在焊接前均进行喷丸处理，所有的施焊区域在焊前均需作清洁处理。主要角焊缝应采用自动或半自动焊的方法完成，保证具有足够的熔深，钢板的对接焊采用埋弧焊，保证焊透。按等强度的原则选用焊条，且在大批量使用前进行工艺性能试验，试验合格后方可使用。所有需解体运输的钢结构在发运前进行工厂预组装，且主要受力部件采用高强度螺栓连接。工厂连接用焊接，现场用高强度螺栓或焊接连接。主要钢结构件采用合理的结构形式，在焊接前进行除锈等预处理。

（二）电气改造

原设备的继电器控制全部更换为 PLC 控制方式。大车行走由原双速电动机驱动改为变频调速驱动，电动机采用专用变频电动机。电气改造的基本内容如下：

(1) PLC 控制系统：PLC 选用西门子 S7-300 系列，变频器选用西门子 6SE6440 系列，触摸屏采用日本数字公司 GP-2500S 系列，所有电气元件采用优质产品。

1）机上控制系统采用以可编程序控制器为核心的程序控制，采用机上半自动和集中手动控制方式并存，在司机室可实现手动、机上半自动操作，各方式之间能灵活、可靠、方便地切换。斗轮机的工作位置能在控制室内显示。

2）各种控制方式均既有内部连锁运行，又留有与输煤主系统连锁运行的接口。

3）具有自我诊断能力及紧急情况发生时的快速报警，使操作者能通过具有汉字显示或打印功能的人机显示接口来监视、记录运行故障。

4）有较严格的防误操作系统，当运行人员误操作时应拒绝执行，并发出警告信号，最大限度地减少由于误操作给设备造成的损害。

本机主要控制器件，如 PLC、传感器、变频器等选用西门子产品。

(2) 尾车平台增加电气房一间，内有电源柜、行走变频柜、皮带柜、斗轮柜、回转、变幅柜。

电气房为全封闭机构，具有防尘、防水、隔热等功能，电气房的大小和布置方便操作与检修，其内除安装必要的电气设备外，还配置电话、空调、加热器、灭火器等。电气室内壁装设阻燃材料。两侧壁配有玻璃窗，室内配有空调机，以保证室内电气元件工作的可靠性。

(3) 新司机室一个，内有操作台、PLC 柜等，配冷暖空调、电话、灭火器等。司机室采用隔热密封结构，三面安装防眩光玻璃窗，正面窗设雨刷器，其玻璃便于清洁。司机室内设有操作、监视和信号系统，并备有高度可调的旋转坐椅。司机室的布置能使操作员方便、准确地进行操作，司机操作室敞亮、美观，具有防潮、防雨、阻燃、隔音、隔热、绝缘和防尘等性能。全部门窗均为塑钢结构，窗户设有遮阳板。司机室安装牢固，以防振动，且保持在垂直位置。司机室门采用开启型，铰链用不锈钢厚铰链，带闭门器，设置考虑司机出入方便。司机室门为外开式，并配有牢固、可靠的门锁和把手。

(4) 无线通信一套，采用 DATA-Link，所有改造后设备与新集控的连锁控制信号均为无线通信方式。斗轮堆取料机采用自动控制时，将设置与输煤程控系统进行通信的无线电遥控设备。

(5) 更换机上所有用电设备与电气房、司机室连接的电缆部分照明、所有电缆均为 C 级阻燃电缆。整机电缆电线走向做到整齐、美观，易损处均用电缆走线槽或钢管保护。

(6) 对电气设备的要求：电气及控制设备符合中国和 ANSI、IEC 标准，以技术先进、能耗低、经济等原则来选择电气设备，并有可靠的保护和信号装置。

1）室内电气设备外壳的防护等级为 IP42，在其余环境条件下的电气设备和照明设备防护等级为 IP65。

2）电气房门做成双层铁包拉门，铰链用不锈钢厚铰链，带闭门器，门开以后有防风扣。电气房顶部做 SBS 防水层处理。

3）对于可能接触的带电装置和设备，有相应的防止触电保护措施。

4）控制屏、盘上的指示灯和按钮采用以下颜色标识：

a. 指示灯：断路器开为红色；断路器关为绿色；电动机运转为红色；电动机停转为绿色；报警、跳闸及故障信号为黄色、红色或采用相应铭牌的分合指示；并采用不同的颜色区分跳闸信号和报警信号。

b. 按钮：断路器跳闸（关）为绿色；所有其他按钮为黑色并带有相关铭牌文字。

当按钮 ON/OFF 状态的位置不易明确区分时，通过 ON/OFF 或 O/I 标记，也可用以上所述的色彩标识加以注明。

c. 重要电动机设就地控制按钮和控制箱，柜前后设有设备铭牌。

5）电气设备耐压要求：380/220V 电气设备的绝缘电压水平为 750V，工频，耐压 2500V（1min）。

6）400V 动力配电装置。

a. 400V 动力配电装置进线开关采用户内式金属铠装型空气断路器，电动机馈线采用浇注式塑壳空气开关和电动机启动单元（接触器和热继电器）。空气开关的持续电流额定值不小于电动机额定满负荷电流的 200%。电动机馈线每相均需提供热过负荷脱扣保护装置。

b. 配电柜采用屋内式、前开门、带衬垫金属封闭型柜子。配电柜的结构设计要方便运行人员安全地测量出线回路的绝缘电阻。每个配电柜包括一个或多个相互连接的水平段，形成一牢固的自由站立的结构，且允许在一侧进行扩展。柜子采用固定式结构。配电柜各自的母线、断路器和浇注式塑壳开关等设计成能承受由于任何一路出线或母线的短路造成的最大机械应力和热应力。所有低压母线都采用热塑套绝缘。所有配电柜中元件及附件采用阻燃型材料制造。配电柜母线采用硬铜排。其中悬臂皮带机、大车行走电动机、斗轮堆取料机电源回路采用独立的固定式柜子。当柜内有多回路时，采用固定分隔式。

c. 外壳的保护等级为 IP42。外壳及间隔板厚度不小于 2.5mm。

d. 所有电气设备，提供全套二次电气设备，如控制、测量、保护元件等，提供所有必要 TA、TV、保护继电器、仪表和控制装置，如电流表、电压表和选择开关、变送器（电流、电压、功率等）、带脉冲传送的固态电能表，为所有仪表、继电器和表计提供带试验插头的试验开关和所有 TA 回路要用的短路连接片。表计配置需满足国标要求。

e. 400V 控制电源取自 400/220V 控制隔离变压器，控制隔离变压器电源侧装有熔断器。400V 进线和出线的控制电源分别取自此控制隔离变压器的馈线，每路馈线有电源小开关。

f. 配电柜中所有一、二次元件的选型考虑到安装在密闭柜中的降容系数。

g. 400V 断路器等元件机械寿命、电寿命要符合中国和 ANSI 标准。

h. 400V 动力配电装置进线开关。

(a) 断路器为固定中置式，采用施耐德 MT 产品。断路器采用带有电动机储能弹簧操动机构和静态过电流跳闸装置。断路器采用固定分隔式结构。

(b) 断路器电源侧设置隔离开关。进线断路器自带短路、过载、接地故障保护，并向

PLC 发出信号。

(c) 技术数据。以下所列的是开关装置最基本的额定值（开关附件和断路器）：

柜的类型：金属铠装；

设备最高电压（V）：600；

系统标称电压（V）：380；

额定母线电流（A）：1200；

额定断路器电流（A）：3000/2000/800；

额定频率（Hz）：50；

额定短时电流（kA）：>65kA（3s）；

断路器额定开断电流（kA）：65；

最大额定合闸时间（s）：0.075；

最大额定开断时间（s）：0.05；

控制回路电压（V）：220。

断路器具有预贮能操作系统。

i. 电动机。根据 ANSIC50 和 GB 755—2008《旋转电动机　定额和性能》、电动机相关试验标准设计和生产，并对其进行试验。

交流驱动电动机为感应型鼠笼式异步电动机，适合于全电压启动。电动机的功率至少取驱动设备所需功率的 115%。电动机的运行系数为 1.0，另外电动机的规格保证其运行于 1.15 倍持续过载系数时，不会超过其铭牌额定值。电动机接线盒的引出线和连接电缆的载流量小于 $3A/mm^2$。

容量不小于 40kW 的电动机装设电流表（大车行走电动机等重要辅机也需装设电流表）。

当频率为额定，且电源电压与额定值的偏差不超过±10%时，电动机输出额定功率。当频率为额定，且电源电压与额定值的偏差不超过±10%时，电动机能输出额定功率；当电压为额定，且电源频率与额定值的偏差不超过±3%时，电动机能输出额定功率。当电压和频率同时变化，两者变化分别不超过±5%和±1%时，电动机能输出额定功率。

电动机的失步转矩不得低于 220%全负荷转矩，以保证电动机在降低电压的条件下，可顺利启动。电动机在额定电压下的堵转电流不得超过 6.5 倍全负荷电流。

所有电动机均采用直接启动方式，电动机冷却方式为空气冷却。所有交流电动机均可进行如下启动：冷态启动，3 次，在两次启动之间经过惰转至停转；热态启动，2 次。

变频器控制电动机的变频器布置于电气配电间内。变频器至少能提供过电压、停电、欠电、变频器过热、电动机过热、熔丝熔断、过载、散热片过热、输出短路或接地故障、加速中过电流、减速中过电流、恒速时过电流保护以及限幅、装置误动作保护等功能。变频器装置面板上有状态显示、报警等功能。变频器容量大于电动机最大负荷的 150%。

电动机为 F 级绝缘（温升按 B 级）。电动机不采用磁性槽楔。所有电动机的电气绝缘系统和材料保证在其所应用的特殊工作和环境中，使用寿命不小于 30 年。绝缘要能承受周围环境影响。

电动机的出线引出 6 个出线端子，在接线盒内标明电动机的相序。永久性旋转方向标记在端盖上，箭头直接指向旋转方向，假如不专门指定旋转方向，则按旋转方向为 L1、L2、

L3 顺序标明在电动机上。

屋外电动机的暴露部件均需涂上一层适用于屋外设备的漆。铁芯冲片和其他内部部件也需涂一层保护层以防止腐蚀。

电动机的振动应在允许的振动范围以内，振动的幅度不应超过国家标准的规定。

室外电动机罩壳使用防滴型。每台电动机有电动机机座的接地装置，大于 40kW 电动机在电动机完全相反的两侧接地。接地点采用螺栓连接，有足够数量的螺栓保证连接牢固。

电动机轴承采用 SKF 滚动轴承，其正常工作温度不大于 65℃，最高温度不得超过 85℃。有密封破坏后防止润滑油（脂）流入绕组的措施。

电动机的结构能耐受标准规定的正反转的超速值，电动机在空载情况下，能承受提高转速（正反向）至其额定值的 120%，历时 2min 而不发生有害变形。

对于电动机的动力回路的接线盒和接线板采用斜开口型（下面进出线）。当这种结构不能满足时，接线盒或接线板可采用能三侧打开的接线盒盖，一端接电缆，另一端接电动机内部接线。接线盒内的空间充分考虑电缆的接入，接线端子相间、相对地有足够的安全距离，并有电缆固定装置。

（7）控制和仪表。

1）控制方式。

a. 人工手动操作：机上各电动机均可单独操作，堆、取料均由手动操作，手动方式运行时的连锁通过 PLC 系统来处理，检修调试时连锁应能解除。

b. PLC 半自动程序控制：调正、设定好机器的工作状态后，由操作人员按下启动按钮后，机器就按 PLC 的程序进行工作。

两种运行方式可任意选择，并能灵活、可靠、方便地无扰切换。

2）可编程序控制器选用先进、可靠性高、抗干扰能力强、适用工业环境应用的工业级产品，并具有一定的内存容量及考虑扩展功能，存储器容量及 I/O 点应具有足够的备用量，对于 I/O 点不少于 25%，存储器不少于 30%。PLC 系统的电源引自控制隔离变压器的专用回路。PLC 的输出采用中间继电器，预留 25%备用。PLC 的输入通道配备过流保护和光电隔离，预留 25%备用。

所有送至 PLC I/O 模块上的信号为干接点或 4～20mA 的模拟量或脉冲量。自 I/O 模块上送出的信号也为干接点或 4～20mA 的模拟量。所有开关量 I/O 模件应有电隔离措施。

3）可编程序控制器包括：中央处理单元（CPU）、接口模块，输入、输出模块，存储器，电源，外壳和专用连接电缆和连接器等。在 PLC 主机柜边上设立立柜式计算机工程师站，用于工程师对 PLC 进行在线编程处理及运行工况的监护（计算机用奔腾级以上 CPU）。PLC 中央处理器配一台冷备 CPU。

4）电气房内还需配备键盘、鼠标、17”LCD、处理器、通信接口和实时操作系统等作为人机接口。

5）控制系统要求。操作室内设有控制台，控制台上装有小型按钮、选择开关、信号显示、表计。

PLC 控制系统具有自诊断能力和在紧急情况发生时运行的快速报警能力，操作者能够通过CRT、键盘和鼠标等人机接口，实现必要的监视、控制、报警、记录和正常运行功能的故障判断、编程、设定值等功能。编程、设定值等功能具有一定的权限固定，并可在线下载。CRT和打印机具有汉字显示和打印功能。操作室CRT上能显示所有设备，开关状态，流程图，各连锁信号状态，保护开关状态、电流、电压、电度以及运行方式，报警和报警一览表，历史报警画面等。实时报警画面可以自动弹出。

6）控制电缆一般情况下采用一般阻燃屏蔽电缆，特殊情况下采用低压橡套屏蔽电缆或通信电缆，留有足够的备用芯，电缆具有一定的抗拉强度。

7）控制台、开关柜、电动机控制中心装设室内加热器，以防止结露，室内加热器用恒温控制，其供电电路与照明灯、插座分开，加热器放置在不会使导线、母线、设备和控制仪表过热的地方，同时也布置在一个容易接近的位置，如果加热器布置在有人员的区域内，则用保护罩起来，加热器用高温绝缘导线连接，恒温器必须提供低温和高温报警。

8）对于控制台、柜的一般要求。

a. 成套屏（柜）要有足够的强度。

b. 屏（柜）内的照明要使全部设备铭牌清晰，每块屏（柜）至少装一只灯，灯与门连锁自动关闭。

c. 控制导线为600V，截面最小为1.5mm^2，采用耐热、防潮和耐火的绝缘铜线。每根导线尽可能在所接端子之间直线走线，在屏上的垂直或水平方向走线，不可在对角线方向走线。供方的内部接线，一个端子只能接一根导线，只有在需要跨接线时，才允许在一个端子上接两根内部连线。

d. 所有室外控制箱、终端箱、检修箱等均采用无磁不锈钢制作。室外控制箱门为双层结构，外门装设窗视玻璃。

e. 所有箱、柜都有良好的接地装置。

(8) 主要控制系统的框图。

1）行走地址。其作用是：①可显示出机器所在的位置；②参与进给控制，数显精度为100mm。行走地址的组成，见图5-41。

2）变幅角度显示。其作用是可显示悬臂俯仰角度，也可参与控制悬臂上升或下降的角度，精度为±0.1°。变幅角度装置的组成见图5-42。

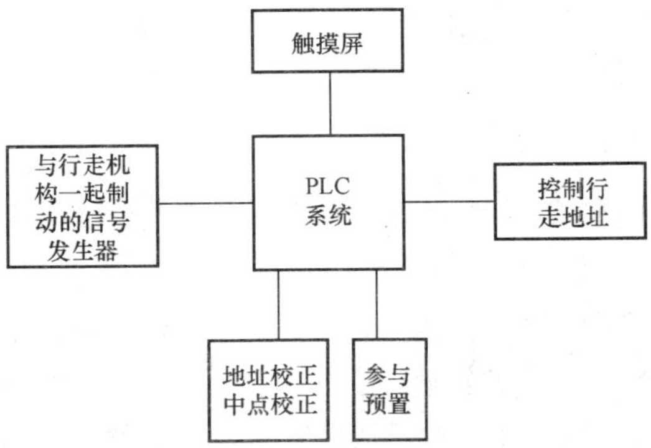

图5-41　行走地址的组成

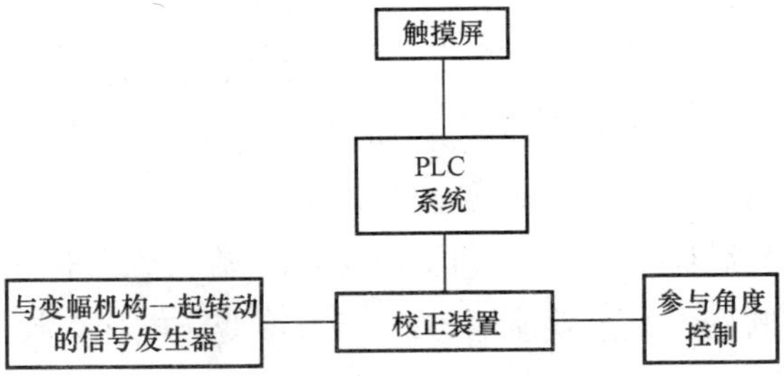

图5-42　变幅角度装置的组成

3）CRT 控制系统示意见图 5-43。

二、悬臂式斗轮堆取料机的电气部分

某电厂斗轮堆取料机电源采用三相交流 6000V、50Hz 供电，供电方式采用电缆卷筒，由动力电缆和通信电缆引入本机。与集控通信通过通信电缆引入本机。

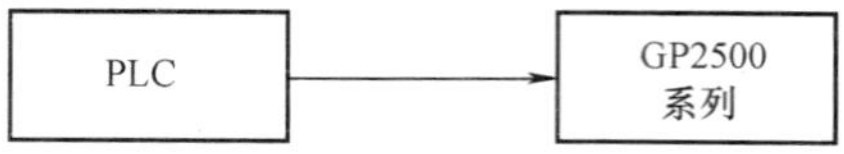

图 5-43 CRT 控制系统示意图

本机总功率约 300kW，最大启动电动机为 75kW，照明约 6kW，照明电源为交流 220V，控制电源为交流 220V 和直流 24V，检修电源为交流 380V 和交流 220V。

（一）整机的电气布置

本机在下部低压电器房内安装电源柜、行走夹轨柜、下部 PLC 远程柜、皮带斗轮柜、回转柜、总电源柜。司机室内安装 PLC 主机柜和左右操作台等。在高压电器房内安装动力高压变压器。显示回转角度、俯仰高度、行走地址的编码器安装在回转角度发送器、俯仰高度发送器、行走地址发送器内。

（二）控制系统

本机除检修照明等操作外，其余各部件均通过 PLC 进行控制，PLC 选用 S7-300 型可编程控制器。

1. $V=V_0/\cos\phi$ 回转变频调速系统

（1）回转变频调速系统的组成。斗轮堆取料机在自动取料过程中，悬臂架是以同心圆进行回转切削物料，这样随着回转角度的增加，逐渐形成一个月牙形损失，如果在回转过程中不采取调速措施，那么斗轮机在单位时间内取料能力就会下降。故使悬臂架回转速度 V 随着回转角度成余弦的倒数进行调速，即 $V=V_0/\cos\phi$ 就能弥补悬臂架回转所造成的月牙损失。采用下列调速系统就能达到斗轮机在取料过程中回转速度呈 $V=V_0/\cos\phi$ 变化的调速要求。

变频调速系统框图见图 5-44。

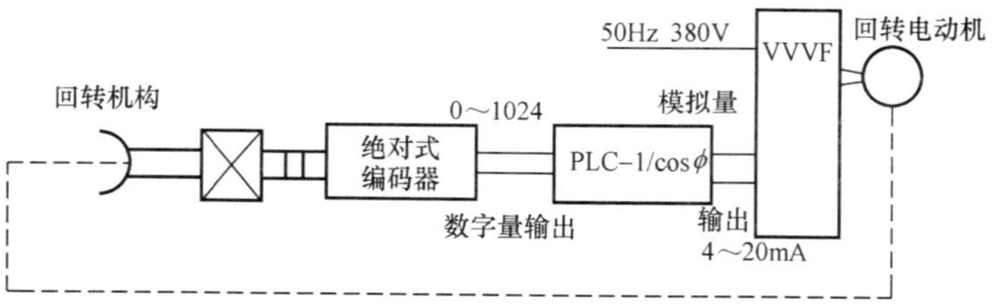

图 5-44 $V=V_0/\cos\phi$ 变频调速系统框图

机械上，回转电动机传动回转机构，带动回转角度发送器，当回转机构旋转一周（360°）时，回转编码器旋转一周（360°）输出 1024 数字量脉冲数，送入 PLC 输入端，经运算后模拟量模块输出 4～20mA 输入到回转变频器 7VVVF，回转变频器 7VVVF 根据模拟量的变化大小就能输出 0～50Hz 变频电压，控制回转电动机的转速。

（2）回转调速区间的确定。斗轮堆取料机能取垂直于轨道的最远处物料，即悬臂架回转角度是 90°，这样回转调速区间理论上可选在 0°～90°。但是 $1/\cos\phi$ 这个函数，当 $\phi>70°$时，

$\cos\phi$ 值迅速下降；当 $\phi=90°$ 时，$\cos\phi$ 值为 0。这时 $V=V_0/\cos\phi\rightarrow\infty$，也就是说回转速度趋近于无穷大，这是不可能实现的。因此调速区间应选择在一定的区间范围内，达到取料最大效率即可。经计算，调速区间定为 10°～70°（0°～10°是轨道中心与料堆边缘的夹角，无料可取），即调频频率在 16～40Hz。电动机经减速后的转速为 0.05～0.12r/min，这样对实际取料工艺比较理想。

（3）调速过程。在调速过程中，回转速度正比于供电频率，而频率随着回转角度也成 $1/\cos\phi$ 变化。经计算回转电动机在 $V=V_0/\cos\phi$ 变频调速过程中，机械特性基本上是平滑地下移。

2. 行走地址

行走地址发送器与大车行走机构同步移动。内装有日本光洋公司生产的旋转编码器（TRD-GK60-BZ），大车车轮转一圈，编码器也转一圈发出 60 个脉冲信号，输入到 PLC 进行处理后，在操作台触摸屏上显示行走地址。为了克服大车车轮滑移而引起的行走偏差，设有行走地址校正器。校正器（接近开关）安装在机上。在轨道一侧装一校正块，当接近开关与校正块相遇时，就发出校正信号，这时行走地址显示会自行校正某一实际距离。

3. 回转角度、变幅高度显示

回转角度发送器、俯仰高度发送器与各自机构同步旋转。发送器内装有日本光洋公司生产的旋转编码器（TRD-K1024-YS），各自机构转一圈，编码器也转一圈发出 1024 个脉冲信号输入到 PLC 进行处理后，在操作台触摸屏和工控机上显示回转的实际角度值、俯仰的实际高度值的实际角度值。

4. 故障信号显示

故障报警有斗轮、悬臂皮带机、回转、行走、夹轨和水泵等电动机短路和过载故障信号，以及斗轮、悬臂皮带机、回转、行走、夹轨和水泵限位信号。各种信号均输入到 PLC 输入模块，经处理后，在操作台触摸屏上用中文显示，同时蜂鸣器响，这样便于司机和检修者及时发现故障和排除故障。当故障排除后，按复位按钮。

（三）机器操作

1. 开机前的送电和准备工作

6kV 高压送电，严格按照高压操作规范操作。在操作高压断路器时，严禁将变压器房门打开。

380V 低压送电，合上刀开关、各分路空气开关及总电源开关，合闸信号灯亮。测量三相电压是否平衡，然后合上控制电源开关（各操作开关手柄应放在零位），控制电源有电，控制电源信号灯亮，送电工作结束。

操作前先将锚定装置拔起。程控选择开关有调整、手动、自动三种选择。调整位置用于调试和检修，作用是把断路器跳闸、限位开关、皮带跑偏开关、悬臂防碰开关与集控连锁信号、皮带与斗轮连锁等功能旁路。手动和自动位置用于工作，堆料用手动，取料用自动。

2. 手动操作

将程控选择开关拨置手动位置。

(1) 操作回转：在手动位置工作时，操作回转开关，回转机构就可回转，回转速度为定值。在自动位置工作时，回转速度为$V=V_0/\cos\phi$。

(2) 操作大车行走：操作夹轨器开关，将夹轨器放松，然后开行走开关前进或后退位置，大车就可行走。需停车时，把开关拨置零位。机器调整工作位置时，使悬臂与轨道平行，大车可快速行走。机器工作时，大车应慢速行走。行走的快慢速是由行走变频器来实现的。大车行走时有声光报警装置报警。

(3) 操作俯仰：操作俯仰开关，液压站工作，悬臂机构就上升或下降。悬臂机构上升或下降时，司机室会倾斜，司机室能自动调平。

(4) 堆料：先操作翻板（斗轮翻板和中心料斗翻板，位置在左操作台）开关，翻板工作到堆料位置。操作行走、回转和俯仰开关，将机器开到堆料位置。操作皮带开关到堆料位置，悬臂皮带运行在堆料状态。在堆料状态工作时，悬臂皮带工作信号通过连锁信号线送到集控，系统皮带才能运行。

(5) 取料：先操作翻板（斗轮翻板和中心料斗翻板，位置在左操作台）开关，翻板工作到取料位置。操作行走、回转和俯仰开关，将机器开到取料位置。在系统皮带运行后，操作皮带开关到取料位置，悬臂皮带才能运行。悬臂皮带工作5s后，操作斗轮开关到开位置，斗轮开始工作。操作回转开关到左转或右转位置，回转左转或右转运行。在回转运行过程中，物料被斗轮取到皮带上送至料仓。

3. 自动操作

(1) 堆料：将程控选择开关拨置手动位置。先操作翻板，翻板工作到堆料位置。操作行走、回转和俯仰开关，将机器开到堆料位置。将程控选择开关拨置自动位置，按程控运行按钮，悬臂皮带运行，机器开始将物料堆到料场。当料位探头发出料满信号时，悬臂俯仰自动上升一段高度。当悬臂俯仰自动上升几次到最高点后，再收到料位探头发出料满信号时，行走自动后退一段距离。按程控停止按钮，自动堆料停止。行走碰后退限位后，再收到料位探头发出料满信号时，自动堆料立刻停止。

(2) 取料：将程控选择开关拨置手动位置。先操作翻板开关，翻板工作到取料位置。操作行走、回转和俯仰开关，将机器开到取料位置附近。在触摸屏上设定行走前进距离的数据。设定水平回转取料角度的方法：操作回转开关至左转（或右转）位置，悬臂架开始向左（或向右）转动，到达所需的角度，按一下右角度设置（或左角度设置）按钮，这时第一个所需的角度值送到PLC中。回转继续向左（或向右）转动，到达所需的角度，按一下左角度设置（或右角度设置）按钮，这时第二个所需的角度值送到PLC中。设置角度必须大于10°。操作回转开关至停止位置，悬臂架停止转动。再把悬臂架转到两个角度之间，操作行走和俯仰开关，将斗轮开到取料位置。

将程控选择开关拨置自动位置。按程控运行按钮，悬臂皮带先运行，悬臂皮带工作5s后，斗轮转动。然后行走前进所设定的距离后停车。悬臂架开始向左（或向右）转动，斗轮机取料。悬臂架转动到第二个（或第一个）角度，回转停止。行走前进所设定的距离后停车，悬臂架开始向右（或向左）反方向转动。

在自动取料过程中，可修改触摸屏上的行走前进距离的数据。当悬臂架向左（或向右）转动时，按住左角度设置（或右角度设置）按钮，回转继续转动。松开左角度设置（或右角度设置）按钮，回转停止转动。这时所需的新角度值送到 PLC 中。改变回转角度，改变取料范围。按程控停止按钮，自动取料停止。

（四）连锁、保护及注意事项

1. 保护

本机设有零位、过载、短路、限位、悬臂防碰、皮带机跑偏、超风速等保护。

2. 连锁

本机设有料场皮带与机器悬臂皮带间堆料连锁和取料连锁，大车行走与锚定、夹轨器间的连锁，以及取料状态时，斗轮与悬臂皮带机间连锁等。

3. 注意事项

（1）低压电源开关由操作台上与低压电器房电源柜上的合闸和分闸按钮控制接通和断开。如遇紧急情况，可按操作台上与低压电器房电源柜上的急停按钮，机器停止工作。

（2）开机前必须将夹轨器放松，锚定拔出，并按电笛报警。

（3）工作结束后，前臂架可停放在料堆上。

（4）机器接地保护利用大车行走车轮与轨道间接触而形成接地体，故要求轨道有符合标准的接地板，接地电阻不大于 4Ω。

（五）照明

本机上主要照明灯是选用防水、防尘、防震型金卤投光灯，它具有光亮度高、电压波动$\geqslant$170V 不熄灭等特点。

第四节　悬臂式斗轮堆取料机常见故障及处理

（1）油泵运转时有明显噪声。

1）原因：

a. 活塞配合过紧或卡死。

b. 吸油滤油器堵塞。

c. 油位太低吸入空气。

d. 油黏度太大。

2）处理：

a. 研磨活塞式缸体，修理油泵或更换油泵、油马达。

b. 清洗滤油器。

c. 加油，使油位正常。

d. 更换油品。

（2）油压力不稳，指针跳动强烈。

1）原因：

a. 油系统中有大量空气，油箱中含较多泡沫。

b. 溢流阀作用失灵，弹簧变形或阀芯被杂质卡涩。

2）处理：

a. 找出吸入空气原因，进行堵漏，排除液压缸及管路中的空气。

b. 拆开阀件检查清洗，更换已坏的弹簧。

(3) 油压升不高，液压缸和活塞活动迟缓。

1) 原因：

a. 溢流阀弹簧压力太小，大量油直接回油箱。

b. 油泵严重磨损，活塞和缸体之间间隙过大。

c. 系统部件中密封圈老化或磨损造成内部泄漏；油黏度过高，泵打不出油。

d. 油位低。

2) 处理：

a. 校正弹簧压力，使油压达到要求。

b. 如坏到不能修理，可调换新油泵。

c. 调换密封圈。

d. 调换油。

e. 加油到标准油位。

(4) 油泵剧烈振动。

1) 原因：

a. 电动机与泵中心不正。

b. 管道中有空气。

c. 轴承损坏。

d. 油泵、油泵电动机内部磨损严重。

2) 处理：

a. 校正中心。

b. 放净管道中的空气。

c. 调换轴承。

d. 修理或更换油泵或油马达。

(5) 回转、变幅不动作。

1) 原因：

a. 限位未复位。

b. 电液换向阀不动作。

c. 油压偏低。

d. 滤油器堵塞。

e. 油泵电动机故障。

f. 电气故障。

2) 处理：

a. 使限位复位。

b. 修复或调换电液换向阀。

c. 请检修调整油压。

d. 由检修清理滤油器。

e. 修复与调换油泵电动机。
f. 通知电工修理。
(6) 大车开不出。
1) 原因：
a. 夹轨器未松开。
b. 电气故障。
2) 处理：
a. 松开夹轨器。
b. 通知电工修理。
(7) 斗轮不转。
1) 原因：
a. 悬臂皮带未开（连锁关系）。
b. 机械故障。
c. 电气故障。
2) 处理：
a. 待悬臂皮带开后再启动。
b. 会同检修一起检查。
c. 通知电工检查修理。
(8) 悬臂皮带不转或打滑。
1) 原因：
a. 皮带 38 乙/4 甲未启动。
b. 出力高，皮带倾斜角度大。
c. 电气故障。
2) 处理：
a. 待皮带 38 乙/甲启动后再开。
b. 调整悬臂皮带倾角，减少出力。
c. 通知电工修理。
(9) 电气故障。
1) 原因：
a. 熔丝熔断。
b. 开关接触不好。
c. 各类继电器不动作。
d. 限位器失灵。
e. 拖令线接触不好或损坏。
2) 处理：请电工检查处理。
(10) 臂架升降不均匀，有抖动现象。
1) 原因：
a. 电液控制阀阀芯内有脏物。

b. 工作油黏度太大。

c. 平衡阀或液控单向阀芯内有杂物。

2）处理：

a. 清洗阀芯，检查油质，必要时换油，清洗油管，换新油。

b. 清洗各有关阀芯及各滤油器滤芯。

c. 必要时将工作油重新过滤后再用。

第六章 推煤机及装载车

第一节 国产履带式推煤机简介

一、T140-1推煤机

T140-1推煤机是半刚性悬架、机械传动，液压操纵，可调式推煤装置的履带式工程机械。一般在−20～+40℃的环境温度下正常作业，行驶坡度纵向不得大于30°，横向不得大于25°。采用液压助力湿式主离合器、常啮合斜齿轮变速箱、液压操纵湿式转向离合器以及浮动油封、双金属轴等零部件。

二、TY220推煤机

TY220推煤机采用重庆汽车发动机厂与美国康明斯发动机有限公司引进的NH，K系列发动机，以凸轮设计和独特的PT燃油系统，有自然吸气、增压、增压中冷和双增压四种吸气形式，具有质量轻、功率高、扭矩大、油耗低、维修保养简便等优点。大修里程可达50万km。

三、山推-160A推煤机

山推-160A推煤机由山推工程机械股份有限公司制造。

（一）发动机技术规范

发动机技术规范见表6-1。

表6-1 发动机技术规范

序号	项目	参数	序号	项目	参数
1	型号	WD615T1-3A	4	额定功率	120kW（16HP）/1900r/min
2	形式	直列、水冷、四冲程、直喷、涡轮增压柴油机	5	气缸直径与行程	126mm×130mm
			6	活塞排量	90726L
3	额定转速	1850r/min	7	最小耗油量	214g/kWh

（二）行驶速度

行驶速度见表6-2。

表6-2 行驶速度 (km/h)

项目	Ⅰ挡	Ⅱ挡	Ⅲ挡
前进	0～3.29	0～5.82	0～9.63
后退	0～4.28	0～7.59	0～12.53

（三）传动系统特点

（1）液力变矩器：三组件、单级单相。

（2）变速箱：行星齿轮、多片离合器、液压结合强制润滑式。

（3）中央传动：螺旋锥齿轮、一级减速、飞溅润滑。

（4）转向离合器：湿式、多片弹簧压紧、液压分离、手动—液压操作。

（5）转向制动器：湿式、浮动带式、液压助力。

（6）最终传动：二级直齿轮减速、飞溅润滑。

（四）行走系统

（1）形式：八字梁摆动、平衡梁悬挂结构。

（2）托轮数：2个/每边。

（3）支重轮数：SD16为6个/每边（单边4个、双边2个）；SD16E为7/每边（单边4个、双边3个）；SD16L为7/每边（单边4个、双边3个）。

（4）履带形式：SD16为装配式单履齿（每边37块）；SD16E为装配式单履齿（每边39块）；SD16L为装配式圆弧三角齿（每边42块）。

（5）履带板宽度：SD16为510mm；SD16E为560mm；SD16L为1100mm。

（6）链轨节距：203.2mm。

（五）推煤装置

推煤装置性能参数见表6-3。

表6-3　推煤装置性能参数

型　号 项　目	SD16、SD16E			SD16L
	直倾铲	角铲	U型铲	直倾铲
铲刀宽度（mm）	3388	3970	3556	4150
铲刀高度（mm）	1149	1090	1120	960
最大切消深度（mm）	540	530	540	485
最大提升高度（mm）	1095	1110	1095	1005
铲刀最大倾斜量（mm）	400	—	400	730
铲刀最大转角（°）	—	25	—	—
切消角（°）	55	55	55	55
质量（kg）	2454	2289	2672	1509

（六）松煤器

（1）形式：平行四边形可调可卸。

（2）齿数：三齿。

（3）齿距：950mm。

（4）最大松煤深度：57mm。

（5）最大提升高度：592mm。

（6）质量：1709kg。

（七）液压系统（工作装置）

（1）最高工作油压：140kg/cm^2。

（2）油泵形式：齿轮油泵。

（3）流量：213L/min（发动机转速 1800r/min）。

（4）操纵阀形式：滑阀式。

（5）工作油缸内径×数量：ϕ110×2（双作用式）。

（6）倾斜油缸内径×数量：ϕ160×1。

（7）松煤油缸内径×数量：ϕ160×1。

（8）送煤器安全阀压力：160kg/cm^2。

（八）外形尺寸

（1）长：5140mm。

（2）宽：3970mm。

（3）高：2954mm。

（九）传动装置

（1）主离合器：单片、干式、非经常接合式。它由主动盘、二个摩擦片（前、后压盘）凸轮、环形弹簧、松放圈、小制动器等组成。

（2）变速箱：是多对啮合式和带反向装置的五级变速箱，能以五种速度前进和四种速度倒退行驶。

（3）中央传动装置：是将变速箱传来的扭矩进一步增大，并且将旋转轴线改变 90°角后，经转向离合器传给最终传动。它是由中央轴、大伞齿轮、左右轴承座、联轴器、圆锥滚柱轴承等组成。

（4）转向离合器：转向离合器和制动器两者相互配合，可使推煤机向任意角度转向，可作 360°的原地调头。

形式：采用多片干摩擦经常接合式。

它主要由短半轴、松放圈、压盘、内鼓、外鼓、内齿片、外齿片、弹簧等组成。

（5）最终传动装置：是将中央传动传出来的动力再次降低转速，增加扭矩后传给驱动轮。它主要由主动齿轮、轴承、双联齿轮、大齿圈、轮壳等组成。

（十）行走部分

（1）台车架：是由两个箱形结构组成的直梁，内侧面焊有整体铸钢箱形断面的斜撑，可与最终传动的半轴连接，允许推煤机左、右台车自由地上下倾斜摆动，以适应高低不平的地面。

（2）张紧机构：为滑块式，与引导轮相连接，使履带经常保持张紧状态。它是由引导轮、大弹簧、弹簧支架、油缸等组成。履带松弛时，只需用牛油枪向张紧油缸内注几下黄油即可使履带达到所需的紧度。

（3）链轨：组合式，共两条，每条由 37 块履带片及 37 节链轨组成。

（4）平衡机构：由半钢性平衡梁等组成。

（5）支重轮、托带轮：支重轮每侧 5 只，有单边、双边两种，每个台车装有 3 只单边，2 只双边支重轮。托带轮用来托住履带的上方部分，防止履带下垂过大，减少履带运动时的振跳现象，每边 2 只。

（6）托带轮（随动轮）：其主要功能是用来托住履带的上方部分，防止履带下垂过大，减少履带运动时的振跳现象，以防止履带侧向滑落。

（7）驱动轮（主动轮）：分块式，共两组，每组23只齿轮，由链轮体、螺栓和8块齿块组成，每组中7块是3个齿，1块是2个齿。

（8）驱动轮：分块式，共两组，每组25只齿轮，由圆盘、螺钉和9块齿块等组成，其中7块是3个齿，2块是2个齿。

（十一）电气照明装置

（1）发动机各表计运行参数见表6-4。

表6-4 发动机各表计运行参数

名　称	正　常	低　限	高　限
转速表（r/min）	500～1500±20		
水温表（℃）	65～90	40	95
油温表（℃）	45～90		
机油压力（MPa）	0.25～0.3 （500r/min）	≥4.9kPa （500～600r/min）	
电流表	（+）或（-）		

1）发动机转速表：用来测定发动机的转速。

2）水温表：用来测量发动机冷却水出水口的温度。

3）油温表：用来测量发动机润滑油的温度。

4）机油压力表：用来观察润滑油压力。

5）电流表：用来观察发电机向蓄电池充电电流的大小。

（2）各照明灯开关为两挡式，分别控制照明灯的需要亮度，共4只，其中仪表灯与风扇合用一只开关。

（3）电锁、按钮：启动发电机时用于接通蓄电池与电动机间的电流。

（4）手提灯插座：用来插接检查工作灯的电源。

（十二）润滑油及液压油的加注容量

润滑油及液压油的加注容量见表6-5。

表6-5 润滑油及液压油的加注容量 （L）

序号	名　称	型　号	数　量
1	柴油箱	0～10号轻柴油	230
2	发动机油底壳	8～14号柴油机油	30
3	变速箱及中央传动室	15号双曲线齿轮油	43.5
4	最终传动箱	15号双曲线齿轮油 20号齿轮油	每面22
5	增力器装置	20号机油	4
6	液压操纵箱	20、30号机油	110
7	柴油机冷却系统	自然水、凝结水、自来水，禁用深井水	73

(十三) 推煤装置

由推煤板、拱形架、上下撑杆、球座、液压部件等组成，形式是回转式，推煤板用低合金、高强度 16Mn 制成。推刀、拱形架、上下撑杆用球铰连接，调节上下撑杆可作侧铲作业，可改变推刀的切削角。

(十四) 液压操纵系统

操纵推刀同时也可以操纵被牵引的机械松煤器等。液压系统主要由油泵、推刀操纵阀、松煤器操纵阀、油缸、油管、滤油器、密封件、安全阀等组成。操纵阀是四位五通阀，可定的四位即上升、封闭、下降、浮动。

(十五) 传动装置

(1) 主离合器：湿式非常接合式主离合器。

(2) 变速箱：是多对啮合式和带反向装置的五级变速箱，它能以五种速度前进和四种速度倒退行驶。

(3) 中央传动装置：是将变速箱传来的扭矩进一步增大，并且将旋转轴线改变 90°角后，经转向离合器传给最终传动。

(4) 转向离合器：转向离合器是为了推煤机转弯时使用，转向离合器和制动器配合使用可使推煤机在任意角度转向，可作 360°的原地调头。

(5) 最终传动装置：最终传动装置其作用是将中央传动装置传动出来的动力再次降低转速，增加扭矩后传给驱动轮。

(十六) 电气系统

(1) 充电发电机技术规范见表 6-6。

表 6-6　　充电发电机技术规范

序号	名　称	数　据	序号	名　称	数　据
1	型号	JF2511Y	4	电流（A）	18
2	形式	硅半导体整流充电发电机			
3	电压（V）	28	5	容量（W）	500

(2) 充电发电机调节器：充电发电机调节器应与相应型号的硅整流充电发电机配合工作，当发电机转速超过 100r/min 时开始建压，并向蓄电池充电，由充电发电机调节器保持输出电压在一定范围内。当发动机停止工作时，载流器能自动切断蓄电池与发电机绕组的回路，防止蓄电池电流倒流到发电机绕组。

(3) 照明灯：共有 7 只，前车灯 2 只、后车灯 2 只、驾驶室 1 只、仪表灯 2 只，电压均为 24V。

(4) SD16 推煤机装有 24V 电扇 1 台，空调 1 台，还配有 1 只手提车用检查灯。

(十七) 仪表盘

仪表盘装置用来控制和监视柴油机。一般由控制柴油机的电钥匙、按钮、启动预热开关、指示灯和用来监视柴油机工作的转速表、油温表、水温表、充电电流表、机油压力表、计时器及表板等组成。

(1) 仪表

发动机各表计参数见表 6-7。

表 6-7　　发动机各表计参数

名　　称	正　　常	低　　限	高　　限
转速表（r/min）	500～1700		
水温表（℃）	70～90	40	95
油温表（℃）	45～90		
机油压力（MPa）	0.245～0.294 （1700r/min）	≥0.0499 （500～600r/min）	
电流表	（+）或（-）		

1）发动机转速表：用来测定发动机的转速。

2）水温表：用来测量发动机冷却水出水口的温度。

3）油温表：用来测量发动机润滑油的温度。

4）机油压力表：用来观察发动机润滑油压力。

5）电流表：用来观察发电机向蓄电池充电电流的大小。

（2）照明开关：分为两挡式，分别控制照明灯的需要亮度。

（3）电锁、按钮：启动发电机时用于接通蓄电池与电动机间的电流。

（4）手提灯插座：用来插接车用检查灯的电源。

（十八）操纵系统

操纵系统由燃油控制杆、变速杆、换向杆、主离合器操纵杆、转向离合器操纵杆、制动踏板、制动锁紧手柄、紧急停车拉杆、电闸等组成。

1. 燃油控制杆

把燃油控制杆向后拉，柴油机的转速就增高；把燃油控制杆向前推，柴油机的转速就降低，再向前越过挡块（拉出限位插销），柴油机停车。

2. 变速杆

推煤机前进有五种速度，后退有四种速度。在发动机启动时，必须将变速杆置于中挡“空挡”的位置，待发动机启动后再将变速杆置于所要求的速度挡的位置。

具体操作如下：

（1）前进：

一挡：把变速杆推向左，再推向前；

二挡：把变速杆推向左，再拉向后；

三挡：把变速杆放中间，再推向前；

四挡：把变速杆放中间，再拉向后；

五挡：把变速杆推向右，再推向前。

（2）后退：

一挡：把变速杆推向左，再推向前；

二挡：把变速杆推向左，再拉向后；

三挡：把变速杆放中间，再推向前；

四挡：把变速杆放中间，再拉向后。

3. 换向杆

（1）把换向杆向前推，推煤机可后退；

（2）把换向杆向后拉，推煤机可前进。

4. 主离合器操纵杆

（1）把操纵杆推向前，则主离合器分离，停车；

（2）把操纵杆向前推至极点，则变速箱迅速停转；

（3）把操纵杆向后拉至超过死点，则离合器结合，行走。

5. 转向离合器操纵杆

（1）把左边的转向杆向后拉，则左边的转向离合器就分离，推煤机就向左转弯。

（2）把右边的转向杆向后拉，则右边的转向离合器就分离，推煤机就向右转弯。

6. 制动踏板

操纵时先将转向杆向后拉，然后踏下与转向杆同一侧的制动踏板，推煤机就可以迅速转弯，转弯完毕后，先松开制动踏板，然后再放松转向杆。

7. 制动锁紧手柄

此手柄是右侧制动踏板的闭锁装置。闭锁后，脚即可离开踏板，制动器仍保持制动状态。

操作：先踏下右侧制动踏板，然后把此手柄置于“锁紧”位置，制动踏板即被闭锁住了。

若要解除闭锁，首先踏下右侧制动踏板，然后把手柄提到原位。

8. 推煤板操纵杆

（1）提升：将推煤板操纵杆拉向里侧位置，直到推刀升到需要的高度，再放开操纵杆。

（2）停止：推刀在一定高度需要停止时，只要将操纵杆置于中间即可，也可将手放开，操纵杆可借弹簧力自动回至中间位置。

（3）下降：将操纵杆向外推至位置，直到推刀已经到达要求的切煤深度即可放开操纵杆。

（4）浮动：将推煤板操纵杆向外推，越过下降位置即为浮动，此时的推刀将按地面条件自由上升或下降。

9. 紧急停车拉手

紧急停车拉手用于紧急停车。

10. 电闸

（十九）其他性能参数

电闸位于坐椅左侧，在蓄电池箱侧面，是控制蓄电池的开关。

其他性能参数见表 6-8。

表 6-8　　其他性能参数

参数 \ 机型		SD16	SD16E	SD16L
		直倾铲	角铲	
最大离地间隙（mm）		400	400	495
使用质量（kg）	拖拉机	16 350	17 000	17 700
	推煤机	17 000	17 500	18 400

续表

参数 \ 机型		SD16	SD16E	SD16L
		直倾铲	角铲	
接地比压 (MPa)	拖拉机	0.056	0.074	0.027
	推煤机	0.072	0.074	0.027
最小转弯半径（mm）		4466	4513	4616
爬坡性能（°）		30	30	30
履带中心距（mm）		1880	1880	2300
单铲容量（m^3）		4.5	4.4	3.8
生产率（m^3/h）		225	225	220

（二十）推煤机电器系统

推煤机电器系统主要用于启动柴油机和照明，由启动电动机、硅整流整体式发电机、启动继电器、电源继电器和两个12V蓄电池所组成。

几点说明：

(1) 采用了较为先进的磁力开关和电压继电器，对于启动机和启动开关等元件具有良好的保护作用。

(2) 采用硅整流整体式发电机，配有集成电路调节器。

(3) 当启动开关处于“断开”位置时，蓄电池继电器可自动切断电源，以防漏电。

(4) 安装各电器元件插接器时，应注意各连线的线号、规格和位置，切勿插错。

(5) 蓄电池更换时应使用相同型号蓄电池。如用容量小的蓄电池，在启动时会由于过载而损坏。

(6) 每一次连续启动运行时间不要超过5～7s，在两次启动之间必须要有时间间隔。

（二十一）蓄电池充电步骤

1. 充电前的检查及准备工作

(1) 充电设备完好，调速手轮应在“O”挡。

(2) 将需充电的蓄电池各通气孔打开，查水位应高出极板10～15mm，缺者添加无盐水。

(3) 将充电导线的“+”极接到电池的“+”极上，“−”极接到“−”极上，串联的应串联充。

2. 充电的操作

(1) 合上电源小开关。

(2) 按充电动机的启动按钮，运行指示灯应明亮。

(3) 旋转电压调节手轮至所充电的电压值加2V，24V应置26V，12V应置14V，切不可超过此限。

(4) 当蓄电池通气孔内溶液发泡时，电流从高降到接近于“0”，则说明电已充好。

(5) 将调节手轮旋至“0”位，撤停用按钮，断开电源小开关，拆去充电电线夹头，旋上蓄电池各通气孔盖头，此时为充电结束。

3. 注意事项

(1) 严禁充电极“+”极导线与“-”极导线夹头相碰，否则将造成短路，使硅整流器损坏。

(2) 充电的蓄电池各通气孔必须开启，否则发热膨胀或产生的氢气聚积在其内部会发生爆炸的危险。

(3) 当在地方狭小，通风不良的地点充电时，严禁明火靠近，防止发生可燃气体的爆炸。

(4) 对新蓄电池初次充电的方法，另行临时制订。

第二节 推煤机的驾驶

一、启动前的准备工作

(1) 检查冷却系统是否有水，柴油箱是否有油。润滑系统的油底壳、喷油泵、调速器、变速箱、终减速装置、支重轮、张紧轮、托链轮等部位的润滑情况，补充润滑油。

(2) 检查并拧紧各部松动的螺栓，清除空气滤清器积尘；检查与调整各操纵杆及制动踏板的行程范围、间隙和可靠性；检查照明系统及各部位有无漏水、漏油、漏气现象。

(3) 打开柴油箱下部的放泄截门，将柴油中沉淀水放出。将柴油箱下部输油管截门打开排除管路中的气体。当环境温度低于5℃时，应将冷却水加热到80℃以上再加入水箱，当热的冷却水从放水截门流出后，再关闭本截门，并继续加注热的冷却水，直至加足为止。

(4) 启动准备时：

1) 将主离合器操纵杆推向前方，使主离合器处于“分离”状态。

2) 把变速箱进退操纵杆放在需要的位置。

3) 将油门操纵杆拉开1/3行程，TY220应打开燃油截止阀（停止工作时需要关闭手动燃油截止阀）。

4) 将变速操纵杆放在“空挡”位置。

5) 使推煤装置操纵杆处于中间“封闭”位置。

二、发动机的启动

(1) 将电钥匙插入点火开关内，按顺时针方向扭到“启动”位置。

(2) 按下启动按钮，柴油机起动后立即松开，并控制油门使柴油机低速空转。如果启动未成功，应等1～2min，使蓄电池恢复能力后，再第二次启动（按下启动按钮的时间不宜超过15s）。

(3) 柴油机启动后，应经5min以上的无负荷预热运转（冬季时间应更长一些）使油温上升到工作范围内，再起步行驶。TY220空载20min以上，发动机应加上负荷，否则会使发动机在低温下运转，燃烧不良，导致运动件磨损加剧，还可能产生涡轮增压器内积油，造成涡轮底部漏油。

(4) 柴油机运转当中应注意的检查项目：

1) 电流表的指针应该指向充电位置（即指针指向“+”），随时间的推移，指针逐渐转向“0”。

2）机油压力表指针应在 0.29～0.34MPa（29～34N/cm²）。

3）水温在 75～85℃范围内为适宜的负荷工作温度，最高时可达 90℃。

4）机油油温 80℃为适宜的工作温度，最高时可达 90℃。

5）检查润滑油、冷却水等有无泄漏、排气是否正常，各部位有无异响、异状，如爆发不齐、敲缸响声等。

三、行驶操纵

（1）推煤机起步前应检查现场，避免造成人身伤害或损坏其他物品。

（2）先将加速器手柄推到低速空转位置，再将主离合器彻底分离，此时可将变速杆移到所需要的挡位，将换向杆推到前进或后退的位置。

（3）挂挡后可将加速器手柄向上拉到行程的中间位置，同时缓慢地结合离合器，推煤机即开始起步。严禁离合器处于半结合状态，否则会引起摩擦片迅速烧损。

（4）推煤机在运行需要转弯时，应拉转向操纵手柄和脚踏板。需要急转向时，将制动踏板一次踩到终点，需要缓转向时，可分开几次将制动踏板踩下。只拉转向操纵手柄，可以实现推煤机的缓慢转向。注意若没有特殊需要，切忌高速原地回转，以免造成行走部分的严重磨损或其他损失。

（5）推煤机工作时，负荷不能过高或过低，负荷过高（超载）或过低都会增加发动机缸套内的积炭，引起活塞环胶结等故障，降低发动机寿命。

（6）正常工作时，驾驶员必须经常监视油温、水温及油压的指示数据，以及机械有无异常变化等，发现问题及时排除。

（7）推煤机不允许在硬路面上用高速行驶。

（8）不需要使用制动时，驾驶员的脚不应放在制动踏板上，以防止制动器摩擦片不必要的磨损和增加燃油消耗量。

（9）推煤机越过障碍物时，用一挡并将两转向离合器稍分开，便于推煤机在障碍物顶点上缓行，然后可轻轻地连接其中的一个转向离合器，使推煤机平稳地转过一个运动角度，以免冲击。推煤机在无负荷的情况下从障碍物上下来时，可使用制动器。

（10）推煤机在坡度上的行驶应选用一挡或二挡，此时应降低发动机转速。如果推煤机从陡坡上下行且自动下滑时，操向杆的操纵应相反，即向右转弯则分开左面的转向离合器，向左转弯则分开右面的转向离合器，并且不应使用制动器。推煤机上下坡时禁止变速（换挡），绝对禁止推煤机横坡行使。当推煤机需要在斜坡上停车时，在分离离合器的同时必须踩住制动踏板，以防止推煤机自动下滑。长时间停车时，可使用制动锁。

（11）推煤机通过铁路时，应用一挡并垂直于铁轨行驶。当通过铁路影响信号时，必须用木块或草垫垫在铁轨上面，保证绝缘后再通过，以防止发生事故。在任何情况下，都不得在铁路上停留。

（12）要停车时，应先分离主离合器，将变速箱挂空挡，然后再接离合器，此时发动机再以空负荷小油门运转几分钟后，方可停止供油，使发动机熄灭。如果天寒冷，有结冰的可能时，停车后应待冷却水的温度下降至 40℃左右，再将水全部放出。放水不应在停车后立即进行，以免冷热悬殊，使水套激裂。

（13）停车后如需放机油，应在发动机熄灭后立即进行。使悬浮在表面的杂质随机油一起排除。

(14) 为避免发动机燃油供给系统中漏入空气，在停车后关闭燃油箱的出油阀，推煤机驾驶员换班时，应将车况的技术状态向接班人员作详细介绍。

四、运行或作业时注意事项

(1) 在作业中，液力变矩器的油温表超过了绿色范围时，应减少作业时的负载，在油温下降后再工作。

(2) 在倾斜地面，若燃料油箱的燃料少，往往由于车体的倾斜和摇动，发动机吸入空气而熄火，这时制动效力降低，所以应注意燃料油箱的燃料存留量。

(3) 下坡时，把变速杆推到低速挡位，把油门操作杆推到低速的位置，利用发动机与机车的速度差，使液力变矩器起一定的制动作用。

此时，在发动机将超速的时候，要缓缓地踩下刹车踏板（但绝对不能刹车），使发动机转速下降。发动机超速往往是造成事故的原因。

(4) 在水中工作时，应注意以下事项：

1) 在运转前，应拧紧各排油塞。

2) 在水中的允许深度应使托轮全部露出水面以上，不能在比此更深的水中进行工作。另外，不能让发动机冷却风扇着水。

3) 工作中停机或工作结束时，清理掉机车各部的泥煤，对发动机油底壳、液力变矩器壳、变速箱、转向离合器箱、液压装置等处进行以下检查：

a. 漏油情况。

b. 油位的高低。

c. 检查油中有无水混入，必要时，进行排水。

d. 特别要注意传动箱的油位。

五、寒冷时的操作

(1) 低温操作时的准备：

气温过低，就容易产生启动机车困难、冷却水冻结等问题，所以应采取以下措施：

1) 把各装置的润滑油换成规定的低黏度润滑油。

2) 燃料：使用流动点比环境温度低 5℃的轻质油。

3) 在冷却水中掺防冻剂。

(2) 使用防冻剂时应注意：

1) 混合水用干净的清水（如自来水）。

2) 检查散热器、水泵、水箱等是否有漏水现象。

3) 把冷却水全部放净，内部清洗干净，除去水垢以后，注入防冻剂。

(3) 寒冷时若不具备防冻剂时，应采取下列措施来防止冻结。

1) 发动机工作时的注意事项。恒温器阀门的开放温度规定为 77℃，在寒冷季节，通常发动机在运转中水也是冷的，这样散热器内的水是静止的，就会有冻结的危险。因此，在这种情况下须卸下恒温器，同时在工作中要时常注意使水温显示保持在绿色区域内。

2) 发动机停止工作时的注意事项。每天工作结束后要把冷却水放出以防止冻结，必须遵守下列事项：

a. 油冷器放水阀、散热器放水阀及放开机体放水阀（放出的水不要倒掉）。

b. 为防止冻结，把防腐蚀剂罐卸下，用布包好，并注意保温，下次使用。

（a）在拆下防腐蚀剂罐时，一定要把防腐蚀剂罐出口的闸阀关紧。

（b）防腐蚀剂装置是防止发动机冷却系统受腐蚀和生锈的，下次使用时，一定要把它装配上。

c. 为防止冻结而放出的水有防腐蚀效果，所以不要倒掉，而要保存起来下次工作时再使用。

（a）若误把冷却水倒掉或全部换成新水，则防腐蚀剂装置的防腐蚀剂也要换成新的，同时往冷却系统中加入 DcA-4L（防腐剂）3 瓶。

（b）重铬酸钾有毒，使用时应注意不要接触皮肤。

d. 气温下降时，电瓶的能力会降低，往往使充电量减少和电液冻结，充电量应保持在75%以上，并绝缘、保温，以便次日顺利启动。如液面降低，则要在早上工作前补充蒸馏水，以防止液体在夜间冻结。

六、长期保管

（1）停车前：

1）把机车的各部分清洗打扫干净，尽量存放在干燥的屋子内，如放在室外，应选择平坦地方，并在车底垫上木板，用雨布全部盖好。

2）各部进行加油、加润滑脂，更换润滑油。

3）对液压缸的活塞杆、导轮调整杆的露出部分，应充分涂抹黄油。

4）蓄电池取下负极插头，进行覆盖，或者从车上卸下来保管。

5）气温下降到 0℃以下时，在冷却水中照“寒冷时操作”加注防冻剂。

6）各操作杆保持在空挡位置上，切不要闭锁制动踏板。

（2）停车期间：

1）在停车期间，每月开一次发动机，并使机车进行短距离行驶，以防锈蚀。

2）操作工作装置时，把液压油缸活塞杆上涂抹的黄油擦去。

3）在屋内进行防锈运转时，应打开窗户和门，以防止气体中毒。

（3）停车后使用：

长时间停车后（没有罩布的保管，或者不进行一月一次的防锈运转时），使用机车时，应按下列项目操作完后再使用。

1）取下油底壳和各箱的排水塞，排出混入的气体。

2）卸下摇臂室盖，对阀和摇杆充分加油，检查阀门的工作状态。

3）卸下增压器润滑油入口的润滑油管法兰盘，注入 0.5～1L 的发动机润滑油，使套筒螺帽处于稍微松动的状态，用启动机转动发动机，确认润滑油流出后，紧固法兰盘后启动。

4）发动机启动后，进行暖机运转，使各部零件充分跑合。

第三节 推煤机维护保养

为了保证推煤机正常运转时，延长寿命，提高生产率和保持良好的经济性，必须对推煤机进行及时、认真的技术保养。技术保养分为例行保养和一、二、三级保养。

一、例行保养（每工作 8～10h）

发动机熄火后应保养：

（1）清除推煤机各部泥煤、油污，擦洗车身。

（2）检查各部螺栓是否松动。

（3）按润滑要求，分别润滑各点。

（4）在粉尘较多的条件下作业时，检查清查柴油箱盖上的通气孔，清洗油箱盖内的过滤填料，洗完后在机油内浸一下。

（5）每工作 60h 后，旋下飞轮罩、启动机离合器和转向离合器室下面的放油塞，以及主离合器下检视孔盖，放出里面的油污及脏物。

（6）检查风扇皮带的张紧度、清除空气滤清器集尘杯中的灰尘，检查各操纵杆是否灵活、可靠，行程是否正常；检查履带的张紧程度，必要时进行调整；检查蓄电池电解液的液面高度和比重，不足时予以补充或充电。

二、一级技术保养（每工作 120h）

除执行例行保养的全部项目外，另需增加以下保养内容：

（1）放出柴油箱内积聚在底部的沉淀物和水。

（2）检查主离合器、必要时加以调整。

（3）对传动系统各部件的油位检查，必要时加油。

三、二级技术保养（每工作 240h）

主要执行柴油机的保养项目：

（1）清理机油散热器和水箱外部。

（2）检查发电机，必要时应清理整流器和电刷，清理电压调节器的接触点。

（3）清洗柴油箱及箱盖通气孔的填料和加油口滤网。

（4）检查离合器各销轴、板簧和固定是否可靠；离合器挠性连片的连接是否有断裂现象。

（5）检查并调整主离合器及启动机离合器。

（6）检查并调整操向杆和制动踏板的行程。

（7）通过离合器上罩检视孔，检查接合机构的滑动帽、折闩等的固定是否可靠。

（8）检查驱动轮圈和驱动轮毂的连接是否有松动现象。

（9）扳动操向杆费力时，检查增力器油封是否有漏油现象；如增力器主轴花键套的填料油封漏油，则应用拧紧油封压紧螺圈的方法进行调整。

（10）更换发动机机油；更换滤清器（全流式机油滤清器、旁通式机油滤清器、燃油滤清器）。

（11）检查冷却液 DCA 浓度，需要时更换芯子及加 DCA；检查真空控制器和液力调速器的机油平面。

四、三级技术保养（每工作 960～1000h）

除应执行二级保养全部项目以外，应增加下列保养内容：

（1）用苏打溶液代替冷却水注入发动机的冷却系统，以清除冷却系统的水垢及沉淀杂质。

（2）用汽油或煤油冲洗离合器、转向离合器、制动带和启动机离合器的摩擦片。

（3）更换变速箱、伞齿轮室、最终传动装置、增力器、启动机变速箱和摇车机构小伞齿轮室内的机油，并用柴油清洗上述各处。

（4）更换张紧轮、支重轮、托带轮的润滑油，并用柴油清洗内腔。

（5）检查并调整大伞齿轮轴的轴向游隙及大小伞齿轮的啮合间隙。

（6）检查并紧固大伞齿轮轴与联轴器，转向离合器、短半轴与内鼓，驱动盘与主动齿轮，轮毂与驱动轮毂锥形花键的连接部分。

（7）通过最终传动装置外罩上的检视孔，检查大齿圈的固定螺栓是否松动。

（8）检查发动机的最高空车转速为（1800±10）r/min，否则应调整。

五、注意事项

做好车辆的维修和保养，这对延长车辆的使用寿命、保证人机安全、提高工作效率、增加经济效益具有很大的作用。驾驶与维修人员除阅读“安全提示”提及的有关要求外，还必须遵守以下事项：

（1）维修保养的工作人员必须熟练掌握机车的结构、性能、拆装程序、技术要求、注意事项等知识后，方可从事工作，绝不可盲目从事。

（2）对维修保养难度大的项目，如果没有十分把握，最好向生产厂家咨询。

（3）日常保养通常在启动车辆前和每天工作完成后进行。保养前将车辆停放在水平地面上，放下铲刀，并锁定闭锁机构，然后进行保养。

（4）不停止发动机进行保养时，必须有两人合作，一人坐在司机室内，另一人进行保养。注意身体不要触及运动零件。

（5）保养前，对维修部位的周围应彻底清扫和刷洗，特别是对注油口、滤洁器、油嘴、箱体盖周围要清洗干净，以防止尘土进入油液中。

（6）切记液压油路内存有高压，当加油、放油或进行检查和保养时，首先要释放掉压力。释放压力的方法如下：把铲刀和松煤器落到地面，熄灭发动机，将液压系统的操纵杆连续拨到每一个挡位2～3次，然后慢慢地拧松加油盖或管接头。

（7）更换机油之前，开动车辆将油温升到30～40℃后放出；要用干净的油和油脂。

（8）检查或更换油时，不要在尘土飞扬的场所进行，否则尘土会混入油内。

（9）不能穿雨衣或在雨中处理电器系统。

（10）检查或加冷却水时，防止热水喷出伤人。

（11）机油滤芯或粗滤清器更换后，应把空气从油路中排出。

（12）绝不可将加油口的过滤刚取出后就加油。

（13）检修齿轮箱前，要把口袋里的东西掏空，避免扳手、螺帽等物掉进箱体内，否则会造成很大麻烦。

（14）油料要远离火源，不要用火把代替灯光照明。

（15）更换“O”形圈、衬垫或其他密封件时，要严格清洗零件表面，并细心安装。

在正常情况下，电解液面应高出极板顶面10～15mm。电解液的比重在充分荷电时应为1.28（15℃），如比重降低到1.22，则应用别的电源给电池组充电。在正常情况下，发动机足以使电池组充电。冬天，电池组应经常保持充满状态，以免冻结。

凡是新的或大修后的推煤机都必须经过试运转磨合过程后，才允许全负荷工作，否则会引起零部件表面迅速磨损。

六、山推 SD16 型推煤机各级技术保养

（一）每班技术保养

（1）清除粘在车体上的积灰和油垢。

（2）停熄发动机 15min 后，检查发动机曲轴箱的油位不得低于静满格。

（3）检查各管路的连接处应无漏油、漏水现象。

（4）检查各油塞和加注口的盖应不脱落。

（5）检查左/右减速器、张紧轮、支重轮、托链轮应无漏油和发烫现象。如不正常，应分析原因，加强检查，缺油添加，严重时应停止使用。

（6）每工作 10h 对主离合器的主动盘、分离轴承、移动套用黄油枪加注 6～8 下牛油。

（7）每班工作结束后，应将推煤机所发生的异常情况作好详细记录交班，并汇报班长。

（二）一级保养

（1）推煤机每班运行单百小时后应进行一级保养，一级保养内容包括每班保养。

（2）检查履带松紧情况，正常松紧为链轨与支撑轮面相距 4～5mm，必要时进行调整。

（3）检查并拧紧履带片、张紧叉、导向架、发动机进/排气管的螺丝。

（4）检查转向助力油泵箱、左右减速器、变速箱、喷油泵、调速器、液压油箱、曲轴箱油位，以及行走系统的油位，必要时应添加。

（5）检查电线是否有短路、断线、接触不良等。

（6）旋下飞轮壳、主离合器、转向离合器室下面的放油塞，放出里面的油污及脏物。

（7）进行清洁大扫除，清除发动机、车架、减速器外壳、张紧轮、驾驶室门窗玻璃、柴油箱和前后照明灯、风扇的灰尘和油垢。

（8）清除离合器密封室底部磨下的连接块碎片。

（三）二级保养

（1）推煤机每运行双百小时后应进行二级保养，二级保养内容包括每班保养及一级保养内容。

（2）冷却水泵、风扇及充电电动机合用的传动三角皮带，其张紧度是在中段施加 3～5kg 压力时，能压下 10～30mm 为正常，太松时，可用位移电动机调整到满足要求。

（3）清洗发动机润滑系统，调换滑润油，并清洗机油粗、细滤芯器。

（4）更换高压油泵室内的润滑油，油位应符合油位尺标记。

（5）检查主离器、转向机构、制动器踏板的行程及灵活性；蝶形弹簧三对轴上开口销磨损不大于 1/3，否则应更换。

（6）清除空气滤清器、集尘盘和滤芯上的灰尘。

（7）清洗柴油滤清器或更换其滤芯。

（8）检查电瓶组的液面应比极板高 10～15mm。

（9）清洗发动机曲轴箱加油口的滤网，如损坏应焊补或更换。

（10）对刀板支撑架（6 处）、平面球铰（4 处）、油缸支承（4 处）、油缸支承（4 处）、油缸支承横梁（2 处）、张力油缸（2 处）、转向离合器分离轴承（2 处）、左/右驱动轮外轴承（2处）、风扇轴（1处）分别加注牛油6～8实枪。

七、山推SD16型推煤机技术保养中重要项目的保养和调整方法

（一）发动机润滑系统的清洗和润滑油的更换

1. 清洗润滑系统前的准备工作

（1）将保养部件的外表周围（如机油滤清器、曲轴箱加油口及各放油塞等）打扫干净。

（2）放油必须在停车后进行，旋下油底壳及机油滤清器下的放油塞，将全部废油放净。

（3）润滑系统的废油放尽后，拧上各放油塞。

2. 润滑系统的清洗

（1）将混合油加入曲轴箱（50%机油和50%柴油），混合油油位在两刻度线之间。

（2）发动机以低速空转3～4min，此时应特别注意机油压力表的指示，若压力低于0.1MPa应立即停车，适当地补加混合油后再进行清洗。

（3）清洗结束后，将混合油放净，拧上各放油塞。

（4）转动刮片式滤清器的手柄，清除滤芯表面油污或放在柴油中清洗。

（5）将离心式精滤器转子放在柴油中用毛刷清洗，并拧下转子盖清洗转子体内的油污。喷嘴中的喷孔应疏通。

（6）离心式精滤器清洗后装配时应注意：滤网不得漏装，转子体与盖上的两个箭头应对准装配，拧紧两个螺母时用力要缓慢、均匀，密封圈要平整，装好后转子体应旋转灵活。

3. 新机油的加注

（1）加注新机油至静满油位。

（2）启动柴油机，以500～800r/min的速度空转，观察机油压力是否正常，各油塞和盖处应无渗漏现象。

（二）燃油系统的清洗

1. 清洗燃油系统前的准备工作

（1）将柴油滤清器的壳体及周围清洗干净。

（2）关闭柴油箱出油阀门，拧开放水阀门，放出柴油箱内积水和污物。

2. 柴油滤清器的清洗

（1）拧下顶部放气塞，拆下整个滤清器，并取出纸质滤芯后放入柴油中清洗。

（2）调换纸质滤芯。

（3）清洗后将滤清器及零件装复原位。

3. 燃油系统中空气的排除

（1）当柴油滤清器装复后，将柴油箱出油阀门打开。

（2）揿手动输油泵，开启滤油器顶部及燃油泵上的放气塞，进行空气排除，直到滤油器顶部及油泵上的放气塞出来的燃油不带气泡为止，然后启动发动机。

（3）为了使燃油系统中的空气彻底排除，在发动机发动后，将燃油泵放气塞连续开闭几次。

（三）主离合器的调整及摩擦片的清洗

1. 主离合器的调整

（1）停熄发动机，并分开主离合器（将主离合器拉杆推到最前面的位置）。

（2）卸下离合器检查孔盖板。

(3) 将变速杆置于空挡，转动离合器脚架，使其夹紧螺帽处在便于拧松的位置，然后再将变速杆放在任何一挡。

(4) 拧松夹紧螺帽，将脚架向飞轮回转的反方向（顺时针）转动几度，使其接近压盘。

(5) 将夹紧螺帽拧紧，用结合离合器的方法，根据拉动主离合器操纵杆上的力来检查调整是否正确，接合离合器时拉动操纵杆上的力应在（14±2）kg范围内，并且在越过死点时应发出特有的响声，推煤机在满负荷时离合器不打滑即可，不必太紧。

(6) 欲调松主离合器时，要将脚架反向（逆时针）转过几度。

2. 挠性连接块的保养和注意事项

(1) 防止挠性连接块粘上润滑油或燃油，以免迅速腐坏和破裂。

(2) 禁止用拖拉和两车推发动机的方法来发动柴油机，因为这样会使挠性连接块承受压缩力而迅速损坏。

(3) 在更换挠性连接块时应全套同时更换。

3. 主离合器摩擦片粘油后的清洗

(1) 停熄发动机并分开主离合器。

(2) 卸下离合器检查孔盖板。

(3) 调松离合器使摩擦片与中盘产生1mm的间隙。

(4) 拧去离合器室底和飞轮壳的放油塞。

(5) 用油枪将汽油或煤油浇注在摩擦片工作面上。

(6) 清洗后必须留有充分时间让离合器中盘和摩擦片的汽油或煤油流尽后，再拧上放油塞。

(7) 清洗后必须以黄油加注离合器各轴承及移动套。

（四）转向机构的调整及转向离合器的清洗

1. 转向离合器的调整

(1) 停熄发动机，并打开转向离合器室的检查孔盖。

(2) 将分离机构球形螺帽拧到底，此时轻轻拉动方向杆，检查其端点的行程应在20～40mm范围内。若不符合时，应拆开驾驶室花铁板，将方向杆与伺服机构的连接杆进行调节，使方向杆端点的行程符合此值。

(3) 当方向杆部分的行程调整适当后，再经过检视孔旋松锁紧螺母，然后转动球形螺母，将方向杆端的自由行程调整到（20±5）mm范围内。

(4) 调整好后，再锁紧螺母将球形螺母的位置固定住，并盖好检视孔。

2. 制动带的调整

(1) 打开转向离合器室上的检查孔盖板。

(2) 将调整螺帽拧紧，则制动带间隙缩小；反之间隙增大。

(3) 制动带不宜调整得过紧，应使制动踏板踩下150～190mm推煤机能作急转弯为宜。

(4) 为了使制动带与制动鼓的间隙调整得正确，必须拧松转向离合器底部调整过紧的螺丝的锁紧螺帽，将调整螺丝拧到底，然后再拧松1～1.5转，最后将锁紧螺帽拧紧。

3. 转向离合器及制动带的清洗

(1) 清洗时，最好在推煤机作业后进行，这时离合器盘上的温度很高，其上的润滑油易于清洗。

（2）旋下转向离合器底部堵塞，放出室内机油，再拧紧堵塞。

（3）拆下转向离合器上的检查孔盖。

（4）经检查孔向转向离合器注入汽油。

（5）为了首先冲洗掉室内四周及制动带和外鼓上的油污，应使推煤机前进、后退行驶5～10min，此时转向不应分离，以防油污进入摩擦片中。

（6）清洗后放出该室内的脏汽油，再重新注入新汽油。

（7）使推煤机以四速运转，此时可分开转向离合器，运转5～8min，停熄发动机。

（8）放出清洗后的废汽油，并使推煤机在转向离合器分开的情况下停放2h左右，以便使废油流尽。

（9）将各放油塞拧紧，再对转向离合器的分离轴承加注润滑油，然后关闭检查孔盖板。

4. 油压增力器的加油

（1）将推煤机放在较平坦的场地上。

（2）拧下增力器注油口盖即可进行加油，使油位达到注油口滤网筒口凸缘处即可。

（3）在加油时可往复拉动方向杆，以排除增力器体内的空气。

（五）履带张紧度的调整

1. 检查履带的张紧度

（1）把推煤机停在平地上。

（2）用直尺放在托带轮和引导轮之间，若直尺和履带板齿之间的最大间隙为20～30mm，则张紧度适宜。

2. 履带张紧度的调整

（1）打开张紧油缸的防护盖。

（2）将油缸上部的柱塞螺丝松开，再通过加油器向缸内注入黄油，使空气排出，当引导轮开始移动时应将柱塞螺丝旋紧，再继续向加油器注入黄油，直至履带张紧为止。

（3）若要放松履带时，可将柱塞螺丝旋松一圈，若履带仍没有放松，可将推煤机向前后稍稍开动，使之放松。

（4）切不可将加油器及柱塞旋松一圈以上，否则将发生危险。

（5）不可旋松加油器及柱塞以外的零件，否则也有高压油喷出的危险。

（六）推煤刀板的调整

1. 斜铲的调整

斜铲可以向左或向右旋转25°±1°，其调整步骤如下：

（1）先将锁销拉出，再将两侧撑杆座销从拱形架的撑杆销座中拔出。

（2）当需要向左侧倾时，将刀板向左旋转约25°，并先将左撑杆座销插入拱形架后面的销座中，然后再将右撑杆座销插入拱形架的前销座中，并将锁销插入。

（3）当需要恢复正铲时，应先将右座销拔出，再拔出左座销。

（4）当需要向右倾斜时，其调整过程与上述过程相反即可。

2. 侧铲的调整

侧铲可以使其中一刀角高于另一刀角约300mm，其调整步骤如下：

(1) 先将各夹紧螺栓旋松。

(2) 然后将需要降低的一侧上撑杆缩短，它可以用扳手将上调整螺杆旋进来达到。

(3) 另外可以通过伸长另一侧的上撑杆来配合达到理想的侧铲角度。

(4) 若经调节一定长度后仍不能满足侧铲要求时，可用下撑杆调整来达到，即将需要降低的一侧下撑杆伸长，同样可以用另一侧下撑杆缩短来配合达到要求。

(5) 调整完毕后，将夹紧螺栓旋紧，以便将螺杆夹住。

(6) 调整前须将拱形架用木块垫高，使刀刃离地约400mm。

3. 推刀切煤角度的调整

(1) 先将各夹紧螺栓旋松。

(2) 用撬棍向上撑杆中部的孔内插入以转动上撑杆，如需增大切削角度，可以使上撑杆作逆时针方向旋转，撑杆伸长；如果要减小切削角度，可使上撑杆作顺时针方向旋转，撑杆即可缩短。

(3) 调整至合适的切削角后，再将夹紧螺栓旋紧。

(4) 调整时须将两侧上撑杆同时伸长或缩短。

(七) 液压系统的调整与保养

1. 液压系统空气的排除

排出空气，可以先启动发动机，并以中速运转。由于在液压缸中装有缓冲阀，因此只需将推刀升至最高位置约1min即可。

2. 液压油滤油器的保养

(1) 滤油器的滤芯应定期清洗，以保持良好的滤清效果。

(2) 新车或大修过的车使用200h后应清洗滤油器，并调换液压系统的全部液压油（调换下来的油经沉淀后仍可使用），以后每运行1000h清洗一次。

3. 操纵油箱换油

(1) 开动发动机，使推刀升至最高位置。

(2) 关闭发动机，拧下油箱下部的放油阀，接上放油管，然后再旋松侧面的螺塞进行排油。

(3) 在油箱内油流尽后，慢慢放下推刀，以排除油缸及管路中的剩油，排完后将螺塞及放油阀拧紧。

(4) 先从加油口注满清洁机油，再发动发动机，并将推刀升至最高位置。

(5) 再放下推刀，然后从加油口注满清洁机油（以油标中部为准）。

第四节 推煤机常见故障及其排除方法（山推SD16型推煤机）

一、柴油机的故障

(1) 燃油系统故障，柴油机被启动电动机带动后不发火，回油管无回油。

1) 原因：

a. 燃油系统中有空气。

b. 燃油管路阻塞。

c. 输油泵不供油或断续供油。

d. 燃油滤油器堵塞。

e. 喷油泵不供油。

f. 喷油压力低，雾化不良。

2）处理：

a. 检查燃油管路接头是否松弛；用手动泵排出空气。

b. 检查管路是否畅通，并加以清洗。

c. 检查进油管是否漏气，曲管接头上的滤网是否堵塞。如排除后仍不供油，则应检查输油泵。

d. 清洗滤清器或调换滤芯。

e. 检查和更换喷油泵。

f. 检查和更换喷油器。

（2）按下启动按钮后，启动电动机不转动。

1）原因：

a. 电路接线错误或接触不良。

b. 蓄电池电力不足。

c. 启动电动机炭刷与整流子接触不良。

d. 启动电动机轴被什物轧牢。

2）处理：

a. 检查接线是否正确和牢靠。

b. 对蓄电池充电和更换新蓄电池。

c. 修整和调换炭刷，用细砂皮清理整流子表面并吹净。

d. 拆下电动机进行清除。

（3）气缸内压力不足，喷油正常，但不发火；排气管内有燃油。

1）原因：

a. 活塞环过度磨损。

b. 气门漏气。

c. 供油提前角过早或过迟。

d. 柴油机太冷，环境温度过低。

2）处理：

a. 更换活塞环，视情况更换气缸套。

b. 检查其密封性，并加以研磨。

c. 重新调整供油提前角。

d. 启动前将机油和冷却水加热注入。

（4）按动按钮听不见启动机齿轮与主机齿的啮合声，飞轮不转动。

1）原因：

a. 转动飞轮后，飞轮齿与启动电动机齿有错位现象，启动时齿合不上。

b. 启动电动机齿轮与飞轮齿轮的间隙不对。

2）处理：

a. 用撬棍转动主离合器的飞轮。

b. 调整两者的间隙。

（5）加大油门后功率或转速仍不提高。

1）原因：

a. 燃油管路、燃油滤清器中进入空气或阻塞。

b. 喷油泵供油不足。

c. 喷油器雾化不良或喷油压力低。

2）处理：

a. 检查油路排出空气或更换柴油滤芯。

b. 检修或更换。

c. 进行喷雾观察或调整喷油压力。

（6）进、排气系统故障：与正常情况相比，排温较高，烟色较差。

1）原因：

a. 空气滤清器阻塞。

b. 排气管阻塞或接管过长。

c. 柴油机过热，机油和冷却水温度很高，排温也大大升高。

d. 气缸垫损坏。

e. 气门间隙不正确。

f. 气门弹簧损坏。

2）处理：

a. 清除滤芯上的灰尘，必要时更换。

b. 清除排气管内积炭，重装排接管。

c. 检修散热器，清除水垢，检查有关管路管径是否过小。

d. 更换。

e. 重新校正气门间隙。

f. 更换已损坏的气门弹簧。

（7）发动机有异常声音。

1）原因：

a. 喷油时间过早：气缸内发出有节奏的金属敲击声。

b. 喷油时间过迟：气缸内发出低沉、不清晰的敲击声。

c. 活塞销与连杆小头衬套配合太松：运行时有轻微而尖锐的响声。此时若怠速运转响声尤其清晰。

d. 活塞与气缸套间隙如过大运转时，在气缸体外壁会听到撞击声，转速升高，撞击声加剧。

e. 连杆轴瓦磨损而使轴承间隙过大运转时，在曲轴箱内会听到机件撞击声，突然降低转速时可以听到沉重而有力的撞击声。

f. 曲轴滚动主轴间隙过小：运转中发出特别尖锐、刺耳的声音，加大油门时响声更清晰。

g. 气门弹簧断：在气缸盖处发出沉重而均匀、有节奏的敲击声。

h. 气门碰活塞、运转中气缸盖处发出沉重而均匀、有节奏的敲击声。

i. 进、排气门间隙过大：在气缸盖处听到有节奏且较大的哒哒声。

2）处理：

a. 调整供油提前角。

b. 调整供油提前角。

c. 更换连杆小头衬套，使之在规定间隙范围内。

d. 更换活塞环或气缸套。

e. 检查轴瓦，必要时应更换。

f. 检查有响声的滚动主轴承，必要时应更换。

g. 立即停车，调换弹簧。

h. 调整气门间隙，检查相碰原因。

i. 重新校正气门间隙。

（8）排气冒黑烟。

1）原因：

a. 发动机超负荷运转。

b. 各缸供油量不均匀。

c. 空气滤清器阻塞。

2）处理：

a. 降低负荷。

b. 调整喷油泵的供油量。

c. 清除灰尘，更换滤芯。

（9）排气冒白烟。

1）原因：

a. 水温过低。

b. 燃油中有水。

c. 缸盖有裂纹，缸垫损坏，燃烧室漏水。

d. 气门漏气，开闭失时。

e. 喷油提前角过大（空车时冒白烟）。

2）处理：

a. 提高水温，预热发动机。

b. 更换燃油或排除积水。

c. 修理缸盖，更换缸垫，查明漏水原因。

d. 研磨气门，检查配气定时。

e. 检查并调整喷油提前角。

(10) 排气冒蓝烟。

1) 原因:

a. 活塞环磨损过大或卡住。

b. 长期空车运转。

c. 油底壳内机油过多。

2) 处理:

a. 拆除活塞环，必要时更换。

b. 较长时间停车，发动机应熄火。

c. 按要求加注机油。

(11) 油压力下降，读数波动。

1) 原因:

a. 机油管路漏油。

b. 油底壳中油不足。

c. 机油冷却器或机油滤清器阻塞，冷却器油管破裂等。

2) 处理:

a. 检修拧紧螺母。

b. 加注机油至规定值。

c. 及时清理，焊补或调换芯子。

(12) 无机油压力，压力表指针不动。

1) 原因:

a. 机油压力表损坏。

b. 油管路阻塞。

c. 机油压力调压阀失灵，其弹簧损坏。

2) 处理:

a. 更换。

b. 检修清理后吹扫。

c. 更换。

(13) 机油温度高，同时排黑烟。

1) 原因:

a. 发动机负荷过大。

b. 机油冷却器或散热器阻塞。

c. 冷却水或风扇量不足。

d. 机油容量不足。

2) 处理:

a. 降低负荷。

b. 清洗冷却器或散热器油路。

c. 添加冷却水，调整皮带张紧力。

d. 添注机油至规定值。

（14）油底壳中的机油平面下降较快，油色较黑，通气管加油口冒白烟，排气管冒蓝烟。

1）原因：

a. 使用机油牌号不当。

b. 活塞环被粘住或磨损过大，气缸套磨损而使机油窜入燃烧室，燃气进入曲轴箱。

c. 活塞上油环回油孔被积炭阻塞。

2）处理：

a. 按规定使用机油。

b. 更换活塞环，必要时更换气缸套。

c. 清理积炭或更换油环。

（15）油底壳机油平面升高，机油浮黄色泡，通气管滤芯表面有水蒸气凝结。

1）原因：

a. 缸套封水圈损坏而漏水。

b. 气缸套与机体接结面漏水。

c. 气缸垫损坏而漏水。

d. 水冷式机油冷却器芯子损坏。

2）处理：

a. 更换水封。

b. 检查结合面。

c. 更换缸垫。

d. 拆检机油冷却器芯子或更换。

（16）水温过高。

1）原因：

a. 水箱内水不足。

b. 风扇转速达不到要求。

c. 水管路阻塞。

d. 散热器表面积垢太多。

e. 节温器失灵。

f. 水温表指示不正确。

2）处理：

a. 加水。

b. 调整三角皮带张力。

c. 清洗管路。

d. 清除积垢，清洗表面。

e. 更换。

f. 更换。

（17）启动电动机不转动。

1）原因：

a. 连接线接触不良。

b. 电刷接触不良。

c. 启动电动机短路。

d. 蓄电池充电不足或容量太小。

2）处理：

a. 清洁和旋紧接线头。

b. 清洁换向器表面或更换电刷。

c. 找出短路部位后修理。

d. 进行充电，否则应调换新的蓄电池。

(18) 启动电动机空转但无力启动。

1）原因：

a. 电刷，接线头接触不良或脱焊。

b. 磁场绕组或电枢绕组局部短路。

c. 弹簧断裂。

d. 蓄电池充电不足或容量太小，以及启动机的线路压降太大。

2）处理：

a. 清洁表面，焊牢或更换。

b. 找出短路部位修理。

c. 换新。

d. 充电或更换，增大导线截面或缩短长度。

(19) 启动按钮脱开，启动电动机继续运转。

1）原因：

a. 电磁开关动触头与连接螺钉烧牢。

b. 调节器调节螺钉未调整好。

2）处理：

a. 检修。

b. 重新调整。

(20) 充电发电机不发电，电流很小。

1）原因：

a. 硅二极管磁场线圈转子线圈断路或短路。

b. 调节器调节电压低于蓄电池电压。

c. 激磁回路断路或短路。

d. 三角皮带磨损或张力不足。

e. 线路接头松动。

f. 充电电流表损坏。

2）处理：

a. 更换、修理。

b. 调节电压至规定的范围。

c. 重新接好断的导线。

d. 更换或调整紧力。

e. 检修拧紧。

f. 更换。

（21）启动电动机齿轮与飞轮齿圈顶齿或启动电动机齿轮退不出。

检修或盘动飞轮。

二、传动装置的故障

（1）主离合器打滑。

1）原因：

a. 摩擦片积油。

b. 主离合器调整不当。

c. 摩擦片过度磨损。

2）处理：

a. 清洗。

b. 重新调整。

c. 更换摩擦片。

（2）主离合器有拖带现象。

1）原因：

a. 摩擦片翘曲或损坏。

b. 主离合器制动摩擦片磨损。

c. 主离合器制动摩擦片有油污。

2）处理：

a. 更换。

b. 更换。

c. 清洗。

（3）胶质连接块断裂。

处理：更换。

（4）主离合器与发动机不同心或歪斜。

处理：检查情况，必要时进行校正。

（5）离合器内有杂声。

处理：停机检查主离合器。

（6）合上离合器时发生振动（操纵杆上感到有跳动现象）。

处理：检查或调整发动机飞轮与变速箱主轴的同心度。

（7）变速杆沉重。

1）原因：

a. 变速箱齿轮油过厚（特别是在冬天）。

b. 拨叉轴弯曲。

2）处理：

a. 调换润滑油。

b. 校正或更换。
(8) 齿轮难于啮合。
1) 原因:
a. 齿轮内有杂物夹入。
b. 拨叉轴弯曲或折损。
c. 轮齿的齿面或内圆角部磨损。
d. 主离合器有拖带现象。
2) 处理:
a. 检查后去除。
b. 更换。
c. 修理或更换。
d. 检查修理或调整。
(9) 未拉方向杆而推煤机走偏。
1) 原因:
a. 边转向离合器摩擦片磨损失效。
b. 边转向离合器有油污。
c. 边转向离合器弹簧失效或折断。
d. 边操纵杆没有自由行程。
2) 处理:
a. 更换。
b. 清洗。
c. 更换。
d. 调整。
(10) 拉动方向杆时很费力。
1) 原因:
a. 转向离合器操纵杆调整不正确。
b. 增力器没机油或黏度太小。
c. 增力器有污性杂质。
2) 处理:
a. 重新调整。
b. 加油或调换油。
c. 检查滤网,清洗换油。
(11) 拉动方向杆时推煤机不转弯。
1) 原因:
a. 方向杆调整杆调整不正确。
b. 分离机构调整不当。
2) 处理:
a. 重新调整。

b. 调整离合的调整螺母。

(12) 制动带打滑。

1) 原因:

a. 摩擦片有油污。

b. 摩擦片磨损，致露出铆钉头。

c. 调整不良。

d. 转向离合器不能分离。

2) 处理:

a. 清洗。

b. 更换摩擦片。

c. 重新调整。

d. 调整离合器。

(13) 漏油。

1) 原因：油封损坏。

2) 处理：调换。

(14) 主动齿轮轴承发热。

处理：调整游隙。

(15) 运行中发生轧煞或有杂声。

处理：立即停车进行检查。

(16) 引导轮、支重轮、托链轮漏油。

处理：调换油封。

(17) 履带不能调整。

1) 原因：张紧机构失灵。

2) 处理：更换或修复。

(18) 履带滑出。

1) 原因:

a. 履带太松。

b. 运行中机身过于倾侧。

c. 在履带过松的情况下急转弯。

d. 引导轮或支重轮凸缘磨损而使支重轮逃出链轨。

2) 处理:

a. 调整张力。

b. 用推刀将地面推平，倾侧大时严禁操作方向杆。

c. 严禁原地进行急转。

d. 修复或调换支重轮，支重轮滑出后可用借进方法使之进入链轨。

三、液压工作装置的故障

(1) 推刀上升慢、力不足，保持力不足。

1) 原因:

a. 液压油不足，油太厚或太稀。

b. 泵磨损大。

c. 操纵阀磨损。

d. 活塞密封圈损坏。

e. 操纵阀泄漏。

2）处理：

a. 按标准加油，加符合要求的机油。

b. 检查修理或调换。

c. 更换。

d. 调换。

e. 更换零件。

（2）活塞杆上漏油。

1）原因：密封圈磨损或损坏。

2）处理：更换。

（3）油压不足。

1）原因：

a. 油量不足，吸入空气。

b. 在油路中有泄漏。

2）处理：

a. 补充加油，排出空气。

b. 仔细检查后更换有问题的零件。

（4）油温过高（液压油>75℃）。

1）原因：

a. 滤油安全阀压力过高。

b. 滤网阻塞。

c. 油量不足。

2）处理：

a. 重新调整（0.4MPa）。

b. 清洗。

c. 补充加油。

四、其他故障

（1）柴油机飞车。

1）原因：

a. 调速器工作失灵。

b. 调速器内机油太多、太厚。

c. 喷油泵齿条卡住或柱塞弹簧断裂。

2）处理：

a. 立即停车（切断油路、气路，增加负荷）。

b. 适量加注符合要求的机油。

c. 立即停车进行检查喷油泵。

(2) 爬煤高墩时推煤机熄火。

1) 原因：

a. 燃油箱内油不足。

b. 燃油中有水和空气。

c. 调速器中油位太高。

d. 推煤高墩时负荷过大。

2) 处理：

a. 加油。

b. 排出积水和空气。

c. 检查调速器油位应符合标准。

d. 减轻负荷及时调节油门。

(3) 即使接通启动开关，启动马达也不转。

1) 原因：

a. 配线不良。

b. 启动开关不良。

c. 蓄电池充电量不足。

d. 蓄电池开关不良。

e. 液压锁。

2) 处理：

a. 检查、修理。

b. 更换开关。

c. 充电。

d. 更换开关。

e. 倒盘车解决。

(4) 启动马达转速低。

1) 原因：

a. 配线不良。

b. 蓄电池充电量不足。

2) 处理：

a. 检查、修理。

b. 充电。

(5) 发动机启动时，启动马达咬合脱落（发出叭塔、叭塔声）。

1) 原因：

a. 配线不良。

b. 蓄电池充电量不足。

2) 处理：

a. 检查、修理。

b. 充电。

(6) 油压显示在红区。

1) 原因:

a. 油底壳的油量不足(吸入空气)。

b. 项式油管、管接头紧固不良或因破损而产生漏油。

c. 机油滤芯堵塞。

2) 处理:

a. 补充到规定的油量。

b. 检查、修理。

c. 更换。

(7) 从散热器上部(压力阀)喷出蒸汽。

1) 原因:

a. 冷却水不足、漏水。

b. 风扇皮带松弛。

c. 冷却水脏。

d. 散热片堵塞或风扇歪倒。

e. 水温计不良。

2) 处理:

a. 检查、补充冷却水。

b. 调整张力。

c. 更换冷却水,清洗冷却系统内部。

d. 清理或修理、更换水温计。

(8) 即使启动马达,发动机也不启动。

1) 原因:

a. 燃料不足。

b. 燃料系统中混入空气。

c. 燃油喷射泵或喷嘴不良。

d. 启动马达的转速低。

2) 处理:

a. 补充燃料。

b. 修理混入空气的部分。

c. 更换喷射泵或喷嘴。

d. 参照电器系统。

(9) 排气呈白色或带点蓝色。

1) 原因:

a. 油底壳的油面过高。

b. 燃烧不良。

c. 增压器漏油。

2）处理：

a. 调整到规定的油量。

b. 换成指定燃料。

c. 检查、修理。

(10) 排气色呈黑色。

1）原因：空气滤清器堵塞。

2）处理：清除或更换。

(11) 发动机游车。

1）原因：燃料管路的吸入侧漏气。

2）处理：修理漏气的部位。

(12) 发动机有敲击声（燃烧或机械的）。

1）原因：

a. 没有按规定使用燃料。

b. 过热。

c. 消音器内部破损。

2）处理：

a. 换成规定的燃料。

b. 参照前述有关“油压显示在红区”的内容。

c. 换消音器。

(13) 液力变矩器过热。

1）原因：

a. 风扇皮带松。

b. 发动机水温高。

c. 油冷散热器堵塞。

d. 由于齿轮泵的磨损而出现的循环流量不足。

e. 内泄过大。

2）处理：

a. 换皮带。

b. 参照发动机部分。

c. 清扫或更换。

d. 换齿轮泵。

e. 检查、修理。

(14) 变速杆挂挡后，不起步。

1）原因：

a. 液力变矩器和变速箱的油压不上升。

b. 油管、管接头没拧紧，因破损混入空气或漏油。

c. 齿轮泵磨损或卡住。

d. 变速箱的油量不足。

e. 变速箱里的油滤清器滤芯堵塞。

2）处理：

a. 检查、修理。

b. 检查、更换。

c. 补充到规定的油量。

d. 清洗、排除。

(15) 即使拉一侧的转向杆也不转弯，只是直线行驶。

1）原因：

a. 系统漏气。

b. 被拉一侧的制动器失灵。

2）处理：

a. 检查、修理。

b. 调整。

(16) 转向操纵杆不灵活（沉）。

1）原因：

a. 游隙高速不良或操纵阀的移动不良。

b. 油量不足。

2）处理：

a. 修理。

b. 补充到规定的油量。

(17) 即使踏下制动踏板，车也不停。

1）原因：制动器不良。

2）处理：调整。

(18) 履带脱落。

1）原因：履带过松。

2）处理：调整张力。

(19) 链轮异常磨损。

1）原因：履带过松或过紧。

2）处理：调整张力。

(20) 推煤铲上升慢或完全不上升（同时推煤铲倾斜慢）。

1）原因：

a. 工作油不足。

b. 工作油泵供油不良。

2）处理：

a. 补充到规定油量。

b. 检查、修理或更换。

(21) 油缸支承力不足或推刀自动下降。

1）原因：

a. 管路泄漏。

b. 油缸活塞密封不良。

2）处理：

a. 紧固管路。

b. 修复。

（22）推煤铲上升，推进力不足或动作迟缓。

1）原因：

a. 油量不足。

b. 油压调压阀、齿轮泵、活塞密封、操纵阀不良。

c. 管路堵塞。

2）处理：

a. 补充到规定的油量。

b. 检查、修理或更换。

c. 清洗、排除。

第五节 装载车的简介

自20世纪80年代起，装载机在我国工程建设上的应用越来越广泛，在电厂煤场中也是主要的辅助机械。装载机的头部安装着装载斗，可以承受一定的挖掘力，是将挖掘、装载、运输和卸载集于一身的多用机械，使用方便、灵活。

一、分类

装载机按照工作原理分有机械式和液压式两种，按照走行装置来分又有轮式和履带式两种。

轮式液压装载机是目前国内外使用最多的设备。国内已有多家工程机械厂能够自行设计和制造出成形的液压轮式装载机。轮式液压装载机的突出特点是：整机采用先进的全液压操作系统，操作简便、省力。机身采用对折式结构，配以轮式走行装置，转弯半径很小，工作方式灵活，行走速度快。随着斗容量的日益增大，其生产率也逐步提高。

二、结构特点

轮式液压装载机采用对折式底盘结构，从对折铰点算起分为前、后两大部分。前半部分有装载斗、操作室和前桥、前行走轮，后半部分有发动机、液力变矩器、液压油泵、后桥、行星减速装置和后行走轮。发动机采用有较大输出功率的柴油发动机。

液力变矩器是一个既可传送速度，又可传递扭矩的液力装置。其输入端与发动机的输出轴相连，输出端通过联轴节与后桥相连。其突出的优点是：工作过程中的扭矩可以变化，转速可以是无级调速。当挖掘、装载阻力变大时，变矩器可随之降低速度，增大扭矩输出；反之，可提高变矩器速度减少扭矩输出，减少作业时间。这样就始终使装载机在最佳状况下运行，充分、合理地使用了发动机的输出功率，并且在系统遇到外界不可克服的阻力时，变矩器空转，外界阻力矩不能传递回发动机，对发动机有过载保护作用。

液压油泵和液压回路系统提供并保证系统工作时所需要的足够压力，其主要由装载斗装卸、升降和装载机转向三大部分组成。

三、工作原理

发动机发出的动力先经过液力变矩器，然后分成两路传动：一路是液力变矩器输出轴通过齿轮带动变矩器回油泵、工作油泵和转向油泵工作；另一路则是液力变矩器输出轴通过齿轮将动力和速度输入变速箱，然后再驱动行走轮。

第六节 ZL-10装载车的运行、发动与停机

一、发动前的检查

(1) 水位应加满。

(2) 柴油量足够（早班负责添加）。

(3) 发动机曲轴箱油位在正常刻度内。

(4) 液压油箱油位在刻度线范围内。

(5) 两个变速操纵杆置于空挡。

(6) 各管路接头及其他连接处应无松动、漏油。

(7) 蓄电池电路接头和电解液应正常。

(8) 轮胎气量适当、充足、完好。

(9) 装载车各部件装置完整、良好。.

(10) 在有坡度的场地手制动应刹牢。

(11) 发动机风扇皮带张紧合适，无断裂现象。

(12) 照明、喇叭、方向指示灯完好。

二、发动机操作步骤

(1) 气温在5℃以上时把电钥匙打开，脚踏供油门，置启动开关于启动位置即可启动。

(2) 如因曲轴转速低于150r/min而不能顺利启动时，可先减压，待柴油机转速上升后停止减压。

(3) 当气温在5℃以下时，可预热启动，将启动开关旋至“热点”位置，预热30～40s，然后将启动开关至“预热启动”位置启动，当发动机发动后应立即回复原位，必要时可在水箱里灌热水进行预热。

(4) 启动电动机连续工作不宜超过10s，如一次启动不成功，应于2min以后再作第二次启动，如连续三次以上仍未能启动，则应检查原因，排除故障后再启动。

(5) 检查机油压力在0.3～0.5MPa范围内。

(6) 察听发动机的声音是否正常。

(7) 待水温升至40℃时方可带轻负荷工作，升至60℃以后才允许全负荷工作，最高水温不得超过95℃。

三、停机

(1) 踏开离合器，将两个变速操纵杆置于空挡。

(2) 将铲斗放在地面。

（3）拉出停车手柄，发动机即熄火，断开电钥匙，以阻止蓄电池电流停流损坏设备。

（4）将手刹车刹紧。

（5）当气温低于5℃时，若停车超过2h，应将冷却水放净或添加防冻液。

四、装载车的运行

（1）运行前的检查。

1）各仪表指示正常。

2）方向盘、离合器踏板、油门踏板、脚制动板、手制动手柄应灵活、无轧煞现象。

3）两个分配阀手柄及两个变速手柄均应灵活、无轧煞现象。

4）脚踏制动与手制动时刹车均良好，无打滑现象。

5）装载车运行前，应无检修、维护工作，周围应无人逗留，道路无障碍物。

6）检查各指示灯及照明灯均良好。

7）推上手制动柄，使手制动松开。

8）揿喇叭发出鸣号准备投入运行。

（2）运行操作及速度变换。

1）将铲斗提升离开地面。

2）左脚踏离合器踏板，使离合器分离。

3）将变速手柄推至所需要挡位。

4）左脚松开离合器踏板，使离合器接合，装载车即自行开动。

5）右脚踏油门使供油量提高（可根据负荷）。

6）用手操作方向盘来选择方向。

7）如要变挡时，脚踏离合器踏板，使离合器分离，并脚踏制动踏板，使机车停妥后再推上所需的挡位，松开制动踏板及离合器踏板即可（两个变速手柄之间有互锁装置，只有一个手柄处于“0”位时才能扳动另一手柄）。

8）碰到障碍物要紧急停车时，须用两脚同时将离合器分离及脚踏制动板制动、变速手柄放至空挡。

9）变速手柄示意见图6-1。

（3）装载车的作业方法。

具体步骤如下：

1）开车起步或启动工作装置时应先揿喇叭，发出鸣号，以示避让。

2）将变速装置放在一挡或二挡（禁止三挡铲煤作业）。

3）装载车启动后，操作升、降手柄使铲斗降至地面，向煤堆铲煤，当铲斗铲满煤后，装载车停止前进，并收铲斗略举高，然后后退。

4）当后退到可以向前行驶时停下，换前进挡开至堆放点，操作升、卸手柄使铲斗煤卸清。

另一种作业方法是：在煤层不厚、煤层松、线路直的情况下，可将铲斗放至地面，直接用装载车推至堆放点。

工作装置操纵杆示意见图6-2。

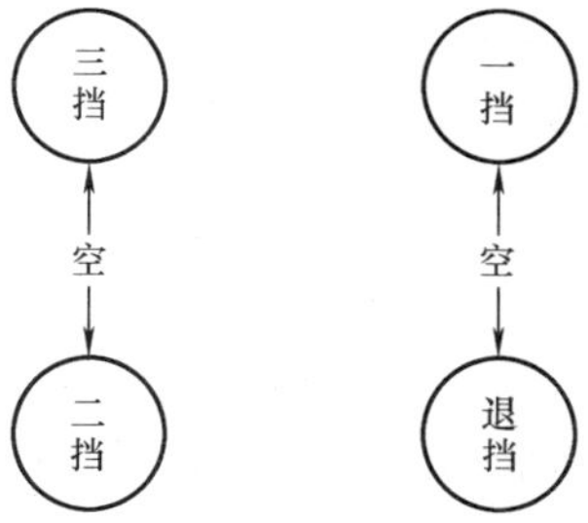

图 6-1 变速手柄示意图

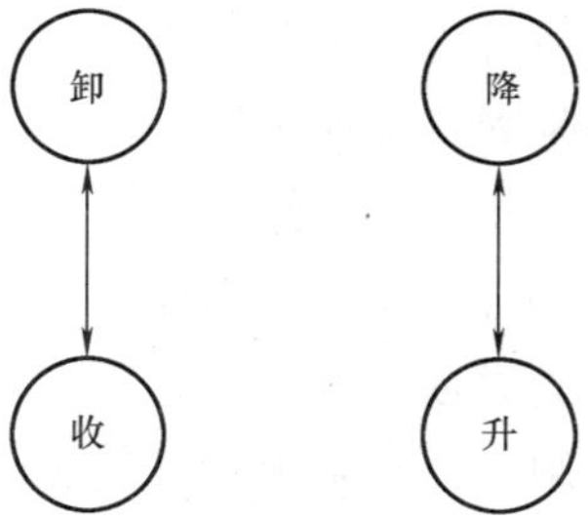

图 6-2 工作装置操纵杆示意图

第七节 ZL-10 装载车的技术保养与磨合

一、每班保养

(1) 检查发动机曲轴箱油位、油质是否符合要求。

(2) 检查燃油箱油位是否够用(早班负责加满)。

(3) 检查分动箱、变速箱、油泵、液压转向器的固定密封有无漏油及发热现象。

(4) 检查各油、水、气管路有无渗漏现象。

(5) 检查传动轴以及锁轴等处的连接螺栓有无松动及脱落。

(6) 检查各部件运转时有无异常的声音。

(7) 工作结束后,对司机室、发动机等进行清洁工作,并清除车架上及铲斗内的积煤。

二、一级保养内容(包括每班保养)

(1) 用黄牛油枪向离合器分离叉轴承加注牛油。

(2) 检查分动箱、变速箱油位,缺油添加。

(3) 用黄牛油枪向前后传动轴、花键轴、十字接头加注牛油。

(4) 检查驱动桥齿轮箱、轮边减速器油位,缺油添加。

(5) 用黄牛油枪向离合器和制动踏板轴加注牛油。

(6) 用黄牛油枪向工作装置(18 只)加注牛油。

(7) 用黄牛油枪向风扇轴承、水泵轴承加注牛油。

(8) 用黄牛油枪向转向装置(4 只)加注牛油。

(9) 检查风扇皮带松紧度与损坏情况。

(10) 检查电瓶液面及接线头应涂凡士林油。

(11) 检查油门、手制动、变速等操作系统的踏板行程和间隙。

(12) 更换发动机机油。

三、二级保养内容(包括每班及一级保养)

(1) 清洗空气滤芯,同时更换油盘中盛油,使油面保持一定高度。

(2) 清洗发动机机油滤清器,调换滤芯。

(3) 更换发动机机油。

(4) 清洗或更换柴油粗滤器。

(5) 清洗工作液压油及变速器油滤清器。

(6) 检查工作装置与车架有无变形裂纹。

(7) 检查并紧固摆架前后桥轮壳及制动的紧固螺丝。

(8) 检查制动器刹车片的磨损情况。

(9) 检查轮胎气压及磨损情况。

四、装载车的磨合

(1) 新车使用时，必须进行试运转，未经试运转的新车不得进行正式作业。试运转能使机器各摩擦部位进行磨合，避免故障，从而保证装载车可靠地工作，延长使用期限。

(2) 本规定同样适用于经过大修后的装载车磨合。

(3) 试运转分为空车试运转和作业试运转两步进行。

1) 空车试运转（约8h）。

2) 方法。

a. 按规定的方法启动柴油机，启动后最初5min以中速空转（不挂挡），然后逐渐加速到最高转速，运转10min。

b. 操作工作装置动臂操纵杆和翻斗操纵杆，使动臂提升、下降，铲斗倾翻和收斗，约进行10min。

c. 挂上前进一挡、前进二挡、前进三挡、后退挡、空车行驶。先低速，后高速，每挡位均匀安排。

3) 检查项目

a. 全面检查各部螺栓、螺母的紧固情况，特别是气缸盖螺栓、排气管螺栓及前后驱动桥固定螺栓、轮圈螺母、传动轴连接螺栓等应紧固良好。

b. 发动机、变速箱、驱动桥等部件应无异常声音。

c. 工作装置、制动器、变速箱等液压系统，以及发动机的润滑系统、制动系统水冷却循环系统等均应无漏油、漏水现象。

d. 各仪表读数应正常。

e. 转向应灵活，制动应灵敏、可靠。

f. 工作装置动作过程中应无卡住现象。

g. 电气系统的仪表、灯光、蜂鸣信号及发动机的工作情况应良好。

4) 作业试运转（约20h）

a. 按作业操作方法进行作业，装载量应逐渐增加。

b. 作业试运转过程中，除检查空车试运转的检查项目外，还要观察装载车在不同物料中的铲装能力。

c. 在走合期内装载荷重不得超过常用负荷的70%。

d. 在走合期内以铲装疏松物料为宜，动作不得过猛、过急。

(4) 试运转后的工作。

1) 更换发动机机油。

2) 更换变速箱油路系统中的机油，并清洗它们的机油滤清器。

3) 更换或滤清工作装置液压系统中的液压油。

4) 清洗前、后驱动桥主传动箱和轮边减速器，并更换新油。

5）排除发现的故障。

6）作好试运转记录。

第八节 ZL10装载车的运行、发动与停机

一、发动前的检查

（1）水箱水位应加满。

（2）柴油量足够（早班负责添加）。

（3）发动机曲轴箱油位在正常刻度内。

（4）液力变矩器工作油及液压工作油的油位应正常。

（5）进退杆、变速杆置于空挡。

（6）各管路和其他连接处应无松动及无漏油、漏水、漏气。

（7）蓄电池电路接头和电解液应正常。

（8）轮胎充气量适当、完好。

（9）装载车各部件装置完整、良好。

（10）在有坡度的场地手制动应刹牢。

（11）发动机风扇皮带张紧合适，无断裂现象。

（12）雨刮器、喇叭、方向指示灯完好。

二、发动机操作步骤

（1）气温在5℃以上时，把电钥匙打开，脚踏供油门，置启动开关于启动位置即可启动。

（2）如因曲轴转速低于150r/min而不能顺利启动时，可先减压，待柴油机转速上升后停止减压。

（3）气温在5℃以下时，可预热启动，将启动开关旋至“预热”位置，预热20s，然后将启动开关旋至“预热启动”位置启动。当发动机发动后应立即回复原位，必要时可在水箱里灌热水进行预热。

（4）启动电动机连续工作不宜超过10s，如一次启动不成功，应于2min以后再作第二次启动，如连续三次未能启动，则应检查原因，排除故障后再启动。

（5）检查机油压力在0.3～0.5MPa范围内。

（6）察听发动机的声音是否正常。

（7）待水温升至50℃方可带轻负荷工作，升至60℃以后才允许全负荷工作，最高水温不得超过95℃。

三、停机

（1）怠速运转2～3min后，先松开油门踏板，同时踩下脚制动器及离合器踏板，将变速杆与进退杆放于空挡位置，后再放松制动器及离合器踏板。

（2）将铲斗放在地面。

（3）拉出停车拉筋，发动机即熄火，断开电门钥匙，以阻止蓄电池电流倒流损坏设备。

（4）将手刹车刹紧。

（5）当气温低于5℃时，若停车超过2h，应将冷却水放净（加过防冻液除外）。

四、装载车的运行

（1）运行前的检查。

1）各仪表指示正常。

2）方向盘、油门踏板、脚制动板、手制动手柄应灵活、无轧煞现象。

3）脚踏制动与手制动的刹车均良好，无打滑现象。

4）本装载车应无检修、维护工作，周围应无人逗留，道路无障碍物。

5）检查各指示灯及照明灯均完好。

6）放下手制动柄，使手制动松开。

7）揿喇叭发出鸣号准备投入运行。

（2）运行操作及速度变换。

1）将煤斗提升离地面。

2）将变速杆及进退杆放置所需的挡位。

3）慢慢地踏下油门踏板，装载车即自行开动。

4）脚踏油门踏板，根据负荷调节供油量。

5）操作方向盘来选择方向。

6）如要变挡时，应降低供油，切向需要挡即可。

7）碰到障碍物要紧急停车时，需用两脚同时踏制动踏板进行制动。

8）变速手柄与进退手柄示意图见图6-3。

图6-3 变速手柄与进退手柄示意图

（a）中换向杆向前推为前进，向后拉为倒退；（b）中变速杆向前推为1挡，向后拉为2挡

（3）装载车的作业方法。

1）开车起步或启动工作装置时，应先揿喇叭发出鸣号，以示避让。

2）将变速杆放至1挡。

3）装载车启动后，操作升、降手柄使铲斗降至地面，向煤堆铲煤，当铲斗铲满煤后，装载车停止前进，并收铲斗略举高，换向杆切至“后退”挡，然后后退。

4）当后退到可以向前行驶时停下，将换向杆切至“前进”挡，驶至堆放点，操作升、卸手柄使铲斗煤卸清。

另一种作业方法是：在煤层不厚、煤层松、路线平直的情况下，可将铲斗放至地面，直接用装载车推至堆放点。

工作装置操纵杆示意图如下：

1）动臂手柄示意图见图6-4，图中向后拉动臂上升，往前推动臂下降，再往前推浮动位置。

2）翻斗手柄示意图见图 6-5，图中向前推铲斗倾翻，松手恢复中间位置铲斗固定，往后拉铲斗收斗。

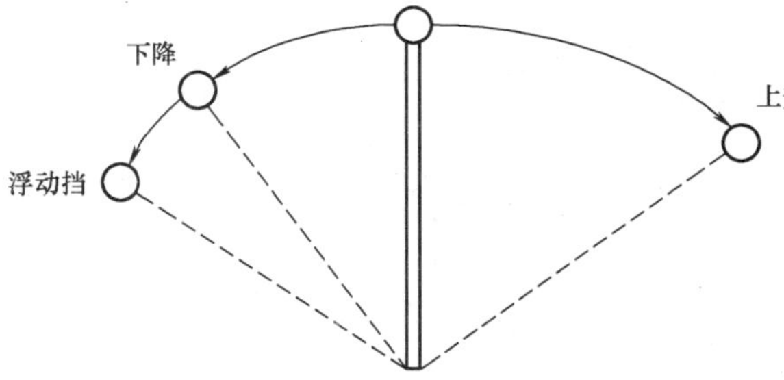

图 6-4 动臂手柄示意图

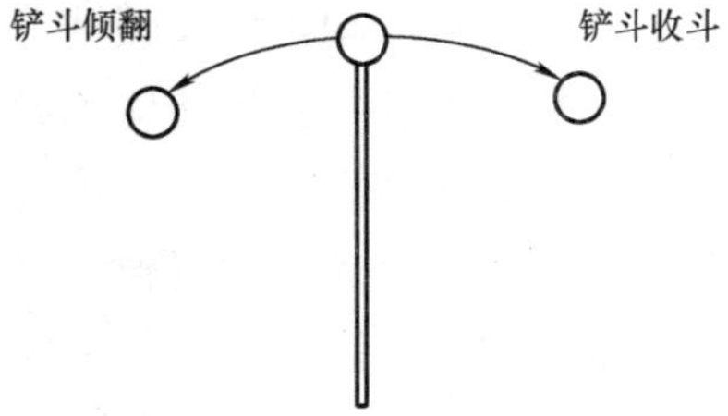

图 6-5 翻斗手柄示意图

操作机构和仪表示意图见图 6-6。

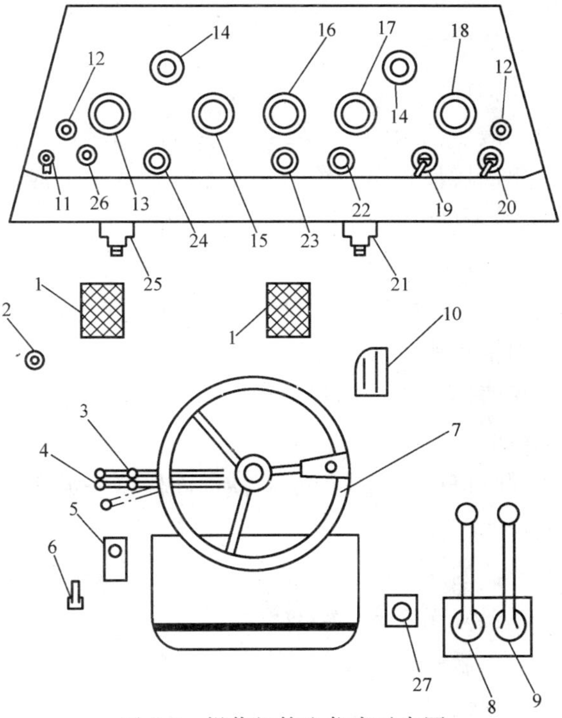

图 6-6 操作机构和仪表示意图

1—脚制动踏板；2—变光开关；3—换向杆；4—变速杆；5—手制动操作杆；6—电源总开关；7—方向盘；8—动臂手柄；9—翻斗手柄；10—油门踏板；11—转向灯开关；12—转向指示灯；13—发动机油温表；14—仪表灯；15—发动机油压表；16—发动机水温表；17—变速箱油压表；18—电流表；19—电门开关；20—预热启动开关；21—顶棚灯后大灯开关；22—变矩器出口压力表；23—变矩器进口压力表；24—变矩器出口油温表；25—大、小灯开关；26—喇叭按钮；27—熄火拉筋

第九节 ZL10 装载车的技术保养与磨合

一、每班保养

(1) 检查发动机曲轴箱油位、油质应符合要求。

（2）检查燃油箱油位应够用（早班负责加满）。

（3）检查变矩器、变速箱、各减速器、液压转向器的固定密封应无漏油及发热现象。

（4）检查各油、水、气管路应无渗漏现象。

（5）检查传动轴以及锁轴等处的连接螺栓应无松动及脱落。

（6）检查各部件运转应无异常的声音。

（7）工作结束后，对司机室、发动机等进行清洁工作，并清除车架上及斗内的积煤。

二、一级保养内容（包括每班保养）

（1）用黄牛油枪向工作装置（13只）加注牛油。

（2）用黄牛油枪向升臂手柄轴、卸臂手柄轴加注牛油。

（3）用黄牛油枪向风扇水泵轴承加注牛油。

（4）用黄牛油枪向发动机悬架锁轴（前后各一只）加注牛油。

（5）用黄牛油枪向前后车架的锁轴（上下各一只）加注牛油。

（6）用黄牛油枪向转向油缸两端锁轴加注牛油。

（7）用黄牛油枪向传动轴加注牛油。

（8）检查液力变矩器，液压油箱油位正常，缺油应添加。

（9）检查主传动器、驱动桥齿轮箱、轮边减速器等处油位正常，缺油添加。

（10）检查风扇皮带的松紧度和损坏现象。

（11）检查电瓶液面及接线头，接头应涂凡士林油或黄油。

（12）检查油门、手制动、变速杆、进退杆制动踏板应灵活，行程和间隙应正常。

三、二级保养内容（包括每班一级保养）

（1）清洗发动机机油滤清器，调换滤芯。

（2）清洗更换发动机机油。

（3）清洗空气滤芯，同时更换油盘中贮油，使油面保持一定高度。

（4）清洗或更换柴油粗滤器。

（5）清洗液压油及变矩器的滤清器。

（6）检查工作装置与车架应无变形、裂纹。

（7）检查并紧固摆架前、后桥轮壳及制动盘的紧固螺丝。

（8）检查轮胎气压及磨损情况。

（9）检查轮壳轴承间隙，并使制动盘外端面跳动小于0.20mm。

四、装载车的磨合

（1）新车使用时，必须进行试运转，未经试运转的车子不得正式使用，试运转能使机器各摩擦部位进行磨合，避免故障，从而保证装载车可靠地作业，延长使用期限。

（2）本规定同样适用于经过大修后的装载车。

（3）试运转分为空车试运转和作业试运转两步进行。

1）空车试运转（约8h）

a. 方法：按规定的方法启动柴油机，启动后最初5min以中速空转（不挂钩），然后逐渐加速到最高转速，运转10min。操作工作装置动臂操纵杆和翻斗操纵杆，使动臂提升、下降、铲斗倾翻和收斗，约进行10min。挂上前进一挡，前进二挡，后退一挡，后退二挡，空车行驶先低速后高速，每挡位均匀安排。

b. 检查项目：全面检查各部螺栓、螺母的紧固情况，特别是气缸盖螺栓、排气管螺栓及前后驱动桥固定螺栓、轮圈螺母、传动轴连接螺栓等。发动机、变矩器、变速箱、驱动桥等部件应无不正常的声音；工作装置液压系统、制动器、变速箱、液压油路系统，发动机的润滑冷却系统、水冷却循环系统等应无漏油、漏水现象；各仪表读数均应正常；转向应灵活，制动应灵敏、可靠；工作装置动作过程中应无卡住现象；电气系统各部连接、仪表、灯光信号及发动机的工作情况应良好。

2）作业试验运转（约 20h）

a. 按作业操纵方法进行作业，装载量应逐渐增加。

b. 作业试运转过程中，除检查空车试运转的检查项目外，还要观察装载车在不同物料中的铲装能力。

c. 在走合期内，装载荷重不得超过常用负荷的 70%。

d. 在走合期内，以铲装疏松物料为宜，动作不得过猛、过急。

（4）试运转后的工作。

1）清洗发动机，更换发动机机油。

2）更换并清洗工作装置液压系统中的用油。

3）更换并清洗变矩器、变速器、燃油系统用油及油滤清器。

4）清洗前、后驱动桥主传动箱和轮边减速器，并更换新油。

5）排除发现的故障。

6）作好试运转记录。

第十节　安全注意事项及规定

一、安全注意事项

（1）运行中发动机机油压力不等于规定值时，应立即停熄发动机，查明原因，及时处理汇报。

（2）运行中发动机水温超过 95℃，不准将冷水直接注入发动机内，应以低速空转待水温下降后方可加注。

（3）满斗行驶时，应放低铲斗，如遇障碍必须举高通过时，要细心驾驶，减速行驶。

（4）发动机上的空气滤清器、柴油滤清器、机油滤清器良好齐全；阻塞、洞穿或缺一者，均不准使用该机。

（5）不准擅自打开或变动喷油泵座检视口盖及供油量校正器盖，更不允许调节其最大最小转速调整螺丝。

（6）如发现装载车有故障，应停用，并进行检查排除和修理，不可带病出车工作。

（7）装载车在行驶时，应避免不适当的高速和急转弯，在转弯时要减速慢行。

（8）装载车没停妥，禁止上下车。驾驶室外不许乘坐或站立，铲斗内不准载人或作为登高的台阶使用。

（9）下坡行驶时，严禁发动机熄火，脱挡滑行，否则会使液压转向失灵，从而造成重大行车事故。

二、运行规定

（1）装载车驾驶员必须取得特殊工种合格证书。

（2）装载车运行时，司机室内不允许乘其他人员（学习司机除外）。

（3）装载车的制动装置、方向盘失灵，方向灯、刹车灯不亮及喇叭不响禁止运行。

（4）装载车铲煤作业时，车速宜用前进一挡或二挡，不允许用前进三挡，禁止向煤堆高速冲去。

（5）不允许将铲斗降得过低，使前轮架空进行作业。

（6）如因故需拖发动时，牵引钢丝绳应系结在装载车的前部或后部的中心位置，严禁系结在侧边。在拖拉时，被拖发动的装载车应平行于钢丝绳作直线行驶，防止因牵引力重心不对称而造成翻车事故。

第十一节 装载车的异常情况及故障处理

（1）柴油机启动不成功。

1）燃油系统不正常。

a. 原因：

(a) 燃油箱无油。

(b) 沉淀杯开关未打开。

(c) 燃油系统中有空气。

(d) 燃油管或柴油滤清器阻塞。

(e) 喷油雾化不良。

b. 处理：

(a) 加柴油。

(b) 打开开关。

(c) 排除空气并检查接头是否漏油、漏气。

(d) 清洗燃油管和柴油滤清器。

(e) 清洗油嘴配件，调整喷油压力。

2）电气系统故障。

a. 原因：

(a) 电路接线松脱。

(b) 蓄电池电压低。

(c) 启动电动机故障。

b. 处理：

(a) 修复。

(b) 充电。

(c) 排除故障或调换电动机。

3）机油黏度太大，导致启动转速偏低。

处理：启动前用手摇柄转动曲轴几转或加入预热过的机油。

4）环境温度过低。

处理：灌热水，预热启动。

5）气缸内压缩力低。

a. 原因：

(a) 气缸套、活塞、活塞环磨损。

(b) 气门漏气。

(c) 气门无间隙。

(d) 气缸盖衬垫漏气。

(e) 喷油器座孔漏气。

(f) 排气管不畅通。

(g) 配气正时不正确。

b. 处理：

(a) 更换新件。

(b) 检查气门和气门座的密封性，必要时修理。

(c) 检查调整。

(d) 检查缸盖螺母扭矩或调换衬垫。

(e) 旋紧螺母或调新喷油器垫片。

(f) 清除异物。

(g) 检查调整。

6）供油提前角不正确。

处理：检查调整。

(2) 柴油机功率下降。

1）原因：

a. 空气滤清器或进气管道堵塞。

b. 排气管道堵塞。

c. 输油管和柴油滤清器阻塞。

d. 燃油系统中有空气。

e. 柴油中有水。

f. 供油少。

g. 供油提前角不正确。

h. 燃烧室积炭太多。

2）处理：

a. 清理。

b. 清理。

c. 清理。

d. 除空气，并消除有关接头的漏油、漏气故障点。

e. 更换柴油。

f. 检查喷油泵或喷油器。

g. 调整。

h. 拆卸气缸盖，清除积炭。

（3）柴油机突然停车。

1）原因：

a. 燃油箱中柴油用尽。

b. 燃油系统中有空气。

c. 柴油中有水。

d. 柴油滤清器堵塞。

e. 活塞卡住。

f. 空气滤清器堵塞。

g. 供油泵故障。

2）处理：

a. 加柴油。

b. 排除空气，消除油管漏油、漏气。

c. 更换柴油。

d. 清洗。

e. 检修。

f. 清洗。

g. 交检修处理。

（4）柴油机飞车。

1）原因：

a. 调速器失灵。

b. 电热塞漏油。

2）处理：

a. 立即停车，检修调速器。

b. 调换。

（5）柴油机有敲击声。

1）原因：

a. 供油提前角不正确。

b. 气门与摇臂间隙过大。

c. 活塞与气缸间隙过大，气缸内有轰隆声。

d. 活塞销与连杆小头衬套间隙过大，发出响亮的敲击声。

e. 连杆轴承或主轴承间隙过大，产生纯哑的撞击声。

f. 气门与活塞顶撞击。

2）处理：

a. 检查调整。

b. 更换磨损零件。

c. 更换磨损零件。

d. 更换磨损零件。

e. 调整配气相位。

（6）柴油机机油压力低。

1）原因：

a. 机油过少。

b. 机油管路、机油滤清器滤芯堵塞。

c. 机油太稀。

d. 缸盖衬垫、水泵衬垫、齿轮罩衬垫密封不好，气缸体内的水道和油道击穿，水套堵盖脱落，导致冷却水混入机油。

e. 机油管路的接头漏气、漏油（特别是集滤器吸油管接头漏气）。

f. 机油泵内、外转子严重磨损。

g. 曲柄连杆机构等处轴承严重磨损。

h. 机油滤清器上调压阀的调节螺丝松出。

i. 油压表损坏。

2）处理：

a. 加油。

b. 清洗。

c. 更换机油。

d. 检查修理。

e. 检查修理。

f. 更换转子，调整间隙。

g. 更换磨损部件。

h. 调整。

i. 更换。

（7）柴油机过热。

1）冷却系统失常。

a. 原因：

（a）冷却水少。

（b）水道水垢太厚。

（c）水泵叶轮损坏或传动胶带太松，导致水泵排量不足。

（d）水箱与风扇距离失当。

（e）冷却系统胶管变形、阻塞。

b. 处理：

（a）加水。

（b）用10L水加750g洗涤用碱，加入水箱内运转4～8h后放脱，再用清水清洗。

（c）更换新件，调整胶带张紧度。

（d）调整。

(e) 更换新件。

2) 喷油过迟或喷油嘴滴油。

处理：调整检修。

3) 润滑油太少。

处理：加油。

4) 配气相位不正确。

处理：检修调整。

5) 排气门不密封，排气管冒火。

处理：修理。

6) 节温器开不足。

处理：换新件。

7) 柴油机长时间超负荷运行。

处理：卸载。

(8) 柴油机排气管异常冒烟。

1) 气缸内进机油，导致冒蓝烟。

a. 原因：

(a) 活塞环、气缸套磨损，活塞环弹性不足，活塞环环口转到同一个方向。

(b) 进、排气门导管孔磨损，机油被吸入气缸。

(c) 油底壳内油面太高。

b. 处理：

(a) 修理。

(b) 更换新件。

(c) 减少机油。

2) 柴油雾滴在气缸内未完全燃烧，导致冒白烟（低负荷时较多见）。

a. 原因：

(a) 喷油泵供油过多。

(b) 燃油束雾化不良，喷油压力过低。

(c) 供油太迟。

(d) 气缸压缩压力低。

(e) 柴油中有水。

b. 处理：

(a) 调整喷油泵油量。

(b) 检查、整修或更换喷油器。

(c) 调整供油提前角。

(d) 修理。

(e) 更换柴油。

3) 柴油燃烧不完全，导致冒黑烟（重负荷时较多见）。

a. 原因：

（a）柴油负荷过重。

（b）燃油束雾化不好滴油。

（c）供油太迟。

（d）空气不足。

b. 处理：

（a）减轻负荷。

（b）更换喷油器。

（c）调整供油提前角。

（d）清洗空气滤清器及进气通道。

第七章

带式输送机

带式输送机是冶金、煤炭、电力、建筑和交通运输等部门广泛采用的一种连续运输机械，在现代化的生产过程中起着重要作用。随着带式输送系统在国民经济各行业被广泛采用，就需严格按工艺流程要求，实现流程自动切换、转接，使物流畅通无阻。此外，对设备的可靠性、适应性、防尘、信息处理都提出了更高的要求。

输煤系统的主要设备有翻车机、卸船机、斗轮机等卸、储煤设备，给煤机、皮带机、犁式卸煤器等输煤设备，筛煤机、碎煤机等筛碎设备，除铁器、除尘器、电子皮带秤、自动采样器、排污泵等辅助设备，以及这些设备相应的电力供应和自动控制系统等。

在火电厂将煤从翻卸装置向储煤场或锅炉原煤仓输送的设备主要是带式输送机。带式输送机同其他类型的输送设备相比，具有生产率高、运行平稳可靠、输送连续均匀、运行费用低、维修方便、易于实现自动控制及远方操作等优点。另外，刮板输送机大多用作给煤设备和配煤设备。

带式输送机在工作时，主动滚筒通过它与胶带之间的摩擦力带动胶带运行，煤等物料装在胶带上和胶带一起运动。

输送机械在输送物料时，要求给煤机械均匀地供给物料，不允许忽大忽小，同时要求物料的黏度要小，以手握物料成团，松手后物料能自然散开为好，含水率一般应小于8%。胶带输送机可以水平输送，也可斜升输送，物料温度以常温为主，输送距离较远。

一般大中型火电厂的输煤系统有6～15段皮带20多条，有3～6个提升段，终级提升高度为35m左右，皮带出力800～2000t/h，皮带宽度为1～2.4m的规格，皮带长度有30～300m不等，最长的钢丝绳芯皮带有4km以上。出力大，范围广，设备多而分散，环境差而高远，上煤时效性要求高等是输煤系统生产的主要特点。

输煤系统设备一般是双备份的，大部分皮带机是一备一用，在目前火电厂中通常采用的方式是接卸铁路运煤的输煤系统中，系统卸煤后既可直接运到原煤仓燃用，也可通过斗轮机堆存到煤场混配或储存。

按胶带种类的不同，可分为普通带式输送机、钢丝绳芯带式输送机和高倾角花纹带式输送机等；按驱动方式及胶带支撑方式的不同，可分为普通带式输送机、气垫带式输送机、钢丝绳牵引带式输送机、中间皮带驱动皮带机、密闭带式输送机和管带机等；按托辊槽角等结构的不同，还可分为普通槽角带式输送机和深槽形带式输送机。本章将着重介绍普通带式输送机、气垫带式输送机、钢丝绳牵引带式输送机和管带机。

第一节 气垫带式输送机

一、概述

(一) 发展概况

气垫带式输送机是20世纪80年代初发展起来的先进技术。1986年我国制造的第一台大型气垫带式输送机进行了工业性试验，取得了较好的效果，并于当年12月由煤炭部、机械部、河南省科委联合组织召开了产品鉴定会。

全国电业系统最早使用气垫带式输送机的是焦作电厂，该厂于1989年1月投入使用了两套带宽 $B=1000mm$，带长 $L_h=37.5$、73.5m，带速 $v=2.3m/s$ 的水平输送的气垫带式输送机。并且与两条同样参数的TD75托辊式带式输送机进行了对比试验，取得了满意的效果。由于效果好，该厂于1990年底又改装了4条倾角在18°左右的气垫皮带机，而且甲、乙两路全部采用气垫皮带，带宽 $B=1000mm$，带速 $v=2.5m/s$，最长的单机为187m，都取得了很好的效果。目前在我国中南地区，气垫带式输送机已被大量采用，成绩显著。

(二) 特点

气垫带式输送机是由鼓风机向气室供气，通过盘槽上的气孔向上喷气，对胶带产生浮力，使胶带与盘槽之间形成气膜，从而实现流体摩擦的一种输送机械。它较托辊带式输送机有下列独特之处：

(1) 能耗少。由于不用上托辊，摩擦系数比托辊带式输送机大大减小，因而其功率可减少20%～25%。

(2) 由于这种皮带机不颠簸、不跑偏，不撒煤，磨损减小，胶带撕破的几率减小，因此胶带的使用寿命大大提高。

(3) 由于取消了承载段的托辊，更换托辊的费用大大减少，加之胶带寿命提高，因此维护费用及维护工作量大大减少。根据统计每年可节约维护费用50%左右。

(4) 运行平稳，噪声低，可增大提升角，原煤提升角可达25°，不撒煤。

(5) 带速高，输送量大，最高带速可达12m/s。在同样运量的情况下，带宽可降低1～2级，基建费用可降低10%～20%。

(6) 适用范围广。该机可广泛使用于煤炭冶金、建材、化工、港口、粮食、医药等部门。

二、部件特点及选用

对气垫带式输送机，目前国家尚无统一标准及代号。根据河南省鹤壁矿山机械厂标准，规定代号为QJG，即固定式气垫带式输送机。产品规格以带宽及传动滚筒形式表示。如QJG-10063，即表示带宽为1000mm，传动滚筒直径为630mm的固定式气垫带式输送机。

如图7-1所示，该厂生产的气垫带式输送机除用气室代替托辊及增加鼓风机、消音器外，其余部件均与TD75型通用固定式带式输送机相同。因此，对新建和老设备更新改造选用都十分方便。

(一) 气垫带式输送机的应用范围

(1) 气垫带式输送机适用于输送堆积密度为0.5～2.5t/m³的各种块状、粒状等散状物

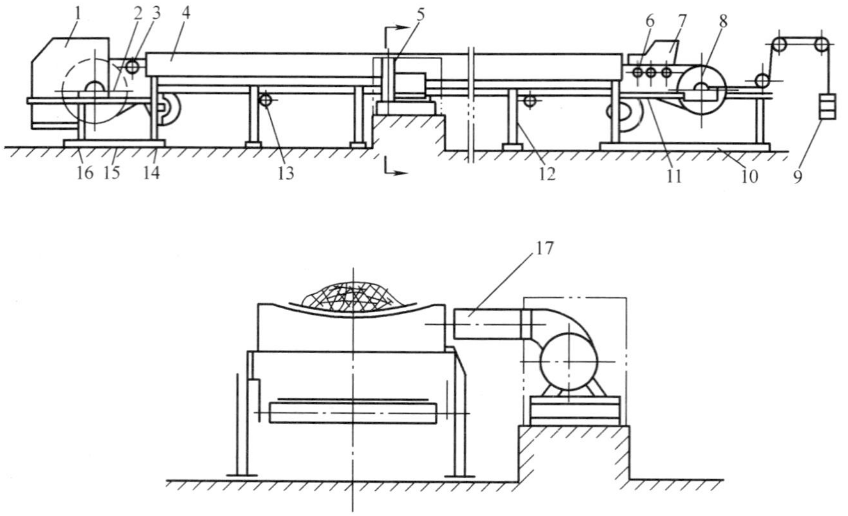

图 7-1 气垫带式输送机总体结构图

1—头罩；2—驱动滚筒；3—槽形过渡托辊；4—气室；5—通风机；6—缓冲托辊；7—漏斗；8—尾部改向滚筒；9—拉紧装置；10—尾架；11—输送带；12—中间支架；13—下平行托辊；14—改向托辊；15—头架；16—弹簧清扫器；17—消音器

料，也可用来输送成件物品。

(2) 气垫带式输送机的带宽有：500、650、800、1000、1200、1400mm 六种（对于带宽为 300、400mm 的气垫机可参考使用）。

(3) 气垫带式输送机所选用的输送带有橡胶带和塑料带两种，适用工作环境温度一般在 −45～+40℃之间。输送具有酸性、碱性、油类物质和有机溶剂等成分的物料时，须采用耐酸、耐油、耐碱的橡胶带和塑料带。

(4) 可用于水平或倾斜输送。倾斜向上输送时，不同物料所允许的最大倾角 β 见表 7-1，也可用于倾斜向下输送。

表 7-1　　向上输送最大倾角　　(°)

物料名称	β	物料名称	β
块煤	23	精矿	23～27
原煤	25	筛分后的石灰石	17
筛分后的焦炭	22	干砂	20
0～25mm 焦炭	23	混有砾石的砂	23～25
0～3mm 焦炭	25	采石场的砂	25
0～350mm 矿石	21	盐	25
0～120mm 矿石	23	型砂	29
0～60mm 矿石	25	废砂	25
40～80mm 油母页岩	23	未筛分的石块	23
20～40mm 油母页岩	25	水泥	25
0～200mm 油母页岩	27	块状干黏土	20～23
土	25	粉状干黏土	27

(二)气垫带式输送机的布置形式

(1)气垫带式输送机的基本布置形式有五种,如图 7-2 所示。

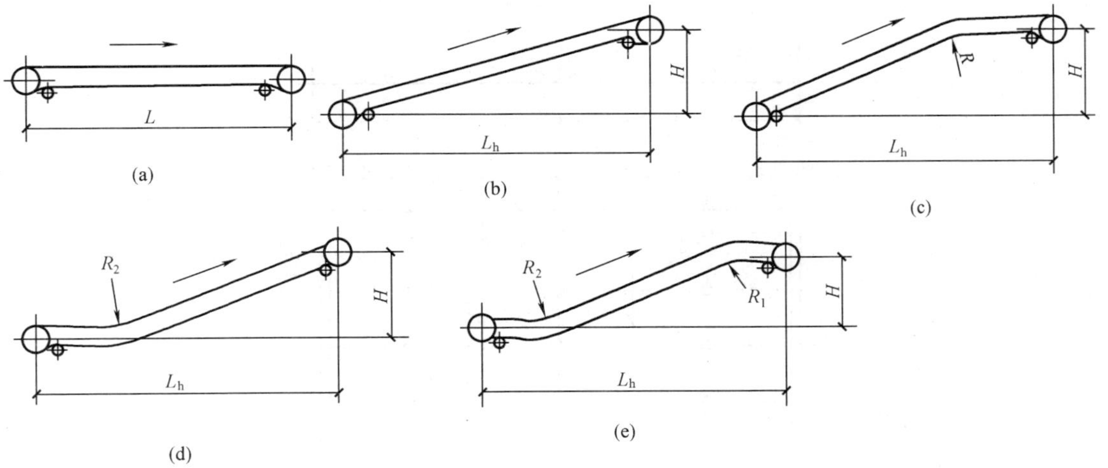

图 7-2 气垫带式输送机的布置形式

(a)水平输送机;(b)倾斜输送机;(c)带凸弧曲线段输送机;
(d)带凹弧曲线段输送机;(e)带凹弧及凸弧曲线段输送机

(2)给料点最好设在水平段,也可设在倾斜段,但不允许设在曲线段。当设计大倾角输送机时,推荐将给料区段尽量设计成水平或将区段的倾角适当减小。

三、部件名称及用途

气垫带式输送机由以下部件组成。

(一)输送带

它在气垫带式输送机中起牵引和承载作用。本系列输送机采用普通型橡胶输送带、尼龙芯、钢丝绳芯胶带以及塑料带。必须采用硫化、塑化或冷粘接头,不能用机械接头。

(二)驱动装置

气垫带式输送机中的动力部分由安装在驱动架上的电动机、高速轴联轴器、减速机、低速轴联轴器组成。

(三)托辊

气垫带式输送机只在装料端和卸料端设置少量的槽形托辊,回程段仍采用平形托辊。

(四)其他部件

气垫带式输送机的传动滚筒、改向滚筒、拉紧装置、清扫器、制动及逆止装置以及机架、头部漏斗、头部护罩、导料槽等均与 TD75 型固定式通用型带式输送机相同。

(五)气室

气室是用来形成气膜、支承物料的关键性部件,其制造精度是影响总机功率和胶带寿命的主要因素。用气室代替托辊是输送技术上的重大突破。合理地布置气孔位置和大小,以产生均匀、稳定的气膜,可使总机消耗功率大大下降,磨损减轻,使用寿命延长。

本系列气室每节长 4m,截面形状及气孔布置如图 7-3 所示,每节质量见表 7-2。

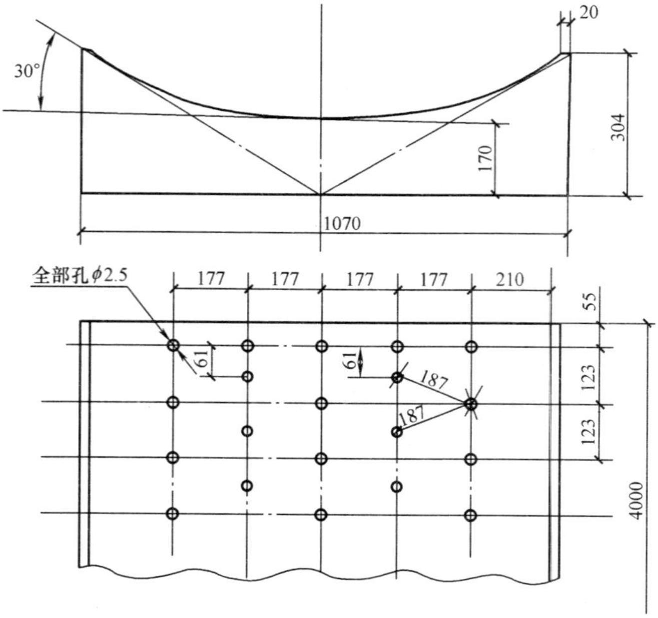

图 7-3 气室尺寸及喷气孔布置示意图(B=1000mm,v=2.5m/s)

表 7-2

每节气室质量表

带宽 B(mm)	500	650	800	1000	1200	1400
单节质量(kg)	260	280	300	400	450	500

(六)鼓风机

气垫带式输送机形成气垫使用的鼓风机一般为高压离心式鼓风机。在正常情况下,形成稳定气膜所需的风量与风压,可以根据所设计输送机的实际气室长度和运送物料的自然堆积密度,由表 7-3 和表 7-4 查出。鼓风机一般安装在输送机中部。对于较长的输送机,如选用单个鼓风机难以满足要求时,在保证风压的情况下,可选用多台风机,并在整个输送机长度上作适当布置,以风压沿程损失较少为佳。

表 7-3

风 量 表

(m^3/h)

长度(m) / 宽度(mm)	50	75	100	125	150	200	250	300	350
	400	450	500	600	700	800	900	1000	
500	720	1080	1440	2025	2430	3240	4050	5400	630
	7200	8100	9000	11 232	13 104	14 976	16 848	18 720	
650	810	1215	1620	2250	2700	3600	4500	5616	6552
	7488	8424	9360	12 960	15 120	17 280	19 440	21 600	
800	900	1350	1800	2340	2808	3744	4680	6048	7056
	8064	9072	10 080	12 960	15 120	17 280	19 440	21 600	
1000	936	1404	1872	2610	3132	4176	5220	6480	7560
	8640	9720	10 800	13 392	15 624	17 856	20 088	22 320	
1200	1080	1620	2160	2790	3348	4464	5580	6912	8064
	9216	10 368	11 520	14 688	17 136	19 584	22 032	24 480	
1400	1440	2160	2880	4050	4860	6480	8100	10 260	11 970
	13 680	15 390	17 100	21 600	25 200	28 800	32 400	36 000	

表 7-4 风 压 表 (Pa)

宽度(mm) \ 堆积密度(t/m³)	≤0.75	≤1.0	≤1.3	≤1.6	≤2.0	≤2.5
500	2373.2	2912.58	3559.81	4030.53	5070.03	6148.77
650	2765.48	3579.43	4363.96	5236.75	6403.74	7855.13
800	3216.58	4128.60	5226.94	6335.10	7796.29	9620.32
1000	3873.63	5040.62	6442.97	7845.32	9708.58	12 042.57
1200	4569.90	5982.06	7678.61	9384.96	11 650.30	114 484.42
1400	5275.98	6943.11	8943.66	10 944.22	13 611.63	16945.89

在特殊情况下风机可沿整机长度内作空间布置，并用弯管与气室连接。

（七）隔音箱、消音器

为了降低鼓风机的噪声，可设置隔音箱或消音器。隔音箱和消音器的规格型号需与鼓风机相匹配。

第二节 钢绳牵引带式输送机

一、概述

以下将介绍一种在煤炭系统已采用多年，而在电业系统尚未大量采用的钢绳牵引带式输送机。

钢绳牵引带式输送机与通用带式输送机的不同之处在于，这种输送机的牵引件与承载件是分开的，即用钢绳作牵引件，胶带作承载件，胶带以特制的耳环槽搭在两条钢丝绳上（见图 7-4）。

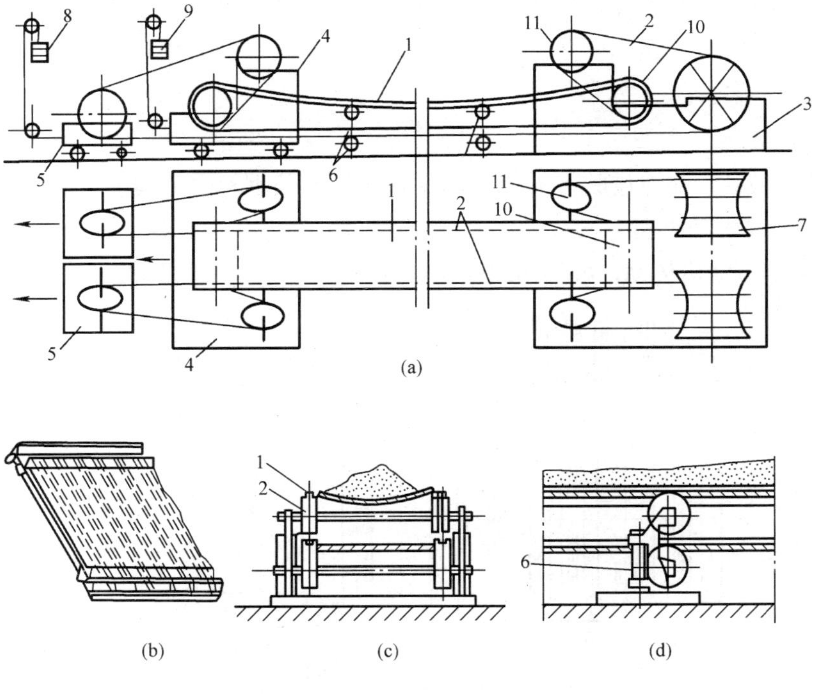

图 7-4 钢绳牵引带式输送机原理图

(a) 总图；(b) 输送带；(c) 输送机横截面；(d) 中剖侧面

1—输送带；2—牵引钢丝绳；3—驱动装置；4—输送带张紧装置；5—钢丝绳张紧装置；6—支承装置；7—主绳轮；8、9—张紧重锤；10—滚筒；11—分绳轮钢绳和胶带各自独立成闭合回路，有各自独立的张紧装置，在头尾端有分绳装置使牵引钢绳和胶带嵌合或分离。驱动轮驱动钢绳，从而带动胶带运动，将物料从一端输送到另一端。

这种输送机与通用带式输送机相比，有以下优缺点。

1. 优点

(1) 单台设备输送距离长，输送能力大。国内第一台单机长 2.6km，国外有单机长 19km 及更长的。

(2) 功率消耗小，钢材用量少。

(3) 运行平稳，没有跑偏现象。

(4) 由于单机长度大，中途转载次数少，操作简单，易实现自动控制。

2. 缺点

(1) 设备费用和基建投资高。

(2) 胶带制造成本高、工艺复杂。

(3) 钢丝绳和托轮使用寿命较短，维修工作量较大。

钢绳牵引带式输送机的传动原理，供、卸料，张紧装置等的结构与前述带式输送机基本相同，下面着重介绍特殊部件。

二、特殊部件

(一) 驱动系统

为达到使两条钢丝绳寿命相同，胶带磨损小的目的，要求两条钢丝绳的线速度和受力基本相同。但实际情况总有差异，严重时会脱带脱槽，耳槽很快磨损。采用合理的驱动方案，通过胶带的传递作用，能达到两条钢丝绳的速度基本相同，受力相差不大的要求。目前常采用的有以下两种方案。

1. 机械差速方案（见图 7-5）

采用机械差速器，并通过胶带的传递作用，实现两条钢丝绳的线速度和受力基本相同。

2. 电气同步方案（见图 7-6）

采用两个直流电动机传动，电枢串联激磁并联方式，通过胶带传递作用，由电压分配的差

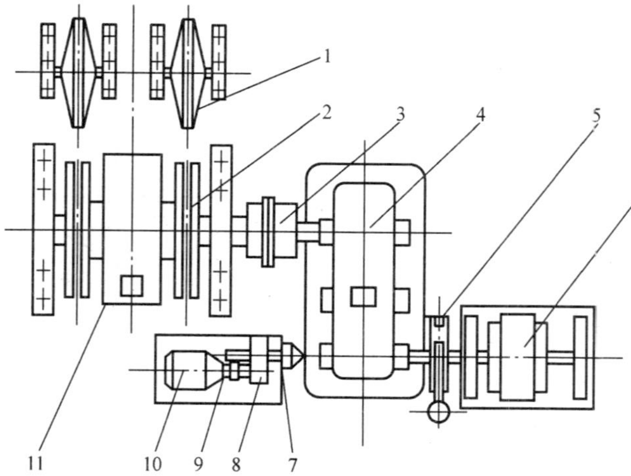

图 7-5 驱动系统机械差速方案

1—导绳轮；2—驱动轮；3—低速联轴器；4—减速机；5—制动器；6—交流电动机；7—副机联轴器；8—副机减速机；9—测速发电机；10—副电动机；11—差速器

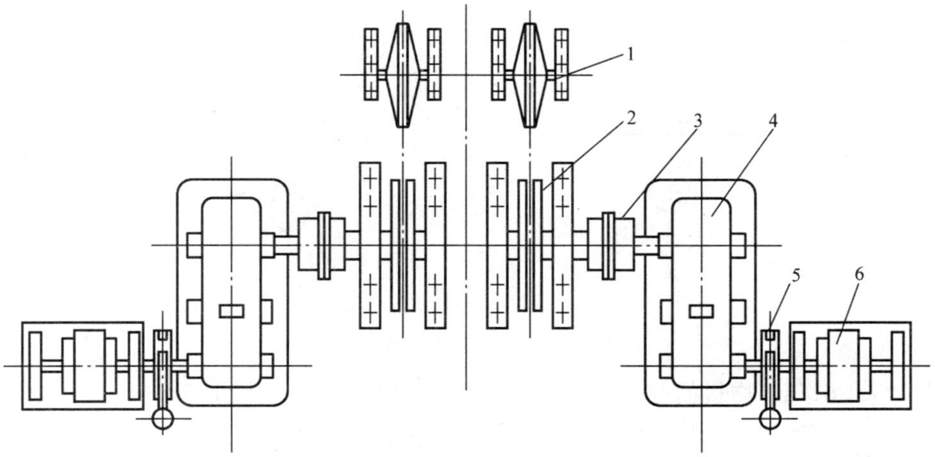

图 7-6 驱动系统电气同步方案

1—导绳轮；2—驱动轮；3—低速联轴器；4—减速器；5—制动器；6—电动机

别自动补偿以达到同步。

驱动轮常用的有单摩擦轮、多滚轮、封闭链式、对轮、夹钳轮等。单摩擦轮有结构简单、制造维修容易、对钢丝绳磨损小等优点，使用较广。

对摩擦轮衬垫材料的要求：与牵引钢丝绳间有较高的摩擦系数 μ；采用对 μ 值影响小的润滑油；有较高的许用比压 $[p]$；对钢丝绳的磨损小。

（二）胶带

胶带由钢条、V 形耳槽、上/下覆盖胶、帆布、填充胶等组成，它不承受牵引力。胶带承载物料横断面面积主要取决于胶带宽度和钢条的挠度。钢条设计的原则是：当满载时，钢条弯曲转角为 10°～12°。钢条的寿命应与胶带的使用寿命相协调，材料用 60Si2MnA。

V 形耳槽与牵引钢绳是一对摩擦副，胶带要求耐油、耐磨，并具有一定的刚度。胶带耳槽有上下等距（见图 7-7）和不等距（见图 7-8）两种，前者可以两面使用；后者钢条受力条件改善，减少了脱槽机会，即使发生脱槽，胶带也会相对固定在牵引钢绳上，避免发生事故。

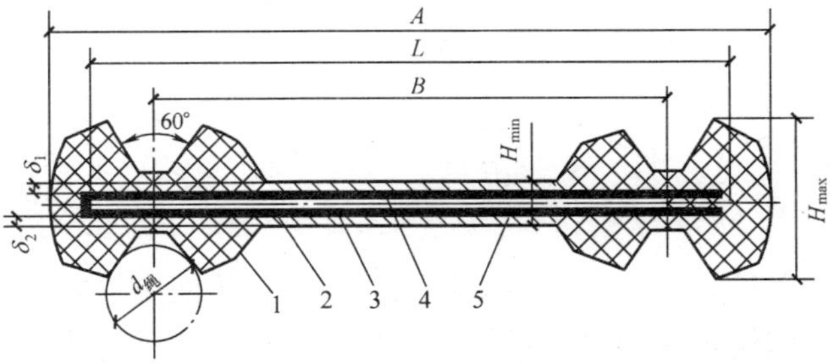

图 7-7 等距耳槽的胶带

1—耳槽；2—钢条；3—帆布；4—上覆盖胶；5—下覆盖胶

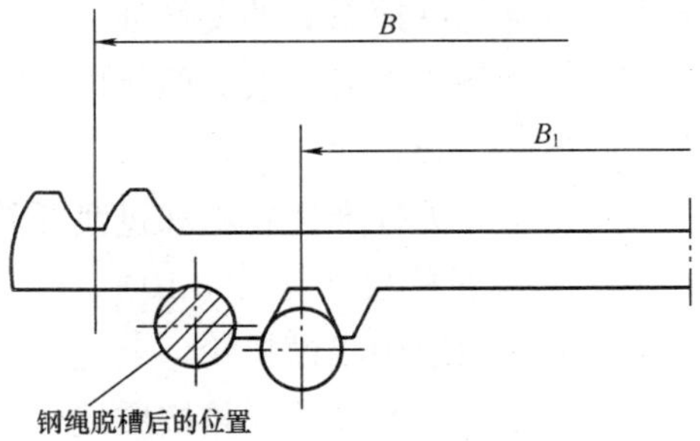

图 7-8 不等距耳槽的胶带

下耳槽中心线有垂直和不垂直（见图 7-9）两种形式，后者对楔紧钢绳及减少脱槽有一定的作用，偏斜角 $\theta<1°$。

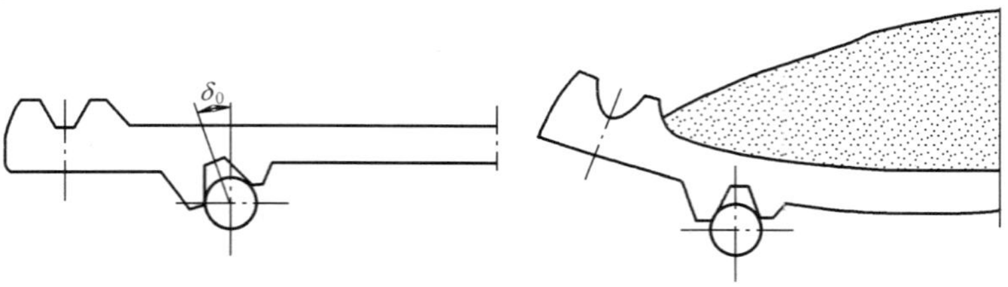

图 7-9 不垂直耳槽形式

运送 $\gamma \leqslant 1.6t/m^3$ 物料的胶带，上、下覆盖胶厚度为 3mm 和 1.5mm；运送 $\gamma > 1.6t/m^3$ 的岩石、金属矿等物料要用重型胶带，上、下覆盖胶厚度为 5～6mm 和 2.5～4mm。

胶带的连接采用钢条、卡子和硫化等方法，其中又以钢条连接较多。连接的钢条还应起到保险销的作用，当发生事故时，首先拉断钢条，保护胶带。运煤时，胶带的使用寿命应在 10 年以上，常用的普通型胶带规格见表 7-5。

表 7-5 普通型胶带规格

带宽 B（mm）	牵引钢绳直径 d（mm）	胶带每米重力（N/m）
800	24.5～40	约 181.3
1000	28～400	约 245
1200	30.5～40	约 323.4

（三）牵引钢绳

钢绳一般采用 6×19 或 6×7 同向捻结构（一根左捻，一根右捻）。抗拉强度为 1372～1666MPa，特号或Ⅰ号钢绳，接头长度为钢绳直径 d 的 800～1000 倍，安全系数 $n=4\sim5$。

钢绳表面涂的一般润滑油会使摩擦系数值明显下降，因此在使用前需要除油。除油不但花费时间，而且会使绳芯油熔化流出，影响钢绳寿命，因此最好用镀锌钢绳，或用既能防腐又不明显降低摩擦系数的戈培油。

钢绳的使用寿命一般为两年以上。

（四）托轮组

托轮组分为标准托轮组和过渡托轮组。

1. 标准托轮组（见图 7-10）

标准托轮组用浅槽托轮，上托轮分为单轮、双轮、多组双轮。其中，双轮使用较多，多组双轮适用于变坡处。托轮按质地分为整体铸钢轮和组合托轮（铸铁或薄钢板冲压轮体镶以轮衬），后者对钢绳磨损较轻。

2. 过渡托轮组

过渡托轮组用于头、尾部，也有单轮、双轮和多组双轮几种。过渡托轮多用铸钢深槽轮。

托轮轮衬应具有耐磨、耐压但对钢丝绳磨损较小的性能，常用的有塑料和橡胶两大类。

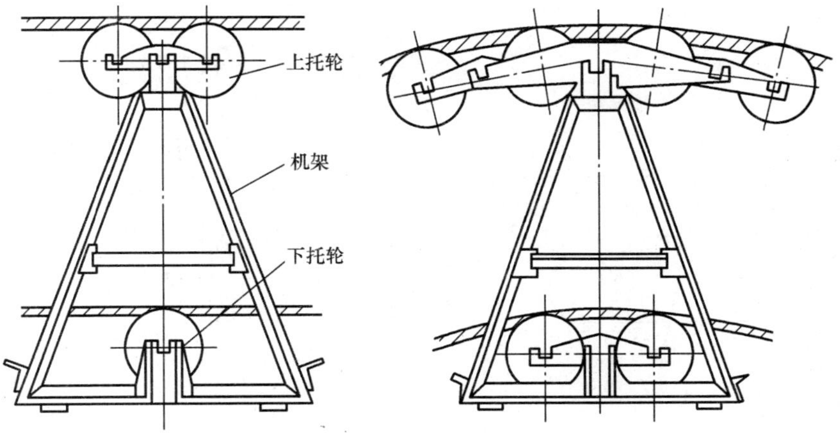

图 7-10　托轮组

(a) 双轮；(b) 多组双轮

聚氯乙烯、天然橡胶轮衬耐压、不耐磨、寿命低；用尼龙衬、聚氨基甲酸脂轮衬对钢绳寿命有所提高，但阻力系数略大于钢轮。对于轮径 300mm 的托轮，用聚氯乙烯、橡胶类轮衬时，每个托轮承压约为 2450N；用尼龙轮衬时，每个托轮承压约为 2940N。机架高度可用两种规格，同时需运人的要用高架托轮组。

（五）分绳装置

（1）水平分绳式（见图 7-11）：具有受力小、质量轻、钢线绳弯曲小（约 2°）和安全可靠等优点，使用较多。两组水平分绳轮的间距 A 大于 5m。

（2）垂直分绳式（见图 7-12）：结构紧凑，与驱动轮的间距较小，但每个轮受力较大，多用于结构受限制的场合。

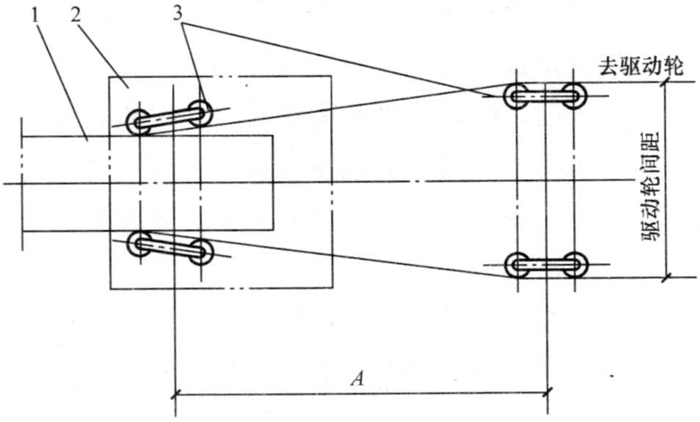

图 7-11　水平分绳式

1—胶带；2—卸料装置；3—水平分绳轮

（六）安全保护装置

（1）乘人越位保护：在装料、卸料和拐弯处机架的适当位置上设置保护装置，当乘人越位时，碰上保护线即断电停车。

（2）沿线保护（见图 7-13）：包括断绳、断带、钢绳脱槽和过载。沿输送机线每隔 20～40m 的机架上装有保护装置，多用行程开关切断主电动机电源停车。

（3）沿线停车紧急开关：由人控随时紧急停车。

（4）超速保护：向下输送出现位能负载，速度超过允许值（一般超速 5%）时，测速发电机和继电器组成的保护装置即行断电停车。对于倾斜输送机应具备两套制动器，其中一套为安全制动器。

（5）电动机保护：主、辅电动机均应设短路、过载和失电压等保护装置。

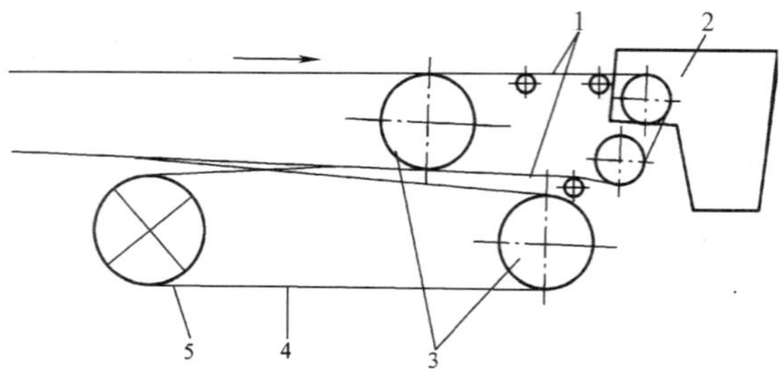

图 7-12　垂直分绳式

1—胶带；2—卸料漏斗；3—大歪轮；4—牵引钢绳；5—驱动轮

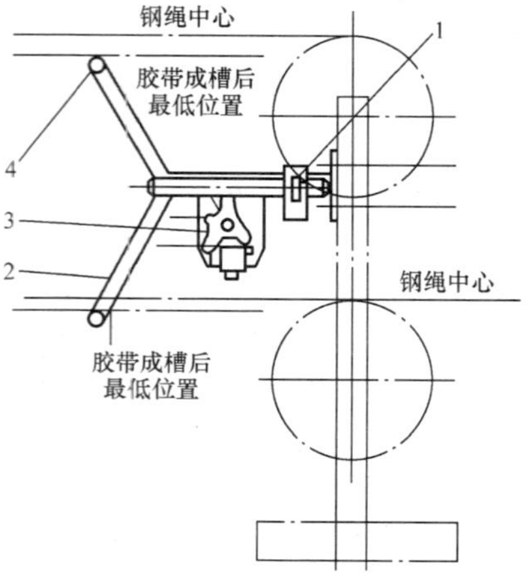

图 7-13　沿线保护示意图

1—配重块；2—连杆；3—行程开关；4—杠杆

第三节　普通带式输送机

通用带式输送机目前被燃煤火电厂普遍使用，本节将重点介绍。

一、普通带式输送机结构和原理

普通皮带机结构是一条倾斜提升皮带机，主要由胶带、托辊、机架、驱动装置、拉紧装置、改向滚筒、制动装置和清扫装置等组成。皮带机是根据摩擦原理工作的，皮带机在工作时，主动滚筒通过其表面包胶与胶带之间的摩擦力带动胶带运行，煤等物料装在胶带上和胶带一起运动。用于运送含有 400mm 以下煤块的原煤时，最大提升角为 180°，带速不超过 3.15m/s。

驱动滚筒与输送带之间靠摩擦力传动，驱动滚筒传给输送带足够的拉力，用以克服胶带运动中所受到的各种阻力。输送带以足够的压力紧贴于滚筒表面，两者之间的摩擦作用使滚筒能将圆周力传给输送带，这种力就是输送带运动的拉力。运行阻力和拉力形成使输送带伸张的内力，即张力。张力大小取决于重锤拉紧力、运输量、胶带速度和宽度、输送机的长度、托辊结构和布置方式等。由皮带机的张力传递方式可知，胶带沿运动方向前一点的张力等于后一点的张力与两点之间胶带运行阻力之和（主动滚筒处的张力变化除外）。

为了使传动滚筒能给予输送带以足够的初拉力，保证输送带在传动滚筒上不打滑，并且使输送带在相邻两托辊之间不至过于下垂，就必须给输送带施加一个初张力，这个初张力是由输送机的拉紧装置将输送带拉紧而获得的。在设计范围内，初张力越大，皮带与驱动滚筒的摩擦力越大。拉紧装置的主要结构形式有螺杆式、小车重锤式、垂直重锤式、液压式、卷扬绞车式等，对于 50m 以上的长皮带机螺杆式和液压式张紧装置是不实用的，多采用重锤式。

200m 以上的提升皮带机、300m 以上的或有正反转要求的水平皮带机为了减小胶带的拉力，多采用双驱动或多驱动，更长的皮带机多用钢丝绳芯强力胶带。

普通带式输送机是在重工业生产中应用相当广泛的定型设备，为了制造、使用与维修通用化，随着技术的进步与生产能力的扩大，到目前为止，我国的普通带式输送机已完成了三次定型改进，其中TD62型是1962年的定型皮带机，技术上引用了大部分前苏联的数据，这种皮带机主要在部分老电厂使用。TD75型（T——通用；D——带式输送机）皮带机是在1975年由我国自行完全改进的皮带机，从结构上看和TD62型皮带机是基本相同的，所不同的是设计参数的选取及个别部件的尺寸有所改变。在运行阻力、结构、制造和功率消耗等方面，TD75型比TD62型皮带机更先进。TD75型皮带机托辊槽角为30°，而TD62系列托辊槽角为20°。TD75型输送机托辊可使胶带的输送量提高20%左右，并能使物料运行平稳，不易撒落。由于输送量的提高，在相同的情况下就可使胶带宽度下降一级，因此用TD75型槽型托辊可节约胶带费用。DTⅡ型（DT——带式输送机通用型代号）皮带机是在TD75典型结构的基础上于1994年改进的更为实用的全系列普通带式输送机，属于我国普通带式输送机的第二代自行定型的设备，故称之为Ⅱ型。DTⅡ型皮带机的结构更为合理，其中好多部件结构的强度和合理性得到更好的完善，TD75型及DTⅡ型固定式带式输送机都是通用系列设备，可输送500～2500kg/m³ 的物料。

TD75型通用固定带式输送机（以下简称TD75型）由于输送量大、结构简单、维护方便、成本低、通用性强等优点而广泛用于输送散状物料或成件物品。根据输送工艺的要求可以单机输送，也可多机或与其他输送机组成水平或倾斜的输送系统。

DTⅡ型固定式带式输送机均按部件系列进行设计，机架采取了结构紧凑、钢性好、强度高的三角形机架，机架部分、中间架和中间架支腿全部采用螺栓连接，便于运输和安装。DTII型固定带式输送机是通用型系列产品，与TD75型相同，固定带式输送机适用的工作环境温度一般为－25～＋40℃，对于在特殊环境中工作的带式输送机如要具有耐热、耐寒、防水、防爆、易燃等条件，则应另采取相应的防护措施。

普通带式输送机的技术规范主要包括带宽、带速、头尾中心距、提升角、额定出力和电动机功率等。带宽为500～2400mm的带式输送机的带速 v、带宽 B 与输送能力 Q 的匹配关系如表7-6所示。

表7-6　　带式输送机最大输送量 Q　　(m^3/h)

v (m/s) / B (mm)	0.8	1.0	1.25	1.6	2.0	2.5	3.15	4	4.5	5.0
500	69	87	108	139	174	217				
650	127	159	138	254	318	397				
800	198	248	310	397	496	620	781			
1000	324	405	507	649	811	1014	1278	1622		
1200		593	742	951	1188	1486	1872	2377	2674	2971
1400		825	1032	1321	1652	2065	2602	3304	3718	4130
1600					2186	2733	3444	4373	4920	5466
1800					2795	3494	4403	5591	6291	6989
2000					3470	4338	5466	6941	7808	9676
2200							6843	8690	9776	10 863
2400							8289	10 526	11 842	10 159

注　输送量是在物料容重为1t/m³、输送机倾角为0°～7°、物料堆积角为30°的条件下计算的。

表 7-6 中各种带宽适用的最大块度如表 7-7 所示。

表 7-7 各种带宽适用的最大块度 (mm)

带宽	500	650	800	1000	1200	1400	1600	1800
最大块度	100	150	200	300	350	350	350	350

胶带一般用天然橡胶作胶面，棉帆布或维尼龙布作带芯制成。以棉帆布作带芯制成的普通型胶带，其纵向扯断强度为 56kN/(m·层)，一般用于固定式和移动式输送机；以维尼龙作带芯制成的强力型胶带，其纵向扯断强度为 140～400kN/(m·层)，用于输送量大、输送距离较长的场合；出力更大的皮带机要用钢丝绳芯胶带，其扯断强度为 650～4000kN/(m·层)。

胶带按带芯织物的不同，可分为棉帆布型、尼龙布型、维尼龙布型、涤尼龙布型、钢丝绳芯型；按胶面性能的不同，可分为普通型、耐热型、耐寒型、耐酸型、耐碱型、耐油型等。目前，电厂输煤系统中常用的胶带是普通帆布胶带、普通尼龙胶带和钢丝绳芯胶带。

二、驱动部件

皮带机驱动装置的组成形式有以下三种：

(1) 电动机和减速机组成的驱动装置。这种组合装置由电动机、减速机、传动滚筒、液力耦合联轴器、抱闸、逆止器等组成。输煤系统由于运行环境差，皮带机一般采用封闭鼠笼式异步电动机，这种电动机结构简单，运行安全可靠，启动设备简单，可直接启动。但有启动电流大（一般为额定电流的 5～10 倍）、不能调整转速等缺点，配以液力耦合联轴器极大地改善了电动机的启动性能。现多采用的 Y 系列异步电动机的效率、功率因数、启动力矩、启动电流等质量指标均适用于输煤系统的环境条件。带式输送机常用的减速机为圆柱齿轮减速机及硬齿面减速机。硬齿面减速机采用渗碳淬火磨齿加工的硬齿面齿轮，承载能力大，比软齿面齿轮质量降低 50%～60%，输入轴与输出轴呈垂直方向布置，使结构更为紧凑，平均使用寿命增加一倍。驱动滚筒是传递动力的主要部件，带式输送机的驱动滚筒结构一般为钢板焊接结构，均采用滚动轴承，滚筒有光面、人字胶面、菱形胶面及平形胶面等多种。在传递功率较小的情况下可采用光面滚筒；在环境潮湿、传递功率较大的情况下采用胶面滚筒；在单向运行的输送机中应采用“人”字形胶面滚筒，同时应注意“人”字形的方向；对于可逆运行的输送机宜采用菱形胶面滚筒。在 TD75 型系列中，为了改善带式输送机的启动工况，以及双电动机驱动的长距离带式输送机，平衡各电动机的负荷，在高速侧功率不小于 45kW 时均配置了液力耦合联轴器。当电动机功率在 100kW 以上时，高速侧也有用粉末联轴器，低速侧多用十字滑块联轴器或齿式柱销联轴器等。

(2) 电动滚筒驱动装置。电动滚筒就是将电动机、减速机（行星减速机）都装在滚筒壳内。壳体内的散热有风冷和油冷两种方式，所以根据冷却介质和冷却方式的不同可分为油冷式电动滚筒和风冷式电动滚筒。

(3) 电动机和减速滚筒组合的驱动装置。这种驱动装置由电动机、联轴器和减速滚筒组成。所谓减速滚筒，就是把减速机装在传动滚筒内部，电动机置于传动滚筒外部。这种驱动装置有利于电动机的冷却、散热，也便于电动机的检修、维护。

提高滚筒与输送带传动能力的方式有：

1）提高输送带对滚筒的压紧力；

2）增加输送带对滚筒的包角；

3）提高滚筒与输送带之间的摩擦系数。

压紧滚筒给传动滚筒增加压力的办法由于构造复杂，因此很少采用。采用改向滚筒来增大输送带对滚筒的包角是常用的简便方法，但增加的数值有限，300m 以上的长皮带机往往根据需要采用双滚筒传动可使包角增大得较多。

双滚筒驱动的主要优点是可降低胶带的张力，因而可以使用普通胶带来完成较大的输送量，可减少设备费用，驱动装置各部的结构尺寸也可以相应地减少，有利于安装和维护。

双滚筒驱动有两种方式，即集中驱动和分别驱动式。

集中驱动系统是一套电动机、减速机同时带两个驱动滚筒，两滚筒之间用相同齿数的齿轮啮合传动，其载荷分配按两个滚筒的直径比值 D_1/D_2 决定，理论上以 D_1 略大于 D_2 为佳，但从生产、维修、使用上考虑，多采用直径相同的滚筒。

分别驱动滚筒方案中，常利用两台鼠笼型电动机或绕线型电动机配液力耦合器分别驱动两个滚筒，从而实现各电动机上载荷的合理分配。延长了启动时间，改善了输送机满载启动的性能，使每个滚筒都有各自的安全弧，两滚筒都和输送带工作面接触，摩擦系数较稳定。分别驱动双滚筒传动方案是大中型火力发电厂较多采用的方案。

输送距离长、输送量大的带式输送机，其出力相应增加，有的还要求正、反两个方向运行，采用双滚筒驱动的主要优点是可降低胶带的张力，因而可以使用普通胶带来完成较大的输送量，可减少设备费用，驱动装置各部的结构尺寸也可以相应地减少，有利于安装和维护。所以双滚筒驱动的布置形式及负荷分配要仔细考虑，必要时还有三滚筒驱动及中间胶带摩擦驱动等方式。

三、油冷式电动滚筒

电动滚筒就是将电动机、减速机（行星减速机）都装在滚筒壳内，根据冷却介质和冷却方式的不同可分为油冷式和风冷式电动滚筒两种，以下着重介绍较为常用的油冷式电动滚筒。

油冷式电动滚筒是胶带输送机的专用驱动装置，小负荷和小空间的场合可代替电动机和减速机所构成的外驱动装置。油冷滚筒空腔内带有环形散热片的电动机用左法兰轴和右法兰轴支承，两法兰轴的轴头固定在滚筒外的支座上，电动机主轴旋转带动一对外啮合齿轮和一对内啮合齿轮使滚筒体减速旋转。在滚筒空腔内充有冷却润滑油液，当滚筒旋转时，油液便可冲洗电动机外壳进行冷却，并润滑齿轮和轴承（不包括电动机轴承）。

油冷式电动滚筒的使用特点有：

（1）油冷式电动滚筒的密封性良好，因此可用于粉尘大且潮湿泥泞的场所。

（2）电动滚筒有封闭结构的接线盒，因此可随同主机安装在露天或室内工作。

（3）电动滚筒采用 B 级绝缘的电动机，电动机使用滴点较高的润滑脂以及耐油、耐高温的橡胶油封，因此当环境温度不超过 40℃时能够安全运转。

（4）电动滚筒不适用于高温物料输送机。

（5）电动滚筒不能应用于具有防爆要求的场所。

油冷式电动滚筒是各种移动带式输送机的首选驱动装置，也可供某些固定带式输送机使用。该设备具有结构紧凑、质量轻、占地少、性能可靠、外形美观、使用安全方便，在粉尘大、潮湿泥泞的条件下仍能正常工作等优点。

油冷式电动滚筒的型号规格含义如下：

(1) TDY-Ⅱ-15-1.6-650-500：

T——滚筒；

D——电动；

Y——油冷式；

Ⅱ——第二代油浸式；

15——滚筒功率为15kW；

1.6——滚筒表面线速度为1.6m/s；

650——皮带宽度为650mm；

500——滚筒直径为500mm。

(2) YT-22-2-1000-800：

YT——油浸式大功率电动滚筒；

22——功率为22kW；

2——表面线速度为2m/s；

1000——皮带宽1000mm；

800——筒径为800mm。

四、逆止器

逆止器是提升运输设备上的安全保护装置，能防设备停机后因负荷自重力的作用而逆转，适用于提升带式输送机、斗式提升机、刮板提升输送机等有逆止要求的设备。提升倾角超过4°的带式输送机带负荷停机时，会发生输送带逆向转动，甚至断裂或其他机械损坏，因此为防止重载停机时发生倒转故障，一般要设置逆止器或制动装置。输煤系统常用的制动装置有刹车皮（带式逆止器）、机械式逆止器和制动器等。

制动器的主要作用是控制皮带机停机后继续向前的惯性运动，使其能立即停稳，同时也减小了向下反转时的倒转力。

机械式逆止器结构紧凑，倒转距离小，物料外撒量小，制动力矩大，一般装在减速机低速轴的另一端，也有安装在中速轴和高速轴上的，与带式逆止器配合使用效果更好。

逆止器是一种特殊用途的机械式离合器，分为带式逆止器、滚柱式逆止器和楔块式逆止器三种。

（一）带式逆止器

带式逆止器在皮带正常运转时，逆止带在回程皮带的带动下放松，不影响皮带运行；当皮带停机发生倒转时，回程皮带带动逆止带反向卷入驱动滚筒与回程皮带之间，直到把逆止带拉展，从而阻止皮带机的逆转。为保证正常运转时逆止带不反转，安装时注意要调整止退器的位置。

（二）滚柱式逆止器

滚柱式逆止器是由星轮、滚柱、外圈组成的，其星轮为主动并与减速机轴连接。当其顺时针回转时，滚柱在摩擦力的作用下使弹簧压缩而随星轮转动，此时为正常工作状态，逆止器内圈空转。当胶带倒转，即星轮逆时针回转时，滚柱在弹簧压力和摩擦力作用下移向空隙的收缩部分，楔紧在星轮和外套之间，这样就产生了逆止作用。

滚柱逆止器内部无轴承，安装时星轮与外圈座间隙不易调整，容易造成各滚柱受力不均，甚至卡死，给皮带机再启动造成更大的困难，所以这种逆止器正逐渐被楔块式逆止器所代替。

（三）楔块式逆止器

楔块式超越离合器是随速度或旋转方向的变化而能自动接合或脱开的离合器，作为防止逆转的机构时，又称为楔块逆止器或单向轴承。

楔块式逆止器主要由内圈、外圈、凸轮楔块、蓄能弹簧、密封圈、端盖等组成。楔块按一定规律排在内圈和外圈形成的环形轨道之间，由蓄能弹簧的加载使楔块工作表面与内、外圈接触，确保传递力矩时的瞬时啮合。力矩是在内、外圈间楔块楔入的作用下，使内、外圈锁紧，并将力矩传递到防转支座或基础上，从而承担力矩载荷的。楔块式逆止器在内、外圈间装了两组球轴承，有效地控制了内、外圈的同心度，从而确保了锁紧元件均匀承担载荷和高速运行，延长了离合器的使用寿命。使用时整体自由安装，不存在滚柱式逆止器内、外圈调整不正确时引起的受力不均而使滚柱卡死的问题。楔块式逆止器分为接触式楔块逆止器和非接触式楔块逆止器两种。

1. 接触式楔块逆止器

接触式楔块逆止器适用于大转矩，中、高速传动工况，当用于高速工况时，常采用稀油润滑及特殊结构和材料的楔块。一般极限转速为 400～1500r/min。在普通皮带机的使用中一般安装于减速机的低速轴上，其外形结构与普通滚柱逆止器、棘轮逆止器相比，在传递相同逆止力矩的情况下，具有质量轻、传力可靠、解脱容易、安装方便等优点。其允许最大扭矩通常能达到数十万牛・米以上，是大型带式输送机和提升运输设备上一种理想的安全保护装置。内部结构中，接触式逆止器内有若干个异形楔块按一定规律排列在内、外圈之间。当内圈向非逆止方向旋转时，异形楔块与内圈和外圈轻轻接触；当内圈向逆止方向旋转时，异形块在弹簧力的作用下，将内圈和外圈楔紧，从而承担逆止力矩。

2. 非接触式楔块逆止器

非接触式楔块逆止器是安装在皮带机减速机高速轴或中间轴轴伸上的逆止装置，用于较高超越极限转速（800～2500r/min），中等转矩（31.5～4500N・m）工况，是利用特殊形状楔块的离心力及其与外环之间的特殊几何关系来实现“超越”传动的。当内环转速达到 310～420r/min 时，楔块与内、外环滚道非接触、无磨损运转。其特点是单向自锁可靠，反向解脱轻便。非接触式逆止器用内圈装于主机的安装轴伸上，靠键和轴伸连接在一起。装在内圈上的两个单列向心球轴承托持着外圈，同时又作为端盖和防转盖的定位止口，外圈用内六角螺钉和防转端盖紧固在一起。防转端盖通过固定在其柄上的销轴用防转轴座固定，内圈工作面和外圈之间的楔块装配上有若干个楔块。复位弹簧分别套在楔块两端的圆柱上，弹簧的一端插入楔块端面的小孔中，另一端靠在挡销上。楔块装配的外端面装有两个外凸的止动环，止动环分别嵌入楔块装配两边的挡环和固定挡环的缺口中。固定挡环和挡环分别装在内圈上，并紧靠在内圈中间台阶的两边。在内圈与防转端盖之间装有一套迷宫密封，端盖的前端装有盖，用以防尘和固定标牌。

当输送设备正常运行时，带动楔块一起运转，当转速超过非接触转速时，楔块在离心力转矩作用下，与内外圈脱离接触，实现无摩擦运行，因而降低了运转噪声，提高了使用寿命；当输送设备载物停机，内圈反向运转时，楔块在弹簧预加扭矩作用下，恢复与内、外圈接触，可靠地进入逆止工作状态，使输送机在物料重力作用下，不会有后退下滑故障的发生。

非接触式楔块逆止器具有逆止力矩大、工作可靠、质量轻、安装方便和维护简单的优点，老式减速机改装时只需在机座上合适的位置安装防转支座销孔即可，新式专用结构的减速机与逆止器组合安装成为一体，可将其固定销直接安放在减速机壳体的销孔上。

逆止器作为一个独立的零件使用，座圈处于中心位置，并且有自己的润滑装置，使用中其优点还表现在以下几方面：

(1) 在输送设备运行过程中，当逆止器发生故障或逆止器与减速机轴卡紧损坏，并且输送设备不允许停止运行，而逆止器在短时间内又无法拆下时，只需拆除防转支座便可实现输送机在无逆止状态下安全、平稳的运行，不会影响正常生产。

(2) 在带式输送机更换胶带时，无需拆下逆止器，只需拆下防转支座，便可实现传动滚筒正、反两个方向自由旋转（即可使带式输送机的胶带沿反方向运行），更换胶带非常方便、快捷。

(3) 在新安装的带式输送机调试过程中，当电动机正、反转无法确定时，只需拆除防转支座，便可接通电源，避免了带式输送机首次接通电源时，必须先拆下逆止器的重复装配工作，使设备的调试更方便。

(4) 如果希望改变允许的转动方向，可以使内环带着止挡翻转。将内环和止挡拉出，翻转后放回即可。

在停车过程中，楔块的离心力矩随着安装轴伸转速的下降而迅速地下降，当降到小于弹簧的转矩时，弹簧又使楔块在轭板的支承孔中往回偏转恢复与外圈的接触，并给以初始的压紧力，给停车逆止提供了可靠的保证。停车时，主机轴伸在反转力矩的作用下是转不动的。

（四）逆止器的使用与维护

(1) 逆止器的安装应在电动机的转向确定之后进行。如果安装方向相反，则会导致严重故障。

(2) 逆止器外壳与机体、内环与轴、键与键槽的配合均为动配合，由于挡块是由轴承支持的，因此没必要去特别验证轴的平行性。安装轴与机体外壳安装孔要有良好的同轴度，安装中要注意彻底清除毛刺，洗净、擦干，并均匀涂上润滑用的机油，严禁硬敲和强行装配。

(3) 逆止器应采用适量的润滑油或 2 号锂基润滑脂进行润滑。润滑的目的是为了保持转轴和座圈自由转动，同时也降低转动和滑动的扭矩。润滑剂包括碳粉，有的使用润滑油，应避免使用其他降低摩擦系数的添加剂。水平安装的传动装置，其正确的油量应是挡块内高度的 1/3。部分结构的外壳有三个油塞孔，一个是油的入口，一个是出口，另一个是调整油量的。逆止器的工作转速应小于其极限转速值，如果长期运转，而且转速过高，应有更为有效的润滑和冷却措施。也有的逆止器直接装在减速机壳体上，甚至装在减速机壳体内部高速轴上，这种逆止器是靠减速机内的油润滑的。减速机首次加油时，单独在逆止器里加入润滑油（逆止器装在减速机侧面），以保证首次启动时逆止器内正常润滑。

(4) 最初工作 100h 之后，就应该进行第一次换油。在非常脏的环境下，应在 1000h 之后进行第二次换油，换油可与检查传动齿轮同时进行。无论如何，油也要一年更换一次，要经常检查油质、油位。在必要时，稀薄的油也可使挡块工作，但此后必须更换。

(5) 逆止器工作两年后，应拆开清洗，检查和更换轴承和楔块装配的润滑脂，检查内容主要包括弹簧有无脱落及损坏，楔块、内圈和外圈有无裂纹，楔块的摆动及轴承的运转是否灵活等。若出现上述缺陷，应立即更换。

五、滚筒

(一) 驱动滚筒

驱动滚筒包胶结构样式有“人”字形、菱形、平形等几种，其中“人”字形包胶滚筒具有方向性，仅适合于单向运转的皮带，而且左右不能装反。“人”字胶面滚筒工作时，在胶带宽度方向上向两侧有一对平行于滚筒轴的轴向分力作用于运输胶带上，能使胶带进一步紧压在驱动滚筒上，因而提高了驱动能力。如果“人”字形左右装反，滚筒对胶带的这个合力将指向输送胶带的中心线，使胶带中间虚空，从而减弱胶带对滚筒的压紧力，降低驱动能力。菱形驱动滚筒和平形驱动滚筒适应于正、反转运行的皮带机，其中菱形驱动滚筒效果好，因而使用较多。

(二) 改向滚筒

改向滚筒的作用是改变胶带的缠绕方向，使胶带形成封闭的环形。改向滚筒可作为输送机的尾部滚筒，组成拉紧装置的拉紧滚筒，并使胶带产生不同角度的改向。

小型改向滚筒有用铸铁制成的，一般较大的改向滚筒用钢板制成。与胶带非工作面接触的改向滚筒多采用光面包胶形式，可有效防止其表面粘煤，因为橡胶具有弹性，热导率小，所以冬季运输湿煤时可避免滚筒上积煤，有效减少了皮带的跑偏、抖动与磨损。

六、托辊

(一) 概述

托辊是用来承托胶带，并随胶带的运动而作回转运动的部件。托辊的作用是支承胶带，减小胶带的运动阻力，使胶带的垂度不超过规定限度，保证胶带平稳运行。按辊体的材料考虑，托辊大多数为无缝钢管制成，近年来新开发的有陶瓷托辊和尼龙托辊等，主要用于除铁器前后。托辊组按使用情况的不同可分为承载托辊组和回程托辊组两大类。

用于有载段的为承载上托辊，承载托辊组包括槽形托辊组、缓冲托辊组（用于落煤管受冲击的部位）、过渡托辊组、前倾托辊组、自动调心托辊组等多种。

用于空载段的为回程下托辊，回程托辊包括平形回程托辊、V 形回程托辊、清扫托辊（胶环托辊）等。

(二) 普通槽型上托辊

槽型托辊一般由 3 个短托辊组成，其数目由带宽和槽角决定，中间的短托辊轴线与两边的短托辊轴线在立面上有夹角（也就是外侧辊子轴线与中间水平辊子轴线的夹角），称为托辊槽角。托辊槽角增大后（在 0°～60°范围内），使物料堆积断面增大，能提高生产能力和输送倾角，有防止撒料、跑偏的作用。槽型托辊主要用作上层运输胶带的托辊，简称上托辊。槽角 a 的大小常由输送带的成槽性决定。TD75 型上托辊的槽角 $a=30°$，1200mm 带宽的托辊直径为 108mm；DTⅡ型上托辊的槽角 $a=35°$，1200mm 带宽的托辊直径为 133mm。过渡托辊组布置在端部滚筒与第一组普通承载托辊之间，以降低输送带的边缘应力，避免撒料情况的发生。过渡托辊组按槽角可分为10°、20°、30°三种。

辊体一般用无缝钢管制成，轴承座有铸铁式、钢板冲压式及酚醛塑料加布三种制造材料，托辊轴承一般均采用滚动轴承。

托辊的润滑多采用锂基润滑脂。托辊的损坏原因多数是密封不良，灰尘进入轴承而卡死。径向迷宫式密封的托辊结构，其运行阻力小，防尘效果较好。

单向运转皮带机的两个槽形托辊分别向前倾斜2°～3°，可以防止皮带跑偏。安装时要注意托辊架两个支腿上卡槽口的偏向应该顺着皮带运行方向超前安装，不得装反。

为了解决遇有三大块时槽形边托辊易掉的问题，托辊轴两段的卡头平行面可不要铣通，轴端做成凹形卡头，能使安装结构更为牢固。

托辊的轴承密封是影响其寿命的关键，改向型的迷宫式密封技术已很成熟，现被广泛使用。

（三）平形托辊和V形前倾回程托辊

平形托辊一般为一长托辊，主要用作支承空载段下层运输胶带，简称下托辊。有的电厂采用两轴承与托辊分体式的结构方式，小轴承座可卡在耳槽内，磨损后只更换轴承座即可，使用也比较方便。

V形回程托辊支承空载段皮带，由两节托辊组成，每节托辊向上倾斜5°，呈V形，同时向前倾斜2°。这种托辊能防止皮带跑偏，减少托辊表面粘煤。一般每10组托辊安排4个V形回程托辊组、6个平行托辊组。

（四）缓冲托辊

缓冲托辊用来在受料处减少物料对胶带的冲击，以保护胶带不被硬物撕裂。对于大块较多的电厂，为了更有效地避免胶带纵向断裂，在落煤点加密装设多组缓冲托辊或用弹簧板式缓冲床，可以减少物料对胶带的冲击损坏。

缓冲托辊可分为橡胶圈式、弹簧板式和弹簧板胶圈式、弹簧丝杆可调式、槽形接料板缓冲床式、弹簧橡胶块式和防撕裂重型缓冲托辊组合式等多种。

1. 弹簧板式缓冲托辊

弹簧板式缓冲托辊由三个托辊连成一组，两侧支架用弹簧钢板制成，调整两弹簧板的间距和托辊轴的固定螺母，使中间的托辊贴紧皮带，使其能有效起到支撑托冲的作用。落差较大时，要在落煤点多装几组，以提高使用效果，防止弹簧钢板脆断损坏。这种缓冲托辊结构简单，是较早期的皮带机部件。根据其使用托辊形式的不同，可分为弹簧板式普通缓冲托辊、弹簧板式环胶缓冲托辊和钢板式双螺旋热胶面缓冲上托辊等。环胶缓冲托辊比普通缓冲托辊的效果好，但胶环容易磨损脱落；双螺旋热胶面缓冲上托辊两侧的槽托辊分别是正、反螺旋形的热铸胶托辊，将原橡胶圈辊子或光面辊子改用一次成形的热铸胶托辊，比橡胶圈更结实、牢固，且弹性好、不脱胶、寿命长。两侧槽形辊子呈左、右螺旋，除了有较好的缓冲作用外，还有较好的自动清扫皮带表面粘煤和防止因落煤点不正而引起皮带跑偏的作用。

2. 可调式弹簧缓冲托辊

可调式弹簧缓冲托辊组由三联组托辊和活动式可分拆托辊支架组成，支撑架有底梁和活动三角形支柱两大部分组成，活动三角形支柱由活动支腿、压力弹簧、导向支柱组成，与底梁活动连接。导向支柱既是弹簧的导向柱，又是中托辊下止点的支撑柱。调整支柱上的压紧螺母，可使托辊组在一定范围内任意选择槽角和缓冲弹力，使处于任何节段（包括滚筒附近过渡节段）的受料胶带均带有一个合适的依托，达到保护胶带，延长使用寿命的目的。

托辊组以压力弹簧为缓冲力源，利用压力弹簧被压缩时会随着高度的降低而弹力递增的性能，使托辊组随着所受冲力的增大而缓冲弹力递增，从而有效地抵消物料下落的冲击力，起到保护的作用。托辊组的活动三角形支柱使作用在托辊支柱上的冲击力得以分解，可有效地增加托辊组的耐冲击能力，延长使用寿命。

边托辊支架用铰链连接于机架横梁上，两托辊间由螺旋弹簧、轴销等组成的支撑架连接，弹簧预紧力可调，托辊上装有橡胶缓冲圈，具有双重缓冲性。当上方胶带受大块物料冲击时，这一冲击主要由螺旋弹簧缓冲，橡胶缓冲圈起辅助缓冲作用。调整支柱上的压紧螺母可改变螺旋弹簧预紧力的松紧，使托辊组槽角变化，进而使托辊组紧贴皮带，以适应不同物料块度的实际工况；也能使滚筒附近过渡节段的受料胶带得到足够的缓冲弹力。因此，这种缓冲托辊组具有承载能力大、灵活、适用性能好等优点。

这种托辊支架同样可装上双螺旋热胶面缓冲上托辊，当托辊受到物料的冲击时，使弹簧压缩缓冲，同时使支架受力增大槽角，达到良好的缓冲效果，同时使支架受力增大槽角，达到良好的缓冲聚中效果。

（五）防撕裂重型缓冲托辊组（减振器）

弹簧钢板托辊组合块式缓冲床的特点有：橡胶块连接的托板与机架横梁之间由螺旋弹簧和轴组成的支撑架连接，螺旋弹簧预紧力可调，也具有双重缓冲性，且承受缓冲力度大，运行平稳。安装时，缓冲器上螺旋弹簧预紧力的松紧可根据物料块度的实际情况随时调节。

另一种弹簧钢板与托辊组合的缓冲床用于皮带机尾部接料点处，对皮带有很好的缓冲和防撕裂保护装置。

（六）自动调心托辊组

各种形式的皮带机在运行过程中，由于受许多因素的影响，因此不可避免地存在不同程度的跑偏现象。为解决这个问题，除了在安装、检修、运行中注意调整外，还应装设一定数量的自动调心托辊。当输送带偏离中心线时，调心托辊在载荷的作用下沿中轴线产生转动，使输送带回到中心位置。调心托辊的特征在于其具有极强的防止输送带损伤和跑偏的能力。对于较长的输送机来说必须设置调心托辊。

自动调心托辊按使用部位分为槽形自动调心和平形自动调心两大类，槽形自动调心托辊又分为单向自动调心（立辊型）和可逆自动调心（曲面边轮摩擦型）等多种；按具体的结构原理可分为摩擦可逆自动调心、摩擦平形下调心、V形下调心、联杆式上调心、联杆式下调心、单向调偏、带调偏器的自动调心等。

1. 锥形双向自动调心托辊

锥形双向自动调心托辊的两槽托为锥形托辊，小径朝外、大径朝内安装，两侧支腿上各有一小轮，使锥形托辊能沿其转轴左右摆动。运行当中托辊大径朝内与皮带滚动接触，外圈小径与皮带有相对摩擦运动。如果皮带向右跑偏时，相对摩擦力偏大，强迫右面锥形托辊向前倾，带动左侧锥形托辊向后倾（轴销下有连杆），右侧托辊与皮带在载荷的作用下沿中轴线产生运动，使皮带自动调整，跑偏量大时，左侧锥形托辊能自动向上立，增大了槽角，减少了撒煤。这种调心托辊的结构特点是皮带向心力大。其作用原理是：调心托辊两侧的锥形托辊竖轴的下端用连杆相连，保证了两个锥形托辊能同时工作，利用每个锥形托辊与胶带产生的摩擦力进行胶带跑偏调整。

2. 锥形下调心托辊

锥形下调心托辊用于二层回空皮带的调偏，其作用原理与锥形双向自动调心托辊相同。托辊组与平常调心托辊组相同，牵引器用螺栓固定在中间架上，通过拉杆与调心托辊组相连。

3. 单向强力挡辊式调偏托辊组

强力挡辊式调偏托辊组由托辊组和牵引器两大部分组成。托辊组与平常调心托辊组相同，牵引器用螺栓固定在中间架上，通过拉杆与调心托辊组相连。

当皮带跑偏时，皮带偏移一侧的挡辊向外侧移动，同时牵引杠杆向输送带运行方向转动，通过拉杆带动调心托辊组的活动支架偏转，这时托辊转动方向与输送带运行方向不一致，产生相对速度，从而对输送带产生纠偏作用。这种强力调偏托辊组只能安装在单向运行输送机上。当皮带跑偏时，偏移这一侧的调偏挡辊被皮带接触压紧，使挡辊被迫向外移（同时转动），挡辊移动带动杠杆转动，又使拉杆带动托辊回转架偏转，回转架便受到一力偶矩的作用，使回转架绕回转中心转过一定角度，从而达到自动调心的目的，促使皮带还原正位。其动作过程为：皮带跑偏—托辊移动—杠杆动作—拉杆动作—托辊偏转—皮带复原。

近年来推广研发了多种强力有效的皮带自动调偏器，另外双回转中心的强力调偏器结构形式从原理上讲，托辊分为两个回转中心，且在机架内用连杆互连，当胶带向一侧跑偏时，该侧托辊迅速纠偏，另一侧也同时参加纠偏。该设备的优点是减少了回转半径，回转角增大，促使调偏力量大且灵敏、迅速。传统的挡辊式单向自动调偏器结构简单，但调偏力较小。

4. 可逆自动调心托辊的工作原理及优点

可逆自动调心托辊用于双向运转的皮带机上，传统的曲线轮摩擦式调心托辊是通过左右两个曲线辊与固定在托辊上的固定摩擦片产生一定的摩擦力，来使支架回转的。皮带跑偏时，皮带与左曲线辊接触，并通过曲线辊产生一个摩擦力，使支架转过一定角度，以达到调心的目的。

挡辊可逆槽形调心托辊是在单向自动调偏器基础上改善而来的，其特点是两侧兼设有托辊，且挡辊轴线与托辊轴线在同一平面内相垂直，接受胶带跑偏的推力完全用于纠偏，适合于可逆皮带机使用；双回转中心的强力挡辊调偏器的挡辊置于托辊轴线时，一样有更好的调偏效果。

各种调偏器的回转中心处都应有良好的密封，有防水和防尘功能，以便用水冲洗。

以上介绍的自动调偏托辊组都是利用皮带跑偏产生足够大的偏转力矩之后，带动调心托辊架自动偏转，使皮带在继续运行当中逐渐自动聚中的。实际应用中这种事后调节的方式较难起到“自动调偏”的作用，多是以人工调整的方式强制调偏的，如果调整不及时，将会造成严重的皮带侧边磨损和撒煤、堵煤等故障。因机架或落煤点不正引起的跑偏，一般应将跑偏点后侧（逆运行方向）10～30m 处的调心托辊架根据跑偏趋势，在跑偏侧顺运行方向强制调整后，再用拉绳固定住回转架，使其提前产生强制预偏力，才能有效地起到防偏作用。

所以在大型皮带机自动控制中，有必要在皮带沿线容易跑偏的部位多安装几个防跑偏开关，在每个自动调偏托辊架上安装一个电动推杆，用跑偏开关控制其后部10～30m距离之间相应的电动推杆，如有跑偏开关动作，延时几秒后在其后部的电动推杆就根据指令调整一下调偏托辊架的偏转量，等待几秒后，再根据信号指令调一下，如果调到限位后还有跑偏指令，则可转到再后一个调偏架继续调整，直到无指令为止。一般皮带在大修期间应对机架、托辊、皮带接头和落料点等进行必要的找正，以避免其过大的跑偏，减少自动调偏控制的点数。

（七）清扫托辊组

清扫托辊组用于清扫输送带承载面的黏滞物，分为平形梳形托辊组、V形梳形托辊组和平形螺旋托辊组。

一般在头部滚筒回程空段皮带托辊绕出点设一组螺旋托辊，接着布置5～6组梳形托辊。

1. 胶环平形下托辊

普通平形托辊在运行过程中存在着粘煤，转动部分质量较大，拆装不便等问题。大跨距胶环平形下托辊（简称胶环托辊）的辊体采用无缝钢管制成，胶环是用天然橡胶硫化成形，胶环与辊体的固定采用氯丁胶粘剂。胶环托辊具有转动部分质量轻、运行平稳、噪声小、防腐性能好、粘煤少等优点，在胶带运行中还能使胶带自定中心，预防跑偏，很好地保护皮带。

2. 平形双向螺旋胶环托辊

这种托辊对皮带具有更好的自动清扫效果，即使湿度较大、黏性较强的物料，也难以粘住胶带和托辊，特别是在北方地区，冬季气候寒冷，下托辊粘煤现象严重，采用胶环托辊能有效清除粘煤。

七、清扫器

皮带运输机在运行过程中，细小煤粒往往会黏结在胶带上。黏结在胶带工作面上的小颗粒煤通过胶带传给下托辊和改向滚筒，在滚筒上形成一层牢固的煤层，特别是冬季室外皮带机上的光面滚筒，因钢质滚筒的热导率高，极易使粘在皮带上的小湿煤粒快速冻结在滚筒表面，而且越积越厚，使得滚筒表面高低不平，严重影响皮带机的正常运行。胶带上的煤撒落到回空的二层皮带上而黏结于张紧滚筒表面，甚至在传动滚筒上也会发生黏结。这些现象将引起胶带偏斜，影响张力分布的均匀，导致胶带跑偏和损坏。同时由于胶带沿托辊的滑动性能变差，运动阻力增大，驱动装置的能耗也相应增加。因此，在皮带运输机上安装清扫装置是十分必要的。

清扫器耐磨体有以下几种：

（1）高分子耐磨材料刮板。

（2）高耐磨特种硬质合金刮板。

（3）高耐磨橡胶刮板。

（4）普通胶带裁成的刮板。

清扫器安装使用的工艺要求如下：

（1）皮带铁扣接头不适宜使用清扫器。

（2）工作面不得有金属加固铁钉。

（3）工作面破损修补是否平稳，顺槎搭接。

（4）安装在驱动滚筒和改向滚筒中间，胶带跳动最小的地方。

（5）调整清扫板与胶带均匀接触，无缝隙，达到50～100N的力。

清扫板对皮带压力过大会影响胶带和清扫板的寿命，过小清扫效果不好。

（一）弹簧清扫器

弹簧清扫器是利用弹簧压紧刮煤板，把胶带上的煤刮下的装置。刮板的工作件是一块用胶带或工业橡胶做的板条，其宽度与胶带相同，用扁钢或钢板夹紧，通过弹簧压紧在胶带工作面上。弹簧清扫器一般装于头部驱动滚筒下方，可将刮下来的粘煤直接排到头部煤斗内，安装焊接前应调整压簧的工作行程为20mm左右。

（二）硬质合金橡胶清扫器

硬质合金橡胶清扫器代替了传统的胶皮弹簧清扫器，在专用的胶块弹性体上固定了钢架清扫板，清扫板与皮带接触上端部镶嵌有耐磨粉末合金，主要由固定架、螺栓调节装置、横梁座、横梁、橡胶弹性体刮板架和多个刮板组成。所以这种清扫器接触面比较耐用，不易磨损，弹性体吸振作用较好，在一定程度上提高了使用寿命和清扫效果。

这种清扫器的优点在于结构紧凑，刮板坚实、平整，与输送机滚筒圆周实体接触，对输送皮带产生恒定的预压力，清扫效果好，对清除成片黏附物具有特殊效果。使用时皮带冷粘口或其他工作面部位起皮后若发现不及时，会加快皮带和清扫头的损坏，清扫板弹性体上的煤泥板结清理不及时会影响吸振效果，机头落煤筒堵煤发现不及时也会损坏清扫器。

空段三角清扫器采用V形三角形角钢架与扁钢夹紧工业橡胶条结构，平装于尾部滚筒或重锤改向滚筒前部二层皮带上，用于清扫胶带非工作面上的粘煤。有的犁煤器式配煤皮带卸料时二层带煤较严重，可在相应的犁煤器下二层皮带上回程段安装三角清扫器，以便及时清除回煤。改进型三角清扫器悬挂支点抬高，三点在同一平面内连挂清扫器连杆，使清扫器能与皮带平形接触，清除了头部翘角现象。清扫器橡胶条损件应定期检查更换。

为了使皮带机胶带的非工作面保持清洁，避免将煤带入尾部的改向滚筒和重锤间，在尾部和中部靠近改向滚筒的非工作面上装有犁式清扫器，以清除非工作面上的煤渣，也可防止掉落的小托辊等零部件卷入尾部滚筒或重锤处。三角清扫器的下方前后最好多装一组平形托辊，以保证清扫器与皮带接触的平整性与严密性。

（三）刮板清扫器

刮板清扫器由双刮刀板、支架、横梁和调节架组成，其外形结构和硬质合金橡胶清扫器类似，弓式弹簧支架代替了弹性胶块，反弹力强，通过螺栓与清扫双刮刀板连接，另一端与横梁固定。双刮刀板采用高分子合成弹性材料，其耐磨性高于合金钢，且具有弹性，不伤皮带。通过调整螺栓的调节，双刮刀板在弹簧支架板的支撑下，因具有双重弹性，当遇到硬性障碍物时，刮刀板能迅速跳跃，再复位清扫，经过双刮刀板双重清扫，使清扫后的胶带干净、无痕。

（四）重锤式橡胶双刮刀清扫器

重锤式橡胶双刮刀清扫器用于皮带机头部刮除卸料后的黏附物料，采用特种橡胶制成的刮板用重锤块压杆的方式使刮板紧压胶带承载面。其主要特性与使用注意事项为：使用过程中刮板与胶带接触均匀、压力保持一致，能够自动补偿刮板的磨损，减少调整和维修量；当刮板的一侧磨损到一定程度时，翻转刮板，可使用另一侧，待两侧均磨完后再换；适用于带速不大于5m/s的带式输送机，正、反运转均可；橡胶刮板与输送机胶带的摩擦力小，对皮带损伤较小，可延长胶带使用寿命。

这种清扫器安装于头部卸料滚筒下胶带工作面上，固定清扫器轴座的位置可以移动，根据设备的具体情况，可以安装在煤斗侧壁，也可以安装于头架或中间的两侧，安装时尽量使重锤杠水平放置、刮板贴紧胶带，刮板对胶带的接触工作压力为50～60N，然后用顶丝将挡环固定在轴上，在保证清扫效果的情况下，尽量使重锤靠近支点，以减少橡胶磨损。

轴座上两油杯要在开机前注油，每天注30号机油1～2次，这是确保清扫器正常有效工作的重要因素。头部料斗堵煤发现不及时，会扭曲损坏清扫架。

八、拉紧装置

为了使传动滚筒能给予输送带以足够的拉力，保证输送带在传动滚筒上不打滑，并且使输送带在相邻两托辊之间不至过于下垂，就必须给输送带施加一个初张力，这个初张力是由输送机的拉紧装置将输送带拉紧而获得的。在设计范围内，初张力越大，皮带与驱动滚筒的摩擦力越大。

拉紧装置的主要结构形式有垂直重锤式、小车重锤式、线性导轨垂直式、线性导轨垂直式、螺杆式、液压式、卷扬绞车式等。

皮带垂直重锤拉紧装置一般挂在皮带张力最小的部位，在倾角输送机上多数采用垂直拉紧装置，将其设置在输送机走廊的空间位置上。重锤能给皮带提供恒定的初张力，而且能自动上下移动，不会因皮带长度的收缩而降低张紧效果；除此之外，还对皮带机的长度有一定的调节余量。胶带张紧滚筒的位置根据高度的设计要求，在皮带修理时或皮带安装后要经过一冬一夏的运行周期。

车式拉紧装置由等边角钢与型钢组焊接的支架及拉紧小车两部分组成，适用于机长大于300m的输送机及功率较大的情况使用。螺杆式拉紧装置行程短，适用于30m以下的短皮带使用。

DTⅡ型拉紧装置的两侧是立管，重锤箱内可装质量为15kg的专用重锤块或砂子等重物，结构更为稳固、可靠，运行当中摆动幅度小。

九、皮带机的运行

（一）输送皮带系统的停运要领

1. 输煤皮带的连锁启停要求

(1) 皮带系统启动时，按逆煤流方向逐一启动。每台设备之间要按一定的延时时间，逐台启动运行。

(2) 启动时，要首先启动运煤系统中不加入连锁的筛碎设备，然后再按顺序启动其他设备；加入连锁系统的，启动时按逆煤流方向逐一启动，而停机时则按顺煤流方向逐一停止。

(3) 筛碎设备、除铁器和除尘器等附属设备先于皮带机2min启动，后于皮带机2min停机。粉尘自动喷淋系统应根据现场粉尘浓度与煤流信号这两个条件连锁，禁止空皮带喷水或湿煤喷水。

(4) 当系统中参与连锁运行的设备中某一设备发生故障停机时，该设备逆煤流方向的各设备立即联跳，碎煤机不跳闸，以后的设备仍继续运转。当全线紧急跳闸时，碎煤机也不停。当碎煤机跳闸时，立即联停上级皮带。

2. 输煤系统的一般停机要领

(1) 正常情况停机时，必须走空余煤，确保下次空载启动。所有运行煤仓上满煤后，系统可以正常停止，确定皮带上无煤流信号后，由集控值班人员从煤源开始按顺煤流方向逐级延时停机；系统为就地手控操作方式时，停机由各设备值班员分别在就地进行操作。

（2）碎煤机和筛煤设备除紧急情况外，不得在上煤过程中停机。碎煤机在其上级皮带停机后，机内确无煤时方可停机。停机后，及时将除铁室内的废铁等杂物和碎煤机腔内的粘煤清理至指定位置。

（3）除铁器、除尘器和自动喷淋系统等附属设备应后于皮带机停机。

（4）皮带机两侧均应装有拉线开关，当皮带机的全长任何处发生人身和设备损坏等紧急情况时，操作人员在皮带机任何部位拉动拉线，均可使开关动作设备停运，待故障查明处理后，再重新启动；而且当发出启动信号后，如果现场不允许启动，也可拉动开关制止启动。

（5）跑偏开关主要用于防止胶带因过量跑偏而发生撒煤或损坏胶带和设备的故障，在皮带机的头部和尾部两侧一般安装跑偏开关，皮带跑偏开关一般设置两级开关量，轻跑偏时报警，严重跑偏时立即停机，皮带发生重跑偏时，延时5s停运本皮带，关联跳逆煤流方向的设备，而碎煤机不停。

（6）设备停止后对设备应进行全面检查和清洁工作，各项检查均应达到接班时的要求，检查时若发现缺陷，应汇报处理。

3. 输煤系统设备紧急停机规定的主要内容

设备运行中遇有下列情况之一时，应执行紧停规定：

（1）危及人身或设备安全。

（2）系统设备发生火灾。

（3）现场照明全部中断。

（4）设备剧烈振动，串轴严重。

（5）设备声音异常，有异味，温度急剧上升或冒烟起火。

（6）皮带严重跑偏、打滑、撕裂及磨损。

（7）皮带上有易燃、易爆品及三大块等杂物。

（8）碎煤机、落煤管严重堵塞、溢煤。

（9）托辊大量掉落，部分螺丝松动，影响安全运行。

（10）皮带机或给煤机料槽被杂物卡住。

（11）转动部件卷绞异物。

（12）犁煤器发生失控。

（13）制动抱闸打不开。

4. 皮带紧急停机后的处理事项

当输煤皮带因故紧急停机时，皮带上往往是装满煤的，故障消除后需带负荷启动，就需要较大的启动力矩，有时由于停前慢转聚煤太多，从而造成启动时打滑、冒烟，电动机过载，甚至被烧毁等严重故障。有液力耦合器的皮带机还会使其油温升高，当接近134℃时，易融塞中的低熔点合金就会熔化喷油，加大抢修工作量。所以带负荷启动要注意先铲下部分余煤减轻负荷，严禁强行运转，因过电流不能启动时，要待电动机温度下降后，再进行启动，每次启动的间隔不应少于0.5h；启动皮带时，要联系上一级皮带启动。

设备异常停机后的故障处理原则如下：

（1）尽快查明原因并处理，如现场值班人员不能处理时，通知有关检修人员处理。

（2）应做好防止故障扩大或再次发生的措施，并应将故障发生的时间、地点、现场原因及详细经过做好记录。在未采取可靠的安全措施和做妥善处理前，任何人不得启动。

（3）发生严重故障的设备且在短期内不能恢复时，切换系统运行。

（4）故障发生后，应采取实事求是、严肃认真的态度，及时组织调查分析，同时必须坚持“四不放过”的原则。

（二）皮带机启动前的检查

皮带机启动前的检查内容如下：

（1）检查电动机、减速机、逆止器和皮带等部分滚筒外观良好，紧固螺栓齐全、无松动，周围无堆积物，电动机接线无断线、变形、变色、漏油现象，各防护罩必须完整、无损坏。

（2）检查减速机齿轮箱与底座结合处及出轴孔无漏油，油位在正常刻度线内（1/2 以上），油质清洁，结合面轴端无渗油。

（3）检查各转动机件安全罩等连接螺丝无松动、缺损。对缺少防护装置的转动设备，禁止投入运行。

（4）检查清扫器无脱落、无损坏，与皮带接触均匀、紧密。

（5）检查皮带制动装置及逆止器外观良好，安全可靠。

（6）检查落煤管内应无积煤、堵塞物，特别是挡板处的积煤和堵塞物必须在启动前清理干净。

（7）检查输煤槽严密、完整，无缺、无损；挡板皮应完好有效，检查门应关闭。

（8）检查皮带无撕裂、断裂、脱胶分层及严重磨损现象，胶接头应完好无脱胶，皮带上下无积煤、粘煤和障碍物；头尾部滚筒无积煤堵塞卡阻现象。

（9）检查驱动滚筒包胶无脱落，改向滚筒无严重粘煤现象，调整滚筒应灵活；各托辊应无短缺、坏损现象。

（10）检查各拉紧装置完好，拉紧绳无断股、严重磨损及卡阻现象，皮带垂直拉紧滚筒下无杂物卡垫和脱轨现象。动作应灵活可靠完好。

（11）检查拉线开关拉绳无磨损断裂，跑偏煤流速度信号测量装置无松动歪斜；开关应完好、可靠，复位正常。

（12）检查现场开关箱完好，各设备行程开关、接近开关、仪表指示无积尘、杂物，否则应及时清除；各挡板位置与运行方式一致。

（13）检查各犁煤器无卡涩，各转运站、栈桥及其他地方的照明应齐全、良好，各电缆引线无断裂、漏电现象。

（14）检查栈桥及转运站各水管、汽管及阀门无泄漏。

（15）检查通信设施、现场照明、专用工具齐全、完好。

（16）地下室排水沟、集水井应畅通、无堵塞，污水泵排水良好，雨季随时排水。

（17）露天皮带启动前应检查皮带上积雨、雪情况，处理后再启动。

（三）皮带机的运行

上煤系统运行中，各设备值班员应每 30min 对所属设备进行巡视检查一次，确保系统的安全运行。皮带机值班员巡回检查线路：皮带头部及驱动装置温度、颜色、油位—中部—尾部—拉紧装置，并检查落煤管、给煤机、除铁器、除尘器、沿路信号及保护装置、电子皮带秤、犁煤器等设备。

皮带机正常运行时，托辊转动灵活、无异声，拉紧装置可靠，连锁制动准确，电动机电流和减速机声音正常，各部轴承温升正常，无跑偏、撒煤等异常现象。正常停机时，一定要走空皮带才允许停机，以便下次正常空载启动。

1. 皮带机的日常检查内容与标准

(1) 各电动机、减速机无异常声音，电动机温度不得超过 65℃，减速机轴承温度不得超过 80℃。

(2) 各电动机、减速机地脚连接螺栓无松动，电动机振动不得超过 0.1mm，减速机振动不得超过 0.15mm。

(3) 原煤中不应含有三大块或其他杂物，如有应立即停机取出。搬取时应有相应措施，不允许在运行中的皮带上搬取杂物。

(4) 如发现皮带跑偏时，应立即查找原因进行调整。

(5) 皮带无撒煤、撕裂、开胶、卡涩等异常情况。

(6) 落煤管应畅通，如有粘煤应及时疏通。在雨季及煤湿时，应加强巡回检查落煤管处，以防堵煤，并适当减小煤量。

(7) 拉紧装置动作灵活，滑轮小车无卡死现象，垂直拉紧滚筒底部无衬托物，如有应及时用工具清理。

(8) 煤仓间煤斗不应有杂物堵塞，否则要求采取安全措施，及时处理。

(9) 拉线开关不得随意使用，发现拉线上积煤时，应及时处理。

由于煤湿的原因，胶带回程段工作面会有很多粘煤污染沿线，特别是冬季露天皮带积煤粘在滚筒上被胶带压实而“起包”，会导致胶带与滚筒钢架接触摩擦，造成橡胶与布层剥离而损坏，也会导致皮带跑偏撒煤，并使胶带侧边磨损严重，撒煤后二层皮带还会使尾部滚筒聚煤堵转拉断皮带或损坏驱动设备等，缩短胶带的运行寿命，因此要避免胶带大量粘煤。

为了预防皮带的损伤，在皮带机上装设一些附属设备，可以有效地预防皮带的损伤。装设头部、尾部清扫器清除运行中胶带空载段上的粘煤，以防止引起跑偏；装设除铁器和木块分离器，以防止坚硬物件卡塞胶带，造成胶带纵向断裂或其他损伤；装设多组缓冲托辊，以减少物料对胶带的冲击；装设调整托辊，防止胶带跑偏，以减少胶带边缘的磨损。运行中应认真检查这些部件的工作状况。

2. 设备定期切换

根据现场实际情况，皮带输煤系统转运站的切换方案有三通挡板、收缩头、犁煤器跨越式卸料、小皮带正反转给煤机、振动给煤机、料管转盘切换等多种。

三通挡板进行设备切换时，值班人员应做到：

(1) 必须要明确上下部设备的运行方式，挡板要切换到的位置。

(2) 对挡板进行检查，电动挡板推杆无严重变形，电动机地脚螺栓固定牢固，各连接处牢靠，限位开关安全可靠，推拉杆无变形。

(3) 操作人员看不见电动推杆位置时，应有一人监护，以避免挡板不到位或卡涩，损坏推杆的电动机，对手动挡板不要用力过猛，以防伤人。

（4）切换完毕，应认真检查，确认挡板是否确实到位，不留缝隙。

（四）常见故障原因与处理

胶带常见的故障有跑偏、打滑、撕裂等，分别介绍如下。

1. 胶带跑偏的原因及处理方法

（1）安装中心线不直。机架横向不平，使得胶带两侧高低不平，煤向低侧移动而引起胶带跑偏。此时，可停机调整机架纵梁。

（2）胶带接头不直。胶带采用机械接头法时卡子钉歪，或采用胶接接头时胶带切口与带宽方向不垂直，使胶带承受不均匀的拉力，此接头所到之处就会发生跑偏。此时，应将接头重新接正。

（3）滚筒中心线与胶带中心线不垂直。这种情况主要是机架安装不正或基础螺丝松动所致，可以通过改变滚筒轴承的前后位置找正中心或紧固螺丝来调整，如效果不明显，则必须重新调整机架。胶带在滚筒上跑偏时，收紧跑偏侧的滚筒轴承座，使跑偏侧拉力加大，胶带就会往松的侧边移动。若拉紧装置偏斜或过轻，也会造成跑偏，应调整拉紧装置。

（4）托辊组轴线与胶带中心线不垂直。托辊与胶带的关系犹如利用地辊搬运机器，而使机器转弯的方向与地辊倾斜的方向一致，所以为防止胶带跑偏，托辊必须装正。当胶带跑偏时，应将跑偏侧的托辊向胶带前进方向调整，而且往往需要调整相邻几组托辊。

（5）滚筒的轴线不水平。由于安装和制造的原因，滚筒两端轴承座高低不一致，此时可以把低的一端垫起；如果滚筒外径不一致，可将滚筒装在车床上加工修整。

（6）滚筒或托辊上有粘煤而使其表面变形。特别是输送湿度大的煤时，煤容易落在空载皮带上，导致滚筒直径沿滚筒长度方向产生差异，因此应停止皮带运行，做好防止皮带启动的安全措施后，清理滚筒或托辊上的粘煤。

（7）落煤偏斜或输煤槽两边宽度不相等。此时，应调整落料点，使煤落至皮带中间。一般来讲，胶带两头跑偏的情况较多，两头跑偏多由于滚筒轴心与胶带中心线不垂直；胶带中部跑偏多由于托辊安装不正或胶带接头不正，如果整个胶带跑偏，多半是加煤偏斜所致；有时空车容易跑偏，那是由于初张力太小，托辊面不是全部接触造成的。

（8）多个托辊锈死或皮带背面有水，也会造成皮带沿线两侧摩擦力不均而跑偏。

2. 胶带在运行过程中打滑的原因及处理方法

（1）初张力太小，拉紧器拉力不够或拉紧小车被卡住；胶带与滚筒分离点的张力不够，造成胶带打滑。这种情况一般发生在启动时，解决的方法是调整拉紧装置，将卡物取出或加重锤以加大初张力。

（2）传动滚筒与胶带之间的摩擦力不够，造成打滑。摩擦力不够的原因多半是胶带上有水或环境潮湿，摩擦系数减小。这时可用鼓风设备将松香末吹在滚筒表面上。

（3）部分改向滚筒轴承损坏不转（主要是尾部和重锤处的滚筒）。应及时停止给煤机，使皮带空转几圈，皮带仍打滑时应停止皮带，做好防止皮带启动的安全措施后，检查处理。

（4）输煤量过大。皮带打滑时，应及时减小煤量；打滑不转时，应立即停止皮带运行并处理。

（5）皮带跑偏严重，皮带与机架、安全罩发生严重摩擦。应及时调整皮带。

（6）落煤管堵煤。应将积煤清除，并在主动滚筒上抹皮带油或增加磨料。

3. 胶带纵向撕裂的原因及预防措施

胶带纵向撕裂是由于煤中的铁件和片石等坚硬异物被卡在导煤槽、尾部滚筒及胶带之间，或因皮带跑偏严重及托辊脱掉等故障造成机架尖锐部位刮伤胶带。为此应在输煤系统中加装除铁器和木块分离器来除掉异物；在尾部落煤点加密缓冲托辊间距或改装成接料缓冲板，可防止坚硬物件穿透皮带卡塞等故障；落煤管出口顺煤流方向倾斜一定的角度也有利于及时排料，减少撕裂的可能。

4. 落煤管堵塞的主要原因

落煤管堵塞的主要原因有：原煤湿度过大；输煤槽胶皮太宽，出口小，拉不出煤；下一级皮带转速慢；落煤管或输煤槽卡住大块杂物；煤挡板位置不正确，切换错误或不到位等。

（五）皮带值班安全注意事项

（1）在生产现场，值班人员应穿好工作服，衣服和袖口必须扣好，禁止戴围巾和穿长衣服。女工禁止穿裙子，长发必须盘在帽内，禁止穿高跟鞋，进入现场必须戴安全帽。

（2）无论是在运行还是停止中，都禁止在皮带或其他设备上站立、越过、爬过或传递各种工具，跨越皮带必须通过通行桥。

（3）皮带在运行时，不得对设备进行维护工作，严禁人工取样或捡出石块等杂物，防止人力触及皮带或转动部分。工作人员应站在栏杆外面，袖口要扎好，以防被转动的皮带挂住。

（4）严禁对运行中的皮带人工清理粘煤。

（5）捅落煤管内的堵煤时，应使用专门的捅条，并站在落煤管上部的平台上进行。

（6）发现落煤管内堵煤时，应立即停止其前端皮带运行，待捅掉积煤后，方可继续运行。

（7）一般情况下禁止带负荷启停皮带。若必须带负荷启动时，应注意处理以下问题：

1）处理堵煤或减少煤量；

2）校正皮带并清除皮带下的积煤和杂物；

3）启动之前必须检查联系完备；

4）启动过程中应仔细监视电流及运行状态，有异常情况时随时紧急停机；

5）碎煤机绝对禁止带负荷启动。

（8）现场应清洁、整齐，不得堆放任何易燃易爆或其他物品，运行使用的工具及擦拭棉纱应放在指定地点，严防输煤系统火灾的发生，应会使用灭火器。

（9）处于备用状态的设备未经许可不得进行检修工作，正在进行检修的设备未经检修负责人同意不得投入运行。

第四节　GD型管状带式输送机

一、概述

GD型系列管状带式输送机（以下简称管带机）是中国华电工程（集团）公司独家引进日本普利司通公司的专利技术（该专利技术已在世界32个国家申请专利注册）。该系列产品适用于各种复杂地形条件下输送密度为0～250kg/m^{3}的各种散状物料。采用普通管状胶带，工作环境温度为－25～＋40℃；对具有耐热、耐寒、防水、防腐、防暴、阻燃等条件要求者，工作环境温度为－35～＋200℃。该产品可广泛应用于电力、建材、化工、矿山、冶金、码头、港口、煤炭粮食等行业物料输送系统。

该机是由呈六边形布置的辊子把胶带裹成边缘互相搭接的圆管状来输送物料的一种新型带式输送机，具有密封环保性好、输送线可沿空间曲线灵活布置、输送倾角大、复杂地形条件下单机运输距离长等特点，与普通带式输送机相比还具有建设成本低、安装维护方便、使用可靠等优点。

二、基本结构（见图 7-14、图 7-15）

（一）管带机结构

管带机的头部、尾部、受料点、卸料点、拉紧装置等在结构上与普通带式输送机基本相同。输送带在尾部过渡段受料后，逐渐将其卷成圆管状进行物料密闭输送，到头部过渡段再逐渐展开直至卸料。

（二）输送带

设备采用管带式专用输送带。根据不同张力等条件的要求，输送带可采用尼龙织物芯层和钢绳芯带等形式，输送带规格的选择要考虑输送带的最大张力值、输送距离、使用条件及安全系数。

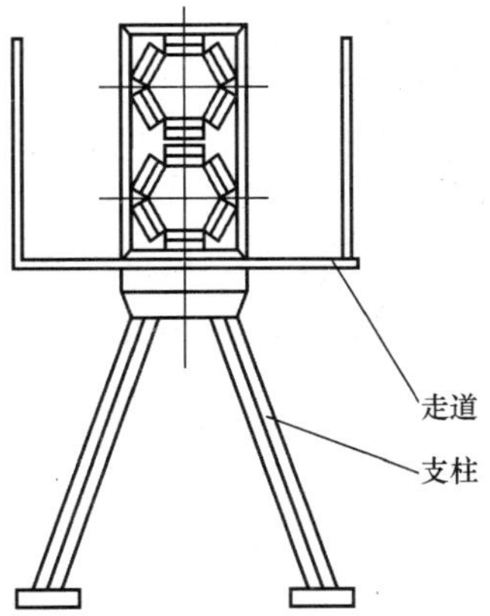

图 7-14 管带机基本结构

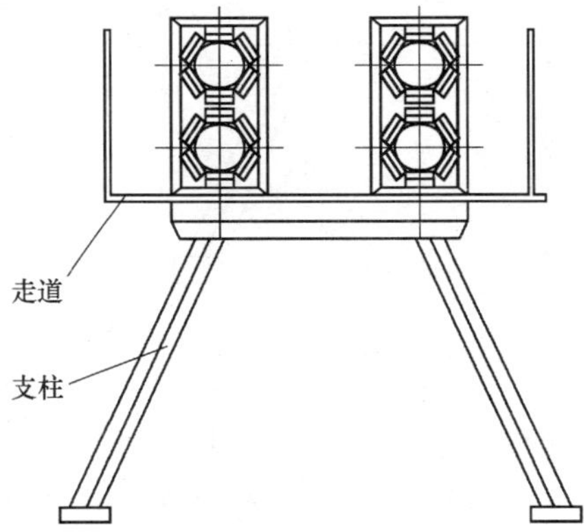

图 7-15 管带机截面结构形式

三、性能特点

（1）可广泛应用于各种物料的连续输送。

（2）输送物料被包在圆状胶带内输送，因此物料不会散落及飞扬，也不会因刮风、下雨而受到外部环境的影响。这样既避免了因物料的撒落而污染环境，也避免了外部环境对物料的污染。

（3）胶带被六只托辊强制卷成圆管状，无输送带跑偏的情况，管带机可实现立体螺旋状弯曲布置，一条管状带式输送机取代一个由多条普通胶带机组成的输送系统，可节省土建（转运站）、设备投资（减少驱动装置数量），并减少故障点及设备维护和运行费用。

（4）管状带式输送机自带走廊并防止了雨水对物料的影响，因此选用管状带式输送机后可不再建栈桥，节省了栈桥费用。

(5) 输送带形成圆管状，从而增大了物料与胶带间的摩擦系数，故管状带式输送机的输送倾角可达30°，减少了胶带机的输送长度，节省了空间位置，降低了设备成本，可实现大倾角（提升）输送。

(6) 管带机的上、下分支包裹形成圆管形，故可用下分支反向输送与上分支不同的物料(但要设置特殊的加料装置)。

(7) 由于输送带形成管状，桁架宽度较相同输送量的普通带式输送机栈桥窄，减少了占地和费用。

第五节　管状皮带机

管状皮带机（以下简称管状机）系列产品适用于各种复杂地形条件下的物料输送，输送物料密度一般为0.5～2.5t/m³。采用普通管状皮带机，工作环境温度为－25～＋40℃；对具有耐热、耐寒、防水、防腐、防爆、阻燃等条件要求者，工作环境温度可达－35～＋200℃。该产品可广泛应用于电力、建材、化工、矿山、冶金、码头、港口、煤炭、粮食等行业的物料输送系统。以下介绍某电厂输煤系统的管状机。

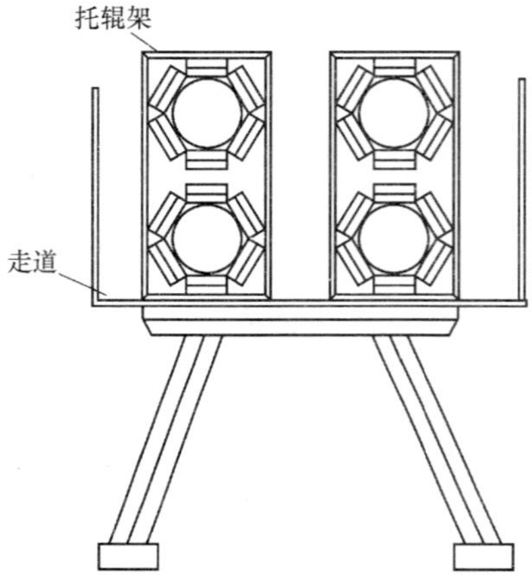

图7-16　管状机机架结构示意图

管状机是由呈六边形布置的托辊把皮带裹成边缘互相搭接的圆管状来输送物料的一种新型皮带机，如图7-16所示。具有密封环保，输送线可沿空间曲线灵活布置、输送倾角大，复杂地形条件下单机运输距离长等特点，同时与普通皮带机比还有建设成本低、安装维护方便、使用可靠等优点。

管状机的头部、尾部、受料点、拉紧装置等部位的结构与普通皮带机的结构完全相同，如图7-17所示。其主要区别在于尾部受料段后皮带由平行向槽形、深槽形逐渐过渡，而后物料被包裹起来卷成圆管状。在成形段，皮带被呈六边形布置的辊子强行裹成圆管，输送物料被密封在圆管内随皮带稳定运行。当到达头部时皮带逐步过渡，由圆管形状变成深槽形、槽形，最后在头部滚筒展开卸料。皮带回程段和运行段相同。

设备采用管状机专用皮带。根据不同张力等条件的要求，皮带可采用尼龙织物芯层和钢

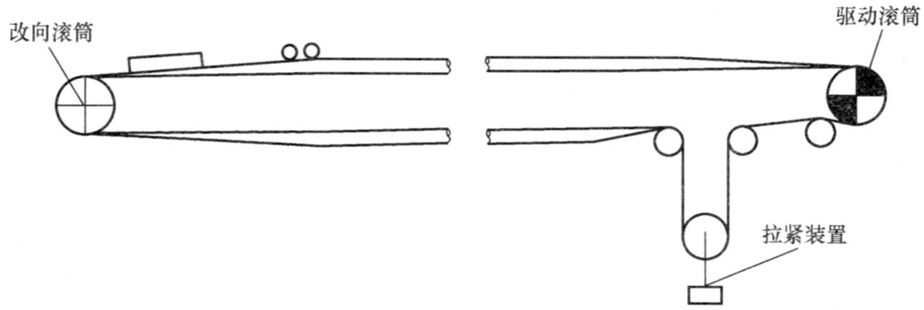

图7-17　管状机的组成示意图

丝绳芯等形式。皮带规格的选择要考虑皮带的最大张力值、输送距离、使用条件及安全系数等因素。

输煤系统甲、乙号皮带机选用管状机，采用双路布置，额定出力为 1500t/h，最大出力为 1700t/h。

管状机非管状段设有上盖板，可以防雨雪，在受料段或相对非管状段的回程段凡会产生撒料倾向的部位，均设有挡料板；各外露的转动部件均设置便于拆卸的防护罩。

一、管状机的组成

管状机由驱动装置、滚筒、托辊架、导料槽、清扫装置、拉紧装置和安全保护装置组成。

（一）甲号管状皮带机的驱动装置

驱动装置由电动机、减速机、限矩型液力耦合器、联轴器、制动器、逆止器等组成。

电动机选用 Y 系列电动机，启动特性好，防护等级为 IP54，绝缘等级为 F。电动机电源电压为 6kV、额定频率为 50Hz。每台电动机装设有 3 个电阻式温度监测器，并将信号引至输煤程控室。为防止电动机停运时内部潮湿和凝露，在电动机内部安装有加热器。

所有减速机均采用进口原装优质硬齿面产品，采用强制外冷却方式。减速机额定功率不小于电动机功率的 150%，启动扭矩大于电动机最大扭矩。

限矩型液力耦合器具有良好的缓冲性和较低的过载系数，它与电动机配合既可以确保皮带机的满载启动，还能满足皮带在不同工况下安全运行而不增加皮带张力的要求。耦合器的工作腔中充有一定数量的工作油，能保证主动轴和从动轴间的柔性连接。液力耦合器中的油量一般在 40%～80%之间，油量越多，传动的力矩越大，但油量不得超过 80%。液力耦合器上装有易熔塞，当腔室里的油温上升到易熔塞的熔化温度时，易熔塞熔化，腔室中的工作油在离心力的作用下喷出，保护原动机。

减速机与驱动滚筒连接采用弹性柱销齿式联轴器。

制动器采用液压推杆型制动器。

逆止器采用内置式逆止器，装设在减速机高速轴内侧。

（二）乙号管状机的驱动装置

乙号管状机为液压马达驱动，采用瑞典赫格隆的液压驱动系统。驱动系统设 3 台液压泵，液压泵驱动电动机采用 AC400V 电压驱动，液压驱动马达采用低速大扭矩径向变幅马达。液压泵驱动电动机液压马达的启停由驱动系统自带的小型控制器控制。

（三）滚筒

滚筒采用焊接筒体结构，轮毂与轮轴之间采用胀套方式连接，滚筒筒体的长度比皮带宽度大 200mm。

所有驱动滚筒的表面均采用人字形胶层，胶层为铸胶覆面，胶层厚度不小于 14mm，胶层硬度不低于邵氏 70°。改向滚筒表面采用平面胶层，为硫化橡胶覆面，厚度不小于 14mm，硬度不低于邵氏 70°。

滚筒轴承可调，在滚筒轴承座定位有效锁定之前可以调整。轴承采用调心型双列圆柱或球形滚动轴承，可以承受长期静载和皮带机运转过程中的各种动载，轴承座的密封形式为特殊的迷宫密封。

（四）托辊

在管带成形处的托辊组选用十二边形管状皮带机专用托辊组，为了保证皮带顺利成形，在十二边形托辊组之前还设置角度可调的导向托辊和调偏托辊。

管状皮带机管状段托辊间距为：承载托辊 2000mm，回程托辊 2000mm。非管状段的托辊按管状带打开时的相应带宽要求配置，间距为：承载段 1200mm，非承载段 3000mm。

在导料槽区域的承载托辊间距大约为 400mm，在各受料点均采用重型缓冲床，起到缓冲保护的作用。

托辊轴承充满终身润滑的润滑脂，并使用具有防尘、摩擦阻力小的迷宫密封。缓冲托辊采用阻燃密封。

未成形区承载段前倾托辊组的布置比例为未成形区承载托辊组总数的 1/2，前倾度为 2°。

在甲号 A/B 管状机尾部电磁除铁器部位的托辊采用防磁托辊，每路带上 10 组防磁托辊。

（五）导料槽

导料槽的内部光滑、平整，后部封闭，与物料流接触的侧板内表面均安装耐磨衬板。

在导料槽的两侧装有防溢橡胶裙板。导料槽的前部设置防尘帘，盖板孔洞设置橡胶密封。

（六）清扫装置

工作面采用安全恒压清扫器和自调型皮带清扫器，刮刀片为聚氨脂复合橡胶材料，二级清扫；非工作面清扫器采用 V 型清扫器。

为了防止拉紧滚筒粘煤，对垂直拉紧的皮带机（甲号），在拉紧装置前设一级非工作面清扫器。

（七）拉紧装置

甲号管状皮带机采用液压自动拉紧装置，乙号管状皮带机采用垂直拉紧装置。

液压自动拉紧装置包括所有驱动装置、控制及检测装置、机旁操作控制设备及 PLC 控制系统硬件。垂直拉紧装置包括垂直拉紧装置架、垂直重锤拉紧装置、重锤块、护栅等，拉紧重锤采用铸铁块形式。

液压拉紧装置是为根据皮带在启动和正常运转时拉紧力需要的不同，确定合理的皮带张力模型而设计的。该机的特点是：

（1）启动时拉紧力和正常运行时拉紧力可根据皮带机张力的需要任意调节，一旦调定后，按预定程序自动工作，使皮带在理想状态下工作，从而可使皮带强度减小。

（2）响应快。皮带机启动时，皮带松边突然松弛伸长，该机能够立刻缩回油缸，及时补偿皮带的伸长，对紧边的冲击小，从而使启动平稳、可靠，避免断带事故的发生。

（3）具有断带时自动停止皮带机的保护功能。

（4）结构紧凑，安装空间小。

ZLY 型自动液压拉紧装置主要由慢速绞车、液压泵站、拉紧油缸、蓄能站、电气控制箱和附件六大部分组成，如图 7-18 所示。

自动液压拉紧装置的工作原理如下：系统工作时，各元件的压力整定值从高压到低压的取值顺序依次为溢流阀 1、溢流阀 2、压力继电器 YJ1、压力继电器 YJ2、压力继电器 YJ3。皮带机工作时，皮带必须处于张紧状态，然后才能启动皮带机电动机。将控制手柄置于自动

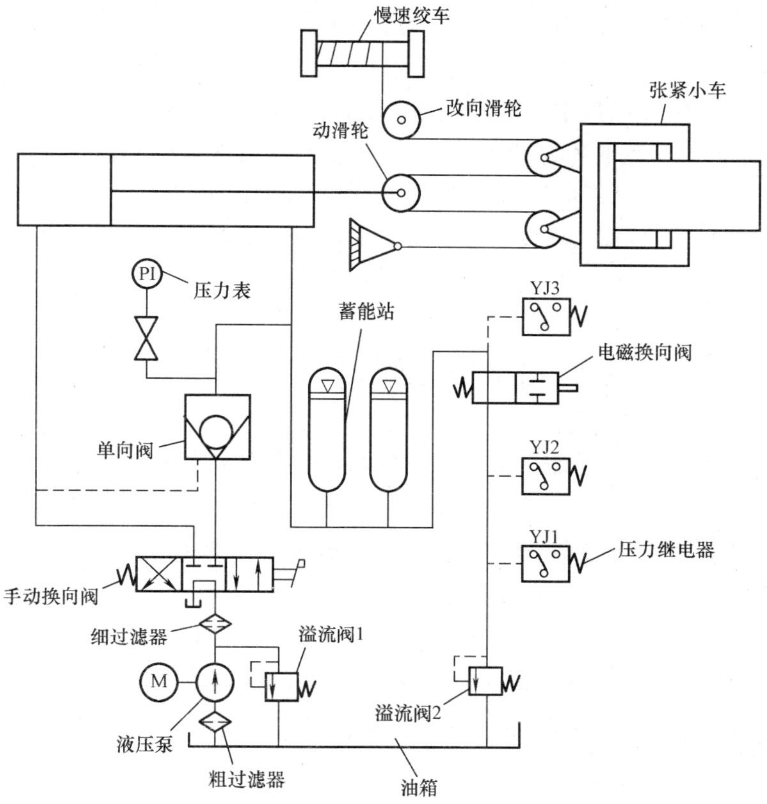

图 7-18　自动液压拉紧装置系统图

状态，按下就地启动按钮或远方启动按钮，油泵电动机运转，带动油泵，压力油经单向阀进入油缸的活塞杆腔，通过动滑轮拉动张紧小车。随着油泵的运行，系统压力升高，当系统压力上升到压力继电器 YJ3 的压力整定值时，向输煤程控发出允许皮带机启动信号。随着油泵的运行，系统压力继续升高。当系统压力上升到压力继电器 YJ2 的整定值时，液压马达控制回路通过自身接点保持吸合，油泵继续运转。当系统压力升至压力继电器 YJ1 的整定值时，油泵停转。

当系统压力有泄漏时，压力下降，当压力低于压力继电器 YJ1 的整定值时，油泵不启动。当压力下降至压力继电器 YJ2 的整定值时，油泵重新启动，使系统压力增至压力继电器 YJ1 的整定值。由此可见，系统压力始终稳定在 YJ1 和 YJ2 的整定值之间，保持了张紧力的恒定。

为了使油缸在皮带机启动运行时有一个补偿皮带伸长的伸缩过程，在调试或使用一段时间后，应手动启动慢速绞车，通过慢速绞车使油缸活塞杆外伸一些。

（八）安全保护装置

（1）管状机设置拉绳开关、头尾跑偏检测开关、纵向防撕裂等装置。

（2）平台及露天栈桥两侧设有栏杆。

（3）垂直拉紧装置设有必要的防护措施和缓冲装置。

（4）所有转动部件均设防护遮栏。

二、管状机的电气部分

电动机应保证在 80%或 110%额定电压下平稳启动，且能在 70%额定电压下自启动，电动机能承受电源快速切换过程中的失电而不损坏（假设电动机在切换前是满载运行）。所用驱动电动机在额定电压条件下，电动机的最大启动电流不得超过其额定电流的 6.5 倍。

电动机能满足在冷态下连续启动不少于 2 次，热态下连续启动不少于 1 次。所有电动机的防护等级应为 IP54，绝缘等级应为 F（温升按 B 级考核）。每台电动机装设 3 个电阻式温度检测器（RTD）。每台电动机都装设内部加热器，以防止停运时其内部潮湿和凝露。

第六节　输送机应用实例介绍

一、某电厂 2×660MW 超超临界燃煤发电机组应用的管带机介绍

（一）管带机概述

管带机由日本普利司通 TPE 公司于 1964 年提出，在普通带式输送机的基础上，经过 10 余年的研究和试验，于 20 世纪 70 年代末期进入实际应用。通过应用实践，已形成了管带机设计理论和产品系列，到目前已经生产了 1300 多条管带机，并在 32 个国家获得专利（包括中国）和多个国家或地区转让此项技术，其中包括日本三菱公司、德国克鲁伯公司、中国华电工程（集团）公司。

中国华电工程（集团）公司物料输送部已从日本普利司通 TPE 公司引进了管带机的设计及制造技术，在国内开始了管带机的设计制造工作。

1. 结构特征

管状带式输送机的头部、尾部、受料点（包括多点受料）、卸料点（包括多点卸料）、拉紧装置等部位的结构与普通带式输送机的结构几乎相同，并无太大的区别，只是在输送机的加载点后至卸料点前的中部输送段形成圆管状，即在尾部受料段后胶带由平形向槽形、深槽形逐渐过渡，最后将物料包裹起来卷成圆管状。在成形段，胶带被六边形布置的辊子强行裹成圆管，输送物料被封完闭在圆管内随胶带稳定运行。当到达头部（或中部卸料点）时胶带逐步过渡，由圆管形状变为深槽形、槽形，最后在头部滚筒（或中部卸料处）卸料。胶带的回程段也基本上与承载段相同，一般也是形成圆管状，但根据用户要求也可在回程段胶带采用平行或 V 形返回。

2. 性能特点

管带机除了与普通带式输送机具有很多相似的性能特点外，还有以下性能特点。

（1）密闭输送物料。物料被包围在管状胶带内运行，因此物料不会散落及飞扬，并且也不会因刮风、下雨而受外部环境的影响。这样即避免了因物料的撒落而污染外部环境，也避免了外部环境对物料的污染。尤其适合输送化工产品、炉渣、矿石等物料，也可用于需要保温的场所。

（2）输送机可沿空间曲线布置。由于胶带被六只托辊强制卷成圆管状，因此不会像普通带式输送机那样产生跑偏现象，故管带机可实现立体螺旋状弯曲布置，可由一条管带机取代一个普通胶带输送机运输系统，节省转运站造价和多驱动的成本，减少故障点。

（3）可实现大倾角输送。由于胶带形成圆管状，物料在圆管内的成形是强制的，故物料与胶带之间的摩擦系数要比普通带式输送机大得多，因而可实现大倾角输送，减少输送长度、节省空间、降低设备成本。

（4）中间输送段宽度小。由于形成圆管输送，在输送量相同的情况下，管带机圆管部分的横断面宽度只有普通输送机的 1/2 左右，在长距离输送的情况下，可大大降低栈桥费用。

（二）设备简介

本工程 C7A/B 管带机设备安装于碎煤机室与 T5 转运站之间，C8A/B 管带机设备安装于 T5 转运站与 T6 转运站之间。管带机采用头部驱动方式，为室内布置，其管状段为露天布置。

管带机的规格及主要参数见表 7-8、表 7-9。

表 7-8　C7A/B 管带机的规格及主要参数

项　目	参　数	项　目	参　数
物料名称	煤	提升高度（m）	15.3
粒度（mm）	＜30	额定带速（m/s）	3.5
容重（t/m^3）	0.85	管径/带宽（mm）	400/1600
额定输送量（t/h）	1000	驱动功率（kW）	2×340
水平机长（m）	1359.863	额定填充率（%）	72

表 7-9　C8A/B 管带机的规格及主要参数

项　目	参　数	项　目	参　数
物料名称	煤	提升高度（m）	42.3
粒度（mm）	＜30	额定带速（m/s）	3.5
容重（t/m^3）	0.85	管径/带宽（mm）	400/1600
额定输送量（t/h）	1000	驱动功率（kW）	2×200
水平机长（m）	273.128	额定填充率（%）	72

（三）安全使用注意事项

危险程度的标准定义如下：

危险：在操作有误时，可能引起使用者死亡或受重伤的情况，发生极度危险时的警告（含高度危险）。

警告：在操作有误时，可能引起使用者死亡或身负重伤。

注意：在操作有误时，会造成使用者轻伤，或仅是物品被损坏。

安全注意事项如下：

（1）服装（程度：危险）。

危险：防止服装被机器卷进的事故。为了避免衣物被机器卷进的事故发生，必须穿长裤，紧袖的上衣和戴安全帽。

（2）工作环境（程度：危险）。

为了防止跌倒事故发生，请不要在机器边摆放物品。

（3）维护，检验（程度：危险）。

1）为了避免由机器的意外启动而引起的重伤事故，在维护、检验机器时，请先关掉驱动器的开关，最好再关掉总电源的开关。

2）在机器操作中检验时，请戴防尘眼镜、口罩、手套，穿安全鞋。

3）在机器操作中，请千万不要接触旋转部分（滚筒、承载段、回程段、驱动装置）和皮带，以避免卷进机器而引起重大事故。

4）不要在无安全栅栏、无安全罩状态下运行机器。

（4）清扫（程度：危险）。

1）防止手指等被切断引起的重伤事故，在清扫机器的时候，请先关掉驱动器的启动开关，最好再关掉总电源的开关。

2）清扫的时候，请使用防尘眼镜，口罩，手套，安全鞋。

（四）操作方面的注意事项

1. 操作中应注意的问题

（1）操作过程要协调，尽量避免启动、停止时的冲击，以减少各种零件的消耗和损坏，延长机器寿命。

（2）严禁进行操作说明规定条款以外的作业。运作时，须注意以下事项：

1）当传动装置启动时，确认有无可接触到的妨碍物。

2）启动时，调整输送带上的荷载，确认有无超负荷。

3）确认所加油的流入量是否适当。

4）确认电压表指针是否指在规定的电压上，如果有 1/10 以上的电压值偏低于规定电压，则不要进行作业。确定油压在规定值内。

5）输送带停止后若想再启动，要等到重锤完全停止后再进行。

（3）操作作业中，操作者、检验负责人应时常注意异常的声音、异常的振动和发热等情况。如果发生意外，应立即停止操作。调查清楚发生事故的原因，并采取相应的对策，大部分的故障按上述说明可以判断其发生的原因。

2. 完成作业以后的注意事项

（1）各个部件，尤其是漏斗内部，一定要完全清扫干净，并检查各个部件有无异常，特别是对作业过的地方须留意精心检验。

（2）确认加油状态是否正常，并经常擦净零件上被污染的油、废尘、水分，这样不但容易发现零件的破裂、损耗、松动等不良现象，而且对防止事故发生有重要的作用。

（五）使用胶带的注意事项

1. 一般事项

（1）输送带为圆管带式输送机专用胶带。

（2）若发现输送带有损坏的情况，应极早修理（由专业人员修复）。

2. 操作中的注意事项

（1）输送物装载到输送带的中央。

（2）操作中，请不要接触旋转部分。

3. 蛇行

输送带的蛇行与扭转原因如下：

(1) 若输送物体积超过管径所能容纳的最大量，则圆筒入口处托辊会产生抵抗力而出现扭转的情况。

(2) 在尾部回程段下部堆积的输送物，会磨损胶带，因此要定期检测、清扫。

(3) 头部漏斗里输送物堆积时，会磨损胶带，因此要经常检测、清扫。

(4) 改向、传动、重力、头部、尾部滚筒若附着过多的输送物，会出现皮带蛇行的情况，因此要定期检查和清扫。

(5) 输送带的蛇行与扭转调整方法见《管状带式输送机操作手册》。

4. 其他

如果皮带表面粘着油脂类物质，表面的橡胶会软化而膨胀，从而成为损坏输送带的主要原因，所以应及时擦净输送带上的油脂。

5. 贮藏方面的注意事项

输送带应放置于避风、阴暗、温度较低的地方（10℃左右为理想），同时应放在不易接触溶剂、油脂类物质和铜、锰等金属的地方，另外输送带应以自然状态放置，不要在皮带上加不必要的外力。

（六）轴承润滑注意事项

1. 润滑

润滑油的润滑方法：润滑脂应装满轴承内部（封闭回转部），即对轴承箱来说，填充其空间的 2/3。另外，过量的装填会引起发热，同时导致因润滑脂泄漏而引起机器的软化，所以须注意。

2. 检查操作

(1) 组装完成后，试运行时，拔出轴承座排出口的螺丝帽，让其运行 20min 左右，会有一些多余的润滑油流出来，等到再没有润滑油流出来时，再把螺丝拧上。这样可以防止润滑油过多。

(2) 操作中的注意事项：

1) 轴承温度上升。

2) 引起振动。

3) 发出噪声。

若发生上述意外情况，也应立即停止操作，查明原因，并实行相应的对策，再启动操作。

二、某电厂 2×600MW 燃煤机组带式输送机的应用介绍

（一）皮带机结构及工作原理

某电厂带式输送机（皮带机）由山东山矿机械有限公司总承包。整个输煤系统共有 22 条皮带机，包括卸煤系统及上煤系统两部分。

卸煤系统由 0～3、8 号 AB 皮带机组成，该系统皮带机带宽为 1600mm，带速为 3.5m/s，出力为 3000t/h。

上煤系统由 4～7、9、10 号 AB 皮带机，该系统皮带机带宽为 1400mm，带速为 2.5m/s，出力为 1500t/h。

整个输煤皮带机系统采用程序控制。

输煤系统除0、1号AB皮带机露天布置，但其驱动装置布置在室内外，其余皮带机均布置在封闭式栈桥内。

整个皮带机包括本体及附件两大部分。

1. 工作原理

皮带机的工作原理是：胶带绕过主动滚筒和机尾改向滚筒形成一个封闭的环形带，上、下两部分都支承在托辊上，拉紧装置保证胶带有足够的张力，原煤装在胶带上与胶带一起运行，达到输送原煤的目的。

2. 皮带机本体部分

皮带机本体包括驱动装置、滚筒、托辊、中间架、支腿、头架、尾架、驱动装置架、拉紧装置、导料槽、头部漏斗、头部漏斗支架、栏杆、护栅、护罩、遮栏等。

（1）驱动装置。

驱动装置是皮带机动力的来源，电动机通过液力耦合器、减速器、联轴器带动传动滚筒转动，借助滚筒与胶带之间的摩擦力使胶带运转。

电动机选用鼠笼电动机，采用湘潭电机集团有限公司的产品。

减速器选用硬齿面减速器，采用风扇冷却方式，减速器除满足机械性能要求外，还满足热容量校核的要求。油封采用多层组合油封；减速器采用天津SEW公司的产品。

减速器与电动机连接处采用液力耦合器，液力耦合器均配备有温升报警装置。液力耦合器采用广东中兴液力传动有限公司的产品。传感器的输出接点：采用无源干接点送程控，接点容量为110VDC 5A，四线制，电源从就地控制箱接出，防水、防尘。

减速器与传动滚筒连接处采用弹性柱销齿式联轴器。

（2）制动装置。

为防止皮带机逆向转动，使煤堆积、外撒，甚至引起皮带机断裂或机械损坏，有倾角的皮带机均装设逆止器（0、7号AB除外），逆止器由减速器生产厂家配供。

皮带机装设电动液压推杆型制动器，制动器配置制动状态传感器，该传感器采用韩国HONEYWELL的产品，制动器采用江西华伍起重电器有限责任公司的产品。制动状态传感器的输出接点：采用无源干接点送程控，接点容量为110VDC 5A，四线制，电源从就地控制箱接出，防水、防尘。

（3）滚筒。

滚筒分为传动滚筒和改向滚筒，传动滚筒主要是带动胶带运转，而改向滚筒的作用是改变胶带的缠绕方向，使胶带形成封闭环形。

因0、9号AB皮带机装有带式除铁器，故其传动滚筒采用防磁滚筒，且满足皮带机的传动要求。其余皮带机的传动滚筒采用铸焊结构、涨套连接、人字形铸胶，改向滚筒采用涨套连接、平面铸胶（承受合力大于250kN的改向滚筒采用铸焊结构）。

传动滚筒表面的胶层厚度不小于15mm；改向滚筒表面的胶层厚度不小于12mm。

（4）托辊。

托辊是用来承托胶带，并随胶带的运动而作回转运动的部件。托辊的作用是支承胶带，减少胶带的运动阻力，使胶带的垂度不超过规定限值，保证胶带平稳运行。

托辊按其用途可分为槽形、平行、梳形、自动调心托辊和缓冲托辊（本工程用重型缓冲床取代缓冲托辊)。

0、9 号 AB 皮带机头部上过渡托辊采用组合式多油室密封尼龙托辊(共 10 组)。5、6 号 AB 皮带机除铁器下的上托辊采用组合式多油室密封尼龙托辊(共 24 组)。组合式多油室密封尼龙托辊采用乐清市国海传动设备有限公司的产品。

上、下调心托辊均采用弹射式强力可逆调心托辊,选用宁波华达起重运输设备有限公司的产品。

皮带机托辊筒体采用托辊专用焊接钢管;托辊轴承座采用冲压轴承座,筒体与轴承座的连接采用 CO_2 气体保护焊;托辊密封为 3 道外密封、1 道内密封。

托辊阻力系数不大于 0.022(制造厂测试数据),其他参数不低于 GB/T 10595—2009 及 JB /ZQ 8008—1988 中一级品指标的规定。托辊在正常工作条件下的使用寿命不低于 30 000h。

(5)拉紧装置。

拉紧装置的作用是保证胶带具有足够的张力、使滚筒和胶带之间产生所需要的摩擦力、限制胶带在各支承托辊间的垂度,使皮带机能正常运行。

常用的拉紧装置有重锤拉紧装置和螺旋拉紧装置。螺旋拉紧装置适用于距离较短、功率小的皮带机;重锤拉紧装置又可分为垂直拉紧装置和车式拉紧装置。

某电厂拉紧装置采用重锤拉紧装置,10 号皮带机采用车式拉紧装置,其余皮带机均采用垂直拉紧装置。

车式拉紧装置张紧滚筒安装在小车上,重锤通过钢丝绳和导向轮拉紧小车沿皮带机纵向移动;垂直拉紧装置由两个改向滚筒和一个张紧滚筒组成,安装在皮带机回空胶带的下方,张紧滚筒及活动架一起沿垂直导轨移动。

(6)导料槽。

导料槽采用喇叭口形导料槽,其顶部为圆形顶。导料槽落料点两侧均装设煤流调节挡板。导料槽应设置几道必要的挡帘,以防止煤粉飞扬。

(7)头部漏斗。

头部漏斗外形尺寸按《QL 强力型带式输送机选用手册》选型,留出头部清扫器的安装孔。

0、9 号 AB 皮带机头部护罩(包括带式除铁器、头部漏斗、集铁小车之间的封闭密封)均采用不锈钢制作。

(8)集铁小车。

集铁小车主要用于收集除铁器除下的含铁杂物。它配置有四个优质的万向车轮,转向灵活,容量约为 $1m^3$,材质为不锈钢。

(9)机架。

皮带机的机架用型钢或钢板根据布置方式焊接而成。

(10)其他。

设置必要的栏杆、护栅、护罩、遮栏等,皮带机两侧均设置安全栏杆。

1 号 AB 皮带机加防雨罩,防雨罩的材质采用宝钢生产的 Tst01 热镀锌防腐蚀、耐气候性彩钢板($\delta=0.8mm$),选用上海龙钢压型有限公司的产品,防雨罩应能将下托辊罩住,连接螺栓采用不锈钢材料，相应的跑偏开关、拉绳开关或观察孔等设置必要的观察门等。

7号AB皮带机上，每台犁式卸料器配一个跨越梯；其余皮带机每隔100m设一个跨越梯。

3. 皮带机附件部分

（1）胶带。

胶带是皮带机的主要组成部分，某电厂皮带机的胶带采用一般用途难燃型EP织物芯胶带与难燃型钢丝绳芯胶带两种。

EP型（聚脂）织物芯胶带的延伸率不超过1.5%，钢丝绳芯胶带的延伸率不超过0.2%。所有织物芯胶带的上胶厚度不小于6mm，下胶厚度不小于3 mm。钢丝绳芯胶带ST630的上胶厚度不小于5mm，下胶厚度不小于5mm；ST1000的上胶厚度不小于6mm，下胶厚度不小于6mm。

胶带采用兖州银河德普有限公司的产品。

（2）重型缓冲床。

某电厂采用重型缓冲床代替原来的缓冲托辊，其作用是对落煤管下来的原煤起缓冲作用，保证胶带的安全使用。

皮带机导料槽下对应于落料点处采用重型缓冲床，每个落料点布置两台重型缓冲床，每台重型缓冲床长度为1400mm，重型缓冲床采用台湾骏维实业有限公司原装进口产品。

重型缓冲床材料技术特性如下：

1）抗拉降伏强度：19N/mm^2。

2）最大抗拉强度：28N/mm^2。

3）断裂伸长率：400%。

4）冲击强度：1079N。

5）橡胶与铝合金剥离强度：412/cm。

6）高分子衬板与橡胶剥离强度：412N/cm。

7）摩擦系数：0.05～0.07。

（3）导料槽防溢裙摆橡胶。

导料槽两侧均安装防溢裙摆橡胶，主要作用是防止煤粒撒出。防溢裙摆橡胶采用台湾骏维实业有限公司原装进口产品。

防溢裙摆橡胶为双层弹性密封。防溢裙摆橡胶与输送皮带有良好的接触，安装固定活扣为可调试，可达到安装、维修操作简单、方便的要求。

防溢裙摆橡胶材料技术特性如下：

1）材质：耐磨胶体采用聚氨酯复合材料（TPU－EK）。

2）抗拉强度：≥150N/cm^2。

3）伸展性：500%。

4）硬度：60°±5°。

5）阿克隆磨耗：＜0.035。

6）防溢裙摆橡胶配供安装固定活扣，安装固定活扣由夹紧器与异型角铝组成，夹紧器采用S304不锈钢板材，异型角铝为高强度铝合金。夹紧器与异型角铝配合使用，每0.5m使用一夹紧器，异型角铝单根长度为1m。

（4）头部清扫器。

每条皮带机头部都布置有两道头部清扫器，头部清扫器采用台湾骏维实业有限公司原装进口产品。

头部清扫器的具体要求如下：

1）刮刀材质采用聚氨酯复合材料。刮刀具有低摩擦、高耐磨、高强度、高弹性的特点以及稳定、良好的刮料效果。

2）设有预压式调压器，并设恒定压力指示窗，以方便掌握恒压范围，保持刮刀与皮带之间具有稳定的接触压力。

3）刮刀由多块刮刀片组成，刮刀片之间无间隙。

4）刮刀与固定座采用鸠尾槽结合，并有消除缝隙的顶紧装置，确保不产生跳动。

5）固定座为可分离形式，采用经久耐用、不生锈的高质量铝合金材料。

6）刮刀组的组装形式为抽取式，具有只需更换刮刀片且更换刀片容易又快速的性能；具有从落料斗侧整体抽换刮刀及滑动刀座不需再调整刮刀压力的性能。

7）采用预压式调压器（缓冲弹簧组），以确保均匀而稳定的接触压力，同时还具有微调的功能。

8）确保刮刀绝不损伤皮带。

9）达到刮料干净的良好效果。

10）刮刀的有效使用寿命不小于 3 年。

第一道恒压式皮带清扫器的具体要求如下：

1）采用反 V 型人字形聚氨脂橡胶缓冲座，缓冲座应稳固地安装在机架上，并达到不断裂、不积料以及各刮刀面平整呈一条直线的要求。

2）弹簧组加设防尘套密封，避免因卡料或积尘而失去自调功能。

3）刮刀橡胶材料技术特性如下：

张力强度：2354N/cm^2。

伸长率：480%。

阿克隆磨耗<0.035。

第二道恒压式一字形皮带清扫器的具体要求如下：

1）采用一字形聚氨脂橡胶缓冲座，缓冲座应稳固地安装在机架上，并应达到不断裂、不积料以及各刮刀面平整呈一条直线的要求。

2）弹簧组应加设防尘套密封，以避免因卡料或积尘而失去自调功能。

3）刮刀橡胶材料技术特性如下：

橡胶抗拉强度：2157N/cm^2。

伸长率：430%。

硬度：65°±5°。

（5）空段清扫器。

尾部及拉紧装置前、下分支驱动装置前皮带机回程分支的非承载面均布置有 1 道空段清扫器。

（6）保护装置。

皮带机的保护装置有拉绳、轻跑偏、重跑偏、速度检测、料流检测、防撕裂、拉紧限位、堵煤、警铃、操作选择、液力耦合器温升报警等。

4. 皮带机性能

（1）正确设计，采用先进、可靠的加工技术制造。在正常工况下，安全连续运行不出现过度的应力、振动、温升、磨损等现象。

（2）对于易于磨损或需要调整、检查和更换的部件，提供备用品，并能方便地拆卸、更换和修理。所有重型部件均有吊耳、环形螺栓或其他合适的用于起吊或搬运的设施。

（3）使用的零件或组件具有良好的互换性，使用的材料是优质品，符合有关规范，并满足当地环境条件的要求。

（4）转动件转动灵活，没有卡阻现象。润滑部分密封良好，无油脂渗漏，轴承温升不大于35℃，最高温度不大于80℃。

（5）滚筒轴承采用国产优质调心滚子轴承，油脂润滑，密封性良好，能防止粉尘侵入和油脂外溢。

（6）设备具有足够的刚度，皮带机运行时不发生颤振现象。

（7）皮带机运行时最大跑偏量不超过带宽的5%。皮带机在满载启动和停机时，最大瞬时张力不超过正常工作张力的1.5倍。

（8）皮带机能满足人身安全和劳动保护条件，在所有正常工况下均能安全、持续运行。

（9）皮带机设备零部件采用先进、可靠的加工制造技术，具有良好的表面几何形状及合适的公差配合。所用的零件或组件有良好的互换性。

（10）所有皮带机都加入连锁，并纳入程控范围。

（11）托辊布置。

1）承载托辊采用槽形托辊，平直段及凹弧段的托辊间距为1200mm，凸弧段的托辊间距为600mm，头、尾部各设计1组10°、20°、25°过渡托辊（其中2号AB～10号AB皮带机不设25°过渡托辊），每10组承载托辊中设1组上调心托辊，承载托辊直径为159mm（B＝1600mm时）或133mm（B＝1400mm时），槽角为35°（过渡托辊除外）。

2）回程托辊布置间距为3000mm，每10组回程托辊中设1组下调心托辊，2组梳形托辊，3组V形前倾托辊，4组平行下托辊；从回程胶带起始点开始连续设置5组螺旋形清扫托辊。

（12）电气与控制系统。

1）外购配套件，选用优质名牌、节能、先进产品，并有生产许可证及产品检验合格证。

2）电动机的设计必须与皮带机的运行条件和维护要求一致，电动机的特性曲线（特别是负载特性曲线）能完全满足皮带机的要求。功率在185kW及以下的电动机采用三相380V，50Hz运行（低压）；功率大于185kW的电动机采用三相6000V，50Hz运行（高压）。

3）当电动机运行在设计条件下时，电动机的铭牌出力不小于拖动设备的115%。

4）电动机选用Y型电动机，防护等级为IP54，绝缘等级为F，电压为380V，频率为50Hz，能适应当地高潮湿、高盐雾的环境。所有电动机的使用寿命在现场规定的工作制下不小于30年。电动机的连接线与绕线的绝缘应具有相同的绝缘等级。

5）电压和频率同时变化，两者变化分别不超过±5%和±1%时，电动机能带额定功率；当频率为额定，且电源电压与额定值的偏差不超过±5%时，电动机能输出额定功率；当电压为额定，且电源频率与额定值的偏差不超过±1%时，电动机也能输出额定功率。

6）在额定电压下，电动机启动电流倍数不大于6.0。

7）电动机能在额定电压下直接启动，在不低于80%额定电压下能平稳启动。当电压为70%额定电压时，电动机能自动启动，启动时间不大于20s。电动机能承受满载运行时电源快速切换过程中失电而不损坏。

8）电动机满足在冷态下连续启动不少于2次，热态下连续启动不少于1次的要求。

9）电动机的振动值小于0.076mm。

10）电动机空载时测得的振动速度有效值不大于2.8mm/s。

11）电动机的噪声在离机壳1m处小于85db（A）。

12）电动机轴承温度不超过80℃。

13）电动机旋转方向规定为：面对碎煤机电动机，从主轴伸出端看，电动机为顺时针方向旋转。旋转方向有永久性、明显的标志。

14）在接线盒内标明电动机的相序。

15）电动机应有防止过电压的措施。

16）电动机在热态下应能承受150%额定电流而不变形或损坏，过电流时间不少于30s。

17）电动机在空载情况下，应能承受提高转速至其额定值的120%，历时2min而不发生有害变形。

18）电动机设置电加热装置（电加热装置的电源采用220V交流电源）。

（13）性能保证值。

1）额定出力：

0～3、8号AB皮带机：3000t/h。

4～7、9、10号AB皮带机：1500t/h。

2）调偏作用：调心托辊起到有效的调偏作用，皮带机运行时最大跑偏量不超过带宽的5%。

3）缓冲性能：重型缓冲床具有良好的缓冲性能，并具有良好的耐磨性能。

4）防溢性能：防溢裙摆橡胶能有效地防止煤尘溢出，并具有良好的耐磨性能。

5）清扫作用：头部清扫器能有效地清扫胶带承载面黏附的煤粉，并具有良好的耐磨性能。

6）启动性能：皮带机在满载状态下能平稳地启动。

7）胶带质量：EP型（聚脂）织物芯胶带的延伸率不超过1.5%，钢丝绳芯胶带的延伸率不超过0.2%。

8）减速器：减速器应具有良好的密封性能与热容量，不出现渗漏点。

9）噪声：皮带机的噪声在离机体1m处小于85dB（A）。

（二）皮带机运行维护

1. 启动前的检查及准备

（1）皮带机通道内无影响运行的杂物，现场警铃装置完好。

（2）皮带机就地控制盘选择开关在遥控位置。

（3）驱动装置的电动机、液力耦合器、减速箱、制动器、逆止器等部件完好，无漏油、渗油现象，各连接点的连接及固定完好。

（4）皮带无撕裂等现象，胶接头完好，皮带上、下无杂物，无明显跑偏，露天皮带防台风措施已撤去，露天皮带的积水已除去。

（5）张紧装置结构无变形，张紧状态良好，钢丝绳无断股现象，未跳出滑轮外；配重块上无严重积煤，行程内无障碍物。

（6）落煤筒无积煤，各落煤筒人孔门、检查门已全部关闭；挡板和衬板固定螺丝无缺损；落煤筒密封良好，无漏煤现象。清扫器、滚筒清扫器、刮板等安装到位、无损坏。

（7）裙板安装良好。

（8）集尘器、喷水等辅助系统良好。

（9）托辊完整无缺，钢结构无变形，连接牢固。

（10）滚筒安装牢固，滚筒和胶带间无杂物、积煤等；轴承安装牢固，润滑良好，无窜轴现象。

（11）皮带机各安全装置安装位置正确，无缺损、脱落等现象。

（12）确认皮带机所有安全装置都正常投运，如有安全保护装置信号强制或撤出运行，必须手续齐全（有“仪控保护信号强制、保护撤出申请单”），并且相应的安全措施到位。

2. 启动操作

（1）就地操作。

启动方法：将就地操作盘选择开关切换至“就地”位置，按下“启动”按钮，待现场启动警铃响数秒后，皮带机启动。

（2）遥控操作。

1）遥控手动启动：待下游设备遥控启动后，在CRT上选择手动启动皮带机。

2）遥控自动启动：在CRT上选中流程，然后启动整个流程，皮带机随下游设备连锁顺序启动。

（3）启动操作的注意事项。

1）就地启动操作仅限于皮带机的检修、调试和故障处理，不作为正常运行方式。

2）就地启动操作时要做好防止下游落煤筒堵塞的措施。

3）一般情况下不得带负荷启动，严禁带重负荷启动。

4）遥控操作时下游设备的启动优先于本皮带机启动。

3. 皮带机的运行

（1）皮带机的运行注意事项。

1）禁止皮带机长时间超负荷运行。

2）运行中发现皮带机运转速度减慢时，应相应减少流量，并加强观察、检查，必要时停运皮带机并作全面检查。

3）皮带机停止后再次启动，启动次数和间隔时间必须按电气规程执行。

4）运行民工在进行落煤筒清理、金属探测器动作后处理时，运行人员必须在现场监护。

5）设备上的安全装置只能在发生危及人身安全、设备严重损坏的紧急情况或作为安全措施时使用，正常情况下不得用于停运设备。

（2）皮带机运行中的检查项目。

1）检查确认驱动装置的各部件无异常振动与噪声，温升正常，无漏油现象。

2）检查确认皮带无跑偏、撕裂、撒煤等现象，发现皮带跑偏时及时通知，并配合检修人员检修调整。

3）确认配重块移动平稳，拉紧小车移动正常，发现异常时立即停运皮带机，并通知检修处理。

4）检查确认落煤筒无堵煤、撒煤等现象；若发现落煤筒已形成严重积煤，应停运皮带机进行积煤清理工作，并汇报主值。

5）确认清扫器工作正常，清扫效果良好；若发现清扫器振动严重或存在损坏皮带的危险时，应立即停运皮带机并通知检修调整。

6）检查确认各托辊转动灵活，无异常现象；若发现托辊损坏并严重影响设备运行时，应立即停运，通知并配合检修处理。

7）检查确认滚筒无打滑、异常振动、异常噪声、窜轴等现象，发现异常情况时及时通知检修确认并处理，严重时立即停运相应设备。

8）正常运行中，各安全保护装置、上下游设备间的连锁必须投运正常；若必须退出，必须有书面申请并经批准。

4．皮带机的停运

（1）就地停止。皮带机就地方式运行时，按下就地操作盘的“停止”按钮，停止皮带机。

（2）遥控停止。

1）遥控手动停止：待上游设备遥控停止后，在CRT上选择该皮带机图标，停止皮带机。

2）遥控自动停止：在CRT上选择流程，使作业流程停止，皮带机随上游设备顺序停止。

（3）皮带机的紧急停机。

皮带机出现以下情况时应紧急停机：

1）发生直接威胁人身或设备安全的事故。

2）电动机缺相运行，有焦臭味和冒烟情况或电流超限。

3）电动机、减速机、各轴承剧烈振动。

4）输煤皮带严重跑偏，造成大量撒煤。

5）输煤皮带严重打滑或磨损，发热冒烟，有焦臭味。

6）输煤皮带撕裂或接口严重脱胶并可能断裂。

7）输煤皮带与固定部分严重摩擦而无法调整。

8）落煤管发生堵煤。

9）皮带机头尾滚筒及各处改向滚筒不转或托辊大量脱落变形。

10）拉紧装置严重歪斜、钢丝绳脱出滑轮或拉紧小车出轨。

11）发现皮带上有大块杂物、工具等物品。

12）设备遇上有火警。

紧急停机方式：按下就地紧停按钮或煤控CRT操作台紧停按钮。

（4）皮带机停运后检查。

1）确认现场皮带机及其辅助设备已完全停运。

2）驱动装置的电动机、液力耦合器、减速箱、制动器、逆止器等部件完好，无漏油、渗油现象，各连接点的连接及固定完好。

3）皮带无破洞、撕裂等。

4）张紧装置结构无变形，张紧状态良好，钢丝绳无断股，未跳出滑轮外；各部件连接完好。

5）落煤筒挡板和衬板无缺损。

6）裙板橡胶固定正常，无严重磨损；裙板与胶带压紧度合适，无煤块卡住；皮带清扫器、滚筒清扫器、刮板等无损坏。

7）托辊完整无缺，转动灵活，钢结构无变形，连接牢固。

8）皮带机各安全装置安装位置正确，无缺损、脱落等现象。

9）检查现场皮带机及辅助设备有无撒煤、积煤现象；若有，查明撒煤、积煤原因并及时清理，排除撒煤、积煤因素，有困难的通知检修处理。

10）皮带机及其辅助设备有缺陷的，应及时以缺陷单形式通知检修处理；必要时，可通知检修人员到现场进行检查、确认。

第七节 皮带机常见故障及处理

(1) 皮带机开关合闸后，电动机不旋转，只发出“嗡嗡”声。

1）原因：

a. 电动机缺相运行。

b. 机械卡死。

2）处理：

a. 立即切断电动机电源，汇报班长，请电气检修处理。

b. 分析原因，检查机械卡死部位并排除。

(2) 电动机剧烈振动。

1）原因：

a. 电动机和振动机械中心不准。

b. 轴承间隙变大或轴承损坏。

c. 轴弯曲。

d. 底脚螺丝松动或脱落。

e. 液力耦合器缓冲胶损坏。

2）处理：

a. 停止运行，请检修人员处理。

b. 旋紧底脚螺丝。

c. 停机更换缓冲胶。

(3) 运行中电动机发热。

1）原因：

a. 电动机二相运行致使电流超限。

b. 电动机运行负载过大或运行时间长。

c. 电动机风扇叶片损坏，冷却风量不够。

d. 电压过低。

e. 鼠笼断条。

2）处理：

a. 停机汇报班长，通知电气检修处理。

b. 如运载过大，要减少负荷；如运行时间长，要停止电动机运行。

c. 查找电压降低的原因；

d. 停机通知检修处理。

（4）电动机在运行中自动停机。

1）原因：

a. 电源失去或熔丝熔断。

b. 电动机保护动作（包括热偶动作）。

c. 连锁保护动作。

d. 皮带机保护动作（拉线开关、跑偏开关、打滑等动作）。

2）处理：

a. 检查原因，送上电源或更换熔丝。

b. 检查若是热偶动作，应复位；若是其他电气保护动作，则通知检修电气人员处理。

c. 因系统设备故障停用，而引起连锁动作停用时，则听候班长命令处理。

d. 查明原因，排除皮带机故障。

（5）减速箱强烈振动有异声，温度升高。

1）原因：

a. 底脚螺丝松动。

b. 靠背轮螺丝松脱或中心不正。

c. 轴弯曲，轴承弹子碎裂。

d. 齿轮磨损或折断。

e. 缺油或油质不好。

2）处理：

a. 停用此设备。

b. 如果是底脚螺丝松动，则要旋紧。

c. 汇报班长，请检修人员处理。

（6）减速箱漏油。

1）原因：

a. 密封胶损坏。

b. 平面接合或挡圈间隙大。

c. 油位过高。

2）处理：

a. 更换密封胶，并添加润滑油。

b. 停用并汇报班长，通知检修人员处理。

c. 若油位过高，应放油至正常油位

(7) 减速箱温度升高。

1) 原因：

a. 缺油或油过多。

b. 油质不好。

c. 排气孔堵塞。

d. 运行时间长。

e. 机械故障。

2) 处理：

a. 加油或放油至正常油位。

b. 更换油。

c. 清理排气孔。

d. 条件允许的情况下安排停机一段时间。

e. 通知检修人员处理。

(8) 皮带机启动不了。

1) 原因：

a. 选择开关、连锁开关或挡板位置不对。

b. 现场拉线开关动作没有复位。

c. 电源未送上或熔丝断。

d. 皮带机保护动作排除后，未按故障复位按钮。

e. 电动机或电气系统故障。

2) 处理：

a. 将选择开关、连锁开关或挡板位置对好。

b. 将拉线开关，复位。

c. 送上电源或更换熔丝。

d. 按下故障复位按钮。

e. 汇报班长，请电气检修人员处理。

(9) 就地或远控都不能切断电动机电源，电动机冒烟。

1) 原因：开关本身机构故障。

2) 处理：立即停该设备所在母线进线电源开关，汇报班长通知电气检修人员处理。

(10) 轴承磨损，金属末磨出。

1) 原因：

a. 与轴承座的间隙过大或过小，窜动严重。

b. 缺油。

c. 加错油。

2) 处理：

a. 汇报班长，通知检修人员处理。

b. 向油路中添加润滑油。

c. 更换合适的润滑油。

(11) 轴承温度升高。

1) 原因:

a. 轴承缺油或油质变质。

b. 油管阻塞或加错油。

c. 轴承选择不当,弹子碎裂或间隙太小。

2) 处理:

a. 添加润滑油或调换新油。

b. 疏通阻塞或换新油。

c. 停机并汇报班长,请检修人员处理。

(12) 液力耦合器易熔塞经常熔化。

1) 原因:

a. 液力耦合器漏油。

b. 长时间超负荷运行。

c. 频繁启动或超负荷启动。

d. 充油量减少。

e. 转动机械被卡煞。

2) 处理:

a. 找出漏油原因,请检修人员处理。

b. 调整输送量,使皮带机在正常出力下工作。

c. 减少启动次数或减少启动负荷。

d. 加油至标准油位。

e. 检查皮带机,排除卡煞现象。

(13) 落煤管或导煤槽堵煤。

1) 原因:

a. 煤量过大,煤太湿。

b. 挡板位置不正确,不符合运行方式。

c. 连锁未投(手动)或失灵,不联跳设备。

d. 导煤槽内橡皮胶开挡太小,引起出煤量减小。

e. 落煤管中有杂物堵塞或后级皮带打滑。

2) 处理:

a. 停机进行疏通,减小煤流量或在有条件的情况下调换水分少的煤,启动振打器。

b. 调整挡板位置,使之符合运行方式。

c. 投入连锁(程控)运行。

d. 汇报班长,通知检修处理;

e. 如是杂物堵塞,应做好安全措施,清理杂物;如是后级皮带打滑而引起煤管堵塞,应先把后级皮带的煤拉走,检查后级皮带机运行是否正常,如果后级皮带机拉不动,则在做好安全措施的情况下,铲走皮带上的一部分煤,直到皮带机可以启动允许为止。

(14) 皮带撕裂。

1）原因：

a. 皮带被尖锐杂物或大块卡住。

b. 皮带严重跑偏。

c. 皮带与固定部分卡住。

d. 落煤管塞死。

2）处理：

a. 停机清除杂物。

b. 加强监视，及时调整。

c. 皮带撕坏、撕裂，立即停机，汇报班长，通知检修人员消除。

d. 停机清理、疏通落煤管堵塞。

（15）皮带打滑。

1）原因：

a. 运煤量过载。

b. 皮带非工作面有水或油，主滚筒打滑。

c. 皮带张力不足。

d. 皮带被挂住或卡死。

e. 主动滚筒包胶脱落。

f. 打滑检测装置故障。

g. 转动机械故障。

2）处理：

a. 控制煤流量在额定出力范围内。

b. 停机擦干皮带非工作面上的水或油，撒点松香或锯末在主滚筒面上和皮带非工作面上。

c. 停机汇报班长，通知检修人员调整拉紧装置。

d. 停机消除皮带挂、卡现象。

e. 停机汇报班长，通知机械人员处理。

f. 检查原因，汇报班长，通知电气检修处理。

g. 停机，查明原因，汇报班长，通知机械人员处理。

（16）皮带拉断。

1）原因：

a. 皮带胶接质量不好或脱落严重。

b. 皮带过于偏斜或落煤管堵塞，但未及时发现，造成大量积煤。

c. 皮带过紧，并且超负荷运行。

d. 皮带使用日久，胶质老化。

e. 主滚筒严重打滑，致使皮带发热熔化。

2）处理：

a. 及时汇报班长，通知检修处理。

b. 调整皮带并清除积煤。

c. 适当减轻其拉紧重量或通知检修处理。

d. 紧急停机，保留现状，汇报班长。

e. 及时停机。

(17) 电动机有强烈的振动基础螺栓松动。

1) 原因：

a. 轴承螺栓松动或中心不正。

b. 轴承破裂或间隙磨大。

2) 处理：及时停机，汇报班长及集控人员，通知检修处理。

(18) 电动机温度升高、振动、嗡嗡响。

1) 原因：

a. 负荷过大。

b. 电压低。

c. 静动之间相碰或摩擦。

d. 轴承故障。

e. 润滑油老化。

f. 底脚螺丝松动。

g. 缺相运行。

2) 处理：

a. 减少负荷。

b. 调整电压。

c. 检修电动机。

d. 检修轴承。

e. 更换润滑油。

f. 紧固底脚螺丝。

g. 停机检查。

(19) 电动机启动失灵。

1) 原因：

a. 连锁错位。

b. 停止按钮拉线开关按下后未复位。

c. 开关触点接触不良。

d. 热电偶动作后未复位。

e. 电气回路故障。

f. 电动机停止失灵，开关触点烧熔。

2) 处理：

a. 按运行方式正确连锁。

b. 将“停止”按钮复位（包括拉线开关）。

c. 汇报班长及电工进行检查处理，如不能及时恢复时，要考虑切换设备。

d. 汇报班长及电工进行检查处理。

e. 汇报班长及电工进行检查处理。

f. 汇报班长及集控人员，通知电工处理，如已发生故障，应立即切断电源并处理。

(20) 电动机在运行中自动跳闸。

1) 原因：

a. 失去电源或熔断器断开。

b. 热电偶动作。

c. 连锁动作。

2) 处理：

a. 汇报集控人员，通知电工处理。

b. 热电偶复位，并查明原因后重新启动。

c. 等待集控室重新启动。

(21) 齿轮振动强烈、声音异常、温度升高。

1) 原因：

a. 基础螺栓松动。

b. 靠背轮螺栓松动或中心不准。

c. 轴弯曲或轴承损坏。

d. 缺油或油质太差。

e. 齿轮折断或检修后机内有遗物。

2) 处理：停机汇报班长及集控人员通知检修处理。

(22) 减速机漏油。

1) 原因：

a. 密封垫损坏。

b. 平面接合不平整，间隙大。

c. 油位过高。

d. 壳体有裂缝。

2) 处理：

a. 更换密封垫。

b. 严重漏油时，应汇报班长，通知检修处理。

c. 将油放到标准油位线内。

d. 停机，汇报班长，通知检修处理。

(23) 减速机温度高。

1) 原因：

a. 润滑油标号不正确，或严重缺油、油位过高、油质劣化。

b. 轴承损坏。

c. 减速机过负荷。

2) 处理：

a. 根据油位加油或换油。

b. 停机后通知检修处理。

c. 及时减少煤量。

第八章 筛碎设备

火力发电厂对锅炉用煤有一定的要求。对于层燃式锅炉，煤破碎至一定的粒度后，可直接供锅炉使用；对室燃式锅炉，煤破碎至一定的粒度后，还需送入磨煤机磨制成煤粉方可燃用。目前，大部分火力发电厂的燃用煤都要先破碎，再经过磨煤机磨制和制粉系统后，方可供给锅炉燃用。

原煤经筛分、破碎后的粒度应符合锅炉磨煤设备的要求。燃煤的筛碎质量将直接影响磨煤设备的安全经济运行，进而影响锅炉的出力和经济运行。因此，在火力发电厂的输煤系统中，一般都要设置性能可靠的筛分和破碎设备，以满足锅炉用煤的需求。

在燃煤火力发电厂的输煤系统中，通常都将碎煤和筛分设备安装布置在同一个房间中，统称为碎煤机室。大、中型发电厂碎煤机室的结构一般分为二、三、四层，其设备布置在不同标高层，上、下两层分别布置入料设备和出料设备，中间布置筛碎设备。筛煤机在上，碎煤机在下，组成筛碎煤系统。

火电厂的输煤系统最终是给锅炉输送合格的煤，但刚进厂的煤中，特别是地方的小煤矿，大块煤较多，杂物也较多（如矸石、铁块和木块等）。所以，在火电厂的输煤系统中都要设置筛碎和清除杂物的设备。

输煤系统中的筛碎设备是配套使用的，本章将重点介绍几种目前大型火电厂常用的筛碎设备。

第一节 筛煤设备

一、筛分的基本概念

火电厂的来煤一般是未经筛分的原煤，而锅炉燃用煤要求有一定的粒度，按规程规定一般不大于30mm。经筛分设备筛分后，超过30mm的块煤被送往碎煤机破碎，以免粒度合格的碎煤作无必要的破碎，节省电能。

最早的筛分设备是在16世纪的英国使用的固定筛，随着工业的发展，筛分技术也随着发生了变化，先后出现了滚筒筛、摇动筛、共振筛、滚轴筛、振动筛、弧形筛、概率筛等十几种，并且新的筛分机型和方法还在不断地被研制和开发出来。

我国的筛分设备经历了仿制和自行设计两个阶段，至今和世界先进国家相比还有一定差距。在国内电厂中，20世纪50年代多采用固定筛，60～70年代采用了滚轴筛、共振筛、振动筛，1980年开始研制并在电厂中试验应用了概率筛和不同规格的滚筒筛，以及大型的滚轴筛，使用效果较好。燃料的筛分质量直接影响到锅炉的制粉和运行，所以筛型的选择一定要适合电厂输煤系统的特点，要求通过能力大，筛分粒度在30mm以下，设备牢固、耐用，检修方便等。

（一）筛分量和筛分效率

筛分量和筛分效率是各种筛分设备的两项主要性能指标。

筛分量即筛机的生产率，是指单位时间内通过筛机的物料数量，单位用t/h表示。

筛分效率η_s是指通过筛网的小颗粒煤的含量C_0与进入机前原料中所含同一小颗粒度煤的含量a_0之比，即

$$\eta_s = K\frac{C_0}{a_0}\times 100\%$$

式中 K——修正系数（当使用条件变化时，同机型有不同的筛分效率）；

C_0——通过筛网的小颗粒煤的含量；

a_0——进入煤筛与同一级粒度煤的含量。

筛分后，一部分小颗粒仍会留在筛网上与大颗粒一起离开进入破碎机，筛网上的物料称为筛上物，通过筛网的物料称为筛下物。

影响筛分效率的主要因素如下：

（1）筛网长度。在一定条件下，从理论上讲，筛网愈长，即筛网长度对筛宽度之比越大，筛分效率越高。但实际由于结构等因素的限制，很难将该比值做得很大。

（2）筛网倾角。筛网有水平与倾斜两种安装形式。筛网倾斜布置可增大筛分量，即物料在筛网上的通过量增大，随同倾斜角的加大，相应筛分效率降低。一组筛网在其他条件相同的情况下，筛网水平布置所获得的筛分效率最高。

（3）负荷量。当负荷量小于额定负荷时，随着单位负荷增大，筛分效率不变；当超过额定负荷时，筛分效率随单位负荷的增大而降低。

（4）物料特性。物料中含水率高时，筛分效率降低；含水率百分比超过极限百分比后，筛分效率又有所提高。物中小颗粒（小于筛孔尺寸）的含量增多，筛分效率随之增高；大颗粒（大于筛孔尺寸）的含量增多，筛分效率也随之提高；中等颗粒（接近筛孔尺寸）即“难筛颗粒”含量的百分比增多时，筛分效率降低。

（5）生产条件。筛网上物料层厚度适中，给料均匀并沿筛宽度方向表面摊开，是能获得高筛分效率和高筛分量的重要条件。在筛分时，物料沿筛网的运动速度以及往筛网上料的方向（即下落物流与筛网的夹角）、筛网的结构形式也有重大的影响。

（二）物料在筛网面上的移动速度v

当速度v过小时，物料分层慢，不易分离透筛，不能充分发挥筛子的效能，生产率低；当速度v过大时，筛分效率降低；当速度v超过一定数值时，筛分效率急剧下降，甚至绝大部分细小颗粒的物料从筛面急速通过而得不到筛分。

保证筛分正常的物料在筛面上移动的极限速度的经验公式为

$$v\leqslant 73.5\sqrt{d}$$

式中 d——物料最大块直径，mm。

通过取移动速度v=0.1～0.4m/s。

（三）筛网的形式和尺寸

所有筛分设备，无论构造如何，都具有筛箅，通常采用钢丝编织筛网、钢板冲孔筛网、箅条状筛网，以及用橡胶板冲孔而成的橡胶板筛网。

1. 编织筛网

编织筛网是由钢丝编织而成，下加横向小梁以提高刚度。钢丝编织筛网适用于筛分各级小块物料，其有效筛分面积高于其他筛网，但有易于磨损、钢丝可能串动、筛面凹凸不平等缺点。普通钢丝编织筛网的结构类型由于钢丝编织筛网表面凹凸不平，不利于物料通过筛面，特别是编织筛网的钢丝过粗时，阻碍物料运动的作用更为显著。

2. 冲孔筛网

冲孔筛网是由整块钢板冲制而成，筛孔有圆孔、方孔或长条孔，有错列式排列、平行式排列两种。筛孔为错列交叉排列时，其中心线都在等边三角形的顶点上。圆形筛孔的中心距 a（mm）可用以下方法求得。

筛孔直径大于 35mm 时有

$$a=1.25d+(5\sim10)$$

式中 d——筛孔直径，mm。

筛孔直径为 35mm 时有

$$a=1.5d$$

筛孔直径为 10mm 以下时有

$$a=0.75D+(1\sim2)$$

周围靠近边缘的筛孔中心与边缘距离不应小于筛孔直径。

冲孔筛网的有效面积为其全面积的 35%～40%，所以与钢丝筛网相比，一般不采用小孔径。

冲孔筛网钢板厚度大，筛网的使用寿命长，但冲孔加工困难，难筛颗粒（即粒度与筛孔尺寸相近的颗粒）通过筛网时易堵塞筛孔，使筛分效率降低。所以，冲孔时筛孔与钢板深度方向应成 6°～7°的斜锥角，以便物料落下，安装必须注意筛孔的扩孔边应朝下。厚度愈小，物料通过筛网的阻力愈小，但厚度太小，筛网磨损快、寿命短，冲孔筛网厚度一般取 $e<0.625D$（mm），其中 D 为筛孔尺寸。

3. 条状筛网

条状筛网是由许多单独的箅条、钢条、钢轨或一定形状的异形梁竖向立排组成纵向箅条，或用圆钢做纵向链条，下加横向小梁连接而成。箅条最好的形式是能使其间的筛孔缝隙向下扩大，成梯形断面，使筛孔上小下大，对消除物料堵塞有利。若用普通扁钢矩形断面做箅条，应使箅条成放射状布置，沿物料前进方向筛孔缝隙逐渐加大，以减少堵塞，或用圆钢做箅条对减少或消除堵塞也是有利的。为使物料容易在箅条上流动，减少其摩擦阻力，可使用顶端为弧形的箅条。

条状筛网刚度大，使用寿命长。其筛孔为沥条形缝隙，与方形、圆形筛孔相比，因只有两边有摩擦阻力，所以对难筛颗粒的通过阻力要小，但长方形筛孔易使长条形物料通过，降低筛分质量。

筛分设备的生产率主要取决于筛网的宽度，筛分效率主要取决于筛网长度。筛网的宽度应与给料设备的宽度相适应，实际应用中过宽则并不能增大生产率。筛网长度在实际应用中通常取为筛网宽度的 2～2.4 倍。

筛孔面积与筛网面积之比称为有效面积率，一般为 50%～80%。有效面积率以编织筛网和条状筛网较大，冲孔筛网较小，若冲孔筛网的筛孔按梅花状交错排列，则可提高有效面积率。

不同形状的筛孔，筛下物的最大粒度 d_{max}（mm）为

$$d_{max}=Kd$$

式中 d——筛孔尺寸，mm；

K——系数［圆形孔为 0.7，方形孔为 0.9，长方形孔为 1.2～1.7（对板条状物料取大值）］。

二、筛煤设备的种类及原理

（一）固定筛

固定筛是一种非机动的简易箅条煤筛，主要就是一个倾斜固定布置的筛箅，所以它不能称为筛机。固定筛结构简单，没有电动机械，维护检修工作量小，因此一般被我国西北地区电厂采用。此外，华东、东北也有一些电厂采用固定筛。

1. 筛分过程

筛分是靠物料自重落在倾斜布置的筛箅上后自然流动滑下，小于筛箅缝隙尺寸的物料漏入筛下的料斗，大于筛箅缝隙的物料落入破碎机。

2. 主要结构

固定筛由筛框、箅条和护罩组成。筛框由钢板或角钢构成，箅条由圆钢或特制箅条焊制而成，框的上方有护罩封闭，筛箅的下面有落煤斗或煤管，将筛下物料集中运出。

（1）两箅条间的间隙通常是采用上窄下宽筛分效果好，另外也可做成上下缝隙相等或格状筛孔，其尺寸应取为筛下物的 1.2～1.3 倍。

（2）固定筛倾斜布置在固定架上，倾斜角在 45°～55°范围内选取，一般落差小、物料含水率高、松散性差时，应采用较大的角度。给料与受料设备的方位也是影响选取角度值的因素。

3. 筛分量和筛分效率

（1）筛分量 Q（t/h）按下式计算，即

$$Q=qFa$$

式中 F——筛网面积，m^2；

a——筛缝宽度，mm；

q——每 1mm 筛缝宽度、每 $1m^2$ 筛网面积每小时的单位工作量，可取 1.2～2.4，$t/(m^2 \cdot mm \cdot h)$。

（2）筛分效率。固定筛筛分效率较低。试验表明，当煤的表面水分较大时，筛孔常被堵塞，使大量细煤进入破碎机；在筛缝宽度为 20～30mm 时，对于水分较高而又黏的煤，则筛箅完全堵塞，失去筛分作用；当煤比较干燥且不太黏，箅条间隙在 60mm 以上时，可起到筛分作用，筛分效率为 50%～60%。

4. 运行维护

固定筛结构简单、制作容易、造价便宜、安装方便、运行操作简单，但是占用空间高度大，筛分效率低，维护烦琐。

(1) 固定筛易发生黏煤堵煤现象，每班运行人员需清理筛箅，工作量也较大。

(2) 一般情况下煤的表面水分小于8%时，加装振动器，运行情况尚好。

(二) 滚筒筛

滚筒筛在中南地区普遍采用，河南省使用较多。滚筒筛具有结构简单、安装方便、维修工作量小，通常情况下燃煤不黏、含水分不大时筛分效率较高（某热电厂实测效率为88%）等特点，曾在一些中小型火电厂使用中收到较好的效果，现在南方一些中小型火电厂使用这种筛子的已逐渐增多。目前这种筛国内尚无定型产品。某电力设计院有三个类型的滚筒筛，可适用于不同系统的出力要求，其主要技术参数见表8-1。

表8-1 滚筒筛主要技术参数

项目＼型号	Ⅰ型	Ⅱ型	Ⅲ型
适用皮带宽度（mm）	650	800	1000
滚筒直径×长度（mm）	1200×1800	1400×2500	1600×3500
电动机功率（kW）	5.5	10	22
计算出力（t/h）	180	350	600
滚筒倾角（°）	16	16	16
滚筒转速（r/min）	31	32	28
总质量（kg）	1500	2540	6640

1. 主要结构

滚筒筛的工作机构是一个倾斜布置的圆筒（有圆锥形或圆柱形），装在中间轴上，轴两端有轴承座支持，筒壁由按筛孔尺寸间隔排列的圆形箅条所组成。

滚筒筛滚筒上的箅条有以下两种布置方法：

(1) 平行于回转中心轴纵向排列的方式。此种排列方式物料流动通畅，筛分量较大，但加装防止和清理堵塞的机构较困难。

(2) 沿圆筒周围排列的方式。装设防止和清理堵塞的机构较方便，但对物料的流通不利，筛分量较纵向箅略低。

2. 滚筒筛的筛分量

物料从上部进料管进入回转的圆筒，物料被旋转着的圆筒搅动，小于圆筒上箅条孔隙的物料落入下部落煤斗，大颗粒块的煤通过进料管进入破碎机。

3. 运行与维护

当煤中含水分高于9%时，就会发生箅条堵塞现象，为了确保安全生产，运行值班人员接班前应进行检查，交班前清除积煤，每次清理时间为10～20min。当滚筒内积煤过多时，电动机的电流若超过额定值，不及时发现将会烧坏电动机，所以运行人员应监视装在控制盘上的电流指示表。

滚筒筛主要的维修工作量是更换和焊补进料口处被大块煤和大块石头砸坏的箅条。滚筒筛大修一般为1～2年一次，检修内容除减速机、轴承座外，主要是修补或更换滚筒上的筛条。为防止筛下料斗的料位过高，应于筛下料斗上装置堵煤信号。

（三）共振筛

共振筛是一种在共振状态下工作的筛分机械，具有单位筛网面积出力大、筛分量高、筛分效率高、电耗小、设备质量轻、对基础的动载荷小等优点。其缺点是对橡胶弹簧的质量有较严格的要求，安装调整要求较高。

国产共振筛有单层筛箱和双层筛箱两种。单层与双层共振筛相比，单层筛箱调整较容易，对基础的动负荷较大；双层筛箱调整较复杂，对基础的动负荷较小。据选矿设计参考资料介绍，最终筛下粒度的含量超过给料量的50%，难筛颗粒多或物料黏性大和含水量高时，应避免选用双层筛。

从20世纪60年代中期开始，电厂大量采用共振筛，从已调查的用户使用情况统计来看，大面积共振筛拆除较多，8m^2以下小面积的大约有75%能正常使用，大多是单层筛；双层共振筛均改为单层筛箱；因受我国燃料供应情况的限制，大部分电厂都不能做到定时定点供应燃煤，煤种多变，粒度组成变化很大，所以不能按原设想的筛孔尺寸来筛分，上下网易堵难控。

1. 筛分原理及主要结构

电动机通过三角皮带使装于下筛箱上的偏心轴旋转，偏心轴转动连杆作往复运动，连杆通过其端部的橡胶弹簧将周期性的激振力传给上筛箱，同时下筛受到反方向的激振力作用，使上、下筛箱沿着彼此相反的方向振动。上、下筛箱用橡胶缓冲器和板弹簧组连接，板簧限制上、下箱只能在板簧垂直的方向振动。上、下筛箱与橡胶缓冲器组成双质量振动系统，周激振力的频率选择在双质量振动系统的自振频率附近，使筛体处在共振状态下工作。其工作过程是系统内的动能和位能相互转化的过程，当缓冲器（共振弹簧）振力增大，筛箱的运动速度减小（即动能减小），筛箱速度减至零时，缓冲器的位能达最大值，接着缓冲器释放位能，使筛箱反向运动，动能增大，如此循环振动。要使筛体保持连续稳定的振动，只需在每一次振动中补充供给一个不大的、克服阻尼所需要的能量，因此共振筛的功率消耗小。

物料进入共振筛网上后，在筛箱振动作用下，沿振动方向向上运动；当筛箱反向运动时，物料在自重及惯性力作用下，向前下方落下，当接触到筛网时，再次被抛掷向上，如此循环。物料在筛网上产生强烈的抖动，小于筛孔的物料被筛下，大于筛孔的物料沿筛网前进至筛前端落入破碎机。

筛箱振动方向与平面的夹角称为振动方向角，一般取45°，物料即沿45°角方向抛起。上、下筛箱的振动是沿连杆作用力的方向，即与板簧相垂直的方向。国产共振筛的连杆和板簧都是与水平成45°角安装的。

电动机通过三角皮带使振动器（即偏心转轴）转动，振动器由板簧组支承。由于板簧的限制，振动器只能在与板簧垂直的方向将激振力传给筛箱，同时振动器受到反方向的作用力，使振动器和筛箱沿彼此相反的方向作直线振动。振动器与筛箱之间力的传递通过橡胶缓冲器实现，振动器、筛箱与缓冲器组成振动系统。与双层共振筛一样，周激振力的频率选择在振动系统的自振频率附近，筛体在共振状态下工作，其工作过程也是系统内的动能和位能相互转化的过程，因此功率的消耗也较小。

2. 共振筛的运行维护及调整

共振筛的调整主要是振幅的调整。连接上、下筛箱的橡胶缓冲器由一组橡胶弹簧组成，橡胶弹簧之间留有间隙，从而使筛箱的位移与橡胶弹簧的恢复力之间呈非线性关系，即共振筛体是一个非线性直线振动系统。

采用有间隙的非线性橡胶弹簧组，能使筛箱的振幅保持稳定。在给定工作频率下，如筛箱的振幅不符合要求，则要调整橡胶缓冲器弹簧的间隙，振幅偏大时调小间隙，振幅偏小时调大间隙，至符合要求为止。

安装共振筛时，将缓冲器的间隙调到一定数值（如国产 SZG1500×4000 共振筛取 4mm）进行空转试验，观察振幅数值，进、出口左右两侧的振幅应相等，否则应调整间隙。

共振筛在运动中，筛箱的振幅值从指示牌示出，若偏离需要工作振幅时，应即刻调整。

共振筛的板簧组安装时，应严格保持与水平面成 45°角，否则共振紊乱会使板簧断裂。

共振筛由于处于接近共振状态下工作，要求给料连续、均匀，不允许对筛机有过长的冲击力，以免造成事故和损坏设备。落料高度不宜过大，一般控制在 0.5m 左右，并与倾斜导料管衔接，使物料顺利而又均匀地落入筛面上。

筛机不允许带负荷启动，若发生突然故障而使筛机压料时，则应先清除筛面上的物料后再启动。电动机正常运转后，方允许往筛面上给料；停止运行时，应先停止给料，并把筛面上的物料全部排除干净。经常检查各螺栓有无松动，检查各铆接焊接处是否有裂纹，如发现时应立即处理。各润滑点和毛毡密封处应保持经常有油。橡胶缓冲器应防油，防止日光曝晒，并应经常检查热度及温度情况，其温度不得超过 85℃。若橡胶温度过高时，应及时停车冷却降温，以防止橡胶元件过早老化而损坏。经常检查筛网的使用情况，并及时除去堵塞筛孔的块状颗粒及其他异物。检查筛网的张紧或压紧情况，以防筛网因产生二次附加振动而影响筛分效果。如果发现筛网破损，要及时进行局部修理或更换，以保证筛分的质量。

（四）共振筛常见故障及排除方法

（1）共振筛机设备本身在现场出现的问题主要有以下几个方面：

1）弹簧运行不可靠，橡胶弹簧容易断裂。

2）侧筛板容易开裂。

3）筛网结有待研究改进。

4）水平安装的筛子没有倾斜安装的效果好。

5）噪声大。

（2）筛机正常运转的直观标志为纵向振动平稳，无横向摆动，声响均匀、有节奏。在筛机任一部位所观察到的振动轨迹均为一接近椭圆的轨迹。

1）空车不能启动，筛孔仅微振，而无振幅值。

a. 原因：

(a) 传动三角皮带过松。

(b) 橡胶缓冲器上间隙值过大。

(c) 振动频率不够。

(d) 偏心比重不够。

b. 处理：

(a) 适当调整三角皮带的松紧程度。

(b) 检查调整间隙值为4～8mm。

(c) 核对电动机转速，适当改变三角皮带轮的直径，以改变传动比，增大振动频率。

(d) 增加两侧皮带轮的配重。

2) 筛机振动不稳，出现左右摆动，振动轨迹呈椭圆状。

a. 原因：

(a) 振动频率过高，超出共振区。

(b) 上间隙值过小。

(c) 振幅值偏高。

(d) 左右两侧上间隙值不等。

(e) 上下橡胶缓冲器的硬度分布不均且相差较大。

(f) 四组支承弹簧安装受力不均。

b. 处理：

(a) 可减小频率，即改变皮带轮直径配比。

(b) 减小调整垫片组的厚度，增大间隙值。

(c) 增大上间隙值即可使振幅值降低。

(d) 检查调整两侧间隙均匀、相等。

(e) 检查橡胶缓冲器的硬度并调整均匀，硬度较大者可安装在下部位置。

(f) 检查调整四组支承螺旋弹簧。

3) 撞击声响不均、有噪声、无节奏感。

a. 原因：

(a) 橡胶缓冲器受撞击负荷过大，超过其允许刚度。

(b) 橡胶缓冲器元件表面有较大裂纹、部分脱落和严重老化。

(c) 四组支承弹簧安装不平、受力不均。

(d) 筛网的压紧及张紧装置摆动。

(e) 橡胶缓冲器连接钢板开裂或四角断裂。

b. 处理：

(a) 改变上间隙值或附加配重，降低振动频率或振幅。

(b) 更换新件。

(c) 调整垫片。

(d) 检查拧紧木销或紧固拉紧螺钉及中部螺栓。

(e) 检查、更换新件。

(五) 振动筛

振动筛的型式有偏心振动筛、惯性振动筛、自定中心振动筛和直线振动筛四种。

1. 偏心振动筛

偏心振动筛的工作原理：电动机通过三角皮带带动偏心轴旋转，由于轴颈的偏转运动，筛框产生振动，迫使筛网上的煤跳动，完成筛分。偏心轴上装有飞轮，飞轮上有配重量，用以平衡偏心载荷，偏心距 $e=1.5\sim3$mm，转数 $n=850\sim1000$r/min，筛网倾斜布置，倾斜角为 15°～30°。由于此种筛型对基础的动载荷大，现已很少采用。

2. 惯性振动筛

惯性振动筛的工作原理：筛板被弹簧支承在底座上，装有不平衡器的筛轴通过轴承和轴承座架设在筛板上，这样筛轴旋转时，不平衡器产生离心力迫使装在弹簧上的筛板振荡，使煤在筛板上摇晃，完成筛分。该筛型转数 $n=1000\sim1500$r/min，对基础的动载荷也较大，现在已很少使用。

3. 自定中心振动筛

自定中心振动筛的工作原理：它由驱动机构、挠性吊架和活动筛箱三部分组成。挠性吊架为弹性拉杆，将筛子悬吊在楼板梁上或专门构架上，或用弹簧支座支承在楼板上。筛网装在活动筛箱内，工作时筛箱按垂直平面内的闭合轨迹作纵向振动，物料在筛网各点的纵向振动作用下向前运动，同时被筛分。驱动机构系电动机通过三角皮带传动偏心轴，轴上装有偏心套筒，改变轴与套筒偏心的相对位置，可得到不同的合成偏心度，当轴与套筒的偏心在同一方向时，其偏心为两偏心之和；反之，则为两偏心之差。筛箱受到旋转偏心的作用而振动。偏心轴上套有两个可调节的偏心轮，用以平衡偏心作用力，减少电动机的振动。

自定中心振动筛结构较为轻巧，能达到一定的筛分效率，曾在一些工厂中使用，在苏联曾被当作主要的筛型用于电厂。但由于对建筑物的动载荷较大，且筛网较易堵塞，近年来已逐步淘汰。

4. 直线振动筛

直线振动筛的工作原理：它有一个双旋转偏心轴相对转动，而且只在两个方向产生激振力，使筛网沿 45°方向作直线振动来完成筛分。我国生产的 2SZ 型即为双层筛网的直线振动筛，用于洗煤厂中脱水，效果良好，也可用于电厂筛分原煤，但需改变筛孔尺寸。

5. 振动筛的筛分量计算

（1）振动筛的筛分量计算公式为

$$Q=\frac{100-\eta_s}{7.5}\times1.67a\times0.95B_0L\rho$$

式中 Q——筛分量，mm；

a——筛孔尺寸，mm；

L——筛网有效长度，m；

B_0——筛网有效宽度，m；

ρ——物料堆积密度，t/m^3；

η_s——筛分效率，%。

（2）振动筛的振幅计算公式为

$$\lambda=0.15a+1$$

式中 λ——振幅，mm；

a——筛孔尺寸，mm。

（3）振动筛的频率计算公式为

$$n\geqslant\frac{1800}{\lambda}\times0.8$$

式中 n——振动频率，次/min。

（六）滚轴筛

过去使用的滚轴筛一般为倾斜布置，其倾角为12°～15°。由电动机通过减速器带动筛轴，各轴之间为链条传动，筛盘按一定间距排列在筛轴上。筛轴与筛盘有整体式的，也有套装式的。筛盘有三角形的，也有偏心圆盘形的。

新型的GS系列滚轴筛采用水平安装，传动系统使用了联轴器和伞形齿轮，是利用多轴旋转推移物料前进，并同时进行筛分的一种机械。

1. 筛分原理

滚轴筛的工作机构是由电动机经减速器带动许多平行排列的筛轴，各轴用链条传动按同一方向同时旋转，使物料沿筛面向前运动，同时搅动物料，小于筛孔间隙的颗粒受自重及筛轴的旋转力作用，透过筛轴间的缝隙落下，大于筛孔的颗粒留在筛面上继续向前运动，并落入破碎机，以达到筛分的目的。

2. 主要结构

滚轴沿一倾斜面平行安装在筛架上，倾斜角一般为12°～15°。筛轴上按一定间隔排列筛盘，筛盘形状为三角盘的称为三角盘滚轴筛，筛盘形状为偏心圆盘的称为偏心圆盘滚轴筛。三角盘滚轴筛常发生卡轴现象，很可能将筛轴卡弯或将链条拉断。若坚硬的物块卡入筛孔间隙，会使效率降低。由于要经常清理，使筛子无法封闭，因此现已不再使用。偏心圆盘滚轴筛在运行中无卡轴现象，筛分效果也较好。

GS系列滚轴筛由传动机构和筛机本体两部分组成。传动机构由调速电动机、安全离合器（运载联轴器，起过载保护作用）、减速器及长伞齿轮减速箱组成。筛体中的多节纵向轴和伞形轮被密封在箱体中，润滑条件良好。筛机本体由筛框、筛轴、筛盘组成。筛盘分为指形筛盘和梅花筛盘，套装在筛轴上，筛盘为铸钢件，磨损后可单独更换；筛轴每三根为一组，一端支撑在装有橡胶密封圈的轴承上，筛轴的另一端有与多节纵向轴上的伞齿轮相啮合的齿轮，用来带动筛轴运转，整个传动装置和筛轴装在牢固的筛框架底座上，整体性较好，便于运输及安装，占地面积较小。

3. 筛分量的计算

滚轴筛的全筛分量 Q（t/h）按下式计算，即

$$Q=q_0F$$

式中 F——筛网面积，m^2

q_0——单位面积小时筛分量（见表8-2），$t/(m^2h)$。

表8-2 单位面积小时筛分量

筛孔尺寸（mm）	50	75	100	125
q_0[$t/(m^2h)$]	40～50	60～65	75～80	100～110

4. 运行与维护

筛机安装在输煤系统上，可与系统连锁运行。启动时，先启动筛机，后启动带式输送机；停运时，先停带式输运机，后停筛机。每次停止前，必须待筛面上没有物料后再停机，不允许带负荷启动筛机。

新装或大修后接通电源应点动启动，正常后方可连续运转，连续运转需 2h 以上，检查转动部分是否灵活，轴承温升是否正常。

筛机投入运行后，要定期观察运行情况，定期更换润滑油，使润滑部件保持良好的润滑。减速器内注 20 号或 50 号机油，油位可通过减速器端部的油窗观察到，在油窗中间为宜，但必须保证减速器内部伞齿轮的外径浸入油池内 10～15mm，筛轴另一端的独立轴承座内的轴承采用润滑脂润滑。

更换筛盘时首先拆除上筛箱，并将独立侧滚轴座的固定螺栓卸下，然后再将过载联轴器的 4 个剪断螺钉卸下，取下筛轴之后再更换筛盘。在安装筛轴时，要注意筛轴上联轴器内的轴承与减速器上的轴套对中后再连接，否则会使滚柱变位、损害。

当滚轴筛因铁、木等杂物卡住时，筛机减速器之间装有过载保护装置——安全离合器，当超过允许扭矩时，过载联轴器上的剪断螺钉即被截断，筛盘即停止转动。此时在联轴器的侧面装有筛轴停转指示器，通知运行人员或自动停机。GS 系列滚轴筛采用圆柱齿轮减速器，电动机与减速器直接连接，电动机的保护采用过热继电保护。

（七）概率筛

概率筛是近年来发展起来的一种新型筛机，国外称为摩根森筛，是瑞典人摩根森首先提出来的。概率筛在原理和结构上与普通筛分机械有明显不同。这种筛机十分明显并有效地按照概率理论去完成物料的整个筛分过程，在结构上它采用了多层（一般为 3～6 层）、大倾角（一般为 30°～60°）和筛孔尺寸较大（筛孔尺寸与分离粒度之比一般为 2～10 倍）的筛面。由于结构和工作原理上的特殊性，这种筛机具有单位面积产量大、体积小、质量轻、占地面积较少、金属消耗量低、筛网不易发生堵塞、安装方便、隔振性好、噪声较振动筛低、密封性好、防尘严密、粉尘小以及消耗功率小等优点。由于概率筛具有以上优点，在国外曾称概率筛为 20 世纪 70 年代筛分技术发展的标志。近十几年来，在我国概率筛已在许多部门得到了应用，自从 1980 年北京高井电厂开始试用概率筛后，西固电厂、梅溪电厂也先后安装了概率筛。但是，概率筛筛面层数多，较其他型筛机高度大；由于用筛孔尺寸大于物料分级粒度的尺寸，不可避免有些大于分级粒度的物料混入筛下，因此概率筛的筛分过程属于近似筛分。在火力发电厂中，输煤系统的筛分过程对筛分的分级要求并不高，完全可满足目前电厂的要求，与其他新产品一样，概率筛也需要在生产实践中不断总结、改进和提高。

1. 筛分原理

为了使物料在筛面上实现筛分，就必须保证物料与筛面之间有相对运动，相对运动的形式有跳动和滑动两种。在每次跳动和滑动过程中，将有部分细小颗粒物料以极快的速度透过筛孔成为筛下物，大颗粒成为筛上物分离出来，而每次透过筛孔的百分率则称为某一级别煤的透筛概率。例如，相对粒度 $X=d/D$（d 为煤颗粒尺寸，D 为筛孔尺寸）的物料，质量为 1，如果在每次相对运动时透过筛孔的质量为 20%，则该级别筛的概率就为 20%。相对粒度越小，透筛概率越高。颗粒尺寸小说明细小颗粒容易透过筛孔，而与筛孔尺寸接近或比筛孔大的煤不易透过筛孔，这就是用概率原理进行筛分的基本原理。

概率筛是依靠某种形式的激振器（最常见的是自同步式惯性激振器），使装有多层、大倾角筛面的筛箱实现定向振动，目前我国已生产了 ZGS 系列自同步概率筛。这种筛机是由两台振动电动机反向旋转，由电动机两端的偏心质量产生的不平衡力（惯性力）驱使筛机按一定方向作往复振动，由于振动电动机直接圈定在筛机体上，中间不通过弹性元件连接，从而构成单质点强迫振动系统，筛机处于远离共振区状态下工作，因此筛机对负荷变化不敏感，运转平稳，产生的不平衡力相互叠加和抵消，使筛机作直线往复振动，构成筛机直线振动轨迹。当物料由筛机入口落入第一层筛面时，颗粒大小不同的混合物料将在筛面上作连续跳动，在每次跳动过程中，将有部分细级物料颗粒透过筛孔落到下一层筛面上，大于第一层筛面孔距的大颗粒物料在筛面的振动下加速了分离作用，余下的中、小粒度物料以同样道理被第二层、第三层筛面重新分离。因此，最下层筛面下方排出的最细级物料为合格产品，由下而上自各层筛面上排出的物料逐渐变粗，同时进入破碎机。概率筛较好的筛分结果，在筛面长度不大和宽度较小的条件下能迅速完成筛分任务，是有着它的一系列理论根据的，简言之，自同步概率筛是利用概率论与无强迫联系的自同步原理去完成物料的整个筛分过程的。

2. 结构组成特点

概率筛在结构上与普通振动筛的主要区别是它采用了大倾角、大筛孔和多层筛网。一般根据煤的颗粒组成来确定筛网的层数（常见的为3层和6层）和筛孔尺寸，自上而下筛网上的筛孔尺寸逐层减小，筛面倾角则逐层增大。概率筛的结构组成较简单，其驱动方式是强迫定向振动，振动源是一个自同步的振动电动机，激振力大，振幅稳定，即使在煤流不畅和筛内积煤的情况下，仍能保持正常的振幅度。

概率筛主要由减振系统和筛机体两大部分组成，即两台振动电动机、筛箱、筛条（网）和减振弹簧系统等。电动机、筛箱、减振弹簧系统只要有足够的功率、强度和刚度就可以了，对筛分效率、筛分能力和筛分质量都无直接影响，而组成筛板和筛条的选型都直接关系到筛分效率和可靠性。

（1）减振系统。ZGS系列自同步概率筛采用吊挂减振系统，由减振弹簧、索具螺旋扣调节装置和钢丝绳索通过绳夹把筛机体吊在支架上，弹簧起减振作用。

（2）筛机体。筛机体由两台振动电动机、筛箱和筛条（网板）等组成。

1）振动电动机是筛机的振动源。两台电动机的特性必须一致，要求转动灵活，与筛箱上的底座连接要牢固。

2）筛箱是筛机的主要受力和工作部件，由侧板、顶板、加强筋和加固横梁等构成，采用焊接结构。为提高筛机的使用寿命，在筛箱侧板上嵌有$e=10\sim14$mm的耐磨橡胶板，筛箱与落煤管之间用尼龙帆布和螺丝连接，利于振动和防尘。

3）筛条（网板）是筛机的主要易损部件。一般可分3～6层，筛条用圆钢制作，采用圆钢做筛条结构简单，维修、更换方便。

三、筛分设备的特点比较

目前国内燃煤电厂所使用的筛分设备品种较多，主要有固定筛、振动筛、概率筛、滚轴筛、链条筛和惯性筛等。

（一）筛分设备优缺点比较

1. 固定筛

优点：结构简单、坚固，制造容易，不耗用动力，造价便宜，安装方便，工作较可靠。

缺点：占用空间较大，单位面积生产能力低，筛分效率低（只有15%～30%），煤含水分大、杂物多时容易堵筛。

2. 振动筛

优点：结构较为简单，工作较可靠，如果两级振动筛串联使用，可达到较大出力。

缺点：基础的动载荷较大，单位面积的生产能力较低，分离的程度与筛孔的尺寸相接近，煤含水分大时易堵塞，上干煤时密封不好，粉尘飞扬严重。

3. 滚筒筛

优点：结构简单，运行平稳，使用可靠，维修工作量小，安装方便，筛分效率较高，一般在 80%左右。

缺点：水分大时有堵煤现象，运行中响声较大，筛分量小，单位面积的生产能力较低。

4. 滚轴筛

优点：对煤种的适应性较好，运行平稳，无噪声，筛分效率高，不易堵塞，生产能力较高。

缺点：质量大，消耗钢材多，有时出现卡轴甚至断裂现象。

5. 共振筛

优点：效率高，单位面积出力大，消耗能量低，传动机构受力小，筛面可以做得很大，能达到较高的筛分量，结构紧凑，质量轻，对基础的载荷较小。

缺点：弹簧运行不可靠，橡胶弹簧易受热变形，螺旋弹簧易断裂，有时粒度较大的煤易堵塞筛网，噪声大（筛附近一般都大于 90dB），粉尘飞扬现象较严重，检修工作量大。

6. 概率筛

优点：透筛性好，生产能力高（一般为 400～500t/h），筛分效率高（平均为 90%），运行稳定，结构简单紧凑，对煤的水分、颗粒组成不敏感，金属与功率消耗小，便于安装，密封防尘效果好，维护量小，筛孔尺寸与筛分粒度之比一般为 2～10。

缺点：是一个近似的筛分，有时发生堵塞现象，由于材质问题也发生断轴、电动机地脚螺丝和地脚板振裂等事故。

（二）筛分设备在布置中注意事项

对筛分设备总的要求是筛煤机的筛分量应不小于输煤系统的运输量，为简化布置和降低造价，应力求避免在一路系统中配置两台以上的筛煤机。在布置中应注意下列问题：

（1）为使筛分设备安全运行，出力过高容易将筛煤机筛网堵塞，筛分效率降低，特别是共振筛，煤集中涌入容易压住筛子，使之振不起来而造成事故。

（2）在筛分设备前布置给煤设备时，应力求使煤沿设备的宽度方向均匀分布，避免给煤偏移。若给煤设备不能正对筛分设备中心给煤时，可加固煤板调节，以提高筛分效率。特别是共振筛，给煤过于偏移，使振动系统的质量分布不均，容易造成共振失调，甚至无法运行。

（3）应力求使煤流进入筛分设备的方向与煤在设备内的前进方向一致（顺向）或相反（逆向），避免横向布置。采用共振筛时，给煤方向应是顺向，采用固定筛时逆向给煤比顺向给煤的筛分效率高。

（4）为延长筛网寿命，应避免给煤落差过高和煤流高速直接冲击筛网，特别是编织型的筛网，受到煤流高速冲击时筛网损坏很快。

（5）筛分设备应有密封防尘设施。共振筛的密封设施重量不能支承在筛框上，造成共振失调。密封设施不能妨碍共振筛的振动。

四、常用的筛分机型介绍

（一）滚轴筛煤机

目前大中型火力发电厂较多采用的滚轴筛是沈阳电站辅机厂生产的一种较新型的GS系列滚轴筛。

该种滚轴筛煤机对煤的适应性广，尤其对高水分的褐煤更具有优越性，不易堵塞。它具有结构简单、运行平稳、振动小、噪声低、粉尘少、出力大的特点。若需改变筛分粒度及筛分量大小时，只需把筛轴上梅花形筛片的距离及大小进行适当更换即可。

1. 工作原理

GS系列滚轴筛煤机是利用多轴旋转推动物料前移，并同时进行筛分的一种机械。它由电动机经减速器减速后，通过传动轴上的伞齿轮分别传动各个筛轴，其筛轴的转数为95r/min，并且可以根据用户需要，在滚轴筛入口端增装电动挡板，煤流既可以经筛面筛分，又可以经旁路通过，其结构如图8-1所示。

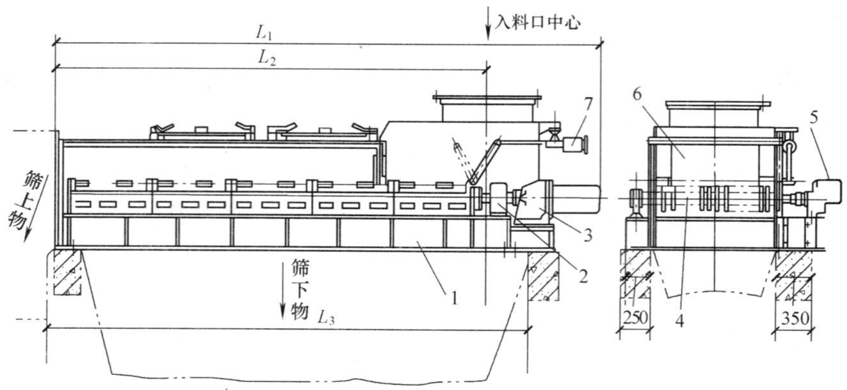

图8-1 GSP系列滚轴筛结构简图

1—底座；2—十字滑块联轴器罩；3—圆柱齿轮减速机（带电动机）；
4—筛轴；5—减速器（轴承齿轮箱）；6—切换挡板；7—电动推杆

2. 结构特点

（1）每根筛轴上均装有数片耐磨性梅花形筛片，相临两筛轴上的筛片位置交错排列形成滚动筛面。

（2）筛轴与减速器用过载联轴器连接，起过载保护作用，又便于维修。

（3）前六根轴的下端设有清理筛孔的装置，无论筛分含有多大水分的煤料，筛分过程中均不易产生堵筛现象。

（4）筛箱两侧均用活动插板连接，当更换筛片时，只需拆下筛轴两端的活动插板就可以顺利地抽出筛轴，便于维护和检修。

（5）减速器由铸铁外壳及传动部分组成，每三根轴为一组。减速器可以串联成6、9、12、15轴和18轴滚轴筛，符合产品的系列化和通用化要求。

（6）电动机与减速机同轴传动，安装在同一个底座上，整体性好，占地面积小，便于运输及安装。

3. 主要技术参数

目前 GS 系列滚轴筛煤机有三种规格的筛面宽度，即 1000、1400、1800mm，出力分别为 630、1000、1500t/h。另有带旁路用电动推杆进行切换的三种型号用 GSP 表示，筛面宽度及出力与 GS 型相同。

4. 运行维护及一般故障处理

（1）运行维护。

1）启动前，检查筛轴底座、主电动机减速器、轴承齿轮箱各地脚螺栓齐全、紧固。拆下圆柱齿轮减速器的油位塞，检查油面高度是否满足要求。如果 26 号双曲线齿轮油从油位塞孔溢出，拧上油位塞即可；反之将同牌号的齿轮油补充加入，使油面高度符合正常要求。

2）启动时，应先启动筛煤机，后启动皮带机；停机时，应先停止皮带机，待筛煤机筛面上的物料走完后再停机。连锁运行，坚持同样原则。

3）不允许带负荷启动。

4）筛机投入运行后，要监视并检查运行工况，例如电动机的电流、轴承部分的温度，以及振动、响声、接合面的严密性、连接螺栓的紧固等。

（2）一般故障处理。

1）圆柱齿轮减速器的电动机与减速机直接相连，电动机的保护采用过热继电保护。

2）筛机与轴承齿轮箱有过载保护装置，当筛轴因被铁件、木块等杂物卡住超过允许扭矩时，联轴器上的过载保护螺钉即被剪断，筛轴停止转动，起到保护机械的作用。

3）主要易损件有筛片及过载保护螺钉。如它们被剪断，应查清故障原因并及时排除，之后更换筛片或螺钉。

4）运行中电流、响声、温度如有异常，则应停机处理。

（二）概率筛煤机

概率筛煤机运用概率统计原理，采用了大筛孔、大倾角的多层筛网。该型筛的优点是占用空间小、结构简单、电耗小、质量轻，设计、制造简单易行，安装、维修方便等。该产品已经定型，分直线振动型和惯性共振型两个系列共计九种规格的产品。它适用于大中型火力发电厂输煤系统筛分原煤，是一种具有高效率、大生产能力的新型筛分机械。

1. 筛分原理

随着筛网的机械振动，物料与筛网之间呈跳动和滑动两种相对运动形式。在每次跳动和滑动过程中，将有部分细小颗粒物料以很快的速度穿过筛孔成为筛下物，大颗粒成为筛上物被分离出来。每次穿过筛孔的百分数称为某一级别煤的穿筛概率，例如：相对粒度 $x=dD$（d 为煤颗粒尺寸，D 为筛孔尺寸）的物料，质量为 1，如果在每次相对运动时穿过筛孔的质量为 20%，则该级别的穿筛概率就为 20%。假设还有一部分细颗粒的煤垂直落到筛面上时，颗粒不与筛丝相碰就能通过筛孔。所以总穿筛概率应为可能通过的筛孔面积与筛面总面积之比

$$C_{xo}=\frac{(D-d+\psi\delta)^2}{(D+\delta)^2}$$

$$=\frac{(1-d/D+\psi d/D)^2}{(1+\delta/D)^2}$$

式中 C_{xo}——穿筛概率；

ψ——碰筛丝穿筛系数；

δ——筛丝直径；

d——煤颗粒尺寸；

D——筛孔尺寸。

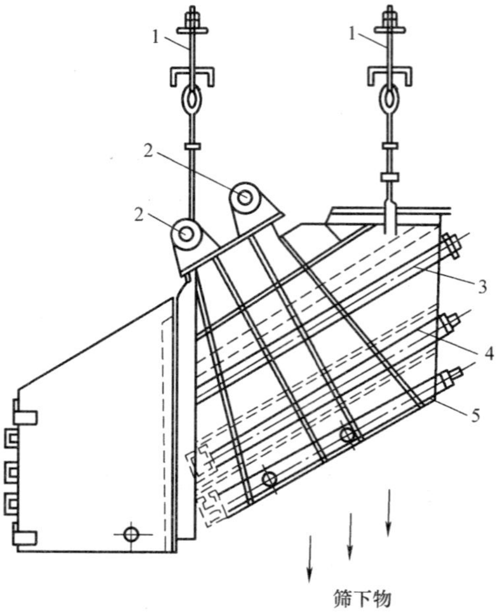

图 8-2 惯性共振概率筛示意图

1—吊架；2—振动电动机；3—第一层筛网；4—第二层筛网；5—第三层筛网

由上述公式可以看出，相对粒度越小，穿筛概率越高。颗粒尺寸小的煤容易穿过筛孔，而与筛孔尺寸接近或比筛孔大的煤不易穿过筛孔，这就是采用概率原理进行筛分的基本原理。

2. 结构组成特点

概率筛煤机运用大筛孔、大倾角和分层筛网；一般根据煤的颗粒组成来确定筛网的层数（常见的为3～6层）和筛孔尺寸，自上而下，筛孔尺寸逐层减小，筛面倾角逐层加大。其驱动方式是强迫定向振动，采用双质体振动系统，在近共振状态下工作。其动力主要是利用两台振动同步电动机做振源，振幅大，不堵筛，对物料适应性强；主振动弹簧选用剪切橡胶弹簧，设备噪声低、寿命长；机壳密封性好，环境污染小；工作频率为隔振系统固有频率的3倍，有良好的隔振效果；筛机运行轨迹是接近于直线的椭圆，工作平稳。对于电厂输煤系统，该筛型是目前比较理想的大型筛分机械，如图8-2所示。

第二节 碎煤设备

在火力发电厂中无论是层燃锅炉，还是煤粉锅炉，对原煤的颗粒均有一定要求。在小容量发电厂的层燃锅炉中，必须先将大块原煤破碎成一定粒度后，采用人工或机械方法送入炉膛内炉箅上燃烧，而在大、中容量发电厂的煤粉锅炉中，也必须将原煤破碎成一定粒度后进入磨煤机制粉，再用风力送入炉膛内空间燃烧，而从煤矿来的原煤粒度大多不符合锅炉的要求，所以将大块原煤破碎成合格粒度的任务就由碎煤机来完成。

原煤破碎过程就是用机械力克服或破坏物料内部的结合力，变大块为小块的过程。原煤破碎的原理大致有下列几种：

击碎：一个运动物体受到另一个运动物体激烈、持续的打击和冲击作用而破碎，力量来自转动元件和物料的质量。

压碎：物料受到超过挤压强度极限的挤压力作用而破碎，即煤在两个表面物之间被碾碎。

折碎：物料相当于在几个支点上作用着一些集中力，外力超过弯曲强度极限后使物料折断而破碎，或用工作面的尖角将物料劈碎。

剪碎：物料受到的剪应力超过剪切强度极限后被破碎。

上述每一种基本原理都有它的特点，把几种原理准确地结合起来，就能够产生最好的破碎效果。任何一种破碎机都是以上述一种或两种为主要的破碎方法，甚至兼有第三种、第四种破碎方法，如环锤式破碎机是击碎后又有压碎和剪碎等几种方法存在的破碎机。

物料的破碎程度用破碎比 i 表示，破碎比是破碎前和破碎后尺寸的比值，即

$$i=\frac{D}{d}$$

式中 D、d——破碎前、后物料的平均尺寸。

电厂燃煤破碎以后的粒度对于锅炉磨煤机的磨煤过程和干燥程度以及运行可靠性、经济性有很大影响。原煤的块粒度过大会降低磨煤机的出力，增加磨煤的耗电量，以及增加磨煤机的磨损和磨煤的金属消耗。

一、锤击式碎煤机

锤击式碎煤机是冲击式破碎机的一种形式，主要是利用锤头冲击碎煤。锤击式碎煤机有单转子和双转子之分，单转子又分为可逆式与不可逆式两种。所谓不可逆式就是冲走筛板置于转子旋转方向的位置上，进入机内的物料随着转子旋转方向冲击到板上时而被击碎。锤头的排列有单排、双排和多排之分。在火力发电厂输煤系统中采用的均为单转子锤击式碎煤机。锤击式碎煤机允许物料所含水分不大于15%。

（一）锤击式碎煤机的工作原理

高速旋转的锤头由于离心力的作用呈放射状，当煤切向进入机内时，一部分煤块在高速旋转的锤头打击下被击碎，另一部分则是锤头所产生的冲击力传给煤块后，煤块在冲击力的作用下被打到机体的冲击板上再被击碎，而后在锤头与筛板之间被研磨成所需要的粒度，由筛板上的栅孔落下。综上所述，锤击式碎煤机的工作过程有研磨、剪切、挤压等过程，这些是在锤头轨迹与筛板之间的间隙中完成的。

（二）结构与特点

1. 结构组成及作用

锤击式碎煤机主要由转子、筛板和机体组成。

（1）转子部分。

转子由主轴、摇臂、圆盘、锤头、隔套、销轴等组成。主轴是由高强度的合金钢或碳钢制成的，轴上用平键配合有数排交叉对称的摇臂，其中间用隔套隔开，两侧用圆盘固定，在摇臂和圆盘上开有销孔，销轴在其中穿过，并且挂有数排活动的锤头。有的锤头之间用垫圈相隔，锤头质量一般为3～15kg，有的更大一些，甚至达37.8kg。锤头的重量大，动能就大，破碎的能力也大。

（2）筛板。

筛板一般采用强度较高的钢板开孔或铸造而成，固定在托架上，通过调节装置可使其上下摆动。筛板厚度为10～25mm，有的甚至更厚一些，其作用是与锤头的运动轨迹形成一定的间隙，使煤在这些空隙承受挤压、剪切和研磨作用，当粒度达到要求时，从筛板栅孔中落下，所以锤头与筛板之间的间隙决定了破碎的粒度，这个间隙可以利用筛板调节装置进行

调节。

（3）机体部分。

机体部分由机盖壳和机座组成，两者用螺栓连接，机体的前后开有检查门，左右两侧开有检查孔，用来检查检修机壳内部转子上的锤头或清除存积的杂物，但在机器运转时严禁打开检查门孔。

机体上部有物料进口，下部有落料口与落煤管相连接。为了消除碎煤机内部的磨损，在其内部一般装有各种几何形状的护板，如波浪形、圆弧形等，用锰钢铸造或采用耐磨铸铁，有的就采用普通钢板。

2. 锤击式碎煤机的特点

锤击式碎煤机具有结构紧凑、简单，采用锤头，设计出力较大，而且耗电量小，破碎能力比较大等优点，但锤头与筛板容易磨损，维修工作量大，特别是当破碎高水分和黏度较大的煤时，筛板容易堵塞，所以这种破碎机适用于破碎硬度和水分较小的煤种。为了消除上述筛板的堵塞现象，有的碎煤机将筛板去掉一部分或全部。但去掉筛板后，破碎的粒度变大，质量变差。

3. 转子转速、破碎量、功率的计算

（1）转子转速即锤头外缘速度的计算。

锤击式破碎机对物料的破碎主要通过高速回转的锤头所产生的动能来完成。此动能按下式确定，即

$$v=\frac{\sqrt{E}}{m}\times\sqrt{2}$$

式中 E——在转速一定时，锤头具有的动能，J；

m——锤头质量，kg；

v——转子的线速度，m/s。

从上式中可以看出，锤头的质量与速度有一定关系。也就是说，当需要的破碎量一定时，锤头的质量与速度成反比，即采用较轻质量的锤头时，锤头个数较多且转速快，一般对轻锤头，其 v 值取 25～60m/s；采用大质量锤头时，锤头个数少，速度慢些，通常 v 值取 15.45m/s。当转速一定时，锤头的质量越大，其动能也越大，破碎能力也越强。锤头的质量大小应根据被破碎的物料块度和硬度选择，对于块度为 100～300mm 的煤块，通常采用锤头质量为 3～15kg；对于块度在 800mm 以下的煤块，采用 30kg 以下的锤头；质量超过 80kg 的重型锤头用于块度很大的坚硬矿石。

（2）破碎量的近似计算。

公式为

$$Q=\frac{KLD^2n^2\rho_0}{(i-1)\times3600}$$

式中 K——考虑破碎机构造形式和物料硬度的系数，取值范围为 0.12～0.22；

L——转子长度，m；

D——转子旋转时外缘直径，m；

n——转子转速，r/min；

i——破碎比；

ρ_0——物料的堆积密度，t/m³。

(3) 破碎机功率的经验公式。

1) 电动机功率计算公式为

$$P=(0.1\sim0.15)D^2Lnk$$

式中 L——转子工作部分的长度，m；

D——转子直径，m；

n——转子转速，r/min；

k——过载系数，取值范围为1.15～1.35。

2) 单位耗电量计算公式为

$$E=\frac{1.4}{K_0}\ln\frac{R'}{R}K_x$$

式中 K_0——煤的可磨性系数；

R'——破碎后在筛孔为5mm的筛算上的剩余量，%；

R——破碎前在筛孔为5mm的筛算上的剩余量，%；

K_x——破碎机空转时的耗电系数，经验数字为1.12～1.14。

4. 运行、维护及检修

(1) 运行规定

在碎煤机启动前，首先要对电气部分进行检查，电动机地脚螺丝应牢固；然后检查轴承座及机体内部的护板螺丝应无松动现象，及时清理机内的杂物不要有堵塞；检查锤头完好无缺，筛板与锤头之间的间隙应符合要求，如果间隙较大或较小，应及时利用调节器调整，锤头、筛板和护板磨损严重时应及时更换。检查完后，关好检查门孔，启动后倾听内部有无异常声音。

在运行中应特别注意以下问题：

1) 运行中经常监视电动机的电流变化，不得超过额定电流，电动机温度不得超过要求值。

2) 通过碎煤机的煤量不得超过额定出力，不得带负荷启动，一定要在达到额定转速后方可施加载荷工作。

3) 运行中要注意轴承的温度不超过80℃，每隔3个月注油一次，每年最少清洗1～2次，全部换注新油，一般为二硫化钼锂基脂。

4) 经常注意运行中的不正常声响，碎煤过程中不得带入较大金属块、木块等杂物。当发现机内部有撞击声和摩擦声时，应停机检查。

5) 经常检查、测定机组的振动情况，最大振动值不得超过1.0mm，正常运行时小于0.7mm；

6) 给料要均匀，应布满整个转子，并在使用中经常检查破碎后的产品粒度是否符合要求。如果不符合，应及时查明原因。

7) 注意煤种变化，如果原煤比重小、块煤多、黏度大，给煤量应适当减少。

8) 不能随意增加转子的转速，停机后注意惰走时间，另外转子转动的过程中不得进行任何维护工作。

（2）检修工艺要求。

当锤头严重磨损、断裂、销轴磨损超过2mm时，才应进行更换。取出需更换的锤头，换上去的新锤头与旧锤头的原有质量必须相等，质量大时用气割去掉，质量小时用堆焊补上；销轴两端用螺栓和垫圈固定，再用电焊点死在圆盘上，以防止销轴自身旋转而发生窜轴。

符合要求的锤头、垫圈、销轴结合面应打磨干净，分为六组，其中三组为一个类型，另外三组为另一个类型，称出每一组的总质量（包括销轴），以锤头数量相等的三组之间作比较，每组之间的质量相差不大于0.5kg。组装时，两个摇臂之间的锤头和垫片应有间隙，锤头活动应灵活，锤头与销轴之间应留有1～2mm的间隙，护板与锤头工作直径之间应有不小于10mm的间隙，筛板与锤头工作直径之间的间隙一般为25mm左右。护板不应有任何损坏现象，磨损超过2/3时应进行更换。碎煤机转子部分检修完毕必须找平衡。

5. 一般故障及处理

锤击式碎煤机的一般故障原因分析及处理方法大致有以下几点：

（1）轴承温度超过80℃。

1）轴承滚珠保持架或锁套损坏，应更换轴承或锁套。

2）润滑脂污秽，清洗轴承，应换新油脂。

3）滚动轴承游隙过小，应更换大游隙轴承。

4）润滑脂不足，应补充填注润滑油。

（2）破碎产物不符合要求，粒度过大。

1）筛板栅孔有折断处，应更换筛板。

2）锤头工作直径与筛板之间的间隙过大，应调整间隙。

3）锤头与筛板磨损过大，应更换锤头或筛板。

（3）碎煤机振动值超过1mm。

1）锤头折断或脱落，转子失去平衡，应更换锤头或找平衡。

2）轴承在轴承座内间隙过大，应重新调整。

3）联轴器与主轴、电动机轴安装不紧密，同心度偏差过大，应重新调整、找中心。

4）给料不均，造成锤头磨损不均匀，使转子失去平衡，应调整给料装置，重新调换锤头180°，再找平衡。

（4）机内有异常响声。

1）不易破碎的杂物进入机内，应及时停机清理杂物。

2）筛板等零部件松动，锤头打击其上，应迅速停机检查，并紧固螺丝。

3）筛板与锤头之间的间隙过小，应停机检查调整间隙。

（5）破碎量明显降低。

1）给料不均匀，应调整给料。

2）筛格栅孔堵塞，应停机清理筛板栅孔，检查煤的含水、含粉量情况。

3）入料口堵塞，应停机清理入料口。

4）锤头磨损过大，动能不足，效率低，应更换锤头。

（6）启动后机械部分转动缓慢或不转，电流表指最大值而不返回。

1）机内有杂物，应停机清理。

2）煤堵塞机内或载荷过大，应立即停机下落筛格板进行清理或空负荷启动。

（7）停机后惰走时间较短。

1）转子不平衡，应进行找平衡。

2）轴承损坏，应更换轴承。

（8）电流表指示电流摆动。

主要可能是给料不均匀，应调整给料。

二、环锤式碎煤机

（一）环锤式碎煤机结构及工作原理

某发电厂输煤系统安装有两台 HCSC12 环锤式碎煤机，位于碎煤机室内，由山西省电力公司电力设备厂设计、制造。

HCSC12 型号的意义为："HC"代表环锤式"环、锤"的拼音首字；"S"代表碎煤机"碎"的拼音首字；"C"代表超重型"超"的拼音首字；"12"代表的是生产率，为 1200t/h 的出力。

1. 工作原理

环锤式碎煤机主要是利用悬挂于旋转转子上的环锤对原煤进行破碎，当原煤进入破碎室后，首先受到旋转的环锤冲击作用而初次破碎，初碎后的原煤同时从环锤上获得动能，高速地冲向反击板，进行二次破碎，然后落到筛板上，进一步受到环锤剪切、撞击、挤压、滚碾和研磨，从而破碎到所需粒度，从筛板的筛孔落下进入下游皮带机，少量不能被破碎的杂物在环锤离心力的作用下，进拨料板被抛向除铁室，定期清除。

2. 结构

环锤式碎煤机采用交流电动机，通过限矩型液力耦合器与碎煤机连接，传动简单，运行可靠，对碎煤机起安全保护作用。碎煤机主要由后机盖、中间机体、转子部分、液压系统、前机盖、下机体、筛板架组件、调节机构。八大部分组成，见图 8-3。其中下机体、中间机体、前机盖及后机盖都采用不同厚度的钢板焊接而成，机体内壁固定有高锰钢铸造的耐磨衬板。

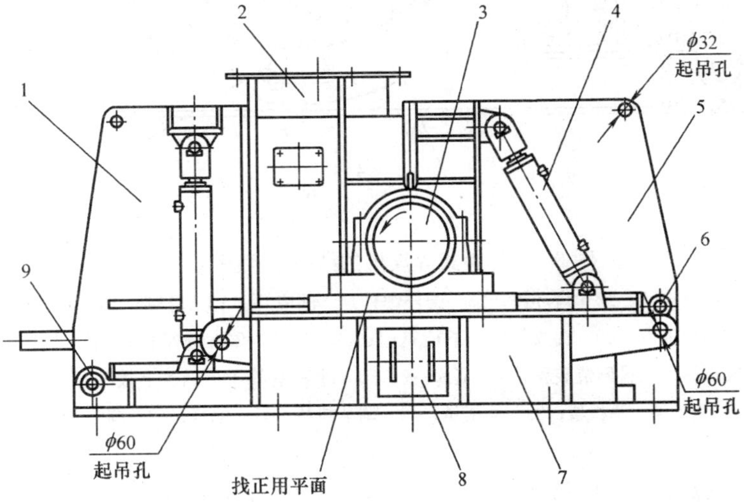

图 8-3 环锤式碎煤机的结构示意图（一）

1—前机盖；2—中间机体；3—转子；4—液压系统；5—后机盖；6—圆柱销；7—下机体；8—侧视门；9—圆柱销

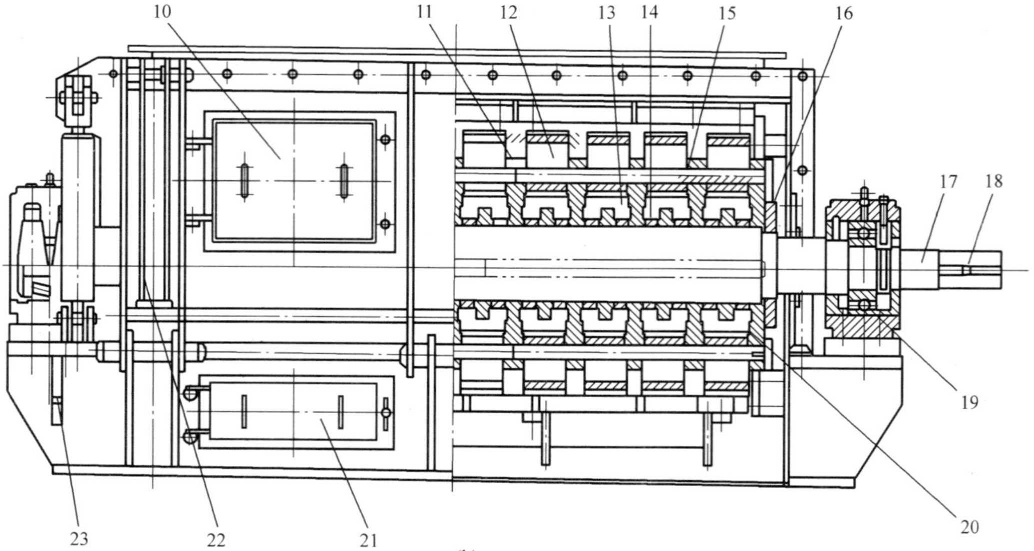

(b)

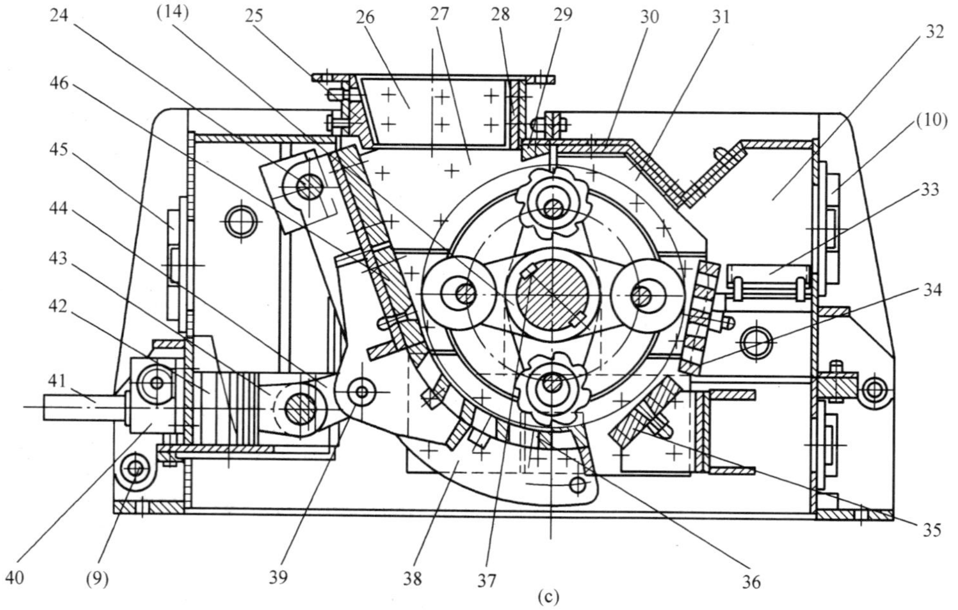

(c)

图 8-3 环锤式碎煤机的结构示意图（二）

10—前视门；11—摇臂；12—齿环锤；13—圆环锤；14—间隔环；15—环轴；16—锁紧螺母；17—主轴；18—键；19—轴承；20—圆盘；21—下检查门；22—支柱；23—起吊板；24—悬挂轴；25～28、30、31—衬板；29—风量调节装置；32—除铁室；33—除铁室筛子；34—上拨料板；35—下拨料板；36—筛板；37—键；38—筛板架；39—连接销；40—调节机构；41—蜗杆；42—调节垫片；43—铰链头；44—连杆；45—后视门；46—破碎板

（1）下机体。碎煤机下机体用来支承前、后机盖，中间机体及转子部件，具有充分的强度和刚度。在机体前侧设有一个检查门，在非电动机端轴承座下面也设一个观察门，从这里可以窥视环锤的磨损情况及检查环锤与筛板之间的间隙。

（2）中间机体。借助螺栓与下机体连接，其结合面处用密封胶带密封，上部是入料口，四周装有衬板及内壁衬板，顶部装有风量调节装置。

（3）后机盖。通过两个圆柱销与下机体连接，并可以此为旋转中心向后翻转。四周法兰用螺栓与下机体及中间机体紧固在一起，机盖上部有一悬挂轴，筛板架组件悬挂于此轴，机盖后部有调节结构。

（4）前机盖。通过两个圆柱销与下机体连接，并可以此为中心向前翻转，并用螺栓与下机体及中间机体紧固在一起。栅格型弹性筛及反弹衬板组成除铁室，不易破碎的物料（如铁块、木块等）经下料拨板和上料拨板被抛进除铁室，定期打开前视门可清理杂物。机体顶部和两端内壁均装有衬板。

（5）转子部分。如图 8-3（b）所示，转子部件由主轴通过平键把 19 个摇臂、20 个间隔环、两个转子圆盘固定在上面，两端由锁紧螺母锁紧。主轴两端采用型号为 22340CC/C3W33（国产型号为 3G3640）的自动调心球面滚子轴承支承，4 根环轴上装有顺序排列的 20 个齿环轴及 18 个圆环锤，平键用来安装液力耦合器。

（6）筛板架组件。筛板架由三件弧形板及其筋板焊接而成［见图 8-3（c）和图 8-4］，其上装设有 4 块破碎板及大筛板和切向孔筛板。筛板上通过合理布置的筛孔，可有效防止堵煤。筛板架通过悬挂轴悬挂在后机盖上，并可绕悬挂轴转动。

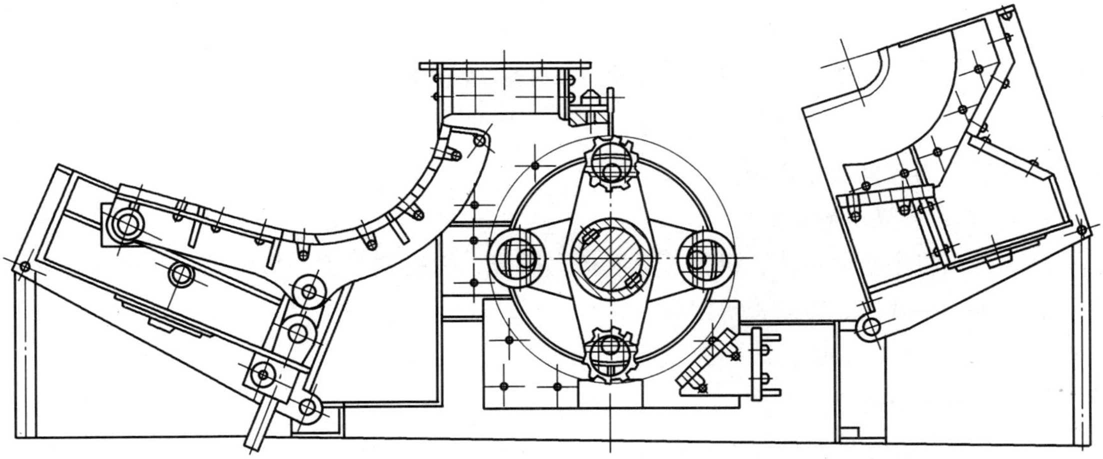

图 8-4　环锤式碎煤机的筛板架结构示意图

（7）调节机构。如图 8-3（c）和图 8-5 所示。筛板间隙的调节是通过左右对称的两套涡轮蜗杆减速装置实现的。为保证两边同步，用连接轴及连接套 53 连接在一起。用活扳手卡住连接轴上的六方头摇动蜗杆带动涡轮推动丝杠实现轴的前后移动。连接销将连杆与筛板架相连，轴的移动带动筛板架前后移动，从而实现筛板的间隙调整。

（8）液压系统。本机的液压系统包括装设在碎煤机前机盖和后机盖上的工作油缸（各 2 件），接头和管路，采用 SY8 型碎煤机液压站的动力驱动油缸工作。

液压系统在非工作状态时，快速接头应做防尘保护。

液压站在不使用的情况下，也应安放在专门场所妥善保管。

使用前要仔细检查系统油路是否有堵塞和跑漏现象，以及系统和液压站各零部件是否正常。各项检查确认无误后方可起动。起动之前应先空转试车确定电动机转动（为顺时针方

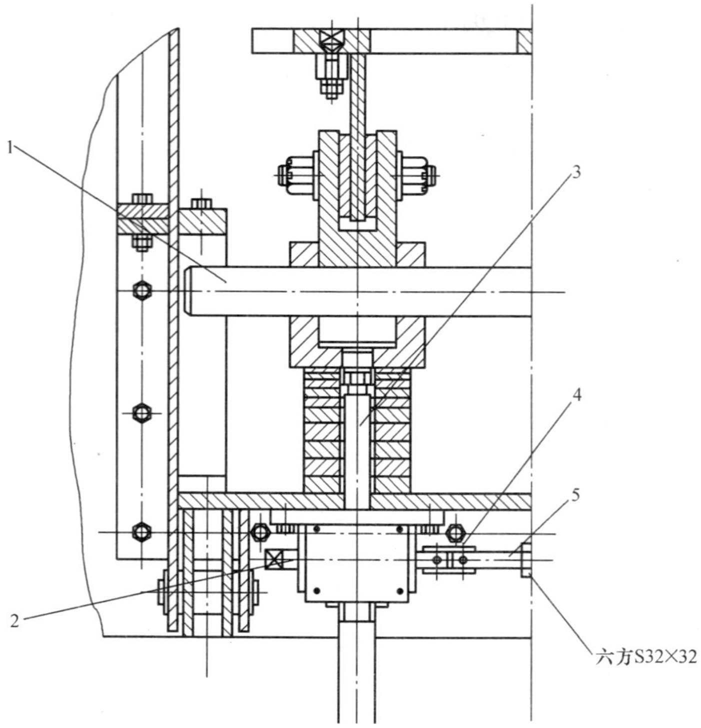

图 8-5 环锤式碎煤机筛板架调整示意图

1—轴；2—涡轮；3—丝杆；4—连接套；5—连接轴

向）正确后，再起动液压系统。

（二）环式碎煤机的组成

环式碎煤机主要由机体、机盖、反射板、摇臂、筛板调节器、拨煤器、齿环锤、筛板、主轴、环轴、平环锤、碎煤板等组成。

（三）环式碎煤机的特点

环式碎煤机具有以下特点：

（1）破碎量大，功率消耗少，效率高。

（2）结构简单、紧凑，占地面积小，刚度大，质量比普通碎煤机轻得多。

（3）保证排料粒度在 30mm 以下且排料均匀。

（4）由于锤环可以自由摆动，当遇到煤中铁块或其他不能被破碎的杂物时，锤环可以沿转子径向自动退缩，让其通过，经拨料器的作用，被反射到除铁室内。

（5）由于采用了锤环设计，无鼓风作用，而且机体内空间小，风量较小，无煤尘泄漏。

（6）运行可靠、调整容易、检修方便、维护量小，对煤种变化适应性强。

（7）工作噪声低。

（8）机组振动小，振值一般小于 0.025mm。

（9）机组材料使用合理，寿命长。

（四）环锤式碎煤机运行维护

1. 碎煤机启动前的检查及准备

(1) 现场检查检修工作已全部结束，缺陷已消除，工作票已严格按有关规定终结，设备周围的垃圾、杂物已清理干净。

(2) 碎煤机上下游设备具备投运条件。

(3) 检查电动机地脚螺丝、机体底座、轴承座、护板处的螺丝以及联轴器的螺丝无松动和脱落现象。

(4) 清理机体内杂物和粘煤，将除铁室内铁块和杂物清理干净，禁止杂物与积煤搅入转子内，以防止启动时转子卡住。当排料口四壁粘煤过多时，也要加以清理，以免影响正常出力。

(5) 检修后的碎煤机启动前要人工盘车 2～3 转，观察内部是否有蹩劲、碰撞、卡堵现象。

(6) 检查环锤、护板、大小筛板的磨损程度，当环锤、大小筛板、碎煤板磨损过大，使破碎效率降低时，应及时通知检修更换。

(7) 检查传动部分应保持良好的密封和润滑。

(8) 检查环锤的旋转轨迹与筛板之间的间隙，应符合要求。

(9) 检查机体和机盖结合面处密封垫完好，不应有漏粉现象。

(10) 检查液力耦合器护罩紧固、完整。

(11) 检查检测仪、堵煤断路器、门断路器等安全保护装置完好并以正常投用，连锁正常。

(12) 检查完毕后，将所有的检查门、孔关闭严密，插销插牢。

(13) 待碎煤机启动前各项检查工作已完成，启动条件已具备，送上电动机电源，投入继电保护。

2. 启动操作

(1) 就地启动：将就地操作盘选择断路器切换至“就地”位置，按下“启动”按钮，待现场启动警铃响数秒后，碎煤机启动。

(2) 遥控启动。

1) 遥控手动启动：待下游皮带遥控启动后，在 CRT 上选择手动启动碎煤机。

2) 遥控自动启动：在 CRT 上选中，然后启动整个流程，碎煤机随下游设备连锁顺序启动。

3. 启动操作的注意事项

(1) 就地启动操作仅用于设备的检修、调试和故障处理，不作为正常运行方式。

(2) 就地启动操作时要做好防止下游落煤筒堵塞的措施。

(3) 一般情况下不允许带负荷启动，严禁带重负荷启动。

(4) 遥控操作时下游皮带的启动优先于碎煤机。

4. 碎煤机的运行

(1) 碎煤机达到额定转速后，方可进料破碎。

(2) 通过碎煤机的煤量不许超过设计出力，煤量过大时应及时减少堆取料机的取料量，并对滚轴筛进行检查。

(3) 给料要均匀，布满整个转子。

（4）注意煤种、煤质的变化，如果煤种比重小、煤块多、黏度大，给煤量应适当减小。

5. 碎煤机运行中的检查项目

（1）经常检查排料粒度是否符合要求，达到正常运行速度后粒度不大于30mm，否则应及时通知检修调整筛板与环锤之间的间隙。碎煤机在物料破碎时严禁调整间隙。

（2）空载情况下，碎煤机轴承座的振动限值为0.06mm，超过时必须停机处理。

（3）运行时碎煤机电动机绕组的温度限值为120℃。

（4）碎煤机轴承的温度限值为80℃，超过时必须停运，直至降低至安全范围，方可重新启动。

（5）运行中给料情况下机体应无异常振动。

（6）运行中应经常监视CRT上碎煤机电动机的电流变化，不允许超过额定值，在相同工况下，电动机的电流变化有明显增大时应加强监视，电流突变时立即停机检查。

（7）经常注意运行中的不正常声音，碎煤过程中禁止带入较大的金属块、木块等杂物，当发现机体内有金属撞击声和摩擦声时，应停机检查。

（8）运行中机体和机盖结合面等各处无漏粉现象。

（9）碎煤机电动机继电保护动作后，除按有关继电保护动作的规定执行外，还应打开碎煤机观察门，对机体内部进行检查。

（10）当碎煤机运行中出现异常情况可能造成重大事故或设备损坏时，应立即按下就地紧停按钮或煤控CRT操作台紧停按钮，停止碎煤机运行。

6. 碎煤机的停运

（1）就地停止：碎煤机就地方式运行时，按下就地操作盘的“停止”按钮，停止碎煤机。

（2）遥控停止。

1）遥控手动停止：待上游设备遥控停止后，在CRT上手动选择碎煤机图标，停止碎煤机。

2）遥控自动停止：在CRT上选择流程，使作业流程停止，碎煤机随上游设备顺序停止。

7. 碎煤机的紧急停机

紧急停机方式：按下就地紧停按钮或煤控CRT操作台紧停按钮。

碎煤机出现以下情况时应紧急停机：

（1）发生危及人身的事故。

（2）碎煤机、电动机本体剧烈振动。

（3）碎煤机启动后电动机电流上升，环锤不转。

（4）碎煤机启动时启动电流不返回。

（5）电动机有焦臭味或冒烟着火。

（6）碎煤机运行中发出连续的异常声音。

（7）碎煤机轴承或电动机温度急剧上升且已超过限定值。

（8）运行中碎煤机内发生严重堵煤。

8. 停运的注意事项

(1) 停机前先将机内余煤排空。

(2) 无特殊情况不得带负荷停机。

(3) 在碎煤机转子未完全停止转动前，严禁打开人孔门。

9. 碎煤机液压启盖装置的检查与操作

(1) 液压启盖装置的检查。

1) 各液压件及管路连接处无渗漏油现象。

2) 活塞杆无变形，灵活好用。

3) 密封件无纵向裂纹，胶管无老化现象。

4) 油泵转向正确，转动无噪声。

5) 油箱内油量充足。

6) 确认碎煤机上盖固定螺栓已旋去。

7) 检查确认油泵转向正确，转动无噪声，无异常振动。

8) 压力表的压力在规定范围内，液压缸无泄压现象。

(2) 启盖装置的操作。

1) 操作碎煤机旁的手动换向阀，使起盖油缸活塞杆伸出顶起上盖。

2) 启盖时为防止液压系统失灵而损坏设备，机盖与底座之间必须垫上道木或其他硬物。

(五) 环锤式碎煤机常见故障及处理

(1) 碎煤机振动大，电动机电流大。

1) 原因：

a. 环锤及悬置杆失去平衡。

b. 环锤破损或断裂，失去平衡。

c. 轴承外圈与轴承座配合间隙过大，轴承跑外圈。

d. 电动机和碎煤机主轴中心不正，偏差过大。

e. 给料不均匀，造成转子失去平衡。

2) 处理：

a. 重新选装环锤、悬置杆。

b. 更换环锤。

c. 重新调整。

d. 重新找正。

e. 清理进料落煤筒道流衬板的积煤，调整调节挡板。

(2) 轴承温度超过 80℃。

1) 原因：

a. 轴承滚珠保持架或锁套损坏。

b. 润滑脂污秽。

c. 滚动轴承游隙过小。

d. 润滑脂不足。

e. 润滑脂太多。

2) 处理：

a. 更换轴承或锁套。

b. 换新油脂。

c. 更换大游隙轴承。

d. 补充填注润滑油。

e. 将油放到标准油位线内。

(3) 碎煤机机腔内产生连续敲击声响。

1) 原因：

a. 不易破碎的异物进入机腔内。

b. 筛板、衬板等件松动，碰到环锤。

c. 悬置杆严重磨损。

2) 处理：

a. 清除异物。

b. 紧固连接螺栓。

c. 更换悬置杆。

(4) 出料煤粒大于30mm，粒度明显增加。

1) 原因：

a. 筛板与环锤间隙过大。

b. 筛板孔有折断。

c. 环锤磨损过大。

d. 除铁室内积满杂物。

2) 处理：

a. 调整筛板和环锤间隙。

b. 更换筛板。

c. 更换环锤。

d. 停机，清除杂物。

(5) 出力明显降低。

1) 原因：

a. 给料不均匀。

b. 筛板孔堵塞。

c. 下方落煤筒积煤或异物卡住。

d. 环锤磨损严重，动能不足，效率降低。

2) 处理：

a. 调整给料皮带机。

b. 清理筛板孔，检查煤的水分和含粉量。

c. 清理落煤筒积煤或异物。

d. 更换新环锤。

(6) 液力耦合器运转时漏油。

1) 原因：

a. 热保护塞或注油塞上的O型密封圈损坏或没有上紧。

b. 后辅室或外壳与泵轮连接处O型密封圈损坏。

c. 后辅室或外壳与泵结合面没上紧。

2）处理：

a. 更换密封圈或拧紧油塞。

b. 更换密封圈。

c. 拧紧该两处的连接螺栓。

（7）液力耦合器油温过高。

1）原因：

a. 充油量少。

b. 超载。

c. 运行时间过长。

2）处理：

a. 加油到所需的数量。

b. 减小载荷。

c. 停机改用另一路。

第三节 反击式碎煤机

反击式碎煤机也是冲击式碎煤机中应用较多的一种，常用的有单转子式和双转子式两种。在电力系统中，广泛采用单转子反击式碎煤机。

一、工作原理、组成及特点

当煤从进料口进入板锤打击区时，会立即受到高速回转的板锤作用，煤块被破碎。这时将会出现两种情况：一是小块煤受到板锤的冲击后，沿板锤切线方向抛出，在这个过程中可以近似地认为冲击力通过煤块的重心；二是大块煤由于重力的作用，沿与切线方向成一定角度的偏斜方向抛出，即形成平抛运动，煤块被高速抛向反击板而再次受到冲击破碎。由于反击板的作用，使煤块反弹回到板锤打击区，使之再次重复上述过程。在上述过程中，煤颗粒之间也有相互碰撞的作用。这种多次性冲击及相互间的碰撞作用，使煤块不断沿本身强度较低的界面产生裂缝、松散而破碎。当所碎的颗粒小于板锤与反击板的间隙，即达到所要求的粒度时，便从机内下部落下，成为破碎产物。碎煤机结构如图8-6所示。

反击式碎煤机主要由板锤、转子、反击板、机体等组成。

反击式碎煤机具有结构简单、便于制造、成本低、维护量小、产品粒度均匀、破碎比大、破碎效率高、能量消耗少、处理物料量大、设备质量轻等特点，并且工作时无明显的不平衡振动，不需要笨重的基础，但是在运行中粉尘飞扬严重。

二、反击式碎煤机的运行维护

启动前，首先要检查电动机地脚螺栓、机体螺栓、轴承座、各处护板螺栓无松动、脱落，联轴节销子紧固良好，转子机腔内无严重积煤现象，板锤无严重磨损及脱落现象。当板锤、反击板衬板损坏或胶落时，应及时更换。反击板上弹簧及拉杆螺栓无松动、断裂现象，

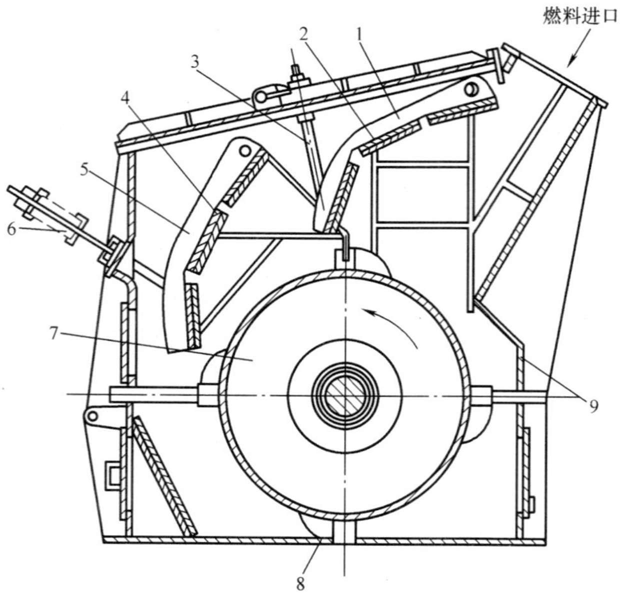

图 8-6 反击式碎煤机结构

1—第一级反击板；2—第一级反击板护板；3—第一级反击板螺栓拉杆；4—第二级反击板护板；5—第二级反击板；6—第二级反击板螺栓拉杆；7—转子；8—板锤；9—机体

调整螺栓要拧紧，下煤筒无堵煤现象。检查完毕后，关好检查门。启动前最好能盘车 2～3 圈，观察机内有无异常响声，确认完好后，方可启动碎煤机。运行中应经常检查反击板吊挂螺栓是否有松动及脱落现象，严禁在机器转动中调整。运行中不允许进行任何维护、检修工作，若发现异常要及时停机处理。

三、反击式碎煤机常见故障及处理

（1）碎煤机振动大，电动机电流大。

1）原因：

a. 环锤及悬置杆失去平衡。

b. 环锤破损或断裂失去平衡。

c. 轴承外圈与轴承座配合间隙过大，轴承跑外圈。

d. 电动机和碎煤机主轴中心不正，偏差过大。

e. 给料不均匀，造成转子失去平衡。

2）处理：

a. 重新选装环锤、悬置杆。

b. 更换环锤。

c. 重新调整。

d. 重新找正。

e. 清理进料落煤筒道流衬板的积煤，调整调节挡板。

（2）轴承温度高，超过 80℃。

1）原因：

a. 滚动轴承游隙过小，轴承外圈和轴承座之间安装配合太紧。

b. 润滑脂污秽。

c. 润滑脂不足或太多。

2）处理：

a. 调整轴承游隙，调整轴承外圈和轴承座之间的紧度。

b. 清洗轴承，更换润滑脂。

c. 重新添加润滑脂。

(3) 碎煤机机腔内产生连续敲击声响。

1）原因：

a. 不易破碎的异物进入机腔内。

b. 筛板、衬板等部件松动，碰到环锤。

c. 悬置杆磨损严重。

2）处理：

a. 清除异物。

b. 紧固连接螺栓。

c. 更换悬置杆。

(4) 出料煤粒大于30mm，粒度明显增加。

1）原因：

a. 筛板与环锤间隙过大。

b. 筛板孔有折断。

c. 环锤磨损过大。

d. 除铁室内积满杂物。

2）处理：

a. 调整筛板和环锤间隙。

b. 更换筛板。

c. 更换环锤。

d. 停机，清除杂物。

(5) 出力明显降低。

1）原因：

a. 给料不均匀。

b. 筛板孔堵塞。

c. 下方落煤筒积煤或异物卡住。

d. 环锤磨损过大，动能不足，效率降低。

2）处理：

a. 调整给料皮带机。

b. 清理筛板孔，检查煤的水分和含粉量。

c. 清理落煤筒积煤或异物。

d. 更换新环锤。

(6) 液力耦合器运转时漏油。

1）原因：

a. 热保护塞或注油塞上的O型密封圈损坏或没有上紧。

b. 后辅室或外壳与泵轮连接处O型密封圈损坏。

c. 后辅室或外壳与泵结合面没上紧。

2）处理：

a. 更换密封圈或拧紧油塞。

b. 更换密封圈。

c. 拧紧该两处的连接螺栓。

（7）液力耦合器油温过高。

1）原因：

a. 充油量少。

b. 超载。

c. 运行时间过长。

2）处理：

a. 加油到所需的数量。

b. 减小载荷。

c. 停机改用另一路。

第九章 辅助设备

第一节 除 铁 装 置

一、概述

在运往火力发电厂的原煤中，常常含有各种形状、各种尺寸的金属物（包括磁性和非磁性金属）。它们的来源主要是：煤中所夹带的杂物，如矿井下的道钉、钻头、运输机部件及各种型钢等；铁路车辆的零件，如制动闸瓦、勾舌销子等；运输杂物，如运煤前车皮装运的生铁块或其他金属没有清理干净而混入煤中。如果这些金属物进入输煤系统的碎煤机或制粉系统，将会造成设备损坏和事故。特别是装有中速磨煤机和风扇磨煤机的制粉系统对金属物更是敏感。同时这些金属物沿输煤系统通过，极有可能对带式输送机、碎煤机、叶轮给煤机等转动设备造成各种破坏，尤其是皮带的纵向开膛，将给输煤系统造成重大事故。因此，从输煤系统中除去金属杂物，对于保证设备安全、稳定运行是非常必要的，也是对输煤专业的重要考核指标之一。

二、电磁除铁的一般原理

铁磁性物质的导磁能力是较强的，因此铁磁性物质被磁化后，在物体的两端便产生磁场。被磁化的程度常用磁化强度 J 来表示，即

$$J=K_0H_0$$

式中 H_0——外磁场的磁场强度；

K_0——比例系数，其物理意义为单位长度的物体在单位场强的磁场中产生的磁矩，表示物体被磁化的难易程度，其值越大，越易被磁化。

在生产实际中，一般用比磁化系数表示物质被磁化的难易程度，即

$$x_0=\frac{K_0}{\delta_0}$$

式中 x_0——物质的比磁化系数；

K_0——比例系数；

δ_0——物质的密度。

从以上论述可知，x_0 的大小不仅与物质的性质有关，同时也与被磁化物质的形状、密度有关。铁磁性物质进入磁场被磁化后，在物体两端便产生磁场，因此要受到磁场力的作用。

物体在匀强磁场中的受力情况如图 9-1 所示。在匀强磁场中，由于各处的磁场强度是相

同的，因此所受磁场力也是相等的，即$\overline{F_1}=\overline{F_2}$，但方向相反，物体所受的合外力为零。此时物体只有转矩存在，并使之在磁场中某一位置处于平衡状态。

铁磁性物质进入非匀强磁场时，情况与上述不同。磁场在不同位置所具有的磁场强度不同，所以物体被磁化后强度也不同。在磁场强度较强的一端，物体被磁化的强度也大。磁化强度大的一端所受的磁场力也大；反之亦然。因此，物体在非匀强磁场中所受的磁场力在其两端是不相等的，如图9-2所示。$\overline{F_1}>\overline{F_2}$时，物体所受的合外力为$\overline{F}=\overline{F_1}-\overline{F_2}>0$，这时物体将向受磁场力大的方向移动。这样就达到了使铁磁性物体在磁场中做定向移动的目的，从而达到电磁除铁的目的。

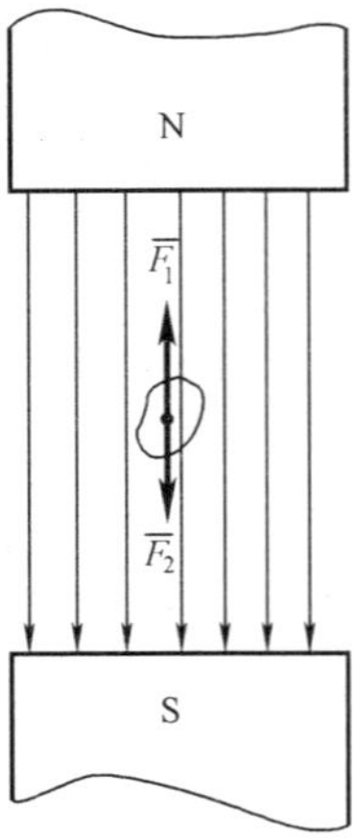

图9-1 物体在匀强磁场中的受力情况

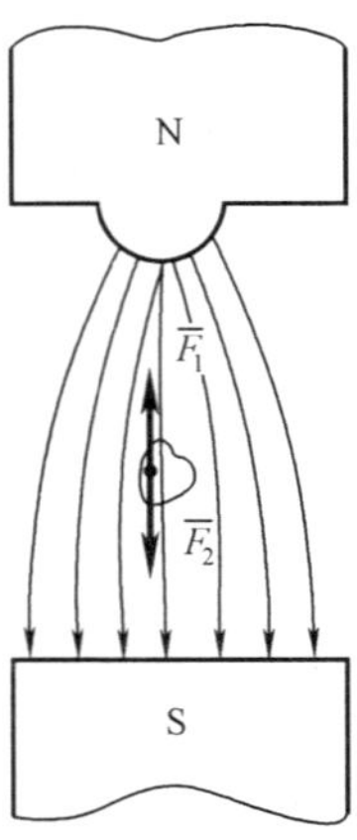

图9-2 物体在非匀强磁场中的受力情况

综上所述，电磁除铁器所建立的磁场必须是非匀强磁场。

三、电磁除铁器的分类

目前可供选用的电磁分离器有悬挂式、滚筒式、盘式和带式四种。悬挂式和滚筒式由于其本身存在不足之处，所以在目前新建的大中型火力发电厂中很少采用，在此仅介绍盘式和带式电磁除铁器。

（一）带式电磁除铁器

带式电磁除铁器按电磁铁冷却方式又可分为风冷式、油冷式和干式三种。根据使用效果，这三种冷却方式以油冷式和干式（即自然冷却）的带式电磁除铁器运行比较稳定可靠。这三种冷却方式的带式除铁器的工作原理相同（都是受非匀强恒定磁场作用），因此都是直流供电。所谓恒定磁场，就是指磁场中各点的场强不随时间而变化的磁场。

RCDD系列带式电磁除铁器为自然冷却带式电磁除铁器，如图9-3所示。

该系列除铁器产品已系列化，其结构由除铁器本体和卸铁机构组成。除铁器本体采用自身面积传热和散热。卸铁机构由框架、摆线针轮减速机、链条、链轮、滚筒和装有刮板的自卸胶带组成，在不停机的状态下，可通过调整从动滚筒两端轴承座上的螺杆来调节除铁自卸胶带的松紧和跑偏。

运行维护及注意事项如下：

（1）框架全部用螺栓连接，应经常检查是否松动，如有松动应拧紧。自卸胶带刮板为不锈钢制造，因吸铁碰撞而损坏的，应立即更换。

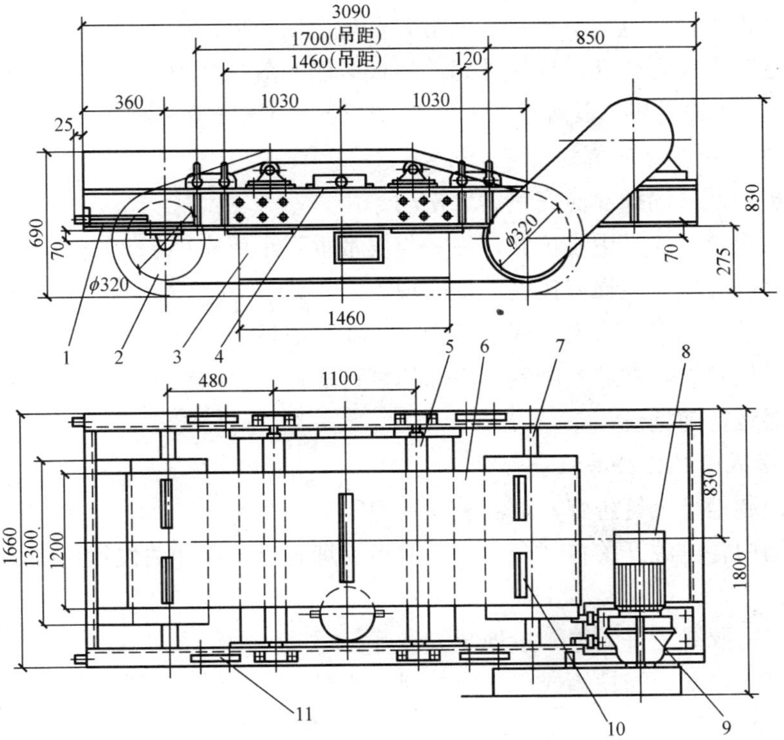

图 9-3 RCDD-14 带式电磁除铁器

1—调节螺杆组件；2—从动滚筒；3—除铁器本体；4—接线盒；5—支承托辊；6—除铁胶带；7—主动滚筒；8—电动机；9—摆线针轮减速机；10—非磁性刮板；11—索具卸机

（2）减速机第一次加油运转半个月后，应将机内油污彻底排净，全部换新油。以后每季换油一次，可采用 40～50 号机油，油面不低于油镜高度的 1/3，正常运转时油温不超过 40℃。

（3）其余各部轴承用 2 号工业锂基润滑脂，每月加润滑脂一次。

（4）为避免铁件漏过，启动时先启动除铁器，后启动皮带运输机；停止时则相反。

（5）除铁器工作时，周围均有较强磁场，不要持锐利铁器靠近，手表和各种仪表也勿靠近。

（6）除铁器励磁绕组的冷却方式为自然冷却。在尘埃多的环境中工作，应经常清扫，以利于散热。

该系列除铁器的主要特点：励磁电压为 428V，励磁功率为 6.0kW；通电持续率为 100%，除铁器磁掌距胶带距离不大于 400mm，物料厚度小于 350mm；温升不高于 90℃。

（二）盘式电磁除铁器

1. 使用特点

盘式电磁除铁器的吸铁机理与带式电磁除铁器完全相同，只是弃铁方式不同。这种除铁器没有弃铁皮带，直接悬挂在皮带输送机的上方手动单轨行车上，当吸上铁块或交接班皮带机停止运行时，用悬吊小车的手拉葫芦或电动葫芦将除铁器移至金属料斗的上方后断开励磁电源，使积铁自动脱落后再恢复原位。将铁件卸到料斗里集中清除。

电磁除铁器也可挂在电动单轨行车上定时移动，以便离开皮带机卸下吸出的铁件；也可用气缸推动，定时作往复移动，使铁件卸入挡板旁侧的落铁管中。盘式悬吊除铁器一般用于胶带部超过 2m/s 的输送机，其规格有 CF-60、CF-90、CF-130 三种形式。

2. 盘式电磁除铁器启动前的检查

（1）悬吊机架及紧固螺栓应完整、无松动。

（2）除铁器应位于皮带中心位置，磁掌与皮带垂直距离应小于 300mm。

（3）引线及电缆应无破损或接触不良的现象。

（4）检查机架本体卫生，如有灰尘杂物，要及时清理。

（5）及时停机除铁，并拧紧电磁箱底部的紧钉螺栓，以防线圈串动。

四、除铁器运行前检查

（一）盘、带式除铁器公共检查部分

（1）现场控制柜上无警告牌，电流表读数为零。

（2）控制箱内各电源开关在“合”位置，指示灯亮，选择开关位置正确，各按钮指示灯显示正常。

（3）除铁器电源线完好无损，接地装置良好。

（4）受铁管无堵塞，受铁箱或小车应在规定位置。

（二）盘式除铁器检查

（1）固定吊环及悬吊部件牢固，各限位开关良好，动作正常。

（2）行车滑轮无卡涩，行程内无障碍物，除铁器位置正确。

（3）各传动部分和行车部分连接螺栓无松动和脱落，保护罩完好、牢固。

（三）带式除铁器检查

（1）弃铁皮带电动机接线良好。

（2）弃铁皮带无撕裂现象，皮带接头和弃铁刮板良好。

五、除铁器现场操作

（1）除铁器检修后的试运转及发生故障后的处理，进行现场操作。

（2）设备检查完毕，符合启动条件，并接到班长可以启动的指令后，方可执行启动操作。

（3）检修后的除铁器试转，应先送上电源。现场控制箱上电源指示灯亮。

（4）盘式除铁器的启动。

1）将控制箱上的选择开关切至“就地”位置。

2）按 YH1 或 YH2“移出”按钮，YH1 或 YH2“励磁”指示灯亮，电流表出现读数，行车行至皮带上方时，限位开关动作，除铁器行车停止，除铁器开始工作。

（5）盘式除铁器的停止。

1）在就地试验结束，并接到可以停止的指令后，方可执行停机操作。

2）按 YH1 或 YH2“返回”按钮，YH1 或 YH2“返回”指示灯亮，除铁器返回至弃铁位置，限位开关动作行车即停止，同时自动切断除铁器励磁电源。

3）除铁器在移动过程中若需紧急停止，则按“紧急停止”按钮，相应指示灯亮，行车停止。此时除铁器处于全部失电状态。

4）确认除铁器试运转合格，设备投入备用。

5）将控制箱上的选择开关切向“远方”位置。

(6) 带式除铁器的启动。

1）将控制箱上的选择开关切至“就地”位置，电源指示灯亮。

2）按“转带”按钮，弃铁皮带运转指示灯亮。

3）按“励磁”按钮，除铁器开始工作。

(7) 带式除铁器的停机。

1）就地试验结束后，接到可以停机指令后，方可执行停机操作。

2）停机时按“断磁”按钮，此时励磁指示灯熄灭，除铁器停止工作。

3）按弃铁皮带停止按钮，皮带停止转动，停止指示灯亮。

4）确认除铁器试运转合格，设备投入备用。

5）将控制箱上选择开关切至“远方”位置。

六、除铁器程控操作

(一) 除铁器程控手动操作

1. 盘式除铁器

(1) 待输煤皮带启动后，在“CRT”屏幕上手动点击除铁器图标，弹出操作画面，选择“自动”，点击“启动”按钮，除铁器投入运行。

(2) 待输煤皮带停止后，除铁器自动停止（输煤皮带运行中，如有特殊情况，可点击操作画面上“停止”按钮，除铁器停止运行）。

2. 带式除铁器

(1) 在输煤皮带启动前，在“CRT”屏幕上手动点击除铁器图标，弹出操作画面，选择“自动”，点击“启动”按钮，除铁器投入运行。

(2) 待输煤皮带停止后，点击操作画面上“停止”按钮，除铁器停止运行。

(二) 除铁器程控自动操作

除铁器参加系统连锁，按程序自动启动、停止，与相应的皮带一一对应。

七、除铁器运行注意事项

(1) 在皮带机运行过程中未得到班长许可，任何人都不得擅自将除铁器移出工作位置。

(2) 输煤皮带机在运行前必须先启动除铁器，再启动皮带机；停运时先停止皮带机，再停止除铁器。

(3) 除铁器在运行中应无异声、无剧烈摇摆和振动现象，弃铁皮带应无跑偏和撕坏现象。

(4) 吸铁、弃铁工作状况正常。

(5) 发现在运行中有异常情况时，应及时汇报班长，并要求检修处理。

(6) 除铁器运行时不得做任何清洁、维护工作，不得持铁器靠近。

(7) 除铁器工作结束后，应及时清除小车内铁件。

八、除铁器故障处理

(1) 电动机、减速箱超温、声音异常。

1）原因：

a. 电动机过载或轴承损坏。

b. 减速箱内齿轮严重磨损。

2）处理：汇报班长，要求检修人员处理。

（2）弃铁皮带启动未成功。

1）原因：

a. 热偶动作未复位。

b. 控制回路熔丝断。

c. 传动链条断。

2）处理：

a. 将热偶开关复位。

b. 更换熔丝。

c. 汇报班长，要求检修处理。

（3）励磁合不上。

1）原因：

a. 硅整流器击穿。

b. 直流侧短路。

c. 控制回路熔丝断。

2）处理：

a. 汇报班长，要求检修处理。

b. 更换熔丝。

（4）行车不动作。

1）原因：

a. 热偶动作未复位。

b. 控制熔丝断。

c. 传动部分卡涩。

d. 行程限位误动作。

2）处理：

a. 将热偶开关复位。

b. 更换熔丝。

c. 汇报班长，要求检修处理。

（5）弃铁皮带跑偏。

1）原因：

a. 皮带接头歪斜。

b. 主、从滚筒中心线不平行。

c. 托辊损坏。

2）处理：汇报班长，要求检修处理。

（6）吸铁效率低。

1）原因：

a. 电磁铁老化。

b. 吸铁距离超出规定。

2）处理：汇报班长，要求检修处理。

（7）除铁器无法停机或无法返回。

1）原因：继电器未收到信号。

2）处理：汇报班长，要求检修处理。

（8）弃铁皮带撕裂。

1）原因：

a. 皮带被尖锐杂物或大块卡住。

b. 皮带严重跑偏。

2）处理：

a. 停机清除杂物。

b. 加强监视，及时调整。

（9）除铁器不到位。

1）原因：限位失灵。

2）处理：

a. 检查除铁器现场实际位置。

b. 汇报班长，联系检修处理。

第二节 木块分离器

电厂燃煤中的除大木器安装在碎煤机前，从带式输送机头部落下的煤被抛入除大木器后，小于筛孔的煤在重力和筛轴旋转力的作用下自然漏下，大于筛孔的木块、石块、铁块、杂草等被抛入储存物料的料斗中被清除。

煤流中的长条形木块（木板、圆木）进入输煤系统时，可能造成各种不同程度的损坏，如堵塞下煤筒、划破输煤带等。若进入制粉系统时，由于磨煤机不能将其磨碎，将造成制粉系统堵塞、着火或造成设备卡堵，甚至损坏，所以不允许木材进入制粉系统，这也是对输煤车间进行考核的指标之一。

在输煤系统中应用的木屑分离器有CDM系列除大木器和CXM型除细木器。

一、CDM系列除大木器

目前可选用的CDM系列除大木器有可适用于带宽1、1.2、1.4m的三种规格的产品，其生产能力分别为500、800、1000t/h。

除大木器的工作机构是三根装有齿形盘的主轴，各轴按同一方向旋转，使物料在三根主轴上受到搅动，其结构如图9-4所示。煤在自重及齿型盘旋转力的作用下，沿齿形盘之间的间隙落下，大于250mm的煤块和大于600mm的长木块被留在齿形盘上面被甩出。

CDM系列除大木器一般装在给煤机或带式输送机的卸料处。

二、CXM系列除细木器

除细木器安装在碎煤机后，是用来捕集小木块的设备。因为经破碎后的煤中仍混有一定数

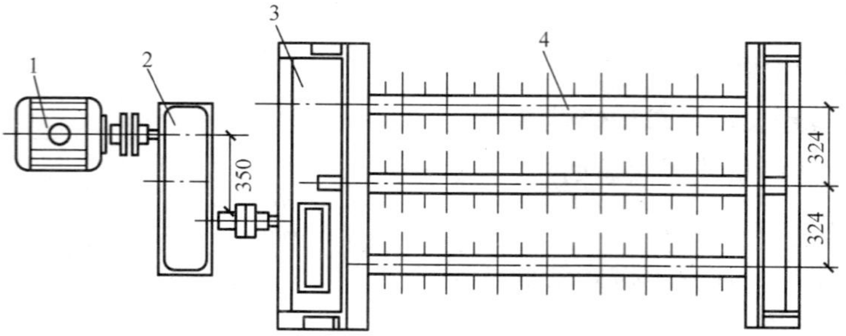

图 9-4 CDM系列除大木器结构示意

1—电动机；2—减速机；3—传动齿轮箱；4—装有齿形盘的主轴

量的小木块，这些小木块如进入锅炉的制粉系统，很容易造成制粉系统故障，影响安全运行。

CXM系列除细木器的结构和工作原理均与CDM系列除大木器相同，只是筛分粒度较小。近几年来设计的大中型火电厂由于采用环式碎煤机，木块分离器已很少采用。大木块在储煤场用人工拣出，小木块环式碎煤机可将其拨至碎煤机本身的除铁室，清理除铁室时一起取出。这样设备减少，系统简单，对安全运行有很大好处。

三、大块分离器运行前的检查

（1）检查各电气接线良好，控制回路正常。

（2）地脚螺丝或连接螺栓无松动、脱落。

（3）除大块轴、拨棍、拨齿完好，无变形现象；拨棍上无积煤、铁丝等杂物卡阻、缠绕现象。

（4）落煤斗、弃大块斗无破损、堵塞。

（5）传动机构良好。

（6）就地控制箱上的控制开关、按钮、指示灯应完好，“程控”、“就地”切换开关在“程控”位置。

四、大块分离器操作

（一）就地操作

（1）将就地控制箱上的转换开关扳切至“就地”位置。

（2）在上一级皮带启动前，按下“启动”按钮，除大块分离器运行。

（3）运行结束后，待上一级皮带停止后，按下“停止”按钮，除大块分离器停止运行。

（4）将就地控制箱上的转换开关切至“程控”位置。

（二）程控操作

（1）程控操作时，在“CRT”屏幕上用鼠标点击大块分离器图标，弹出操作画面后，选择“投入自动”，进行“启动”或“停止”操作。

（2）自动运行时，大块分离器参加连锁，按程序自动进行“启动”或“停止”操作，与相应设备的启、停——延时对应。

五、大块分离器运行注意事项

（1）先启动除大块分离器，待运行正常、均匀上煤，严禁先上煤后启动除大块分离器。

（2）无特别情况除大块分离器不得带负荷停机；运行完毕，应先把除大块分离器的煤跑净，再停机。

（3）注意各转动部分的声音应平衡，振动、温度应在允许范围之内。

（4）运行中不允许清理大块和杂物。

（5）运行时注意拨辊间是否有异物卡塞、积煤或严重粘煤及拨辊是否出现不转等现象。如有较多积煤，应在做好安全措施的情况下清除。

（6）要经常注意润滑部位保持良好的润滑，轴端轴承座要注满润滑脂。

（7）要经常检查筛箱体与筛轴之间的密封情况是否良好，如出现粉尘外溢时，说明密封部分出现问题，应及时更换密封介质。

六、大块分离器故障处理

（1）大块分离器不连锁启动。

1）原因：

a. 转换开关不在自动位置。

b. 控制回路故障。

2）处理：

a. 检查转换开关是否在自动检查位置、是否连锁正常。

b. 联系检修处理。

（2）轴不转。

1）原因：

a. 轴卡死。

b. 驱动装置故障。

c. 辅助法兰或电气回路故障。

2）处理：

a. 停机清理。

b. 检查单轴。

c. 联系检修处理。

（3）部分拨辊不动作。

1）原因：

a. 拨辊联轴器损坏。

b. 销子断裂。

2）处理：联系检修处理。

（4）大块分离器振动。

1）原因：

a. 固定螺栓松动。

b. 拨辊卡住异物。

2）处理：

a. 交检修处理。

b. 清除异物。

第三节 犁式卸料器

犁煤器的全称是犁式卸料器，用于电厂配煤时称为犁煤器，也称刮板式配煤装置。犁煤器有固定式和可变槽角式两种。

固定式为老式犁煤器，已被逐渐淘汰。它由托板和托板支架等组成，胶带通过犁煤器时，托板将胶带由槽形变成水平段，通过刮板将煤从胶带上刮下，卸入料斗。犁煤器托板为一平钢板，对胶带磨损较为严重，改为平型托辊托平胶带，但是胶带通过时为平面段，容易撒煤。

可变槽角式犁煤器为现今通用形式，根据托辊构架的不同，分为摆架式和滑床框架式等结构。摆架式结构比较合理，无滑道摩擦，工作阻力小，耐用可靠，维护量小；滑床式工作阻力较大。犁煤器的驱动推杆有电动、汽动、液力推杆三种方式，其中电动推杆被广泛使用。

各种犁煤器又可分为单侧犁煤器和双侧犁煤器，单侧犁煤器又有左侧和右侧之分。其中双侧犁煤器卸料快、阻力小，犁头的两个“人”字板倾斜贴于皮带表面，煤流作用时具有自动锁紧功效（如果犁头两板为垂直立板，上煤时容易发生抖动，带负荷落犁时容易过载），电动推杆具有双向保险系统，主犁后设有两道胶皮犁，使胶带磨损量小，延长了胶带输送机的使用寿命，所以这种犁煤器用得比较广泛，其结构紧凑、起落平稳、安装操作方便、卸料干净彻底、性能可靠，还能方便用于远距离操作，实现卸料自动化。

使用犁煤器要求胶带上胶层要厚，胶带采用硫化接头最好，冷黏接口更要顺茬交接，不可用机械接头。

犁煤器由卸煤托板、刮板、刮板支架及操动机构组成。

一、滑床框架式电动犁煤器

滑床框架式电动犁煤器结构主要由电动推杆机、驱动杆支架、主犁刀、副犁刀、门架、滑床框架、平形长托辊和槽形短托辊等机构组成。

工作状态：推杆伸出滑床，框架后移，使边辊抬起，槽型活架托辊变成平行，犁头下落，使胶带平直，犁刀与胶带平面贴合紧密，来煤卸入斗内，不易漏煤。

非工作状态：推杆收回滑床框架前移拉回，使边辊落下，滑架托辊变成槽形，达到一致角度，物料通过，不易向外撒料。

犁刀不宜垂直于皮带平面直立设计，应沿人字板走向制成下凹形流线设计，工作时具有自锁紧效果，受到煤的冲击力时犁头不会抬起和抖动。

这种犁煤器的缺点是活床轮及轮辊易生锈，加大抬落阻力，使推杆易过负荷。

电动双（单）侧犁式卸料器是安装在胶带输送机上，执行中途卸料、控制物料输送流量和流向的通用机械。

此犁煤器属组合型，以一台电动推杆作动力源，也有的为了检修维护方便，将电动推杆安装在皮带机侧面，但由于增加了一级连杆传动，也进一步增加了机构运行的阻力。

二、连杆托架式电动犁煤器

连杆托架式电动犁煤器结构原理：由电动推杆收缩，使驱动臂摆动，压杆使犁落下，同时平托辊架被拉起，使槽形胶带变成平面，物料被犁切落，实现落煤动作。不需要落煤时，电动推杆伸出，推动臂摆动，压杆将犁拉起，同时平托辊落下，胶带又恢复了原来的槽形，胶带可以继续正常运送物料。犁煤器摆架的抬落自动变平或变槽。

槽角可变式电动犁煤器主要特点有：

（1）由于非工作状态时前部短托辊仍恢复原来的槽形角度，中间平托辊与胶带分离，所以不易磨损胶带，延长了胶带使用寿命。

（2）工作状态时，前部槽形托辊变成平形，犁头与胶带贴合紧密，无漏煤现象。

（3）犁头改进为双犁头，第一层犁头未刮净的少量煤末第二层犁头可将其刮下，减少了胶带的贴煤现象。

（4）既可就地操作，也可集中控制。

（5）犁头设有锁紧机构，工作时，受到煤的冲击力不会抬起和抖动，使犁刀始终紧贴胶面，卸料时不易漏料。

（6）犁刀磨损后可下落调节，直到不能使用。

（7）槽角可变式电动犁煤器是以电动推杆为动力源，通过推杆的往复运行，带动犁板及边辊子上下移动，使犁煤器在卸煤时托辊成平形，不卸煤时成槽角。通过行程控制机构控制电动推杆的工作行程，从而调节犁板的提升高度及犁板对胶带面的压力。

三、动态平衡犁煤器

动态平衡犁煤器具有以下四大特点：

（1）体积小、灵敏度高、柔性起放、不易卡死、安装调试方便。

（2）头刮板刀口耐磨强度高，经久耐用，且柔软性好，刮板工作面与胶带之间结合较紧密，因而对物料清理特别干净。

（3）犁头设计采用动态平衡，犁头前后可自动调整胶带平行度，保持刮板与胶带面贴合紧密，确保胶带运行效果良好，犁头撑杆内设有缓冲装置。

四、刮水器

刮水器主要用在煤场露天皮带机上，将停运的胶带机上积存的雨水或雪在启动时及时刮掉，这样就避免了积存在胶带机上的雨雪在运行时拥进转运站。

刮水器主要由机架、刮水犁板、托辊、连杆、滑槽和电动推杆执行机构所组成。刮水器犁头固定不动，工作时电动推杆伸出，借助滑槽中的托辊上升将胶带托起与刮水犁板贴合在一起，启动皮带后能迅速、有效地刮掉皮带上的积水。这样就使运行时带过来的雨雪被及时刮到室外。

五、电动推杆

电动推杆是犁煤器抬落工作的驱动部件，电动推杆以电动机为动力源，通过一对齿轮转动变速，带动一对丝杆，螺母转动。把电动机的旋转运动转化为直线运动。推动一组连杆机构来完成闸门、风门、挡板及犁煤器等的切换工作。电动推杆内设有过载保护开关，为了区分推杆完成全行程时切断电源与故障过载时切断电源的差别，在实际使用时必须加限位开关，来承担完成全行程时断电的任务，确保整机的使用寿命。不得用过载开关来代替行程开关的作用，否则容易造成卡死过流或损坏机内精度过载开关的故障发生。

推杆内的行程开关是在负载过载后压缩内部弹簧，使内部限位块微动，从而断开限位开关，线路断电，电动机停转，即起到保护作用。

内部行程开关必须与外部限位开关及继电器串联使用，否则起不到过载保护作用，也不能直接代替外部限位开关使用，否则每次停止都是超限位后过载断电，甚至卡死，耽误上煤时间，影响使用寿命。

推杆经长期使用检修后，齿轮腔内要更换润滑脂，充满度为40%～70%。

电动杆的安装使用注意事项如下：

(1) 推杆内部的过载行程开关要与外部的限位开关一起接到继电器的跳闸回路当中，否则不能起自动保护作用。内部的行程开关只起过载保护作用，不得直接代替限位开关使用，否则将影响其使用寿命。

(2) 推杆与被推物体连接后，其连接部位灵活自如时方可通电使用，以免损坏部件。

(3) 工作环境温度在－10～＋60℃之间，相对湿度在85%以下。

(4) 必须装上防尘罩，以免污染机件的活动部分；要定期更换导套内轴承的油脂。

型号为DT□30050的电动推杆，其各字段含义是：

DT——电动推杆。

□——普通型为Ⅰ，折弯型为Ⅱ，外行程可调为Ⅲ，带手动机构为Ⅳ。

300——额定推力为300kg。

50——最大行程为50cm。

六、电动液压推杆

电动液压推杆是一种机电液压一体化的推杆装置，由液压缸、电动机、油泵、油箱、滤油器、液压控制阀等组成。电动机、油泵、液压控制阀和液压缸装在同一轴线上，中间有油箱和安装支座。活塞杆来回位移运动的伸缩由电动机的正反向旋转控制。液压控制阀组合由调速阀、溢流阀、液控单向阀等组成。

（一）电动液压推杆的主要特点

(1) 电动液压一体化，操纵系统简单，自保护性能好，推力大，可实现远距离控制，方便在高空、危险地区及远距离场所操纵使用。

(2) 机组的推（拉）力及工作速度可按需要无级调整，这是电动推杆无法实现的；可带负荷启动、动作灵活、工作平稳、冲击力小、行程控制准确；能有效地吸收外负载冲击力。

(3) 没有常规液压系统的管网，减少了泄漏和管道的压力损失；噪声小，寿命长；有双作用和单作用两种，结构紧凑，但比同额的电动推杆质量大。

（二）电液推杆的维护保养内容

(1) 每半年换一次液压油，冬季用8号机械油；夏季用10号机械油。

(2) 每半年对电液推杆进行一次维护、保养，用煤油冲洗管路、集成块等。

(3) 加油必须过滤干净。

七、常用犁式卸料器的介绍

在采用犁煤器方式上煤时，一般是在原煤仓上的双路皮带共设四台犁煤器，也有的是在原煤仓对角只设两台犁煤器，如果用等边人字犁，皮带两侧的下煤量一样多，但远离煤仓中心在皮带外侧的落煤斗上满溢出时，靠近煤仓中心的落煤斗还有20～30t或更多的上煤空间已不能加煤，所以有必要将人字犁改造成内侧边长、外侧边短的偏人字犁，使靠近煤仓中心这侧的落煤斗能卸更多的煤量。

国内新建大中型电厂以电动操作居多，下面以无锡电力配套设备厂生产 SZC-Ⅱ型电动组合犁式卸料器为例进行介绍。

（一）结构、特点及工作原理

1. 结构

电动组合犁式卸料器主要由开关箱、电动推杆机、驱动杆支架、平形长滚筒、槽形短滚筒、滑床等机构组成，如图 9-5 所示。

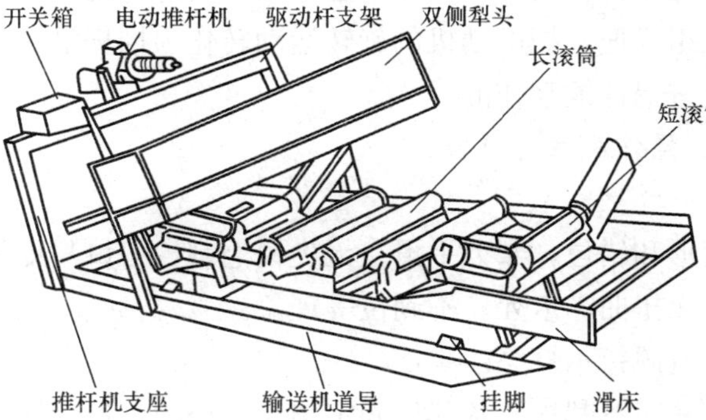

(a)

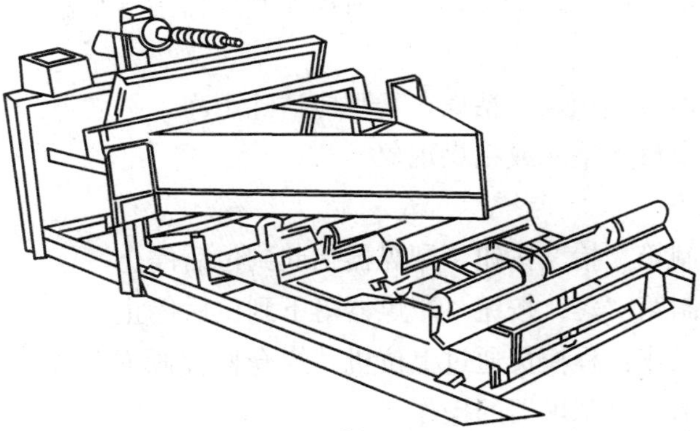

(b)

图 9-5　电动组合犁式卸料器

（a）运煤非工作状态；（b）运煤工作状态

非工作状态时：按动按钮→电动推杆向后拉回→框架后倾→前部槽形短滚筒恢复槽形，犁头同时抬起，电动推杆自动停止，煤由运转的胶带上通过，如图 9-5（a）所示。

工作状态时：按动按钮→电动推杆向前推出→框架前倾→槽形短滚筒变平形，犁头同时下落，犁刀与胶带紧密贴合，使运动着的胶带上的煤卸向两侧原煤仓，如图 9-5（b）所示。

2. 主要特点

（1）由于非工作状态时，前部短滚筒仍恢复原来的槽形角度，中间平托辊与胶带分离，所以不易磨损胶带，延长了胶带使用寿命。

（2）工作状态时，前部槽形托辊变成平形，犁头与胶带贴合紧密，无漏煤现象。

（3）犁头改进为双犁头，第一层犁头未刮净的少量煤末第二层犁头可将其刮下，减少了胶带的贴煤现象。

（4）既可就地操作，也可集中控制。

（5）犁头设有锁紧机构，工作时，受到煤的冲击力不会抬起和抖动，使犁刀始终紧贴胶面，卸料时不易漏料。

（6）犁刀磨损后可下落调节，直到不能使用。

3. 工作原理

电动犁煤器是借助于电动推杆的伸缩使犁头上下抬落而进行工作的；而电动推杆是以电动机为动力源，通过齿轮组变速，把电动机的旋转运动转化为推杆沿轨道的直线运动，并利用电动机的正反转来实现进退伸缩动作的。

（二）犁煤器的检查、操作及注意事项

1. 启动前的检查

（1）犁煤器犁头无变形和错位，犁刀平滑、无尖锐毛刺，刀口与皮带吻合良好。

（2）犁煤器三角犁架无扭曲、卡死、不到位等现象。

（3）犁煤器已送电，电源指示灯亮。

（4）电动推杆支架和底座及犁煤器各部位固定螺栓无松动，各焊接部位无开焊、裂纹等现象。

（5）行程开关动作可靠、正确，空负荷操作犁煤器抬落平稳，就地控制箱抬落按钮及其指示灯完好。

（6）检查犁煤器应无积煤、粘煤，否则应清除干净。

（7）原煤仓落煤口无堵塞或粘煤现象。

2. 犁煤器的操作

（1）按就地控制箱“抬”按钮，犁煤器抬起到位后停止。

（2）按就地控制箱“落”按钮，犁煤器落下到位后停止。

（3）程控手动操作：程控员通过上位机“煤仓监控画面”或“手动犁煤器画面”，点击犁煤器按钮，实现抬、落犁煤器的操作。

（4）程控自动操作：程控配煤时，犁煤器根据原煤仓料位计信号自动抬落，实现程控配煤。

3. 运行中的注意事项

（1）皮带空载时，犁煤器应在抬起位置（尾仓除外）。

（2）程控员与原煤仓值班员应加强联系，原煤仓值班员应根据班长或程控员的命令进行操作。

（3）运行中应先落下待上煤的犁煤器，再抬起满仓的犁煤器。

（4）煤仓值班员要坚守岗位，就地监视犁煤器的抬落情况。若发现原煤仓满煤，应及时抬起犁煤器，防止煤仓溢煤现象发生。

（5）落犁时，犁刀应刚好与皮带覆盖胶接触为宜。若犁刀压皮带太紧，应注意防止犁刀划破皮带，并做好预防措施。

（6）犁煤器到位后不停止，应及时按控制箱“停止”按钮，防止烧坏电动机。然后汇报班长，通知检修处理。

八、犁煤器故障处理

(1) 犁煤器抬不起，落不下。

1) 原因：

a. 无电源。

b. 电动推杆机械部分卡死或接线回路故障。

c. 电动机按钮接触不良或本身故障。

d. 连接销子断。

e. 程控室信号未送出，继电器及开关接触不良或110VDC、24VDC电源断路。

2) 处理：

a. 检查电源，恢复供电。

b. 检查犁煤器是否有杂物卡阻，消除卡阻物后仍抬落不动，应停机通知检修人员处理。

c. 通知检修人员处理。

d. 通知检修人员更换销子。

e. 通知检修人员处理。

(2) 犁煤器起落到一定位置后，操作停止按钮停不下。

1) 原因；停止按钮接线不良或本身故障。

2) 处理：通知检修人员处理。

(3) 推杆电动机声音异常。

1) 原因：

a. 机械卡死，致使电动机过载。

b. 电动机缺相运行。

c. 推杆与犁连接不当，出现卡涩现象。

2) 处理：通知检修人员处理。

第四节　配　煤　车

配煤车也称为电动双滚筒卸料车，是将输送带上的物料准确地卸到系统沿线的一种机械。电厂输煤系统中，一般用在煤仓间或煤场上部的固定带式输送机上，完成向原煤仓配煤和卸煤任务。

一、结构与工作原理

(一) 结构组成及作用

配煤车由两个导向滚筒、行走机构、落煤筒、皮带清扫器、金属车架及槽形托辊、调偏托辊等组成，如图9-6所示。

两个导向滚筒通过轴承座固定在车架上；皮带清扫器安装在两导向滚筒之间的架构上，用以清除胶带上的粘煤；落煤筒上方装有滚筒护罩；在落煤筒裤衩管处装有两个导向挡板，一个是使煤流通过配煤车向后输送的导向挡板，另一个是使煤流向两侧煤仓配煤或向一侧煤仓配煤的导向挡板。

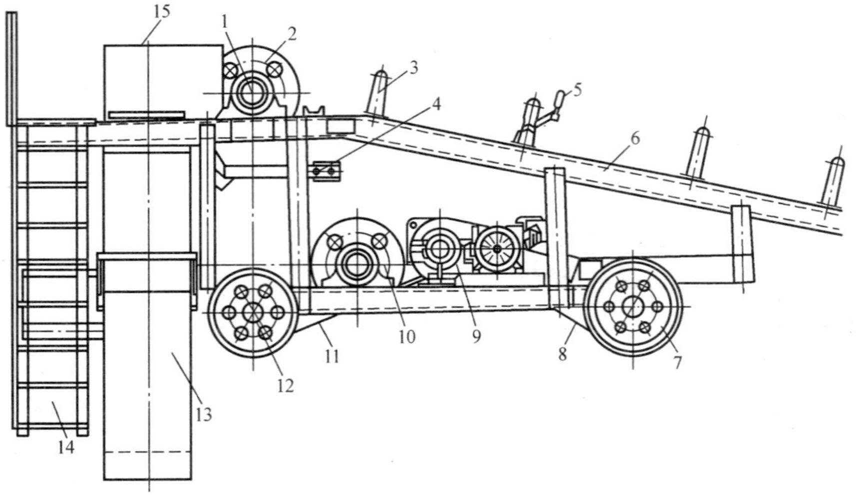

图 9-6 配煤车的结构

1—轴承座；2—上部导向滚筒；3—槽形托辊；4—皮带清扫器；5—调偏托辊；
6—金属车架；7—车轮；8、11—链子护罩；9—驱动装置；10—下部导向滚筒；
12—车轮轴；13—落煤筒；14—梯子；15—上部护罩

行走机构包括驱动装置、车轮、车轮轴，以及与其配合的链轮等。驱动装置由电动机、减速机、电磁抱闸、与减速机输出轴配合的链轮和起传动作用的套筒滚子链等组成。

（二）工作原理及控制方式

运动着的皮带绕过两个导向滚筒，形成一个S形，这样上部导向滚筒将皮带伸出，使煤沿其速度方向，做斜上抛运动，撞击在滚筒护罩端部的击板上，若向两侧煤仓配煤，则将前后挡板推向滚筒侧，左右分流挡板放在中间位置，则煤流向两侧煤筒；若需向一侧煤仓配煤，则将左右分流挡板置于另一侧，煤即流向一侧；若需使煤通过配煤车向尾仓配煤，则可将前后挡板置于滚筒护罩端部，将左右分流挡板置于中间，煤通过配煤车向尾仓流去，达到向尾仓配煤的目的。

配煤车控制方式有两种：一种是现场手动；另一种是自动配煤。自动配煤大都是通过改进后实现的，难度较大，这里不作详细介绍。

二、运行与维护

配煤车也是一台转动机械，所以在运行中应特别注意以下几方面的问题：①启动前，应做好必要的检查工作；②清理配煤车积煤时，必须待皮带机停止后方可进行，绝对禁止在皮带机运行中清理积煤；③皮带在配煤车爬坡段跑偏时，要及时调整，防止皮带跑偏严重、摩擦护罩，而发生跑车的危险；④运行中要随时注意拖缆随配煤车移动，防止将拖缆挂住而拉断拖缆；⑤运行中发现抱闸松弛，发生溜车现象时，应停止皮带运行，及时调整。

三、配煤车的特点

（1）配煤车配煤时，运输胶带从上下导向滚筒绕过，皮带的磨损较小。

（2）皮带在配煤车上发生跑偏，摩擦力增大，同样会造成配煤车跑车问题。

（3）无论配煤线长与短，只用一台配煤车就可满足配煤的需要，并可满负荷往返行走。

（4）配煤线较长时，驱动机构电源拖动困难。

（5）运输胶带带速不宜过高，一般不超过2.5m/s。

（6）配煤车在运行中若抱闸松弛，则会发生跑车现象。

（7）在中间储仓式制粉系统中采用时，因两原煤仓之间布设有煤粉仓，当配煤车行走至煤粉仓时，必须停止来煤或切换至另一路输煤机运行；控制系统复杂，运行操作频繁。

第五节 除 尘 设 备

一、概述

煤在筛、碎、运输等过程中，均有粉尘散发出来，如不采取有效的除尘措施，任其自由扩散，将会严重地污染工作环境和大气。粉尘对人体有很大的危害，它能引起呼吸系统、消化系统、皮肤、眼睛以及神经系统的疾病。此外，煤尘落在机械和电气等设备上，会大大缩短设备的使用寿命，严重时还会引起重大的事故。因此，在火力发电厂输煤系统中必须安装除尘设备。

二、粉尘的性质

（一）成分

粉尘的成分与产生粉尘的物料成分基本相似，但各种成分的含量并非完全相同，一般是物料中质轻、易碎的成分散出来的要多些，质重、难碎的成分散发出来的就要少些，但相差不大。煤尘的成分与煤中各种成分的含量之比一般在 0.7～1.3 之间。

（二）粉尘的形状和粒度

粉尘的大小和形状对粉尘的物理化学活泼性，以及对人体的危害影响很大，其中粒度为 0.5～5μm 的粉尘对人体的危害最大。尘粒的形状与粉尘本身的结构组成、产生的原因等有关，例如，由于物料破碎而生成的粉尘多有棱角，在各转运点由于落差等原因产生的粉尘多为片状和条状。

（三）粉尘的润湿性

粉法粒子能否被液体润湿和被润湿的难易性称为粉尘的润湿性。它取决于粉尘的成分、粒度、生成条件、温度等因素。煤尘的润湿性较小，特别是悬浮在空气中粒度小于 5μm 的尘粒，很难被水湿润或与水滴凝并。因为微小尘粒与水滴在空气中均存在着环绕气膜现象，尘粒与水滴在空气中必须冲破环绕气膜才能接触凝并。为了冲破环绕气膜，尘粒与水滴必须有足够的相对速度。实践证明，捕集微小尘粒采用大水滴较为有利。

（四）粉尘的爆炸性

悬浮于空气中的煤尘属于可燃粉尘，当其浓度达到一定范围时，在外界的高温火源（火焰、火花、放电、碰撞、摩擦）等的作用下能引起爆炸。因此，煤尘称为具有爆炸危险性的粉尘。煤尘只有在一定的浓度范围内才能发生爆炸。

这个爆炸范围的最低浓度称为爆炸下限，最高浓度称为爆炸上限。一般煤尘的爆炸下限为 114.0g/m^3。粉尘的爆炸性不仅与其浓度有关，同时与粉尘的粒度和湿度等也有关。

（五）气体中的粉尘浓度

单位体积气体中所含粉尘的数量，称为气体中的粉尘浓度，用 mg/m^3 或 g/m^3 表示。散发至空气中的粉尘浓度与密闭罩的形式及抽风点的位置有关。

三、湿法防尘（水力除尘）

用喷洒水雾（或其他液体）来湿润物料和尘粒，可以减少或消除粉尘散发，捕集已扬起的粉尘，以防止扩散。它是一种简便、经济、有效的防尘措施。

在煤的破碎、筛分和输送过程中加水，湿润煤，以抑制、减少和消除粉尘散发，或在产尘点对已产生的粉尘喷洒水雾，捕集飞扬的尘粒等措施，统称水力除尘。

水力除尘的控制阀门（一般采用电磁阀）一般都与设备连锁起来，在设备启动的同时将水力除尘投入，设备停止运行时将水力除尘水源关断。

水力除尘的加水量取决于煤量的大小、煤的原始含水量和最终含水量，可按下式计算，即

$$W = G(\phi_2 - \phi_1)K$$

式中 W——水力除尘总加水量；

G——处理煤量；

K——考虑蒸发和加水不均匀而附加的系数，一般取1.3～1.5；

ϕ_1——煤的原始含水量；

ϕ_2——煤的最终含水量，一般为8%～12%。

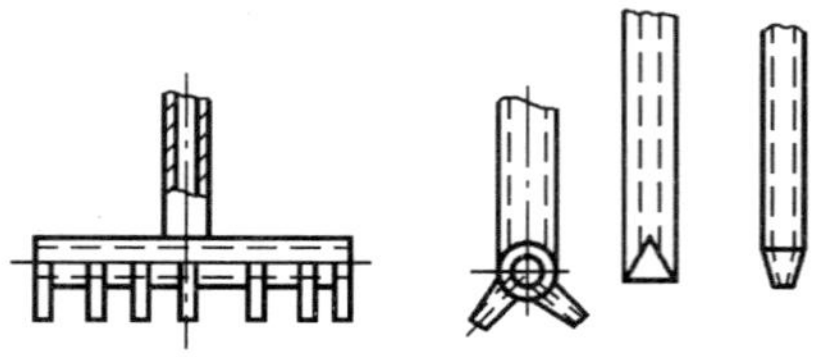

图9-7 喷水管

水力除尘的加水用具统称为喷嘴。喷嘴种类很多，在输煤系统中一般采用J字形多孔眼喷水管和砸扁了的鸭嘴形喷水管，如图9-7所示。

这两种喷水管一般都布置在各转运点导料槽出口处、卸煤沟和翻车机煤斗等处、固定加水点处。

水力除尘对供水的质量要求是：

（1）水中不应含有病菌和腐蚀性物质。

（2）水中固体悬浮物应不致堵塞喷嘴。

（3）水压应保证喷嘴造雾的最低要求，其大小应根据喷嘴的性能决定。一般喷嘴前的水压应不小于2×105Pa（$2kgf/cm^2$）。

四、除尘抽风量的确定

（一）胶带运输机转运点抽风量的确定

胶带运输机向胶带运输机转运煤时，空气受到落煤的诱导作用，从给煤胶带运输机头部带入，经落煤筒由下部受煤点的导煤槽出口扩散出来。因此，对导煤槽除做好密封外，落差较大的还应设抽风罩，以避免含尘气体逸出并扩散到空气中去。

胶带运输机由于煤的落差而产生粉尘，除尘抽风量可近似按下式确定，即

$$Q = Q_1 + Q_2$$

式中 Q——除尘抽风量，m^3/h；

Q_1——煤卸落带入罩内风量，m^3/h；

Q_2——为使罩内保持负压而由不严密处抽入罩内的风量，m^3/h。

（二）锤击式碎煤机除尘抽风量的确定

锤击式碎煤机在工作时与离心通风机很相似，转子和锤头类似风机的叶轮，因此其鼓风量较大。对于锤击式碎煤机，一般都将吸尘点设在排料口。

五、除尘设备

凡是能够将粉尘从气体中分离出来，使气体得以净化，粉尘得到回收的设备，统称为除尘设备，又称为气体的净化设备。

电厂输煤系统常用的除尘设备有旋风除尘器、电除尘器、袋式除尘器、水浴式除尘器、旋风水膜除尘器等。

（一）水浴式除尘器

水浴式除尘器是借助于水与含尘气体接触，利用液滴捕集粉尘，使气体得到净化的一种湿式除尘器。它是一种结构简单、造价低廉的除尘设备，可用砖石砌筑或钢板制作，便于现场制作安装，其结构如图 9-8 所示。

含尘气体由除尘风机经进气管进入除尘器后，在喷头处以较高的速度（8～12m/s）喷出，该股气流冲击淹没喷头的水面（淹没深度为 0.02～0.03m），将水冲击成强烈扰动的水雾、泡沫和水花，使含尘气体在此与水充分接触，粉尘被捕集下来，落入煤漏斗。气体通过水层后，以 2～3m/s 的速度缓慢上升，在上升过程中又与泡沫、水滴接触，使气体得到进一步的净化。纯净的气体上升至挡水板，除掉水滴后排入大气。这种除尘器由于水花、泡沫对粉尘能进行捕集，因此其净化效率较高。从有的电厂使用情况看，其净化效率可达 92.7%。

水浴式除尘器不仅适用于对一点尘源进行净化，同时对多点尘源也可进行净化。图 9-9 为某厂在煤仓间应用水浴式除尘器对多点尘源进行集中净化的系统布置图，其净化风量为 24 000m^3/h。

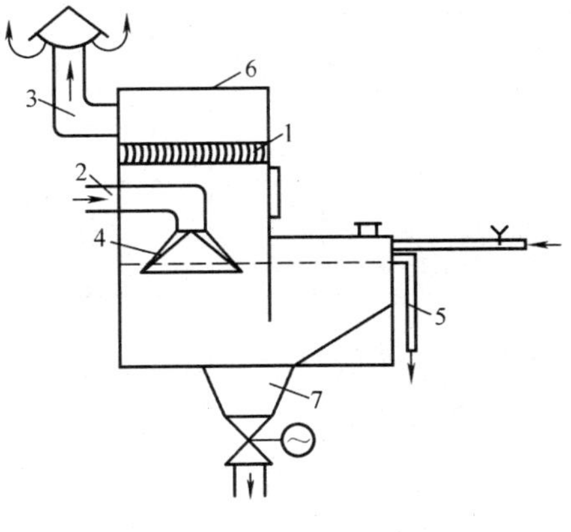

图 9-8 水浴式除尘器

1—挡水板；2—进气管；3—出风管；4—喷头；5—溢流管；6—盖板；7—煤漏斗

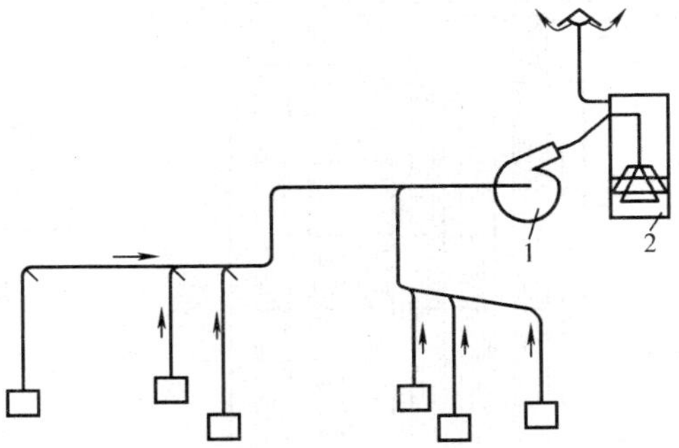

图 9-9 水浴式除尘器用于多点尘源的集中净化系统

1—风机；2—水浴式除尘器

水浴式除尘器对粉尘的适应性较强（适用于一切非水化粉尘的捕捉），设备投资少，钢材消耗少（当用钢板制作时，处理每立方米气体需钢材 0.125～0.15kg，而袋式除尘器则需 0.39kg），运行费用低，检修维护工作量小。但是，应用水浴式除尘器必须具备以下条件：要设有接收煤泥的沉淀池，在运行中要保证煤泥不会将排浆孔堵塞，除尘器中的水要经常更换，因此要备有充足的水源。

（二）袋式除尘器

袋式除尘器就是利用气体通过布袋对气体进行过滤的一种除尘设备。按其过滤方式可分为内滤和外滤两种；按清灰方式可分为机械振打式和压缩空气冲击式。

袋式除尘器捕尘的基本原理如下：

（1）重力沉降作用：含尘气体进入布袋除尘器后，颗粒大、比重大的粉尘在重力作用下沉降下来。

（2）筛滤作用：当粉尘的颗粒直径较滤料纤维间的空隙或滤料上粉尘间的间隙大时，粉尘在气流通过时即被阻留下来，称其为筛滤作用。当滤料上积存粉尘增多时，这种作用更显著。

（3）惯性力作用：气体通过滤料时，可绕纤维而过，而较大的粉尘颗粒在惯性力的作用下，仍按原方向运动，当与滤料相撞时而被捕获。

（4）热运动作用：质轻、体小的粉尘（1μm 以下）随气流运动，非常接近于气流流线，能绕过纤维。但它们受到热运动（即气体的不规则运动）的气体分子的碰撞后，便改变原来的运动方向，这就增加了粉尘与纤维的接触机会，使粉尘能够被捕获。

滤袋是袋式除尘器的重要组成部分，含尘气体的净化是通过滤袋来实现的。因此，袋式除尘器的净化效率、处理能力等基本性能在很大程度上都取决于过滤材料的性质。这就要求滤袋必须具有过滤效果好、容尘量大、透气性好、耐腐蚀、使用寿命长等性能。

目前在电厂输煤系统中常用的过滤材料有涤纶、尼龙、聚丙烯和玻璃纤维布等，其主要性能见表 9-1。

表 9-1　常用过滤材料的主要性能

名　称	抗拉强度（$\times10^5$Pa）	断裂延伸率（%）	耐磨性	耐热性（长期工作）（℃）
涤　纶	4.0～4.9	40～55	很好	130
聚丙烯	4.5～5.2	22～25	好	115
玻璃纤维	14.5～15.8	3～4	很差	240

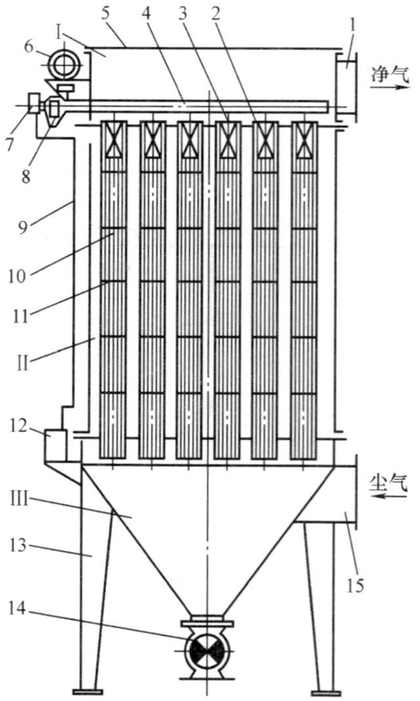

图 9-10　脉冲袋式除尘器工作原理
Ⅰ—上部喷吹箱；Ⅱ—中部滤尘箱；Ⅲ—下部灰斗
1—净气出口；2—花板；3—喇叭管；4—喷吹管；5—顶盖板；6—气包；7—排气阀；8—脉冲阀；9—信号导管；10—滤袋；11—滤袋框架；12—脉冲控制仪；13—支腿；14—排灰装置；15—含尘气体入口

脉冲袋式除尘器的特点是周期地向滤袋内喷吹压缩空气，以清除滤袋积灰。

脉冲袋式除尘器的工作原理如图 9-10 所示。

含尘气体由进口管进入器体后，分散到各个滤袋，粉尘被阻留在滤袋外侧，气体穿过滤袋即被净化，再经过喇叭管进入上部箱体，然后从出口管排出。积附在滤袋外侧的粉尘，一部分靠自重落入灰箱，余下的留在滤袋上，使设备阻力逐渐增加。为了保证设备阻力不超过一定值，每隔一定时间向滤袋内部喷吹一次压缩空气，将积附在滤袋外侧的粉尘吹下。

脉冲袋式除尘器按其不同规格，装有几排至几十排滤袋，每排滤袋都有一个执行喷吹清灰的脉冲阀，由控制仪控制脉冲阀，按程序自动进行喷吹。这样，每对滤袋进行一次喷吹清灰就称为一个脉冲；每次喷吹时间为脉冲宽度，约为0.1s；一条滤袋上两次脉冲的间隔时间称为脉冲周期T，为30～60s；喷吹压力为$6\times10^5\sim7\times10^5$Pa。

脉冲喷吹清灰原理是：从喷嘴瞬间喷出的压缩空气通过喇叭管时，从周围吸引几倍于喷出空气量的二次气体与之混合，而后冲进滤袋，使滤袋急剧膨胀，引起一次振幅不大的冲击振动，同时瞬间内产生由里向外的逆向气流，将积附在滤袋外侧的粉末抖落下来。

脉冲袋式除尘器脉冲控制器可分为机械脉冲控制器、无触点脉冲控制仪和气动脉冲控制仪等几种控制方式。

机械脉冲控制器是利用机械传动装置，直接地逐个触发脉冲阀进行喷吹。它的优点是容易掌握，工作可靠，维护方便，脉冲宽度较易调节，不受温度影响；缺点是脉冲周期固定，不能调整。

无触点脉冲控制仪由晶体管电路构成。其优点是脉冲宽度和周期可随意调节，适应性好，使用可靠，调节容易，并可实现远距离控制；缺点是要求维护管理水平较高，受环境影响较大，一般温度在－20～＋55℃，相对湿度在85%比较合适。

气动脉冲控制仪由气动脉冲组合仪表组成。其优点是脉冲宽度和脉冲周期可随意调节，可完全实现自动化；缺点是周期和宽度在使用一段时间后就要变化，不易调节，维修工作量大。

（三）电除尘器

电除尘器的工作原理如图9-11所示。当含有粉尘颗粒的气体通过接有高压直流电源的阴极（又称电晕极）和接地的阳极板之间所形成的高压电场时，由于阴极发生电晕放电，气体被电离。此时带负电的气体离子，在电场力的作用下，向阳极运动，在运动中与粉尘颗粒相碰，使尘粒荷以负电。荷电后的尘粒在电场力的作用下，向阳极运动，到达阳极后，放出所带电子，沉积于阳极板上。得到净化的气体排到除尘器外。

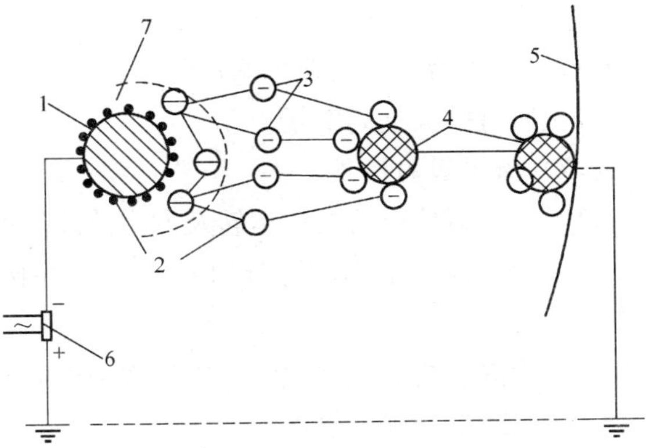

图9-11 电除尘基本原理

1—电晕极；2—电子；3—离子；4—尘粒；5—集尘极；6—供电装置；7—电晕区

电除尘器按气流方向可分为立式和卧式两类。在电厂输煤系统中应用的主要是卧式的，其结构组成如图9-12所示，它主要由高压发生器、电晕线、绝缘板、外壳等部分组成。

电除尘器电源系统由电源开关、升压变压器、高压硅整流器及电晕线等组成，如图9-13所示。

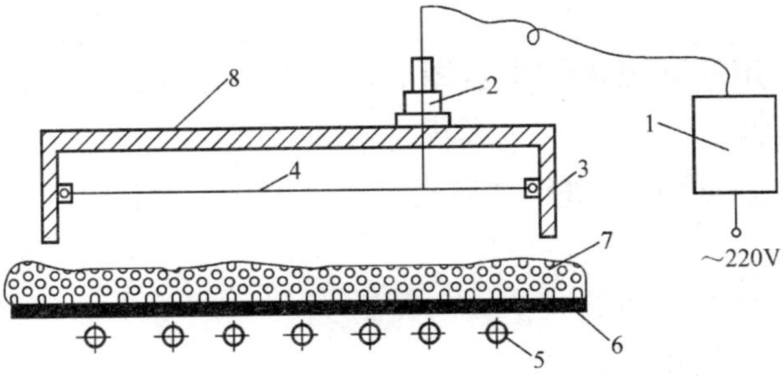

图9-12 电除尘器结构示意图

1—高压发生器；2—高压引入装置；3—绝缘板；4—电晕线；5—托辊；6—胶带；7—煤层；8—外壳

六、除尘器检查、操作及注意事项

（一）除尘器运行前的检查

（1）除尘器及其相关设备无检修工作，设备符合启动条件。

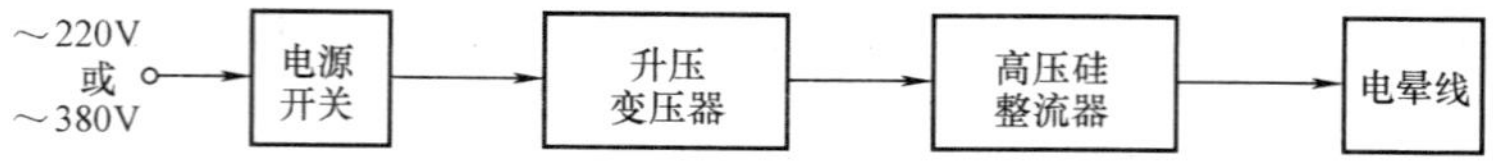

图 9-13 电除尘器电源系统方框图

(2) 现场控制箱上无警告牌，电源指示灯亮；各指示灯、按钮开关、切换开关完好，指示正确。

(3) 除尘器外观无变形裂缝，各部件连接良好。

(4) 各电动机外观正常，接地线良好，电源接线无松动和破损，各地脚螺栓齐全紧固。

(5) 离心风机各连接部件正常，各地脚螺栓、连接螺栓无松动。

(6) 各人孔、检查门完好，关闭严密。

(7) 各轴承完好，润滑良好。

(8) 电除尘器壳体内、绝缘子箱内确无杂物，各人孔门均已关闭严密、上锁。

(9) 各传动机构完好、转动灵活，各润滑点均有足够的润滑油。

(10) 电除尘器外壳和高压变压器正极接地应良好。

(11) 变压器应无漏油现象；检查所有要投入的控制开关板、报警、指示、信号系统正常，告诫所有的人远离电场。

(二) 除尘器的操作

(1) 除尘器检修后的试运转及发生故障后的处理，进行现场操作。

(2) 设备检查完毕，符合启动条件，并接到班长可以启动的指令后，方可执行启动操作。

(3) 检修后的除尘器试转，应先送上电源；现场控制箱上电源指示灯亮。

(4) 电除尘器现场操作。

1) 将控制柜上选择开关切至“就地”位置。

2) 按下“启动”按钮，电除尘器进入启动程序，并按程序的要求自动启动高压电源、风机、振打装置、排灰装置等。

3) 输送皮带停运后，电除尘器应继续运行 10min，然后再停机。停机时，按下“停机”按钮，电除尘器进入停机程序。

4) 将控制箱上选择开关切至“远方”位置，设备投入备用。

(5) 除尘器程控操作。

1) 手动操作时，在“CRT”屏幕上用鼠标点击除尘器图标，弹出操作画面后，选择“投入自动”，进行“启动”或“停止”操作。

2) 自动运行时，除尘器参加连锁，按程序自动进行“启动”或“停止”操作，与相应设备的启、停一一延时对应。

(三) 除尘器运行中的注意事项

(1) 除尘器运行中各部负压应正常，无漏粉现象。

(2) 电动机、离心风机、悬臂、清灰机构无剧烈振动，各连接螺栓无松动。

(3) 各设备均按设定动作时间，正确动作。

(4) 灰斗无堵灰现象。

(5) 各轴承温度正常。
(6) 各个电场的一次、二次电压、电流正常。
(7) 各振打机构、排灰系统运行正常。
(8) 除尘器运行时严禁打开各人孔门。
(9) 电除尘器的使用，必须在运行正常的情况下，才能投入高压送电系统。
(10) 发现异常情况时应停机检查，设备有故障无法正常投运时，应及时汇报班长。

七、除尘器的常见故障及处理

(1) 二次电流大，二次电压升不高，甚至接近于零。
1) 原因：
a. 收尘极板和电晕极之间短路。
b. 电晕极振打装置的绝缘子破裂，对地短路。
c. 积灰过多，粉尘堆积至电晕极框架。
d. 电晕极断线，线头接近收尘极。
2) 处理：通知检修处理。
(2) 二次电流正常或偏大，二次电压较低，发生电闪络。
1) 原因：
a. 两极间的间距变小。
b. 有杂物挂在极板或电晕线上。
c. 高压电缆击穿或漏电。
2) 处理：通知检修处理。
(3) 二次电压偏高，二次电流偏低。
1) 原因：
a. 电晕线肥大或放电不良。
b. 收尘极或电晕极的振打装置未开或失灵。
2) 处理：通知检修处理。
(4) 二次电压和一次电流不正常。
1) 原因：
a. 毫安表并联的电容器损坏造成短路。
b. 变压器至毫安表连接导线在某地短路。
c. 毫安表指针卡住。
2) 处理：通知检修处理。
(5) 二次电流、电压均正常，但效果不理想。
1) 原因：
a. 气流均布板孔眼被堵，均布不均匀。
b. 灰斗的阻流板脱落，气流发生短路。
c. 靠出口的排灰装置严重漏风，进口风量超标。
d. 粉尘二次飞扬。
2) 处理：通知检修处理。

（6）收尘效率降低。

1）原因：电场以外放电，闪络过于频繁。

2）处理：通知检修处理。

（7）电压偏低，一次电流偏大很多，上升很快。

1）原因：变压器有匝间短路。

2）处理：通知检修处理。

第六节 输煤系统的传感器

皮带机沿线保护装置是保证皮带正常运行和人员安全，提高输煤自动化水平的重要设施，而传感器的好坏是保护装置能否正常工作的主要因素。输煤现场用的传感器主要有拉线开关、跑偏开关、阻旋式料位计、堵煤检测装置、煤流检测装置、速度检测装置和限位开关（又称接近开关）。

根据输煤现场的实际情况，要求各类保护和检测装置密封性要高，能在潮湿、粉尘大的环境中长期工作；动作要可靠，以便于输煤程控系统能正常投入使用。

一、电子式限位开关

电子式限位开关是机械式行程开关的替代品，一般用来控制运动设备的极限位置或运动方向、速度，是一种依靠磁电或光电感应将设备的位置信号变成电信号来控制设备启停的低压传感元件。电子限位开关是固化密封结构，开关内无触点，开关与运动体不接触，耐粉尘、水、汽及防锈、防误能力比一般机械行程开关更好，而且其调整距离比较灵活，易于安装，接线方便，限位开关工作稳定可靠、寿命长、重复定位精度高、动作迅速、操作频率高，因此在大部分场合取代了机械式行程开关。

电子式限位开关的种类有电感式限位开关、电容式限位开关和光电开关等。

（一）电感式限位开关

常用的电感式限位开关的种类有高频振荡型（有源式）和磁铁型（无源式）等几种。高频振荡型限位开关的工作原理是利用磁电感应原理，来完成移动设备位置信号的传输，当装在运动部件上的金属体接近高频振荡器的感应头（即振荡器线圈）时，由于金属体内部产生涡流损耗，使振荡变弱，直至停止，于是开关就在无接触、无压力、无火化的情况下迅速发出控制信号，准确反映出运动机构的位置和行程。高频振荡型限位开关接近体是普通铁块构架即可，磁铁型限位开关使用时移动设备上应安装磁性块，感应距离都是5～10mm。

限位开关有两种接线方式，即串联和并联。接线时注意限位开关必须先经负载再接至电源，若直接将开关接至电源，则会使开关内部元件受损。

（二）电容式限位开关

电容式限位开关由两个同轴金属电极构成，很像打开的电容器电极，该电极串接在RC振荡回路内。当检测物体接近检测面时，电极的容量产生变化，使振荡器起振，通过后级整形放大转换成开关信号，从而达到检测有无物体存在的目的。适用于液态、粉状、粒状原料料位测量，机器定位及监控机器程序执行。

（三）光电开关

光电开关又称红外线光电传感器，由发射器、接收器和检测电路三部分组成，它是利用被检测物体对红外光束的遮光或反射来检测出物体的有或无。光电传感器检测物不局限于金属，对其他物体均可检测，而且检测距离是限位开关不能相比的。随着生产自动化程度的提高，光电开关的功能在不断完善，现已成为与PIJC相配套的系列产品。

1. 光电开关的三种类型

（1）透射型（又称对射式光电开关）是发射器（光源）与接收器相对放置，发射器发射的红外线直接照射到接收器上，当生产线上有物体通过时，将红外线光源切断遮挡住了，接收器收不到红外光，于是就发出一个信号。这种光电开关工作稳定性高，检测距离长，常用的有60m透过型对射式投光器和受光器，最长的可达100m。

（2）反射型根据红外光反射方式的不同，又分为镜反射（简称反射型）和被测物体反射（简称散射型）两种。反射型的接收部分和发射部分合做在一起，发射部分发射的红外光由反射镜反射回来，被接收部分接收，当生产线上的物体通过时，接收部分接收不到红外光，于是就发出一个信号。散射型是依靠被测物体对光的反射，接收器接收到物体反射的红外线时给出信号。

反射型与透射型相比，反射型单侧安装，安装和调试简单，并且还可以用于检测半透明的物体。散射型是三种中安装最简单的，不仅可以检测物体的有无，还可以检测物体的颜色，但检测距离最小。透射型检测距离较大，但调整较繁。

（3）槽型光电开关适合于测量高精度场合与物体的速度测量，安装简单，不需调节。

另外根据分类的不同，光电开关有常开型和常闭型、NPN型和PNP型、两线型和大电流型、交流型和直流型等，其使用指标列举如下：

电源电压：24V（10～30VDC）、220V、380V、110V。

负荷电流：50mA。

电压降（U_D）：指当在规定的条件下，电流流过限位开关时，在其实际输出端测量的电压值，2端子$U_D \leqslant 8V$（DC型）、$U_D \leqslant 10V$（AC型），3端子或4端子$U_D \leqslant 3.5V$（DC型）。

截止状态漏电流I_r：在限位开关截止状态下通过其负载电路的最大电流。2线$I_r \leqslant 1.5mA$（DC型）、$I_r \leqslant 3mA$（AC型），3、4线$I_r \leqslant 0.5mA$（DC型）。

2. 使用光电开关的注意事项

（1）高压线、动力线与光电传感器的配线若在同一配管或用同一线槽进行配线，则传感器会受到感应，有时会造成误动作或损坏，所以原则上传感器要另行配线或使用单独的配线管。

（2）电源电压必须符合要求。

（3）使用的环境温度在规定的范围内。

（4）要防止因振动、冲击产生误差。

（5）安装光电传感器时不得用锤子敲打，否则会损坏防水结构。

（6）在户外或有太阳光直接照射的地方容易产生误动作。

（7）在灰尘较多，腐蚀气体较多，水、油、药直接溅撒的场所会造成误动作。

（8）光电传感器不能直接和电源连接。

（9）原则上不能并联连接。

二、速度信号传感器

采用速度信号传感器可以准确地反映带式输送机发生的故障（如胶带打滑、减速等），并可作为系统启动连锁的控制保护元件。

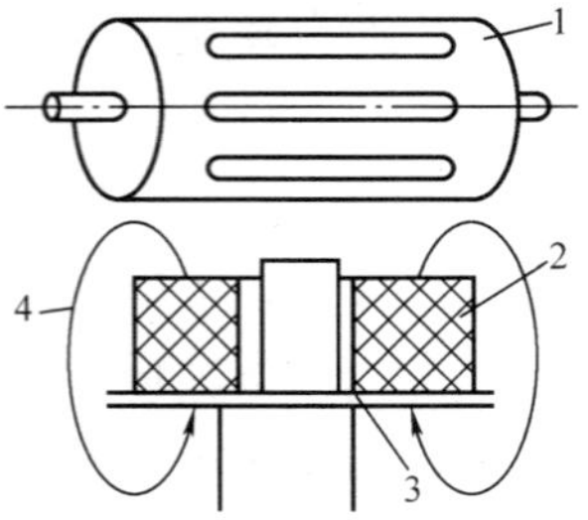

图 9-14 FYH 型速度信号发生器

1—开槽托辊；2—感应绕组；3—永久磁铁；4—磁力线

（一）FYH 型磁感应发生器

FYH 型磁感应发生器由永久磁铁、绕组、机体等部件组成。当将它作为速度信号传感器时，必须与带式输送机的转动托辊配合使用（要求安装在发送器旁的托辊开槽），如图 9-14 所示。

当带式输送机启动后，托辊相应转动。由于托辊开槽，因而引起磁感应发生器绕组磁通量变化，产生感生电动势。正常运行时，因托辊的转速基本是不变的，所以产生的感生电动势为一定值。当胶带出现打滑、过载等现象时，胶带速度明显下降，此时开槽托辊的转速也将明显下降，则感生电动势也变小，当小到规定值时，则控制速度继电器动作，由速度继电器控制带式输送机停机。

FYH 型磁感应发生器的输送电压可以通过改变开槽托辊的槽数及其与托辊间安装距离的大小进行调整。一般现场应用该型发生器时，其输出电压在 4～6V 范围内。

（二）由速度头及控制回路组成的速度传感器

由速度头及控制回路组成的速度传感器由压带轮、齿状叶片、磁铁及干簧管等组成，图 9-15 为其控制回路原理方框图。皮带的运动经压带轮带动齿状叶片转动（叶片为铁制），当这些叶片依次通过干簧管与磁铁之间的间隙时，干簧管便通、断交替地动作，并发出一定频率的脉冲信号。这一信号送入电子回路，经整形和微分后，变成频率与速度成正比而幅值稳定的尖脉冲，去触发定时单稳回路，从而输出随速度变化的方波电压。该电压经恒流回路向电容充电，电容两端的电压与速度成正比，通过斯密特触发器推动输出继电器动作。在控制回路中，采用了两套信号触发器，其目的是为了得到两个不同的带速动作值。

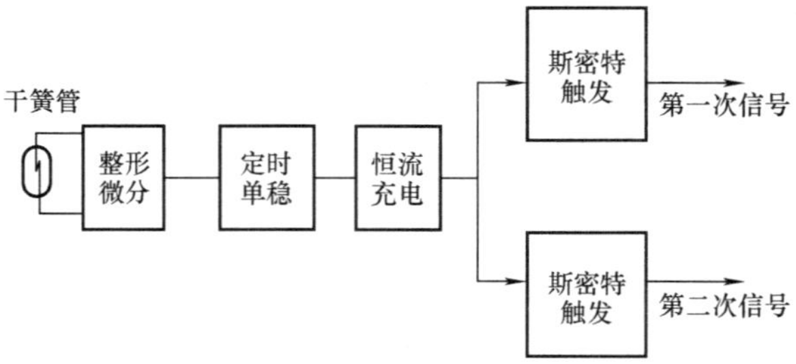

图 9-15 控制回路原理方框图

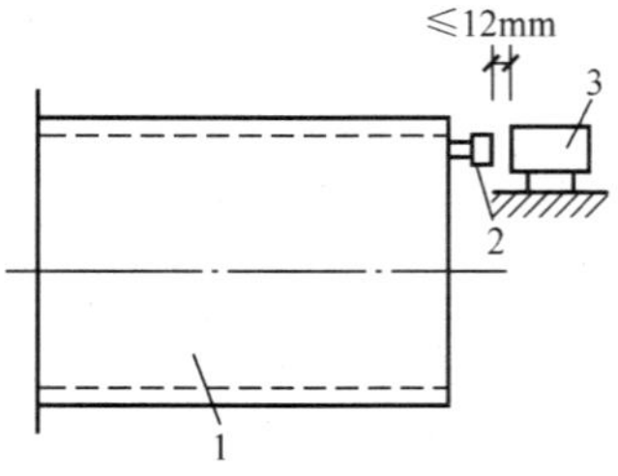

图 9-16 XJSBH-70/150 型速度继电器安装示意图

1—从动滚筒（或改向滚筒）；2—金属检测体（金属凸块）；3—接近开关

在使用中，一般将带速动作值整定为皮带速度的 90% 与 75%，前者可供皮带轻度打滑发信号用，而后者则作为连锁停机用。若不需要打滑信号，可以只用其中任一级输出信号。

（三）XJSBH-70/150 型速度继电器

XJSBH-70/150 型速度继电器由放大器箱和作为速度信号用的无触点接近开关组成，其安装方法如图 9-16 所示。

当胶带正常转动起来以后，从动滚筒滚动（或改向滚筒随之旋转），安装在从动滚筒端头的金属检测体亦随之转动。每转动一周即通过接近开关一次，产生一个脉冲信号。带式输送机达到正常运行速度时，感应出来的电压维护一定压差。当输送机的速度降低时，意味着在单位时间内充放电时间之比增加（即脉冲次数减小），使电位差增大。此时表示胶带机处于故障、事故情况下，起到两种保护作用：当转速降到额定转数的70%时，15s后切断主电动机电源；当转速降到额定转速的40%～50%时，5s后切断主电动机电源。

本继电器适用于从动滚筒的转速为70～150r/min的带式输送机。

（四）60-23P型低速开关

60-23P型低速开关（欠速开关）是美国拉姆齐公司为监测轴转速或其他旋转设备而设计的一种通用、简单的保护装置。这种开关放置在防风雨、抗腐蚀的外壳内，可工作在恶劣的环境之下。此开关类似于XJSBH-70/150型速度继电器，也是一种非接触的接近型开关，安装时只需两条螺栓固定。当设备的转速下降到可调设置值时会报警，并有触点输出，其外形如图9-17所示。

图9-17 60-23P型低速开关外形图

60-23P低速开关的主要技术指标如下：

（1）电压：110/220VAC+15%。

（2）频率：47～62Hz。

（3）工作温度范围：－20～＋65℃。

（4）报警触点：一个常开，一个常闭（2A250VAC非感负载）。

（5）转速范围：60～600r/min。

（6）最大感应距离：10mm。

（五）JCDKT2-3060-Ⅱ型速度监控保护装置

这种装置由四部分组成，即JCT2-30型双头感应头或JCT2-60型双头感应头、JCSK速度开关继电器、JCDH1-Ⅰ级打滑继电器、JCDH2-Ⅱ级打滑继电器。

JCT2-60型双头感应头通过轴套键将其中心轴与从动滚筒的中心轴连接起来，使胶带机从动滚筒与感应头转速同步，或采用JCT2-30型双头感应头，靠装于皮带上的触轮转动，带动感应头的中心轴及齿轮同步旋转，便在感应头内感应出相应的脉冲电压信号。这个反映皮带机速度的脉冲电压信号送入电子回路后，经继电器面板接线端子进入继电器的放大器，经整流放大后，供给一泵电路。泵电路的作用是在电容上积累电荷，并与输入信号的幅值无关（电路无限幅器），而仅与其频率有关。当其电容上的电压值不小于继电器整定值时，继电器马上动作（由正反馈放大电路所驱动）；当外来频率小于继电器整定的释放频率值时，继电器马上释放。继电器电路原理框图如图9-18所示。

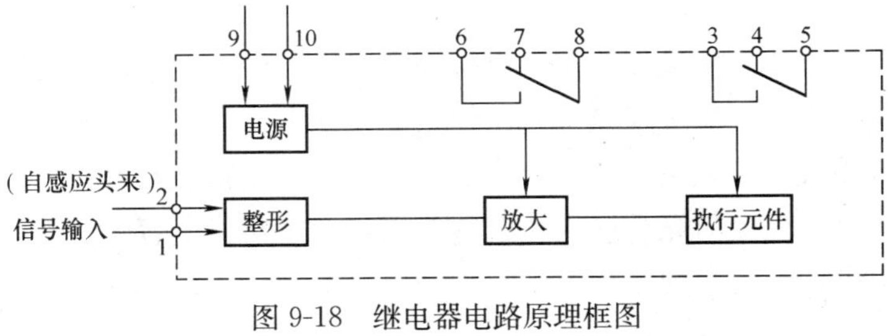

图9-18 继电器电路原理框图

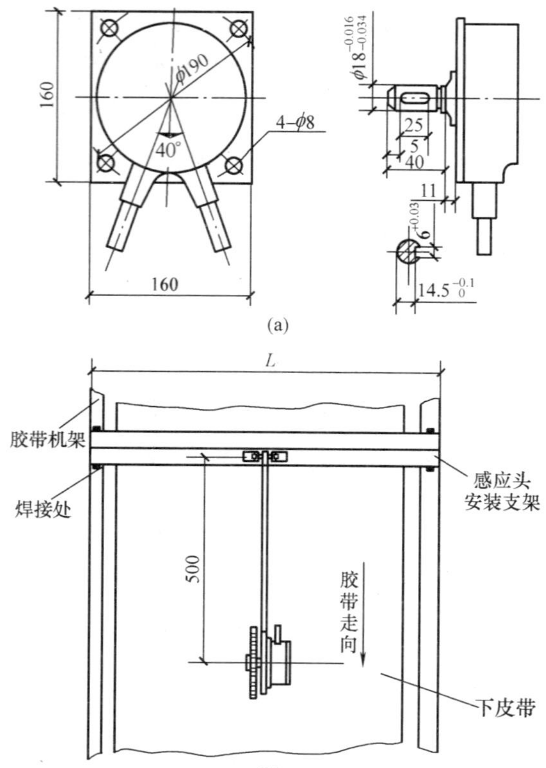

图 9-19 JCDKT2-3060-Ⅱ速度监控保护装置
(a) 双头感应头外形；(b) 双头感应头安装示意图

该装置的“双头感应头”与打滑继电器或速度开关继电器配套使用时，可达到不同的目的。

打滑保护继电器与感应头配套使用时，可以检测皮带机从动滚筒的工作状态，以防止其出现胶带与主动滚筒打滑造成事故。

速度开关继电器与双头感应头配套使用时，可用于皮带机的连锁启动和连锁停机。图 9-19 为双头感应头外形及安装示意图。

三、煤仓煤位信号

煤仓煤位信号在输煤系统的程序配煤中决定犁煤器的自动抬落，同时还可以使集控值班员直观地知道煤仓中储煤量的动态情况（使用连续显示煤位高低动态检测装置时），从而合理地安排设备的启、停时间。

目前国内外发展的煤仓煤位检测装置形式很多，大体上可分为固定式和移动式两大类。

（一）固定式煤仓煤位检测装置

固定式煤仓煤位检测装置有电极式、光电式、机械式、超声波式、γ射线式、声纳式、射频导纳式等。在电厂中应用得最多的是电极式，而电极式又有电容型和电阻型之分。根据现场使用效果来看，一般采用电阻型较为准确，反映信号也稳定。

（1）电阻式。电阻式煤位信号发生器由信号继电器和煤位电极组成，其原理如图 9-20 所示。煤位电极一般悬挂在煤仓顶部，根据不同煤位的要求，其电极长度也不同。电极一般采用钢丝绳制作。钢丝绳底部应加一小重锤（圆柱形），以拉直钢丝绳。电极也有采用其他导体的。

电阻式煤位变送器（信号发生器）是利用电极与煤接触前后电阻值的改变来检测煤位的。当煤仓煤位上升到某一位置接触到电极时，由于电阻值（煤电阻）的变化，而引起变送器内信号继电器的动作，当煤位下降离开电极时，信号继电器复归。

（2）电容式。电容式煤位检测装置也由探头和变送器两部分组成，如图 9-21 所示。

电容式煤位检测装置的探头与原煤仓壁相当于一个电容，其电容量取决于探极与原煤仓壁之间的介质，当探极未被煤覆盖时电介常数为 ε_1（空气通常为 $\varepsilon_1=1$），当探极被煤覆盖后电介常数变为 ε_2。此时探极与煤仓壁间隙电容增大，变送器将电容量的变化转换成一个继电器开关信号传送出去，然后参加系统控制。

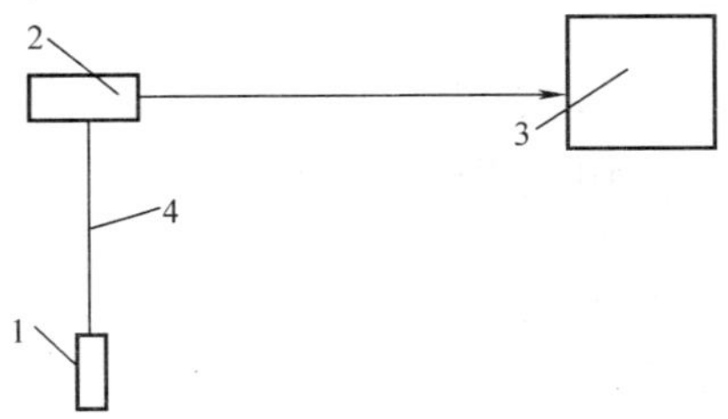

图 9-20 电阻式煤位信号原理图

1—重锤；2—电极绝缘座；3—变送器；
4—钢丝绳电极

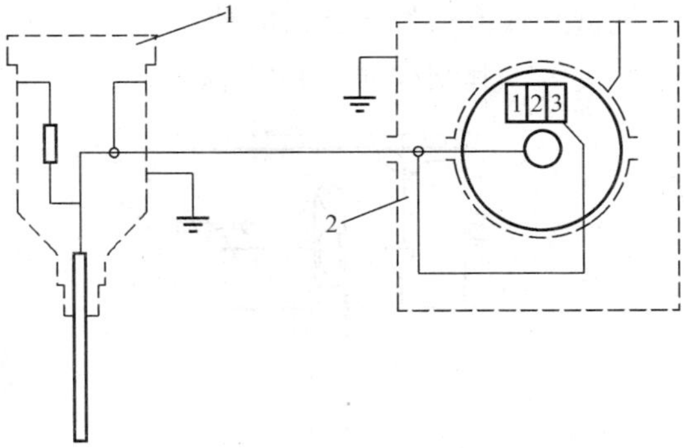

图 9-21 电容式煤位信号原理图

1—电容式探头；2—变送器

(二) 移动式煤仓煤位检测装置

目前在输煤系统中应用的主要是重锤式煤仓煤位检测装置。重锤式煤仓煤位检测装置由电动执行机构、计算机智能控制器及显示装置等组成。图 9-22 为 CW-1001 型智能物位检测装置原理方框图。

CW-1001 型智能物位检测装置采用计算机控制，设计有各种物位触头，任意长度的传动钢带，适应煤仓煤位的测量。其特点如下：

(1) 采用计算机控制，触头的各种运动情况全部编入计算机软件，对意外情况计算机有自适应和自恢复功能。

(2) 测量分辨率为 30mm，测量周期小于 20s，4～20mA 输出。

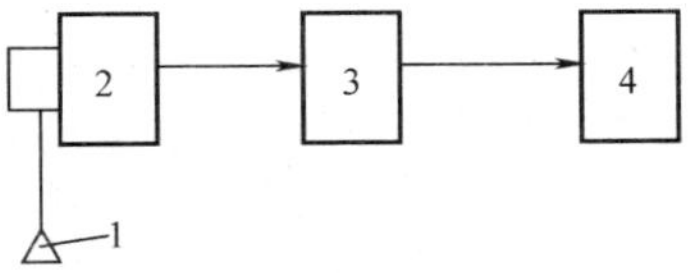

图 9-22 CW-1001 型智能物位检测装置原理方框图

1—物位触头；2—电动执行机构；
3—智能控制器；4—显示装置

煤仓煤位检测装置从目前的发展应用情况来看，连续动态显示料位高低的装置更适用于大电厂大煤仓的煤位检测。电极式（包括电阻型和电容型）煤位检测装置由于仅能反映煤仓煤位的高、低两个极限位，在程控配煤时值班员无法知道各原煤仓煤位的动态变化情况，如果等出现低位报警时再进行配煤，将使整个配煤过程处于紧张盲目的状态，只有连续显示煤位情况时，值班员才能及时、主动地给各个原煤仓均衡地配煤，就现在国内外的发展情况来看，超声波式、射频导纳式、γ 射线式、声纳式等更适合大电厂大煤仓对煤位的动态检测。

四、煤流信号传感器

采用煤流信号传感器可以向集控值班员提供各条带式输送机上煤流状况，还可以有效地进行远控操作，防止和减少带式输送机长时间空载运行，并在运煤结束时停止带式输送机及相应的给料设备。目前，国内使用的有以下几种。

(一) 机械式煤流信号传感器

该种煤流信号传感器是利用杠杆原理进行工作的。当带式输送机空载运行时，摆杆处于垂直位置，此时检测器碰撞杆处于 0 位，其上的微动开关（或接近开关等）未动作，不发信号；有煤时，摆杆抬起，并触动微动开关（或接近开关等）发出有煤信号（触点闭合）。

机械式煤流信号传感器的动作元件一般包括微动开关、无触点电子接近开关、干簧管和水银开关等，其结构如图 9-23 所示。

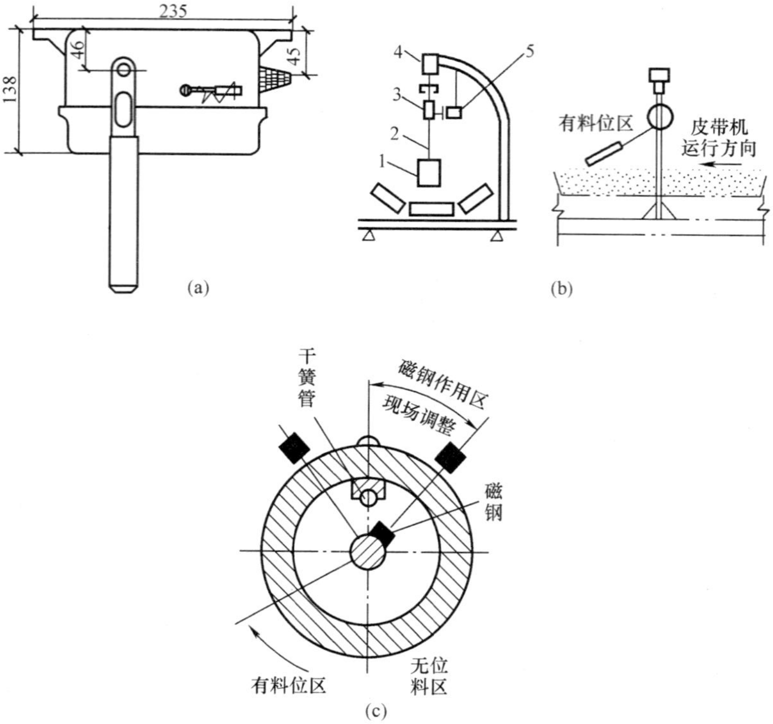

图 9-23 机械式煤流信号传感器示意图

（a）微动开关；（b）电子接近开关；（c）干簧管

1—挡板；2—摆杆；3—金属检测体；4—吊架；5—接近开关

（二）倾斜开关式煤流信号传感器

倾斜开关实际上也可以是一种机械式煤流信号传感器，该种开关结构简单，现场安装方便，维护量极小，是一种较实用的煤流检测装置。现以美国拉姆齐公司的倾斜开关为例介绍其特点如下：

（1）结构坚固、抗磨损、抗腐蚀。

（2）安装简便。

（3）控制装置为硬质印刷电路板结构。

（4）可调时间延迟达 10s，以防误动作。

（5）当物料升高使探头偏离其垂直位置 15°以上时，倾斜开关动作，水银开关被精确地定位，无论向哪个方向倾斜，开关均可可靠动作。

（6）控制装置内有一跳接线允许将开关垂直状况或倾斜状况定为“正常”状态。

（7）有两个动合、两个动断输出触点。

（8）线路电源的中断会引起继电器动作。

其使用方法如图 9-24 所示。

五、事故拉线开关

输煤设备在运行中可能发生各种故障，有些故障可以通过保护装置或信号在集控室内显示出来，有些故障必须由现场值班人员在发现故障时，随时停止设备的运行。因此，在输煤系统各设备现场都要装设事故开关。

带式输送机的事故开关一般都采用安装在机架侧面的拉线开关，拉线的一头拴于开关的杠杆上，另一头固定在开关有效拉动范围的机架上或另一开关的杠杆上。当带式输送机发生意外情况时，值班人员可在带式输送机全长的任一部位拉动钢丝绳，使开关动作，停止设备运行。

目前火电厂应用的拉线开关有自复位式和锁定式两种，其内部的开关有机械式的微动开关也有电子式的接近开关。

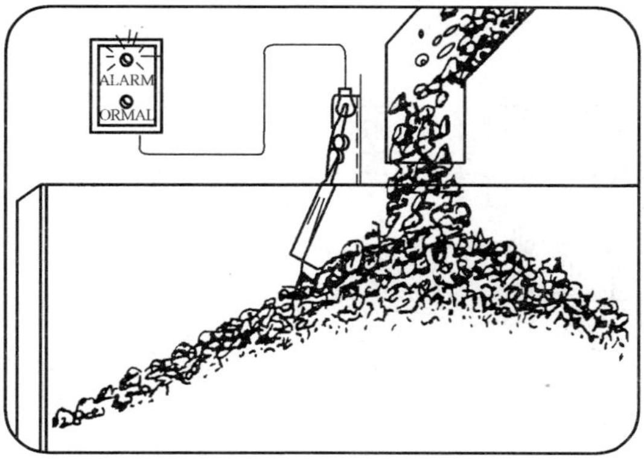

图 9-24 倾斜开关式煤流信号传感器示意图

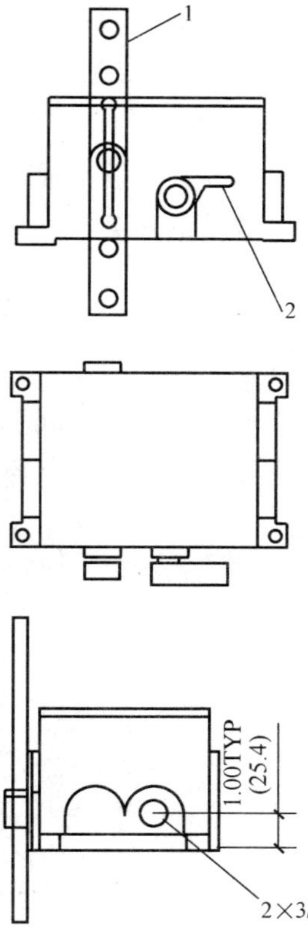

图 9-25 SPS-2-3 型拉线开关外形图
1—拉杆；2—复位手柄

从目前的使用来看接近开关便于维护更换，比较适用于潮湿水多的场合。图 9-25 为美国拉姆齐公司所生产的 SPS-2-3 型拉线开关的外形三视图。

SPS-2-3 型拉线开关的技术参数如下：

（1）锁定角度：20°。

（2）拉力：35.58～80.07N。

（3）开关间的最大间距：61m，每 3m 有一个支撑点。

六、皮带跑偏信号传感器

为了防止带式输送机在运行中胶带跑偏，从带式输送机的机械调整和防跑偏方面采取有效的措施（如加装机械式自动调偏器）是十分必要的。但为了防止胶带严重跑偏而造成事故，还必须在带式输送机的头部、尾部和拉紧装置处装设胶带跑偏装置，作为事故开关，能及时停止带式输送机运行，防止事故扩大。目前国内生产的跑偏开关一般具有两级动作功能。一级动作用于报警，二级动作用于停机。同时开关体侧面有一用来短接两停机触点的按钮，使皮带机瞬间动作，便于调整皮带机恢复到正常工作位置。

下面以 KPT1-12-30 型皮带跑偏开关为例，介绍其主要技术参数。

（一）主要技术参数

（1）动作角：一级报警为 12°，二级停机为 30°，极限为 60°。

（2）作用力矩：2.25～2.65N·m。

(3) 额定电压：≤380V。

(4) 额定电流：2A。

(二) 安装方法

(1) 跑偏开关一般都成对安装在皮带机两侧。对较长的皮带机在皮带机的头、尾两段各安装一对皮带跑偏开关。

(2) 跑偏开关立轴与皮带机带边垂直，且带边位于开关立辊高度的$\frac{1}{2}$处以下，立辊下底面以上为宜。

(3) 立辊距皮带边缘间隔 L 一般定为皮带自然跑偏量加 50mm 左右为宜，但也可根据现场的使用经验来确定。其原理示意图如图 9-26 所示。

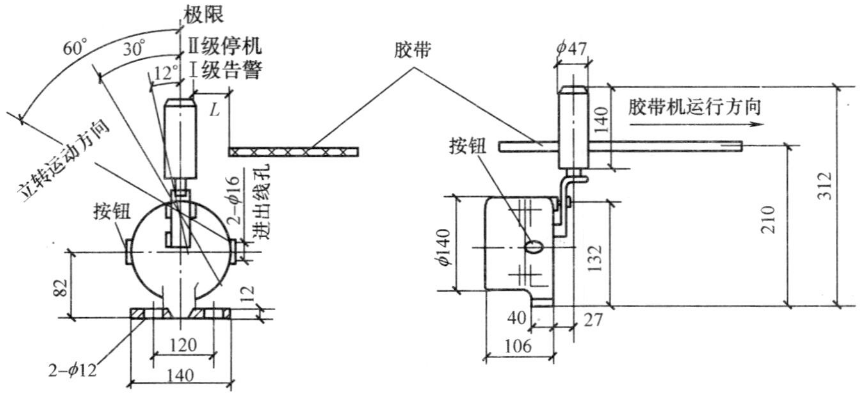

图 9-26 KPT1-12-30 跑偏开关原理示意图

七、皮带纵向撕裂信号传感器

皮带的纵向撕裂属于恶性事故，会给国家带来严重损失。根据对胶带纵向撕裂（划破）所做的工业性试验表明，当胶带纵向划破后，裂缝两侧的皮带因重力作用而交叉重叠在一起，几乎没有漏煤现象，故欲以漏煤进行检测的各种方法均不能可靠动作。考虑到胶带的划破大多是因落煤管中有长的或大的异物落下并卡于落煤管出口所致，所以采用活门式的纵向撕裂胶带传感器可以收到较好的效果。如图 9-27 所示，该装置将落煤管出煤侧壁做成活门，当有异物卡住时，将活门顶开，并推动接近开关动作发出信号。

需要指出的是，由于在实际运行中皮带的纵向撕裂很少发生（输煤系统也许几年才有可能发生一次），纵向撕裂传感器安装到现场后，将在恶劣的环境下运行很长时间，所以其转动部分及电气部分很可能因时间太长而发生锈蚀、卡死，以及传感器老化、自然失灵等现象，如果检修、运行人员不对其定期地进行检查、试验，则关键时刻往往早已失效、损坏，事实上起不到保护皮带的作用，因此除一些必要的地方外不需处处装设此装置。需要装设的地方也应经常对其进行检查维护，方可起到应有的作用。

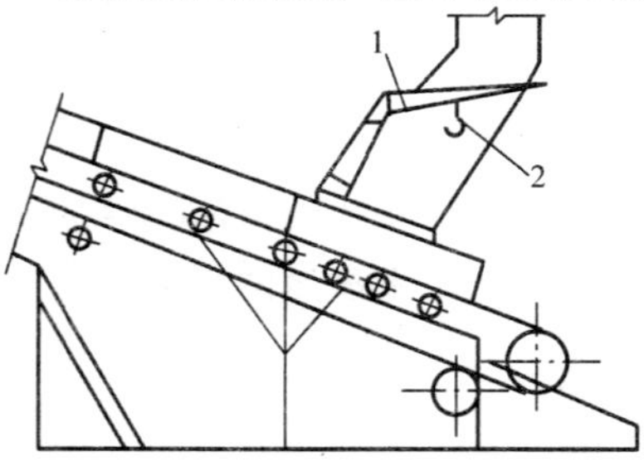

图 9-27 活门式皮带纵向撕裂信号传感器工作示意图

1—活门；2—接近开关

输煤设备的集中控制能否顺利进行，外围设备（各种传感器）的正常与否起着关键作用。集中控制室的各种信号都是从外围设备输送而来，外围设备一出问题，控制室的值班人员就失去了操作的依据。同时，作为控制用的各种功能板，PC机的I/O模块也就不能正确动作，程序控制就无法进行。因此，运行人员必须定期地巡视和检查外围设备，发现异常时，及时处理。对于程序控制的外围设备的巡视和检查，一般每班检查两次，检查项目就是前面提到的各种传感器。

八、温度和振动传感器

温度和振动传感器主要用于碎煤机等重要设备的监控，用来监测碎煤机两端轴承处的温度和振动。当温度值或振动值超限时，仪器会自动发出报警或断电信号，并能在液晶显示屏上或电脑上显示轴承温度值和振动位移值。

碎煤机监控仪的核心部件也是一个微型计算机，将温度和振动传感器的信号引入电脑经过处理后，可在现场控制箱内配以液晶显示器或将信号直接引入程控系统由集控室远程监控，通过装在碎煤机两端轴承座上的温度和振动组合传感器，能同时监测、显示两个轴承的垂直振动、水平振动和轴承温度六个参数。其应用举例如表9-2所示。

表9-2 SCJ-2型碎煤机监控仪测量参数和精度

项目	测量参数	测量范围	分辨率	精度	警告限	断电限
机侧（有电机侧）	垂直方向振动位移	0～500μm	1μm	±5%	180μm	300μm
	水平方向振动位移	0～500μm	1μm	±5%		
端侧（无电机侧）	垂直方向振动位移	0～500μm	1μm	±5%		
	水平方向振动位移	0～500μm	1μm	±5%		
机侧	轴承温度	0～100℃	1℃	±1%	60℃	80℃
端侧	轴承温度	0～100℃	1℃	±1%		

碎煤机监控仪控制面板上有各种功能按钮，可通过这些按钮设置数据，根据实际工作情况，改变各变量的警告值和断电值。随着碎煤机的运行，各项参数实测值随时变化，反映出碎煤机的振动位移和轴承的温度变化。为了防止破碎大块时的干扰，可设置为参数超过断电限连续3s后才有效。

碎煤机监控仪运行注意事项如下：

（1）现场监控仪为防尘结构，平时要盖好，以防灰尘进入仪器。

（2）温度和振动组合式传感器不得随意打开。

（3）声音报警装置不得拆除。

（4）液晶对比度保护盖板使用后要盖好。

（5）保护开关在不用时必须保持在OFF状态。

九、超声波

（一）超声检测

1. 超声检测的物理基础

振动在弹性介质内的传播称为波动，简称波。频率在16～2×10^{4}Hz之间，能为人耳所听到的机械波，称为声波；低于16Hz的机械波，称为次声波；高于2×10^{4}Hz的机械波，称为超声波。声波的频率界限如图9-28所示。当超声波从一种介质入射到另一种介质时，

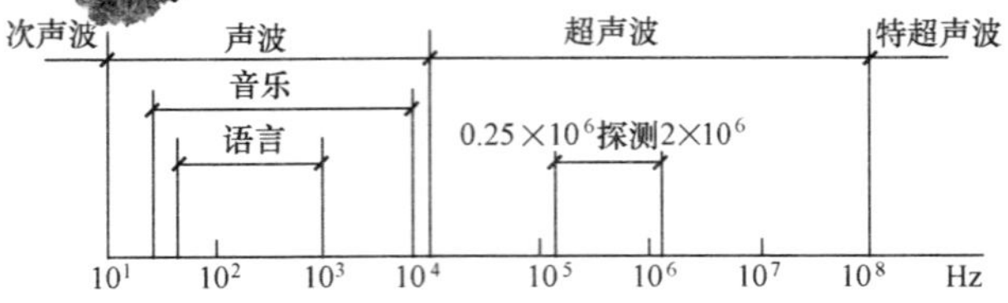

图 9-28 声波的频率界限

由于在两种介质中的传播速度不同，在介质界面上会产生反射、折射和波型转换等现象。

（1）波的反射和折射。

由物理学知，当波在界面上产生反射时，入射角 α 的正弦与反射角 α' 的正弦之比等于波速之比。当入射波和反射波的波型相同时，波速相等，入射角 α 即等于反射角 α'，如图 9-29 所示。当波在界面外产生折射时，入射角 α 的正弦与折射角 β 的正弦之比，等于入射波在第一介质中的波速 c_1 与折射波在第二介质中的波速 c_2 之比，即

$$\frac{\sin\alpha}{\sin\beta}=\frac{c_1}{c_2}$$

（2）超声波的波型及其转换。

当声源在介质中的施力方向与波在介质中的传播方向不同时，声波的波型也有所不同。

质点振动方向与传播方向一致的波称为纵波，它能在固体、液体和气体中传播。

质点振动介于纵波和横波之间，沿着表面传播，振动随着深度的增加而迅速衰减的波称为表面波，它只在固体的表面传播。

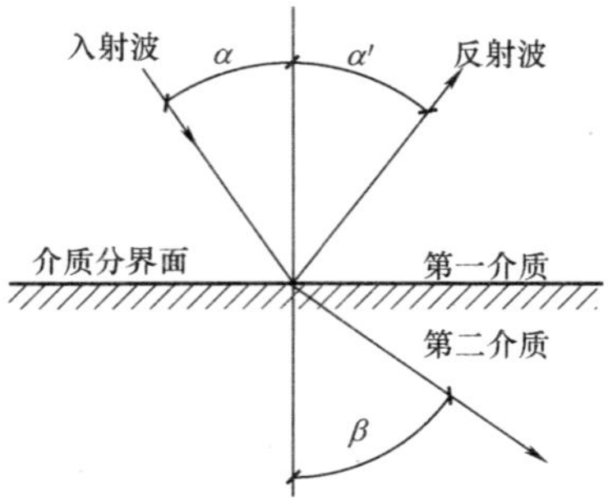

图 9-29 波的反射和折射

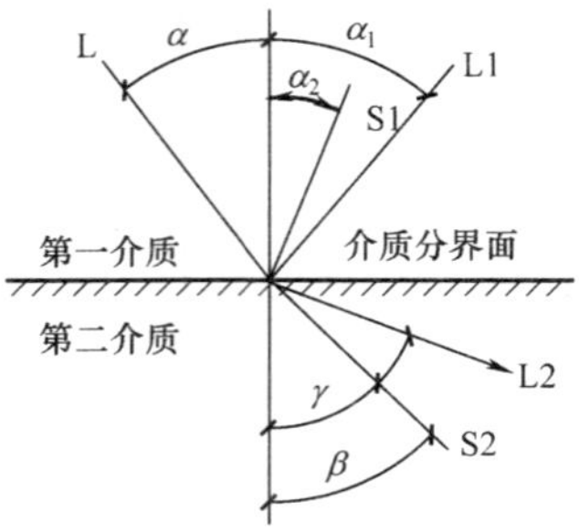

图 9-30 波型转换图

L—入射波；L1—反射波；L2—折射纵波；

S1—反射横波；S2—折射横波

当声波以某一角度入射到第二介质（固体）的界面上时，除有纵波的反射、折射以外，还会发生横波的反射和折射，如图 9-30 所示。在一定条件下，还能产生表面波。各种波形均符合几何光学中的折射、反射定律，即

$$\frac{c_L}{\sin\alpha}=\frac{c_{L1}}{\sin\alpha_1}=\frac{c_{S1}}{\sin\alpha_2}=\frac{c_{L2}}{\sin\gamma}=\frac{c_{S2}}{\sin\beta}$$

式中 α——入射角；

α_1、α_2——纵波与横波的反射角；

γ、β——纵波与横波的折射角；

c_L、c_{L1}、c_{L2}——入射介质、反射介质与折射介质内的纵波速度；

c_{S1}、c_{S2}——反射介质与折射介质内的横波速度。

如果介质为液体或气体，则仅有纵波。

（3）声波的衰减。

声波在介质中传播时，随着传播距离的增加，能量逐渐衰减，其衰减的程度与声波的扩散、散射、吸收等因素有关。

在平面波源情况下，距离声源 x 处的声压 p 和声强 I 的衰减规律为

$$p = p_0 e^{-\alpha x}$$

$$I = I_0 e^{-2\alpha x}$$

式中 p_0、I_0——距声源 $x=0$ 处的声压和声强；

e——自然对数的底；

α——衰减系数，Np/cm。

若 α' 为以 dB/cm 表示的衰减系数，则 $\alpha'=20\lg e\cdot\alpha=8.686\cdot\alpha$，此时 $p=p_0e^{-\alpha x}$ 与 $I=I_0e^{-2\alpha x}$ 相应变为 $p=p_0\cdot10^{-0.05\alpha' x}$ 与 $I=I_0\cdot10^{-0.1\alpha' x}$。如觉得 dB/cm 太大，可以 10^{-3} dB/mm 为单位，这时对于一般检测频率仪器，其 α' 值为一到数百。例如水和其他低衰减材料的 α' 为 $1\times10^{-3}\sim4\times10^{-3}$ dB/mm。

2. 超声波探头

超声波探头是实现声、电转换的装置，又称超声换能器或传感器。这种装置能发射超声波和接收超声回波，并转换成相应的电信号。

超声波探头按其作用原理可分为压电式、磁致伸缩式、电磁式等数种，其中以压电式为最常用。图 9-31 为压电式探头结构图，其核心部分为压电晶片，利用压电效应实现声电转换。

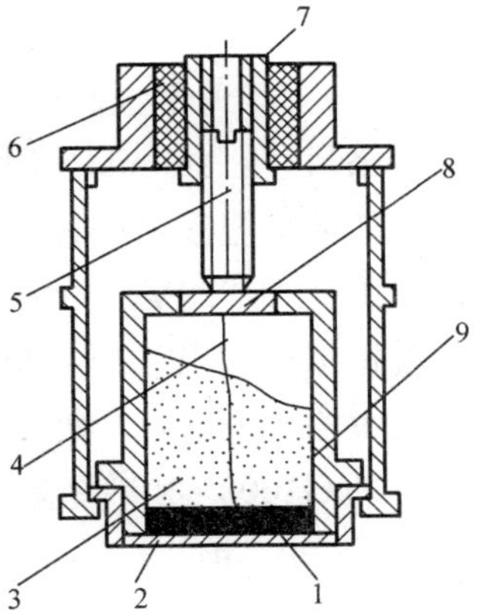

图 9-31 压电式探头结构图

1—压电晶片；2—保护膜；3—吸收块；4—接线；5—导线螺杆；6—绝缘柱；7—接触座；8—接线片；9—压电片座

3. 超声波检测技术的工作原理

图 9-32 所示为脉冲回波测量料位的工作原理图，它依靠安装在料仓顶部的探测器不断发射固定频率的超声波，经被测物料表面漫反射，其可测定的回波部分被探测器接收，根据超声波往返的时间即可换算出反射物料表面与探测器之间的距离，显然料仓料位也可由下式算出，即

$$H = L - c\cdot\Delta t/2$$

式中 L——仓深，m；

H——料位，m；

c——空气中的声速，m/s；

Δt——往返时间，s。

4. 超声波检测技术的应用实例

超声波检测技术在火电厂输煤系统中主要用于原煤仓煤位的检测，下面以江苏省常州市国营武进第一机械厂的 KG1004P 型产品为例加以说明。

(1) 系统组成。

KG1004P 型超声料位计由三部分组成，如图 9-33 所示。

(2) 技术参数。

1) KG1004P·1 型主控箱。

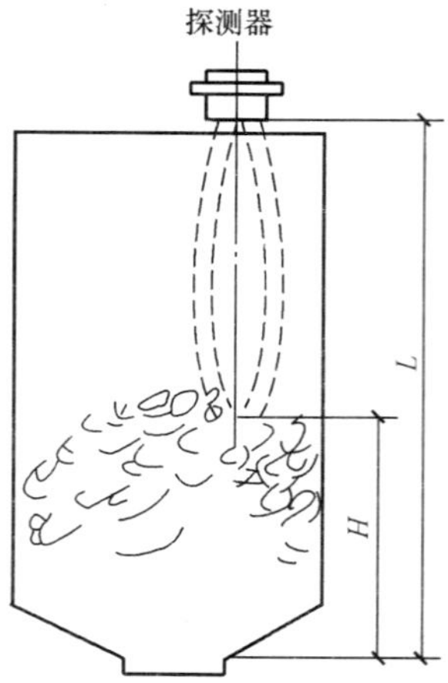

图 9-32 脉冲回波测量料位工作原理

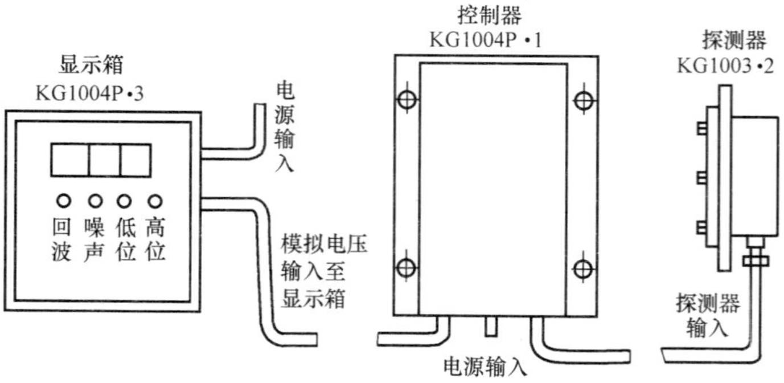

图 9-33 KG1004P 型超声料位计装置组成

外壳：A3 薄钢板。

规格尺寸：240mm×310mm×150mm。

工作环境温度：－10～＋40℃。

电源：AC220V，50×(1±5％)Hz。

模拟信号输出：4～20mA。

最大输入电阻：500Ω。

2）KG1003・2 型探测器。

外壳：A3 钢。

规格尺寸：320mm×88mm。

工作环境温度：－10～＋40℃。

温度补偿：整体式。

工作频率：20～24kHz。

盲区：最小值为 1.5m；最大值为 3m。

量程：最大值为 25m（料仓直径 $D \geqslant 5$m）。

3）KG1004P・3 型显示箱。

料位显示：三位 LED 数字显示。

高位报警：右 1ϕ5 红发光二极管。

低位报警：右 2ϕ5 绿发光二极管。

噪声：左 2ϕ5 红发光二极管。

回波：左 1ϕ5 绿发光二极管。

输出：一对 220V AC、1A 的动合、动断触点。

（3）安装。

1）KG1004P・1 应安放在不易碰撞到且便于观察的墙壁上，主控箱至探测器之间距离应不大于 10m。

2）KG1004P・3 可安装在控制屏上，显示箱至主控箱之间距离不大于 200m。

3）KG1003·2必须安装在料仓顶部的合适位置，探测器在料仓上的安装位置必须正确，否则不能正常工作。正确安装位置的选择原则是：探测器发射面要对正料面；发射的超声波声柱要避开进料口的物料流和料仓里的固定构件（如仓里的横梁等），安装位置不能靠近仓壁。建议探测器安装在料仓的顶部1/2R处（R为料仓的半径），并可通过安装架与仓顶紧固连接。图9-34为探测器在仓顶的安装位置正确与否的示例。

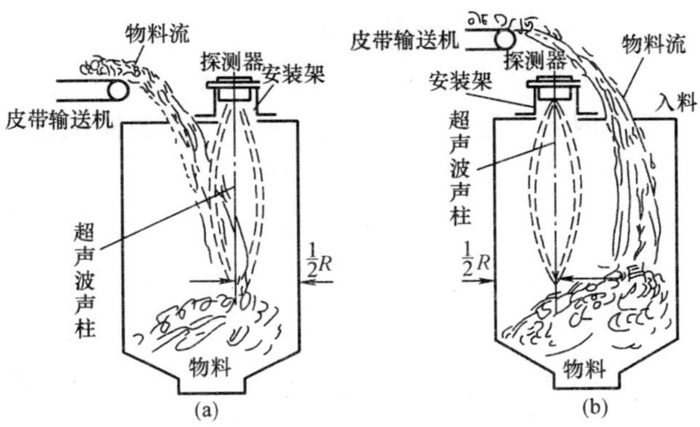

图9-34 探测器的安装位置示例

（a）探测器安装位置不正确；（b）探测器安装位置正确

（4）调整。

一般地控制箱KG1004P·1和探测器KG1003·2的联调均已调整在最佳工作状态，用户不必开盖重新调整。需要用户自己进行调整的是显示箱里的一些控制设定电位器或设定开关，这些电位器和开关的调整需要用户根据料仓的实际情况进行细致的逐一调整，用户可根据产品说明书完成这一工作，这里就不再详述了。

（5）维修、保养及故障的排除。

在长期工作中，探测器发射面上可能积有灰尘等杂物，应定期用软刷清除。

在使用中出现一般小故障时，可根据判断自行进行排除。如：电源指示灯不亮，可检查熔丝管是否良好；测量显示不正确，可检查设定值是否正确等。如果出现大的故障，如机器不发射等，应由专业人员修理。超声料位计是较为复杂的测量仪器，在使用中一定要小心维护。

5. 超声检测在火电行业的应用情况

超声波检测技术在我国火电厂输煤系统虽有应用，但并不广泛，根据神头第二发电厂所用国内外产品的试用情况来看，其主要原因如下：

（1）国内产品设计较落后，制造质量较差。具体体现是国内产品体积大、防护等级低、现场安装不方便。

（2）国内产品调整困难、稳定性差。国外同类产品的调整绝大部分是软调整（用编程器调整），而国内产品仍停留在用电位器、开关等来设定。国外某些型号产品的调整已智能化（只按几个按钮即可完成全部调整），而国内产品还未达到同样水平。此外，国内产品在调整后，某些参数不稳定，影响测量准确性。

（3）国内产品质量差，使用效果不佳，影响了用户的使用信心。国外产品虽好，但价格很高（是国内产品的2～4倍），经济上难以承受。

（4）对原煤仓煤位的检测没有引起足够的重视，许多单位认为可有可无，没有形成促成料位检查技术进步的环境。

（二）射频导纳物位检测

1. 射频（RF）/导纳

射频（Radio Frequency）/导纳（Admittance）物位检测是从电容式物位检测技术上发

展起来的。它同时测量阻抗和容抗，而不受物料的影响。在测量物位时，射频/导纳技术检测被测介质的两种基本特性，一个是介电常数（K），另一个是电导率（G）。当被测介质的电导率较大时，电容式产品会由于被测介质黏附在传感器上而产生误差；但导纳式产品通过同时检测电容和电阻可以消除这种误差。

导纳的物理意义是阻抗的倒数，由于实际过程中很少有电感，因而导纳实际上就是指电容与电阻。

为了准确地测量物位，需要有适当频率的射频（RF），其频率范围一般为15～400kHz。因此，这种测量物位的技术称为射频/导纳（Radio Frequency/Admittance）技术。

为了有针对性地说明问题，本节内容均依照美国DE公司的产品进行说明。

2. 导纳式物位仪表的工作原理

射频导纳技术是从电容式物位探测技术上发展起来的。为了更好地理解导纳式物位仪表的工作原理，应先从电容式物位仪表的工作原理谈起。

（1）电容式物位仪表的工作原理。

所谓电容，是指电路中的一个断点，断点两边是具有一定对应面积的导体，以便聚集有效电荷。对于平行的板状导体，电容的表达式为

$$C = KeA/d$$

式中 C——电容，F；

A——平行板的面积，cm^2；

d——导体间距离，mm；

K——导体间介质的相对介电常数；

e——真空的绝对介电常数。

真空及大部分气体的相对介电常数为1，绝缘油为2～6，各种塑料为2～8，而水为高极性介质，其相对介电常数为80。

电容式物位测量系统就是在容器中建立一个电容，此电容的一端是浸没在容器中的长形探头，另一端为接地板（通常为容器壁），如图9-35所示。如果被测介质为导体，则需在探头上加一层绝缘套，这时绝缘套与导电介质接触的外壁对地，如图9-36所示。

物位变化时，被测介质对探头的浸没高度即发生变化，从而使电容发生变化，并由物位变送器测出其变化，如图9-35所示。其关系式为

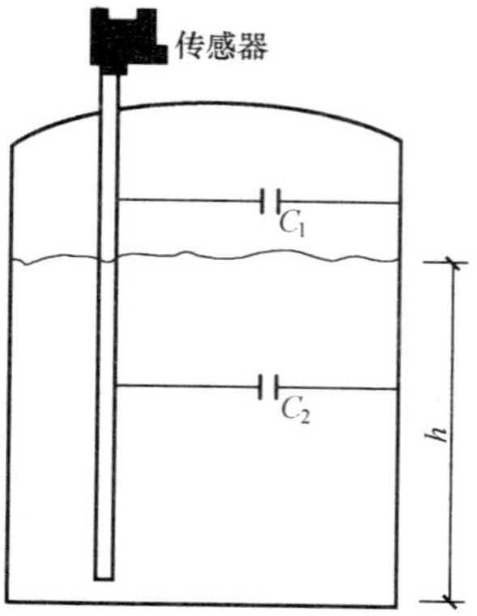

图9-35 电容式物位测量（介质为非导体）

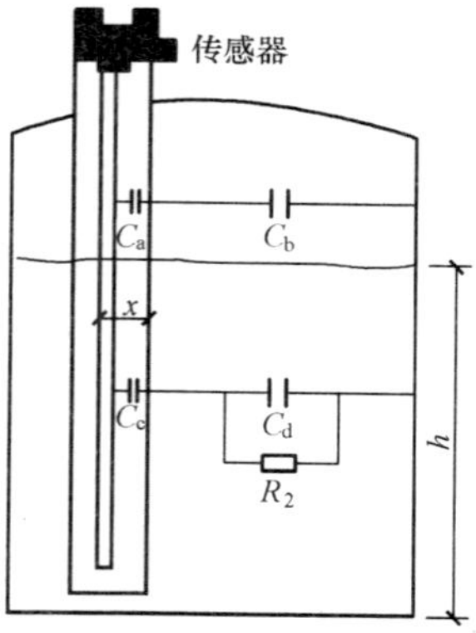

图9-36 电容式物位测量（介质为导体）

$$C_1 = 1 - h$$
$$C_2 = hK$$

并联电容相加，得

$$C = C_1 + C_2 = 1 - h + hK$$

所以

$$h = \frac{C-1}{K-1}$$

由此可见，测量电路的电容与物位成线性比例关系。该公式为电容式物位计的理论基础。

电容式物位计仅对水状液体或不在探头上留下导电黏附层的介质进行测量时能正常工作，对探头发生黏附的导电液、浆料、颗粒等就不能进行满意的测量。

(2) 传感器上导电黏附层的影响。

图 9-37 所示是一个充满高电导率介质的容器。由于被测介质导电，对地就是浸在介质中的探头绝缘层的外表，而从变送器上看就是一个纯电容，在这种情况下，电容式或射频/导纳式的变送器都能进行物位测量。

当容器内的介质排出一部分之后，情况会有所变化（见图 9-38），以前的纯电容电路就变为由电容和电阻组成的复合阻抗。因为黏附层的电阻远大于容器中介质的电阻，当电阻进入传感器电路后，黏附层的电阻将消耗能量，并使振荡器的振荡电压下降，从而使振幅衰减，导致输出误差。由于黏附层的存在，探头上接地的总面积并没有改变，而对于电容式仪表，其输出所显示的物位仍留在探头黏附层的顶部附近，但该物位显然是虚假物位，如图 9-38 所示。

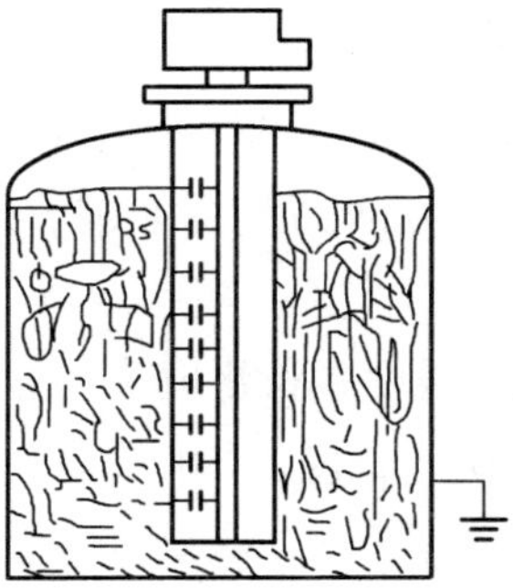

图 9-37　高电导率介质的物位测量

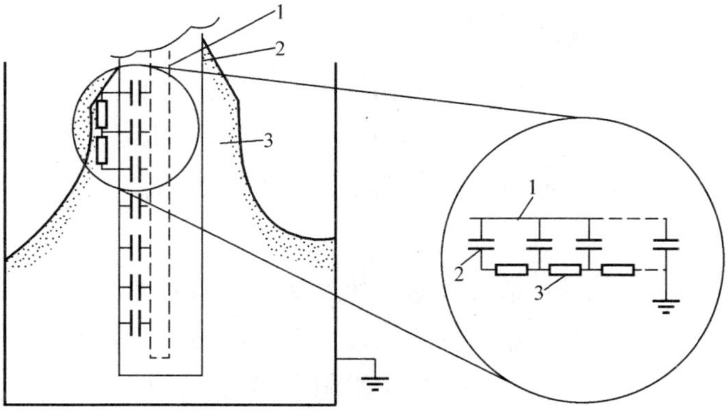

图 9-38　黏附层分析
1—传感元件测杆；2—传感元件绝缘层；3—挂料

探头上的黏附层相当于一条由无数个无穷小的电容和电阻元件组成的传输线，从数学角度讲，只要黏附层足够长，黏附层的阻性和容性部分就具有相同的阻抗。挂料分析如图 9-39 所示。

(3) 导纳式物位仪表的工作原理。

图 9-40 是导纳式物位仪表的工作原理图，振荡缓冲器和斩波驱动器是两个关键性电路。

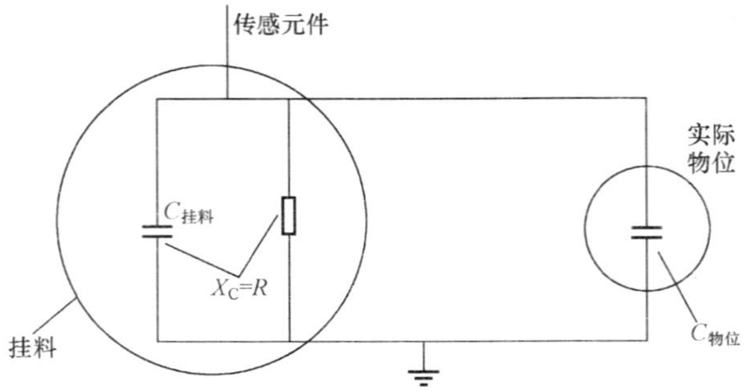

图 9-39 挂料分析

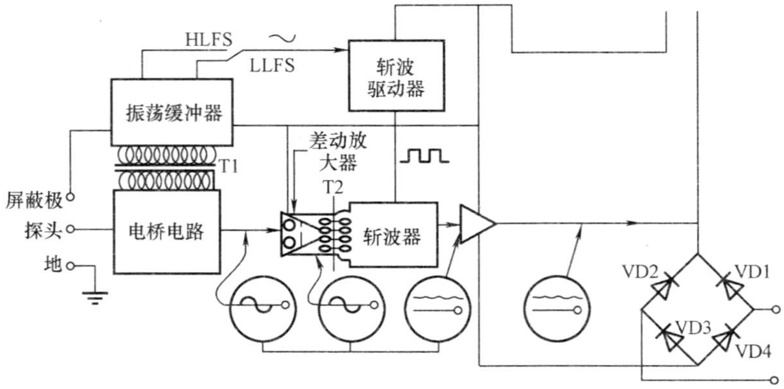

图 9-40 导纳式物位仪表的工作原理图

振荡缓冲器补充黏附层电阻所损耗的能量，使之不会降低加在探头的振荡电压，从而保持振荡器的振幅不变。斩波驱动器连同斩波器（Chopper）分别检测电容和电阻。检测到的电容为物位电容（C_L）与黏附层电容（C_c）之和（C_L+C_c），而电阻即为黏附层电阻（R_c）。最后将检测到的容抗与阻抗相减（$C_L+C_c-R_c$），由于黏附层的容抗与阻抗相等 $X_c=R_c$（见图 9-39），因此最后得到的是只与真实物位有关的电容（C_L），从而消除了黏附层的影响。

在以上论述中假定黏附层长度从电子学上讲是足够长的，究竟需要多长将取决于黏附层的厚度、传感器的电容和直径以及用来检测的射频频率。一般来说，长度为 50～300mm 就足够了，不会产生误差。假定黏附层的长度再短些，虽然会产生一些误差，但也只是黏附层长度的一小部分而已。在任何情况下，误差都是几十毫米级的，而不是数百毫米级的。如果由于黏附层而产生的误差是 20mm，那么其测量误差也是 20mm，不会因为传感器长度的改变或测量范围变化而变化。

3. 安装位置

导纳式物位传感器的安装位置应根据实际要求由现场实测进行确定。在满足实际工艺要求的情况下，要使传感器避开料流，特别是块状物料的冲击。同时要考虑安装位置对检修或维护的方便性，一般来讲射频/导纳式传感器的现场安装是比较简单的。其安装形式如图 9-41 所示。

4. 调整

美国 DE 公司的射频/导纳式点位或连续料位检测变送器从设计开始，就最大限度地考虑了用户的使用方便性和安全性，其产品在安装完毕加电后无需（或只作很少的）调整即可进入正常的运行。

（1）点位测量变送器。将两线式点位变送器的线接好后即可加电运行，不需调整。

（2）连续料位测量变送器。连续料位测量变送器可利用 DE2000 或 DE8000 等接收器进行键盘校准、料仓测量、高级诊断、设定装置和继电器等工作，操作者可参照说明书进行各种调整，这里不一一细述。

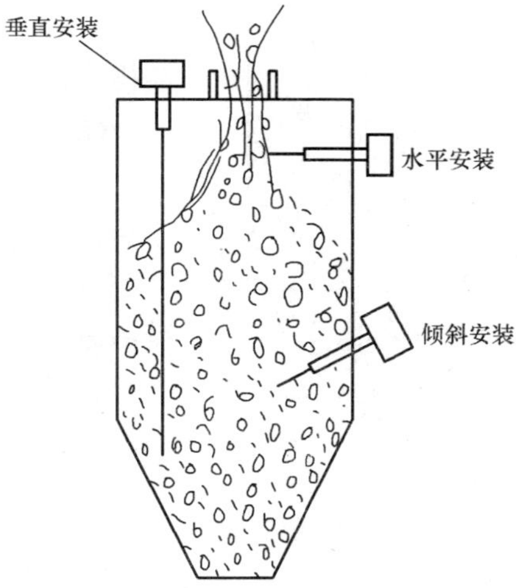

图 9-41　导纳式物位传感器的安装位置图

5. 发展状况

射频/导纳技术在国外已有 30 多年的发展历史，而作为最新传感技术引进我国只有几年的时间，但因其可以应用于几乎所有工程上需要检测物位的场合，所以在国内应用领域的扩展极其迅速。美国 DE 公司的射频/导纳式物位仪表已在我国金山、扬子、抚顺、独山子等大型石化企业以及电力系统的神头第一发电厂、漳泽电厂、烟台电厂等得到了广泛的应用，取得了良好的效果。

（三）阻旋式料位控制器

1. 结构特点及工作原理

如图 9-42 所示，旋翼下由一个小力矩低速同步电动机驱动。旋翼未触及物料时，以 1r/min 的速度不停地转动，一旦触及物料时，旋翼的转动受到阻挡（连续堵转将不影响同步电动机的性能），于是电动机机壳产生转动，并驱动微动开关发出报警信号或参与其他控制。

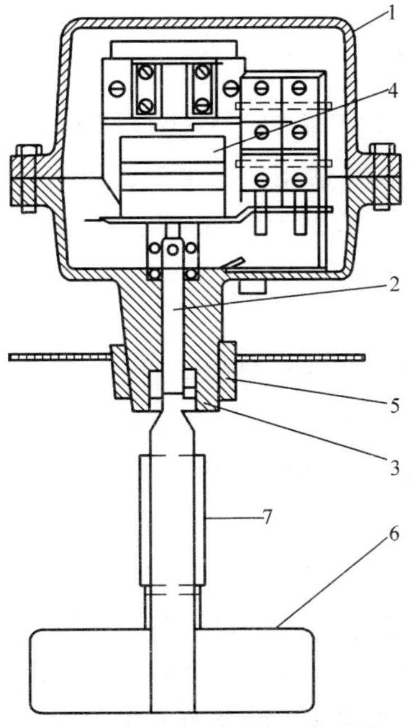

图 9-42　阻旋式料位控制器的结构
1—表壳和表盖；2—驱动轴组件；3—轴封；4—电动机；5—安装法兰；6—刚性轴和旋翼；7—挠性轴

2. 安装

（1）一般要求。

如图 9-43 所示，阻旋式料位控制器在安装时应注意以下两点：

1）物料必须能自由地流向或流开旋翼和转轴；

2）应防止加料时使旋翼和转轴受到块状物料的冲击。必要时，应加保护罩或使安装位置偏离料流。

（2）上料位控制。

1）采用垂直安装。转轴长度可在现场加长，以满足不同用途的需要。如加长部分超过 30cm，应加保护套。加长长度最大可达 6m 以上。如转轴长度超过 60cm，则应采用支撑架，加固保护套。垂直安装工作可靠，安装方便，转轴长度调整容易，接线方便、经济，还可防止振坏。对大块物料，建议采用多节挠性旋翼。

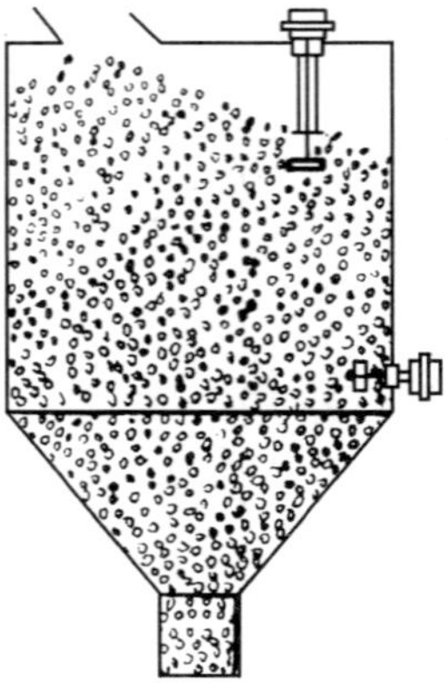

图 9-43 阻旋式料位控制器安装图

2）旋翼应安装得足够低，以使物料安息角最大时，旋翼也能被物料完全盖住。

（3）下料位或中间料位控制。

1）一般采用水平安装。但对中、小型料仓，有时也采用垂直安装，效果也很好。

2）如果旋翼可能受到大股料流的冲击，建议在旋翼上方安装保护罩。

3. 环境适应性

（1）腐蚀性。

1）所有伸入仓内的零件都用不锈钢制造。

2）用实心不锈钢轴取代橡胶的挠性轴。

（2）温度。

1）带橡胶挠性轴的仪表，物料温度可达 71℃。

2）带实心轴或硅橡胶挠性轴的仪表，物料温度可超过 71℃，但表壳内的温度不应超过 93℃。

3）所有型号都可在－34℃下工作。由于电动机是表壳内的热源，所以同步电动机的电源必须保持不断电。

（3）大块物料。

1）氯丁橡胶多节挠性旋翼能承受大块物料检测中所共有的许多恶劣条件的作用。多节挠性旋翼适用于垂直安装。带氯丁橡胶的旋翼必须安装在紧靠仓壁的地方。

2）如果必须采用水平安装，应当安装保护挡板加以遮蔽。

4. 阻旋式料位控制器在我国火力发电厂的应用情况

阻旋式料位控制器的结构简单，安装较为方便，在火力发电厂得到了较为广泛的应用。相对于超声波料位计、射频/导纳料位计而言，它的价格低廉，更适用于简单的、中小料仓的点位控制。但这种装置不能用于对连续料位的动态检测，所以在对大型料仓的料位检测上又有一定的局限性。用户只能根据各自的实际情况进行合理的选用。

（四）挡板、犁煤器位置信号传感器

挡板、犁煤器位置信号传感器现在主要选用电子接近开关来完成信号的传输。由于电子接近开关耐粉尘、水、汽的能力比一般的机械式行程开关更好些，而且其调整距离比较灵活、易于安装、接线方便，所以过去用机械式行程开关的地方，大部分被现在的电子接近开关所取代。尤其是输煤系统的挡板、犁煤器位置信号等更是这样。

1. 使用方法

如图 9-44 所示，电子接近开关安装于固定底座之上，当挡板的执行机构带动挡板（挡板在落煤筒内，图上未画出）的摆杆绕中心轴转动时，挡板即可从 A 位切换到 B 位或从 B 位切换到 A 位。当摆杆到达两个极限位 A 位或 B 位时，摆杆的端部（距接近开关的感应面一般调整为 5～10mm，见图 9-44）即可感应 A 位或 B 位的接近开关，从而发出挡板在 A 位或 B 位的开关量信号，并送回集控室参与控制或位置显示。

2. 检测距离调整

如图 9-45 所示，电子接近开关用两个螺母固定在固定座上，检测距离通过螺母来调定，一般检测距离调定在 5～10mm 间即可。

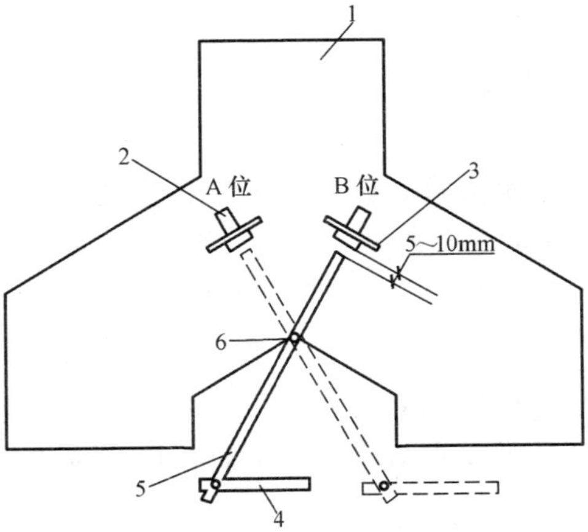

图 9-44 接近开关安装

1—三通落煤筒；2—接近开关；3—固定底座；4—执行机构；5—挡板摆杆；6—挡板中心轴

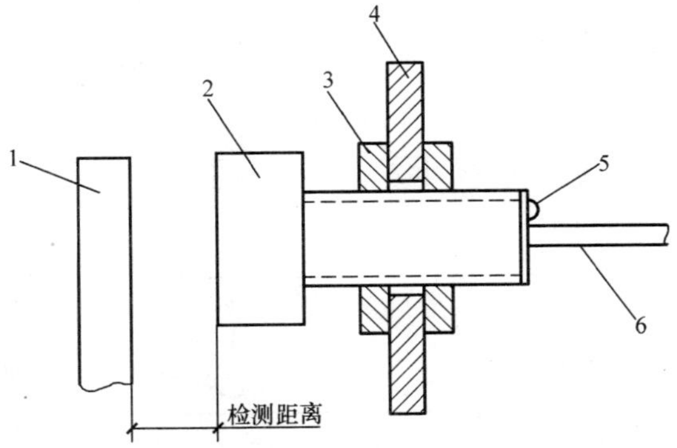

图 9-45 检测距离调整

1—检测物体；2—接近开关；3—调整螺母（两个）；4—固定座；5—LED 指示灯；6—电缆出线

3. 接近开关选型注意事项

国内生产电子接近开关的厂家众多，其产品质量有很大差别。与国外同类产品相比，国内产品在密封性及其他几项质量指标方面目前还存在一定差距，主要表现在使用寿命上还有一定差别。在一些重要的场合，选用时应当注意。

（五）叶轮给煤机位置信号

1. 电子接近开关断续显示式

如图 9-46 所示，这种位置检测方式是在叶轮给煤机 A 或 B 的全长范围内每隔一定距离装设一个电子接近开关，叶轮给煤机行走时，其上的感应片接近到电子接近开关（例如 S1）的检测距离范围后，接近开关即可动作并送出一个开关量，使集控室模拟屏上相应的对象灯亮（例如 HW1），从而给出了叶轮给煤机的行走位置。其工作原理如图 9-47 所示。

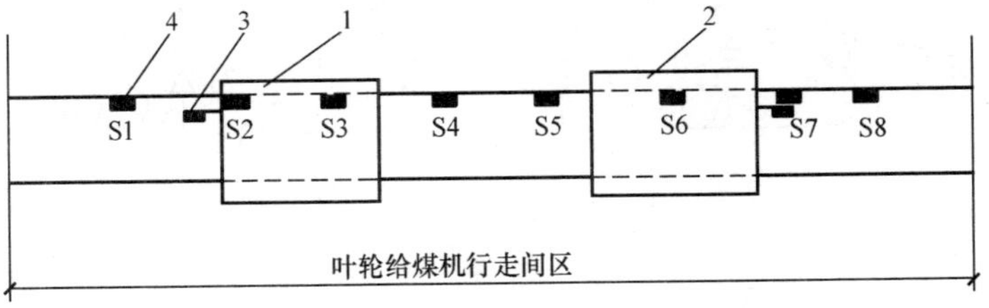

图 9-46 叶轮给煤机位置检测示意图

1、2—A、B 叶轮给煤机；3—感应片；4—接近开关（共 n 个，平均分布）

从图 9-47 可以看出，电子接近开关 S1 动作时，相应信号灯 HW1 亮；当叶轮给煤机行走到接近开关 S2 位置时，S2 动作，信号灯 HW2 亮；此时 HW1 被 S2 复归，HW1 灯灭。

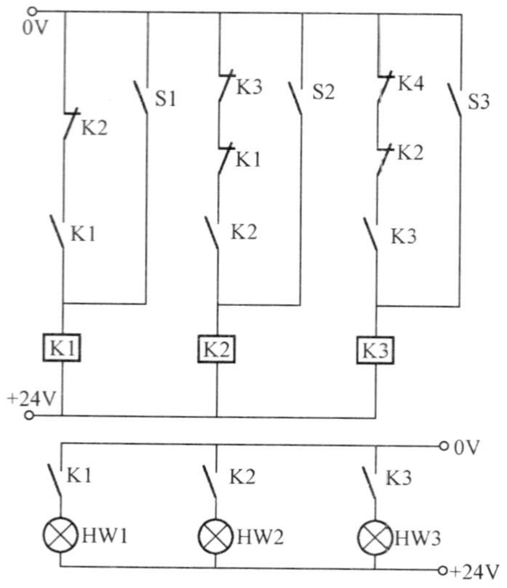

图 9-47 叶轮给煤机位置显示原理

依此类推即可反映叶轮给煤机的实际位置（左、右行走原理相同）。

2. 超声波测距式

如图 9-48 所示，叶轮给煤机上装有超声波发射装置，在右轮给煤机行走区间的另一端处装有超声波接收装置（固定于墙上或支架上），如果将行走区间的一端作为零点（始点），则叶轮给煤机与零点之间的距离就反映了叶轮给煤机的相对位置。

该系统可用变送器输出的 4～20mA 模拟量连续地显示叶轮给煤机的相对位置，较前面第 1 种用电子接近开关断续的单点显示更为逼真，而且维护量小，是一种较好的方式。

（六）电阻式传感器

电阻式传感器是一种十分简单而又经常用到的传感器，这种传感器仅仅是一根（或数根）电极而已，其关键部分是变送器。图 9-49 是一种控制污水泵启、停的装置，原理如下。

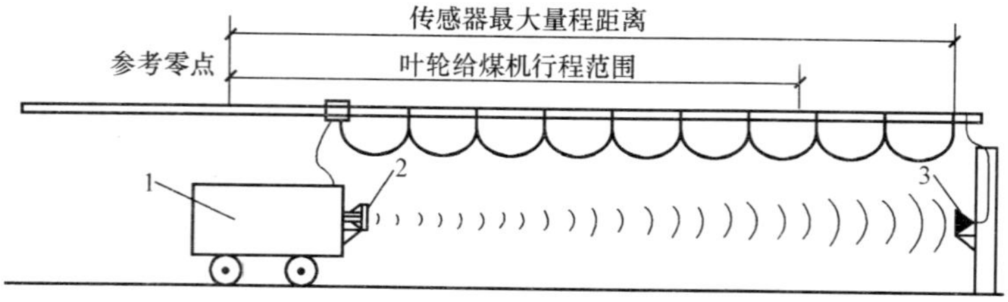

图 9-48 超声波测距式

1—叶轮给煤机；2—发射传感器；3—接收传感器

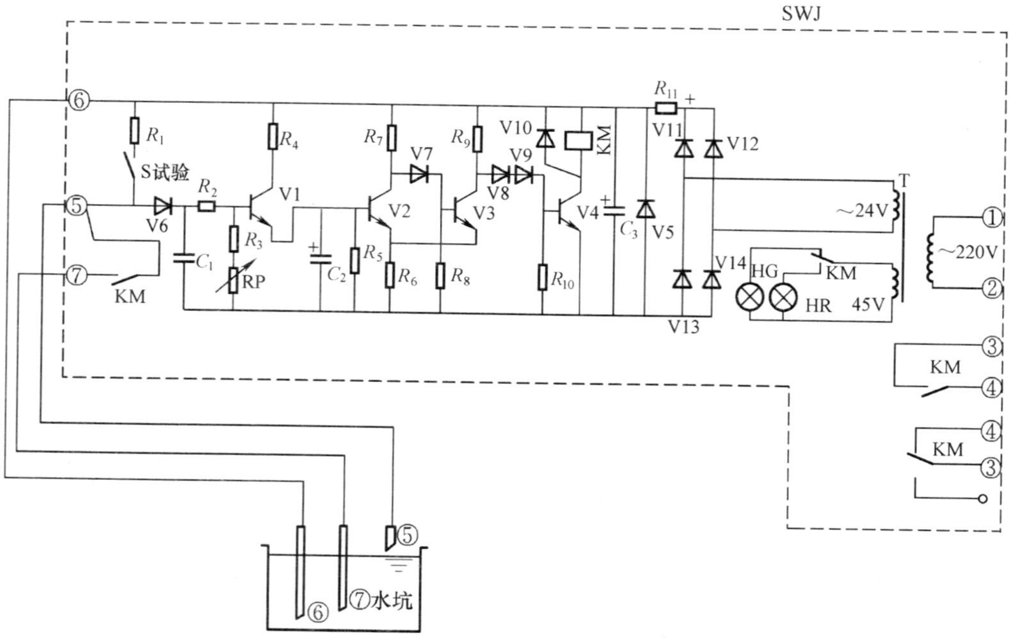

图 9-49 水位变送器原理

当水坑（或水池等）水位上升到高水位电极⑤或下降到中水位电极⑦以下时，图中三极管的导通状态见表 9-3。

从表 9-3 看出，当水位上升到⑤时，中间继电器（KM）吸合，其触点带动泵电动机的接触器动作，水泵向外排水；当水位低于⑤时，由中水位电极⑦继续保持泵的运行，直到水位低于⑦时，三极管 V1 失去正向偏置电压（截止），中间继电器 KM 断开，则水泵停止。

表 9-3 三极管导通状态

三极管名称 / 水位状况	V1	V2	V3	V4	中间继电器（KM）吸合情况
上升到高水位⑦	通	通	截止	通	吸合
下降到低水位⑤以下	截止	截止	通	截止	断开

图 9-49 中的电位器（RP）用来调整系统的灵敏度，试验钮子开关 S 用来提供假想高水位，以便检查变送器内部回路是否完好。水位电极⑤～⑦在现场安装时，要注意相互绝缘及对地绝缘，否则有可能引起误动作。

这种装置虽可用电容式、超声波式或射频导纳式等液位控制系统所代替，但由于其价格低、原理简单、易修理，能够满足一般用途的要求，因此在输煤系统中仍有一定的实用价值。

第七节 排 污 泵

输煤系统随着煤的输送和破碎，产生的煤尘散落在输煤走廊及运转站等处的设备、地板、墙壁上，每班都需要清扫，目前大多数电厂采用水冲洗，这种方法既能起到较好的清扫效果，而且也能减轻值班员的劳动强度，但是如果没有必要的排水设施，水冲洗会造成地面积水，而且为了避免煤场积水，在修建煤场时，在其周围设置蓄水池，如果不进行定期的排放，会造成水漫煤场的情况；并且地面下的输煤设备会因地下渗水及水冲洗所造成的积水过多而无法运行，因此，在输煤系统各地下部分都必须设置排水装置。因污水中含有大量的煤泥及煤渣块，所以排水泵一般采用离心式泥浆泵。

一、工作原理

离心式水泵的结构见图 9-50，它由叶轮、叶片、泵壳、吸水管、出水管、引水漏斗、底阀及出口阀门等组成，叶轮固定在转轴上，并装在泵壳中，泵壳内还有吸水管、压水管，吸水管上装有底阀，转轴由电动机驱动，将机械能传递给叶轮，叶轮再对液体做功。

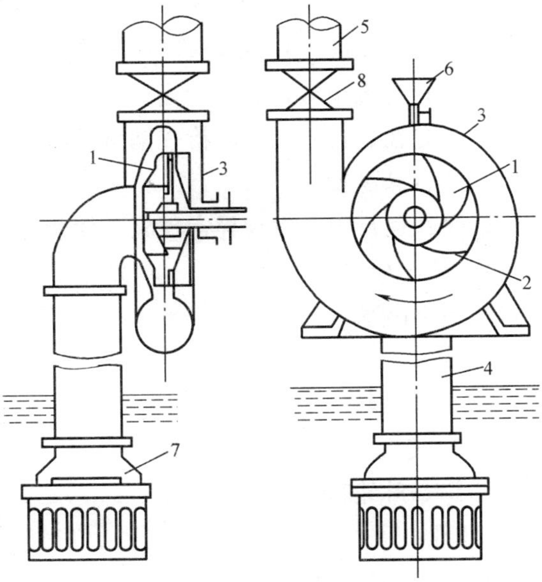

图 9-50 离心式水泵结构示意图

1—叶轮；2—叶片；3—泵壳；4—吸水管；5—出水管；6—引水漏斗；7—底阀；8—出口阀门

泵壳中充满水，当叶轮转动时，液体

在叶轮的作用下，作高速旋转运动。因受离心力的作用，使叶轮外缘处的压力增大，利用此压力将水压向压水管，此过程称为压水过程，与此同时，叶轮中心处液体的压力降低，形成中空，水便由吸水管从水池中抽吸上来，此过程称为吸水过程。这样，离心式水泵就源源不断地将水吸入并压出。

输煤系统中常用的离心泵有立式和卧式两种，目前电厂常用的砂浆泵为JSP型立式离心泵。该泵与电动机直接相连，不需要注引水，安装在水池或水槽的支架上，电动机在上，泵体淹没在液下，适用于输送生活污水和含粒块状介质的工业液体，也可用于抽取清洁水，工作中能进行回流搅拌和机械破碎，结构简单，配用液位自动控制箱，能按所蓄水自动启停，在无人值班的情况下能可靠运行，具有全自动控制的功能。

排污泵一般适用于泥浆质量占50%的混浊液体。砂浆泵因其所输送的介质含有泥沙，对机件的磨损较大，所以在泵壳内都装有防磨板，叶轮选用优质耐磨材料制成，并且将易损件适当加厚。

集水坑的容积应大于泵每小时流量的1/3，水源丰富的地下集水坑，其容积应适当加大，集水坑过小会造成泵频繁启动，影响其使用寿命。

为了减少泵的磨损，避免较大的煤块和杂物进入泵内，应在集水坑进口处加装具有过滤作用的篦子，以便污水通过篦子时滤去大块的煤和杂物，篦子通过的部分小颗粒沉入沉淀池，较清洁的水用砂浆泵抽出。

二、污水泵的运行维护与故障处理

（一）运行维护

污水泵的控制方式有手动和自动两种。自动控制就是当集水坑中水位升到一定高度时，排污泵自行启动。

启动前及运行中应做到以下几个方面的检查：

（1）启动前，应检查泵及管路结合处有无松动，螺栓有无松动和脱落现象，外壳有无裂纹，阀门位置是否正常，吸水管是否被煤泥堵塞，旋转方向是否正常，转动是否灵活。

（2）水泵在运行过程中，检查轴承温度是否超过规定值（最高温度不超过80℃），润滑油（脂）能否满足要求。

（3）泵在运行中若发现异常现象（如杂音、振动），应及时停机检查。

（二）故障处理

（1）泵不出水。

1）原因：

a. 电动机反转。

b. 阀门是否打开和完好。

c. 管道、叶轮被堵塞。

2）处理：

a. 改变电动机转向。

b. 检查、维修、排除。

c. 清理杂物。

（2）流量不足。

1）原因：

a. 转速过低。

b. 扬程过高。

c. 抽送介质密度较大。

d. 介质黏度、密度较大。

e. 密封圈损坏。

f. 管道阻力大。

2）处理：

a. 检查电器设备及电路。

b. 降低扬程，改泵。

c. 用水冲稀降低浓度。

d. 降低黏度。

e. 更换。

f. 减少管道弯路。

（3）运行不稳定。

1）原因：

a. 叶轮不平。

b. 轴承损坏。

2）处理：

a. 调换或校正。

b. 更换。

（4）扬程不够。

1）原因：

a. 液体中混有气体。

b. 叶轮严重磨损。

c. 转速不够。

2）处理：

a. 降温或加压。

b. 更换。

c. 增加转速。

（5）电流过大。

1）原因：

a. 工作电压低。

b. 管道、叶轮被堵。

c. 介质密度和黏度过大。

d. 流量过大。

e. 产生机械摩擦。

2）处理：

a. 调整工作电压。

b. 清理管道、叶轮内堵物。

c. 改变密度和黏度。

d. 减少流量，提高扬程。

e. 进行维修调节。

(6) 泵不能启动。

1) 原因：

a. 缺相。

b. 叶轮卡住。

c. 绕组接头或电缆断路。

d. 定子绕组烧坏。

e. 电器控制发生故障。

2) 处理：

a. 检查线路进行修复。

b. 排除杂物。

c. 检查修复。

d. 修理、更换绕组。

e. 修理或调换。

(7) 绝缘电阻低。

1) 原因：

a. 电缆线破损、老化。

b. 电动机受潮。

c. 电动机绝缘老化。

2) 处理：

a. 通知检修更换电缆。

b. 通知检修将电机烘干。

c. 通知检修更换电机或更换绕组。

(8) 轴承发热。

1) 原因：

a. 轴承磨损。

b. 轴承含油少或变质。

2) 处理：

a. 更换轴承。

b. 加油、换油。

(9) 泵有杂音或振动。

1) 原因：

a. 介质中有气体。

b. 因腐蚀而使泵轴不平衡。

c. 泵轴弯曲。
d. 轴承损坏。
2）处理：
a. 降温或加压。
b. 更换。
c. 校直或更换。
(10) 无自动、手动。
1）原因：
a. 无电源或缺相。
b. 控制熔断器断路。
c. 热继电器动断触点断开。
d. 零线未接远控。
2）处理：
a. 检查电源接线、零线。
b. 测量熔断器通断。
c. 复位热继电器。
(11) 无手动，有自动。
1）原因：转换开关触点，按钮接触不良。
2）处理：检查转换开关、按钮接线是否正确、牢固。
(12) 有手动，无自动。
1）原因：无自动信号输入，运转信号没有接通，无水保护动作。
2）处理：检查自动信号接线及相关继电器触点是否吸合，转换开关接线是否正确、牢固。
(13) 间断、开停、突跳继电器。
1）原因：触点或控制线接触不良或热继电器过载跳闸。
2）处理：紧固继电器接线，复位热继电器。
(14) 接触器吸合时噪声大、有电弧。
1）原因：接触器吸合面有脏物，触点接触不良。
2）处理：打开接触器清除灰尘或修复触点。
(15) 电动机发热、有噪声、转速慢。
1）原因：
a. 电动机电源断相、水泵堵转。
b. 轴承损坏、电动机工作在过载状态。
2）处理：检测电动机电源，如正常，则重点检查电动机，关小出口阀门。

第八节　采制样设备

一、概述

煤的计量及其机械自动化采制样是火力发电厂实现正平衡计算煤耗的前提，电力部颁布的《火力发电厂按入炉煤量正平衡计算发电煤耗》中指出机械自动采制样装置是目前唯一能够降低工人劳动强度，减少人为因素，并采集到具有代表性样品的手段，是各火力发电厂降低成本，提高发电量的必要前提。

二、采制样设备基本组成

不论入炉煤采制样设备，还是入厂煤采制样设备，都由采样系统、制样系统、余煤返回系统和控制系统四大部分组成。入炉煤采制样系统主要由皮带中部采样头或皮带头部采样头组成；入厂煤采样系统主要由螺旋采样头、螺旋采样头升降机构、采样选点机构等组成；入炉煤、入厂煤制样系统主要由给煤机构、破碎机构、缩分机构、样品收集机构组成；余煤返回系统主要由胶带输送机、斗式提升机、螺旋输送机或料仓等组成；控制操作系统主要由控制系统、操作系统、检测系统等组成。

三、采制样设备工作原理

(1) 入炉煤机械自动采制样装置的结构形式可分为以下两种：

一种是头部采样装置，该装置安装在输煤皮带机头部，电动机通过摆线针轮减速机变速驱动，使槽式容器以一定速度伸入输煤皮带头部落煤流下方，当接到一个全断面煤样后，槽式容器退到原位，槽式容器门打开，通过落煤管直接落入一级给料机，制样程序与中部采制样程序相同。

另一种是皮带中部采制样装置，安装在皮带输送机中段，上部的中部采样头按设定时间间隔在主输送机旋转一周后采取到一个完整的全断面煤样，煤样通过落煤管直接落入一级给料机，一级给料机将煤样连续、均匀地送入一级破碎机，经过破碎后，粒度小于 13mm 的煤样落入二级给料机，二级给料机上的煤样经过煤层调节板调整后，厚度均匀的煤样就分为两部分。一部分通过跨在二级给料机上的旋转缩分器的旋转缩分取出样品，取出的样品再经过二级破碎机破碎，破碎后粒度小于 3～6mm 的子样落入样品收集器。另一部分是缩分后的余煤经过斗式提升机进入螺旋输送机，再由螺旋输送机把余煤通过落煤管送到正在工作中的主输送带上。

(2) 入厂煤采样装置通过可编程控制器和微机自动到达预定采样点，选点机构自动锁紧，自动启动采制样系统，并由螺旋采样头升降机构驱动至预设煤层深处开始采样，集料仓关闭，到达微机给的随机数采样深度后，螺旋采样头回至上部极限位置，集料仓自动开启，煤样经过给料机均匀送入一级破碎机，破碎后粒度小于 13mm 的煤样进入直线缩分器，缩分后的煤样通过落煤管进入二级破碎机，破碎后粒度小于 3～6mm 的煤样进入收集器。缩分后的余煤通过落煤管直接回到车厢。

四、入炉煤采制样装置主要技术性能参数及设备介绍

(一) 入炉煤采制样装置主要技术性能参数

入炉煤采制样装置的主要技术性能参数见表 9-4。

表 9-4 入炉煤采制样装置主要技术性能参数

项目	单位	参数
适合带速	m/s	1.5～4
采样速度	m/s	中部≥3，头部<0.6
采样量	kg/次	>5

续表

项　目	单　位	参　　数
适用水分	%	≤17
采样时控	min	<30 内任定
采样吨控	t	0.5～20
采样方案		符合《商品煤样人工采取方法》
制样方案		符合《煤样的制备方法》

（二）部件设备介绍、主要技术参数

1. 往复式头部采样机结构和性能

该机置于输煤皮带头部，电动机通过摆线针轮减速器变速，使槽式容器以一定速度和周期作水平往复运动，槽式容器的容量能宽松容纳量大输煤量时煤流的全宽度和全厚度煤量，每次采取子样量可大于 5kg。

该机主要技术参数见表 9-5，结构见图 9-51。

表 9-5　　往复式头部采样机主要技术参数

型 号	带宽 (mm)	配套电动机功率 (kW)	配套减速机	采样高度	备　注
T650	500～650	1.5	BW-15-17	视滚筒中心高 H、滚筒直径 D 和带速 V 而定	电动机为双速 1400r/min 和 2800r/min 带电磁制动器
T800	800	1.5	BW-15-17		
T1000	1000	2.2	BW-15-13		
T1200	1200	2.2	BW-15-13		
T1400	1400	3	BW-18-11		

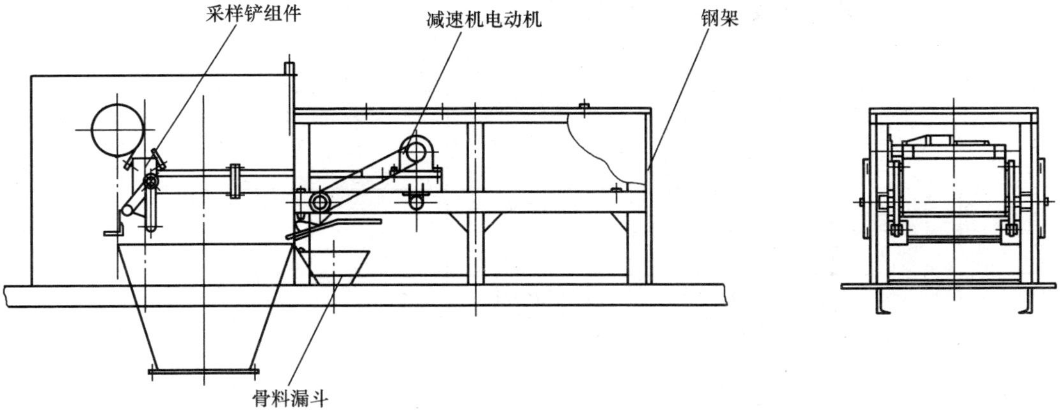

图 9-51　往复式头部采样机结构

2. 旋转式头部采样机结构和性能

旋转式头部采样机按所编程序，每隔一定时间间隔采样头旋转一周，从皮带头部下落中采集一次子样，子样经过落煤管进入样品给料机，给料机将初级样品连续、均匀地输入破碎机，破碎机按规定的粒度要求进行破碎，破碎后的子样经过次级采样机进行二次采样缩分，最终样品进入收集罐内，系统中的余料进入余料物料流中。

该机结构见图 9-52。

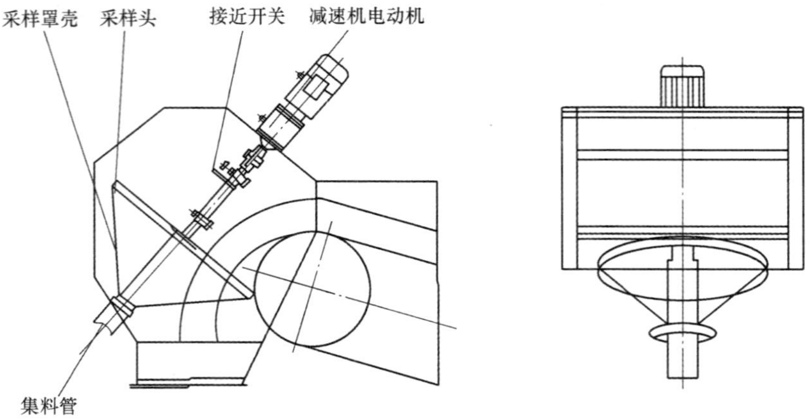

图 9-52 旋转式头部采样机结构

3. 旋转C式中部采样机结构和性能

CHCY-Z型中部采样头跨于输煤皮带机中部，由制动电动机、斜齿轮减速机、旋转C式采样头、接近开关和带防护罩的钢结构支架等组成。旋转C式采样头由不锈钢制成，并配有平衡锤，其端部装有耐磨橡胶以保证全断面采样，且不损伤皮带。安装在钢结构架上具有制动功能的电动机用于驱动和停止C式采样头，C式采样头在每次旋转中连续采样、连续卸料，到达行程终点时卸料完毕，接近开关控制采样头行程的终点。为防采样头错误停位而设置的保护装置确保了采样头正确停位，杜绝了输送带上堵煤，间隔时间由PLC控制，通过开关选择。

该机主要技术参数见表9-6，结构见图9-53。

表9-6 旋转C式中部采样机主要技术参数

型号	带宽(mm)	配套电动机功率(kW)	配套减速机	采样刮板尺寸	备注
Z650	500～650	3	R72L100	根据现场煤粒度而定	电动机为带制动器电动机
Z800	800	3～4	R72L100		
Z1000	1000	4	R72LP100		
Z1200	1200	5.5	R82LP132S/m		
Z1400	1400	5.5	R82LP132S/m		

4. 全封闭皮带输送机结构与性能

SP400型一级给料机是全封闭皮带输送机，封闭性能好，煤样水分丢失小。电动机通过摆线针轮减速器变速，皮带运行速度为50～100mm/s，给料均匀，消除了由于采样头脉冲式进料而造成给料不匀所引起的堵煤。外清扫器装于卸料滚筒外，用于清扫卸料后附在输送带工作面上的物料。带有角度的托辊可以防止皮带输煤过程漏煤。手动调节闸门控制煤层厚度、调心托辊的安装、防止皮带跑偏，输送带上装有零速开关，可对运行状况进行检索。

该机主要技术参数见表9-7，结构见图9-54。

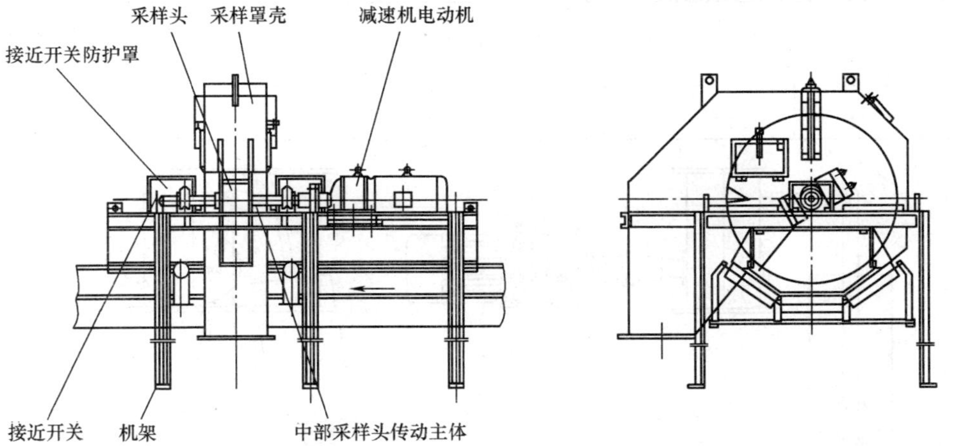

图 9-53 旋转 C 式中部采样机结构

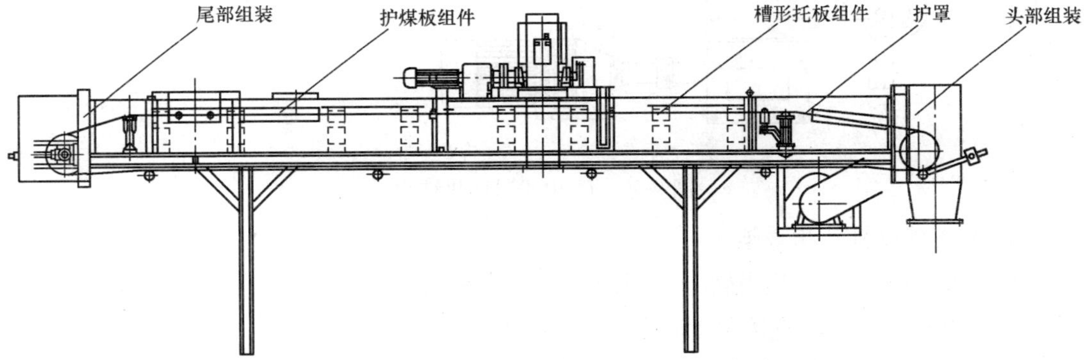

图 9-54 SP400 型一级给料机结构

表 9-7　　SP400 型一级给料机主要技术参数

皮带宽度（mm）	配套减速机	配套电动机功率（kW）	带速（mm/s）
400	BWY2215-35	1.5	12

5. 湿煤粗破碎机结构和性能

PS50 型破碎机由机体、高速液压锤和两个平行安置于两根水平轴上相对旋转的轧辊及减速机组成。电动机通过摆线针轮减速机驱动主动轧辊旋转，轧辊上的齿轮与被动轧辊上的连接齿轮相啮合，被动轧辊即相对主动轧辊运转。当一级给料机连续输入的煤料进入破碎机进料口后，高速液压锤定时以一定冲击能量击碎煤块，击碎后的煤块和碎煤即落入旋转轧辊中进行粗破，粗破后煤料粒度小于 13mm。如遇到湿煤堵煤时，高速液压锤的冲击动作可将起拱湿煤挤入两轧辊间破碎而出，杜绝了堵煤发生。

当有异物进入轧辊时，轧辊被卡，但感器即发出信号，此时轧辊高速反转排出异物，待过一定时间轧辊又恢复正转进行破碎。

该机主要技术参数见表 9-8，结构见图 9-55。

表 9-8　　PS50 型破碎机主要技术参数

进料粒度 (mm)	出料粒度 (mm)	适应水分 (%)	出力 (t/h)	配套减速机	配套电动机功率 (kW)	轧辊转速 (r/min)
<80	<13	<17	2	BWY-22-29	7.5	50

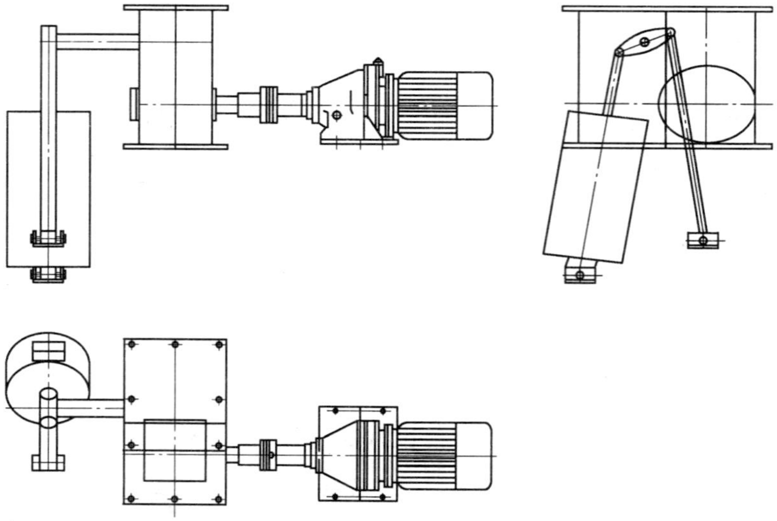

图 9-55　PS50 型破碎机结构

6. 旋锤式破碎机结构与性能

PH150 型旋锤式破碎机由转子、固定式下机壳和可全打开上机壳及调节机构组成。电动机通过皮带轮和惯性轮直接驱动转子。

旋锤式破碎机是一种带有旋转锤的冲击转子式破碎机，旋锤不仅能随转子公转，还能绕锤销摆动，物料进入破碎腔后，首先随转子高速摆动并受到旋锤的冲击作用而破碎，被破碎的物料同时从旋锤处获得动力，高速冲向破碎板受到第二次破碎，然后落到筛条上，受旋锤的挤压和磨剥进一步破碎，并透过筛条孔排出，不能破碎的杂物进入金属收集器，而后定期清理。调整粒度可通过调整筛条的数量，达到出料粒度的要求。

该机主要技术参数见表 9-9。

表 9-9　　PH150 型旋锤式破碎机主要技术参数

进料粒度 (mm)	出料粒度 (mm)	出力 (t/h)	配套电动机功率 (kW)	破碎机转速 (r/min)
<150	<13	3	7.5	960

7. 旋转式采样缩分器结构与性能

FX400 型旋转式采样缩分器跨于 SP400 型二次给料机的输煤皮带上，闸板用于调整煤流厚度，当大于 13mm 的煤层通过缩分器时，缩分器定时进行采样。

旋转采样缩分器的结构尺寸比中部采样头小，但结构和性能与中部采样头相同。

FX400 型旋转式采样缩分器的主要技术参数见表 9-10。

表 9-10　FX400 型旋转式采样缩分器主要技术参数

适用带宽（mm）	配套斜齿轮变速箱	制动电动机功率（kW）	采样速度（m/s）	每次采样量（kg）	采样头刮板宽度（mm）	缩分比
400	R62DT90S4BMG	1.1	1.67	>0.6	40	1/200～1/3 可调

8. 直线式缩分器结构和性能

它是由经特殊处理的不锈钢直线式缩分器料斗、摆线针轮减速器和齿轮变速箱组成的变速机构，以及接料器三部分组成。不锈钢直线式缩分器料斗具有不沾煤、不堵煤的优点，接料器开口尺寸可调。通过变速机构，缩分器料斗以一定频率作水平往复运动进行缩分，缩分比可调，缩分精度高。

直线式缩分器主要技术参数见表 9-11，结构见图 9-56。

表 9-11　直线式缩分器主要技术参数

型　号	缩分比	配套电动机及功率	配套减速器
CHCY-ZF-A	1/1000～1/3 可调	带电磁制动 1.5kW	BW-15-35

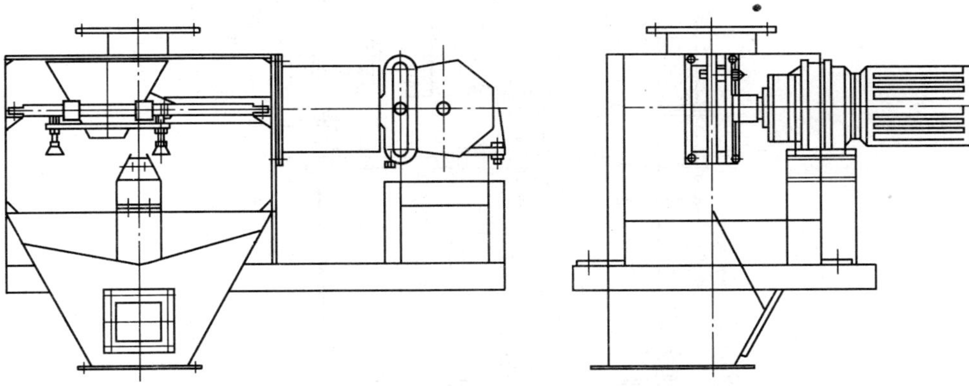

图 9-56　直线式缩分器结构

行程可分 200、250、300mm 三种，具体选用视现场定。

9. 湿煤细破碎机结构和性能

PS15 型破碎机由机体和两个平行安置在两根水平轴上相对旋转的轧辊、减速机和安全弹簧等组成，电动机通过摆线针轮减速机驱动一个固定轴承座上的轧辊旋转，轧辊上的齿轮带动啮合齿轮使可移动轴承座上的被动轧辊也旋转。

两轧辊之间的排料口大小通过调节螺栓移动轴承座进行控制，可移动轴承座上装有弹簧，当非破碎物落入破碎腔时，弹簧被过度压缩，排料口宽度增大，非破碎物可以顺利通过而不致损坏其他部件，起安全作用。弹簧力大小可用螺栓来调整。

该机主要技术参数见表 9-12。

表 9-12　　**PS15 型破碎机主要技术参数**

进料粒度 (mm)	出料粒度 (mm)	适应水分 (%)	出力 (t/h)	配套减速机	配套电动机功率 (kW)	轧辊转速 (r/min)
<20	3～6 可调	<17	2	BWY-18-11	3	131

10. 样品收集器结构和性能

J4 型样品收集器由转台、容器、制动电动机、减速机、接近开关、支撑架等部分组成，其主要技术参数见表 9-13，结构见图 9-57。

表 9-13　　**J4 型样品收集器主要技术参数**

收集器容量 (L)	配套减速机	配套制动电动机功率 (kW)	转台转速 (r/min)
8	BWY15-59 SCWS-80-40-1	0.75	1.5

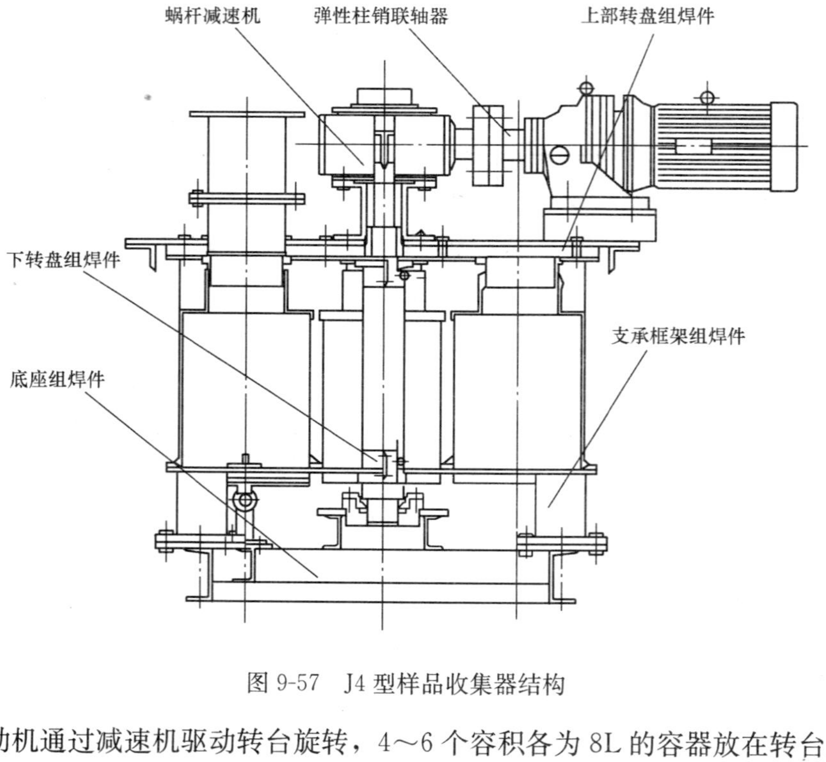

图 9-57　J4 型样品收集器结构

制动电动机通过减速机驱动转台旋转，4～6 个容积各为 8L 的容器放在转台上，转台转动角位移的终点由接近开关控制，当容器不在填料位置时，有密封盖盖上，避免水分损失。

11. 螺旋输送机结构和性能

螺旋输送机是一种不带挠性牵引构件的连续输送设备，它利用旋转的螺旋片将被输送的物料沿固定的机壳内推移而进行输送工作。螺旋输送机的长度视现场需要而定，螺旋杆上装有零速开关，电动机驱动减速机使螺旋轴上叶片旋转处理量为 2t/h，1.5kW 电动机驱动，380VAC。

该机主要技术参数见表 9-14。

表 9-14　螺旋输送机主要技术参数

螺旋片直径 (mm)	配套减速机	配套减速机功率 (kW)	螺旋片转速 (r/min)	输送量 (t/h)	输送物料最大粒度 (mm)
200	BWY15-23	1.5	63	2	25

12. 斗式提升机结构和性能

斗式提升机结构简单、输送平稳，带料斗后的输送机上装有零速开关，电动机驱动减速机使输送带上料斗连续挖取弃煤，弃煤经导料槽送入螺旋输送机，料斗运动速度为 1.4m/s，驱动电动机功率为 2.2kW，380VAC，处理量为 1.5t/h，进料粒度最大尺寸为 25mm。

该机主要技术参数见表 9-15。

表 9-15　斗式提升机主要技术参数

料斗宽度 (mm)	配套减速机	配套电动机功率 (kW)	料斗运转速度 (m/s)	输送量 (t/h)	输送物料最大粒度 (mm)
100	BWY15-17	2.2	1.4	1.5	<25

13. 电气控制系统

(1) 电源：AC　380V，50Hz；AC　220V，50Hz。

(2) 控制系统：

采制样设备采用独立的配电系统，系统装有欠压、短路、过载、缺相等保护装置，具有良好的短路、过载与保护功能。装置各设备之间具有可靠的连锁及互锁功能。

控制系统采用进口 PLC 进行编程控制，系统具有现场手动和远程自动控制两种方式。现场手动用于调试、维修和单机启动。当选择自动工作方式工作时，随输煤皮带启动和停止，采制样装置各设备可按规定程序自动启动和停止，自动采制样品，也可以选择解锁。由工作人员根据输煤皮带的运行情况，有选择地启动、停止采制样系统（可在集控室或电气柜上操作）。

控制系统具有自动检索设备工作状况的功能，系统根据安装在设备上传感器的信号，自动检查设备工作正常与否，有故障即刻报警。报警后故障处上部设备立即停机，下部设备按程序延时停止，以防止堵煤。系统工作与故障状况由电气柜上模拟盘指示，以便于定向排查故障。

S 电气柜面板上设有用调整采样及缩分间隔的定时器，可根据不同煤种、煤质改变定时器的设定，使 PLC 自动调整系统工作，确保采样的子样数、样品质量符合有关标准。

（三）入炉煤取样装置运行注意事项

(1) 定期检查连杆机构是否灵活可靠、有无缺油现象，各支承连接传动机构螺栓有无松动。

(2) 定期检查采样头动作频率、运转声音情况，发现异常及时断电调整处理。

(3) 运行中，电气控制柜上的动作指示信号与采样装置动作相符。

（4）定期检查采样器料管中是否有异物，以便及时处理。

（5）给料机皮带上不应有大量积煤，避免损坏皮带。

（6）运行中轴承温度不应超过70℃，无漏油现象。

（7）在长期停役后启用破碎机时，应先对该机进行盘车2～4转，确保无卡涩后，再启用破碎机。

（8）出料粒度大于6mm或出料量减少时，应及时联系检修调整。

（9）当入炉煤湿度大于10%时，取样装置应处于手动或停机状态。

（10）取样装置投入自动状态前，应手动操作将取样装置处于初始状态，即采样器在后退位置、采样斗在打开状态、无故障报警、系统皮带运行。

（11）急停按钮可以在紧急情况下将设备停止。

（12）显示屏参数运行一般不作调整。

（四）入炉煤取样装置故障及处理

（1）柜外故障。

1）原因：

a. 取样装置各机构未处于初始状态。

b. 落煤电动挡板位置不正确。

c. 破碎机过流保护继电器动作。

d. 限位开关坏。

e. 采样斗进退不到位。

2）处理：

a. 联系程控后把控制开关打到手动位置。

b. 手动操作取样装置各机构为初始状态。

c. 手动操作电动挡板到正确位置。

d. 复位。

e. 联系电修处理。

（2）柜内故障。

1）原因：

a. 速断开关在脱扣状态。

b. 手动/自动切换开关故障

c. 接触器故障。

2）处理：

a. 合上速断开关。

b. 联系电修处理。

c. 联系电修处理。

（3）破碎机振动过大，进料粒度过大。

1）原因：

a. 转子不平衡。

b. 破碎机与电动机安装不同轴。

c. 轴承座或地脚螺栓松动。

2）处理：

a. 控制进料粒度。

b. 联系检修处理。

c. 联系检修处理。

五、入厂煤采制样装置主要技术性能参数及设备介绍

（一）汽车采制样装置主要技术性能参数

汽车采制样装置的主要技术性能参数见表 9-16。

表 9-16 汽车采制样装置主要技术性能参数

序号	项　　目	悬　臂　式	行　车　式
1	适用车型	5～20t 标准汽车	5～20t 标准汽车
2	适用煤水分（%）	≤14	≤14
3	适用煤粒度（mm）	≤150	≤150
4	单点采样时间（s）	≤60	≤60
5	最大采样深度（m）	≤1.5	≤1.5
6	制样粒度（mm）	≤6	≤6
7	缩分比	1∶40～1∶4	1∶40～1∶4
8	系统水分损失（%）	≤1	≤1
9	集样瓶换取方式	自动换取	自动换取
10	集样瓶数量（个）	4～8	
11	最大回转半径（m）	3.7	
12	回转角度范围（°）	±50	
13	大车行走距离（m）		≤20
14	小车行走距离（m）		≤10
15	执行标准	GB 474、GB 475	GB 474、GB 475
16	装机总容量（kW）	≤40	≤40
17	装置总质量（t）	20	18

（二）火车采制样装置主要技术性能参数

火车采制样装置的主要技术性能参数见表 9-17。

表 9-17 火车采制样装置主要技术性能参数

序号	项　　目	跨双轨龙门式	跨单轨龙门悬单轨臂式	悬双轨龙门式
1	适用车型	C50、C60、C62 标准车型	C50、C60、C62 标准车型	C50、C60、C62 标准车型
2	适用煤水分（%）	≤14	≤14	≤14
3	适用煤粒度（mm）	≤150	≤150	≤150

续表

序号	项　　目	跨双轨龙门式	跨单轨龙门悬单轨臂式	悬双轨龙门式
4	单点采样时间（s）	≤60	≤60	≤60
5	最大采样深度（m）	≤2	≤2	≤2
6	制样粒度（mm）	≤6	≤6	≤6
7	缩分比	1∶40～1∶4	1∶40～1∶4	1∶40～1∶4
8	系统水分损失（%）	≤1	≤1	≤1
9	集样瓶换取方式	自动换取	自动换取	自动换取
10	集样瓶数量（个）	4～8（按用户要求）	4～8（按用户要求）	4～8（按用户要求）
11	大车行走距离（m）	≤50	≤50	≤50
12	小车行走距离（m）	≤20	≤12	≤15
13	执行标准	GB 474、GB 475	GB 474、GB 475	GB 474、GB 475
14	装机总容量（kW）	≤60	≤60	≤60
15	装置总质量（t）	55	50	55

（三）部件设备介绍、主要技术参数

1. 电动式采样头

电动式采样头的主要技术参数见表9-18。

表9-18　　电动式采样头主要技术参数

型　　号	采样头转速（r/min）	采样头功率（kW）	采样头驱动减速机
JCT-250	200～300	7.5	FAF77DV132M4

采样头根据螺旋垂直输送物料的原理设计而成，结构为电动螺旋钻取式，能用于煤面下较大深度的全断面采样。采样头头部装有破碎刀刃，能适应冬季冻煤，对大煤块有破碎作用。

该机构主要由SEW带电动机减速机、轴承座、采样管、采样螺旋叶片轴、料仓、破碎刀头等组成。

2. 液压式采样头

液压式采样头的主要技术参数见表9-19。

表9-19　　液压式采样头主要技术参数

型　　号	采样头转速（r/min）	液压系统压力（MPa）	采样头驱动电动机
YCT-250	200～300	16	10JM11-0.5

采样头根据螺旋垂直输送物料的原理设计而成，结构为液压螺旋钻取式，能用于煤面下较大深度的全断面采样。采样头头部装有破碎刀刃，能适应冬季冻煤，对大煤块有破碎作用。采用液压马达驱动螺旋采样头旋转，转速可调。当有异物进入螺旋采样头，使其实际扭矩超过额定扭矩时，螺旋采样头能自动停止转动，达到自我保护的目的，并能反转排除异物。

该机构主要由液压驱动马达、轴承座、采样管、采样螺旋叶片轴、料仓、破碎刀头等组成，见图 9-58。采样头转速在一定范围内无级可调。

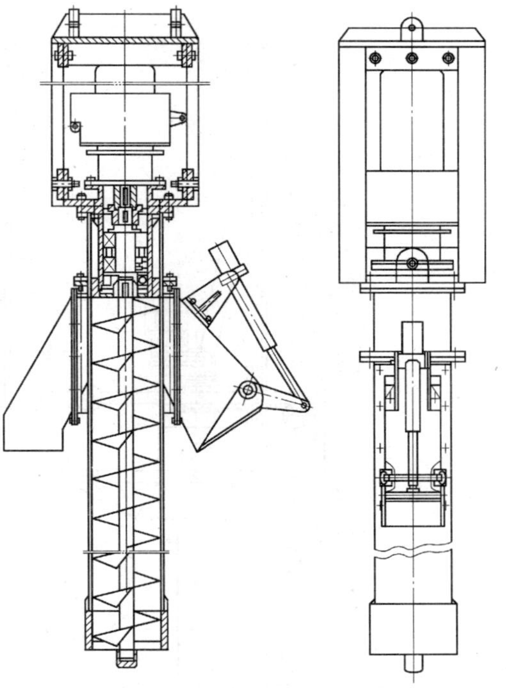

图 9-58　液压式采样头装置

3. 电液推杆推动式螺旋采样头升降机构

电液推杆推动式螺旋采样头升降机构的主要技术参数见表 9-20。

电液推杆是一种机电液一体化的新型柔性传动机构，它由执行机构（油缸）、控制机构（液压控制阀组）和压力源（油泵、电动机等）组成，见图 9-59。接通电动机电源，通过控制电动机正反转，使双向油泵输出压力油，经液压控制阀送至油缸，实现油缸的往复运动，从而带动螺旋采样头沿导轨升降，实现全煤层采样，其升降速度一般为固定值。

表 9-20　电液推杆推动式螺旋采样头升降机构主要技术参数

型　号	额定输出力（N）		额定速度（mm/s）		电动机型号	行程（mm）
	推 力	拉 力	推 速	拉 速		
XDGP2500-2000/80	2500	1900	80	100	Y100L-4-3KW	≤2000

4. 液压油缸推动式螺旋采样头升降机构

液压油站输出压力油，经液压控制阀送至油缸，实现油缸的往复运动，从而带动螺旋采样头沿导轨升降，实现全煤层采样，其升降速度在一定范围内无级可调。

5. 电动绞车驱动式螺旋采样头升降机构

电动绞车驱动式螺旋采样头升降机构的主要技术参数见表 9-21。

表 9-21　电动绞车驱动式螺旋采样头升降机构主要技术参数

升降速度（mm/s）	驱动电动机型号	减速机型号	刹车装置
100（升） 70（降）	YDEJ132S-4/6	XWD6-59-3/4	有

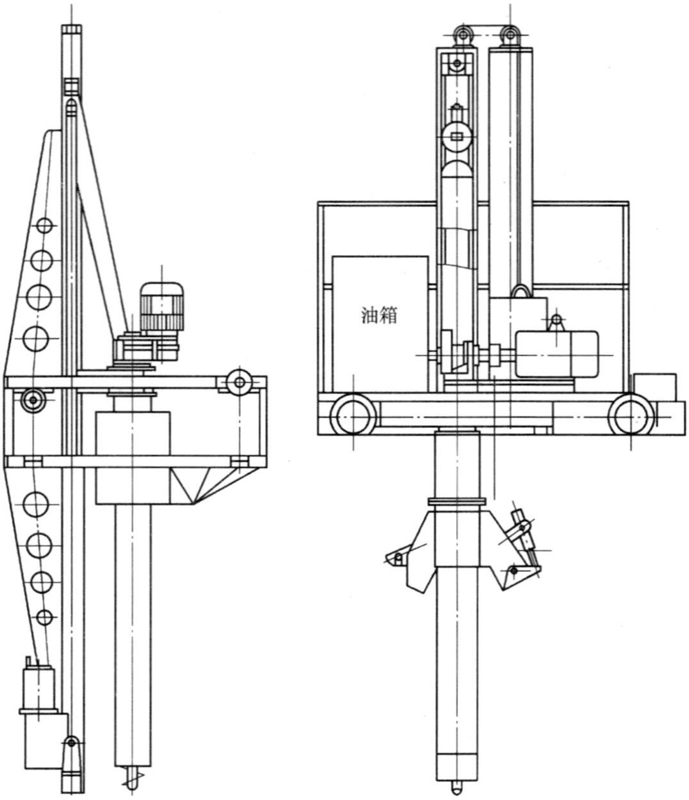

图 9-59 电液推杆推动式螺旋采样头装置

通过控制电动绞车正反转，带动绞车钢丝绳上下运动，从而带动螺旋采样头沿导轨升降，实现全煤层采样，其升降速度一般为固定值。

电液推杆动式和电动绞车驱动式结构简单、可靠，控制方便；而液压油缸推动式需要配置液压站，控制较复杂，现场调试周期长。

6. 回转式采样选点机构

回转式采样选点机构的主要技术参数见表 9-22。

表 9-22 回转式采样选点机构主要技术参数

参数 名称	速 度	功率 (kW)	减速机型号	刹车装置
回转机构	1r/min	0.75	BLY2215-43.11	有
小车行走机构	0.3m/s	1.1	FA47DT90S4BMG	有

通过回转机构和小车行走机构的运动来实现采样选点，此种方式需人工选点。

7. 桥式采样选点机构

桥式采样选点机构的主要技术参数见表 9-23。

表 9-23　　桥式采样选点机构主要技术参数

参数 名称	速度 (m/s)	功率 (kW)	减速机型号	刹车装置
大车行走机构	0.65	2.2	BWY18-29	有
小车行走机构	0.32	1.5	KWBWY22-59	有

采用桥式行车梁箱式结构，此种方式能实现全自动随机选点。

8. 龙门式采样选点机构

龙门式采样选点机构的主要技术参数见表 9-24。

表 9-24　　龙门式采样选点机构主要技术参数

参数 名称	速度 (m/s)	功率 (kW)	减速机型号	刹车装置
大车行走机构	0.77	5.5	ZSC600-59	YDWZ-200/5-12.5
小车行走机构	0.51	4	ZSC400-16.4	YWZ-150

采用龙门式行车梁箱式结构，此种方式能实现全自动随机选点。

9. 操作系统

(1) 电源：AC　380V，50Hz；AC　220V，50Hz。

(2) 控制系统：

采制样设备采用独立的配电系统，系统装有欠压、短路、过载、缺相等保护装置，具有良好的短路、过载与保护功能。装置各设备之间具有可靠的连锁及互锁功能。

控制系统采用进口 PLC 进行编程控制，系统具有现场手动和远程自动控制两种方式。现场手动用于调试、维修和单机启动。当选择自动工作方式工作时，采制样装置各设备可按规定程序自动启动和停止，自动采制样品；也可以选择解锁，由操作人员根据现场实际情况，有选择地启动、停止采制样系统（可在集控室或电气柜上操作）。

控制系统具有自动检索设备工作状况的功能，系统根据设在设备上传感器的信号，自动检查设备工作正常与否，有故障即刻报警。报警后故障处上部设备即刻停机，下部设备按程序延时停止，防止堵煤。

电气柜面板上设有用调整采样及缩分间隔的定时器，可根据不同煤种、煤质改变定时器的设定，使 PLC 自动调整系统工作，确保采样的子样数、样品质量符合有关标准。

(3) 操作系统。

电气控制系统采用可编程器和工控机进行联合，可实现自动、半自动、手动三种工作方式。

自动工作方式：将电气柜控制面板上的工作方式选择开关置于自动状态，按下系统启动按钮，制样系统自动按顺序启停。启动过程完成后，如有汽车或火车进入采样位置，再按一下系统启动按钮，采样系统即自动定位、自动采样，然后自动回到原位放样品，等待下一回采样。在任意时刻按系统启动按钮，采样系统都退回原位放料，制样系统制完样品后自动按顺序停机。

半自动工作方式：将电气柜控制面板上的工作方式选择开关置于半自动状态，与自动工作方式的区别在于采样装置需手动选点定位，其他同自动工作方式。

手动工作方式：将电气柜控制面板上的工作方式选择开关置于手动状态，所有设备均需用相应操作开关启停，此方式用于平时维护与检修。

10. 选点采样和自动运行时的几点注意事项

（1）自动采样时，计算机以车厢为单位向PLC传送采样数据，PLC按接收的数据控制采样。如遇紧急情况，可按“手操面板”上的“紧停”按钮SA3或用鼠标点击停止按钮中断当前采样过程。情况排除后，当前车厢未采的点可改用“选点采样”方式采完，然后再用鼠标点击启动按钮进入下节车厢自动采样。如果不改用“选点采样”而直接点启动按钮，则认为当前车厢已采完，而直接进入下节车厢采样。自动采样过程中如需跳点，用鼠标点击跳点按钮即可。

（2）如对数据输入或操作不熟悉，可用鼠标点击计算机屏幕启动画面、手动操作台画面、选点采样画面以及自动运行画面中的帮助按钮，得到帮助窗口中的有关提示。

（3）在选点采样或自动运行中，如发现原煤大块多或煤层紧密、结实，可用鼠标点击选点采样画面或自动运行画面中的慢速变换按钮，从而降低采样头进入煤层的下降速度。

（4）正常自动采样时，计算机默认采样方向是顺着车皮轴线从左向右，如需改成从右向左，则用鼠标点击自动采样运行画面中的向左采样按钮即可。

（四）入厂煤采制样装置操作注意事项

（1）入厂煤采制样装置应固定操作人员。

（2）操作人员应了解装置的结构以及机械和电气部分的工作原理，并具有计算机操作方面的基本知识，能逐步熟练掌握键盘、鼠标和各操作开关的正确使用，并能配合维修人员进行维修和独立完成日常维护保养工作，保持装置处于完好状态。

（3）采样应在入厂煤车停稳后进行。

（4）进行采样作业时，操作人员一定要集中思想、注意观察，当发现采样点处有大块石块、木块、钢丝绳、草包、麻袋等异物时，应放弃该点采样或改用手动选点采样。

（5）装置在运行中，大车不能与其他机械发生碰撞，当与其他机械同时作业时，装置至少应与其相隔一个车厢的距离。

（6）装置在工作过程中突然发生故障时，应根据计算机屏幕的提示，正确判断故障原因，待故障排除后，才能使装置继续工作，如在短时间内不能排除故障，应退出中止采样，并请检修人员检查。

（7）本装置对原煤的最大适应水分为15%，当实际操作中发现或凭经验估计原煤过于潮湿且黏性过大时，装置不能正常进行采样作业，此时建议以人工采样来替代机械采样。

（8）非本装置的操作人员不应进入操作室。

（9）装置中某些参数（如变频器频率、气动过滤减压阀的压力以及各行程挡板和无触点接近开关的位置等）在系统调试时或出厂时已调定好，操作人员不能随意擅自改变。

（10）装置中的大、小车移动操作开关每次操作完毕后，应及时转到“0”位，且每次启动控制电源前都应检查这两只开关是否处于“0”位。

（11）每班运行前须先提起锚定装置，松开夹轨器后，再启动控制电源。

（12）装置运行时严禁打开各检查门，当来煤较湿时，应注意集样管中煤样下落情况，如长时间无煤下落，则应停机检查缩分斗是否堵塞。

（13）每次采样结束后，制样系统应再运行 3～5min，以便将系统中的残余煤清除；每班运行后，须打开制样系统各检查门，用专用工具将破碎机、缩分器、缩分斗及留样管中的积煤清除干净。采样头储料斗中的残余积煤也须清除干净。

（14）每班运行后，须将气阀站过滤减压阀中的积水排掉。

（15）每隔一星期，操作人员应利用装置顶部空压机的压缩空气清扫软管，对装置各处进行一次吹扫，同时擦拭操作室玻璃，以保持装置的清洁、整齐。

（16）半个月左右，操作人员应用软布擦拭红外探测器外露镜头上粘附的煤尘，以确保探测器可靠工作。

（17）每班工作结束后或进行检修时，应将小车停在原位，启动夹轨器夹紧钢轨，放下锚定装置，并切断总电源。

（18）装置与翻车机连锁，当翻车机拖动重列时，采样头不能下降，当采样装置接收到翻车机的允许采样信号时，采样头才能下降采样；采样装置在采样过程中严禁翻车机拖动重列，当一节采样结束，采样装置向翻车机发出允许拖动重列信号时，翻车机才能拖动重列。

（19）采样装置在检修或不工作时影响翻车机作业，在操作室内控制柜的侧面设有与翻车机的连锁切换开关，当采样装置处于检修或不工作状态时，应将此切换开关打在解除位置，当采样装置需采样作业时，应将此开关打在投入位置，否则采样装置将不能采样。

（20）6 级以上大风时，应停止采样作业，将装置停在停车位置，放下锚定装置，并启用夹轨器将大车固定。

（五）煤采制样装置故障及处理

（1）控制电源不能启动。

1）原因：

a. 操作室侧检修平台安全门没关闭。

b. 操作台上“大车移动”或“小车移动”转换开关手柄不在“0”位。

2）处理：

a. 关闭安全门。

b. 将转换开关手柄转到“0”位。

（2）鼠标点击屏幕操作台上的某按钮，不能启动该按钮所控制的电动机。

1）原因：

a. 该电动机的自动保护开关未合闸。

b. 由于电动机过载或自动保护开关以后的线路故障，只要合闸，保护开关马上就会跳闸。

2）处理：

a. 合上自动保护开关。

b. 检查电动机过载原因及自动保护开关以后的线路。

（3）手动操作调整缩分比时步进电动机不运行。

1）原因：

a. 步进电动机驱动器内部保护作用。

b. PLC扩展模块IPG不发脉冲。

2）处理：

a. 将步进电动机驱动器先断电再通电，若不能恢复，则检查步进电动机电路。

b. 检查扩展模块IPG的输入、输出电路。

（4）采样头储料门、输送机进料门及弃煤门有时发生开关故障。

1）原因：

a. 气压低于0.35MPa。

b. 控制气缸换向的电磁阀线圈损坏。

2）处理：

a. 将气压调整至0.35MPa。

b. 更换电磁阀线圈。

（5）采样过程中，采样头旋转电动机堵转。

1）原因：

a. 采样头钻入煤层后遇到大的异物或被钢丝绳等缠绕物缠住。

b. 来煤水分太大，储料斗堵塞，采样头中的煤样不能及时排出。

2）处理：

a. 升起采样头，清除采样钻处的异物。

b. 清理储料斗中的积煤。

（6）自动运行时，采样头到采样位置后大小车不停止。

1）原因：

a. 红外线探测器的对射轴线偏移或镜头被灰尘覆盖。

b. 大小车光电编码器发生故障。

2）处理：

a. 调整红外线探测器轴线或擦拭镜头。

b. 检查光电编码器及其电路。

（7）破碎过程中破碎机电动机转速突然下降。

1）原因：

a. 破碎机长期不清理，粘煤太多。

b. 采样量太多或煤样水分超标。

2）处理：

a. 停机清理破碎机。

b. 重新调整采样量。

（8）集样罐内煤样偏少或无煤样。

1）原因：煤太潮，缩分斗喉口积煤。

2）处理：煤潮时，坚持每班清理缩分斗。

（9）采样头没上升到原位，大小车开始移动。

1）原因：

a. 卸煤位或上极限接近开关发信挡板偏移，超过发信距离。

b. 卸煤位或上极限接近开关损坏。

c. 卸煤位或上极限接近开关信号受到干扰。

2）处理：

a. 调整接近开关发信距离。

b. 检查卸煤位或上极限接近开关，如损坏应及时更换。

c. 检查信号线屏蔽接地是否良好，排除干扰。

第十章

计 量 设 备

第一节　概　　述

火电厂是消耗煤炭的大户，由于燃煤费用占发电成本的75%左右，而在企业管理中，发供电煤耗又是最主要的生产考核指标，因此如何准确计量电厂的入炉煤量，为正平衡计算煤耗提供准确可靠的数字，对电厂的生产管理来说是至关重要的。胶带输送机是火电厂输煤系统向原煤仓运送燃煤的主要设备，要在运送过程进行燃煤的计量，就必须使用皮带秤，因此皮带秤是电厂燃煤计量的主要工具。

火力发电厂常用的燃煤计量设备有动态汽车衡、动态轨道衡、电子皮带秤、电子皮带秤实煤校验装置（也称料斗秤）和称重式全封闭给煤机等。下面重点介绍动态轨道衡、电子皮带秤、静态料斗秤。

第二节　动 态 轨 道 衡

一、概述

对于散装货物处于低速行驶状态的火车车辆，能够自动称量出其质量的大质量器（一般为100t，最大的为200t）称为动态轨道衡；或者说具有承载台，台面装有钢轨，能够自动称量低速行驶状态的火车车辆的质量，这种计量装置叫动态轨道衡。它属于自动称量的衡器，通常称之为电子轨道衡。

电子轨道衡按计量状况可分为以下三种：

(1) 轴计量：即一个轴一个轴称量，四次称量相加得出一节车的总质量。单台面，台面短，长约1.5m，因多次称量易引入误差，调整困难，准确度低，已逐步淘汰。

(2) 转向架计量：即一个转向架（两个轴构成）称一次，两次相加得出车辆总质量，台面长3.7m，由于基坑和台面结构比较简单，被广泛采用。

(3) 双台面整车计量：对于常用车辆可以整车称量，对于特殊车辆可以自动转换成单台面转向架计量，也可以静态、动态两用，一般由台面长3.7m左右的两个台面组成，中间隔3～4m。

按秤桥（承载台）的高矮和基坑的深浅，可分为深基坑、浅基坑和无基坑三种。无基坑因线路、秤在使用过程中位移及串动，已不发展，有些已拆除。现常用的是浅基坑的，其次是深基坑的，即钢梁的厚度尺寸为600～700mm或者800～1000mm，基坑浅者1m左右，深者 2m 左右，可以进入，便于维修。

按车辆行驶的牵引状态，可分为机车牵引、铁牛牵引和溜放三种。一是列车由机车牵引，以 10km/h 左右的速度过衡称量；二是用铁牛牵引（一般是拉煤车）一节或多节车辆，以很低的速度（0.6～1.8km/h）过衡称量；三是溜放，单节车溜放过衡称量，速度一般为 3～5km/h。

此外，随着微机的广泛应用，电子轨道衡与翻车机装在一起，最大称量可达 84t，车辆被拉上翻车机后，停在衡上，不等完全静止，在颤动中称量，25t 以下允差为±100kg，25～84t允差为±200kg。

动态称量电子轨道衡虽然技术先进、效率高，但准确度不高，适用于称量煤炭这类低值燃料或价格与之相似的矿石、原材料等。而且只用于国内贸易。国际贸易要求秤的准确度为 0.1%，故不用动态轨道衡。

二、结构原理

动态电子轨道衡从其结构上分析，应该包括线路、引轨、机械部分（台面、秤桥、限位器等）、承重传感器、二次仪表（电通道，称量信号的接收、放大、滤波、模数转换，计算机，数显打印机装置，稳压电源）等几个主要部分。它是铁道建筑工程、机械工程、电子学、计算机的综合应用技术。

（一）线路及引轨

台面两侧连接秤桥的铁路统称轨道衡的线路部分，包括秤桥两端的一段铺在钢筋混凝土基础上的引轨和两侧的线路。这部分对衡的准确度影响甚大，若该部分未调整好，即使台面设计制造工艺很好，二次仪表部分硬件、软件都很好，测其静态准确度很高，当进行动态测量时，误差也相当大，甚至达不到合格要求。反过来再调整线路，即使检定通过了，也会长期带来不稳定因素，可以说是隐患。国产衡一般要求：基坑两端应有 25m 左右的钢筋混凝土基础的整体道床，连接整体道床两侧还有 50m 以上的平直道，要求坡度为 0.1%，不允许超过 0.2%。有的厂对秤桥两端路要求更严，必须有 0.2%坡度以下的平直道 200m，若平直道不够，厂家不保证衡器的准确度。为减小列车上台面轨时的冲击，引线轨和秤梁轨端部上表面经特殊加工，并利用该部位的弹性进行过渡，形成所谓的弹性过渡器，当车轮通过过渡器时，自然绕过横向轨缝，从而减少冲击振动。

基坑与直线段基础相连，浅基坑为 1000mm 左右，深基坑约 2000mm，并有通道，二者都应有一定厚度的钢筋混凝土结构和安放传感器的承重墩台。其平面示意图如图 10-1 所示。

（二）衡的机械部分

衡的机械部分又可称为承载台或秤桥，是由计量台面（包括承重梁），过渡器，纵、横向限位器，覆盖板等部分组成。根据各厂家设计的不同，有的是采用框架在工厂组装，运到现场后，吊到基坑里安装调试；有的采用半整体结构，在厂内预先调校，然后分几大部分运

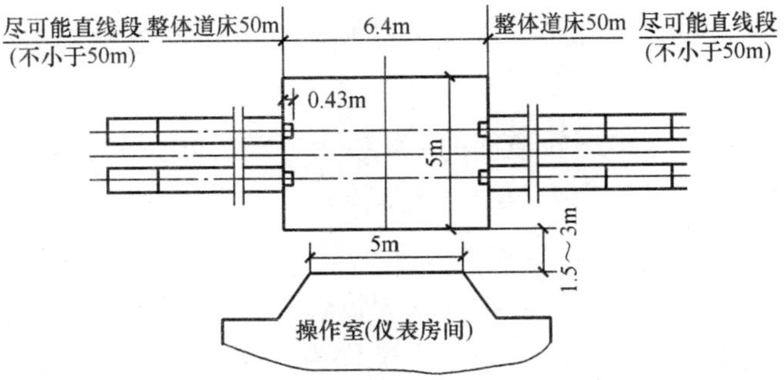

图 10-1 轨道衡秤体基础整体道床及仪表间平面示意图

往现场安装调试。总之是尽可能地缩短安装周期，并在工厂预调校，便于现场施工、安装调试和维护。计量台面安装在基坑内，深基坑约为 2m，浅基坑在 1m 以内。计量台面上部是固定在梁上的台面轨，中部是承重梁（秤梁），一般为 600～700mm，薄的 400mm，厚的在 1m 以下，下部四个角可通过调垫铁调平，并用地脚螺栓固定在基础上。计量台在承重梁（秤梁）上，用四支可调杆连成一个非刚性的连接体，称之为秤梁框架。秤梁框架由四支压式（或剪应力）传感器支承，四支传感器分别固定在两个横底座上。

为使计量台面既上下活动自如，又能在车辆驶过台面后恢复原位，这就必须设法减少计量台面在动态下位移。纵向用四支长拉杆限位，一端固定在横底座立壁上，另一端固定在秤梁上，有的厂为便于调整，还在长拉杆上安装一支拉式传感器，用于测定拉杆的松紧程度，以便调整螺母，使拉杆预紧力大小适度。

过渡器是装在引轨与台面轨接缝处，使车轮驶过接缝时，减小冲击、振动的部件。两端四个轨缝各装一个随动桥式过渡器。过渡器一端由转轴固定在过渡支座上，另一端浮动在秤梁上，过渡器中部有一个高于轨缝处轨顶高的圆弧面（高出 0.5～1mm），使车轮经过过渡器时，很自然地绕过横向轨缝，从而减少冲击振动。在秤体工作时，要经常保持过渡器灵活，不能卡住，维护管理人员经常注意检查，避免因此而造成的称量失准。

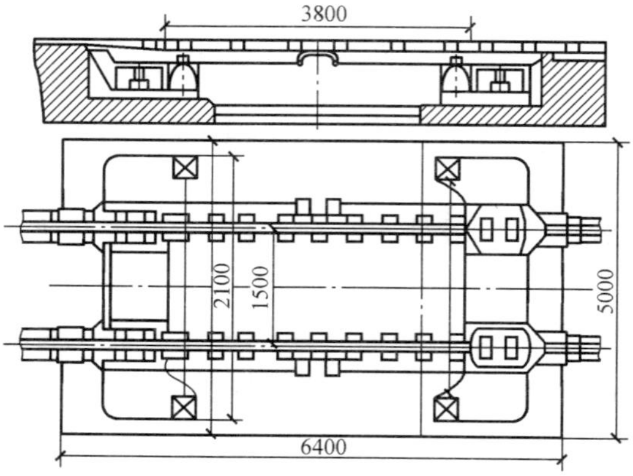

图 10-2 秤体简图

每根秤梁两个端头的两个侧面分别装有一个可调螺栓装置，即安全休止装置，检修秤体或检查传感器时，用它顶起秤体框架，便于安装维修。如遇某一支承部件损坏，秤体框架将由休止器支承，以确保安全。整个秤体由花纹钢板覆盖、保护及防尘。秤体简图见图 10-2。

（三）传感器

处于动态中的车辆，其质量加到计量台面作用到置于秤桥四角的传感器上，完成力—电的转换，即将重力信号转换为电压信号。传感器有不同的结构，常用于动态轨道衡的是额定负荷为 20～90t 的压式圆筒形传感器或长方形剪应力式传感器。

当行驶中的车辆将质量加到台面后，传感器的输出信号是一组 250～500 周/s 的高频信号加到 3～20 周/s 低频信号上形成的包络线，叠加到直流信号上。直流信号的大小是真实的质量信号，高难度频加到低频上而在包络线信号是因振动、冲击等因素进入的干扰信号（非质量信号）。

常用于动态轨道衡的 15t 以上（20、40、50、90t）的传感器，其综合精度为 1/2000～1/1500，最佳为 1/5000～1/3000。

（四）二次仪表部分

从计量台面上的轮开关和传感器送出的电信号通过接线电缆，传到控制台，接收并处理这两个方面信号的控制设备统称为二次仪表部分，也就是主机部分。1984 年以来，我国已逐步应用微机取代过去所用的逻辑控制、运算电路和数字电压表等构成的主机部分。逻辑框图见图 10-3。

列车以衡器允许的额定速度驶过台面时，加力于传感器，将质量信号变换为电压信号，经接线、电缆送入磅房内的主机，先由前置放大器接收及放大，然后送入有源滤波器滤波，将非质量信号（随之而进入的干扰信号）尽可能地消除，再放大到工作电压后，送入 A/D 转换器（模拟/数字），换成 14 位数字信号，然后经 3255 并行口的 A 口送往计算机。

微型计算机对通过 A 口、C 口送进来的信号，按照根据用户提出的要求而事先编好的程序进行数据处理，然后将运算结果通过屏幕显示出来，通过打印机打印称量结果。

动态称量电子轨道衡的结构和工作原理概括地说为：受动力牵引的连挂车辆以 5～10km/h 的速度进入轨道衡台面一侧的线路，经引轨驶进台面，车辆的质量通过轮轴或转向架加到秤桥，压到传感器上，由桥接的传感器将质量信号转换为电压信号，经放大、滤波后送入 A/D 转换装置，将模拟信号转换成数字信号，再通过计算机接口送入计算机，按事先排好的程序（软件）进行数据处理，然后将称重的结果在屏幕上显示，并通过打印机打印出来。装在台面上的轮开关（有机械、电磁、光电的）主要为判别机车和车辆用（也有无开关判别），开关量信号经整形和转换后，从计算机的另一个接口送入计算机处理。模拟信号通道见图 10-4。

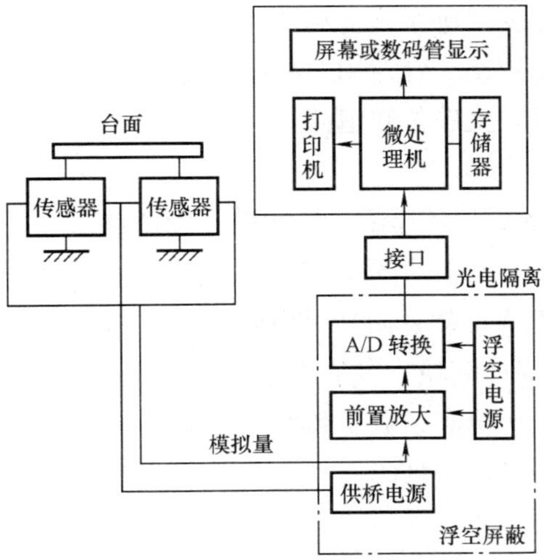

图 10-3 逻辑框图

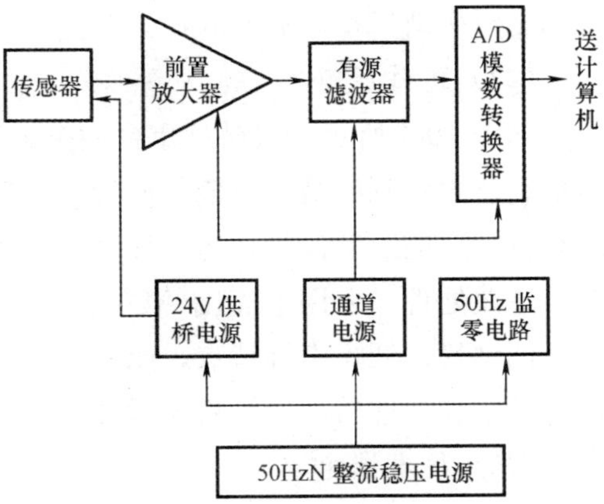

图 10-4 模拟信号通道

三、GCU 系列动态电子轨道衡

现以武汉利德公司生产的 GCU-100D 型动态电子轨道衡为例进行介绍。

（一）概述

GCU-100D 型动态电子轨道衡是 GCU 系列中的一种，它是一种自动地对行进中的列车实行不停车、不摘钩连续动态称重的计量设备。其主要形式有：

（1）GCU-100D 系列单台面轨道衡：采用转向架计量方式，适于固态货物的计量，如煤、矿石等。

（2）GCU-S 系列双台面轨道衡：采用双转向架同步整车计量方式，适于固态货物及液态货物的计量，如铁路罐车、钢水包等。

（3）GCU-T 系列特种轨道衡：采用长台面或多台面转向架或整车交互计量方式，适于车型复杂、独特或精度要求更高的场所。

近 10 年，我国动态电子轨道衡技术发展很快，通常多采用 GCU-D 和 GCU-S 两种形式，基础由深基坑发展到浅基坑和无基坑，机械台面由工字梁、悬挂式发展到箱形梁、正压式结构。仪表部分采用了微机或工业控制机，以及与之相适应的大规模集成电路组成的高速数据采集和模数转换系统，即 A/D 通道；称重软件也由开关判别发展到无开关的全模拟量判别方式。

GCU 系列电子轨道衡产品质量的优劣、技术先进与否、整体设计是否合理主要从计量精度、长期稳定性、运行的可靠性、故障率、有效使用年限等方面考核。基于以上要素，采取以下措施：

（1）硬件可靠性：采用高精度优质传感器及 A/D 模块；对放大器、滤波器等元器件严格筛选；优化计算机配置，并对计算机进行长时间通电测试。

（2）提高软件和各部分设计的先进性、可靠性。

（3）机械台面及相应基础结构的优化设计，不易出故障、维护方便、强度大、刚度高、工程造价低。

GCU 系列电子轨道衡适于港口、站场、专用线、仓库、货场等场所。对于环境恶劣，需长期连续计量的场所，采用工业控制机型电子轨道衡。针对用户的特殊要求，还生产了特种动态电子轨道衡，如窄轨衡，公路、铁路两用衡，大吨位轨道衡等。

（二）工作原理

如图 10-4 所示，机械称重台面把被称量车辆的质量传递给一次元件（传感器），由传感器把它所感受到的被称车辆的质量信号转换为相应的电压信号，经放大、滤波及 A/D 转换后获得相应的数字信号，送入计算机系统。计算机称重软件对所采集的数据进行波形识别、数字滤波处理。采用了美国 AD 公司的专用信号调理模块，具有高稳定、高灵敏度、高转换、低漂移、低噪声等特点，而模拟滤波技术也大大提高了数据和处理的抗干扰能力，通过数据采集和处理后，计算机显示被称车辆的实际质量，并打印。

（三）技术性能

（1）产品规格见表 10-1。

表 10-1　　产品规格

产品类别	产品型号	最大称量（t）	秤台个数	传感器量程（t）	传感器个数	称量对象
GCU-D 系列	GCU-100D	100	1	20	4	固态货车
	GCU-150D	150		30		
	GCU-200D	200				
GCU-S 系列	GCU-100S	100	2	20	8	固态货车 液态货车
	GCU-150S	150		30		
	GCU-200S	200				

续表

产品类别	产品型号	最大称量（t）	秤台个数	传感器量程（t）	传感器个数	称量对象
GCU-T 系列	GCU-100T	100	—	20	4～8	固态货车 液态货车
	GCU-150T	150		30～200		
	GCU-200T	200～700				
QCU-系列	QCU-D	20～50	—	10	4	窄轨货车

（2）计量精度优于 JJG 234—1990《动态称量轨道衡检定规程》的允许规定。

1）准确度等级和分度值。准确度等级和分度值见表 10-2。

2）检定允差。静态和动态检定允差见表 10-3。

表 10-2　　准确度等级和分度值

准确度等级	分度值 e（kg）
0.2	50
0.5	100

表 10-3　　静态和动态检定允差表

静态检定允差		动态检定允差		
秤量 m	允差	秤量 m	允差	
			0.2	0.5
$m=0$	$\pm0.5e$	$m=0$	$\pm0.5e$	
$0<m\leqslant500e$	$\pm1.0e$	$0<m\leqslant500e$	$\pm2.0e$	
$500e<m\leqslant2000e$	$\pm2.0e$	$500e<m\leqslant2000e$	$\pm3.0e$	$\pm4.0e$

（3）称量方式为双向全行动动态称量。GCU 系列为转向架计量；GCU-S 系列为同步整车计量；GCU-T 系列为转向架或整车计量。

（4）称量车速为 3～25km/h，最优称量车速为 5～15km/h，不计量时秤台允许通过速度为 30km/h。

（5）感量：加减 20kg 砝码，有大于 10kg 的变化。

（6）输出方式：CRT 实时显示序号、车速、质量，称量结束后打印制表，并将数据保存。

（7）工作环境条件。

1）温度范围为−45～+75℃，相对湿度不大于 90%，仪表控制室要求恒温、防尘、应符合 GB/T 2887 中的要求。

2）工作电源应符合要求：电压波动不超过电压公称值 220V AC 的−15%～+10%；频率波动不超过频率公称值 50Hz 的±2%；电源功率应不小于 1kW（本机功率消耗不大于 500W）。

3）应有良好的独立接地装置，在最干燥的季节接地电阻不大于 4Ω。

4）应采取屏蔽措施，避免强磁场对设备的干扰。

5）避免腐蚀性物质对设备的侵蚀。

（四）结构

1. 机械称重台面

机械称重台面作为列车支撑与传力机构，由称重梁、抗扭装置、纵向限位、横向限位、锚固花梁、过渡、休止装置及基础预埋件等组成，完成列车运行中的缓冲、减振、支撑与力的传递工作。

称重梁是秤的主体部分，由钢板焊接而成，其截面呈箱形结构，具有足够的强度、刚度和良好的稳定性。称重梁通过四只称重传感器安放在锚固花梁上。称重梁的垂直标高及水平位置调整由安装工完成，以保证与线路轨道的标高水平一致。两梁之间由抗扭装置连接，既互相独立而又连接在一起，组成稳定的支撑结构，防止了称重梁的倾翻，使各传感器受力状况良好，有利于提高精度。限位系统的拉杆固定点在基础预埋件和锚固花梁上，纵向拉杆采用内外拉杆结构，横向拉杆采用内接杆结构，拉杆与秤梁的连接点在秤梁内侧靠近传感器的部位，该点在列车通过时的垂直水平变位极小，有利于保持台面的稳定和减小称量误差。

抗扭装置的垂直刚度很大。通过六根高强度螺栓把两根秤梁连接在一起，可以承受列车通过时对梁产生的扭转力矩，从而使秤梁保持稳定；而在沿秤台的纵向方向抗扭板的刚度又很小，约为垂直刚度的1‰，这样就便于对两根秤梁经纵向限位杆分别进行调整而互不影响。

秤台两端的引线轨通过钢筋混凝土基础上的铁垫板伸向秤台两端，引线轨端头与秤梁轨端头间保持8～12mm轨缝。为减小列车上台面轨时的冲击，引线轨和秤梁轨端部上表面经特殊加工，并利用该部位的弹性进行过渡，形成所谓的弹性过渡器，在车轮通过过渡器时，自然绕过横向轨缝，从而减小冲击振动。

2. 线路和基础

动态电子轨道衡是在列车连挂运动状态下称重，为了减小由于列车振动、连挂及车体不水平引起的称重误差，要求轨道衡称重台面及两端一定长范围内的线路平直，并且经若干年使用后秤重台面基础及平直段内道床的倾斜及下沉量均小于设计规定，所以动态电子轨道衡的秤体基础及道床是按所处的地质条件经专门设计及施工而成的。

动态电子轨道衡的称重梁长度为3800mm，一般秤体基础长约5800mm，宽约2500mm。秤体两端有25m整体道床，通过道床以外有10～15m的过渡段。为防止路基发生冻害，一般道床与基础部分的开挖深度均应超过冻土深度。

列车称重及通过时一般车速较低（最高30km/h），所以列车振动幅度不大，车轮对钢轨的冲击力较低，因此在铁轨与轨枕之间除原有的减振垫之外，无需另采取减振措施。

基坑深度一般为600～800mm（以轨顶标高为±0）此深度可根据需要设定。当有条件时可以做成无基坑式，即称重梁直接暴露在外；无条件时台面两侧围水泥墙，加防护板，即为浅基坑式；若因某种原因认为有必要在秤梁下保留较大空间，则可做成深基坑式。

3. 仪表系统

动态电子轨道衡的仪表系统包括高精度优质称重传感器、微型计算机或工业控制机、显示器、键盘、打印机、LD称重系统、净化电源。

力值信号通过一次仪表传感器转化成电压信号（模拟量），既而输入给二次仪表LD称重系统，并转化成数字信号，再经过计算机分析处理，计算出每节车辆的质量、车速，并显示打印。

(1) 传感器。传感器为电阻应变式称重传感器，传感器是仪表系统中的关键元件。动态电子轨道衡传感器的安装位置一般自然条件均很恶劣，如温度年变化量最高可达 80℃，而且多雨、潮湿，所以要求传感器具有温度范围宽、密封防潮、过载能力强、长期稳定可靠等特点。GCU 系列动态电子轨道衡选用进口优质称重传感器。

称重传感器一般由弹性体、电阻片、补偿电阻、引线及外壳等部分组成，弹性体承载重力，并有一与重力成正比的形变，电阻应变片粘贴在弹性体上，并与弹性体有相同的形变，由此产生电阻变量 ΔR。一般一只传感器由四片电阻应变片组成一桥路，在供桥电源的作用下，桥路的输出端产生一与重力成正比的电压 U。GCU-100 型动态电子轨道衡传感器的组合方式采用全并联连接方式。

(2) 信号处理和转换系统，即 LD 称重系统。LD 称重系统即通常所说的通道部分，它是一台由美国 AD 公司生产的专用信号调整模块、美国军用 7650 放大器和滤波器、供桥电源等所组成的高分辨、高精度、高稳定性的信号通道。通常 LD 称重系统与计算机分立，信号通过电缆线传送。供桥电源以高精度电源基准为基准，使用正负对称电源，其稳定性可达到 0.005%。±5V 电源在±15V 电源基础上进一步稳压而成，并为前级放大器供电。放大滤波器采用三只高质量的进口运算放大器组成差动（仪用）放大器，并配以适当的积分滤波电路，从而实现高辨率、高抗干扰能力的功能，仪器放大器的输入失调电压温漂为 0.01μV/℃。

A/D 转换选用进口 16 位高速转换器，转换速度近 30 000 次/s，其输出为 65536 码，仪表的分辨率可达 1kg。A/D 转换器输出的 16 位二进制数经三态门，通过接口送入计算机。

4. 计算机系统

计算机是动态电子轨道衡的核心部分，可完成数据采集、数据处理、显示打印及数据管理等工作。计算机性能的好坏直接关系到轨道衡的可靠性。

GCU 系列轨道衡计算机配置有两种，分别适用于不同的环境要求。第一种是通用型微型计算机，选用 IBM 或 IBM 兼容的中高档微型计算机，它包括主机板、RAM 卡、硬盘、显示器、打印机。其运算速度快、存储容量大、通用性强，除作轨道衡的控制机外，还可完成大量管理及统计工作。第二种是 STD 总线工业控制机，适用于条件恶劣、连续长时间计量的工业环境，其无故障可维修间隔时间（MTBF）达几年至几十年，STD 总线工业控制机的软件与 IBM 微型计算机兼容。工控机系统包括电源、机箱、总线板、系统卡、EEPROM 卡、匹配卡、显示器、打印机、后备电池等，并可根据用户要求配置。系统卡中包括一个 1000MB 的 ROM 盘，一个 8MB 可扩充到 32MB 的带后备电池的 RAM 盘，一个并行口和一个串行口，EEPROM 为 512KB 可在线读写的只读存储器，作为半导体盘使用。

IBM 微机系统使用 MB-DOS 及 UCDOS 磁盘操作系统，STD 总线工业控制机的 DOS 与 MS-DOS 兼容。它们支持多种语言工作，动态电子轨道衡的软件使用汇编语言、BASIC语言、C 语言等。所用工具软件为 EDIT. EXE 屏编辑软件、MASM. COM 宏汇编软件、LINK. EXT 连接软件、DEBUG. COM 动态调试软件。

（1）GCU 系列动态电子轨道动态称重软件。GCU 系列动态称重软件可完成设备自检、数据采集处理、车种车型判别、数据处理、速度计算、收尾判别、显示、打印、分类、统计、删除、查询、存盘等工作。

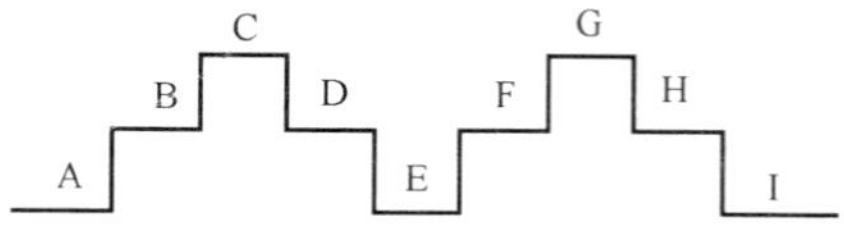

图 10-5 动态波形示意图

判别方式采用全模拟判别，判别原理如下：标准轨距四轴货车以匀速通过 3.8m 长的轨道衡称重台面时产生的质量波形见图 10-5，其中 A、E、I 段为空秤段，B、D、F、H 段为单轴称重段，C、G 段为转向架称重段，显然 C+G 就是欲求的车重。

（2）GCU 系列动态电子轨道衡静态称重软件。静态称重软件的目的是完成轨道衡静态标定及列车的静态称重等工作。其应用场合为：

双台面动态电子轨道衡的液体罐车建标；双台面动态电子轨道衡的液体罐车静态检定；双台面动态电子轨道衡的静态检定；单台面动态电子轨道衡的静态检定。

静态称重软件包括数据采集、滤波、均值、显示、打印、求和等，程序的运行是在人工干预下完成的。

（五）安装、调试、检定

1. 安装

动态电子轨道的安装包括机械部分、传感器及仪表部分安装。机械部分安装与土建施工同步进行。施工完毕，设备也已就位。称重梁及配套装置运到现场后，用配置的专用工具，按照三维要求的尺寸，先用锚固的花梁定位，再让称重梁通过模拟传感器一起就位于锚固花梁的传感器底座上。然后连接和固定抗扭装置、纵横向限位系统，整个过程都需要用测量仪器确保各部件在设计和线路要求的允差之内。

道床上设备的安装在混凝土浇灌前进行，根据既有线路两端（或新设计施工线路）的要求用长轨凌空架过道床和基坑，牢固支撑好两根钢轨，调平、调直、测好轨距，并加上轨距杆，用扣件按要求间距固定好预埋轨枕（或小轨枕）及防爬装置和过渡垫块。然后在其下面空间预制钢筋，再灌混凝土，并将轨枕、防爬装置和过渡垫块在秤台下锚固。花梁，纵、横向限位预埋板镶入混凝土中，养护期满后，抽出长轨，换上相应的引轨和钢轨，并与基坑内称重轨衡接好，整体稍作调整即安装、施工全部完成。以上同步施工和安装，保证了极高的安装精度，并方便。整个线路基础形成一体，整个道床和基坑基础刚性一致性好，受力均布性好，不会出现基础局部下沉现象，大量采用铁路标准件，安装牢固，维护量小。

仪表部分的安装：检查接地装置是否合乎要求，接地电阻应小于 4Ω，安装净化电源，确保净化电源良好接地，并通电检查工作是否正常；接上计算机、打印机、显示器、LD 称重系统，通电检查是否良好。

在传感器接线盒中将四只传感器信号并联，并用四芯屏蔽缆引至控制室与 9 针插头对应焊接，测量输出与输入电阻，符合要求后将插头插上 LD 称重系统的对应插座上，连接完毕后，LD 称重系统的后面板与接地体应连通。

依次接通净化电源，LD 称重系统的后面板与接地体应连通。

依次接通净化电源、LD 称重系统、计算机主机、显示器、打印机，启动称重软件后，即进入称重所设置的状态。

2. 调试

动态电子轨道衡的调试分静态和动态调试两步。

（1）静态调试。静态调试包括台面一致性调整、标定。后面由四只传感器支撑，由于传感器的安装差别、传感器的灵敏度与输出阻抗的不一致性，造成台面的一致性不好。台面的一致性调整步骤如下：

1）调整传感器的受力角度，使传感器的中轴线与力的作用线重合，此时若各传感器一致性好，则台面的一致性亦好。

2）当传感器的一致性不好时，则调整传感器接线盒中的补偿电阻，将台面各点灵敏度补偿一致。

待台面一致性调整完毕后，进行静态标定，也就是校对质量示值，使显示的质量与实际的质量相符。

标定时质量校准方式可分为硬件调整和软件调整，硬件在其出厂时已经标定完毕，在实际使用时由于种种原因，示值与真值之间往往还有一定误差，如果误差小于0.1%则可用软件补偿，如果大于0.1%则可以作硬件调整。

（2）动态调试。动态调试是指机车牵引已知标准质量的动态检衡车进行动态称重，取得10组以上的数据，然后以均方根方法计算系统误差，并用硬件或软件调整的方法使系统误差的最大与最小均值近似为零。

根据《动态称量轨道衡检定规程》的规定，每列动态检衡车为5节。此5节车按照一定规律编组，并与机车连挂，然后以规定车速在称重台面上通过，要求列车做匀速运动，应尽量减少由于连挂时车钩相互作用而引起的连挂误差。一台状态良好的动态轨道衡，其动态计量与静态计量系统误差应有较好的一致性。

3. 检定

检定是依据《动态称量轨道衡检定规程》，对动态轨道衡进行检定，检定内容包括静态检定、感量测定、抗干扰能力、动态检定等。静态检定是用不同质量的砝码车或动态检衡车停放在台面上对轨道衡进行检定，其检定结果应符合规程的要求，所用器具为砝码车、机车。感量测定使用20kg砝码分别在空秤及静检时加在秤上，示值变化应大于10kg。抗干扰检验是在静检过程中启动其他用电设备，示值变化不应超过允差值。动态检定由机车牵引5节标准检衡车往返称重，其各节车重示值与标准值之差不得超过规程中的允差值。动态检定还包括混编，混编就是用5节以上的重载车辆与标准检衡车混合编组，然后往返动态称重，5节标准检衡车的质量示值与标准之差不得超过规定允差，同时检查对不同车型的判别能力。

（六）操作与维护

动态电子轨道衡的核心部分是微型计算机，所以操作方法大部分是计算机的使用和操作。本系统使用IBM或IBM兼容的微型计算机系统，操作系统为MS-DOS。轨道衡操作人员的操作内容分为两部分：一部分为动态称重，输入数据、打印制表等；另一部分为计算机的开发利用。本章主要介绍前者，后者可参考有关DOS手册及其他资料。

1. 操作规范

（1）控制室内应采取防尘措施。

（2）操作人员应穿工作服，戴工作帽，穿工作鞋。

（3）非操作人员不应进入控制室。

（4）控制台及计算机上不应放杂物。

（5）保护好软盘，用后装袋保存。

（6）严禁用计算机玩游戏。

（7）禁止非操作人员使用计算机或拷贝机内软件。

（8）做到人走关机。

（9）不得随意搬动设备和拆装设备。

（10）操作应按规定进行。

2. 维护

（1）机械台面及四周保持清洁。

（2）检查机械台面各部位螺钉是否松动，限位拉杆、抗扭装置是否保持在设计状态，紧固程度是否合适。

（3）检查轨缝状态、轨距是否合适。

（4）机械台面使用一段时间后应作防锈处理。

（5）仪表、计算机、打印机应保持清洁，控制室密封防尘。

（6）检查各接地线是否正常。

四、轨道衡的检查及使用注意事项

（一）开机前的检查

（1）检查引线轨、称量台面上无杂物，过渡器之间不允许有尘土，以免卡死（保证两轨之间有3～4mm的间隙）。

（2）台面轨与引线之间的过渡器必须与两端水平，不得凹凸，否则立即消除。

（3）台面机械部件长期承受列车重力和振动，要检查连接螺丝有无松动情况。

（4）操作台上不允许放无关杂物，台面保持干净。

（5）轨道衡的基坑需保持干燥和清洁，如遇雨水，及时排水。

（二）使用注意事项

（1）称重列车通过台面时车速必须平稳，严禁在计量过程中突然加、减速和制动。

（2）微机室内应保持清洁，须凭燃料部特殊岗位通行证方可入内。

（3）不允许在微机上做与燃料计量无关的事及超出正常称量外的工作。

五、轨道衡基本操作介绍

（1）计量操作过程。

1）开机。

第1步：打开计算机（此时务必保证仪表处于关闭状态）。

第2步：打开显示器和打印机。

第3步：打开开关接线盒电源。

第4步：等待计算机启动Windows（不同的计算机启动时间会不一致；一般在1min左右）。

第5步：直到计算机启动完毕后，打开轨道衡仪表。

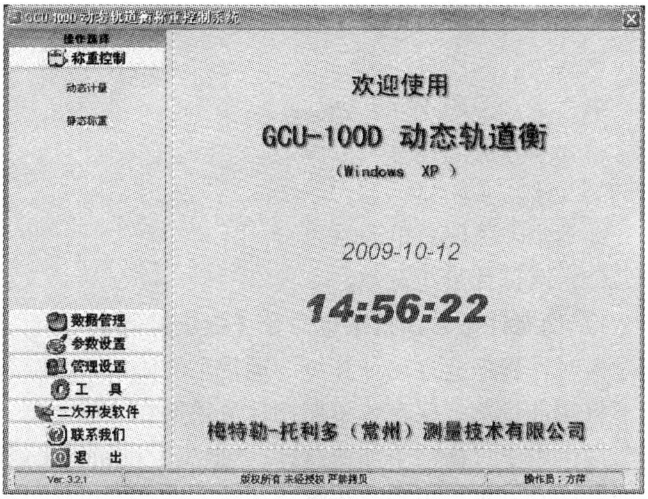

图 10-6 系统登录成功后界面

2）登录称重控制系统。

第 1 步：双击桌面上的“GCU-100 动态轨道衡称重控制系统”。

第 2 步：选择姓名，输入密码，按回车或点击确定（由管理员预设）。

到此，系统登录成功，将出现以下工作界面，见图 10-6。

3）动态计量。

第 1 步：检查轨道衡仪表、打印机及其他相关设备是否打开。

第 2 步：在保证空台面状态下，进入“动态计量”，同时系统会出现零点更新界面，更新零点，见图 10-7。

第 3 步：列车上称重台面后，系统将自动记录本次过衡的时间，自动计量并保存每节车的重量及速度；自动采集车号（选配电子车号识别系统后有效）。

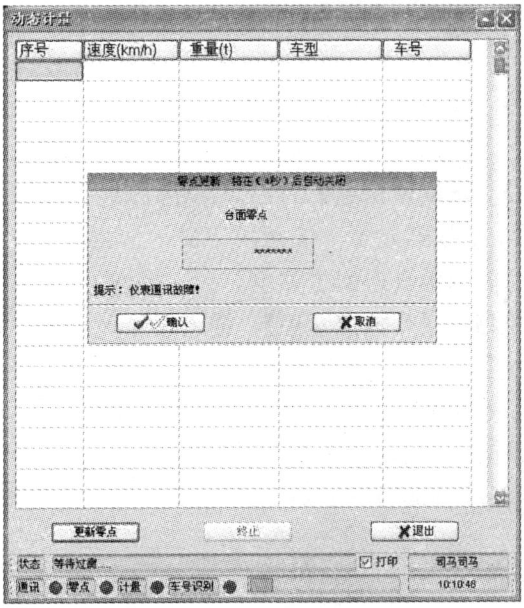

图 10-7 “动态计量”界面

第 4 步：列车离开称重台面后，系统会自动结束本次称重（注意：在任何时候点击“终止”都可结束动态计量）。

第 5 步：过衡结束后，请点击退出。

注意：动态计量时，列车必须依次一次性匀速通过秤台，中途不得停车，也不能突然加减速，动态计量通过速度不大于 10km/h。

4）列数据管理。

在动态称重完毕后，系统只记录了速度及重量信息，车辆的其他信息如车号、皮重、发货单位，收货单位、货物名称、票重需通过本操作进行填充或修改，为后续查询、统计及制表作准备。

第 1 步：选择日期。

第 2 步：选择需要处理的列。

第 3 步：打开修改允许开关。

第 4 步：输入“车号”、“皮重”（皮重库功能开启时，皮重禁止手动输入或修改）和“发货单位”、“收货单位”、“货物名称”的编号；编号在“参数设置”中预置。输入并按回车后，系统会自动保存。

5）关机过程。

第 1 步：退出称重控制系统。

第 2 步：关闭轨道衡仪表。

第 3 步：关闭打印机。

第 4 步：关闭 Windows。

第 5 步：关闭计算机电源。

第 6 步：关闭显示器。

第 7 步：关闭总电源。

（2）测试计量与调整。

1）动态计量：执行菜单命令【称重控制】/【动态计量】，进入动态称重状态，当有火车过衡时，程序会自动计算每一辆货车的质量，并显示在屏幕上。同时用汉字提示：（打印或不打印计量单；保存或不保存计量数据在 d 驱动器；退出称重，回到桌面）。注："终止计量"按钮用于过衡结束加速总计；"退出"按钮用于退出静态计量返回主菜单；

过衡时，车号识别系统将自动采集车号，供轨道衡微机调用。

2）静态计量：执行菜单命令【称重控制】/【静态计量】，点击"零点"按钮采零点，当货车一组转向架压上台面后，点击"前转向架按钮"采集质量，当货车另一组转向架压上台面后，点击"后转向架按钮"采集质量，然后程序自动计算出总质量。注："感量"按钮用于检测感量；"清除显示"按钮用于清除所显示质量；"退出"按钮用于退出静态计量返回主菜单。

（3）零点调整：执行菜单命令【称重控制】/【零点调整】，微机自动进入零点调整，调整结束退出。

（4）通道测试：执行菜单命令【称重控制】/【通道测试】，通道测试主要是监测台面零点是否正常。

（5）模拟仿真：执行菜单命令【称重控制】/【模拟仿真】。注："模拟仿真"按钮用于模拟过衡；"3D 显示"按钮用于显示三维图形；"数据显示"按钮用于显示仿真数据；"打印"按钮用于打印图形；"退出"按钮用于退出模拟仿真返回主菜单。

（6）列数据管理：执行菜单命令【称重控制】/【列数据管理】，输入车号、皮重、发货单位、收货单位、货物名称、票重等，计算程序会自动计算出净重。注："列选择"用于选择过衡时间；"参数设置"用于设置发货单位、收货单位、货物名称；"允许修改"用于数据修改状态开关；"原始记录"用于打印原始计量单；"列报表"用于打印列报表；"退出"按钮用于退出列数据管理返回主菜单；"日统计、月统计、年统计"用于统计、打印汇总报表。

（7）参数设置。

1）参数设置：主要用于发货单位、收货单位、货物名称的增加和删除。

2）皮重库管理：主要用于货车皮重的增加和删除。

3）密码更改：主要用于更改登录密码。

4）途损设置：主要用于设置各种货物的途损比例。

5）计量员管理：主要用于增加和删除计量员的姓名、密码、级别、操作性质。

（8）数据库服务。

1）数据备份：主要用于备份数据库。

2）导入备份数据：主要用于导入备份数据库到现有数据库。

（9）其他设置包括公共留言、桌面设置、打印机设置、系统设置等。

六、轨道衡操作步骤

（1）过衡后按“Q”键回到桌面，双击桌面“报表及调整”图标，输入代号（1～10）后进入主菜单，显示屏上提示动态称重、静态称重、零点调整、日期调整、时钟调整、补充数据、存储车号数据等菜单名称，选择“存储车号数据”菜单，此时车号被自动保存在车号识别系统的主机内，然后退出可继续计量。

（2）做报表时，双击桌面“报表及调整”，输入代号（1～10），然后选择“调用车号数据”，根据提示选择“Y”键后，车号将自动保存到轨道衡微机上，然后可进行数据输入。

（3）选择所需的过衡车辆，按提示进入数据补充界面，然后依次输入发货单位、收货单位、货物名称、皮重、票重，每输入一项按一次回车。

（4）输入完毕后，按提示进入打印（按“S”键打印列报表，按“P”键打印汇总表，按回车键打印分户报表）。

（5）打印完毕后按“Q”键退出，回到桌面。

（6）要打印样号单，先双击“报表及调整”，输入代号（1～10）进入主菜单，然后选“打印样号单”，选择相应的数据后按“S”键打印。

（7）做报表时，若发现车号为“0”，说明该节车号未被采集到，只需在做完报表后按“Y”键进行修改即可。

（8）做报表时，若过衡的车辆不是本厂的，可按“Y”键进入修改状态，在对应的位置上输入“56”，按回车键后即为“无用车”。

（9）注意事项如下：

1）在正常过衡条件下，如中间某节发生丢车现象，则全部采用人工输入的方式。

2）若不选“存储车号数据”保存，则下一次过车的车号将把前一次的车号覆盖。

3）一旦退出报表制作回到桌面，车号数据将自动消除。

4）当车号识别系统微机故障时，轨道衡微机的操作不变，只是在做报表时，车号要手工输入。

七、轨道衡的日常维护检查

台面机械部分各部连接螺丝不脱落，并加油4～5滴；各限位器用油擦拭，过渡器两端连接缝内的垃圾彻底清除。

八、轨道衡常见的故障及处理

（1）开机不能正常进入工作程序。

1）原因：

a. 微机主机故障。

b. 硬盘的驻留应用程序损坏。

2）处理：

a. 通知热工处理。

b. 用随机备份盘恢复。

（2）称重结果失准或有漏车。

1）原因：

a. 台面轨与引线轨间隙太小，有卡死现象。

b. 限位系统卡死。

c. 传感器故障或损坏。

d. 实际台面零点和微机记忆下来的零点相差太大。

2）处理：

a. 消除卡死现象（可用锯条把接缝锯大一些，保持有3～4mm的间隙）。

b. 通知热工处理。

c. 通知热工或厂家处理。

d. 校正台面零点。

（3）开机后，通道插件工作出现异常。

1）原因：

a. 通道无回答信号。

b. 通道满量程。

c. 通道输出零信号。

2）处理：通知热工或厂家处理。

（4）打印机不能正常工作。

1）原因：

a. 打印机设置错误。

b. 打印机故障。

2）处理：

a. 检查打印机设置。

b. 通知热工处理。

第三节　电子皮带秤

皮带秤是对散装物料在皮带机传输过程中进行称重的一种衡具。它分为机械式和电子式两类。本期工程设置两套入炉煤电子皮带秤装置，安装在皮带a上，用于计量进炉煤量；设置1套码头入厂煤电子皮带秤装置，安装在煤码头皮带b上，用于计量入厂煤量。

一、电子皮带秤的原理

电子皮带秤通常装在皮带机的中部，用它可以称量出在一段时间走过的物料总量，也可以称量出瞬时物料流量，因此同时测量单位长度上物料质量和皮带走过的距离。用电子皮带秤的称量托辊去替换皮带机的四组托辊，使皮带上物料总量通过秤架压到称重传感器上，传感器则将质量转换为电信号送到仪表。另外运输量还和皮带速度成正比，速度传感器将皮带速度转换为电信号送到仪表，仪表则通过计算得出物料运输总量（累计量）和物料流量。

皮带机在匀速传递物料的情况下，在时间 t 内总输送量为 W，即

$$W = qvt$$

式中　q——单位长度皮带上的物料重量，kg/m；

　　　v——皮带传送速度，m/s；

t——传送时间，s。

皮带机上的物料一般是不均匀的，皮带机的速度也是波动的。称重传感器所测出的瞬时载荷量与皮带传送瞬时速度的乘积可表示瞬时输送量。实现上述计算方法的电子秤如图10-8所示。

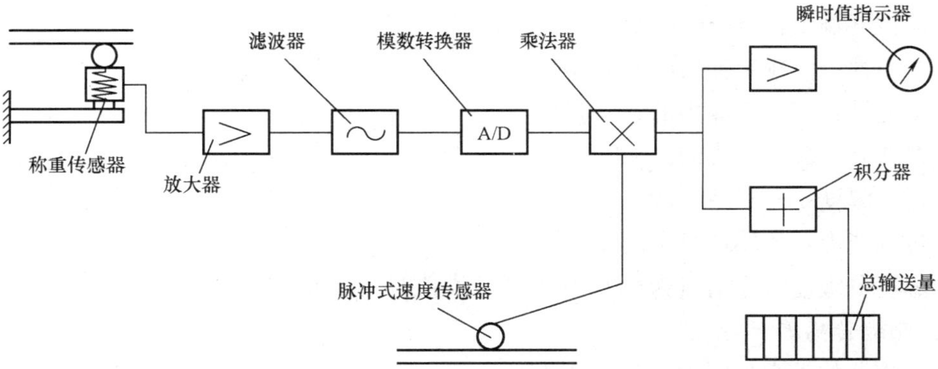

图 10-8 电子皮带秤原理

皮带秤的称重传感器及测速传感器的信号进入称重仪表后，经放大、滤波、A/D 转换后并进行积分，在仪表屏幕上显示其流量及累重，该仪表数据还经通信板传到工控机，由工控机对其数据进行采集形成各种报表供查询和打印。除此之外，工控机还可实现对仪表的遥控操作，并以中文形式显示在上位机上。

二、电子皮带秤的结构及特点

电子皮带秤主要由电子皮带秤本体、称重传感器、测速传感器和称重显示控制器等组成。

皮带秤本身采用程序控制，以参加输煤系统程控。皮带秤所计量的煤量数值经通信线路传送至上位机。在皮带秤的控制柜上设有就地/远方控制切换开关，并设有以下接口：远方程控启/停指令、就地/远方控制状态的远方显示、整套系统的运行状态显示、数据记录和报警显示、0.1t 的脉冲信号。

N14-6301-AO-CB-1200 型电子皮带秤的动态累计误差为±0.25%。当模拟加载量在最大流量和最小流量之间任选一点时，重复加载 5 次测试数据，最大值与最小值的误差小于被检皮带秤动态累计误差绝对值的 1/2。

（一）电子皮带秤秤体

N14-6301-AO-CB-1200 型秤体采用双杠杆、四托辊结构，称重间距长。电子皮带秤本体的外观如图 10-9 所示。

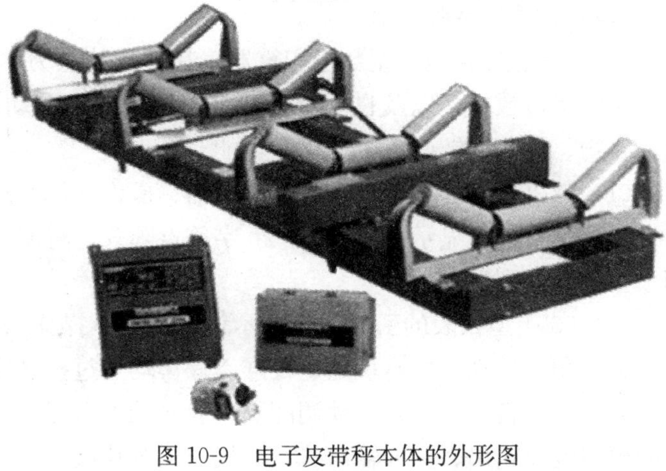

图 10-9 电子皮带秤本体的外形图

（二）称重传感器

称重传感器采用进口产品，

具有良好的稳定性、抗侧向力，密封及温度补偿和过载保护功能。N14 型称重传感器的外观如图 10-10 所示。

标准拉力式称重传感器的主要技术指标如下：

（1）型号：N14。

（2）激励电压：10VDC±5%。

（3）灵敏度输出：2～3mV/V。

（4）非线性：<额定输出的±0.03%。

（5）重复性：<额定输出的±0.003%。

（6）蠕变：<额定输出的±0.02%。

（7）适应温度：－32～＋60℃。

（8）过载能力：传感器容量的 150%。

（9）温度灵敏度：零值时为±0.000 3%，满值时为±0.000 4%。

（三）测速传感器

测速传感器的外观如图 10-11 所示。

图 10-10 N14 型称重传感器外形图

图 10-11 测速传感器外形图

测速传感器采用无碳刷式脉冲发生器，连接在大直径的托辊或滚筒上，消除了因皮带打滑所产生的误差。测速传感器向称重仪表发出系列脉冲信号，每个脉冲代表皮带行程的一个单位，脉冲频率与皮带速度成正比。测速传感器在电气方面具有自动校准、自动调零、零点自动跟踪、自动校正间隔、自动诊断故障和皮带机系统荷载超限时报警等功能。

（四）称重显示控制器

称重仪表采用 6301 型数字积算器。其性能特点为：具有称量线性补偿，温度、湿度补偿，停电保持数据，以及自动校准、自动调间隔、自动诊断故障等功能，并有自动零点跟踪，实物、挂码、链码、电子标定功能。

（1）微机技术、菜单提示、人机对话、操作方便、高智能化称重仪表。

（2）真空荧光显示屏，以 4×20 字符点阵式，将所有数据及操作指令用字母、数据通过四个主菜单分别显示。

（3）6301 型仪表的引导软件提示设定步骤，操作人员只需将具体的参数输入，仪表内自动进行积分处理，所有设定、校准、操作均通过按键完成。

（4）具有自动调零、自动调间隔、全自动零点跟踪、高低限报警、故障自诊断，以及可选的模拟电流输出、脉冲输出、计算机通信等功能。

(5) 准确度：优于±0.02%。

(6) 可通过通信接口与计算机通信，在操作系统支持下运行通信软件，在计算机上实现远程操作仪表上的所有显示、设定、校准及调整等各项操作。

(7) 可选的电流输出：0～20mA 或 4～20mA，反映 0～100%的流量。

(8) 脉冲输出：1∶10∶100 反映仪表的累计量。

(9) 通信接口：RS-232 或 RS-485。

(10) 通过打印机扩展板可直接连接串行的 UP 和 PP 系列打印机。

(11) 机壳封闭，具有防水、防尘、防腐蚀等性能。

调零装置的初始调节范围不小于最大输入信号的 40%。对于从空秤输入信号到额定净输入信号的阶跃输入量，显示器的响应时间不大于 15s。

输出信息可直接由打印机打印显示。在下列情况发生时，禁止输出衡器的称量结果，称量过程还未稳定；数据为负值，但打印机不能以明显的打印形式予以区别。显示器在下列电源变化范围内正常工作：额定电压变化为−15%～+10%，额定频率变化为±2%。称重显示控制器还具有动态校验装置标定功能。

第四节　实物校验装置

一般对电子皮带秤所进行的电子模拟标定、链码标定或挂码标定只能达到 1%～2%的精度。当需要得到较高的精度时，就要用已知质量的物料进行校验，把已知物料和皮带秤读数比较的差值作为校正量。皮带秤的直接和最有效的校验方法是实物校验法，而其他方法目前都只能作为一种辅助手段。

从标准传递角度来看，质量标准由砝码传给料斗秤，料斗秤传给作为替代物的标准煤，标准煤传给皮带秤，因此只有安装了料斗秤的煤耗计量系统，才真正具有质量的含义，而没有料斗秤的煤耗计量，则只具有相对值的含义。此外，由于皮带秤的运行稳定性差，实物校验通常也需要经常进行，根据原电力工业部电安生［1993］457 号文件规定："燃煤计量装置每月用实煤校验装置校验 2～4 次"。而每次标准化验都需要几十吨至几百吨被称量过的煤送上皮带作为标准物，这在没有专用称量装置的情况下是很困难的，于是校验皮带秤的实物校验装置便显得十分重要。

对应于标定的三种方法，检验也有三种方法，即挂码校验、实物校验、链码校验。校验的方法和标定的方法基本相同，不同点是校验时不改变量程系数，只是称量出一个实际值同理论值进行比较，计算出误差，以检验是否超差；校验时应在满量程 90%、60%、30%三个点上进行校验，以保证皮带秤在各种负荷下都能符合准确度要求。

某厂输煤系统选用了一套实物校验装置来校验电子皮带秤的精确度。本实物校验装置采用半量程标定。来煤经皮带 a 上的固定式犁煤器卸至实物标定斗内，称量后进入皮带 b，标定皮带 a 上的电子皮带秤，其精度为 0.25%。

某厂输煤系统实物校验装置的功能有：①置零，去皮；②称量结果数值显示；③零位跟踪及累加；④过载声光显示；⑤微处理器及自动打印（打印皮带秤、实物校验装置的称重及皮带秤的校验精度）。

一、实物校验装置的工作原理

实物标定装置是一种高精度静态电子斗秤，专门为在线校准检定皮带秤而设计。实物检测系统使过去复杂、费时、费力的皮带秤实物检测和标定工作变得简单、快捷和可靠。

（一）相关规定

为了保证皮带秤实物检测装置的准确度，检测装置本身配有自检砝码（即标准器），便于随时检验。砝码配置根据原电力部相关检定规程规定：检定用标准砝码的最小量值为1t，或为最大称量的50%，两者中应取其大者，其余部分可用任何其他的恒定载荷来替代。标准砝码准确度为M1级。

入炉煤计量装置在运行中的误差应保证小于0.2%。为了准确计量燃煤，计量装置须定期进行实煤校验。实煤校验所用标准称量器具的最大允许使用误差应小于±0.1%，每月用实煤校验装置校验燃煤计量装置2～4次。实物检测系统中的称重仓容积取决于安装皮带秤的皮带机输送能力。根据原电力部安生［1993］457号文件规定：用实煤校验时，检验的煤量不小于输煤皮带运行时最大小时累计量的2%。

（二）工作原理

当皮带机上的物料经过电子皮带秤称量后进入称重料斗时，支撑称重料仓的称重传感器将产生与物料质量值成正比的电信号输出，该输出信号进入以微处理器控制的称重显示仪表，称重显示仪表将信号进行放大、处理，显示出实际质量数。经过称量后，物料通过出料设备返回到输送系统中去。将实物检测装置与皮带秤所显示的物料质量进行比较，从而达到校验皮带秤的目的。上述称量是物料先经过皮带秤，后通过料斗秤进行称重的方法。

为了保证实物检测装置的准确性，该装置配有标准砝码，用于自身精度的核准。通常在检测前，通过安装在称重料仓上的砝码提升机将标准砝码提起，称重仪表将显示提起砝码的质量。显示值应与砝码值相同，否则将对称重显示仪表进行修正。砝码提升机通过可编程控制器进行程序控制升降，也可通过操作台进行手动控制升降，如图10-12所示。

(a)

(b)

图10-12 实物校验装置外观图

为了提高系统的自动化程度，选用计算机对称重仪表、皮带秤仪表以及可编程控制器进行双向通信，对其进行管理，使其称重、校准自动进行。采用徐州三原称重技术公司的专用事务标定装置管理软件，可以自动修正皮带秤的间隔值，使皮带秤仪表的显示值与称重显示仪表的显示值相同，以避免人为操作误差的产生。在计算机屏幕上，可完成料斗秤、皮带秤的称重以及砝码的升降，并可动态模拟上述工作过程。

二、实物校验装置的结构

实物校验装置主要由称重料斗、称重传感器、称重显示仪表、可编程控制器、电气操作台、电气开关柜、砝码提升机、标准砝码、砝码支承平台、给料设备及工控机、打印机等组成。

（一）称重料斗

称重料斗的有效容积为110m^3，料斗的额定称量值是72t。称量斗本体采用12mm厚度的钢板，称量斗四壁与水平线的夹角大于60°。料斗进、出料口具有密封的防尘措施，进料口采用迷宫式钢板加柔性密封，出料口采用电动鄂式全密封料门。

为便于安装调试以及日常维护保养，料斗四角装有四只起重机构。为防止称量斗内积煤，斗壁锥体部分内衬超高分子塑料板，厚度为16mm。

为防止下料及振动等外力作用引起的料斗位移，在支撑框架上设置限位装置，限位间隙可调，以确保外力消失后料斗自动复位。

（二）称重传感器

实物校验装置一共设置四只称重传感器，每只称重传感器的最大称重量为45t，其额定输出为4mV/V。电信号输出采用屏蔽方式，以增强抗干扰能力。

称重传感器精度为±0.03%，传感器采用澳大利亚公司的设备。

要定期对这四只称重传感器用砝码校验。

（三）称重显示仪表

精度为±0.01%；分度数为7200个分度；自动（可设）零点跟踪；打印机型号为激光A4打印机。

实物校验装置显示分度值为1kg，重复性指标符合计量部门的计量检定，检定规程按照国家有关计量规程规定的要求。

鉴别力：当称量改变1.4倍检定分度值e时，原来的示值有一个e以上的变化。

仪表在环境温度为－12～＋41℃时，预热0.5h后，数字显示在加载结束10s内达到稳定，读数值的变化保持在精度范围内。

（四）标准砝码

标准砝码质量：1t/个。

准确度级别：M11级（相当于±0.01%精度）。

标准砝码的数量：16只。

1. 砝码提升机

砝码提升机外观见图10-13。

图10-13 砝码提升机外形图

（1）提升重量：1t/个。

（2）提升高度：100mm。

2. 实物校验装置的控制及保护

（1）实物校验装置的控制及保护，系统流程示意图见图 10-14。

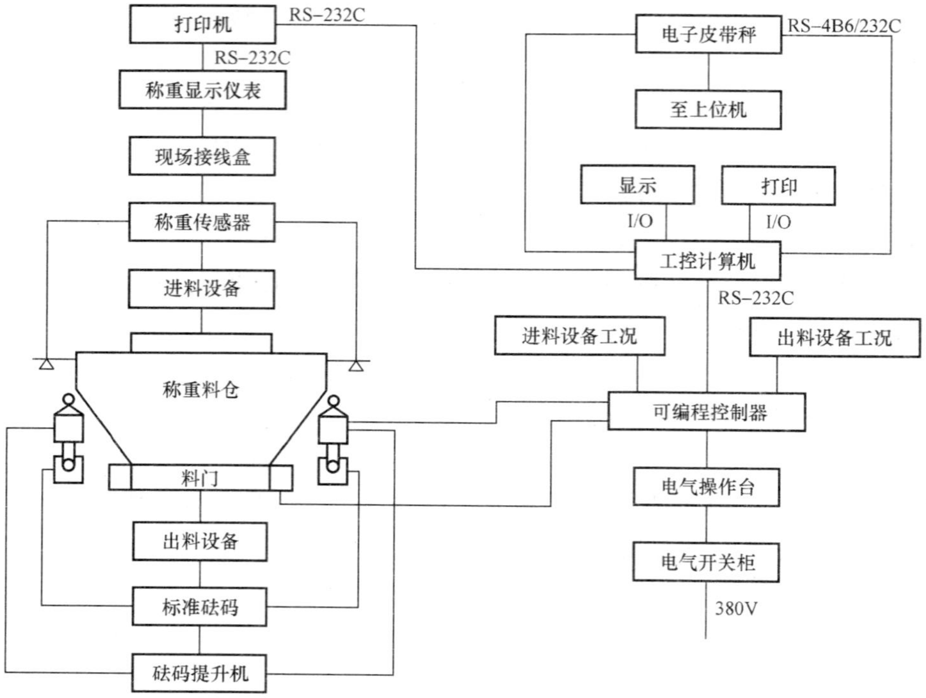

图 10-14 系统流程示意图

（2）实物校验装置的控制校验过程采用 PLC 控制。实物校验装置具有两种模式：一种是校准模式，用于料斗秤自检，其校准程序符合计量检定规程的要求；另一种是料斗秤用称量的物料校准皮带秤。校准模式可分为自动程序校准及手操控制校准。同时，该系统还对进料设备、出料设备进行连锁。

料斗门的开启流量可以控制，且具有明显的开度标志（120、240、480、1000t/h）。当料斗门开启到最大时，其流量小于 1200t/h。控制台上有料斗门四个开启状态和闭合时的灯光显示信号。

实物校验装置自设控制台，不纳入输煤系统的程序控制，但与输煤系统还存在着连锁功能。电子皮带秤积算器（嵌入式）安装于实物校验装置控制台内。

在工控机上称重斗放料门的流量可以控制，并有明显的开度标志。

料斗门的开启、闭合操作灵活、准确，其开启信号与皮带 a 及料斗门下给料设备进行连锁，电动推杆配手动操作盘。

（3）实物校验装置的保护。

1）在进煤时，当计算机通过称重仪表判断出超载时，自动停止进料。

2）砝码的提升时间由行程开关和工控机延时程序双重保险控制。

3）料仓料位具有高限报警及自动保护功能。

4）称重料斗四边设有四套限位装置，它与料斗仅留有 2mm 左右的间隙，尽管料斗重心很低，但也有较高的稳定性。当料斗因外力影响而引起位移可能大于 2mm 时，限位装置将限制料斗位移超限，当外力消失后，根据稳定性原理，料斗自动回到原来的稳定位置。

（五）设计和结构特点

（1）微机控制系统：由工控机实现对设备的操作，并通过串行口读取称重仪表的信号，以实现自我检定及在对皮带秤标定时数据的显示与统计。

实物校验斗体采用全悬浮设计，安装四只传感器，采用可靠的限位装置，既提高系统计量精度，又保证传感器安全使用。

（2）出料系统：带式给煤机的控制采用微机控制给料，使给煤机可以均匀下料。

（3）计量功能：在进入计量菜单时可显示料斗的物料质量，在标定时自动记录物料质量及与皮带秤的误差值、百分比数。

（4）手动控制功能：在现场设手动控制柜，通过操作按钮实现对砝码升降的单动、放料皮带机启停、进料设备的动作等控制。

（5）自动控制功能：装置的自检、实物校验皮带秤的操作及辅助设备的操作均可用鼠标点取模拟画面进行控制。

1）自动挂码功能：在用砝码自我检定时，可用鼠标器点取模拟画面，以控制砝码的升降。

2）实物校验功能：进料设备及出料皮带机的动作、料门开度的点动等动作，读取仪表数据，自动记录校验数据、计算校验结果。

3）在进煤控制中，当计算机通过称重仪表判断出超载时，自动停止进料。

4）砝码的提升时间由行程开关与工控机延时程序双重保险控制。

5）料仓料位高限报警及自动保护。

6）软件程序中配有自动去皮重功能。

7）动态画面显示各设备的工作状态，当处于非正常状态时，可在故障提示区显示故障点。

8）可手动即时打印各类校验报表。

除此以外，工控机还可实现对仪表的遥控操作，并以中文形式在 CRT 上显示，其系统精度可达到二级秤标准（±0.25%）。

第五节 电子汽车衡

一、电子汽车衡的结构原理与特性

电子汽车衡（汽车磅）主要由秤台、称重传感器及连接件、称重显示仪表、计算机、打印机等零部件组成。载重汽车置于秤台上，秤台将重力传递至称重支承头，使称重传感器弹性体产生形变，使应变梁上的应变计桥路失去平衡，输出与质量值成比例的电信号，经线性放大器将信号放大，再经 A/D 转换为数字信号，由仪表的微处理机（CPU）对质量信号进行处理后直接显示质量数据。配置打印机后，即可打印记录称重数据，如果配置计算机，则可将计量数据输入计算机管理系统进行综合管理。

常用电子汽车衡的典型配置部件有秤体、桥式称重传感器（20、25、30t 等规格）、防高压涌浪传感器接线盒、微机称重仪（具有称重管理、磅单与统计表打印输出功能）、打印机、1000W UPS 电源等。

打卡式智能型电子汽车衡采用微机控制，对汽车进行动、静态称重的自动化计量设备，有自动除皮、自动制表打印（打印多联单）的功能和防止人为作假改数的功能。汽车衡计量后人为作假（如一辆车计量多次、空车皮按固定值计算、人为采集数据不准、人为修改计量结果等）是很多电厂难以预防的问题。打卡式汽车衡是由微机控制的衡器，是专为防止在计量过程中人为作假设计的，同一般汽车衡相比，它增加了 IC 卡读写器、信号灯、电铃、控制仪表等有关设备。计量时，司机根据红绿灯和电铃的指示完成上衡、读卡、下衡、取票等过程，自动计量。计量中和计量后禁止人工操作。所有信息均在卡中对应自动查找，自动对应打印表格，计量后自动存储每辆车的普通数值和加密数据（不能改写和直观阅读）。如人为改动了数据，在打表时将给出提示，可用加密值进行对照、检查。系统中存有每辆车最小计量间隔时间，以防止重复计量。

网络电子汽车衡由计算机进行控制，可实现多台汽车衡联网、数据综合显示和处理等功能。

电子汽车衡的特点是：

（1）特制结构秤体抗压强度高，抗扭和抗侧向载荷能力强。

（2）可靠性高、计量准确，标定调校方便。

（3）防雷效果更好，可避免或减少间接雷击。

（4）具有防作弊的功能。

电子汽车衡产品规格型号列举如表 10-4 所示。

表 10-4　　电子汽车衡产品规格型号

性能参数＼型号	SCS-20	SCS-30	SCS-40	SCS-50	SCS-60	SCS-80	SCS-100
最大称量（t）	20	30	40	50	60	80	100
分度值（kg）	5、10	5、10	10、20	10、20	20	20	20、50
传感器容量×数量（t×只）	20×4	20×4/6	20×4/6	30×4/6	30×4/6	30×4/6 50×4/6	50×4/6
台面尺寸（m）	长度有 7、8、9、10、12 等，宽度有 3、3.2、3.4 等。当秤总长≤10 时，一般采用 1 个秤台、4 个传感器结构方式；当秤总长≥12 时，一般采用双秤台、6 个传感器结构方式						

二、电子汽车衡的使用注意事项

（1）秤台四周间隙内不得卡存有异物。

（2）限位器的固定螺栓与秤台不应有碰撞和接触。

（3）若必须在秤台上进行电弧焊作业时，必须断开仪表装置与秤台的各种连接电缆线。电弧焊的地线必须设置在被焊部位的附近，并要牢固地接触秤体。传感器不得成为电弧焊回路的一部分。

（4）传感器插头非专业人员不得取下，安装时要对号入座。

（5）非称重车辆不允许通过秤台。

（6）严禁汽车或其他重物撞击秤体。

（7）汽车在称重时，应按规定速度平稳地通过秤台，严禁在称重过程中突然加速和制动。

第六节　激光盘煤装置

激光盘煤装置适用于火电厂、煤矿、码头等装有门式堆取料机（或门抓）的大型煤场煤堆体积的测量，也可用于其他散碎体积的测量。采用激光扫描测距原理，将激光脉冲扫描单元安装在堆取料机门架上，通过堆取料机的行走实现三维体积测量。系统各种信号（包括堆取料机行走位置、姿态、测量数据、通信等）由主控单元进行实时处理，并计算出存料体积，同时根据物料密度计算出物料质量。不要求对煤堆进行人工整形就可实施测量，与传统人工测量方法相比，操作简单、准确、高效。只需一个人在机房内通过微机键盘简单操作就能自动完成测量，煤堆体积数值和三维立体图形可一次打印出来。200m×50m 煤堆测量一遍只需 30min。装置测量零位可调，相对误差小于 1%，同一煤场堆放两种煤时，可以分别给出各自测量结果。

激光盘煤是利用激光三角测距原理和三维成像技术，采用 CCD 摄像和微机控制技术，把整个煤堆划分成若干个底面积相等的小柱体，测出每个小柱体的高度，求出每个小柱体体积，再通过运算得到整个煤堆体积。

一、激光盘煤系统的组成

激光盘煤系统由机械扫描系统、光电探测系统、控制系统（运行控制、数据采集和数据处理系统）三部分组成。

（1）机械扫描系统。在煤场门抓或门式堆取料机大车横梁上设有单轨，单轨上的小车上装有激光扫描部件，单轨随大车作纵向运行时，小车同时在轨上作横向往复运行，以实现对整个煤场的两维机械扫描。

（2）光电探测系统。它由线光源激光器、CCD 摄像机和光学三角组成，这些装置都装在小车上，并使激光束垂直向下照射在煤堆表面，同时用 CCD 摄像机对激光点探测成像，根据光点在线阵 CCD 上的位置计算出煤堆各点高度，进而求出煤堆体积。

（3）运行控制、数据采集和数据处理系统。它是由以 PC 机为核心的微机系统、电子线路和相关软件组成，装有数据采集单片机、CCD 驱动脉冲单片机和执行电路及各种电源的电气箱挂在小车上，PC 机运行应用软件和键盘操作实现数据传输和对小车运行的控制，数据采集是由小车上的光电探测头和两个单片机完成的。PC 机通过串行通信的数据进行数据处理，并计算体积；而小车运行控制则是 PC 机运行应用软件通过串行通信传输指令实现的。

二、激光盘煤系统的功能

（1）可对煤堆任意点高度进行测量。

（2）可对煤堆任意截面进行测量，实时显示截面各点高度，可打印截面二维图形。

（3）可连续自动测量整个煤堆体积，实时显示测量状态，一次打印出测量结果数据和煤堆三维立体图形，测量中间允许任意停车，再启动后接续测量，不丢数据。

（4）同一煤场堆放两种煤堆时，可分别给出各自的测量结果。

（5）测量零位可调，标定方便。

三、激光盘煤系统的特点

（1）激光扫描单元无死区、抗强光、测程长、测量精度高。

（2）激光扫描单元体积小、耐冲击、环境适应性强。

（3）光学扫描设备无机械运动，经久耐用，无需维护。

（4）输出报表图文可连接MIS网系统，供厂内局域网查询。

（5）采用嵌入式计算机系统的主控单元，接口及控制方便、灵活，手提电脑串口通信或无线扩频方式可随时盘煤。

四、激光盘煤系统主要技术指标

（1）相对误差小于1%（相对整个煤场），供电电压为220V。

（2）重复性误差小于1%（相对整个煤场）。

（3）激光器功率为127MW。

（4）行走电动机功率为150W。

（5）CCD摄像机为2048像素。

（6）测点密度每平方米不少于100点。

（7）工作温度为－30～＋50℃（低温地区需加专用加热箱）。

（8）测量速度与堆取料机行进速度一致，测量精度为5‰。

（9）激光扫描单元防护等级为IP65/IP67。

（10）激光防护等级为CiassI类激光（对人眼无害）。

第十一章 安全管理

第一节 厂内铁道及道口

（1）禁止在厂内铁道的枕木或轨面上行走。在铁道与汽车道或人行道交叉点的两侧应设有明显的“小心火车”的标示牌。

（2）铁道两侧距中心线3m范围内以及拐弯处，禁止设置妨碍视线的障碍物或建筑物；铁道两侧1.5m范围内禁止堆放杂物；铁道上空的电线或物体应保持在距轨面5.5m以上高度处。

（3）铁道两侧的人行道应保持畅通，禁止堆放杂物。

（4）卸煤沟等处应装有音响信号，使卸煤作业人员及时知道机车到来。

1）绞龙、翻车机司机接到班长拉、送煤车的通知后，应迅速对有关设备和卸煤沟、翻车专用线进行检查，确保绞龙螺旋升足和铁路两旁无人员工作后，汇报班长可以拉、送车，然后由班长通知车站拉、送车及值班民警将铁路大门开启。

2）煤车拉、送车时，绞龙、翻车机司机应在现场进行监视，待拉、送车工作结束，车辆离开后方可离开。

（5）在铁道附近进行工作，影响调车作业和行车安全时，应办理封线手续，运行班长应与车站调车区长联系，做好安全措施后方能开工。

（6）煤车在厂内专用线上的行驶速度规定如下：

1）重车进厂时，为配合轨道衡计量速度的需要，应保持在5～10km/h的稳定车速行驶。

2）空车出厂时：前牵引不超过15km/h；后推进不超过10km/h。

（7）在紧急情况下，任何人都可对机车发出紧急停机的信号，要求紧急停车。

第二节 电气操作巡查管理规定

一、总则

（1）燃料系统电气操作应严格执行厂部《操作票管理标准》。

（2）输煤系统6kV、400V母线倒闸操作应严格执行部门下发的“输煤系统电气操作票”。

（3）相关人员要掌握运行岗位电气操作巡查要求，熟悉相关电气母线接线和母线负载情况。

（4）输煤系统6kV、400V母线倒闸操作时，应由电气正值班员监护，电气副值班员负责操作。

（5）变压器高压侧开关的电气操作将影响低压侧母线供电方式的变化时，高压侧开关的操作应严格按输煤系统电气操作票中的相关操作票执行。

二、6kV开关及母线倒闸操作要求和规范

（1）输煤6kV段母线倒闸操作必须汇报当值值长，并严格按输煤系统电气操作票中的相关操作票执行。

（2）输煤6kV段联络开关的操作应在值长统一指挥下停电操作，即采用“停电切换”的方法，也就是“先拉后合”的方法操作。

（3）高压开关的操作应严格按相关的高压开关操作票执行。

（4）严禁破坏“五防”机械闭锁装置进行操作。

（5）皮带机、碎煤机等6kV设备无检修工作时，其高压开关应保持热备用状态，便于设备随时投入运行。

（6）设备有专用变压器及变频器者，在设备停役时，应先将专用变压器及变频器停用；在设备复役时，应先将高压侧送电后，再投用专用变压器及变频器。

（7）由于高压设备开关的真空断路器采用F+C回路，允许操作次数相对其他高压开关的真空接触器要少，所以严禁皮带机频繁启动。

（8）有检修工作需切断动力电源时，如收到的是热机工作票，只需将高压开关改为冷备用状态即可；如收到的是电气一、二种工作票，则将高压开关改为检修状态。

三、6kV开关的操作原则及方法

（一）断路器手车在柜内的操作

断路器手车在从转运车上进入柜体断路器隔室时，即可被可靠锁定在隔离/试验位置与开关柜连接，此时断路器手车已可靠地连接到开关的接地系统。

检查确认接地开关处于分闸状态。

插接二次插头，使手车处在试验位置时辅助回路保持接通。此时若接通操作电源，则仪表室面板上的试验位置指示灯亮，并可在主回路未接通的情况下对手车进行电气操作试验。

把所有柜门关好、锁好，并确认断路器处于分闸状态。

将手车操作摇把插入面板上的推进机构操作孔内，顺时针转动摇把，直到摇把明显受阻，并听到清脆的辅助开关切换声，同时仪表室面板上工作位置指示灯亮，然后取下摇把。此时，主回路插接头接通，断路器处于工作位置，可通过控制回路对其进行合、分操作。

若准备将手车从工作位置退出，首先应确认断路器已处于分闸状态，然后插入摇把，逆时针转动直到摇把明显受阻，并听到清脆的辅助开关切换声，手车便回到试验位置。此时，主回路已经完全断开，金属活门关闭。

（二）断路器在柜内的分、合闸状态确认

断路器的分、合闸状态可由断路器手车面板上的分、合指示牌及仪表室面板上的分、合闸指示灯两种方法判定。

若透过柜体中部面板上的窥视窗看到手车面板上绿色的分闸指示牌（O），则判定断路器处于分闸状态，此时如果辅助回路二次插头接通电，则仪表面板上分闸指示灯亮。

若透过柜体中部面板上的窥视窗看到手车面板上红色的合闸指示牌（I），则判定断路器处于合闸状态，此时如果辅助回路二次插头接通电，则仪表面板上合闸指示灯亮。

（三）合、分接地开关的操作

若要合接地开关，首先应确定断路器手车已退到隔离/试验位置，并取下推进摇把，然后按下接地开关操作机构处的连锁弯板（断路器手车在工作位置时连锁弯板按不下），插入接地开关操作手柄，顺时针转动180°，并听到接地开关三相闸刀切换的声音，则接地开关处于合闸状态；若逆时针转动180°，并听到接地开关三相闸刀切换的声音，则是接地开关分闸。合或分接地开关动作完成后，应及时取下操作手柄。

当连锁弯板按不下时，不可强行操作，应先确认断路器手车位置、有无其他闭锁，若有应解除后方可操作接地开关。同时在分、合接地开关时，应确认开关柜后门或封板已关上，才可操作接地开关。后门开启时操作接地开关，可能导致接地开关连锁机构的损坏。

（四）接地开关合、分闸状态的确认

接地开关的合、分闸状态可通过以下两种方式进行确认：

（1）通过开关柜下面板的窥视窗观察接地开关位置指示装置来确认。若看到绿色的分闸指示牌（O），则确定接地开关处于分闸状态；若看到红色的合闸指示牌（I），则接地开关处于合闸状态。

（2）通过观察接地开关操作机构处的状态指示标签来确认。若看到绿色的分闸指示标签（O），则确定接地开关处于分闸状态；若看到红色的合闸指示标签（I），则确定接地开关处于合闸状态。

（五）开关的操作原则

正常运行时，6kV断路器手车在开关柜内应放在规定的位置上，不得停留在中间位置。操作断路器手车应使用专用工具，推手车应到位，若推拉过程中出现卡涩等情况，必须弄清原因，不得强行操作。操作（移动）手车前，应确定开关柜前、后所有门已关好，其开关在断开位置，若手车移动过程中听到开关不正常动作声或发生开关合闸、拉弧等情况时，应立即停止操作，撤离现场。使用摇手柄传动操作手车时，手车到位后严禁继续转动手柄，以防损坏手车转动齿轮及转轴。拉出断路器手车前应确认其开关在断开位置，在拉出手车的起始听到开关释能后，必须再次确认开关在断开位置；在试验（隔离）位置推断路器手车前，应确认开关在断开位置，并处于释能状态；在断路器手车至工作位置并送上控制电源后，应确认开关已储能。装设在开关柜上的手车、挡板、盘门、开关、接地闸刀等元件位置及工作状态均设有“五防”机械闭锁装置，操作时应按闭锁程序进行，不得擅自破坏闭锁功能。开关柜盘门上的远方、就地控切换开关，当开关改热备用时，应放在“远方”位置，改冷备用时放“就地”位置。开关正常合闸、分闸操作一般在DCS画面上进行，必要时也可以直接在操作柜盘门上操作。

（六）断路器手车在开关柜内的位置含义

断路器手车在开关柜内的位置含义见表11-1。

表 11-1 断路器手车在开关柜内的位置含义

手车位置	含　　义
工作位置	手车推入柜内，开关上、下动触头与柜内母线及出线静触头接通，有关二次触头也相应接通。开关柜仪表面板上的模拟图指示“工作”位置，储能指示灯亮
试验位置	手车拉到柜内盘门处，开关上、下动触头与柜内静触头分离，在一次触头间由金属活门与带电部分遮闭。二次插头的操作按照电修工作票安全措施执行。开关柜仪表面板上的模拟图指示“试验”位置

四、400V 开关及母线倒闸操作要求和规范

(1) 输煤低压母线倒闸操作必须汇报当值值长，严格按相关操作票执行。

(2) 输煤低压母线联络开关的操作采用“停电切换”的方法，即“先拉后合”方法操作。

(3) 停电操作前，必须通知电源负载单位做好停电的准备工作。

(4)“输煤直流电源”、“输煤段 6kV 屏顶小母线电源”、“程控 I/O 柜电源”是多路供电的负载，正常情况下应全部保持合闸状态。

(5) 输煤设备有采用变频器、变送器、逆变器等，拉电前应将其停用。

(6) 带加热器、制动器的电动机拉电时，电源应一并拉去。

五、MCC 盘操作要求和规范

(1) MCC 盘进线开关进行切换时，必须先将 MCC 盘上所有负载开关处于停用状态。

(2) MCC 盘上负载开关的拉送电必须填写电气操作票。

(3) 各 MCC 室、开关室、电气柜、就地箱、照明开关箱等门窗及时关闭完好。

六、输煤 6kV、400V 配电室的巡检工作要求

(1) 输煤配电室的巡检工作应由电气正、副值班员两人进行，其他人员不能进行输煤配电室的巡检工作。

(2) 巡检配电装置，进出高压室时，必须随手将门锁好。

(3) 检查开关柜上各指示灯状态是否与开关工作状态相符；高压开关综合保护装置面板上液晶显示器有无报警显示，LED 指示灯显示的状态是否与开关实际状态相符。如发现高压开关综合保护装置有报警显示，则应做好记录，并立即联系电气检修进行检查，待查明原因后，方可再次合闸。

(4) 巡检时严禁打开运行中变压器高、低压两侧的柜门查看运行状况。

(5) 各开关柜柜门应关闭良好。

七、电动机绝缘电阻测量

6kV 电动机的绝缘电阻测量由电气值班员按以下规范进行，电气正值班员为监护人，电气副值班员为操作人。

(1) 严格执行测量电机绝缘电阻操作票。

(2) 将 6kV 电动机电源开关改为冷备状态，合上开关接地闸刀。

(3) 取下开关柜后仓下盖板；拉开开关接地闸刀（需按住后仓门边上闸刀闭锁装置）。

(4) 测试 10kV 验电器，按下验电器上的“TEST”自检按钮，确认声光报警信号良好。

（5）戴上绝缘手套，用 10kV 验电器分别测试负载侧三相电缆，验电笔无声光报警，确认无电。

（6）测量前，对 2500V 绝缘电阻表进行一次开路和短路试验，检查绝缘电阻表是否良好。将两连接线开路，摇动手柄，指针应指在“∞”（无穷大）处，再将两连接线短接一下，指针若指在“0”处，则说明绝缘电阻表良好。

（7）测量电动机对地电阻，先将绝缘电阻表的“接地”（E）接线柱接在开关柜接地线上，再将绝缘电阻表的“线路”（L）接线柱接在电动机出线电缆铝排上，由慢变快转动摇手柄，使转子以恒定速度转动，注意当指针指零时应停止摇动。如要再测量另一相的绝缘电阻，应先解下绝缘电阻表“线路”（L）接线柱上的接线，并将该接线连接至“接地”（E）接线柱上进行放电，然后再将“线路”（L）接线柱接在另一相电动机出线电缆铝排上进行测量。

（8）6kV 电动机绝缘电阻值不得小于 6MΩ。

（9）测量电动机相间绝缘电阻，将绝缘电阻表的“接地”（E）接线柱和“线路”（L）接线柱分别接在电动机不同的两相电缆铝排上，其绝缘电阻值应等于零。

（10）6kV 电动机绝缘电阻测量后，应合上开关柜后接地闸刀（需按住后仓门边上接地闸刀闭锁装置），检查柜内无工器具等物遗留，关闭开关仓下盖门，并将 6kV 电动机开关恢复到测量前的状态。

（11）6kV 电动机绝缘电阻测量后，应对地进行放电。

八、装设接地线规范

（1）装设接地线必须由两人进行。

（2）按电气第一种工作票安措要求，确认装设接地线的位置。

（3）检查开关在间隔外，柜后接地闸刀触头接触良好。

（4）用验电器验明三相电缆确认无电。

（5）装设接地线应先接接地端，后接导体端，必须接触良好；拆接地线的顺序与此相反。装、拆接地线均应使用绝缘手套。

九、高压开关柜电度计量抄表注意事项及操作流程

（一）综合保护测控装置简介及电度计量抄表注意事项

输煤 6kV 开关室内高压开关综合保护测控装置有 RCS-9625CN 线路综合保护测控装置、RCS-9626（7）CN 电动机综合保护测控装置和 RCS-9628CN 母线电压保护测控装置三种。RCS-9622CN 低压变压器综合保护测控装置用于厂用变压器的保护测控。装置面板自上向下分别配有液晶显示器、LED 指示灯、按键和切换开关。正常情况下，装置面板下方的“远方/就地/调试”切换开关应在“远方”位置，“合闸/跳闸”切换开关应在中间位置。进行电度计量抄表作业时，应严格按操作流程逐步操作，严禁随意进入抄表作业流程中未注明的菜单操作。

（二）电度计量抄表操作流程

（1）检查综合保护测控装置显示画面为主画面（注：主画面即初始画面，装置正常运行时，显示当前的日期、时间，保护装置型号及各交流量的有效值）。

（2）在主画面下按“确认”键进入主菜单。

（3）用“↑”、“↓”选择键，选定“测值显示”后，按“确认”键进入子菜单。

（4）用“↑”、“↓”选择键，选定“电能板电量”后，按“确认”键进入下一级子菜单。

（5）在子菜单画面中读取第三行PE（电度显示值）的数值，并进行记录。

（6）按“取消”键数次，直至返回到主画面。

十、电气运行安全规定

（1）运行电气值班员在巡查、操作或处理故障时，至少应有两人进行。

（2）操作时必须严格按电气安全规程执行，操作中应严格执行唱票和监护制度。

（3）电气工器具必须符合安全规程要求，不得移作他用，绝缘不合格及超期未试验的不允许使用。

（4）电气开关室钥匙不允许随便出借，应凭工作票借钥匙，并进行登记。其他许可单独巡检高压设备的人员借钥匙也必须进行登记，并应当日交回。

（5）运行电气值班员不得擅自改变熔断器容量和过电流保护定值。

（6）设备大小修复役送电前必须测量绝缘，绝缘不合者不允许送电。厂变或母线复役前必须检查一次回路是否正常，接地线已拆除。

（7）运行电气值班员的服装及鞋子必须符合安全规程要求。

（8）控制室、开关室、电缆层、电子设备间、蓄电池室、墙面等的所有电缆孔洞必须封堵严密。

第三节 工作票管理规定

一、工作票的使用

（1）下列检修工作都必须使用工作票：

1）凡需要将输煤系统生产设备停止运行和退出备用，由运行值班人员按《电业安全工作规程》规定采取断开电源，对设备进行检修、清理、试验、调整的任何工作。

2）需要运行值班人员从运行方式、操作调整上为保障人身、设备安全运行而采取的措施。

3）凡是在带电设备、控制盘、低压配电箱、电源干线上的工作。

4）需要在保护、信号、连锁、程控系统回路上进行维护、校验、检修。

5）输煤系统开关室、配电房等以及可能涉及重要设备运行的照明检修。

6）凡是对电气设备、系统和一、二次回路进行检修、维护、清扫、试验和整定定值。

7）在与生产设备和系统直接相连的系统上进行工作的。（如消防水和非生产用汽、用电）

8）对生产设备、系统进行保温、防腐工作的。脚手架的搭拆工作执行脚手架的搭拆规定。

9）对设备的润滑油系统进行清洗、维护、滤油。

（2）有下列情况之一的工作票需经值长批准：

1）电气第一种工作票。

2）需办理停复役申请的工作票。

3）动火工作票。

4）可能影响机组运行的重要设备、系统的工作票。

二、电气工作票管理

（1）电气工作票应严格执行《电业安全工作规程》（发电厂和变电所电气部分）的有关规定，工作票签发人、工作票负责人、工作票许可人需经安监部考试合格批准。

（2）工作票许可人收到工作票时，应审查工作票所列内容，安全措施是否正确、完备，是否符合现场条件，对工作票中的任何疑问，若必须向工作票签发人或工作票负责人询问清楚，必要时应要求作详细补充，对不符合要求和涂改超过3个字的工作票应予以退回。

（3）工作票中下列五项不得涂改：

1）工作地点和任务。

2）设备名称和编号。

3）接地线编号、装设地点。

4）计划工作时间、许可开始工作时间、工作延期时间、工作终结时间。

5）操作动词。

（4）在工作票所列安全措施执行完毕，检查无误后，工作许可人会同工作负责人到现场办理开工手续。

（5）工作票上的安全措施应按顺序逐项执行，不得跳项。执行完毕应加盖“已执行”字样印记。

（6）如安全措施栏中需要运行部断开设备电源措施时，由班长汇报值长，在得到安全措施已执行完毕的通知后，在“工作许可人填写栏”内填写已执行的安全措施。

（7）安全措施栏中涉及外单位或其他部门的设备断电措施时，应与外单位或其他部门的相关人员联系，在得到可以执行断电安全措施后，在“工作许可人填写栏”内填写已执行的安全措施。

（8）凡工作中需进行高压电气试验项目，则必须在工作票的工作任务栏内写明。在同一电气连接部分发出带有高压试验项目的工作票后，禁止再发出第二张工作票，原先已发出的工作票应收回。

（9）对即将到期，但检修工作尚未结束的工作票，班长督促工作票签发人或检修工作负责人办理工作票延期手续或重新签发新的工作票。

（10）“应装接地线”和“工作终结接地线已拆除”项内应包括接地闸刀的拉、合项目。

（11）当几张工作票合用一组或多组地线时，若其中有的工作需终结，只要在接地线拆除栏内注明接地线不能拆除的原因，即可对工作票进行终结。

（12）凡处理停、送电操作过程中的异常情况，都可按事故抢修工作对待。事故抢修工作原则上指隔离故障点，使正常部分恢复运行的工作。对于设备损坏，需要更换、检修的事故检修，必须填用工作票。

（13）工作许可人不得在“工作许可人填写栏”内填写“同左”等从简字样。如无补充安全措施时，应在“工作地点保留带电部分和补充安全措施”栏内填写“无补充”。

（14）工作负责人、工作许可人双方签名后，不得单方变更安全措施。运行人员应及时将工作票有关内容填入工作票登记簿内。

（15）非本企业检修单位的检修工作必须使用工作票，并履行工作许可手续，工作票必须由相关责任班组签发。

三、热机工作票管理

（1）热力机械工作票应严格按照《电业安全工作规程》（热力和机械部分）和“热力机械工作票制度的补充规定”执行，工作票签发人、工作票负责人、工作票许可人需经安监部考试合格批准。

（2）工作许可人应做到：

1）根据系统方式，检查工作票所列的安全措施是否正确、完备，是否符合现场条件，当不能许可检修工作时，应向检修工作负责人讲明情况。

2）当允许工作时，应仔细审查所做安全措施是否完善，如需补充安全措施应在“运行人员补充安全措施”栏中填写。“运行人员补充安全措施”栏主要填写以下内容：

a. 由于运行方式和设备缺陷需要扩大隔断范围的措施。

b. 运行值班人员需要采取的保障检修现场人身安全和设备运行安全的运行措施。

c. 补充工作票签发人提出的安全措施。

d. 提示检修人员的安全注意事项。

e. 如无补充措施，应在本栏中填写“无补充”，不得空白。

3）工作开始前，应与工作负责人一起到现场复查安全措施，确认无误后许可工作票。

4）工作终结后，运行人员应进行验收，符合现场情况要求后，双方签字。

（3）热机工作票中下列四项不得涂改：

1）工作内容。

2）设备名称和编号。

3）计划工作时间。

4）设备（阀门）的开停（关）。

（4）工作票执行过程中的注意事项：

1）附页若没有，必须填写“0”，不得空白。

2）措施执行情况栏，必须按措施序号逐项执行并打“√”。

3）运行人员补充的安全措施不能是工作票中遗漏的重要安全措施，补充措施执行情况在相应位置打“√”，若没有补充，应填写“无补充”。

4）对于公用系统的检修工作，在工作票的安全措施中对一些重要的阀门不仅要挂警告牌，还要上锁。

5）工作许可时间应能体现出工作票的审查过程和安全措施执行过程，不得出现工作许可时间与接票时间相同的情况。

（5）事故抢修工作可不填写工作票，但必须经班长同意。预计抢修工作时间超过4h的，仍应填用工作票。

（6）不填写工作票的事故抢修工作，包括运行人员排除故障工作，仍必须明确工作负责人、工作许可人，按“安规”规定做好安全措施，班长应将工作负责人姓名、采取的安全措施、工作开始和结束时间记入值班记录。

四、动火工作票管理

(1) 动火工作票是指在火灾危险性大、发生火灾损失大、伤亡大、影响大（简称“四大”）的部位和场所进行明火工作应采取为一项特殊安全措施。燃料部门主要有轻油码头、轻油泵房、程控室、原煤仓、电缆层（沟）等。

(2) 动火工作票必须严格执行动火工作票制度。检修工作票不能代替动火工作票。根据动火的危险性，动火级别分为一、二、三级。在不同级别动火区分别使用不同的动火工作票。

(3) 一级动火工作票的计划工作时间原则上不得超过 24h，二级动火工作票的工作时间原则上不得超过 7h，因工作需要确需超过规定时限的，应重新办理工作票许可手续。

(4) 动火工作票填写应一式三份，一份由工作负责人收执，一份由消防队收执，一份保存在安监部。动火工作完毕，部门监护人、工作负责人、消防监护人在共同检查现场无遗漏火种后进行动火工作票终结签名，并加盖“已执行章”。

(5) 动火工作票范围：

1) 轻油码头、轻油泵房。

2) 程控室、原煤仓、电缆层（沟）等。

(6) 凡在一级动火范围内的工作，应尽可能缩短动火时间，能够移至安全地带的动火工作应尽量移开。

(7) 一级动火工作的过程中，应每隔 2～4h 测定一次现场可燃性气体、易燃液体的可燃蒸汽含量或粉尘浓度是否合格，当发现不合格或异常升高时，应立即停止动火，在未查明原因或排除险情前不得重新动火。

(8) 在燃油设备、系统上进行动火作业时，应执行下列安全技术措施：

1) 动火现场无浓重的油气感觉，用测爆仪测定可燃气体浓度在安全范围以内，同时加强通风，降低浓度。

2) 要动火的设备、管道必须用蒸汽冲洗干净，必要时可灌水，用碱水清洗或棉布擦净。

3) 做好隔离措施。将通向轻油管道的系统隔绝，并拆开法兰通大气；通往运行设备的连接处装上隔绝堵板。

4) 正在卸轻油时，禁止在近旁动火。

5) 直接与轻油库相通的各种管道如无可靠的隔离措施，严禁进行电、火焊作业。

6) 油区检修的各种工作均应采取安全措施，防止发生火花。

(9) 在下列情况之一时严禁动火：

1) 卸油码头卸油。

2) 在风力为五级以上的露天高处作业。

3) 动火工作票的审批手续和安全措施不全，运行许可手续未办。

4) 压力容器及管道未泄压前。

5) 装易燃易爆物的容器未清洗干净并通向大气前。

6) 动火工作中，遇有异常情况，未查出确实原因消除前。

(10) 动火工作结束后，工作负责人应将动火地点清扫干净，确保周围无可燃物。

(11) 动火票终结时，工作许可人必须对动火作业现场进行一次彻底检查。

五、工作票检查、统计和考核

(1) 工作票应进行统一编号，用钢笔或圆珠笔填写，字迹清楚。

(2) 已终结的工作票应加盖“工作票已终结”字样印记，作废的工作票应加盖“作废”字样印记。工作票的保存期限为1年。

(3) 运行班组每班下班前需对工作票进行认真检查。

(4) 部门安全员负责检查、指导、督促工作票的执行情况，并在每月5日前将上月工作票执行情况进行汇总、审查。

(5) 部门安全员不定期（每月至少1次）对工作票执行情况进行检查，对不合格票、错票进行统计考核。

(6) 被厂安监部查出的不合格票、错票按厂工作票考核规定执行。

第四节　燃料运行电气操作票管理标准

一、引用标准和使用范围

引用标准：某电厂操作票管理标准。

本标准规定了燃料部操作票的管理职责、内容、方法、报告与记录。

二、管理内容与方法

(1) 为保证燃料电气运行操作的正确性，确保安全生产，特制定本标准。

(2) 使用操作票的范围为输煤设备电气操作：

1) 输煤6kV段母线，输煤400V段母线。

2) 输煤6kV开关室6kV开关停送电操作。

3) 输煤设备电气开关停、送电单项操作。

4) 输煤设备就地电气柜隔离开关、动力熔丝的分合、取放。

5) 输煤设备电缆、电动机等的绝缘测量工作。

三、6kV开关停送电和母线倒闸操作步骤及规定

(1) 操作任务由班长向监护人和操作人下达任务，并讲清操作目的和被操作设备当时的状况，交代安全注意事项。发布命令应准确、清晰、使用正规操作术语和设备的正确名称。操作人、监护人必须复诵一遍，双方认为无误后，由操作人填写操作票。

(2) 操作票由操作人根据操作步骤用钢笔或碳素笔填写，填写时票面应清楚、整洁，不得任意涂改。操作人填写好签名后，由监护人、班长逐级分别审核并签名。在审核中若发现错误，应加盖“作废”章，重新填写新票。

(3) 操作人和监护人在接到班长正式发布的操作命令后，在进行现场操作前，应共同到被操作设备前核对命名及实际运行状态。发现不正常情况时，应报告班长，如一切正常，操作人在监护下做好操作所需的安全措施。

(4) 操作中应认真执行监护复诵制，监护人应站在操作人的右侧，操作时由监护人按操作票填写的顺序逐项高声唱票，操作人复诵，并在即将操作的设备上做模拟动作，在得到监护人认可后，方可操作。每一项目执行后，应核对设备情况，监护人确认操作无误后，在该项前打“√”，再进行其他项目的操作。

（5）操作中发生疑问时，应立即停止操作，并向班长报告，弄清问题后，再进行操作。不允许擅自更改操作票。

（6）操作完毕后，应检查表计指示、信号指示是否正常，如一切正常，即向发布操作命令的班长汇报“于某时某分完成某某操作任务”。班长复诵认可后，由监护人在操作票上盖“已执行”章。

（7）全部操作结束后，有关人员应分别将所做操作记入值班记录簿中。

（8）输煤设备电气开关的停、送电单项操作和输煤设备就地电气柜刀闸、动力熔丝的分合、取放操作，由班长填写操作命令票交操作人员，并讲清操作目的和被操作设备当时的状况，交代安全注意事项。操作人员操作时要核对确认，操作后要汇报、记录。

四、填写要求与注意事项

（1）运行专职应经常检查操作票的执行情况，每月汇总评议一次，凡是不符合本标准及上级有关规定者，均应统计为错票。

（2）凡操作中漏项、操作顺序错误，不唱票、不复诵、不监护，一经发现均应统计为错票。

（3）操作票中的有关设备名称、设备地点应准确、清楚。

（4）必须使用统一的操作术语表达操作命令、操作任务和步骤。

（5）操作票应按照安全规程和运行规程的要求认真填写。

（6）必须正确填写操作开始时间和结束时间。

（7）操作票票面字迹工整、无涂改。

（8）每张操作票须经三人逐级审核、签名批准（操作人、监护人、班长）。

（9）作废的操作票应及时盖“作废”章。操作过的项目不漏打“√”，执行后的操作票应盖“已执行”章，并将操作记入运行值班记录簿。

（10）所有电气操作票必须统一编号、统一发放、统一回收、统一考核；凡无编号、涂改编号或自行编号者一律作错票考核。

五、签发手续

（1）一般操作项目，操作票由操作人填写并签名，监护人审核并签名，班长审核并签发。

（2）重要操作项目，操作票由操作人填写并签名，监护人、班长审核并签名，值长审核并签发。

六、传递路线

操作票填写、签发后，交操作人、监护人执行；操作完毕，办理操作票终结手续，并向发令人汇报。

七、电气操作注意事项

（1）填入操作票的项目：应拉合的断路器和隔离开关，检查断路器和隔离开关的位置，拉、合接地开关，检查接地线是否拆除等。

（2）停电拉闸操作必须按照断路器—负荷侧隔离开关—母线侧隔离开关的顺序依次操作，送电合闸操作应按与上述相反的顺序进行。严防带负荷拉、合隔离开关。

（3）电气操作必须由两人执行，其中电气正值班员作为监护人，副值班员作为操作人。

对于特别重要和复杂的操作（如 6kV、400V 母线倒闸操作），班长可以进行现场监护。

（4）经传动机构拉、合隔离开关和断路器，均应戴绝缘手套；雨天操作室外高压设备时，应穿绝缘靴；雷电时，禁止进行倒闸操作。

（5）在发生人身触电事故时，为了解救触电人，可以不经许可，即先断开有关设备的电源，但事后必须立即报告上级。

八、安全职责

（1）操作命令发布人应对发布命令的正确性、完整性负责。

（2）监护人和操作人应对操作的正确性负责，并由监护人负主要责任。

（3）值班人员有权拒绝接受违反规程的错误命令，并申述理由，向上一级人员或领导报告情况。

第五节　输煤皮带作业管理规定

（1）输煤皮带的启动和停止必须严格按运行规程执行。

（2）禁止在运行中的设备上清理积煤或做清洁工作。

（3）在未做好防转措施的输煤皮带上，任何人不允许进行工作，不得从皮带一侧向另一侧传递工具和物品；严禁跨越、行走或站立在皮带上。

（4）紧急拉线开关应定期检查校验，正常情况下不可作为停止开关使用。

（5）输煤皮带打滑时，禁止直接用手向皮带抛撒防滑物品；皮带在运行中禁止进行任何维护工作。

（6）如需进入转动机械内部（如碎煤机等）进行检查或清理积煤时，必须切断电源，挂好危险牌，做好双道防转措施后，在有人监护的情况下才可开始工作。

（7）煤仓层及卸煤沟格兰丁、盖板应保持完整、牢固、并盖好，格兰丁、盖板不允许随意打开。如因工作确实需要打开格兰丁、盖板，必须经班长同意，现场必须有专人监护，并做好必要的安全措施（防止跌落）和事故预想，工作一旦结束或告一段落，应立即将盖板、格兰丁盖好。

（8）运行中在输煤皮带上拾取“四块”或取煤样等，应防止人身触及皮带或转动部分，人应站在护栏外面，袖口要扎好，以防被皮带挂住。从煤中拾出的雷管应及时上交，不得玩弄和自行处理。

（9）在对落煤管捅煤时，必须做好防止输煤皮带和电动三通挡板启动的措施，捅煤时应戴手套，工具应握牢，人员必须在平台上站稳，并且不允许将捅煤棒放在腋下或下巴处，以防被捅煤工具打伤。

（10）对所有电动操作的辅助设备（如电动挡板、犁煤器等），如发生动作不灵活时，不得使用榔头、撬棒等强敲硬打，应请检修处理。

（11）所有工具、用具必须放在固定可靠的地方，不可随手扔放在格兰丁、输煤皮带、轴承、罩壳及一切可能滑落的地方，要防止高空落物伤人或掉入煤仓内。

（12）输煤系统范围内的各人行通道必须保持畅通。通道上所有孔洞的盖板应完整、牢固，并盖好，通道上不得堆放杂物，如有积煤必须及时清除。

（13）清理除铁器上的铁件时，除铁器应在停止状态，工作人员应戴手套，并使用工具（如铁锹等）进行清理。

（14）刮煤机运行时应经常注意电缆情况，防止打结拉断。

（15）同一条轨道上的两台刮煤机同时运行时，两机相距不得小于1.5m，防止相碰。开到沪、宁两端时要注意防止挑臂碰堵板。

（16）输煤皮带上检修进行过风、电焊工作后，值班员必须对检修所做风、电焊工作处进行全面、仔细检查，如果检修在导煤槽、落煤管处做过风、电焊工作，必须将导煤槽处的皮带开出导煤槽进行仔细检查，排除火灾隐患后，并在交接班簿上进行交班。

（17）管带机承载不能超过填充率。

第六节 翻车机系统管理规定

一、铁路来煤接卸程序

（1）铁路来煤或者送车由轨道衡值班人员提前通知当班班长，当班班长接到通知后，要立即组织好翻车机系统值班人员，做好接车前的各项准备工作。

1）翻车机值班员、翻车机操作员、斗轮司机、巡检人员等到岗后，按规程规定做好翻车机作业和系统运行前的检查准备工作，适当提前开启斗轮机、皮带给煤机等系统相关设备（同时班长要组织安排好码头卸上煤工作）。

2）列车进入专用线后，翻车机值班员负责引导列车至重车线“停车位”停稳就位。

（2）列车到位停稳后，燃管组负责安排取样，火车站列检人员负责整车列检。

（3）翻车机值班员负责摘正钩逐节车箱摘风管，检查首、末节车箱手动刹车，并逐一抄录车辆车号，在抄录车号时，应从铁路线东侧行进，检查车箱有无异常，如车箱上绑有异物，影响翻车机靠板压靠时，应联系火车站列检人员进行处理。

（4）翻车机值班员确认重车全部放气完成，车箱手闸全部松开，列检和取样已结束，来煤堆放位置明确后，开始接车。

（5）整列车皮翻卸结束前，当班需联系轨道衡安排列检人员到岗准备空车列检。

（6）列车卸空后，待空车皮停稳，由翻车机值班员负责摘正钩等工作，并检查货车中侧门、上翻门应关闭，插销落槽，扣铁到位，并绑扎牢靠等。

（7）工作全部结束后，即刻通知轨道衡值班员整车翻卸结束，并记录通知时间。

二、翻车机作业管理规定

（1）所有翻车机值班人员都必须严格执行翻车机运行规程，认真操作，对个人作业的正确性负责，必须严格执行“红绿牌”制度。

（2）翻车机主系统接车前的各项准备工作以及翻车作业由翻车机值班员负责。

（3）翻车机控制方式正常采用程序控制方式进行操作。翻车机操作员负责控制室上位机操作，翻车机值班员负责翻车机系统运行中的检查和操作。如翻车机就地手动作业，翻车机负责人需安排人员协助翻车机本体、重吊或迁车台就地操作。

（4）每次卸车前，应提前投入重调机、空车调车机、迁车台液压油泵，并空载运行5～10min。

（5）冬季作业时，应检查并记录各液压站的油温。如液压油油温低于5℃，应投入油箱加热装置，或卸车前提前启动各部套油泵，使各液压系统预热20min以上，待油温上升后，方可翻车。

（6）重车调车机每次牵车不得超过60节。

（7）翻车前，翻车机操作员应联系自动采样装置操作员，确认自动采样装置与翻车机连锁信号正常后，方可进行翻车作业。

（8）翻车机操作员在上位机操作时，应认真仔细，要注意监视上位机画面信号与电视监控现场是否一致。本体正翻后，要注意压车信号是否正常，如信号丢失，则应及时回翻。重吊牵车时，要监视翻车机本体操作（扶钩）人员是否已退出。启动煤箅振动器时，应确认煤箅上清理人员确已退出。操作过程中，发现上位机画面信号与现场不符、发生异常情况或接到翻车机值班员停机命令时，应立即停止翻车作业。

（9）翻车机操作员在摘扶钩工作过程中，必须加强重吊西端处监视，防止非生产人员进入翻车作业现场或出入铁路重车轨道和空车轨道。

（10）火车机车停靠后，方可进行列检、摘风管等作业，未停车前各级人员不得靠近重车线。禁止在铁路路轨或车底下休息，严禁任何人员从车辆下面或两节车中间穿过。

（11）在紧急情况下，各级人员可对机车发出“停止”的信号，要求立即停车。在火车头未离开前，禁止上下机车，翻车机值班员如需上机车检查刹车装置，必须系好安全带。

（12）摘钩操作必须待牵车停稳后进行，摘钩后应即时按下“人工摘钩毕”按钮。空车回翻后的扶钩操作必须待本体回翻到位、靠车松开而压车未松开前进行，扶钩后应及时回位。如未及时扶钩到位，不得长时间停留，也得立即退回。正钩操作必须在迁车台对准空车线并停稳后进行，正钩后，应即时按下“扶钩毕”按钮。

（13）摘正钩操作前后，操作人员不得越过地面警戒线。扶钩（操作）人员在按下“扶钩毕”信号后，不得越过地面警戒线，当空车推过扶钩小室后，方可跟上空车进行正钩工作。

（14）整列车翻卸完，车辆在空车线停稳后，方可进行车辆连接、车箱门检查以及列检等作业，严禁翻车机系统运行中在空车线进行扶钩等工作。

（15）每节车辆翻卸结束后，翻车机值班员应检查车箱内有无积煤，如车箱内积煤较多，应汇报班长和专业，并及时组织人员进行清车工作。

（16）翻车机系统进行检修时，应严格执行工作票制度，并按要求切断翻车机动力和控制电源。

（17）翻车机系统各处安全围栏小门无论系统运行与否都应关闭上锁。系统运行时，与翻卸工作无关的人员严禁进入翻卸区域，翻车机值班员、（操作）扶钩人员不得在翻车机本体、空车线、重车线、迁车台之间随意穿行，如确需通行，应联系翻车机程控值班员，将各部套设备停止运行后，方可快速通过。

（18）翻车过程中，遇到异型车辆造成压车信号不到位，人员需进入翻车机区域处理时，翻车机本体应在零位，松压松靠到位，重调机在回退到位处，操作台上重调机的控制方式切换开关在“停止”位置，使用专用工具对车厢边缘加垫木块，并在上位机操作人员监护下进行。操作人员严禁上车箱放置木块。上位机操作人员如发现异常情况，应立即按下操作台上的急停按钮。其他故障处理必须对翻车机相关部套采取断电措施后方可进行。

（19）在冬季清理煤车中粘煤时，应按本管理规定中的“火车车箱粘煤清理工作规范”正确执行。

（20）清理翻车机下部振动煤箅子上的大块煤、杂物时，由翻车机值班员负责。上振动煤箅清理需停止皮带给煤机，切断煤箅振动器电源，如翻车机本体内有实车时，需切断翻车机本体动力电源，并挂警告标示牌。清除杂物应由两人以上进行，相互监护；清理时不得双脚踏上斜煤箅，如需踏上斜煤箅清理，应使用踏板。

（21）翻车机系统各值班人员上岗前要带好通信工具，翻车机本体、翻车机控制室、输煤程控室、斗轮机、除大木块器等处值班（巡检）人员要保持通信畅通。

（22）除检修工作或翻卸出现操作异常外，不允许在“调试”状态下进行翻车机本体、重调机、空调机和迁车台的操作。

（23）当翻卸作业出现操作异常情况时，允许在翻车机系统 PLC 程控使用说明书中“调试方式”部分规定的范围内，有限使用“调试”方式对设备进行操作，且只允许操作一次，不得连续使用调试方式操作设备，并做好记录。

三、翻车机系统运行操作规范

（1）当班翻卸工作结束，但列车未卸完，下一班将继续进行翻卸工作。

（2）当班整列车翻卸完毕，新来整列车已至重车线定位点就位，等待列检和取样时后进行翻卸工作。

（3）当班整列车翻卸完毕，重车线上无重车时，将翻车机控制柜电源开关手柄处于“分闸”位置，并检查电源指示灯灭。

（4）翻车机系统应严格执行操作票制度和工作票制度，按票面的安全措施要求认真执行。切断翻车机系统动力电源时，应先断开翻车机系统控制电源。

1）切断重车调车机动力电源：将操作台上重调机切换开关扳至“停止”位置；将“翻车机控制柜电源”开关转为检修状态。

2）切断翻车机本体动力电源：将操作台上翻车机切换开关扳至“停止”位置；将“翻车机控制柜电源”开关转为检修状态。

3）切断空车调车机动力电源：将操作台上迁空台切换开关扳至“停止”位置；将“空调机控制柜电源”开关转为检修状态。

4）切断迁车台动力电源：将操作台上迁空台切换开关扳至“停止”位置；将“迁车台控制柜电源”开关转为检修状态。

四、火车车箱粘煤清理工作规范

（一）清车工作程序

（1）翻车机值班员发现翻卸后的车箱中积煤较多时，需及时汇报当班班长。班长需联系装卸社确定清车皮方式，如大多数车箱均有较多积煤时，应在空车线组织疏通，再进行二次翻车，如个别车箱有积煤，可在翻车机本体内清煤。

（2）冬季因冻煤需清车箱，由当班班长汇报部门值班，联系装卸社人员到岗做好清车前的各项准备工作。

（3）轨道衡值班员负责检查清车效果，确认符合标准。

（二）清车方式

（1）每节车翻卸后，在翻车机本体内逐一清理车箱积煤。

（2）整列车翻卸后，在空车线上对所有空车进行清理。

（三）清车安全措施

（1）翻车机值班员应与装卸社负责人加强联系，待各项安全措施落实后，及时安排清车人员进入车箱作业，翻车机上位机操作员协助翻车机值班员做好安全措施，并在翻车机控制室监护清车作业。

（2）清车工作完毕后，翻车机值班员应与装卸社负责人确认清车人员、清车工具已全部撤出翻车机作业区域后，方可进行下一步作业。

（3）装卸社人员进出车箱时不得攀爬车身，应使用梯子；进出车箱时，装卸社负责人应做好监护工作，防止人员跌落。

（4）在本体内清车时，装卸社人员应听从翻车机值班员指挥，不得在本体内随意走动，必须从本体进车端处进出车箱。

（5）在空车线上清车时，必须待车辆在空车线停稳后方可进行。

（6）翻车机本体内清车工作的安全技术措施：

1）重调机在回退到位处且抬臂到位。

2）翻车机本体在零位，松压松靠到位。停止翻车机本体变频器、油泵、水泵运行，上位机操作员负责将操作台上翻车机控制方式切换开关扳至“停止”位置，切断翻车机本体控制电源。

3）运行电工值班员负责戴好绝缘手套，分开电气室翻车机控制柜内空气开关，切断翻车机本体动力电源。

4）清车作业过程中，上位机操作员不得离开操作台，应加强与翻车机值班员联系，并密切监视上位机信号显示及现场作业情况，如发现异常情况，应立即按下操作台上的急停按钮。

5）确认清车作业结束后，合上电气室翻车机控制柜内空气开关、翻车机本体动力电源，再进行下一个翻卸流程。

（7）空车线上清车工作安全技术措施：

1）翻车机各部套在原位，翻车机系统电源在断开状态。

2）空车在空车线上停稳。

五、翻车机系统文明生产工作要求

（1）翻车机系统文明生产工作责任人为翻车机值班员。

（2）接班后1h内，对翻车机程控室、开关室、水泵房及翻车机系统进行全面检查，检查内容包括现场文明卫生情况、设备及开关状态、照明情况及工器具、钥匙清点等。

（3）每次翻车作业后，应依次做好系统的文明生产工作，包括系统各落煤管满煤、堵煤的处理，做到无积煤、无积灰、无积水、无油迹，工器具摆放整齐。

1）每班翻车工作结束后，都应做到振动斜煤箅上无杂物、积煤，草包等杂物应清理至预留翻车机起吊孔处；大煤块、石块使用专用工具集中堆放至规定地点，在运送过程中应注意安全。

2）文明生产工作范围：

a. 翻车机 0m 层：程控室、开关室、值班室、水泵房，本体平台、迁车台及四周地面。

b. 振动斜煤箅层：翻车机本体电动机传动小齿轮、电动机减速箱附近、进出车端托滚处、C 型端盘齿条内、地面、四周水沟，应无积煤和杂物。

c. 皮带给煤机层：皮带给煤机下托棍处、地面、四周水沟、楼梯，应无积煤和杂物。

（4）翻车机系统如运行交接班，其文明生产工作由下班翻车机值班员负责，按 a. b. 顺序进行清理工作，如一班未完成，则下一班继续清扫，直至翻车机系统全部清扫干净。

（5）各班应在运行记录簿中记录本班所完成的文明生产工作。

（6）翻车机系统使用水力清扫工作时，各电动机、接近开关等电气设备严禁用水冲洗；本体上的积粉由专区班组及时安排负责清理。

六、对铁路线的工作要求

（1）铁轨上无杂物。

（2）路基完好、整洁，安全隔离栏完好。

（3）少于 15 只煤车不能送入翻车机线。

（4）严格执行国家关于电气铁路的安全规定。

第七节　卸船机作业管理规定

一、卸船机作业安全操作

（1）卸船机司机必须经劳动局安全、技术培训，经考试合格取得特种操作证的方可上岗操作。

（2）卸料作业应严格控制在设备铭牌规定的范围内进行；必须严格执行“红绿牌”制度。

（3）卸船机上各种限位开关失灵、刹车装置不正常或有其他重大缺陷时禁止使用。

（4）随时注意作业范围环境变化，防止大梁、驾驶室和落煤挡板与船上桅杆、驾驶台相撞。若该船带高桅杆，为确保卸船安全，要求在移舱时，收起前臂梁后再启动大车，并有专人现场指挥。

（5）卸料作业中，尽量避免钢丝绳与舱口摩擦，禁止抓斗和船舱口碰撞。

（6）尾舱下游倒舱应有专人指挥，并密切注意潮位变化及船体升降情况，避免接料板碰船。大车朝后行驶时，一定要了解后面的安全情况方可后退。

（7）绝对禁止用卸船机吊人的危险操作。

（8）设备有故障报警时，一定待查明原因，排除故障后再作业，禁止重复复位。

（9）抓斗不可长时间的满载吊在空中。

（10）严禁使用抓斗在料斗内抓煤或撞击方法疏通料斗。

（11）清舱作业时，必须服从指挥人员统一指挥，在无专人指挥的情况下，严禁卸船机和清舱同时作业，通过对讲机发布指令，不盲目操作。

二、清舱作业安全操作

（1）清舱作业指挥人员必须熟悉本厂的各项安全规定。

（2）必须熟悉卸船机安全操作规程。

（3）必须熟悉清舱安全作业规程。

（4）清舱作业时，指挥人员站立位置要安全、易见，不允许站在船舷或舱口边沿上指挥。

（5）当舱口或船舷低于码头 1m 时，指挥人员要特别注意安全。

（6）指挥人员要了解清舱人员和卸船机的动向及甲板周围人员的动向；了解卸船机司机与清舱的配合情况，发现问题要及时纠正。

（7）换舱作业必须服从指挥。

（8）要防止钢丝绳、抓斗碰擦舱上和舱内的构造物。

（9）严禁将抓斗斜拉、斜吊，不可野蛮操作。

（10）严禁在照明不亮、视线不清的情况下作业。

（11）清舱时严禁抓斗从清舱人员顶上经过。

（12）指挥人员要对清舱人员的安全负责，有权制止违反安全规程的操作，并有权处罚违规人员。

（13）清舱作业人员要听从指挥人员指挥。

（14）高温季节，清舱人员如感到身体不适、头晕、胸闷等症状，应立即回到舱面进行休息。

（15）清舱人员必须熟悉急救方法和担架的使用。

（16）清舱工作人员必须戴好安全帽、手套、防尘口罩等。

（17）进出船舱若是直梯必须使用防坠器。

（18）舱内扶梯损坏，使用临时梯子上下时，梯子一端应固定牢固，确认无误才能上下。

（19）遇直梯或角度较大的梯子上下时，应面对梯子，一步一格抓紧上下，不允许两人及以上同时上下船舱。

（20）抓斗下降时，应确认下面清舱人员不在抓斗作业区域。

（21）禁止清舱人员与抓斗混合作业，不允许在舱内用两手推稳抓斗，抓斗运行区域内严禁人员工作、逗留和通过。

（22）清舱工作完毕后，清舱负责人清点人数和工具，确认无误后通知清舱人员撤离现场。

（23）严禁将撒在甲板上的煤扫入河内。

（24）船甲板有油污、积水或霜、雪、冰冻时，要采取防滑、防跌措施，如垫上草包等。

三、卸船机倒舱注意事项

（1）在进行倒舱作业前，先观察好作业环境，确认设备是否有与船上建筑碰撞的可能，若有，在进行操作时应格外小心。

（2）操作大车后退（前进）时，应估计好距离，并有人现场监护，用对讲机进行通信联络。

（3）在进行倒舱作业时，应精神高度集中，动作应轻慢。

（4）在进行倒舱作业时，应注意将抓斗放得低于船舱口，再行进（或后退）大车。

（5）倒舱作业应均匀地抓，本着中间一抓斗，两边两抓斗的原则，不能在一处一抓到底。

（6）倒舱时应尽量避免钢丝绳与船舱口摩擦。

（7）倒舱作业过程中，在抓斗全速起升前，应确定抓斗已处在船舱居中的位置，并且没有明显的旋转及前后晃动现象。若有，应将抓斗放至舱底，待稳正后，再全速起升。

四、卸船机在台风、暴雨情况下的运行

（1）卸船机风速规定：当风速达到 18m/s 时，报警窗口报警；当风速达到 20m/s 时，卸船机全过程控制被闭锁。

（2）天气预报风力达到 6 级及以上（风速的 13.9～17.1m/s）时，当班卸船作业取消，卸船机停到锚定位置，系好防风系缆，做好防风措施。

（3）天气预报风力达到 6 级及以下（风速为 10.8～13.8m/s）时，可以安排卸船作业。雷雨、阵风时卸船作业停止，卸船机停到锚定位置，系好防风系缆，做好防风措施。

（4）在有大风预报的卸船过程中

1）当驾驶室瞬时风速达到 12m/s 时，司机继续作业；派专人监视风速仪，并通知煤码头有关人员做好防风准备。

2）当驾驶室瞬时风速达到 15m/s 时，司机停止作业；汇报当班负责人，并将卸船机停到锚定位置锚定。

3）当司机接到解除台风报警后，必须做好重新作业的准备工作。

4）将防风系缆解除，并固定在车架上。

5）司机必须对卸船机进行全面检查，解除防台措施工作，并做好记录。

6）确认设备无异常情况，方可投入运行。

五、卸船机运行维护及注意事项

（1）卸船机各机构在操作中有异常情况发生时，应立即停止操作，待查明原因，故障消除后，方可继续进行作业。

（2）在驾驶中应注意电缆拖线是否有被钩住的可能。

（3）在大车行走时，应先注意警铃是否响起；大车行走未完成停止时，不可反向操作，也不可释放防爬器装置。

（4）司机在卸船作业中，要集中思想，做到稳、准、快，防止误操作，杜绝违章操作。

（5）前大梁在收放操作中，必须注意前大梁俯仰驱动部分的工作状态及绳索导轮等运转情况，发现异常应立即停机。

（6）在作业过程中，司机应经常检查提升链条和钢丝绳钳头是否有异常和松脱现象，钢丝绳是否有断丝、断股现象。注意小车移动时，抓斗应在规定高度；进出小车和抓斗开闭、起落时，应防止碰撞料斗和船舱等设备。

（7）起升机构同步限位失灵或不同步时，须重新调整设定，待正常后方可使用。任何限位开关失灵都不可进行操作。

（8）禁止作斜拉、斜拖等不规范操作；禁止将物料长时间放在抓斗内悬吊在空中；禁止超负荷作业。

（9）卸船机在运行中，突然失电或操作电源送不上，应立即停机汇报负责人或班长，待检修人员查明原因，故障排除后方可使用。

(10) 在收放接料板、挡风板时，应注意钢丝绳是否越出导轮。

(11) 卸船作业时，两机应保持一定距离，司机要加强联系，防止两机相撞。

(12) 在调舱作业中，当司机操作大车时，应防止卸船机与船桅杆或其他设备相碰撞。

(13) 在清舱时，抓斗和清舱人员严禁在同一作业区内作业。

(14) 在清舱过程中，抓斗每次下降时应鸣响警铃，通知清舱人员离开作业区。

(15) 在半自动操作重载时，抓斗应升到舱口 1m 以上，方可踏下自动踏板，操作手柄放至零位。

(16) 在半自动操作抓斗下降时，应离船舱口 1m 以上，释放自动踏板后，方可进行手动操作。

(17) 卸船机小车牵引绳过松，液压张紧失灵，应立即停机，待检修处理后方可使用。

(18) 发生故障时，禁止司机擅自乱动电气设备和计算机控制设备。

(19) 卸船机的加油工作应严格按照有关的加油制度进行。

(20) 卸船机在运行过程中滚动轴承的温度不应超过 85℃，减速箱的外壳温度不应超过 75℃且油位正常。

(21) 卸船机在运行过程中遇到料斗堵塞或转动部分因煤中的大块而卡塞时，应及时清理。

(22) 若该船带高桅杆，为确保卸船安全，要求各班在移仓时，收起前臂梁后再动大车(不管是水位高还是水位低)，并有专人现场指挥。

第八节 燃料生产部铲仓安全措施

(1) 煤仓需要铲仓应先由燃料运行专业提出申请，经总工批准后方可进行。

(2) 铲仓前应组织铲仓人员学习本安全措施。

(3) 铲仓工作开始前，应先与值长取得联系，征得值长同意，并记录在交接班簿上。

(4) 铲仓工作开始前，还应与机组长、锅炉班长联系，并给出铲仓工作负责人名单（铲仓负责人由当班班长或专业安全员担任)。机组长、锅炉班长应将铲仓工作向全体值班人员介绍清楚，并记录在交接班簿内。

(5) 煤仓内应有良好的照明，铲仓用的碘钨灯、对讲机、专用安全带及牵拉绳子必须检查合格后，方可使用。

(6) 做好防止输煤皮带上的煤进入铲仓仓内的安全措施，对该仓的犁煤器应升起，并做好防止降下的措施（如拉电、挂危险牌等)。如主滚筒下的仓铲仓应利用皮带前方的双道犁煤器挡住煤流，防止零散煤粒落入仓内。

(7) 体弱或有高血压、心脏病的人禁止下仓工作。

(8) 检查铲仓用工具柄（如煤锹、铁扒等）必须安装牢固。在煤仓内使用时应用绳子牵牢，防止脱手落入煤仓落煤管内。安全带绳子的一端应根据所需长度牢固地缚在钢架上，禁止缚在移动或不牢固的物件上。

(9) 铲仓人员必须戴安全帽、穿工作服、工作鞋、戴口罩、手套，口袋里不放零星物品(打火机、钥匙等)，防止落入煤仓，下仓人员必须正确戴好专用安全带。

(10) 进入煤仓的人孔应有坚固的盖板，平时应盖好，人孔内应有供人员上下用固定铁梯，如使用临时梯子上下时则应将梯子固定牢。

(11) 铲仓前，如果仓内存煤已形成陡坡（60～70°），则应在进入煤仓前设法将陡坡消除（如用戳仓棒捅或加煤等），以防煤塌下将人埋住。

(12) 铲仓应自上而下地进行，若在铲仓过程中煤仓内存煤形成陡坡超过60～70°时，应立即停止铲仓并将人员撤离，设法将陡坡消除后方可再进入煤仓内。

(13) 铲仓前若发现仓内存煤有自燃现象时，应立即与锅炉联系，用水浇灭（水量应控制），禁止在自燃现象未消除前下仓进行铲仓。

(14) 铲仓时，仓外应有不少于两人的专职监护（装卸社、当班班组各一人），监护人员不得离开铲仓口，不可做其他任何工作，应随时调整安全带绳子和工具绳子所需要的长度，并保持绳子在微紧状态，监护人还应注意铲仓人员的身体状况和铲仓情况，发现有不正常情况时，有权命令仓内人员出仓和指挥铲仓人员按正确的铲仓方法进行铲仓。专业安全员应到现场检查督促。

(15) 铲仓时，下仓人员应经常轮换，每次在仓内工作时间不应超过30min。

(16) 在铲仓过程中，铲仓负责人要保持经常与值长和锅炉班长、监护人与铲仓人的联系，并配备专用的通信工具（对讲机），一旦发生异常情况，铲仓监护人或铲仓人员有权要求立即停用给煤机，锅炉值班人员接到停用给煤机的要求后，应立即无条件执行。

(17) 铲仓工作结束后，要清点所带工具用品是否已全部带出煤仓，经确定后将入仓人孔盖板盖好，并汇报值长、机组长、锅炉班长铲仓工作全部结束。

第十二章 程控设备

第一节 集中控制概述

我国火力发电厂输煤系统的控制方式大体可分为三种，即就地手动控制、集中单独控制和集中微机程序控制。投产较早的老厂大多采用集中单独控制或就地手动控制。

随着国家经济的飞速发展，火力发电厂容量也不断增大，大容量、高参数、高效率、高环保的发电机组已成为电力系统的主力机组。输煤系统的控制对象越来越多，过去老厂所用的就地手动控制方式或集中单独控制方式已不能适应控制对象庞大而较为复杂的输煤系统。由于计算机技术的高速发展，可编程序控制器的技术性能有很大提高。20世纪90年代以来投产的大型火力发电厂，其输煤系统的控制集中地采用集中单独控制或集中微机程序控制或以工业电视的控制方式。

输煤系统采用集中控制或程序控制，不仅可以改善运行人员的工作环境，减轻劳动强度，提高劳动生产率，同时也可以提高设备运行的安全可靠性。

第二节 输煤系统集中控制的范围及内容

一、集控范围

火力发电厂输煤系统主要由卸储煤设备、给煤设备、上煤设备（包括筛碎设备）、配煤设备、煤场设备、除尘设备、辅助设备等组成，输煤系统的集控范围就是对以上设备的控制。

二、主要内容

（一）集中控制包括的内容

1. 集中单独控制

集中单独控制是集中微机程序控制的辅控制手段。集中单独控制一般在集控室的控制台上，由值班员根据系统的工艺要求分别对每台设备进行单独的顺序启、停操作，各种控制按钮等都安装在控制台上。单控系统中包含了各设备间的相应连锁及电气保护。集中单独控制有采用交流220V强电控制的，也有采用直流48、36、24V等弱电控制的。事故连锁一般通过出口继电器来实现，也有的采用主回路接触器辅助点来实现。

集中单独控制各设备之间的事故连锁关系必须按照整个系统的工艺流程要求，逆煤流次序设置，操作时按照相应的连锁要求，逆煤流方向逐一地启动各设备，否则会因连锁作用启动不起来。

2. 集中选择方式

根据系统设备的备用情况，在集中控制室的操作台（或盘）上选择系统设备的上煤路线，并切换好每一台设备的连锁钮子开关或转换开关。选择运行方式时尽量少用交叉运行的方式，以避免过多地切换挡板，拖延上煤时间。

3. 中央信号系统

中央信号是现场各种传感设备动作情况在集中控制室有关台、屏或监视器上的相关反馈，是集控运行人员判断设备运行状态的主要依据。输煤系统的中央信号主要有以下系统：

（1）模拟屏显示。

1）运行状态模拟信号灯以亮屏（或灯）表示设备运行，皮带以光带模拟显示，预选或设备事故时闪光。根据不同设备，凡经微机输出的，可闪光，主要是输煤系统的主设备，如皮带机、碎煤机、给料机等；凡由触点直接点亮的，以亮灯表示运行，灭灯表示停机，如除铁器，除尘器等。

2）信号对象灯：指明异常状态时预告信号的具体位置和对象。由微机输出的可闪光，如落煤管道堵煤信号等，不经微机输出不能闪光，如跑偏信号等。

3）位置信号显示：挡板（或闸板）、犁煤器抬落、叶轮给煤机运行位置等。

（2）中央音响信号系统：中央音响信号一般有可重复动作类、延时类、自动复归及闪光源等。控制台（或屏、盘）上有音响解除、试光字、试铃、试蜂鸣器等按钮。

1）预告信号：系统发生异常状态时，亮光字、响警铃、相应信号对象灯亮（或闪光），如皮带Ⅰ级跑偏、原煤仓低煤位、设备未准备好。

2）事故信号：主系统发生故障时，亮光字、响蜂鸣器、事故对象灯闪光，如高低压开关柜保护动作、皮带电动机故障、各类设备故障、皮带Ⅱ级跑偏、落煤管堵煤等。设备事故时，除发信号外，一般均自动跳闸停运。

4. 集中监测

集控值班员可根据台、盘或屏上的各种仪表及中央信号对系统的运行状态进行监测。通常监测的对象有：40kW 及以上电动机的电流表、交/直流控制电压表、各种给料机的调量表、电子皮带秤的流量、原煤仓的煤位信号、除铁器磁盘的励磁电压（或电流）等。

（二）自动控制包括的内容

输煤系统的集中自动控制就是将有关设备按其工艺流程要求自动启、停或对某些设备进行出力调整（如给料机等）。

1. 自动启动设备

正常的程序自动启动前，集控值班人员必须首先选择运行方式。一般包括给煤、上煤、配煤和除尘设备的选择，同时要选择各挡板对应或交叉位置，当某种程序的运行方式选定后，即可按下相应的按钮，此时所选程序皮带沿线警铃开始响铃，集控室内“现场警铃响”光字亮，现场警铃响过设定的时间后自动停止，“现场警铃响”光字灭，程序按先前设置的挡板对应交叉位置设定发执行令，相应挡板到位后灯亮。同时所选程序皮带预选闪光，集控值班人员即可对所选程序进行核对，若核对无误，则发启动令。这时有关的配煤、上煤、给煤设备便按选择好的程序按逆煤流方向逐一顺序启动，皮带模拟灯（光带）逐条由闪光变为平光。这一启动过程是各种逻辑回路根据现场返回的信号和预选的要求进行逻辑判断并发出正确指令的过程。

2. 系统正常程序停机

当配煤系统完成运行任务时，值班员即可进行程序停止操作（即给出程序停机的指令），运行的设备经过一定的延时之后，按顺煤流方向逐个自动停机。

3. 自动起振消堵

一般凡落煤管小于60°处，都装有堵煤振动器。堵煤振动器安装在挡板的落煤管上，当堵煤报警时，自动亮光字、响警铃，相应事故对象灯亮，同时启动振动器振打落煤管若干秒。若消堵成功，则落煤管堵煤信号返回，装置复归。若在预定时间内消堵不成功，则连锁上级皮带事故停机。振动器的振打时间必须以现场实测为准，然后输入PLC机的程序内。

4. 自动除铁

输煤系统的除铁器一般有自动弃铁的胶带式和圆盘式（或方盘式）。这两种方式均可在除铁器之前布置金属探测器，当探测器发有铁信号时，除铁器自动启动并延时停机。如果除铁器安装在皮带机的中部，则可在除铁器的前、后位置分别安装金属探测器。前金属探测器发有金属信号时自动启动除铁器，并除掉磁性金属；后金属探测器发有金属信号时则是非磁性金属，如铜、铝等，此时后金属探测器连锁停本条皮带，由现场值班员（或巡检员）手工捡出非磁性金属，再启动系统。

5. 自动计量上煤量

输煤系统的班或日上煤量可由系统上所安装的电子皮带秤自动进行计量，并进行班（或日）上煤量的自动输出打印报表。根据需要还可自动进行分炉、分仓计量，并进行自动报表打印。

6. 自动进行入炉煤的采制样

根据电力工业部电安生［1993］457号文件的要求，已运行的300MW机组与新设计或新建的300MW及以上火电机组，必须配备按入炉煤正平衡计算煤耗所需的全部装置，包括燃煤计量装置、机械采制样装置等。进入20世纪90年代以后，大型的达标火力发电厂一般均设有入炉煤的采制样设备，该设备可装于皮带的中部或头部，皮带机启动后可自动定时或定煤量进行入炉煤的自动采制样，计划部门可根据入炉煤测得的发热量作为正平衡计算煤耗的重要依据。

7. 自动配煤

程序启动结束后，系统便进入程序自动配煤阶段。对于采用犁煤器作为给锅炉各原煤仓配煤的配煤设备，是通过事先编制好的程序，依据原煤仓高、低煤位信号的反馈信号使所有的犁煤器按程序要求自动抬犁或落犁，依次给需要配煤的原煤仓上煤，直至所选配煤程序原煤仓满煤，则相应上煤或取煤程序自动先停煤源，然后按顺煤流方向逐条自动延时停机。

第三节 控制方式介绍

输煤设备的控制要达到微机程序控制，首先应有稳定的生产工艺流程和较高的设备健康水平，同时控制系统应具有一定的灵活性、适应性和可靠性。

一、对控制系统的要求

(1) 输煤系统必须按逆煤流的方向启动，按顺煤流方向停运。

(2) 设备启动后，在集控室的模拟屏上有明显的显示。

(3) 在程序启动过程中，当任何一台设备启动不成功时，均应按逆煤流连锁跳闸的原则中断输煤系统的运行，并发出报警信号。

(4) 在正常运行过程中，任一设备发生故障停机时，也应按连锁跳闸的原则中断有关设备的运行。

(5) 要有一整套动作可靠的外围信号设备，将现场设备的运行状况准确地传送到集中控制室，供值班人员掌握现场设备的运行工况。

(6) 在采用自动配煤的控制方式中，锅炉的每个原煤仓都可以假设为检修仓（或假设为高煤位仓），以便停止配煤。

(7) 要有符合有关精确度要求的计量系统，以供集控值班人员掌握系统出力及上煤量。

(8) 在自动配煤时，犁煤器的抬落位置信号及每个原煤仓的煤位测控反馈信号均应准确、可靠。

(9) 应配备一定数量的保护装置。

二、对机械设备的要求

输煤系统主要由转动设备组成，特别是大型的转动设备（如较长的皮带机等），其可控性较差，也就是说设备运行中随时都可能发生异常（如皮带跑偏、打滑、纵向撕裂等），并不是对发出的每个指令，被控设备都会按预想的方式运转。因此，输煤系统要想实现自动控制，不仅要有一套安全可靠的控制设备，同时输煤系统的机械设备也应有良好的健康水平。例如，所有转动设备转动要灵活，动作可靠，皮带不能严重跑偏；行走设备（如叶轮给煤机、配煤车等）、犁煤器等给配煤设备动作要灵活、准确；煤的三块（即铁块、木块、石块）不能太多、太大；落煤筒不能严重粘煤；三通挡板能准确到位等。仅满足以上这些要求，就需付出较大的努力才能实现。

三、控制系统与机械设备的关系

对输煤系统的自动控制而言，控制系统与机械设备本身相辅相成，在机械设备本身完好的情况下，一般不要在控制系统中重复或过多地设置保护装置。在控制系统中装设一定数量的信号和保护装置是必要的，但并不意味着信号和保护装置越多越好。如果这样做，会使得整个控制系统很复杂，不仅给值班人员的监视增加负担，同时也会给检修人员带来大量的检修或维护工作，有的甚至可引起系统的误动作。例如皮带跑偏问题，如果使皮带调整到基本上不跑偏，那么就可以将防跑偏开关及信号去掉。从某些装有自动调偏装置的皮带系统来看，这一点是完全可以做到的。

四、控制方式

输煤设备的控制系统可分为皮带运输机（包括筛碎设备、除铁、除木、除尘设备和计量设备）的控制、卸煤设备的控制、煤场机械的控制和给配煤系统设备的控制四个部分。

皮带运输机在火力发电厂输煤系统中，承担了全厂来煤的运输、提升、分配等工作，是输煤系统的主线设备。因此，皮带运输机控制方式的合理选择直接关系到整个输煤系统的安全运行。

目前，在我国火力发电厂输煤系统中，皮带运输机的控制方式有就地控制、集中单独控制、集中微机程序控制三种。

（一）就地控制

就地控制就是在每台设备的就地控制箱上启、停相应的设备。就地控制箱上设有集中—就地转换开关，通过此开关，运行值班人员可根据设备情况灵活选择控制方式。这种方式一般只用于设备检修后的单机试运转。由于控制系统用输煤系统通信设备技术水平的提高，为了简化控制系统，现在有的火电厂输煤系统去掉了过去所设的就地控制箱，从运行效果来看，也是可行的。

（二）集中单独控制

集中单独控制是集中微机程序控制的辅助控制手段，是"一对一"的控制。在集控室的控制台上分别对每台设备进行单独的启、停操作，控制按钮都安装在控制台上。集中单独控制时，各设备间的事故连锁及保护均已投入。控制系统有采用交流220V强电控制的，也有采用直流36、24V等弱电控制的。事故连锁大多通过出口继电器触点来实现，也可通过可编程序控制器输出模块的逻辑触点进行连锁控制。

集中单独控制时，各设备之间的事故连锁关系必须按整个系统的工艺流程逆煤流方向顺序设置。进行启动操作时，必须按照上述连锁要求逆煤流方向逐一地启动各设备，否则将因连锁作用启动不起来。

（三）集中微机程序控制

集中微机程序控制是将所有设备，按生产工艺流程的要求自动启停和调节。采用集中微机程序控制时，运行人员不必像集中单独控制时那样逐一地顺序按动启停按钮，只需选择好运行方式，然后发启动或停止指令，各有关设备即按事先选好的顺序自动启动或停止。

为使集中微机程序控制与集中单独控制互不干扰，在控制系统中应设有专门的闭锁装置，以防设备误动作或引起程控系统的紊乱。

输煤设备的程控装置是程控系统的核心，它向被控制对象发出操作命令，并接受被控系统及过程参数的反馈信号，可以用一个（或几个）指令，使多个被控系统按照时间、顺序、条件等逻辑要求和实现一系列的自动化启、停，完成自动化运行的任务。

1. 程序启动和停止

集控值班员根据现场设备的备用情况及工艺要求，逐一选择给、输、配煤设备及除尘等设备，同时选择各交叉点挡板的位置，以确定整个系统的程序运行设备。按上述方式选定了某一程序的运行方式后，被选中的对象一般都要在输煤系统的模拟屏（或显示器）上出现预选闪光信号。此时，运行人员即可对所选程序进行核对。若核对无误，可进行程序启动操作，有关的给、输、配煤设备便按选择好的程序逐一进行启动。

当配煤系统给锅炉的最后一个煤仓配满煤时，该原煤仓的煤位监测装置发出高煤位信号，集控值班员即可在控制台（盘）上发"停止"指令，此时运行的设备经过一定的延时之后，按顺煤流方向逐个自动地停止设备。

2. 程序运煤

程序运煤一般是指从给煤设备（如叶轮给煤机、斗轮堆取料机等）至配煤设备间（煤仓间）的设备运行。它是整个输煤系统的主体，包括了输煤系统的大部分设备，如各类给煤设备、皮带主系统、除尘、除铁、计量系统等都是程序运煤的控制对象。

3. 程序配煤及自动跨仓

程序启动结束后便进入程序配煤阶段。对于采用犁煤器来给锅炉各原煤仓配煤的设备，有通过事先编制好的程序，使所有的犁煤器按程序要求抬犁或落犁，依次给需要上煤的煤仓上煤。

当遇有锅炉大修、个别煤仓检修及停磨的煤仓时，在集中程序控制中都有自动跨仓或假想高煤位的功能。当采用犁煤器配煤时，只要遇到上述三种情况的煤仓，犁煤器就会自动抬起，防止将煤配入此仓。

（1）程序配煤对原煤仓煤位信号的要求。煤仓煤位信号在程序配煤中决定着犁煤器的自动抬落，同时还可以使运行值班人员清晰地知道煤仓煤位的动态变化情况，从而及时、合理地安排设备的启、停时间，实现输煤系统的经济运行。可煤仓煤位信号对程序配煤起着决定性的作用。从目前国内外的发展情况来看，连续显示煤仓煤位动态变化的监测装置更适合大机组、大煤仓的煤位监测。如超声波式、光电式、射线式、射频导纳式、声纳式等煤位监测装置应用得较多。从日本引进的设备，使用称重式的较多。

（2）程序配煤对犁煤器抬落位置信号的要求。程序配煤时，犁煤器的抬、落信号能否正确、及时地返回，关系到程序配煤的顺利执行和配煤设备的安全运行。一般地犁煤器抬、落信号大都用电子接近开关或行程开关来返回，为了更加可靠、安全地进行程序配煤，最好在配煤系统装设一定数量的摄像机，利用工业电视对现场进行监视，这样可有效地防止犁煤器信号返回不正确而意外地引起原煤仓溢煤或配煤设备损坏的事故发生。

程序配煤除对电气部分有较高的要求外，同时还对犁煤器的机械执行机构有较高的要求。犁煤器的机械执行机构常用的有电动推杆式、液压式两种。对程序配煤来说必须要保证机械部分灵活无卡涩，犁煤器的抬、落速度能够满足现场要求且可靠到位，一般机械部分的故障较电气部分的要少。

五、集中微机程序控制国内发展情况

（一）可编程序控制器的应用及发展

可编程序控制器（Programmable Logic Controller，简称 PLC）是一种数字运算操作的电子系统，专为工业环境下应用而设计。它采用了可编程序的存储器，用来在其内部存储执行逻辑运算、顺序控制，定时，计数和算术运算等操作的指令，并通过数字式和模拟式的输入和输出，控制各类机械的生产设备。可编程序控制器及其有关外围设备都按易于与工业系统连成一个整体，易于扩充其功能的原则设计。

初期的 PLC 产品基本上只是替代控制装置中的中间逻辑继电器及一些定时器、计数器的功能。表现在 PLC 的编程语言上，对每一个控制点则称之为继电器，并用梯形图作为首选语言来描述控制逻辑。近年来，随着计算机技术的迅速发展，用户对 PLC 的控制功能要求不断提高，PLC 也得到了很快的发展。特别是进入 20 世纪 90 年代以来，PLC 机的性能价格比大幅度提高，尤其是 PLC 机较过去的继电器回路，其硬件配置灵活，组态方便，控制系统简单、明了，接线简单、可靠，便于查找故障点，所以 PLC 机已成为新一代工业控制机的首选装置，并在火电厂的输煤控制系统中得到了大量的运用。

（二）国内 PLC 应用情况

目前，在我国火力发电厂的输煤系统中，特别是进入 20 世纪 80 年代后期所建的大型火力发电厂中，输煤系统都不同程度地设计、选用了微机程序控制方式，例如神头第二发电厂、阳泉第二发电厂、上海石洞口第二发电厂、华能大连发电厂、华能福州发电厂、华能上安发电厂等。近年来，由于PLC性价比的不断提高，以及我国输煤自动化的电力工作者在微机程序控制方面的艰辛努力，已经积累了大量的实际应用经验，微机程序控制这一技术已经进入了成熟的应用阶段。所以，近年来的输煤大型设备（如斗轮堆取料机、翻车机、卸船机等）及整个输煤系统的控制都把PLC作为控制系统的首选设备。

微机程序控制在我国火力发电厂中的运行实践证明，输煤系统微机程序控制的成败涉及输煤系统的各个方面，并不是什么样的输煤系统都能满意地去实现自动化的。如在一个机械设备、电气设备及外围信号设备不健康的系统中，还没有消除设备缺陷之前，即使勉强地去实现程序控制，亦必以失败告终。因此审视一个输煤系统能否实现程序控制，一般需要具备以下基本条件：

（1）输煤系统中各机械设备、电气设备及外围信号设备都能保证良好的运转状态。这就涉及对设备选型、施工安装、运行管理等各个环节，对它们都应提出更高的要求。

（2）机械设备要有良好的可控性。所谓可控性，是指对机械的动作能用电气或其他方式方便地进行远方控制。在输煤系统中，有些可控性差的小型机械尚可用加装执行机构等办法加以补救，但大部分大型机械，特别是动作复杂的设备，则必须在制造厂生产中就应注意提高可控性。

（3）要求输煤系统尽可能的简单、明了、清晰。系统过于复杂，交叉点过多，势必引起自动控制程序数量的大幅度增加，这对自动控制的可靠性和自动化程度的提高是非常不利的。虽然输煤系统的简化似乎限制了运行灵活性，但事实上在实现自动化后，运行质量的提高和处理事故的快速性在一定程度上又弥补了这一缺陷。因此，大多数国外或国内设计的大型电厂，其输煤系统都是很简单的，一般双路皮带仅有少数不多的交叉，但这些系统的自动化程度往往很高，所以这一点是值得输煤系统设计时加以重视的。

（4）有良好的检修、运行管理体制，领导层重视程控系统的投用。在运行中要对一些薄弱环节不断地采用新技术进行改造或完善，提高程控系统的可靠性和完善性。事实证明，程控系统的可靠投运关键并不在于PLC主机选用的有多么先进，功能有多么完善，而在于人的科学管理和应用。

（三）国内外PLC主要生产厂家及其应用

在自动控制领域中，目前国内外有为数众多的生产PLC的厂家。大型PLC市场主要由欧美产品占领，如德国西门子公司（SIEMENS）、美国艾伦—布拉德利公司（Allen-Modicon）、法国的TE公司（Telemecanique）等。而中小型PLC市场主要由日本的产品占领，如三菱（Mitsubishi）、欧姆龙（OMRON）、东芝（Toshiba）、富士（Fuji）等。

由于我国计算机的生产还比较落后，所以PLC生产也不尽如人意。目前大部分国内厂走引进吸收的道路，其产品接近或兼容于国外著名公司的同类产品。就总体而言，目前国内应用主要采用进口产品。

六、PLC的系统构成

尽管PLC机不像微型计算机那样是一个开发系统，世界上各大厂商生产的PLC的硬件、软件和程序的助记符均有所不同，但其工作原理及系统构成却基本相似，下面仅以GE-

Ⅲ型 PLC 机为例说明其系统的构成。

（一）GE-Ⅲ型 PLC 机的系统构成

如图 12-1 所示，GE-Ⅲ型 PLC 机由编程器、主机和输入、输出模块构成。

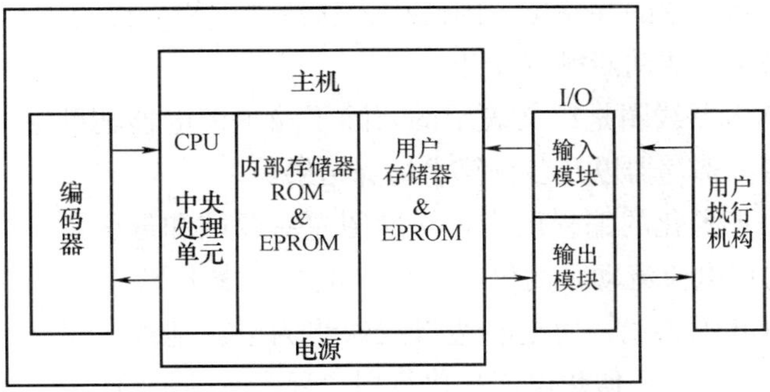

图 12-1　GE-Ⅲ型 PLC 机系统构成图

（二）编程器及 CPU

对于 GE-Ⅲ型 PLC 机，编程器和 CPU 合二为一。编程器是一个带键盘和显示器的装置，用来编制并输入用户程序，对用户程序进行编辑与调试、监控及必要的自诊断。

CPU 组件中含有一个微处理器，GE-Ⅲ型 PLC 为 Z-80 型 8 位微型计算机。CPU 是 PLC 的核心，是 PLC 系统作出逻辑决定的大脑，它能读出输入装置的状态，并根据输入信号与用户程序来作出逻辑决定，再按这些决定去控制整个系统的执行机构。其控制方式为按次序往复扫描的方式，其扫描时间由程序（指令步数）的长短来决定。对 GE-Ⅲ型 PLC，存储器可提供 4K，16 位字的存储量，I/O 点数据=400 点，扫描时间为 28.5ms，其编程语言为梯形图。

七、编程语言

可编程序控制器 PLC 的控制既要有硬件，更要有软件，目前常用的 PLC 编程语言有下面四种，即梯形图编程语言、指令语句表编程语言、功能图编程语言和高级编程功能语言。

（一）梯形图编程语言（见图 12-2）

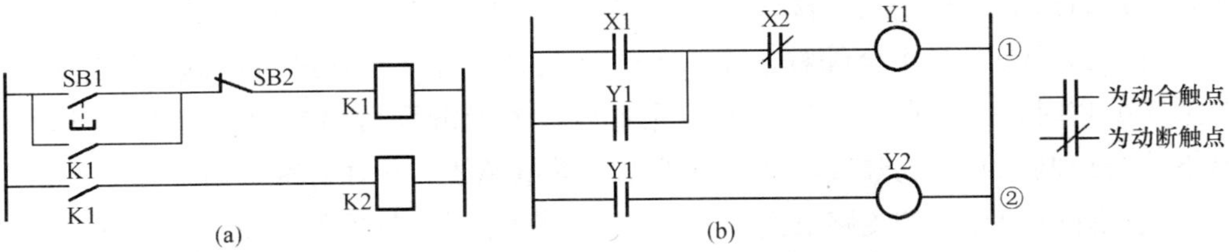

图 12-2　梯形图编程语言

（a）电气控制梯形图；（b）PLC 控制梯形图

该语言习惯上称为梯形图。梯形图是最直观、最易掌握的编程语言，受到广大电工和电气工程师的欢迎。梯形图编程语言是在电气控制系统中常用接触器、继电器逻辑控制基础上简化了符号演变而来的。电气控制梯形图和 PLC 梯形图示于图 12-2 上。由图可知，两种梯形图表示的含义是一致的，但具体表述方法有本质区别。PLC 使用的是输入、输出点及内部辅助继电器、定时器、计数器等，都采用编程程序来实现控制，使用方便，修改灵活，是电气控制回路硬接线法无法比拟的。

1. 梯形图编程语言的特点

PLC梯形图中的继电器、定时器、计数器不是物理继电器、物理定时器、物理计数器，这些器件实质上是存储器中的存储位，因此称为软器件。相应位为“1”状态，表示继电器线圈通电或动合触点闭合或动断触点断开。

PLC梯形图中继电器线圈是广义表示的，除了输出继电器辅助继电器线圈外，还包括计数器、定时器、移位寄存器以及各种算术运算结果等。

PLC的梯形图是形象化的编程语言，梯形图左右两端和母线是不接任何电源的。梯形图中并没有真实的物理电流流动，而仅仅是概念电流（虚电流），或称为虚假电流。把梯形图中左边母线假想为电源相线，而把右边母线假想为电源地线。假想电流只能从左向右流动，层次改变只能先上后下。假想电流是执行用户程序时满足输出执行条件的形象理解。

PLC的输入继电器只接收外部输入信号，而不能由其内部其他元素的触点驱动。因此，在梯形图中只有输入继电器触点，而没有输入继电器线圈。输入继电器触点表示相应的输入信号。

PLC梯形图中，一般情况下（除有跳转指令和步进指令等程序段外），某个编号的继电器线圈只能出现一次，而继电器动合、动断触点在编制用户程序时可无限次地被引用。

PLC输出继电器供输出控制用。它通过开关量输出模块对应的输出开关（晶体管、双向晶闸管或继电器触点）去驱动外部负载。因此，当梯形图中输出继电器线圈满足接通条件时，就是表示对应的输出点有输出信号。

当PLC处于运行状态时，PLC就开始按梯形图排列的先后顺序，从上到下，自左至右逐一处理。也就是说，PLC是以扫描方式按顺序执行梯形图，因此不存在几条并列支路同时动作的情况。顺序执行梯形图的原则，在设计梯形图时可减少许多有约束关系的连锁电路，从而使电路设计大为简化。

2. 梯形图编程语言的格式

梯形图中每个网络由多个梯级组成，每个梯级由一个或多个支路组成，并由一个输出元件构成，但最右边的元素必须是输出元件（如需控制的信号线圈）。例如图12-2（b）中由2个梯级组成，梯级①中有4个编程元素（X1、X2、Y1或Y2），最右边的Y1是输出元素。在用梯形图编程时，只有在一个梯级编制完整后，才能继续后面的程序编制。PLC梯形图从上至下按行绘制，两侧的竖线类似电气控制图的电源线，称作母线。每一行元素从左至右排列，并且把并联触点多的支路靠近最左端。输入触点无论是外部按钮、行程开关，还是继电器触点，在图形符号上都只用动合触点、动断触点表示，而不计其物理属性。输出元素的线圈用圆形或椭圆形表示。

在梯形图中，每个编程元素应按一定规则加标字母、数字串。不同编程元素常用不同的字母符号和一定的数字串来表示。不同制造商使用的符号和数字串往往是不一样的。

用户根据梯形图按照PLC规定的符号，从上到下，自左至右的顺序编出指令语句表，然后通过编程器将指令语句表输入到PLC的主机内。

有关指令语句表编程语言、功能图编程语言和高级编程功能语言，由于在输煤系统中应用得很少，加之篇幅有限，本书不再一一讲述，读者可另找专著加以理解。

八、存储器

存储器主要用来存储二进制代码信息，例如程序和数据。虽然有多种类型的存储器，但可以分成易失的和非易失两种。易失的存储器意味着在电源断电时，存储在存储器中的信息数据丢失掉，为此常用锂电池作为该存储器的备用电源，保存住已有的信息；非易失的存储器意味着电源断电时，不会丢失存储器中所存的信息。PLC 中常用的存储器如下：

（1）随机存储器（CMOS RAM）。

（2）可擦可编程只读存储器（EPROM）。

（3）电可擦可编程只读存储器（EEPROM）。

（4）磁泡存储器（Magnetic Bubble Memory），存储量可达 256K 字节。

GE-Ⅲ型 PLC 存储器可提供 4K，16 位字的存储容量，其中每条指令占用 1～2 个字。当工艺流程未固定时，程序还需修改，尤其在编程和调试阶段，用户程序应存入 CMOS RAM 中。当调试完毕后，用户程序编定，即可存入固定存储器芯片（EPROM）中，若再要修改，则需用紫外线擦除后再次编程。

九、输入/输出模块

输入/输出（I/O：Input/Output）模块是现场设备和 PLC 之间的接口装置。每个模块的编程地址可由硬件（装在模块旁的 DIP 开关）或软件设定。开关量 I/O 模块的电压规格有 12、24、48、115/230V DC 和 5/10～50V DC（高密度）。输入模块每个回路的输入电流约 20mA。输出模块的输出电流为 0.5～4A，一般指电阻性负载，环境温度在 40℃情况下使用，若超过 40℃要降低容量使用。具体模块的使用一定要详细了解产品说明书。每个模块的输入点数或输出点一般为 4、8、16、32 或输入/输出混合式。在 I/O 模块的每个电路中均装有 LED 指示灯，以显示每个回路的通断状态，在输出模块中还装有快速熔断器。继电器输出模块的触点寿命和负载有很大关系，如表 12-1 所示。用继电器输出模块推荐在每个输出端串接一个 2A 的熔断器，以保护用户负载，凡是输出模块接电感性负载的，一定要根据输出电路形式，在负载两端并接 RC 吸收装置（100Ω、0.22μF）、二极管或氧化锌压敏电阻，以保护模块免遭过电压击穿。

表 12-1　继电器模块寿命

工作电压（V）	典型负载最大电流（A）			典型寿命（次数）
	电阻	灯	绕组	
交流 220	2	0.3	0.3	200 000
交流 220		0.05	0.05	800 000
交流 110		0.3	0.3	250 000
交流 110		0.1	0.1	500 000
直流 24	2	0.3		200 000

十、电源模块

电源模块用来给整个系统提供内部电源，对于 GE-Ⅲ型 PLC，其电源模块的型号为 IC630 PWR310。

（1）输入为：

1）电压为230V±15% AC；频率为50Hz；正常功耗为60V·A（每一基板的最大值）。

2）熔断器额定电流为1A。

（2）输出为：

1）电压为+5V ±5% DC；电流为2.5（额定）、3.0A（最大值）。

2）电压为+12V ±15% DC；电流为1.0（额定）、1.5A（最大值）。

在电源模块上有一个“故障继电器”，它连接在一对动合触点上，当编程器/CPU上的方式选择开关拨在“RUN”、“RUN1”、“TEST”挡时，它进入运行状态，一旦出现故障，触点就断开，并发出报警信号。

十一、工业电视及应用

工业电视是一种实时图像监视系统，已广泛应用于重要公共机构、宾馆、银行、商场、仓库、交通、军事部门及各种工业场所。工业电视在火电厂输煤系统的应用就全国来讲还很不普遍，进入20世纪90年代以后，华能公司一些电厂及达标、创一流电厂对工业电视逐步有所应用，并且这种应用呈上升的趋势。

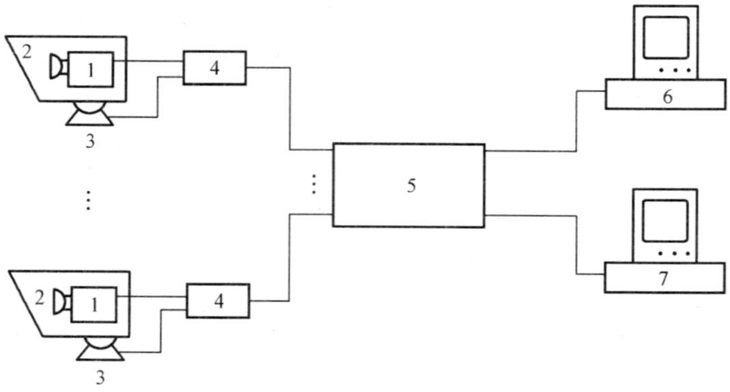

图12-3 计算机监视管理系统构成示意图

1—摄像头；2—护罩；3—电动云台；4—解码器

5—矩阵切换器；6—微机主控机；7—微机分控机

（一）多媒体计算机监视管理系统构成

图12-3为一多媒体计算机监视管理系统的简单构成示意图。系统性能简介如下：

（1）摄像机。根据需要可选择不同性能的摄像机，如黑白或彩色、图像分辨率、电子自动光圈、电动变焦镜头等。一般地监视较大的工业场所（如斗轮机煤场）时应选用彩色摄像机，并考虑全方位云台和电动可遥控变焦镜头以扩大观察视野，彩色摄像机依据色还原性等指标的要求高低，可选用不同品牌。彩色摄像头要求的工作照明度较高，在低亮度情况下（如煤场），宜配高灵敏度的黑白摄像机。

（2）防护罩。防护罩根据不同的应用场所，可分为室内型、全天候防护型（加雨刷、加温吹风等功能）以及吸顶型、防爆型、球型等，其主要功能是保护摄像机免遭恶劣的工业环境影响或意外损坏。

（3）电动云台。电动云台也有室内型或室外型之分，根据云台转动速度的高低又分为高速或低速型。电动云台的主要作用是扩大摄像头的扫描范围，全方位（水平可转动360°，俯仰可转动120°）地监视工作场所。

（4）解码器。它用来识别主控机（6或7）送给某一指定云台的指令信号，从而使操作者在主控机旁利用鼠标来操纵云台镜头转动，达到全方位观察的目的。

（5）矩阵切换器。它将主控机发来的指令经译码后自动切换发送到指定的摄像机，从而完成相应的操作。

(6) 微机主控机。它是整个系统的核心。在主控机的监视器上可将多个工作场面同时摄入，显示于一个监视器上（多画面分割形式），每一个工作场面又可通过手动或自动循环切换各摄像机而将所摄画面显示到监视器上（自动循环切换时间可任意调定）。主控机对配有变焦镜头的摄像机通过鼠标可实施调焦、变倍、调光圈操作，对配有云台的摄像机实施上/下、左/右及自动回转操作。

(7) 微机分控机。根据实际需要，除集控室设有主控机外，还可在其他主要管理人员办公室设置分控机，分控机的功能可与主控机完全一样。

（二）工业电视的国内发展情况

工业电视的应用在我国已逐渐普及，国际上比较有名的制造商有美国 AD 公司、加拿大 AB 公司以及日本的松下、索尼、胜利、Water 等公司，这些公司的产品种类繁多，品种齐全，相对而言，我国在制造能力、质量、品种开发等方面则需要进行不懈的努力才能逐渐缩小与国际先进水平的差距。

十二、上位机监控及管理

20 世纪 80 年代末，国内火电厂输煤系统的 PLC 程序控制设计方式大部分停留在 PLC 的单独应用及直接控制阶段。这种模式的形式是：PLC 接收来自控制台或现场设备的输入信号，经 PLC 内部处理后，将输出信号一部分直接参与主控回路的控制（如驱动电动机回路的接触器或中间继电器），另一部分送到程控台的系统模拟屏上点亮有关的信号灯或光带，集控值班员监视的信号对象大部分集中布置在系统模拟屏上。至于 PLC 与计算机（个人电脑，如 IBM-PC/386 等）之间的上位链接在输煤系统的应用则并不多见。

进入 90 年代，由于 PLC 各大厂家成功地开发了各自的网络系统，许多用户也感到单独应用 PLC 的不足，所以现在火电厂输煤系统的程控设计已更趋于采用上位机的控制方式。

（一）上位链接

上位链接就是计算机（即上位机）与 PLC 之间的链接。可一台计算机与一台 PLC 链接；也可一台计算机与多台 PLC 链接；还可一台 PLC 与多台计算机；或多台 PLC 与多台计算机的链接（后两种仅用于中、大型机）。但无论怎样链接，它们之间的通信，PLC 总是被动的，通信过程只能由计算机发起与终止。

可编程序控制器与计算机链接构成的综合系统，可使可编程控制器与计算机互补功能的不足。对于控制，可编程控制器对现场和设备是极为方便的，但打印报表、图形显示、中文输出就困难了，而这些功能正是计算机的特长。可编程控制器与计算机链接时，计算机通常仅用于编程、修改参数、数据显示、系统管理等方面，而不直接参与设备的控制过程。在计算机发生故障时，第一线的 PLC 可脱机运行，并不影响生产过程的正常运行。

对火电厂的输煤系统而言，上位机一般选用 IBM PC 系列微型个人计算机，用它来完成输煤系统多画面切换显示、设备故障报警显示、电子皮带秤上煤量打印输出及命令操作等功能，而 PLC 则主要完成对现场设备的控制指令传输，并接收皮带系统的各种外围信号。用这种方法实现的输煤程控系统可以很大程度地简化单独用 PLC 控制所用的固定式模拟操作显示屏，使集控室的设备布置简单、明了，如果再辅以工业电视监视，则形成了一个较为完善的控制监视系统。

（二）上位链接单元类型及接口

PLC与计算机通信，其信号传送是串行的，即通过传送线，1个位接1个位（bit）按时间顺序传送；而PLC或计算机进行工作时，其信号传送都是平行的，即若干位同时工作。所以，要实现它们之间的通信，就要有串并行信号转换接口，以及相应的串行信号传送协议。起这种作用的工作单元，就PLC方而言，就是PLC的上位链接单元；而就计算机方而言，一般为RS-232C接口（串口）。

上位链接单元（这里主要以OMRON产品为例）有两种，即机架安装式（专用的通信模块）或CPU安装式。小型机只有CPU安装式，中、大型机除了CPU安装式外，还有机架安装式（可多个），因此可实现PLC与两台或多台计算机的通信。

PLC与计算机之间的通信一般是通过RS-232C接口或RS-422接口进行的，信息交换的方式为字符串方式，运用RS-232C和RS422通道，容易配置一个与计算机进行通信的系统。将所有软元件的数据和状态由PLC送入计算机，由计算机采集这些数据，进行分析及运行状态监测。用计算机改变PLC设备的初始值和设定值，从而实现计算机对PLC的直接控制。

RS-232C接口只能用于一台计算机与一台PLC的链接，其信号传送距离一般不超过15m。RS-422接口是差动工作的传送口，可抗共模干扰，是RS-232C接口的改进，用它可实现一台计算机与多台PLC的链接，其链接的总长度可达500m。

RS-232C接口与RS-422接口可用转换口进行转换。有的厂家的PLC只备有RS-422接口，与计算机通信（一般计算机只有RS-232C接口）则要进行转换，然后才可通信。

另外，还有光纤接口，用光传信号。其物理过程包括从电到光信号的变换，再从光到电信号的变换，只是中间的传送用光。光纤传送信号抗干扰能力强，其最大传送距离可达800m。

（三）系统配置实例

上位链接单元有多种配置，最简单的为用RS-232C接口实现单台计算机与单台PLC的链接，这种情况最常用。图12-4所示为串联的光缆连接系统，这种系统较简单，但不足的是若中间的一台PLC出故障，其后续的PLC就无法再通信了。

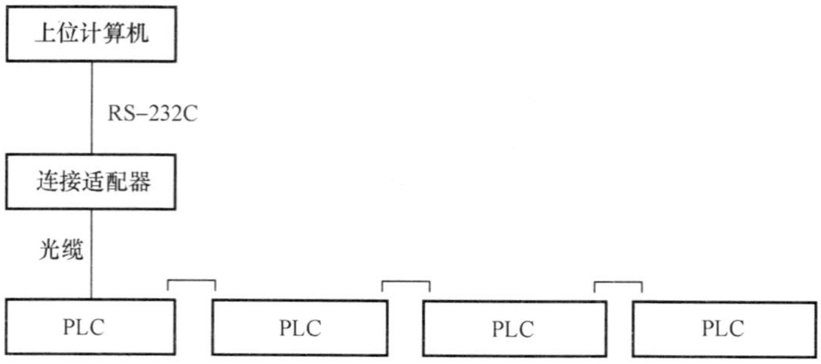

图12-4 串联直接连接

图12-5是在图12-4上的改进。其方法是在PLC间不直接用光缆连接，而是在中间接有适配器。这样，即使中间某台PLC出了故障，也不致影响后继的PLC与计算机的通信。图12-5是用RS-422及其电缆进行连接的系统。与计算机连接时，要用RS-422/RS-232C转换口。

另外，还可有一台PLC与多台计算机或多台PLC与多台计算机的连接系统。这些系统

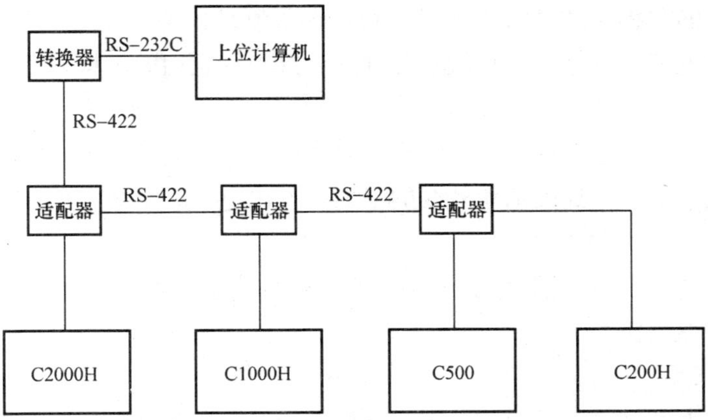

图 12-5 间接连接

内部又涉及通信所用的协议、通信过程及命令等许多细节问题。

第四节 燃料火灾自动报警装置

在电厂燃料系统中，煤和油的防火问题也尤为重要，直接关系到电力生产的安全运行。火灾自动报警有区域报警系统、集中报警系统和控制中心报警系统三种基本形式，具体采用何种报警系统，可根据工程建设规模、保护对象的性质、区域划分和消防管理机构等因素综合分析后确定。火灾自动报警设备一般由火灾探测器、手动火灾报警按钮、区域报警控制器和集中报警控制器等部分组成。

一、火灾探测器

火灾探测器按其结构和作用原理不同，可分为感温探测器、感光探测器、可燃气体探测器等，它们分别适用于不同场所。当设有自动灭火系统和自动联动装置时，为提高系统动作的可靠性，可将不同类型的探测器组合使用。

（一）感温探测器

感温探测器可分为定温式和差温式两种。定温探测器是当安装探测器的场所温度上升到预定温度时，在感温元件的作用下发出报警。感温元件有低熔点合金、铂金丝、双金属片、双金属筒、热敏电阻及半导体 PN 结等。

差温式感温探测器是在一定时间内的温升超过某一限度时发出警报，如在 1min 内温升超过 10℃或 15℃进行报警。差温式探测器的敏感元件多采用双金属片差温、膜盒差温和热敏电阻差温元件等，当检测地点温度急升时，元件动作接通信号发出报警。

为了提高自动探测的准确性，可将定温和差温两种感温元件同时用于感温探测器中，适用于火灾发展迅速，产生大量的热，温度升高很快，特别是存在大量粉尘、烟雾、水蒸气的火灾场所。

（二）感光探测器

感光探测器可分为红外线光电探测器和紫外线光电探测器两种。当发生燃烧着火时，火焰温度一般在 1000℃以上，并以各种波长的光线向四周辐射，其中包括紫外线辐射、可见光辐射和红外线辐射等，为检测这些射线，分别制成了紫外线探测器和红外线探测器。

红外线探测器的敏感元件是由硫化铝、硫化镉等制成的光导电池，锗、硅光电池，锗、硅光电二极管和光电三极管等。这种敏感元件遇到红外线辐射时，即可产生电信号，将其放大并发出报警。

紫外线光探测器的敏感元件是紫外线光敏电子管，它仅对光辐射中的紫外线起作用。火灾时，紫外线光敏电子管受到火焰紫外线的辐射，发出电子，形成雪崩放电，使电气回路导通，发出报警信号。

感光探测器特别适用于突然起火而无烟雾的易燃易爆场所，不适用于有明火作业的场所，如电焊、火焊等场所。

（三）感烟探测器

感烟探测器分为离子感烟探测器、光电感烟探测器和线型感烟探测器三种，它能在大火焰没有出现时即发出报警，具有报警早的特点。

离子感烟探测器由检测器和信号电气回路组成。检测器由两片镅放射源片与信号电气回路构成内电离室与外电离室。火灾时，烟气能够使外电离室的等效阻抗增大，但内电离室等效阻抗不变，从而使内、外电离室的电压分配变化，发出报警信号。

光电感烟探测器是一个简单的集烟器。集烟器与管路相接，当有火焰、烟雾时，光束强度降低，电气回路电流减弱，继电器动作，发出报警信号。

线型感烟探测器有激光感烟探测器和红外线感烟探测器两种，其中红外线感烟探测器应用较广。激光和红外线感烟探测器是利用火灾时，烟雾对光束起吸收和散射作用，削弱光电接受器的信号，使接受器发出报警信号。感烟探测器适用于电站、变配电室、计算机房、通信机房、档案室、图书馆、重要仓库等场所。

（四）可燃气体探测器

可燃气体探测器的敏感元件有铂金丝元件（在上面涂上三氧化二铝和催化剂）、气敏半导体元件等。气敏半导体元件（常用的有氧化锡型半导体敏感元件）灵敏度高，可测出几个ppm浓度的可燃气体，检测范围广。其工作原理是：当有可燃气体存在时，改变气敏半导体元件的电阻值，其气体浓度越大，阻值越小（N型元件），输出电压越高，从而发出信号，经放大发出报警。

可燃气体探测器可制成携带式、固定式多种结构形式，以适应现场使用需要。

在电力企业的易燃易爆场所、化工企业生产车间、油站、油库、氢站、氢冷发电机出线端等有可燃气体外泄的场所，使用可燃气体探测器非常方便。一旦有可燃气体泄漏，当达到一定浓度时，立即发出报警信号。

二、报警控制器

（一）区域报警控制器

区域报警控制器由数门电路和稳压电源电路构成。它用于监视区域（或楼层），能将探测器输入的电压信号转换成声光报警，并能显示出具体的火警房间号码，还能为探测器提供稳压电源，输出火警信号给集中报警控制器以及操作有关灭火和阻火设备。

（二）集中报警控制器

集中报警控制器的作用是将所监视若干区域内的区域报警控制器所输入的电压信号，以声、光形式显示出来，将着火区域和该区域的具体着火部位显示在屏幕上。报警的同时，时钟停走，记录首次报警时间，同时执行相应辅助控制的任务等，可为火灾调查提供全套资料。

三、自动喷水灭火系统

自动灭火系统有自动喷水灭火系统、水幕系统、干粉灭火系统、蒸汽灭火系统、二氧化碳灭火系统、泡沫灭火系统等，下面分别予以介绍。

（一）自动喷水灭火系统

（1）自动喷水灭火系统是一种固定式现代化的灭火设施，具有良好的灭火效果。它具有以下几个特点：

1）自动喷水灭火设备工作性能稳定，安全可靠，控制火灾及灭火成功率很高。美国有关统计资料表明，自动喷水灭火系统控火、灭火的成功率高达96.2%～99.6%。

2）结构简单，维护方便，设备价格较低，灭火费用低廉。

3）设备可靠，经久耐用，启动灵活，可使用几十年。

4）便于自动控制和监控，可使用计算机进行监控和处理，自动化程度高，便于集中管理和分区控制。

5）无需其他灭火药剂，不污染环境。

（2）自动喷水灭火系统按其组成部件和工作原理的不同，分为湿式灭火系统、干式灭火系统、预作用灭火系统、雨淋灭火系统、水喷雾灭火系统五种，以下分别予以简单介绍。

1）湿式喷水灭火系统。湿式喷水灭火系统由火灾探测器、湿式报警阀、报警装置、控制阀、闭式喷头、控制装置、管道等组成，为在报警阀上、下管道内经常充满压力水的灭火系统。

其工作原理是：当发生火灾时，在火场温度作用下，闭式喷头感温元件升到预定温度后，即自动打开闭式喷头喷水灭火，同时因管网内水的流动形成压差，湿式报警阀打开，驱动水力报警器报警。水流指示器压力开关将信号送至报警控制箱，通过声光信号显示火灾发生的具体位置、启动水泵供水、接通消防照明、接通广播呼叫系统等，这一系列动作在喷头喷水后约30s内完成。湿式喷水灭火系统适用于室内温度不低于4℃且不高于70℃的建筑物。

2）干式喷水灭火系统。干式喷水灭火系统由火灾探测器、干式报警阀、控制装置、闭式喷头、管道和充气设备等组成，为在报警阀前的管道内充以压力水，其后的管道内充以有压气体的灭火系统。

其工作原理是：当发生火灾时，在火场温度的作用下，闭式喷头的感温元件温度上升，当达到预定温度时，喷头自动打开，排除管网中的压力气体。当压力下降至某一极限值时，干式自动报警阀打开，水流入系统管网内，从已打开的喷头中喷水灭火，同时水力压力开关报警并启动水泵，以保证供水。干式喷水灭火系统适用于室内温度低于4℃或高于70℃的建筑物。

3）预作用喷水灭火系统。预作用喷水灭火系统由火灾探测器、报警装置、闭式喷头、预作用阀、控制装置和充以有压或无压气体的管道组成，为在喷头打开之前管内才充水的灭火系统。

其工作原理是：火灾初期，探测器动作并发出报警信号，控制器将报警信号作声光显示，同时通过电磁阀自动打开预作用阀，压力水即充满有低压气体的管网，使系统转变为湿式系统，此后的动作与湿式系统相同。

预作用喷水灭火系统适用于不允许有水渍损失的建筑物。

4）雨淋喷水灭火系统。雨淋喷水灭火系统由火灾探测器、报警装置、开式喷头、雨淋阀、控制装置和管道等组成。

其工作原理是：发生火灾时，探测器启动，并向控制箱发出报警信号，报警箱接到信号并判断确认后，发出指令打开雨淋阀，使整个保护区内的开式喷头喷水灭火，同时启动水泵，保证供水。

雨淋式喷水灭火系统适用于严重危险等级的建筑物。

5）水喷雾灭火系统。水喷雾灭火系统由火灾探测器、报警装置、喷雾喷头、管道和控制装置等组成。其工作原理与雨淋喷水灭火系统基本相同，主要区别在于雨淋系统采用的是标准型开式喷头，而水喷雾系统则采用中速或高速喷雾喷头。

水喷雾灭火系统常用于扑救固体、可燃液体、易燃气体储罐、屋外变压器、油浸电力变压器室、继电保护室、电缆夹层、汽轮机油箱、氢密封油装置、汽轮机油管道密集处、配电室、汽车修理间、汽车停车库、锅炉油地、制粉和输粉装置等处的火灾。在火灾时，喷雾水能可靠地保护高层建筑屋顶钢构件、可燃气体和可燃液体储罐。喷雾水水粒很小，一般在 100μm 以下，受热即迅速汽化，具有极好的冷却和窒息作用，因而能迅速扑灭各种物质的火灾。由于喷雾水的电气绝缘强度高，因而能较好地扑灭电气设备的火灾，特别适用于扑灭大型变压器的火灾。

上述几种喷水灭火系统中，湿式喷水灭火系统具有结构简单、施工期短、管理方便、成本低廉、使用可靠、灭火迅速、控制率高等优点，因此使用最为广泛，约占整个自动喷水灭火系统的 70%，可用于办公楼、宾馆、医院、仓库以及电力企业的电缆夹层、电缆沟等处的火灾扑救。

自动喷水灭火系统在设计和安装时，应选用性能良好、规格适宜、动作可靠的组件，以保证发生火灾时能准确探测、及时启动、可靠喷火灭火。

自动喷水灭火系统的消防用水量根据统计资料和规范要求应不小于 30L/s；严重危级生产建筑物的喷水强度应小于 10L/(min·m^2)[严重危险等级储存建筑物为 15L/(min·m^2)]；喷头工作压力不小于 0.098MPa(最不利处喷水最低压力应不小于 0.049MPa)。

（二）水幕系统

水幕系统是自动喷水灭火系统的一种，它由水泵、水幕喷头、管道、阀门、水泵接合器及控制部分等组成。

水幕系统的工作程序与雨淋喷水灭火系统、水喷雾灭火系统相同。当火灾发生时，探测器启动并向控制箱发出报警信号，经确认报警后发出指令，打开控制阀，水幕喷头开始喷水，形成水幕帘，从而起到防火隔断作用。水幕系统一般与防火卷帘、防火幕配合使用，用于防火隔断、防火分区以及局部降温保护等。它也可以单独用来保护建筑物门窗、洞口、可燃屋椽等部位。在一些既不能用防火墙作防火隔断，又无法用防火幕或防火卷帘的大空间，可用水幕系统作为防火隔带或防火分区起防火隔断作用，以防止发生火灾后火势扩大、蔓延。水幕防火带的宽度一般不应小于 10m，具体尺寸应与建筑物的尺寸相适应。

为了提高隔断效果，水幕喷头应均匀布置。当水幕作保护使用或配合防火幕和防火卷帘进行防火隔断时，用水量不应小于 0.5L/(s·m)，每组水幕系统的喷头数不宜超过 72 个，在同一配水支管上应布置同口径的水幕喷头。面积大于 3m^2 的洞口或防火水幕带的水幕宜布置双排水幕喷头，且水量不宜小于 2L/(s·m)。

在发电厂运煤栈桥与转运站、碎煤机室、主厂房连接处应设水幕防火隔离设施。

第五节 某发电厂输煤系统控制实例

一、前言

某发电厂输煤系统分为 300MW 机组输煤系统和 660MW 机组输煤系统两部分，两部分相互独立并均采用 PLC 程序控制方式。整个输煤系统由卸煤及储煤系统、上煤及配煤系统组成。卸煤系统采用翻车机及绞龙实现，另设置卸煤码头；储煤系统采用斗轮堆取料机实现；配煤系统采用犁煤器实现。输煤程控系统包括从翻车机、绞龙卸煤/码头卸煤经输煤皮带到煤仓间配煤或经斗轮堆取料机到煤场堆煤，从煤场取煤到煤仓间配煤全过程的控制、监视、报警、显示、计量、管理和皮带保护等功能。

二、输煤程控系统的硬件组成和软件组成

（一）系统硬件

某发电厂输煤程控系统 PLC 控制器采用 GE Fanuc 自动化公司 PACSystems RX7i 系列产品。PACSystems RX7i 系列 PLC 是 GE 公司最高端的大型 PLC，PACSystems RX7i 的 CPU 拥有 Intel Celeron 和 Pentium Ⅲ处理器，提供快速执行能力、庞大的内存和升级能力来紧随未来技术发展。RX7i CPU 可用于不同内存尺寸、性能和其他的高级功能的应用，例如数据和编程内存的软件配置。PACSystems 的 CPU 也可把用户 10K RAM 的程序和数据备份到 10K 闪存中来给数据和程序添加保护。完全支持双机热备系统，处于后备状态的控制器模块通过热备光纤能不断更新其自身获得的信息，并在工作控制器故障时自动切换。冗余控制器模块的切换应不丢失任何数据，并且系统的控制功能不会因冗余切换而丢失或延迟。

本系统使用了型号为 IC698CRE030 的 RX7i 冗余 CPU。两个 CPU 安装在主站的一个机架上，互为热备用，先上电的 CPU 为主。为了避免同时失电，两个机架的电源分别取自输煤电汇 400V 七段和八段。两个 CPU 中的程序完全一样，采集信息、处理程序、发出命令由主 CPU 完成，备用 CPU 在实时跟踪主 CPU 工作。一旦主 CPU 失电或者通信中断，备用 CPU 将代替主 CPU 继续完成工作。

I/O 卡件采用 PACSystems RX3i 系列产品。高性能的 CPU 是基于最新技术的具有高速运算和高速数据吞吐的处理器。控制器在多种标准的编程语言下能处理高达 32K I/O。这个强大的 CPU 依靠 300MHz 的处理器和 10Mbytes 的用户内存能轻松地完成各种复杂的应用。RX3i 支持多种 IEC 语言和 C 语言，使得用户编程更加灵活。RX3i 广泛的诊断机制和带电插拔能力增加了机器的周期运行时间，减少了停机时间，用户能存储大量的数据，减少了外围硬件的花费。

在电子设备柜内安装的 I/O 模件都是低电压，现场来的 I/O 接点电压应是无源干接点，DI 和 DO 模块双向隔离，不会因为现场设备原因造成卡件损坏。每块数字量卡件的通道数采用 16 点模块；每块模拟量卡件的通道采用 8 点模块，模拟量 I/O 是 4～20mA DC 信号，温度信号为 Pt100 温度模块。

PLC 主站和子站通信采用双以太网架构，也就是每个子站带有两个以太网卡，这两个以太网卡分别属于不同网段内，当 A 网通信出现故障时会自动切换到 B 网运行，不会对系统运行造成影响。

主机通过双以太网架构同上位机相连进行数据交换，其下面带的本地 I/O 机架通过双以太网与主站相连，由 CPU 通过判断采集的输入信号经过预先编制好的程序进行运算处理后，再通过输出模块发出命令，来达到控制的目的。程控系统所有的输入、输出信号均通过继电器隔离，以提高系统的抗干扰能力，并保护 PLC 模块以免大电流信号的进入而损毁。当主备机切换时不会对操作人员的监控产生影响。

网络交换机采用 MOXA 核心交换机，通信速率快，同时集成多个单模光口，远程站和主站通信全部通过单模光纤进行数据交换，快速、准确。

输煤系统网络拓扑简图见图 12-6。

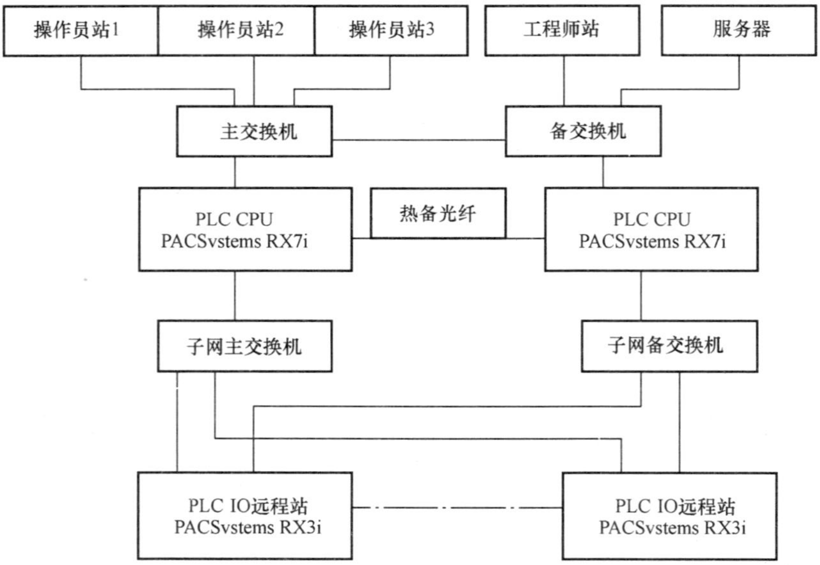

图 12-6　输煤系统网络拓扑简图

所有开关量输入、输出均采用电磁式中间继电器进行隔离。中间隔离继电器采用 Phoenix 公司的用于持续大电流和长电气寿命条件下的 PLC 专用可插拔微型继电器。

PLC 程控系统的开关量输入模块的每个通道均配置 Phoenix 公司抗干扰电压、干扰电流的隔离继电器。

所有模拟量输入采用信号隔离器进行隔离。隔离器采用 Phoenix 公司的 MINI 模拟量模块系列信号隔离转换器。

直流电源采用 Phoenix 公司的开关电源，电源输出并联后对隔离继电器及信号隔离器供电。

操作员站计算机采用研华工业控制型计算机，标准机架式机箱；Core 2 Duo CPU，160GB硬盘，DVD-ROM，2GB内存，128MPCI-E双头显卡；标准键盘；光电鼠标；2块冗余10/100Mb/s自适应以太网卡；Win XP企业版操作系统。

工程师站采用DELL T3400工作站，标准机架式机箱；Intel Xeon双核CPU；2×160GB热插拔RAID 1硬盘；DVD±RW；2GB内存；256M PCI-E双头显卡；标准键盘；光电鼠标；2块冗余10/100Mb/s自适应以太网卡；Win XP操作系统；该工作站硬盘采用磁盘阵列方式，当一块硬盘故障时不影响工作站工作。

服务器采用刀片式服务器，容错服务器采用部件级冗余，实现CPU、芯片组、内存、PCI总线、SCSI总线、硬盘、电源、风扇等部件的冗余，以保证在任何硬件损坏的情况下，服务器不间断运行，容错服务器能够在系统不中断运行的情况下，进行模块热插拔维护，并且在一切物理故障消除后，模块会自动重新同步运行。

（二）软件配置

1. 上位机监控软件

本系统的上位监控软件选用的是Intellution公司的iFix4.0作为开发平台，实现工艺参数的实时采集显示（DAS）、系统操作（Control）、报警信息自动记录（Alarm&Datalog）、历史趋势显示（History）、系统联网（Network）等功能。

操作员站提供给操作人员丰富的人机界面窗口，能灵活、方便、准确地监视过程量，并完成相应的操作，信息量注重覆盖面大。主要有以下功能：

（1）充分利用画面空间，将所有有关的信息量反映其中。模拟图画面（见图12-7）中的设备及其连线均为动态，按其规定的颜色或文字提示所处的状态和环境，用鼠标点击要操作的设备和/或按钮，弹出窗口图可对控制对象进行操作。

图12-7中设备图例说明见表12-2。

表12-2　图例说明

图　例	说　明	图　例	说　明
	料位计吹扫阀		振打器
	除铁器	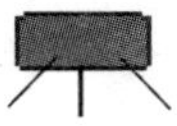	喷淋器
	电子秤		刮水器
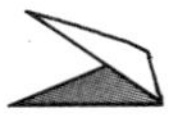	犁煤器		除尘器
	堵煤		

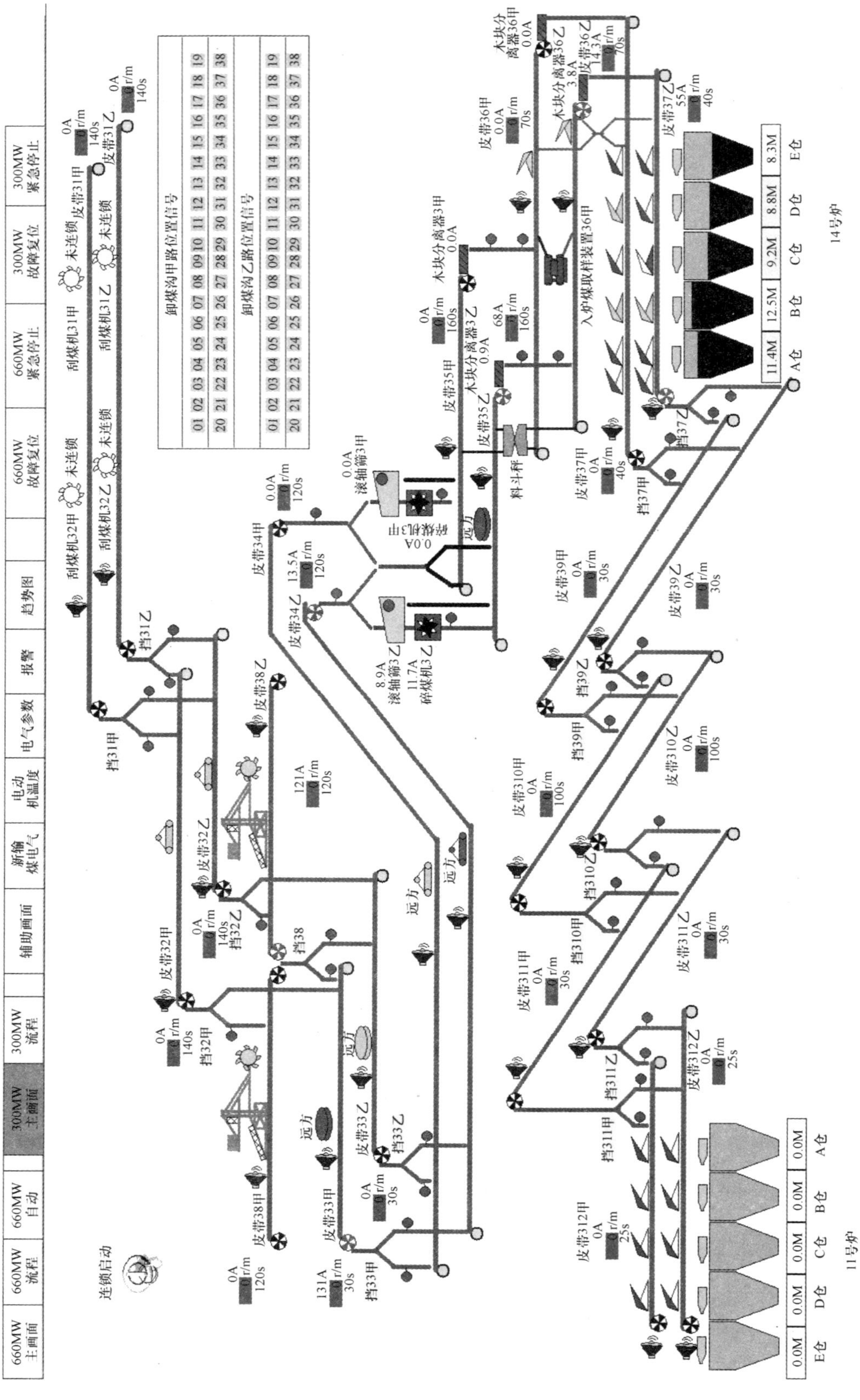

图 12-7 300MW 机组输煤程控主画面

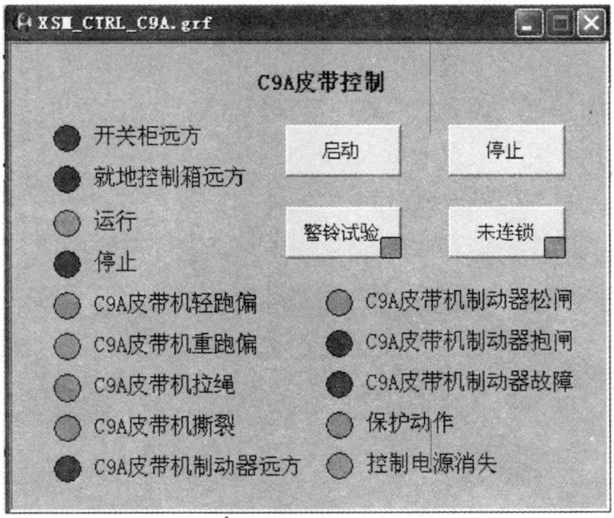

图 12-8　弹出面板（一）

设备操作：输煤程控操作分为程控启动操作、连锁启动操作和流程启动操作三种。

1）程控启动操作。

程控启动操作也称为点操，操作人员在监控画面上点击皮带、碎煤机、三通等设备，弹出相应的操作面板，然后在操作面板上进行一对一的操作。点击图 12-7 中的皮带 9 甲转轮，弹出面板如图 12-8 所示。

操作人员在该面板上点击启动按钮，警铃开始打铃，延时 30s 后皮带启动，停止时操作人员点击停止按钮，皮带停止。

2）连锁启动操作。

操作人员在设备操作面板上点击连锁按钮，连锁选择成功（见图 12-9），再次点击后解除连锁（见图 12-10）。

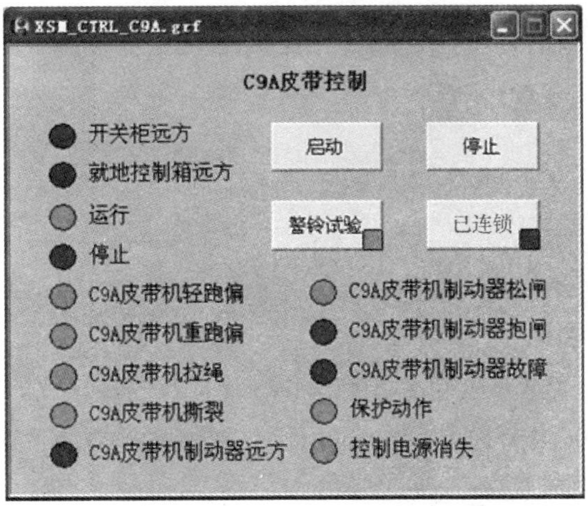

图 12-9　弹出面板（二）

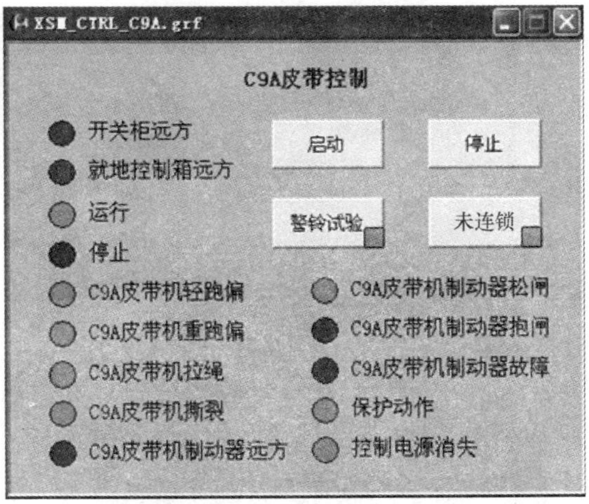

图 12-10　弹出面板（三）

操作人员选择完成后，点击 

，切换到对应的方向，设备按照选择连锁方向启动、停止。

提示：在上煤过程中，操作人员一定要注意切换到 

，这样在皮带故障连锁停止后，上游皮带会继续运行而不会延时停机；如果放在 

，则在皮带故障连

锁停止后，上游皮带会延时停止。

故障点下游的皮带等设备不受该切换影响，无论切换到哪个方向，故障点下游设备均会立即停止（碎煤机除外，碎煤机故障会停下游皮带，但是碎煤机上游皮带故障时碎煤机不会停止，需要运行人员人工停止）。

3）流程启动操作。

操作人员首先点击图 12-7 最上方的流程选择按钮，打开如下画面见图 12-11。

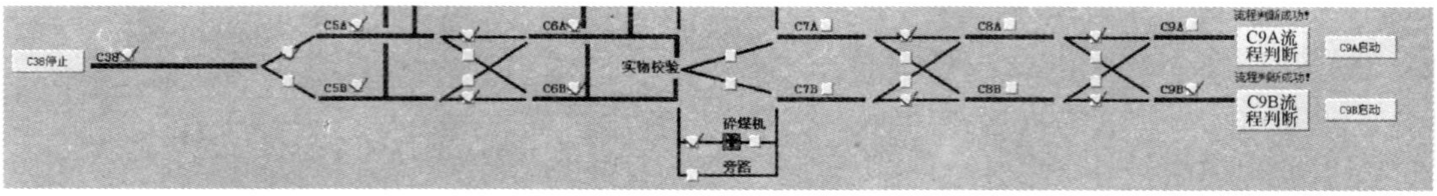

(a)

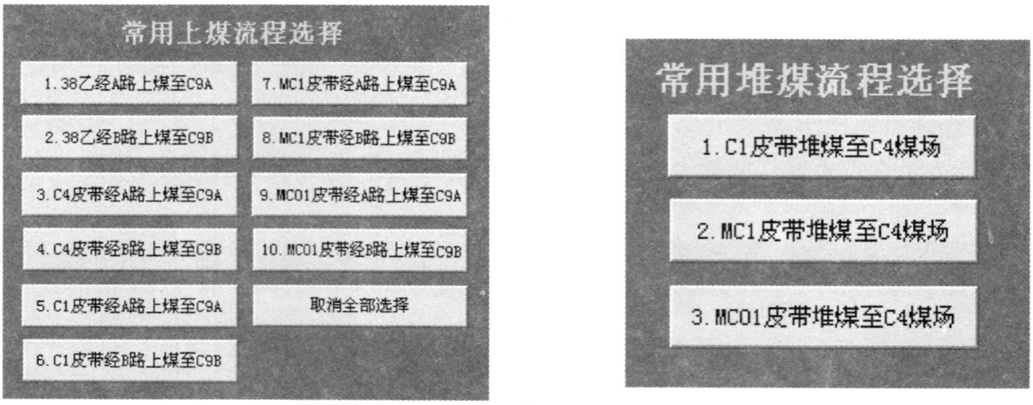

(b)

图 12-11 弹出面板（四）

操作人员选择相应的流程按钮，点击弹出如下面板（见图 12-12）。

点击选择按钮，流程选择完成，然后点击流程判断按钮，流程判断进行，如果判断成功，则

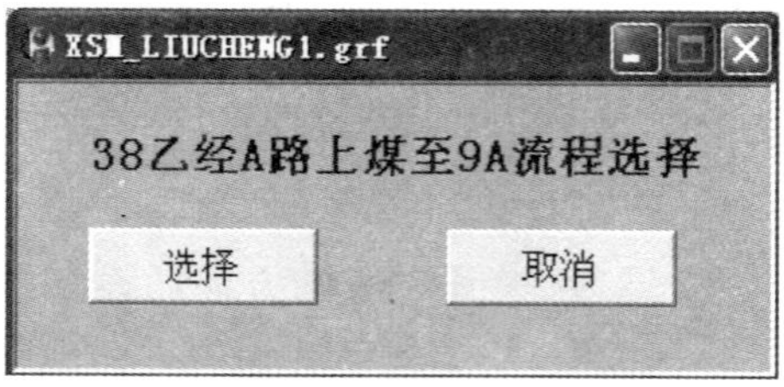

图 12-12 弹出面板（五）

弹出 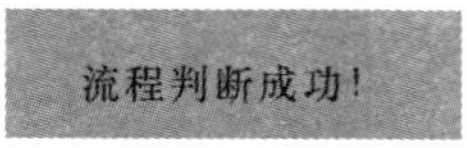

。流程判断成功后，操作员点击 

切换到 

，然后点击启动按钮，设备按照流程顺序启动。流程停止时切换到 

，然后点击煤源方向的停止按钮［见图 12-11（a）中 C38 停止］，设备按照顺煤流方向顺序停止。

如果流程判断失败，运行人员需要检查是否选择流程上的三通已经到位。

如果所选流程不在所列的范围内，也就是说需要选择交叉流程，操作人员可以在流程画面上点击对应的按钮一一进行选择，也可以在所列流程里先找出一个和将要选择流程最接近的流程来进行选择，选择完成后再进行修正。完成后仍要进行流程判断工作，只有流程判断成功后才能进行流程启动。

(2) 特别制作报警窗口。可配备语音报警，能及时地播出报警声。全部报警采用当前报警及历史报警显示，当前报警还可以点确认使语音报警消失，历史报警可以查询报警信息的发生时间、报警类型等信息，见图 12-13。

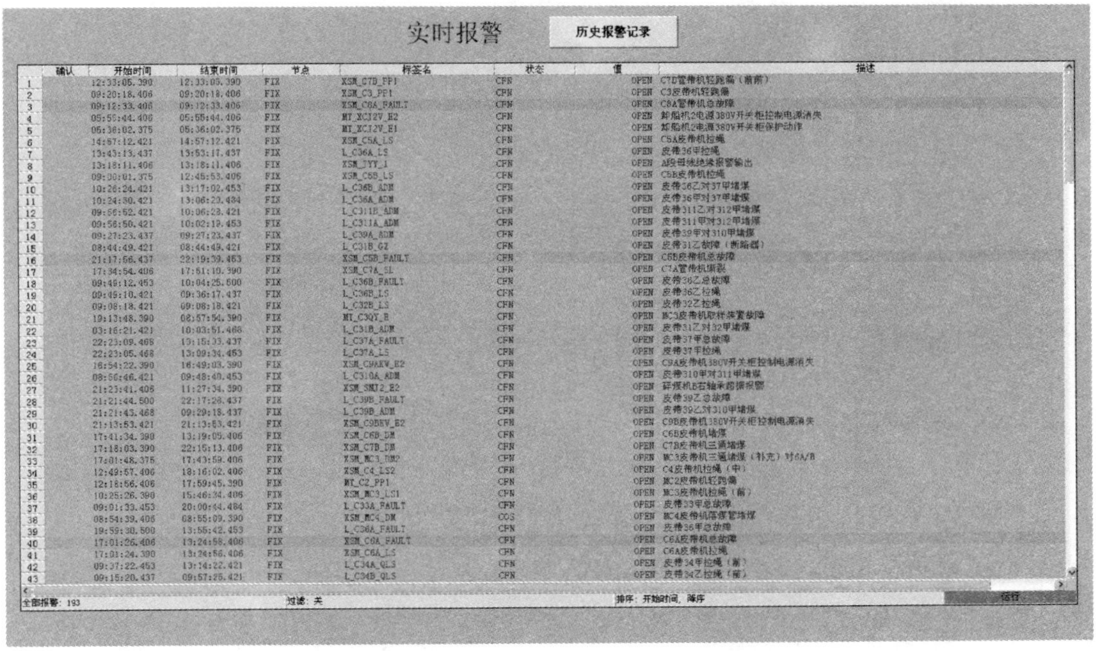

图 12-13 当前报警及历史报警查询画面

(3) 可以从操作员界面上直接调出各模拟量点来显示其状态和工程值的趋势或历史曲线，可自动记录模拟量点、开关量 I/O 点和操作事件及报警事件等并自动保存一个月，以备查询。

输煤程控系统模拟图表的主要画面有 300MW 输煤系统图、300MW 输煤系统流程选择、660MW 输煤系统图、660MW 输煤系统流程选择辅助设备控制、趋势图、报警信息等，操作人员用鼠标点击主菜单上的按钮，即可调出相应画面。

输煤程控模拟图画面的动态颜色有统一规定，以便能更直观地反映设备的状态，例如皮带及辅助设备的颜色选用如下：

停止——绿色；

运行——红色；

故障报警（如皮带跑偏、拉绳、堵煤等）——黄色。

设备故障时，相对应的设备会显示黄色，故障消除后操作员点击主画面右上方的故障复位按钮，可进行故障复位。故障复位成功后（黄色消失），设备方可启动。

2. PLC控制软件

PLC控制软件采用GE公司的Froficy Machine Edition编程软件作为编程调试软件的开发平台，可以使用梯形图编程方式，给了编程者更大的自由度。这种软件的优点是有强大的功能块系统，针对不同功能都有一种功能块儿与之相对应，编程简便、灵活，见图12-14。

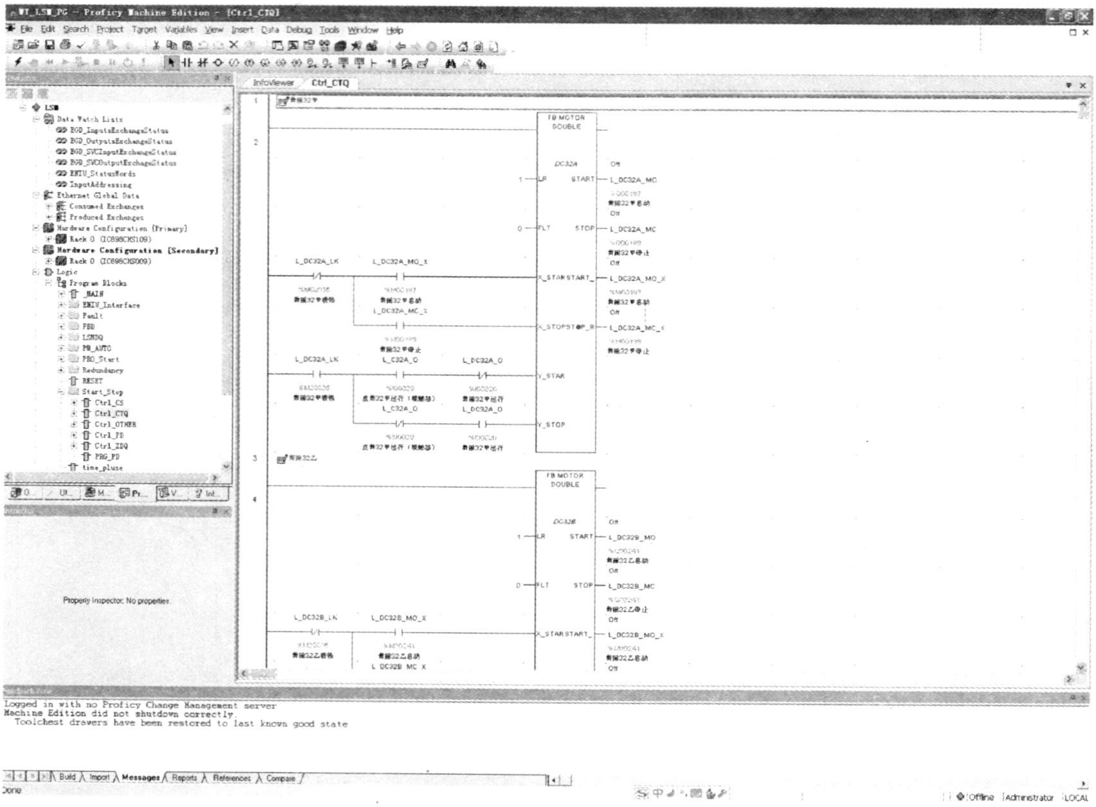

图12-14 Froficy Machine Edition逻辑图

3. 各设备控制方式

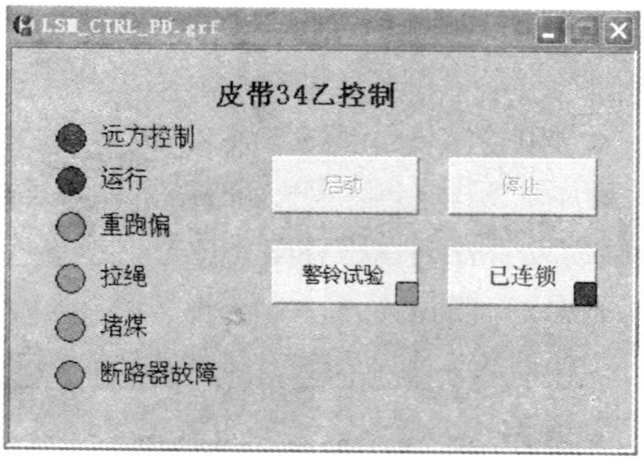

图12-15 皮带操作画面

(1) 皮带控制方式。皮带控制包括就地启动、程控启动和连锁启动三种方式。就地启动为现场近控箱操作；程控启动时，将皮带设为未连锁，然后在画面上点操启动；连锁启动时，将流程选择按钮选到连锁启动，皮带设为连锁，并且将三通挡板设为正确的连锁关系，启动下级皮带后，上级皮带会逆煤流方向自动启动，见图12-15。

皮带停止时分为就地停止、程控停止、连锁停止、故障急停和故障连停五种情况。就地停止为现场近控箱操作；程控停止时，将皮带设为未连锁，然后在画面上点操停止；连锁停止时，将将流程选择按钮选到连锁停止，皮带设为连锁，并且将三通挡板设为正确的连锁关系，停止上级皮带后，下级皮带会顺煤流方向延时自动停止；故障急停为本皮带拉绳、跑偏、堵煤、断路器故障任一信号出现时，本皮带必须急停；故障联停时，会从发生故障急停的皮带开始逆煤流将所有连锁的皮带及辅助设备同时停止。皮带就地操作时只有拉绳和断路器故障起作用。

38乙皮带为堆、取料双向皮带，并且为30万和60万机组共用。在30万机组程控堆料控制画面中有选择30万堆料和60万取料的选择按钮。调试时将这个按钮选择为30万堆料，60万机组程控画面中38乙皮带无法操作。然后将30万堆料控制画面中的选择30万堆料按钮取消，切换到60万主画面，打开38乙皮带控制画面选择60万取料，30万机组程控画面中38乙皮带无法操作。

木块分离器控制方法与皮带相同。

筛、碎煤机不参与故障连停，控制方法与皮带相同。

（2）辅助设备控制方式。

三通电动挡板有就地、程控及连锁操作三种方式。就地操作为现场近控箱操作；程控操作时，在画面上直接操作三通的方向；连锁方式时挡板会自动转向所选择的连锁方向。皮带连锁运行时，如果解除三通的连锁或失去三通的到位信号，则从这一个三通开始逆煤流方向所有挂连锁的皮带都同时停止。注意：在选择三通连锁后，一定要确认三通到位，如果不到位，连锁启动不能成功，见图12-16。

刮煤机随皮带连锁停止。

除铁器及取样装备随皮带连锁启、停。

除铁器操作面板，如果选择连锁按钮，则在对应的皮带运行后除铁器会自动投入运行，皮带停止后除铁器会自动停止，见图12-17。

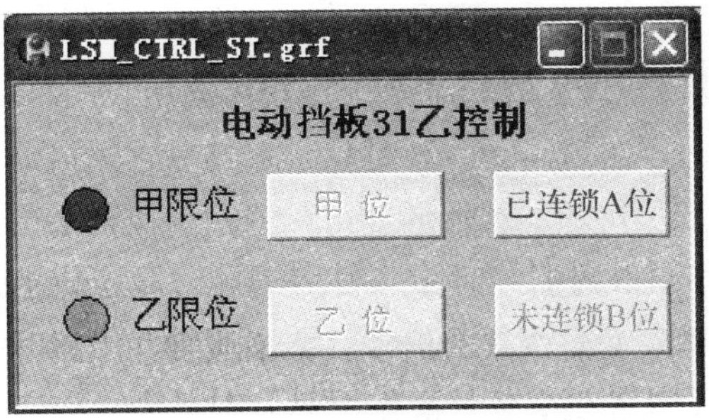

图12-16 电动挡板操作画面

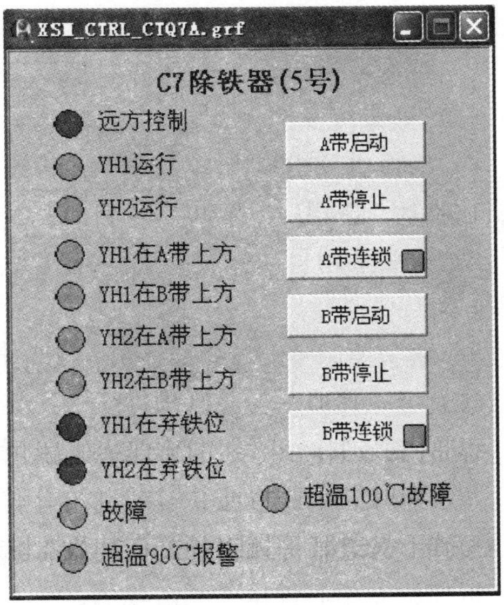

图12-17 除铁器操作画面

斗轮机在堆料时38皮带随悬臂皮带连锁启、停；在取料时悬臂皮带随38皮带连锁启、停。

振动器在程控中为单按钮点操方式，点击一次启动按钮振动器动作5s，5s后可以再次点击动作5s。

犁煤器为程控及就地抬、落，不参与连锁。

三、工业电视系统

（一）概述

输煤控制室监控中心：监视卸煤、储煤、输煤等车间及相关皮带的运行情况。监控中心设置输煤实时监控电视墙，共有 12 台 25″CRT 放置于前排的工业电视墙上，通过摄像镜头把相应设备的运行情况和事故情况显示在屏幕上，并可通过嵌入式硬盘录像机进行记录存储，以便日后随时可以调出想要察看的那段时间的画面记录情况，分析事故原因。12 台 25″CRT 通过屏幕分割技术最多可同时显示 48 幅画面，通过选择按钮，把画面调整到自己想要观察的地方进行监测。

整个系统由摄像机、嵌入式硬盘录像机、监控中心客户端计算机、维护视频服务器、大屏幕显示器、网络交换机（包括接口设备）、系统软件、各种应用软件、电源、机柜等组成。系统将模拟视频图像信号在被采集之前或在采集的同时，转换成数字信号，并进行压缩处理，即视频图像的采集、显示、控制、存储和网络传输等各部分均采用数字系统。

（二）技术要求

（1）整个闭路工业电视监视系统的指标如下：

1）水平清晰度≥480 线。

2）复合信号幅度：$1V_{P-P}+3dB$（按 IEC 574 标准，为显示器输入端值）。

3）灰度等级：8 级。

4）信噪比：≥38dB。

5）图像质量主观评价：四级。

6）统视频编码与记录：全部采用 H.264（优先方案）或 MPEG-4 格式。

7）视频分辨率：16 画面同时显示可达到 CIF，部分重要画面可达到 4CIF。

（2）摄像机及镜头。

1）摄像机分辨率为 480 线，光圈 F1.2 时最低照度为 0.01lux，具有背光补偿功能，摄像机信噪比≥50dB。

2）镜头采用自动光圈，按监视距离、监视物体的状况及范围采用手动变焦或电动变焦镜头。

3）除了控制室、电子室、开关室采用固定吸顶半球机外，其余为枪型摄像机。

（3）显示器。

LCD 显示器的信号电缆采用 VGA 接头。

提供的 LCD 标准规范要求包括 UL/C-UL or CSA，TUV/GC，Energy Star，FCC CLASS B，MPRII，TCO'99 等。LCD 显示器的可视角：左/右±85°，上下各 85°。

输煤控制中心提供 2 套电视墙，含 12 只 CRT 监视器，2 台操作主机。

（4）系统网络通信。

网络设备采用德国魏德米勒百兆工业级交换机。

所有监视点监视图像通过网络接入电厂的 MIS 系统。

（5）闭路电视监控系统由前端设备、传输设备、电源切换与分配设备、中心控制设备等几部分组成。

1）前端设备：主要包括摄像机及镜头（手动变焦、电动变焦）、解码器、电动云台、摄像机防护罩、支架等。

2）传输设备：主要包括网络交换机、编解码器、光缆、同轴电缆、控制线缆及电源线缆等。

3）电源设备：主要包括双路电源切换设备、电源监视继电器、电源分配开关、交流隔离稳压电源、配电柜等。

4）中心控制设备：主要包括视频或射频信号处理设备、LCD 显示器、数字主机、操作切换设备等。

（6）射频信号传输距离超过 250m 时采用单模光缆传输；TCP/IP 协议超过 100m 的传输距离采用光缆传输。

（7）电源。

系统采用两路交流 220V，50Hz 的单相电源。两路电源在系统内互为备用，自动切换，切换时间不影响系统的正常工作。

（三）系统功能

1. 实时监视功能

在控制室集中监视点，通过控制主机或操作切换设备及显示器，系统提供地图画面供操作员选择摄像机，运行人员能监视接入控制主机的有关监视区域的视频图像，所显示的画面为实时（25 帧/s）。

运行人员可以在任意一个显示画面上显示任意一个摄像机的图像，所有显示器均可按预置设定的流程成组（如四画面一组）或单独自动巡视各监视区域，也可手动定点监视重要区域。

在每路视频图像上，均叠加日期、时间、摄像头号、监视区域名称等文字信息。

对单路、多路图像的清晰度、色调饱和度、对比度、分辨率等设置连续可调，每一路图像可单独调整清晰度、灰度等级、色彩饱和度、分辨率。

在控制室集中监视点，通过控制主机及显示器，运行人员可对摄像机及云台等进行远程控制。系统可集成 1/4/16 画面分割组合监视，尺寸可以任意缩放。

2. 动态存储功能

系统每个摄像画面同步实时存储，并拥有多种画面存储方式，可根据不同区域的防护要求进行单独设置，使画面清晰，画面存储介质安全、可靠，存储内容可保存 15 天以待事故时检索追忆。

操作员可以自己定义画面存储的起始时间、画面存储时间间隔等。

所有的画面存储资料均存储在嵌入式硬盘录像机内，并可以通过光盘刻录和 USB 存储设备进行备份。系统可以根据不同的要求进行不同等级的画面存储，图像数据保留的时间长短可以根据需求分别予以设定。画面存储资料具有通用的存储格式，可以备份。

3. 历史画面回放功能

系统具备按存储时的图像质量进行回放的能力。历史画面可多次回放，可快速、方便地对存储资料进行检索，在图像回放过程中可控制画面快放、慢放、逐帧显示、区域放大，以便于分析。

历史画面回放时，可以根据时间、事件、监视点等条件进行查询，录像回放时可以设定不同的速度进行回放。

4. 实时报警功能

系统具有动态报警功能，自动侦测场景的异常变化（如无人值班车间有人闯入，危险区域火灾报警等），进行实时动态存储、抓拍，能自动采取必要的报警、记录措施，具有多路视频报警功能及联动存储功能。

系统支持与报警系统的联动，报警产生后，能自动在相应显示器上显示出报警画面。

5. 网络传输功能

系统采用工业级 10/100Mb/s 自适应以太网实现联网功能，将图像进行远程传输，实现远程控制，并且具有远程检索、回放功能。

系统权限设定：为了很好地对整个监视网络进行管理，同时也为了能够有效、有序、规范地对单个监视点进行管理，系统对监视网络进行操作权限的设定和权限管理。

（四）设备规范

1. 摄像机

采用进口彩色摄像机，CCD尺寸为⅓in（枪机）和¼in（一体机）、PAL制，并具备下列性能：

（1）彩色CCD芯片：⅓in或¼in。

（2）像素值：752(H)×582(V)。

（3）扫描面积：4.8(H)×3.6(V)mm。

（4）扫描模式：625行/50场/25帧，垂直50Hz。

（5）水平清晰度：480线。

（6）最低照度：≤0.4lux(光圈F1.2)。

（7）信噪比：50dB(AGC OFF)。

（8）动作电压：12V DC。

具有自动增益控制（AGC）功能和电源同步、电子亮度控制等功能，当摄像机采用云台时，还有智能逆光补偿功能。

所有摄像机均采用Honeywell品牌，摄像头与控制系统之间的信号传输采用视频电缆直接连接。摄像机技术指标见表12-3。

表12-3 摄像机技术指标

技术指标	一体机	枪机	
	HZC-755P	HCC-735P	HCC-645P
灵敏度（lux）	0.001	0.001	0.1
水平清晰度（线）	480	480	480
信噪比（dB）	>50	>50	>50
电子快门	自动	自动	自动
AUTO	彩色/黑白转换	彩色/黑白转换	彩色
白平衡	自动	自动	自动
电源	12V DC	12V DC	12V DC
尺寸（mm）	66×68×112	66×68×112	66×68×112
生产厂	Honeywell	Honeywell	Honeywell

2. 镜头

（1）电动变焦镜头要求与摄像机一体化，其性能指标如下：

1）焦距：22 倍。

2）相对孔径：F1.6-16C。

自动光圈带有中密度滤光镜。

（2）手动变焦镜头性能指标如下：

1）焦距：满足监视区域要求（室内安装的带广角）。

2）相对孔径：F1.4。

自动光圈带有中密度滤光镜。

所有镜头的接口均为 CS 等标准形式，采用 Honeywell 产品。

3. 摄像机防护罩

室外安装的全天候防护罩有温控风扇。室外防护罩的防护等级为 IP66，可承受太阳辐射和 60℃温度，室外罩壳能防止现场的腐蚀、盐蚀和磁场。控制室、电子室、开关室采用吸顶半球机，固定焦距。室内摄像机防护罩等级为 IP54。

防护罩采用天津亚安品牌产品。

4. 云台/支架

室内/室外型具有带动摄像探头上、下、左、右转动的功能。室外电动云台能防尘、防水、防腐、防太阳光辐射，采用重型云台。

安装于室外的电动全方位云台的防护等级为 IP66，并满足以下参数：

（1）旋转角度：水平 350°，垂直＋8°～－55°。

（2）旋转速度：水平≥11°/s，垂直≥4°/s（室外）；水平≥5°/s，垂直≥2°/s（室内）。

（3）工作温度：－15～＋55℃（室外），0～50℃（室内）。

（4）工作电源：24V/220V 单相。

（5）负载：大于实际需要。

（6）环境标准：IP66（室外）。

云台/支架采用天津亚安品牌产品。

5. 嵌入式网络硬盘录像机

系统视频记录采用嵌入式网络硬盘录像机，其视频记录通道为 16 路。

硬盘录像机的硬件技术规格如下：

（1）CPU：服务器专用处理器，主频为 1.4GHz。

（2）主板：工业级主板。

（3）硬盘：每台嵌入式网络硬盘录像机均配置两块 250GB 大容量硬盘，磁盘容量满足 16 通道 H.264 图像格式 15 天记录需求。

（4）内存：512M DDR。

（5）单机信号最大输入通道：16 路。

（6）视频捕获（NTSC）：最高 30×16＝480 帧/s。

（7）PAL：最高 25×16＝400 帧/s。

（8）压缩资料格式：MPEG1/MPEG4。

（9）图像显示分辨率：NTSC/PAL：640×480～704×576。

（10）图像存储分辨率：352×288。

（11）画面频率：25～30 帧/s/路。

（12）视频压缩比例：200∶1。

（13）显示颜色数量：全彩色。

（14）压缩码率：192kb/s～1.13Mb/s。

（15）数据格式：ISO/IEC14496-2。

（16）视频记录方式：利用无终止缓冲器进行无终止循环记录。

（17）视频输入幅度：COMPOSITE 视频信号，$1V_{p-p}$（75Ω）。

（18）视频格式：NTSC/PAL。

（19）音频功能：系统可支持 4～32 音频录音工作。

（20）系统设置：中文菜单。

（21）扩展插座：视频扩展。

（22）工作环境温度：0～+50℃。

（23）工作环境湿度：10%～90%。

（24）周围噪声：<50dB ASPL。

（25）安装方式：机架安装。

所有硬盘录像机均采用 Honeywell 品牌产品。

6. 解码器

解码器布置在控制室内或室外云台，解码器电路有良好的隔离功能，保证外界干扰不会影响其内部工作，并有云台自动扫描功能和保护关断功能。

所有解码器均采用 Honeywell 品牌产品。

7. 显示器

21in LCD 显示器采用 SAMSUNG 品牌，点距为 0.27mm，亮度大于 $250cd/m^2$。

对比度 350∶1，响应时间为 8ms，16.7×106 种色彩。分辨率为 1600×1200@60Hz。

25inCRT 纯平彩色监视器采用创维品牌，分辨率为 640×480@100Hz。

监控客户端电脑采用研华机架式工控机，产品配置双核 CPU，160GB 硬盘，2GB 内存，双头显卡。

8. 网络交换机

全部采用魏德米勒工业级非网管型交换机。

四、输煤程控系统的故障诊断及常见故障

输煤系统设备多，工作环境恶劣。为保证系统运行的安全性和可靠性，现场各设备控制箱均采用双层密封箱体；选用高可靠性的继电器、接触器等组件，通过优化设计，大大减少了接点数，从而减少了故障点，使设备的可靠性、安全性和可扩展性都大大提高。系统可对现场故障信号及时捕捉、准确诊断，并对现场设备采取保护措施，实现了系统的安全可靠运行。

（一）故障捕捉

输煤系统的故障判断是建立在实时监测基础上的。从性质划分有两类故障：一类可由现场检测开关的状态进行判断，如落煤管堵煤、皮带跑偏等；另一类则需通过软件系统作相应的处理、分析才能够确定，如犁煤器、三通挡板不到位故障等。对这两类故障，软件系统都

能及时捕捉并进行报警。

1. 直接开关状态故障的判断

直接由现场检测开关得到的故障信号有多种，包括电动三通管堵煤、皮带重跑偏、现场拉绳开关信号等。这种故障的捕捉可在 PLC 梯形逻辑中实现，这样即使在操作员站不工作时，PLC 也可捕捉到所有故障。一旦有严重故障发生，PLC 就立即采取停止流程和相关设备等措施，并在画面上的报警窗口显示故障发生时间、故障类型，故障信息带闪烁并有报警声，防止故障进一步扩大，保护设备的安全运行。

2. 非开关状态信号故障的判断

此类故障是由上位机监控软件分析获得的，包括主要电动机电流越限或异常、煤仓的高或低煤位（依据连续料位计信号产生）、除铁器不到位、皮带无运行反馈信号等。出现这些信号时，监控画面会在输煤系统画面相应设备的位置上闪烁，提醒运行人员及时做出反映。

（二）输煤系统程控常见故障

(1) 现象：皮带流程连锁停止时，有越级跳停。原因：有两条同级的皮带及三通同时对上级皮带挂连锁。处理：检查连锁，将不参与本次流程的设备解除连锁。

(2) 现象：皮带程控启动 5s 后皮带变黄，但没有故障信号。原因：设备启动失败，启动指令发出后皮带运行信号未反馈。

(3) 现象：皮带变黑。原因：一条皮带拉电，导致所有反馈信号消失。多条皮带变黑为远程站失电。

(4) 现象：皮带无故跳停。原因：有部分三通位置信号消失超过 2s 没恢复，导致皮带跳停。

(5) 现象：皮带有时启动多次才能启动成功。原因：启动指令发出后，制动系统不能松闸，需要多次才能松闸，当有抱闸信号时皮带不允许启动。

(6) 皮带正常带速为 2.5m/s，管带机为 3.5m/s，皮带在运行过程中会出现短暂的带速小于正常速度，然后又恢复正常，这属于正常现象，如果带速始终小于正常速度，则可能是皮带打滑。

五、结束语

整个输煤程控系统投产后未发生重大故障，运行情况安全可靠，稳定性高，控制灵活性强。随着计算机和 PLC 技术的提高，输煤系统的自动化水平也在不断提高，目前已经做到了把相对分散的各个设备统一集中到一起控制的情况，几乎涵盖了全部的设备，这其中大部分设备可以自动顺序启/停，个别设备只能够上位机手动操作，表明了目前自动化水平的提高。相信随着我国电力工业的发展和计算机、PLC 硬件及软件水平的不断提高，程序控制作为输煤系统的主要控制方式，在火力发电厂将得到更加广泛的应用。

参 考 文 献

[1] 山西省电力工业局. 全国火力发电工人通用培训教材 燃料设备运行(初、中、高级工). 北京：中国电力出版社，2000.

[2] 湖北襄樊发电有限责任公司. 300MW火电机组培训丛书 燃料管理及设备. 北京：中国电力出版社，2003.